第三版是“普通高等教育‘十一五’国家级规划教材”
第三版被评为“普通高等教育精品教材”

清華大學 计算机系列教材

王爱英　主编

智能卡技术（第四版）

——IC卡、RFID标签与物联网

清華大學出版社
北京

内 容 简 介

本书对 IC 卡、RFID 标签和物联网进行了全面论述，包括技术基础、物理结构、逻辑特性、实现方法、测试技术和应用系统等内容，并认真讨论了有关的国际标准、安全保密体制以及与 IC 卡、RFID 标签配合工作的读写器。

书中介绍的磁卡、条形码、传感器分别是实现和推广 IC 卡、RFID 标签和物联网应用的基础，目前正在广泛应用。讨论的射频技术是对非接触式 IC 卡与 RFID 标签进行识别和防冲突的技术基础；互联网和射频通信系统是支持物联网应用的基础。

本书可作为高等院校和高等职业学院相关专业学生和研究生的教材，其主要服务对象还包括从事 IC 卡、RFID 标签、物联网及其配套设备的开发设计、制造、维护和应用的工程技术人员。为配合大学生和高职学生的培养，对书中的内容进行了调整。

图书在版编目（CIP）数据

智能卡技术：IC 卡、RFID 标签与物联网/王爱英主编. —4 版. —北京：清华大学出版社，2015（2024.7重印）

清华大学计算机系列教材

ISBN 978-7-302-36931-8

Ⅰ.①智…　Ⅱ.①王…　Ⅲ.①IC 卡－高等学校－教材　Ⅳ.①TN43

中国版本图书馆 CIP 数据核字(2014)第 131283 号

责任编辑：白立军　王冰飞
封面设计：常雪影
责任校对：焦丽丽
责任印制：杨　艳

出版发行：清华大学出版社

网　　址：https://www.tup.com.cn, https://www.wqxuetang.com
地　　址：北京清华大学学研大厦 A 座　　**邮　　编**：100084
社 总 机：010-83470000　　**邮　　购**：010-62786544
投稿与读者服务：010-62776969，c-service@tup. tsinghua. edu. cn
质量反馈：010-62772015，zhiliang@tup. tsinghua. edu. cn
课件下载：https://www.tup.com.cn，010-83470236

印 装 者：三河市君旺印务有限公司
经　　销：全国新华书店
开　　本：185mm×260mm　　**印　　张**：29.5　　**字　　数**：676 千字
版　　次：1996 年 1 月第 1 版　2015 年 1 月第 4 版　　**印　　次**：2024 年 7 月第 10 次印刷
定　　价：79.00 元

产品编号：058969-03

参加编写人员

（按姓氏笔画为序）

叶　郁　　冯　敬　　孙　军

安　晖　　金　倩　　张力同

杨蔚明　　耿　力　　袁　理

序

“清华大学计算机系列教材”已经出版发行了30余种，包括计算机科学与技术专业的基础数学、专业技术基础和专业等课程的教材，覆盖了计算机科学与技术专业本科生和研究生的主要教学内容。这是一批至今发行数量很大并赢得广大读者赞誉的书籍，是近年来出版的大学计算机专业教材中影响比较大的一批精品。

本系列教材的作者都是我熟悉的教授与同事，他们长期在第一线担任相关课程的教学工作，是一批很受本科生和研究生欢迎的任课教师。编写高质量的计算机专业本科生(和研究生)教材，不仅需要作者具备丰富的教学经验和科研实践，还需要对相关领域科技发展前沿的正确把握和了解。正因为本系列教材的作者们具备了这些条件，才有了这批高质量优秀教材的产生。可以说，教材是他们长期辛勤工作的结晶。本系列教材出版发行以来，从其发行的数量、读者的反映、已经获得的国家级与省部级的奖励，以及在各个高等院校教学中所发挥的作用上，都可以看出本系列教材所产生的社会影响与效益。

计算机学科发展异常迅速，内容更新很快。作为教材，一方面要反映本领域基础性、普遍性的知识，保持内容的相对稳定性；另一方面，又需要跟踪科技的发展，及时地调整和更新内容。本系列教材都能按照自身的需要及时地做到这一点。如王爱英教授等编著的《计算机组成与结构》、戴梅萼教授等编著的《微型计算机技术及应用》都已经出版了第四版，严蔚敏教授的《数据结构》也出版了三版，使教材既保持了稳定性，又达到了先进性的要求。

本系列教材内容丰富，体系结构严谨，概念清晰，易学易懂，符合学生的认知规律，适合于教学与自学，深受广大读者的欢迎。系列教材中多数配有丰富的习题集、习题解答、上机及实验指导和电子教案，便于学生理论联系实际地学习相关课程。

随着我国进一步的开放，我们需要扩大国际交流，加强学习国外的先进经验。在大学教材建设上，我们也应该注意学习和引进国外的先进教材。但是，“清华大学计算机系列教材”的出版发行实践以及它所取得的效果告诉我们，在当前形势下，编写符合国情的具有自主版权的高质量教材仍具有重大意义和价值。它与国外原版教材不仅不矛盾，而且是相辅相成的。本系列教材的出版还表明，针对某一学科培养的要求，在教育部等上级部门的指导下，有计划地组织任课教师编写系列教材，还能促进对该学科科学、合理的教学体系和内容的研究。

我希望今后有更多、更好的我国优秀教材出版。

清华大学计算机系教授，中国科学院院士

张钹

第四版序

《智能卡技术》一书自1996年1月出版问世以来，已经历了18年，当初出版时正值金卡工程在国内逐步兴起的年代，业界及社会各方人士已开始认识到智能卡将会在身份识别、电信、医疗、社保、交通、运输、金融、电子支付等领域获得广泛的应用，智能卡的设计和生产将会形成一个具有相当规模的产业。《智能卡技术》一书正是顺应这一发展潮流首次全面、系统地描述了当时3种IC卡，即存储器卡、逻辑加密卡和智能卡的物理结构、逻辑原理、实现技术和应用系统等，详细阐明了与智能卡有关的国际标准、安全保密机制和读写设备。针对当时金融界广泛使用的磁条卡，书中也对相关技术做了介绍。该书的出版即刻引发了业界的热烈反响，是人们了解IC卡的必备参考书和入门培训教材，被誉为国内系统介绍智能卡技术的经典著作。

18年来智能卡的技术发展和推广应用取得了长足的进步，IC卡除了接触式读写外，又发展了非接触式读写，还研发了有源和无源和射频识别电子标签(RFID标签)。在IC卡芯片中使用的微处理器从8位发展到16位、32位，芯片内多种存储器并存(ROM、RAM和E^2PROM)，且存储容量也越来越大。智能卡芯片的线宽已从0.22μm逐步下降，目前主流线宽为90nm，其下一个进取目标为65nm。紧接着对IC信息的安全可靠性提出了更高的要求，芯片的加密算法更加复杂，除了支持国际的安全算法，也可支持国产商用密码算法，这就要求芯片的处理功能更加全面，处理速度也更快。

在智能卡的应用方面，目前已达到无所不用、无处不在的境地，并进一步从一卡一用向一卡多用的方向发展，尽管如此，IC卡的应用仍有十分广阔的拓展空间。根据《中国人民银行关于推动金融IC卡应用的工作的意见》，从2015年1月1日起，各地商业银行发行的以人民币为结算账户的银行卡，有计划地更改为金融IC卡。据业内人士的调查和分析，到2013年底金融IC卡累计的发卡数量已为3.4亿张，如果能在2015年初将现有的磁条卡逐步更换成IC卡，那么每年旧卡的更换加上新卡的发行总量将达到7亿张。

党的十八大文件指出，为推进经济结构战略性调整，加快转变经济发展方式，优化产业结构，要建设下一代信息基础设施，发展现代化信息技术产业体系，健全信息安全保障体系，推进信息网络技术广泛应用。

当前云计算、物联网、大数据、移动互联、智慧城市等都被确定为下一代信息技术设备设施中的重要内容，在这些项目中涵盖了对智能卡的巨大需求。《智能卡技术》一书也与时俱进，推陈出新地做了多次改版，每次改版都删除了已过时的技术，增添了新的智能卡的技术机理和应用，并着重论述了所颁发的相应国际标准和国家标准。针对《智能卡技术——IC卡、RFID标签与物联网》(第四版)的出版，相信将对产业界的人才培训，各高等院校相关专业的专业课程教材和高等职业学院的专门人才培养起到良好的促进作用。从自我做起，为实现国家两个百年目标和振兴中华的中国梦积累正能量。这也是本书作者的期盼。

工业和信息化部电子科技委委员
中国软件行业协会顾问
全国信息技术标准化技术委员会顾问
杨天行
2014 年元月

第三版序

随着我国信息化事业的迅猛发展，智能卡（通常称为 IC 卡）已在国民经济各部门、各行业以及各地区获得了广泛应用。在我国电信、社会保障、公安、税务、交通、建设及公用事业、卫生、石油石化、组织机构代码管理等领域应用的智能卡数量已超过 40 亿张，在促进政府与行业管理模式和工作方法的转变，提高现代化管理水平，推动国家经济与社会的协调发展，方便百姓生活，提高人民的信息化意识方面发挥了关键作用，做出了重大贡献。

智能卡的广泛应用也推动了我国智能卡产业的建立和发展。据不完全统计，当前我国从事与 IC 卡相关产品研发与生产的企业约有 2800 余家，从业人员有 10 多万人，国内自主研发的各类卡、读写机具、应用软件系统产品已占据了我国 IC 卡市场的 80％以上份额，国内 IC 卡芯片的设计加工也已初具规模，设计水平和加工工艺稳步提高。芯片的种类从最初的存储器卡、逻辑加密卡发展到 8 位、32 位 CPU 智能卡芯片，芯片的加工工艺从 $0.35\mu m$ 发展到 $0.18\mu m$ 水平，涌现了一批日封装能力达到百万模块的企业，自主设计生产的芯片和读写机具在各行业应用中占据了主导地位。近几年来，RFID（射频识别）技术及电子标签应用已成为信息化领域的一个新亮点，被人们誉为信息技术领域内最有应用前景的新技术，这必将推动智能卡技术进一步向纵深方向发展。

《智能卡技术》一书在 1996 年 1 月出版时，是国内第一本全面介绍智能卡技术的书籍。该书从智能卡工作原理、物理特性、芯片结构、操作系统和相关的国际标准到卡的安全、测试及典型应用进行了全面论述，被业界誉为该行业工程技术人员的入门教材和专业技术书籍。如今智能卡技术及其应用已有了长足的进步，IC 卡及其读写设备的品种、技术和国际标准、国家标准等都有许多新的进展，为此，再次对本书进行修订，删旧增新，以适应新的形势是势在必行的。我坚信《智能卡技术》（第三版）将是一本难得的综合介绍 IC 卡当前国际水平及其技术和标准的专业工具书。

当前，我国无论在智能卡及其相关设备的设计、制造和应用方面，还是在卡的质量和使用数量方面，在世界舞台上均占有举足轻重的地位。但我国有关识别卡的国家标准主要采用的是与国际标准等同的方案，我认为当前已有条件逐步自主创建符合我国国情的识别卡国家标准，这对解决当前存在的卡的种类多，各发卡单位存在的技术标准不统一、系统不兼容，难以实现一卡多用和资源整合等难题起到重要的推动作用。

全国信息技术标准化技术委员会主任委员
杨天行
2009 年 1 月

前 言

1995年,清华大学计算机科学与技术系师生在从事IC卡的集成电路设计和读写设备的设计制造过程中,深切感到国内这项工作尚处在起步阶段,无论是资料、设备还是开发工具都很缺乏;同时又感到凭国内计算机系统的设计制造水平和半导体工艺水平,完全能将IC卡及其配套设备的设计制造任务承担起来。IC卡应用范围遍及银行、商业、旅游、饭店以及各种预收费系统等,而且会开发新的应用系统。因此,在全国将需要一大批有相应技术水平的人来从事各类卡及其配套设备和应用系统的设计、开发、制造、发行、维护和服务工作。为了适应这一需要,我们在收集资料的基础上经过消化、吸收、补充、提高,于1996年1月出版了《智能卡技术》一书。后来用该书作为教材,为清华大学学生开了两次课,另外还向社会开办了两次培训班。

4年过去后,IC卡的应用无论在国外还是国内都得到了前所未有的迅速发展。与此相适应的新的国际标准和国内标准不断涌现,作者通过几年的工作和学习,对IC卡的认识不断深入,于是萌发了修订《智能卡技术》的想法,在清华大学出版社的大力支持下,《智能卡技术》(第二版)于2000年与读者见面。

清华大学计算机科学与技术系早期参与IC卡研制工作以及为本书原著出过力的研究生有张力同、孙军、陈华、汤斌浩和顾清等,如今他们都已奔赴各自的工作岗位。第二版的修订工作主要由王爱英完成,但是没有他们的努力,原书的质量得不到保证,也就不会有第二版了。

在随后的几年内,无论在国际还是国内,IC卡的应用领域不断扩大,发行数量骤增,而且对应用RFID标签的呼声也越来越高,IC卡和RFID的新标准不断涌现,原有标准不断修改。在此背景下,中国电子技术标准化研究院的同行们提出了合作写书的建议,经商讨后决定以《智能卡技术》(第三版)的形式来完成这一愿望。

中国电子技术标准化研究院是制定识别卡和RFID技术国际标准的归口单位,负责标准的研究与制定工作,与社会各界联系广泛。该院提出的标准经国家质量监督检验检疫总局和中国国家标准化管理委员会批准后,发布为正式的国家标准。

《智能卡技术》(第三版)由王爱英负责规划,在原书的基础上进行了大量的补充与修改,于2009年出版。

由于IC卡使用具有流动性与全球性的特点,迫切要求实现开放性,相应的国际标准和国家标准也就显得特别重要,因此有关的标准在本书中占有大量篇幅。同时,由于标准是可能修订的,第三版按当时最新的标准版本进行了修改,并增强了有关非接触式IC卡的论述以及补充了RFID标签的介绍。

2011年,智能卡技术(第三版)被评为普通高等教育精品教材,又由于智能卡和射频识别技术对国内正在兴起的物联网起了重要作用,因此萌发了再次改版的想法,于是,在第四版中补充了射频技术和物联网的相关内容,全面论述了智能卡、RFID标签和物联网实现的技术基础、规范、标准和应用。

编写本书时，为了提高可读性，增强了循序渐进的指导思想，对第三版进行了大量修改，扩展与精简并存，融合“产、学、研、用”于一体。

本书由王爱英主编。参加编写的人员(按姓氏笔画为序)有叶郁、冯敬、孙军、安晖、金倩、张力同、杨蔚明、耿力、袁理。

本书在编写过程中，总结我们的学习和工作经验，力图全面反映智能卡、RFID标签和物联网技术各方面的知识、理论和实践经验，注意系统性和易读性，但由于作者知识的局限性，再加上技术发展迅猛，又在一定程度上存在保密等原因，书中肯定会存在不少缺点甚至错误，殷切希望领导、专家和广大读者提出宝贵意见和建议。

王爱英

2014年10月

目　录

第1章 智能卡、射频识别标签和物联网概论

智能卡和射频识别标签用于识别“人”和“物”，并根据应用需求完成其与读写器之间的数据传送，完成数据处理等。

物联网是指通过各种信息传感设备，如传感器、射频识别标签和IC卡等，实时采集各个物品需要监控的信息，并进行处理，是实现人与人、物与物、人与物连接的网络。

1.1 智能卡和射频识别标签的基础知识

1.1.1 智能卡概述

智能卡(smart card)又称集成电路卡，即IC卡(Integrated Circuit card)。它将一个集成电路芯片镶嵌于塑料基片中，封装成卡的形式，其外形与覆盖磁条的磁卡相似。

IC卡的概念是20世纪70年代初提出来的，法国布尔(BULL)公司于1976年首先创造出IC卡产品，并将这项技术应用到金融、交通、医疗和身份证明等多个行业，它将微电子技术和计算机技术结合在一起，提高了人们生活和工作的现代化程度。

IC卡芯片具有写入数据、存储数据和读出数据的能力，IC卡存储器中的内容根据需要可以有条件地供外部读取，或供内部信息处理和判定之用。根据卡中所镶嵌的集成电路的不同，IC卡可以分成以下三类。

(1) 存储器卡。卡中的集成电路为E^2PROM(可用电擦除的可编程只读存储器)。

(2) 逻辑加密卡。卡中的集成电路具有加密逻辑功能和E^2PROM。

(3) CPU卡。卡中的集成电路包括微处理器、E^2PROM、随机存储器(Random Access Memory，RAM)以及固化在只读存储器(Read-Only Memory，ROM)中的片内操作系统(Chip Operating System，COS)。

按应用领域来分，IC卡分为金融卡和非金融卡两种。金融卡又分为信用卡(credit card)和现金卡(debit card)等。信用卡主要由银行发行和管理，持卡人用它作为消费时的支付工具，可以使用预先设定的透支限额资金。现金卡又称储蓄卡，可用作电子存折和电子钱包，不允许透支。非金融卡往往出现在各种事务管理、安全管理场所，如身份证明、健康记录和职工考勤等。还有一些预付费卡，如用于公交系统中的交通卡、超市中使用的购物卡等，由相应的管理单位发行，这种卡兼有一部分电子钱包的功能，在本书中仍将它列为非金融卡。

按卡与外界数据传送的形式来分，有接触式IC卡和非接触式IC卡两种。在接触式IC卡上，IC芯片有8个触点可与外界接触。非接触式IC卡的集成电路不向外引出触点，因此它除了包含前述3种IC卡的电路外，还带有射频收发电路、天线及其相关电路。非

接触式卡出现较晚,但由于它具有一些接触式 IC 卡所不能替代的优点,因此在某些应用领域发展得很快。

在 IC 卡推出之前,从世界范围来看,磁卡已得到广泛应用,为了从磁卡平稳过渡到 IC 卡,也是为了兼容,一般在 IC 卡上仍保留磁卡原有的功能。也就是说,在 IC 卡上仍贴有磁条,因此 IC 卡也可同时作为磁卡使用。图 1.1 所示为接触式 IC 卡的外观示意图,正面中左侧的小方块中有 8 个触点,其下面为凸形字符,背面有磁条。正面还可印刷各种图案,如身份证的人像。卡的尺寸、触点的位置与用途、磁条的位置及数据格式等均有相应的国际标准予以明确规定。

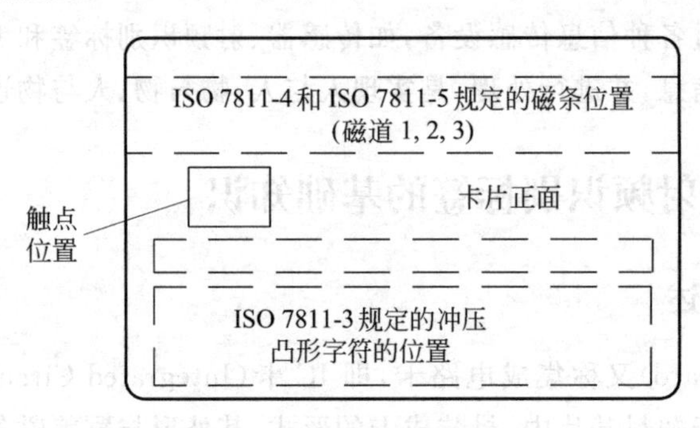

图 1.1　IC 卡的外观示意图

无论是磁卡还是 IC 卡,卡上有唯一的发行单位和持卡人的识别标志,这种卡称为“识别卡”。

1.1.2　接触式 IC 卡的读写器

为了使用卡片,还需要有与 IC 卡配合工作的读写器或称为接口设备(InterFace Device,IFD),它可以是一个由微处理器、键盘、显示器与 I/O 接口组成的独立设备,通过 IC 卡上的 8 个触点或射频电路向 IC 卡提供电源,并与 IC 卡相互交换信息,也可以是一个简单的接口电路,IC 卡通过该电路与通用微机相连接。无论是磁卡还是 IC 卡,在卡上能存储的信息总是有限的,因此大部分信息需要存放在读写器或计算机中。对 RFID 系统也是这样。当用信用卡购物时,如在允许透支范围内,则可以先取走商品,事后再结算。由于银行、发放信用卡的公司以及商店不在同一处,因此需要经过通信线路和计算机(主机)联系才能实现上述过程。

为了快速而又可靠地进行处理,计算机网络与通信线路的安全和响应时间是关键。

1.1.3　射频识别标签与读写器

射频识别(Radio Frequency IDentification, RFID)技术的基本原理是利用无线射频信号的空间耦合(电磁感应或电磁传播)实现对被识别物体的自动识别。RFID 系统的基本工作方式是将 RFID 标签安装在被识别物体上(粘贴、嵌入、佩挂或植入等),当被识别物体进入 RFID 读写器的读写范围内(射频场)时,标签与读写器之间建立起联系,其过程一般由读写器启动,然后标签向读写器发送自身信息,如标签编号和标签内存储的数据等，读写器接收信息并解码后，传送给计算机进行处理。RFID系统一般由两部分组成，即RFID和读写器，RFID又称电子标签。电子标签和读写器内部都装有天线，电子标签所需的能量可从读写器的射频场内取得(无源标签)或自带电源(有源标签)。

非接触IC卡可认为是电子标签的一种。

由于在读写器的射频场内可能存在多张非接触式IC卡或RFID标签，因此读写双方都要增加功能，以实现读写器逐一联系标签的方法。

1.2 IC卡的应用

IC卡可用作金融卡和非金融卡，其中金融卡需要处理的内容较多，并需重视安全问题。其主要功能是识别卡、读写器和持卡人的真假以及存储数据和处理数据。下面以金融卡为例进行讨论。

1. 金融卡提供的信息

(1) 卡内有可供阅读的信息。用以标识卡发行单位的标志、使用期限、客户姓名、账号和签名等，这些信息是卡能作为金融交易中的支付工具的基础。

(2) 机器可读数据。卡上的凸出字符用于压印账单，以便向售货商和客户提供交易凭证。卡上还可提供金融交易的账目。

(3) 提供读写器可读的授权信息和数据。

(4) 若干次交易数据、余额等。

2. 举例

下面以自动柜员机(Automatic Teller Machine，ATM)为例来说明取款操作过程。

自动柜员机是放在银行或商店大堂中供客户自动提款的机器(有的ATM还有自动存款功能)。执行从ATM提取现金的操作仅需十几秒钟，总共需要持卡人做出如下4个输入动作。

(1) 插入金融卡，然后按ATM屏幕提示进行操作。

(2) 输入个人标识码(Personal Identification Number，PIN)，即输入密码。

(3) 选择交易类型(取款)。

(4) 给出申请提取的金额。

当ATM判别没有问题时，自动输出卡和现金，并打印凭证。由此可见，ATM是一种操作方便的信息处理系统，可以24h提供服务。

ATM是安装在柜里的计算机系统，它要处理卡片、货币、收据和信封(存款用)4种介质，并能与相连接的远程计算机相互通信。它的内部有严密可靠的物理和逻辑安全措施。它的每一笔交易通常接受正确的授权和严格的控制，因此ATM系统既是一个操作简单的系统，又是一个构造复杂的系统。

ATM将IC卡或磁条上(对磁卡)的数据，诸如发卡单位和客户账号识别码(用来获取自动授权信息的基础)通过通信线路与发卡单位的计算机及其账户数据库相连，用以检查金融卡的编号(查对黑名单)，以防止他人使用已挂失的或偷窃来的金融卡，同时核对客户的账面记录，以查明可供支用的金额，并根据交易的金额随即更新账面记录，供金融卡下次使用。此外，为了避免某些可能发生的弊端(如已挂失但尚未列入黑名单)，还要限制金融卡在一天内允许使用的次数和一天内允许提取现金的总金额。

绝大多数 ATM 取款时还需输入个人标识码(即密码)，并将 PIN 送到计算机，用来核对持卡人是否是卡的主人。如在通信线路上明文传送 PIN，存在被窃听的危险，为此有时需对 PIN 进行加密，这就要提供一个加密算法和“密钥”，让经过加密后的 PIN 在通信线路上传送，在接收端解密，因此在接收端提出了密钥的管理和保护的要求(参考第 5 章)。

3. 金融卡的种类

1) 信用卡(贷记卡)

卡中预先建立允许透支的限额，即预先设置好可借用的资金额度，承诺到期归还并支付利息的责任。根据持卡人信用程度的不同，有金卡和普通卡两种信用卡。前者的透支限额高。

2) 现金卡(借记卡)或储蓄卡

供储蓄账户使用，持卡使用的资金是客户已经存放在银行中的存款。

3) 预付卡

先购买，后使用。例如，公交一卡通、超市购物卡等。

另外，还有诸如大饭店内部使用的卡，客人进入饭店后，住宿、用餐和娱乐等都可凭卡记账，离开饭店时结账。

非金融卡和电子标签应用范围极广，将根据具体应用情况在后面的章节中进行讨论。

1.3 智能卡和 RFID 标签的安全问题

智能卡和 RFID 一般用作证件或替代流通领域中的现金、支票，随着卡和标签的推广使用，利用它进行欺诈或作弊的行为也会不断增加，对于出现的不安全问题的解决办法需要在提供合理防护保证与所需的成本和投资之间进行平衡，从而提出解决办法。

本书第 5 章将详细讨论安全问题。

1.3.1 影响安全的若干基本问题

以金融卡安全问题为例，有下列基本问题需要解决。

(1) 智能卡和读写器之间的信息流通。这些流通的信息可以被截取分析，从而可被复制或插入假信号。

(2) 模拟的智能卡(或伪造的智能卡)。模拟智能卡与读写器之间的信息，使读写器无法判断出是合法的还是模拟的智能卡。

(3) 非法使用他人的 IC 卡。因此要验证持卡人的身份。

(4) 修改信用卡中控制余额更新的日期。信用卡使用时需要输入当天日期，以供卡判断是否是当天第一次使用，即是否应将有效余额项更新为最高授权余额(也即允许一天内支取的最大金额)。如果修改控制余额更新的日期(即上次使用的日期)，并将它提前，则输入当天日期后会误认为是当天第一次取款，于是将有效余额更新为最高授权余额。

因此，利用窃来的卡可取走最高授权的金额，其危害性还在于(在银行提出新的黑名单之前)可重复多次作弊。

(5) 篡改读写器的作弊行为。造成读/写卡中的数据不正确，因此不允许借用、私自拆卸或改装读写器。

其他卡有相似的或不同的安全问题(根据应用要求)。

1.3.2 安全措施

为了安全防护，一般采取以下措施。

(1) 对持卡人、卡、标签和读写器的合法性要相互检验。

(2) 重要数据加密后传送。

(3) 检验数据的完整性，以防止卡内数据被删除、增加或修改；并纠正读写或传送时产生的差错。

(4) 设备中设置安全区，在安全区中包含有逻辑电路或外部不可读的存储区，任何有害的不合规范的操作，将自动禁止进一步操作。

(5) 设计、生产发行的有关人员明确各自的责任，并严格遵守。

(6) 设置黑名单。

1.3.3 密钥与认证

1. 密钥

密钥是存放在卡和读写器中的秘密数码，绝对不允许向外界泄露，智能卡和读写器的相互认证以及重要数据的发送和接收都是通过密钥和相应的密码算法实现的。在数据发送方，用密钥对数据进行加密运算后发送；在接收方，用密钥对数据进行解密运算恢复成加密前的数据。

IC卡系统中常用如下两种密码算法。

(1) 对称密钥密码算法或秘密密钥密码算法(Data Encryption Standard,DES)。

(2) 非对称密钥密码算法或公共密钥密码算法(Rivest Shamir Adleman,RSA)。

对持卡人、智能卡和读写器之间的相互认证以及数据的加密，均可采用这两种密码算法中的一种。

与加密和解密有关的还有密钥管理，密钥管理包括密钥的生成、分配、保管和销毁等。

对传输的信息进行加密，以防被窃取、更改，从而避免造成损失。对存储的信息进行加密保护，使得只有掌握密钥的人才能理解信息。

2. 认证

为防止信息被篡改、伪造或过后否认，特别是对被传输的信息，加密认证就显得更为重要。

(1) 信息验证。防止信息被篡改，保护信息的完整性，要求在接收时能发现被篡改的数据，如可采用一定的算法产生附加的校验码在接收点进行检验。

(2) 数字签名(电子签名)。要求：收方能确认发方的签名；发方签名后，不能否认自己的签名；发生矛盾时，公证人(第三方)能仲裁收、发方的问题。

(3) 身份认证。用 password 或个人标识码进行认证，更可靠的是利用生物特征。

本处讨论的密钥与认证问题将在第 5 章详细讨论。

1.4 识别卡和 RFID 标签的国际标准

由于 IC 卡可在国内各地使用，某些还能在国外使用（如信用卡），因此制定国际和国家标准是迫切需要的。国家标准应该尽量与国际标准一致，同时也可制订适合应用实情的新标准并争取成为国际标准。

识别卡是一种可识别其发行者和持有者的卡。识别卡分磁卡和 IC 卡两类。

就标准而言，可以有国际标准、国家标准、行业标准和事实上的标准（工业标准）。其中，国际标准是由世界上一些国家或团体组成的国际标准化机构成员通过投票而确定的。在世界各地有多个国际标准化机构，其中影响最大的当推国际标准化组织（International Standard Organization，ISO）。

国家标准是由国内的相关单位讨论通过并报请标准主管部门批准而确定的。

对一些影响范围相对较小或尚不完全成熟而确有实际需要的规范，则被确定为行业标准，这也需要经过行业主管部门批准。

某些单位或公司制定的一些规范，虽然没有经过有关标准化机构组织的讨论，但是由于其大量使用而造成不可忽视的影响，从而成为事实上的标准。

ISO 和 IEC（国际电工委员会）一起组成了国际标准化工作的专门委员会，作为 ISO 或 IEC 成员的国家团体通过技术委员会参与国际标准的制定。ISO 与 IEC 的技术委员会在彼此有兴趣的领域互相合作，其他与 ISO 和 IEC 有联系的国际组织，无论是官方的还是非官方的，都参与了该项工作。

在信息技术领域，ISO 和 IEC 共同建立了一个技术委员会——ISO/IEC JTC 1，被该委员会所采纳的国际标准草案由各国家团体投票，被发布作为国际标准至少需要得到 75％参加投票的国家团体的赞成。

已发布的国际标准，在今后仍可能被修改，因此，在使用国际标准时，要注意应用国际标准的最新版本。

我国在制订国家标准时，主要参照 ISO 的国际标准，因此在本书中主要讨论 ISO/IEC 制定的 IC 卡和 RFID 标签的国际标准。

1. IC 卡的国际标准

IC 卡分接触式 IC 卡和非接触式 IC 卡两种。接触式 IC 卡推广应用较早，而近年来由于非接触式 IC 卡使用的便捷性以及成本的下降，应用范围迅速扩大。

接触式 IC 卡遵循的是 ISO/IEC 7816 国际标准，非接触式 IC 卡国际标准为 ISO/IEC 10536、ISO/IEC 14443 和 ISO/IEC 15693，以及 ISO/IEC 7816 中对非接触式 IC 卡也适用的部分标准。

1) ISO/IEC 7816 国际标准的标题是：识别卡—集成电路卡

该标准包括以下几部分。

(1) 适用于接触式 IC 卡的部分。

- ISO/IEC 7816-1：接触式卡的物理特性。
- ISO/IEC 7816-2：触点尺寸和位置。
- ISO/IEC 7816-3：异步卡的电接口和传输协议。
- ISO/IEC 7816-10：同步卡的电接口和复位应答。
- ISO/IEC 7816-12：USB 卡的电接口和操作过程。

(2) 对接触式 IC 卡和非接触式 IC 卡均适用的部分。

- ISO/IEC 7816-4：组织、安全和用于交换的命令。
- ISO/IEC 7816-5：应用提供者的注册。
- ISO/IEC 7816-6：用于交换的数据元。
- ISO/IEC 7816-7：结构化卡查询语言命令。
- ISO/IEC 7816-8：安全操作命令。
- ISO/IEC 7816-9：卡管理命令。
- ISO/IEC 7816-11：个人验证的生物方法。
- ISO/IEC 7816-13：在多应用环境中用于应用管理的命令。
- ISO/IEC 7816-15：密码信息应用。

2) ISO/IEC 14443 国际标准的标题是：识别卡—非接触式集成电路卡—接近式卡该标准共分 4 个部分。

根据卡与读写器之间的作用距离不同而制订的 3 个非接触式卡国际标准中，ISO/IEC 10536 已基本不用。

3) ISO/IEC 15693 国际标准的标题是：识别卡—非接触式集成电路卡—邻近式卡该标准共分 4 个部分。

2. RFID 标签的国际标准

RFID 标签形状尺寸各异，应用范围极广，有多个国际标准化组织为之制定了国际标准。考虑到我国今后制订国家标准时仍可能参照 ISO 标准，所以本书介绍了 ISO/IEC 18000 国际标准，该标准规定了空中接口协议。

根据标签与读写器之间的工作频率不同确定了 6 个部分：ISO/IEC 18000-1/2/3/4/6/7。

- ISO/IEC 18000-1：全球通用频率非接触接口通信一般参数。
- ISO/IEC 18000-2/3/4/6/7：分别是 135kHz 以下、13.56MHz、2.45GHz、860～960MHz 和 433MHz 频段非接触接口通信参数。

此外，非接触 IC 卡的国际标准 ISO/IEC 15693 也适用于 RFID 标签。

3. 其他卡与标签使用的相关标准、规范、协议等还有不少，举例如下。

(1) 磁卡和条形码在卡与标签推出之前已广泛应用，并已制定了相应的标准或规范，在需要考虑应用兼顾的场合，应该予以关注。

(2) 卡与标准中表示信息的数据元和数据对象，解决安全问题的密钥密码体制已进行相应的规划。

1.5 智能卡、RFID 标签和物联网的诞生与发展

1. 接触式 IC 卡

1977 年，Motorola 与它的一个计算机客户合作开发了一张智能卡，形成了第一代智能卡产品，该智能卡将一个可编程的微控制器及一个非易失性的存储器集成在一个模块内，然后嵌入到一张符合 ISO 7810 标准的信用卡中。该产品在法国进行了试验，目的是为了对进行脱机(off-line)交易所需的技术予以评估。自此以后，智能卡开始迅猛发展，智能卡所采用的技术也日新月异地发生着变化。1979 年产生了世界上第一片专为智能卡所设计的单片机芯片，从而形成了第二代智能卡产品，并在法国、瑞士、斯堪的那维亚得到应用。当时主要是用作银行卡(bank card)。进入 20 世纪 90 年代后，在通信、健康和交通等方面，智能卡的应用也开始蓬勃发展。

早期的智能卡大多是一种单功能卡，即一般一张卡只适用于某一种应用。以后的智能卡则向着多功能卡的方向发展。例如，可以发行城市卡(city card)，这种卡将包括用户在一个城市中可能经常需要接触的大部分应用功能，如作为电子钱包(electronic purses)、医疗保健卡和交通卡使用等。另外，未来的智能卡还将与通信更为紧密地结合，在网络管理等方面得到应用。

为了实现多功能卡的功能，通常对芯片的要求是：16～256KB 的 ROM，大于 256B 的 RAM，3～128KB 的 E^2PROM(或与 Flash 的合成)，可选用的协处理器部件(主要用于加密/解密的处理)，生物特征识别等。

在技术上，希望达到以下指标。

(1) 降低工作电压(小于 2V)、降低功耗，这样可降低手持设备(如移动电话)中所用电池的重量，从而减轻手持设备的重量和延长电池使用时间。

(2) 增加 E^2PROM 的容量，减少 E^2PROM 的编程时间(小于 2ms)。

(3) 提高执行加密/解密算法时间，这意味着要增加芯片的运算能力和增加 RAM 的容量，而 RAM 所占芯片的面积比其他存储器大得多。

(4) 发展双界面卡，将芯片制造工艺与射频技术结合起来，从而用一个芯片完成接触式和非接触式卡的功能。这里的射频技术是为了完成非接触型卡的收发功能而采用的。射频技术在第 7 章中描述。

另外，随着 Java 语言的出现和推广，Java 智能卡(Java card)也受到人们的关注。

2. 非接触式 IC 卡和 RFID 电子标签

早期的 IC 卡为接触式卡，随着应用规模和范围的扩大，卡机之间的触点易受污染、腐蚀和磨损的缺陷日益暴露，而卡片插拔的对准要求和所费时间又影响了使用的方便性和快捷性，甚至阻碍了其在某些领域(如公共交通)的应用，于是从 20 世纪 90 年代中期开始，基于现代微电子技术和射频识别技术的多种非接触式 IC 卡应运而生。

在此之前，部分公司和半导体制造商已涉足射频技术产品的研发。RFID 技术最早的应用始于第二次世界大战期间的美国国防部军需供应局，用于识别在战争中本国和盟军的飞机，但由于昂贵的价格限制了其广泛应用。在美军对伊拉克的战争

中，这一技术再次得到检验，在计算机软件系统的配合下，美军实现了对战略物资的准确调配。

1991 年，美国德州仪器(Texas Instrument，TI)公司专门成立一个分公司，致力于以 RFID 技术为基础的全球人员和物品信息的自动采集和识别方案的研究，不仅研发出适宜家畜管理和车辆防盗等用途的低频产品，而且推出了用于高速公路自动收费等的微波产品及人员和物资跟踪识别的高频电子标签等，为非标准式 IC 卡的研发和相关标准的制定提供了条件。

1995 年，日本 SONY 公司承接中国香港的全球最大的城市公共交通 AFC 一卡通项目，向世界展示了 13.56MHz 工作频率的非接触式 CPU 卡的优良性能。

荷兰飞利浦半导体(PHILIPS Semiconductors)公司是在非接触式 IC 卡发展历程中影响最大的公司，1992 年它的防冲突(anticollision)技术的发明和在 13.56MHz RFID 系统中的首次应用是对无源式 RFID 技术的重大突破。1994 年，其 Mifare 1 非接触逻辑加密卡芯片的问世和次年的商业应用，揭开了非接触式 IC 卡发展和应用的新纪元。PHILIPS 公司的市场占有额令世人瞩目，使其产品所采用的技术成为后来制定的非接触 IC 卡国际标准 ISO/IEC 14443 Type A 的基础，并申请了多项专利。多家公司被授权使用 Mifare 技术。

与此同时，其他公司相继推出具有各自特点的产品，如 ST 半导体公司和以色列的 OTI 公司推出遵循 ISO/IEC 14443 Type B 国际标准的非接触式 IC 卡芯片。

拥有 2002 年全球 RFID 产品最大出货量的 EM 微电子公司，于 1990 年实现了只读式 RFID 芯片在信鸽比赛中的世界首次商业化应用。之后，又相继推出门禁、汽车防盗、汽车遥控钥匙、物流和公交等多种产品，涉及 125kHz(低频)、13.56MHz(高频)、860～930MHz(超高频)和 2.45GHz(微波)等多个频段。

3. 双界面卡

在通信方式上不用电触点，借助电磁波，可使非接触式 IC 卡拥有比接触式 IC 卡优越的使用方便、快捷性、低故障率和高环境耐受能力，但也正是此电磁信道削弱了其对高强度射频干扰的抑制能力，该信道又极易成为窃听和篡改等非法攻击的入侵点，在高安全性应用中，其可信度令人担忧。另外，IC 卡应用的两个重要领域——金融和电信行业都已建立大量接触式 IC 卡基础设施，并经过多年实践考验，短期内不可能弃而不用。如何将非接触式 IC 卡使用的方便性与接触式 IC 卡的安全性融于一体，双界面卡方案是一种技术要求较高、但也是最成功并得以广泛应用的方案。双界面卡就是将接触式接口和非接触式接口集合在同一实体上的 IC 卡。

我国的非接触式 IC 卡(包括双界面卡)芯片研制水平与世界先进技术相比差距较大，但坚持“国产芯片、自主版权”原则，迄今世界上最大的非接触式 IC 卡应用项目——中华人民共和国第二代居民身份证卡的研制和颁发工作的稳步开展，以及城市公共交通等项目的成功应用所呈现的市场前景，无疑将进一步提高 IC 卡芯片研制水平。

4. 物联网

1999 年在美国召开的“移动计算和网络”国际会议上提出物联网定位概念：在计算机互联网的基础上利用 RFID 技术、无线数据通信技术和物品的电子编码 EPC，构造出实现全球物品信息实时共享的物联网。后来对物联网的定义和应用范围又作了大的扩展，不仅限于 RFID 标签，还包括各种信息传感设备，如传感器、全球卫星定位系统 GPS 等，实时采集需要监控的信息或移动物品的位置等。

1.6 智能卡与 RFID 标签的架构

当前 IC 卡的应用已普及推广，RFID 的应用亦逐步发展，由于 IC 卡的设计、制造和应用各方面都已成熟，所以下面首先介绍 IC 卡中性能较强、含有微处理器的接触式智能卡，然后再介绍非接触式 IC 卡的 RFID 标签。

1.6.1 接触式 IC 卡的架构

IC 卡和读写器之间完成数据和控制信息的双向传输。在本章 1.1.1 节中讲到卡上有 8 个触点，这是读写器向 IC 卡提供电源、信号命令、数据以及 IC 卡向读写器返回数据与状态的触点。持卡人使用 IC 卡时，需在卡内完成的操作已有相应的国际标准规定，以达到 IC 卡在一定应用范围内可用的目的，甚至可在全国或国际上使用。

每次使用接触式 IC 卡时，持卡人以及卡与读写器之间自动执行的操作步骤如下。

1. 持卡人向读写器插入 IC 卡

读写器接收到卡插入的信息后，按一定时序向 IC 卡的各个触点提供电源、复位信号和时钟等，以满足卡内电路、微处理器、存储器等的需要。

2. IC 卡向读写器返回复位应答信号

内容包括 IC 卡发行者的标识符以及卡支持的一些基本参数。

实现步骤 1 和步骤 2 的内容在本书的第 4 章中讨论。如果读写器不支持该卡和发行者标识或存在某些错误，将停止操作；否则进入步骤 3。

3. 读写器向 IC 卡发出命令

IC 卡对命令进行处理后，向读写器返回数据（如果该命令要求返回数据）和处理状态，后者表示该命令是执行成功或存在错误而失效。

然后继续执行下一条命令，……直到完成本次使用的全部功能。

从安全角度出发，在步骤 3 中一般按以下顺序操作：

(1) 读写器与 IC 卡相互认证对方是否合法。

(2) 持卡人输入密码(PIN)，验证持卡人身份的合法性。

(3) 实现应用所需的功能。

上述每一步都由若干条命令组成的子程序完成。

在国际标准 ISO/IEC 7816 中定义了各条命令能完成的功能，但是在卡内微处理器指令能完成的操作与它差别极大，为此在卡内设计了操作系统，通过微处理器执行各段子程序完成 IC 卡中的各条命令的功能，是操作系统的主要内容之一。

为了让读者理解上述内容，在本书中作了以下安排。

在第 3 章中讲述了卡内数据的表示方法；在第 5 章中讨论了密钥密码体制以实现数据的加密/解密和合法性的认证；在第 6 章中定义了各条命令的功能。

4. 完成操作

由于使用 IC 卡的一次操作已经完成，于是读写器按一定顺序撤消向 IC 卡提供的电源、时钟信号等。

5. 持卡人拔卡

持卡人将卡拔出。

1.6.2 非接触式 IC 卡和 RFID 的架构

当非接触式 IC 卡在读写器发射的磁场空间时，依靠卡内设置的天线和射频空中接口获取能量(形成电压)和信息。由于在磁场空间可能存在多张非接触式 IC 卡，于是产生信息冲突现象，与接触式 IC 卡相比，为了防冲突，增设了一部分专用命令，从而实现了场内多张 IC 卡逐张处理的功能。RFID 标签采取相似的措施解决冲突问题。

为了说明上述问题，在本书的第 7 章讲解了射频识别技术，第 8 章和第 9 章论及了非接触式 IC 卡和 RFID 标签的国际标准。在这些标准中，重点讨论防冲突及其实施方式，在第 6 章中定义的命令，根据需要仍可在此使用。

1.7 本书的特点和内容简介

1. 本书的特点

本书全面论述了 IC 卡(接触型与非接触型)和 RFID 标签以及读写器的定义、工作原理、软硬件结构、国际标准、测试技术和应用范例，并讲述了近年来快速发展的物联网及其应用范例。

本书的服务对象是相关专业的大学生和研究生以及从事 IC 卡、电子标签及其读写器的研发、设计、制造、测试、维护的工程技术人员，也包括相应的应用系统和物联网应用系统的开发人员。所以在本书中对相关的国际标准特别关注，因为这是上述工程技术人员需要遵守的规范。目前从事这一行业的研发和技术人员一般都是从别的行业转过来的或者是新参加工作的人员，为帮助他们顺利踏上新的工作岗位，本书采用了下述编写原则：入门起步低、内容循序渐进、统一规划、重点突出，最终达到深入了解该领域中的主要技术问题，更快投入工作的目的。对于已在该领域中做出贡献的人员，估计有些内容可能还值得一读，如国际标准。据调查，在目前已出版的书籍中，对相关国际标准的描述，本书还是有可读之处，而且在本书中涉及的国际标准已包含了我国已制定或即将制定的相关国家标准的内容。

2. 本书内容简介

本书的第 1 章为概论，对智能卡(从芯片到系统)和 RFID 标签以及读写器作了较为全面的描述，说明了磁卡、IC 卡(存储器卡、逻辑加密卡、智能卡)和金融交易卡(金融卡)、非金融卡等的含义与功能，并介绍了物联网的概念。书中突出了卡的安全问题和标准化问题。

第 2～16 章按专题进行论述。

第 2 章介绍与磁卡有关的国际标准以及金融卡的国际标准。因为智能卡是从磁卡发展而来的，而且目前世界上的金融卡仍广泛使用磁卡，因此发展智能卡时仍需兼顾磁卡。

第 3 章主要讨论在 IC 卡中数据的基本表现形式：数据元、数据对象和文件。其内容将应用于第 6 章中和其他相关的章节中。

第 4 章主要介绍接触式 IC 卡的国际标准，涉及卡的物理特性、触点尺寸和位置、电信号和传输协议。

第 5 章描述了对智能卡的安全要求和鉴别方法，重点推荐了两种在智能卡中常用的密码算法：对称密钥密码算法和非对称密钥密码算法，讲述了基本原理、算法及其应用。并简单介绍了哈希算法。本章是实现智能卡、RFID 标签和物联网安全的数学基础，同时也是实用技术。安全与鉴别是本书的重点之一。

第 6 章叙述对接触式卡和非接触式卡均适用的国际标准：IC 卡的组织、安全和命令。内容较多且极为重要。

第 7 章讲述的射频识别技术为后面各章的非接触式 IC 卡、RFID 标签和物联网的空中射频信息传输做准备。

第 8 章和第 9 章讨论非接触式 IC 卡和 RFID 标签的国际标准，主要涉及非接触式卡和 RFID 标签的物理特性，射频能量的传送和信号接口，初始化和防冲突，选择应答和传输协议等。

第 10 章 IC 卡及其专用芯片讨论了 3 种类型的 IC 卡：存储器卡、逻辑加密卡和带微处理器的智能卡。描述了各类卡中 IC(集成电路)的组成、工作原理、性能、特点和适用范围。

第 11 章描述的卡内操作系统 COS 是 CPU 卡与读写器之间进行通信的桥梁，管理着 CPU 卡的各种操作，保障卡操作的安全性，扩大了卡的应用范围。

第 12 章介绍 IC 卡和 RFID 标签的读写器是根据应用需求而控制卡和标签设备，内容涉及读写器的结构、接口电路和专用芯片等。

第 13 章主要介绍 IC 卡、RFID 标签与读写器的测试目的与方法。

第 14 章对物联网的定义、体系结构及其与互联网、移动通信网的关系作了全面介绍。

第 15 章给出了智能卡应用示例，如第二代居民身份证、交通一卡通和金融卡。

第 16 章给出了物联网应用示例，如物流业、交通管理系统和电网管理系统。

最后的附录是对本书内容的重要补充。

本书是为了适应“产、学、研、用”人员的全面培养或参阅而编写的，如果用作高等院校和高等职业学院相关专业的教材，受学生的学识、技术水平和课程学时的限制，书中有些内容可删除或在以后的课程中学习。为此作者在书中给出了建议，凡是在章节标题的上端用[a]标记可以不作为教材内容，用[b]标记是可选的，如在第 4 章的 4.5[a]、在第 6 章的 6.3.2[a]等；第 2 章的 2[b]、第 8 章中的 8.6[b]、第 9 章中的 9.4[b]等。这些在目录和文中都已标明。另外在文中某些章节中的小段内容可以不学，则用[c]表示，如在 5.4.1 节中的 3[c]。

附录 D 供教师或自学者参考。

习题

1. 什么是智能卡和IC卡？
2. 磁卡与IC卡的主要区别是什么？
3. 什么是信用卡和现金卡？
4. 接触式和非接触式IC卡的主要区别是什么？
5. 非接触式IC卡和RFID标签的主要区别是什么？
6. 计算机网络在IC卡工程中的重要性如何？
7. 智能卡与安全有什么关系？磁卡与智能卡在安全性方面有什么主要差别？
8. 卡内操作系统的作用是什么？
9. 在IC卡应用系统中，常用的密码算法是什么？
10. PIN主要用于验证持卡人的身份，保护卡主人的利益，这种说法对吗？
11. 一个现代化的信用卡应用系统的硬件应包括哪些主要部件和设备？
12. 信用卡系统的标准化有什么意义？
13. IC卡的存储器一般可划分成几个存储区？简单说明各区的作用。
14. 什么是读写器？其功能是什么？是否允许商店的雇员对读写器进行改装？
15. 凭你日常生活的经验，你感到IC卡可应用在哪些场合？
16. 早期物联网是怎样定义的？简述物联网和互联网的关系。
17. 国际标准、国家标准和工业标准的应用范围有何差别？

第2章[b] 磁　　卡

磁卡是一种磁记录介质卡片，广泛应用于银行系统、证券系统、门禁控制系统、身份识别系统和驾驶员驾驶执照管理系统等领域。磁卡利用贴在卡上的磁条来记录持卡人的账户、姓名等信息。磁卡一般由高强度、耐高温的塑料或纸质涂覆塑料制成，能防潮、耐磨且有一定的柔韧性，携带方便、使用较为稳定可靠。通常，磁卡的一面印刷有说明提示性的信息，如插卡方向等；另一面则有磁层或磁条，具有2～3个磁道(track)以记录有关信息数据。当读卡设备的磁头掠过磁条时，就可以对磁条进行读写操作。

2.1 磁卡尺寸、磁条和磁道位置

磁条是一层薄薄的由排列定向的铁性氧化粒子组成的材料，用树脂黏合剂严密地黏合在一起，并黏合在诸如纸或塑料这样的非磁基片介质上。磁条从本质上讲和计算机用的磁带或磁盘是一样的，它可以用来记载字母、字符及数字信息。磁条通过黏合或热合与塑料或纸牢固地整合在一起形成磁卡。

磁卡具备识别卡的一般特性。例如，允许磁卡正常使用过程中承受一定程度的变形(弯曲而未折损)，允许因为记录或打印而使卡的弹性变小；卡体应具备一定的剥离强度；以及环境温度在－35～50℃之间，卡的结构应保持可靠和可用等。

磁卡还有一些它自身的特性和应遵循的规定。磁卡的材料不应含有可能渗入或改变磁性材料性质的成分，以免卡在正常使用时，磁性材料变得不能满足识别卡的国际标准所规定的特性。磁条的信息，不因污染而失效。卡暴露在一定强度磁场中，记录的数据不能被破坏等。

磁卡尺寸有3种规格，见表2.1。

表2.1　3种规格的磁卡尺寸

卡类型	宽度/mm	高度/mm	厚度/mm
ID-1	85.6	53.98	0.76
ID-2	105	74	0.76
ID-3	125	88	0.76

(1) 一般将磁条贴在磁卡的背面，磁卡上的磁条区域见图2.1。

(2) 在距离磁卡上基准边缘2.54～19.05mm区域内的正、反两面均不得有变形、不规则和凸起的部分；否则会影响读写时磁头和磁条的接触。

(3) 磁条区域相对于相邻卡表面的垂直偏差应在－0.05～0.038mm之间。

(4) 磁条区域内的平均表面粗糙度在纵向和横向都不应超过0.4μm。

(5) 磁条内可分为3个独立的编码磁道，每个编码磁道的最小宽度是2.54mm。

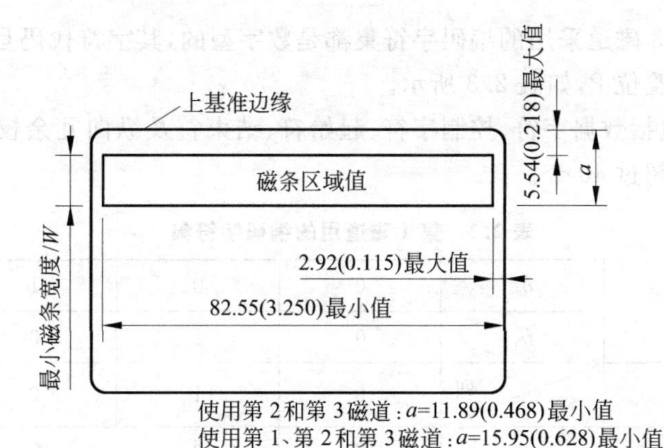

图 2.1　ID-1 型卡上磁条区域的位置(单位为 mm(inch))

2.2　磁条编码技术

磁条上记录的信息采用的是调频制编码技术，具有自同步能力。编码由数据和时钟跳变一起构成，在时钟跳变(t)中间产生磁通翻转则标记为 1，而时钟跳变(t)的中间没有产生磁通翻转则标记为 0，见图 2.2。

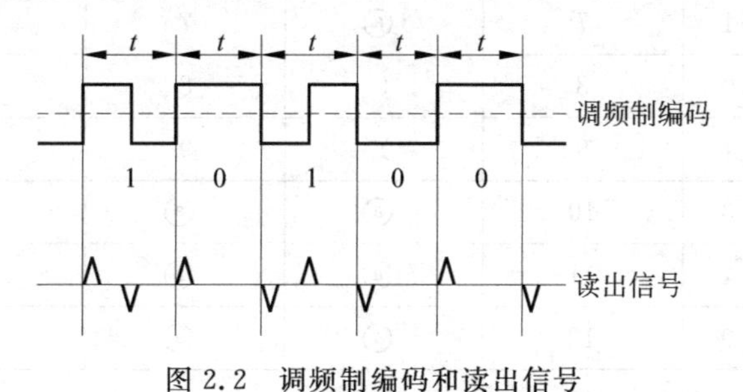

图 2.2　调频制编码和读出信号

编码时，各磁道都是从右侧顶端开始编码，编码应开始于起始符第一个 1 数据位的中心线，结束于纵向冗余校验码的最后一位(最后一位是奇偶校验位)。每个字符的位结构都是首先编码最低有效位(b_1)，最后编码奇偶校验位。

每个磁道的标称位密度如下。

- 第 1 磁道：8.27b/mm(210bpi)，bpi 为每英寸位。
- 第 2 磁道：2.95b/mm(75bpi)。
- 第 3 磁道：8.27b/mm(210bpi)。

第一个磁道的第一个数据位之前和最后一个数据位之后的磁条空间都应该以 0 编码。

第 1 磁道采用的编码字符集见表 2.2，其代码是字母数字型的 6 位二进制码，并带奇校验位。

第 1 磁道上，包括数据字符、控制字符、起始符、结束符及纵向冗余校验字符等，全部字符数量总和不能超过 79 个。

第 2 磁道和第 3 磁道采用的编码字符集都是数字型的，其字符代码是 BCD(4 位二进制)码，并带有奇校验位 P，如表 2.3 所示。

第 2 磁道上，包括数据字符、控制字符、起始符、结束符及纵向冗余校验字符等，全部字符数量总和不能超过 40 个。

表 2.2　第 1 磁道用的编码字符集

				b_6	0	0	1	1
				b_5	0	1	0	1
b_4	b_3	b_2	b_1	行\列	0	1	2	3
0	0	0	0	0	SP	0	ⓐ	P
0	0	0	1	1	ⓐ	1	A	Q
0	0	1	0	2	ⓐ	2	B	R
0	0	1	1	3	ⓒ	3	C	S
0	1	0	0	4	$	4	D	T
0	1	0	1	5	%ⓓ	5	E	U
0	1	1	0	6	ⓐ	6	F	V
0	1	1	1	7	ⓐ	7	G	W
1	0	0	0	8	(	8	H	X
1	0	0	1	9	)	9	I	Y
1	0	1	0	10	ⓐ	ⓐ	J	Z
1	0	1	1	11	ⓐ	ⓐ	K	ⓑ
1	1	0	0	12	ⓐ	ⓐ	L	ⓑ
1	1	0	1	13	—	ⓐ	M	ⓑ
1	1	1	0	14	•	ⓐ	N	ⓑ
1	1	1	1	15	/	?ⓓ	O	ⓐ

注：ⓐ 这些字符位置仅适用于硬件控制并且不包含信息字符。

ⓑ 这些字符位置保留给附加国家字符用，国际上不通用。

ⓒ 字符位置保留给任选附加图形符号用。

ⓓ 这些字符对本应用具有下列含义：

位置　0/5　%表示“起始标记”(x/y 表示表中的第 x 列、第 y 行位置，下同)

1/15　? 表示“结束标记”

3/14　ⓑ 表示“分隔符”

第 3 磁道上，包括数据字符、控制字符、起始符、结束符及纵向冗余校验字符等，全部字符数量总和不能超过 107 个。

3 条磁道都采用两种差错校验技术：奇偶校验和纵向冗余校验(Iongitudinal Redundancy Check，LRC)。每一编码字符都含有一奇偶校验位，3 条磁道都采用奇校验，即奇偶位保证每一字符(包括奇偶位在内)1 的总数是奇数。每条数据信息都应包含纵向冗余校验字符。按照卡的起始标记、数据、结束标记的读卡方向,LRC 字符应紧跟在结束标记之后编码。LRC 字符的位结构与数据字符的位结构相同,都是先编码低有效位,再编码高有效位,最后编码奇偶校验位。LRC 字符的计算方法分为如下两步。

表 2.3　第 2 和第 3 磁道的编码字符集

位					行	字符
P	b_4	b_3	b_2	b_1		
1	0	0	0	0	0	0
0	0	0	0	1	1	1
0	0	0	1	0	2	2
1	0	0	1	1	3	3
0	0	1	0	0	4	4
1	0	1	0	1	5	5
1	0	1	1	0	6	6
0	0	1	1	1	7	7
0	1	0	0	0	8	8
1	1	0	0	1	9	9
1	1	0	1	0	10	ⓐ
0	1	0	1	1	11	ⓑ[1]
1	1	1	0	0	12	ⓐ
0	1	1	0	1	13	ⓑ[2]
0	1	1	1	0	14	ⓐ
1	1	1	1	1	15	ⓑ[3]

注:ⓐ 这些字符位置仅适用于硬件控制并且不应包含信息字符(数据内容)。

ⓑ[1] 起始标记(起始字符)。

ⓑ[2] 分隔符。

ⓑ[3] 结束标记(结束字符)。

(1) 不包括奇校验位,LRC 字符的每一位使数据信息(包括起始标记、数据、结束标记、LRC 字符)对应位上的位编码为 1 的总数是偶数。即所有数据信息字符第 1 位的 1 的个数是偶数,第 2 位的 1 的个数也是偶数……。

(2) 求 LRC 字符的奇校验位。LRC 字符的奇校验位与其他数据字符奇校验位的求法一样,奇校验位使得 LRC 字符本身所有位 1 的总数是奇数。

3 条磁道的格式及内容因应用而异。后面阐述在磁卡的一个主要应用领域——金融交易卡(Financial Transaction Card,FTC)上对各磁道的格式及内容的规定。以后不经特别说明,本章所述信息内容都是针对金融交易卡而言的。

2.3 低矫顽力磁条和高矫顽力磁条

2.3.1 基本概念及有关参数

1. 磁记录原理

通过读写器的磁头和磁卡上的磁条相对运动完成写入和读出。

写入过程如图 2.3(a)所示。记录介质在磁头下匀速通过,若在磁头线圈中通入一定方向和大小的电流,则磁头导磁体被磁化,建立一定方向和强度的磁场(H)。由于磁头上存在工作间隙,在间隙处的磁阻较大,因而形成漏磁场。在漏磁场的作用下,将工作间隙下面介质表面上微小区域的磁性粒子向某一水平方向磁化,形成一个磁化单元。当漏磁场消失以后,由于磁层是硬磁材料,因此磁层呈现剩磁状态。而磁头是良好的软磁材料,线圈内电流消失以后,又回到未磁化状态。如果在磁头的写入线圈中连续通入不同方向的电流,被磁化单元的方向不同,剩磁状态也不同,用二进制信息的 1 和 0 代表。随着写入电流的变化和记录介质的运动,可将二进制数字序列转化为介质表面的磁化单元序列。

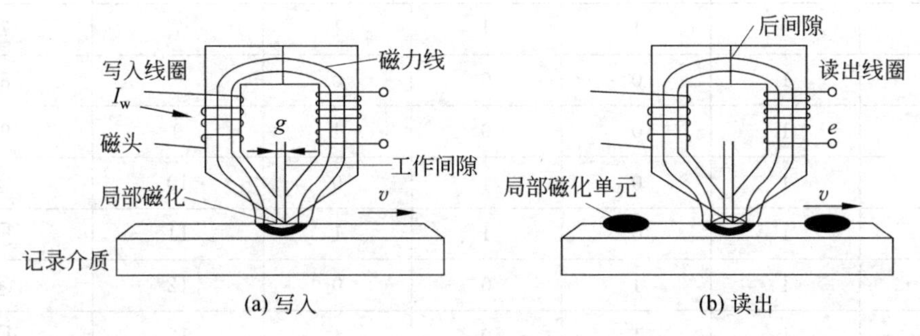

图 2.3 读写原理

读出过程是将介质上记录的磁化单元序列还原为电脉冲序列的过程。如图 2.3(b)所示,当记录介质(磁条)在磁头下匀速通过时,不论磁化单元是哪一种剩磁状态,磁头和介质的相对运动将切割磁力线,因而在读出线圈的两端产生感应电压 e。e 的幅度与读出线圈的匝数 n、运动的相对速度 v 以及磁通强度的变化率成正比。

2. 有关参数

(1) 磁滞回线。在磁场中,磁体的磁感应强度(磁通强度 B)与磁场强度 H 的关系可用曲线来表示,当磁化磁场做周期性变化时,磁体中的磁感应强度与磁场强度的关系是一条闭合线,这条闭合线叫做磁滞回线,如图 2.4 所示。

(2) 剩磁。从磁饱和状态开始单调降低磁场强度 H 时所得退磁曲线与纵轴 B 交点处的磁通强度为 $\pm B_r$。

(3) 矫顽力。磁通强度 $B=0$ 时所需施加的磁场强度 H_{CM},是用来衡量磁条抵抗因受外界磁场影响而造成数据损失的能力,又称抗消磁性。矫顽力的单位在国际单位制中为 A/m(安/米),在 CGS(厘米-克-秒)制中为 Oe(奥斯特)。

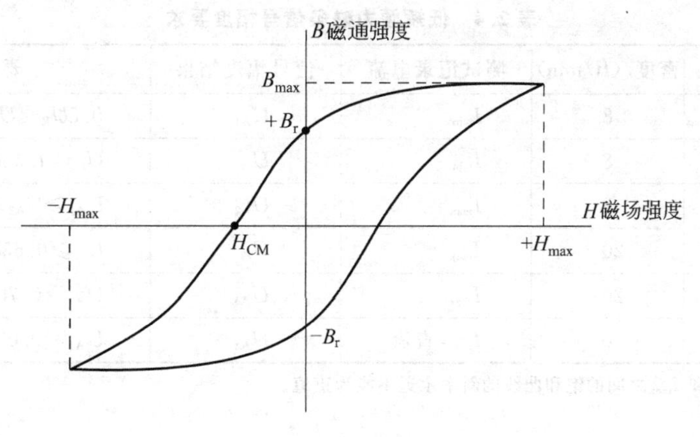

图 2.4 磁滞回线

1kA/m 约为 12.56Oe。

低矫顽力磁条：矫顽力一般为 300～650Oe。

高矫顽力磁条：矫顽力一般为 2750、3500 和 4000Oe。

通常低矫顽力磁条的颜色为褐色，高矫顽力磁条的颜色为黑色，以方便使用者(包括制卡商和发卡商)在生产、储存等过程中从颜色上区分低矫顽力磁条和高矫顽力磁条。

2.3.2 测试方法

1. 总则

本方法基于主标准基准卡，是由德国物理技术研究院研制并保存在美国 Q-CARD 公司的基准卡。用户可从 Q-CARD 公司购买复制的二级基准卡和随卡提供的校准证书，将二级基准卡的测试结果校正到主标准基准卡曲线。基准卡用来与用户被测卡的测试结果进行比较。

2. 测试和操作环境

基准卡的信号幅度测量：测试环境温度为 23℃±3℃，相对湿度为 40%～60%。

被测卡在下面的操作环境范围内曝露 5min 后，如果从翻转密度为 8ft/mm 的磁条上测量到的平均信号幅度不偏离基准卡在上述测试环境下测量值的 15%，则认为是合格的被测卡。

被测卡的测试环境：温度为－35～50℃，相对湿度为 5%～95%，ft/mm(flux transition per millimeter)为每毫米磁通翻转次数。

3. 测试装置

参考 ISO/IEC 10373-2 标准。该装置中包含有测试磁头，记录测试时通过写线圈的电流，并读出感应线圈上的电压。

2.3.3 低矫顽力磁条

根据 ISO/IEC 7811-2：被测的低矫顽力磁条应符合表 2.4 和图 2.5 的要求。

表 2.4　低矫顽力磁条信号幅度要求

说　明	密度/(ft/mm)	测试记录电流	信号幅度结果	要　求
信号幅度	8	I_{min}	U_{A1}	$0.8U_R \leqslant U_{A1} \leqslant 1.3U_R$
信号幅度	8	I_{min}	U_{i1}	$U_{i1} \leqslant 1.36U_R$
信号幅度	8	I_{max}	U_{A2}	$U_{A1} \geqslant U_{A2} \geqslant 0.8U_R$
信号幅度	20	I_{max}	U_{i2}	$U_{i2} \geqslant 0.65U_R$
分辨率	20	I_{max}	U_{A3}	$U_{A3} \geqslant 0.7U_{A2}$
擦除	0	I_{min},直流	U_{A4}	$U_{A4} \leqslant 0.03U_R$

注：位于 I_{min} 和 I_{max} 之间的饱和曲线的斜率永远不能为正值。

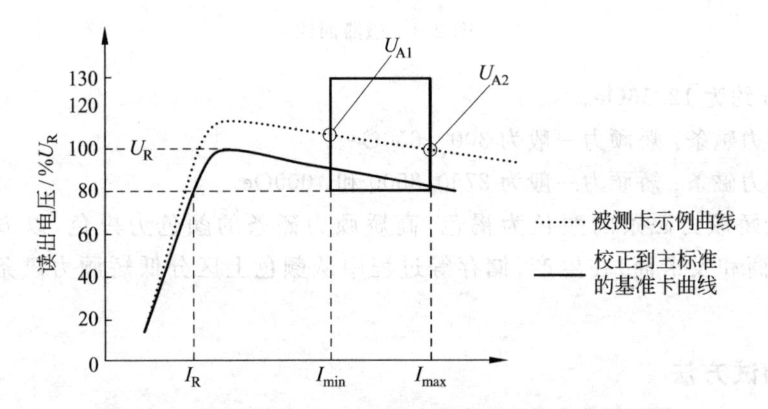

图 2.5　显示密度为 8ft/mm 的容差范围的饱和曲线示例

表 2.4 和图 2.5 中的 U_R、U_A、U_i 的意义如下。

- U_R（基准信号幅度）：基准卡校正到主标准后得到的平均信号峰值。
- U_A（平均信号幅度）：被测卡磁道上覆盖整个磁条区域的每个信号峰值（U_i）的绝对值相加后的总和，再除以信号峰值的总个数后得到的数值。
- U_i（单个信号幅度）：单个读出电压信号的从 0 到峰值的幅度。

有关测试电流和分辨率的意义如下。

I_R（基准电流）：在给定测试条件下磁头写线圈的最小记录电流幅度，它使得基准卡上在密度为每毫米 8 次磁通翻转的情况下，读出的信号幅度为基准信号幅度 U_R 的 80%，如图 2.5 所示。

F_R（基准磁通强度）：与基准电流 I_R 相对应的测试磁头内的磁通强度。

测试记录电流 I_{min} = 对应于 3.5 倍 F_R 的磁头写线圈电流

测试记录电流 I_{max} = 对应于 5.0 倍 F_R 的磁头写线圈电流

分辨率是为了测试当存储密度提高后对读出的信号幅度的影响，不能低于正常工作时的 70%。

2.3.4　高矫顽力磁条

根据 ISO/IEC 7811-6：高矫顽力低密度磁条应符合表 2.5 的要求。

表 2.5　高矫顽力低密度磁条信号幅度要求

描　述	密度/(ft/mm)	测试记录电流	信号幅度结果	要　求
信号幅度	8	I_{min}	U_{A1}	$0.8U_R \leqslant U_{A1} \leqslant 1.2U_R$
信号幅度	8	I_{min}	U_{i1}	$U_{i1} \leqslant 1.26U_R$
信号幅度	8	I_{max}	U_{A2}	$U_{A2} \geqslant 0.8U_R$
信号幅度	20	I_{max}	U_{i2}	$U_{i2} \geqslant 0.65U_R$
分辨率	20	I_{max}	U_{A3}	$U_{A3} \geqslant 0.7U_{A2}$
擦除	0	I_{min},直流	U_{A4}	$U_{A4} \leqslant 0.03U_R$

注：位于 I_{min} 和 I_{max} 之间的饱和曲线的斜率永远不能为正值。

使用高密度磁条的卡大多采用 2750Oe 的磁条，从理论上讲，磁条矫顽磁力越高，其抵抗意外擦磁能力就越强，就更值得选择使用，但在实际使用过程中还需结合其他因素来综合考虑。VISA、Master 等国际信用卡组织一致认为，银行卡选用 2750Oe 的高密度磁条最为适宜。根据充足的测试结果表明，2750Oe 的磁条既足以防止意外擦磁，又比较容易读写，在使用过程中更具有安全性、可靠性及稳定性等多方面优势。4000Oe 的高密磁条则可能会引起写磁困难及产生过大的噪声影响，其安全性有可能引起读磁失误。

根据 ISO/IEC 7811-7：2004，高矫顽力高密度磁条基本上符合表 2.5 的要求（2004 是标准制定的年份）。其不同的内容如下：

存储密度由 8/20 改为 20/40ft/mm，分辨率 $U_{A3} \geqslant 0.8U_{A2}$。

2.4　金融交易卡

本节主要介绍金融交易卡（FTC）上的 3 个磁道的规定，这些规定也已经广泛适用于 VISA 信用卡、Master 信用卡和银联卡等。

(1) 磁道 1 的标准记录密度为 8.3bpmm(210bpi)±5%，每个字符的长度为 7 位（包括校验位）（注意，bpmm 为位/毫米，bpi 为位/英寸）。磁道 1 信息的最大长度为 79 个字母数字字符。

国际标准 ISO 7813：1987 规定第 1 磁道有两种结构，其中结构 A 留给发卡者规定，结构 B 如图 2.6 所示。

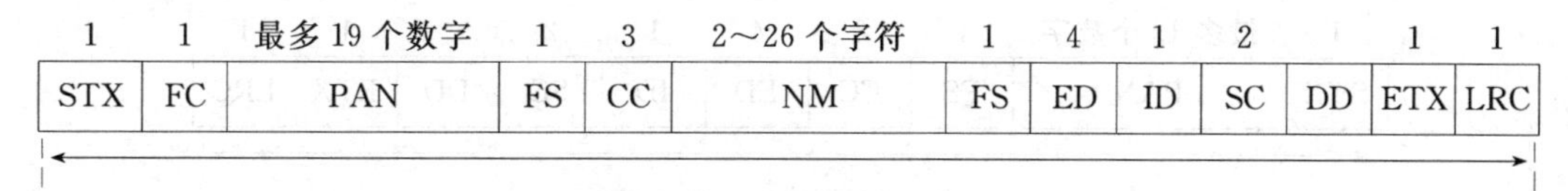

图 2.6　FTC 卡磁道 1 格式

- STX：起始字符（起始标记），在编码字符集（表 2.2）中位于位置 0/5 处，是%。
- FC：格式代码，在这里应是 B，表明是格式 B，位于字符集位置 2/2 处。
- PAN：个人标识号码（主账号），代表持卡人的号码，由发卡者标识号码、个人账户标识和校验数字三部分构成，详见 2.5 节的主账号格式。

- FS：分隔符。位于编码字符集位置 3/14 处。
- CC：国家代码。3 个数字，当主账号的主要行业标识符是 59(金融行业)时，这个字段按 ISO 3166 强制编码。在所有其他情形下，没有该字段。
- NM：持卡人的姓名，2～26 个字符。
- ED：失效日期。格式为 YYMM，用 4 个数字表示卡的有效期限(YY 表示年，MM 表示月)。如果不定义失效日期，该字段应为一分隔符(位于字符集 3/14 处)。
- ID：交换指示符，见 SC。
- SC：服务代码。ID 和 SC 用来表示发卡者对持卡人提供的服务范围和类别。如果这两项内容不存在或不用指定，这两个字段以一个分隔符代替。

交换指示符是 1 个数字，它由 ISO 技术组织指定。目前已指定的如下。

1：适用于国际交换。

5：只适合于发卡国家内的交换。

7：不适用于一般交换(在发行者之间的特定协议不受此限制)。

9：系统测试卡。

服务代码由两个数字组成。

00～49：由 ISO 技术组织指定和发布的代码。

50～59：由国家标准组织指定和发布的代码。

60～99：可由民间指定的代码。

当交换指示符为 1 时，SC 只能指定在 00～49 之间；当交换指示符为 5 或 7 时，所有 SC 代码都有效。

目前指定的服务代码如下。

- DD：自由数据，或称随意数据。可包括卡的启用日期、平衡字符等。该字段的长度应使整个磁道信息长度不超过总长 79 个字符。
- ETX：结束标记(结束字符)，位于字符集 1/15 处。
- LRC：纵向冗余校验字符。

(2) 磁道 2 的记录密度比磁道 1 低得多，为 3bpmm(75bpi)±3%，每个字符长度为 5 位(含校验位)，其信息最大长度为 40 个数字字符。

ISO 7813 规定了第 2 磁道的标准结构，如图 2.7 所示。

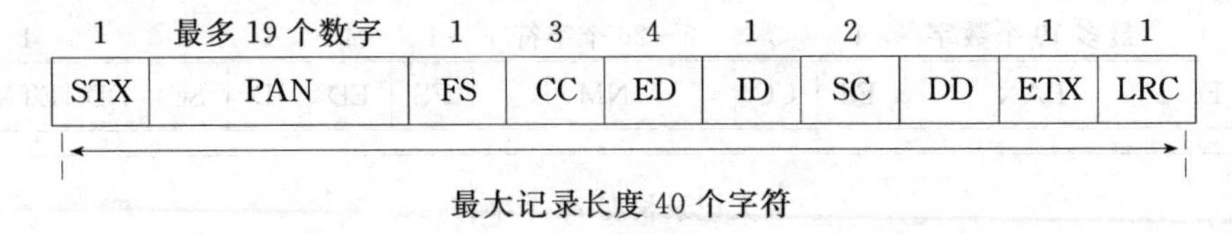

图 2.7 FTC 卡磁道 2 格式

比较第 1 磁道和第 2 磁道可以发现，两磁道的区别在于第 1 磁道比第 2 磁道多一个姓名字段，可以记录持卡人的姓名。第 1 磁道的编码字符集是字母数字的，字母主要提供给姓名字段用；第 2 磁道的编码字符集是数字的。此外，两个磁道其他字段的含义、格式及长度基本上是一样的。第1磁道因为信息内容多,比第2磁道存储密度高。实际应用时,发卡者可以根据实际需要确定选用哪条磁道,也可以将两磁道配合起来使用,提供更丰富的信息。

(3) 第3磁道的记录密度为8.3bpmm(210bpi)±8%,每个字符长度与第2磁道一样为5位(含校验位),其信息最大长度为107个数字字符。

第3磁道的信息有两种标准格式(参见ISO 4909),两种格式代码的内容基本相同。与第2磁道相比,增加了一些字段,如货币类型、金额和余额、开始使用日期和有效期、使用了输入识别码PIN不成功的次数、卡允许进行交换的类型(适用于国际、国内或地区)等。

各字段如果不需要,则以一个FS代替。

(4) 在金融行业,作为金融交易卡的磁卡,一般配合强大、可靠的计算机网络系统使用。用户的各方面信息,诸如金额、交易记录等,均保存在金融机构计算机的数据库中,用户所持的卡片只是提供用户的主账号等索引信息,便于在数据库中迅速找到用户数据。

2.5 主账号格式

主账号(Primary Account Number,PAN)是标识持卡人的号码,它等同于ISO 7812中所定义的标识号码(ISO 4909对PAN的有关内容作了补充规定)。标识号码由图2.8所示的三部分组成。

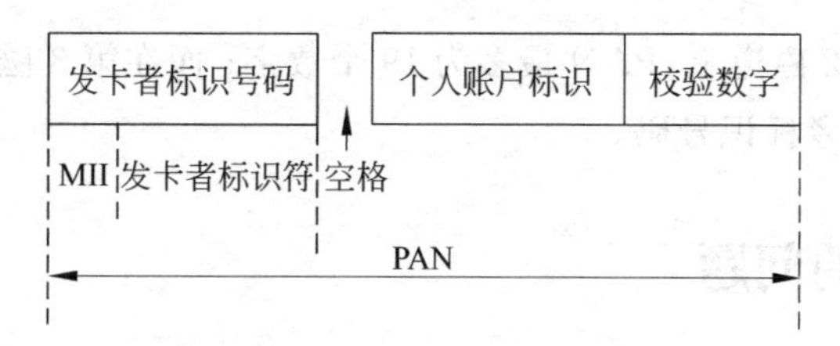

图2.8 PAN的组成

1. 发卡者标识号码

它由主要行业标识符(MII)和发卡者标识符两部分组成。

MII用于标识发卡者所属行业,用一个数字表示。发卡者标识符用于标识各行业内不同发卡者,其长度由MII预先确定。例如,当MII=1时,为航空业,发卡者标识符为3个数字;当MII=3时,为旅游和娱乐业,发卡者标识符为5个数字;当MII=5时,根据发卡者标识符的第1个数字确定其长度;而当MII=5后紧跟数字9时,发卡者标识符由金融机构分配,而并非像其他情况一样由ISO注册授权机构发布,此时可将59整个看作是MII,标识金融行业。金融机构发布的发卡者标识符最多由8个数字组成,并用一个字段分隔符(空格)终止。MII=4或6,也属银行/金融业。

当MII=9时,发卡者标识符由国家代码(CCC)+(国家标准部门分配的发卡者标识符)组成。

2. 个人账户标识

由发卡部门分配给独立单位或个人的号码,用于标识一个独立的账户。

3. 校验数字

个人账户标识之后紧跟一数字，用以使 PAN 有效。它是根据 PAN 前面所有数字(从 MII 开始)计算得到的(字段分隔符计算时以 0 代替)。其计算方法是采用计算模 10 “隔位倍加”校验数的 Luhn 公式，步骤如下。

(1) 从右边第 1 数字开始(低序)，每隔一位乘以 2。

(2) 把步骤(1)中获得的乘积的各位数字与原号码中未乘 2 的各位数字相加。

(3) 求这个总和的个位数字的“10 的补数”，这个补数就是校验数字。如果步骤(2)得到的总和是以 0 结尾的数(如 30、40 等)，则校验数字为 0。

例如：无校验数字的账号 499273 9871。

步骤										
	4	9	9	2	7	3	9	8	7	1
1		×2		×2		×2		×2		×2
		18		4		6		16		2

2　　4+1+8+9+4+7+6+9+1+6+7+2=64

3　　4 的补数=6

结果：　带有校验数字的账号为

499273 98716

4. PAN 的长度

在第 1 磁道和第 2 磁道上，PAN 最多为 19 个数字；而在第 3 磁道上，PAN 的最大长度依赖于 MII 和发卡者标识号码。

2.6　磁卡存在的问题

磁卡因其简单、价廉而广泛应用于金融、邮电和航空等领域，世界范围内磁卡的发行量已超过数十亿张。但磁卡的应用存在一些问题，这是由磁卡本身的特性所决定的，主要表现在卡的保密性和卡的应用方式上。

1. 磁卡保密性差

磁条容易读出和伪造。因此，自 FTC 卡发行以来，各式各样的作弊、诈骗行为日益增加，给银行及其代理带来了损失。诸如售货商作弊、偷窃、伪造、冒领和诈骗等。为了防备更严重的诈骗行为，各行业采取了其他一些方法对磁卡的使用加以限制，如要求授权、限制一天内交易次数及交易金额等，这从某种程度上减轻了损失。

2. 磁卡的应用方式比较单一、受限制

磁卡的应用往往需要其他方面的条件，如强大可靠的计算机网络系统、中央数据库等，其应用方式是集中式的，有时会给用户带来不便，存在网络速度、网络吞吐率等问题，这都是因为磁卡中磁条本身信息量少、保密性差引起的。

近年来，随集成电路发展而兴起的 IC 卡(集成电路卡)因其保密性好、容量大，将逐渐取代磁卡。

习题

1. 什么是识别卡？磁卡有哪些物理特性？
2. 磁条采取何种编码技术？简述其方法。
3. 磁卡有几条标准磁道？各磁道在卡上的位置如何排列？
4. 磁道 1 采用的编码字符集是什么？磁道 2 和磁道 3 采用什么字符集进行编码？
5. 磁道编码时采用什么错误检测技术？
6. 试述 LRC 字符的计算方法。
7. 简述磁存储原理。请解释矫顽力。
8. 目前使用的磁条有哪几种类型？
9. 磁卡测试用的基准卡起什么作用？有哪些测试内容？
10. 简述 FTC 卡第 1 磁道的格式及内容。
11. 简述 FTC 卡第 2 磁道的格式及内容。
12. 3 条磁道信息的最大长度各是多少？
13. FTC 卡第 3 磁道有何特点？
14. 何为主账号？主账号是如何构成的？其长度是多少？
15. 磁卡与 IC 卡相比，具有哪些优、缺点？

第3章 IC卡信息编码(数据元、数据对象和文件)

IC卡的流通范围很广,如银行卡,可以在国内或国际范围内流通;交通卡可以在一个城市或跨区域范围内使用。为了便于识别、阅读和检索IC卡中存放的各种信息(数据),从而制定了编码规则。按各种数据的内容、性质或用途的不同,对其进行分析、划分归类,给出不同的标记,并纳入国际标准中,以促进IC卡的流通使用。

在IC卡中存储的信息可归纳为数据元、数据对象和文件3种。

在IC卡和读写器之间的接口处所见到的最小信息项(诸如一个名称、逻辑描述符、格式编码等)称为数据元(Data Element,DE),而在接口处所见到的由标记T(Tag)、长度L(Length)和数值V(Value)字段组成的信息称为数据对象(Data Object,DO)。在IC卡中,数据对象一般按照国际标准ISO/IEC 8825-1中定义的基本编码规则(Basic Encoding Rules,BER)进行编码,该标准是"抽象语法记法1(ASN.1)"编码规则的第1部分。

文件是基于一项或多项应用而设置的,存放控制信息和应用数据。

3.1 ASN.1的基本编码规则

3.1.1 编码结构(BER-TLV)

数据对象DO的编码由标记T、长度L和数值V三部分组成,其中标记和长度是为了解释数值部分而引入的。每部分由一个或若干个字节组成,每个字节包含8位二进制数$b_8 \sim b_1$,b_8为最高位,b_1为最低位。

标记T	长度L	数值V

1. 标记T

由一个或多个字节组成,首个8位字节安排如下(图3.1)。

(1) b_8、b_7表示标记类别,$b_8b_7=00$为通用类,$b_8b_7=01$为应用类,$b_8b_7=10$为上下文相关类,$b_8b_7=11$为专用类。

(2) b_6表示编码类别,$b_6=0$为原始编码P,$b_6=1$为结构化编码C。

(3) $b_5 \sim b_1$为标记编号,如果编号范围在0~30(二进制0000~11110)以内,则表示标记T为1个字节(图3.1);如果$b_5 \sim b_1=11111$,则表示标记T为多个字节,其编号不小于31。当后继字节的b_8为1时,表示后面还有后继字节;b_8为0时,表示该字节是T的最后一个字节(图3.2)。标记的编号由后继字节的$b_7 \sim b_1$链接而成。

b_8 b_7	b_6	b_5 b_4 b_3 b_2 b_1
标记类	P/C	标记编号

图3.1 标记T(编号0~30)

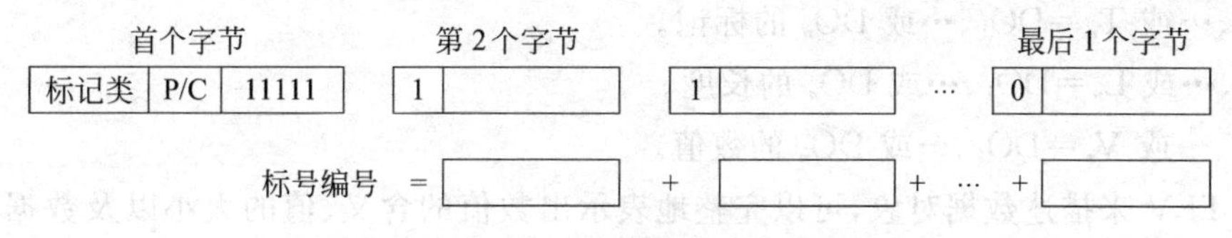

图 3.2　标记 T(编号由多个字节组成)

由此得出数据对象的4种标记类别的编码范围如表3.1所示。

表 3.1　数据对象的 4 种标记类别的编码范围(T 由 1 个字节组成)

$b_8\ b_7$ 类别	$b_8 \sim b_1$ 编码范围(十六进制表示,×为任意值)	
00 通用类	'0×'～'1×'(原始编码)	'2×'～'3×'(结构化编码)
01 应用类	'4×'～'5×'(原始编码)	'6×'～'7×'(结构化编码)
10 上下文相关类	'8×'～'9×'(原始编码)	'A×'～'B×'(结构化编码)
11 专用类	'C×'～'D×'(原始编码)	'E×'～'F×'(结构化编码)

在本章中还用数据下标表示进位制。

2. 长度 L

由1个或多个字节组成。如果L的首个字节的 $b_8=0$,则L的长度为1个字节,$b_7 \sim b_1$ 表示数值V的字节数(≤127);如果 $b_8=1$,则L的长度为多个字节,$b_7 \sim b_1$ 表示后继长度的字节数,后继长度字节的内容为数值V的字节数。

L的首个字节不使用FF,FF供将来扩展使用。

例如:

(1) $L=33_{10}$(十进制数33),$b_8 \sim b_1$ 编码为 00100001_2,$b_8=0$,L的长度为1个字节。

(2) $L=201_{10}$,编码为 $10000001_2\ 11001001_2$,首个字节的 $b_8=1$,表示长度由多个字节组成;$b_7 \sim b_1=0000001$,表示L后继字节的长度为1。第2个字节为数值V的字节数 201_{10}($2^7+2^6+2^3+2^0=128+64+8+1=201_{10}$)。

3. 数值 V

由0个、1个或多个字节组成,有两种编码方式:DO的原始编码和结构化编码。这两种编码的主要差别是V字段的表示方法不同。

(1) 原始编码格式:

标记 T	长度 L	数值 V

前面介绍的编码格式即是原始编码格式。

(2) 结构化编码格式:

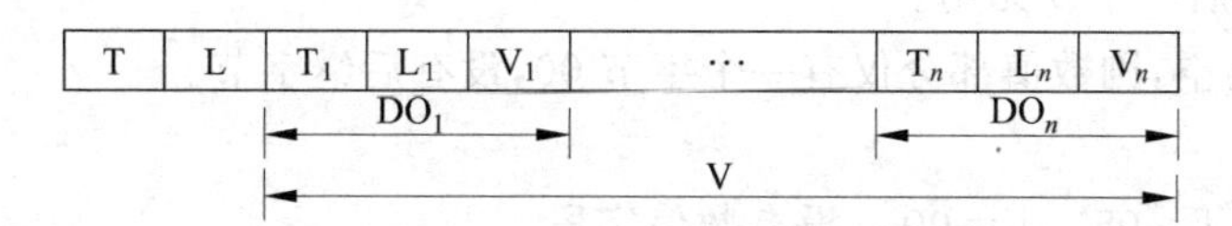

其中,T为标记,L为V字段的长度,而V字段则是由一个或多个数据对象组成,被称为T的模板(template)。在模板中:

T_1、…或 T_n=DO_1、…或 DO_n 的标记。

L_1、…或 L_n=DO_1、…或 DO_n 的长度。

V_1、…或 V_n=DO_1、…或 DO_n 的数值。

用 TLV 来描述数据对象，可以完整地表示出数值的含义、值的大小以及数据对象长度。而且 TLV 的总字数可从其本身算出来。

在 IC 卡领域内，广泛采用 TLV 表达形式，当采用结构化编码格式，有多个数据对象链接时，数据对象之间可以不用分隔符(或称为定界符)。

3.1.2 通用类编码

通用类的编码在 ASN.1 编码规则中定义，应用类、上下文相关类和专用类与应用的场合有关，在其他相应的标准中定义。

下面将介绍一部分通用类编码，其中已确定编号的标记 T 具有唯一性，不能再进行其他定义。

1. 布尔值

原始编码：T=01_{16}。如果布尔值为假(false)，数值应为 0；如果布尔值为真(true)，数值应为任意非 0 值，如下所示(在本例中，用 FF 表示非 0 值)。

标记 T(布尔)	长度	数值
01_{16}	01_{16}	FF_{16}

十六进制数据 1 位相当于二进制数据 4 位，在 IC 卡中一般定义为 1 个数据单元，1 个字节包含 2 个数据单元。

在上例中，$T=01_{16}=\begin{matrix} b_8 & b_7 & b_6 & b_5 & b_4 & b_3 & b_2 & b_1 \\ 0 & 0 & 0 & 0 & 0 & 0 & 0 & 1_2 \end{matrix}$，其中 $b_8b_7=00$，属于通用类，$b_6=0$ 为原始编码，$b_5 \cdots b_1=00001_2$，其值在 0～30 之内，因此 T 为 1 个字节。长度 L 和数值各为 1 个字节。所以该数据对象的总字数为 3 个字节。

2. 位串值

原始编码：T=03_{16}；结构化编码：T=23_{16}。

若有位串值 $0A3B5F291CD_{16}$，可采用原始编码或结构化编码，如图 3.3 所示。

在图 3.3 中，数值部分的第一个字节表示最后一个字节未被使用的二进制位数，其范围为0～7 位。在图 3.3(a)中，第一字节为 04，表示最后一个 0 无用。在图 3.3(b)中位串值为 2 个 DO 链接，第一个 DO 的第一字节为 00，表示没有无用位；第二个 DO 的第一字节为 04，表示最后一个 0 无用。

如果位串为空，则数值部分仅有一个字节 00，没有后继字节。

3. 空值

原始编码：T=05_{16}，L=00_{16}，没有数值字段。

4. 序列值

结构化编码：T=30_{16}。

T（位串）	长度L	数值V
03_{16}	07_{16}	$040A3B5F291CD0_{16}$

(a) 原始编码

T（位串）	长度L	数值V		
		位串	长度	数值
23_{16}	$0C_{16}$	03_{16}	03_{16}	$000A3B_{16}$
		03_{16}	05_{16}	$045F291CD0_{16}$

(b) 结构化编码

图 3.3 位串值的编码

例如，要求顺序列出两个数据对象：名字 Smith 和布尔值为真，可编码如图 3.4 所示。

T（序列）	长度	数值		
30_{16}	$0A_{16}$	T（名字）16_{16}	长度 05_{16}	数值 Smith
		T（布尔）01_{16}	长度 01_{16}	数值 FF_{16}

图 3.4 序列值的编码

注：一个字节可表示二位十六进制数据(0～9，A～F)或一个英文字母(A～Z)。

5. 对象标识符

原始编码：T=06_{16}。

数值部分是链接的多个子标识符的编码。每个子标识符由一个或多个字节组成，每个字节的最高位指示它是否为该子标识符的最后一个字节，若是，$b_8=0$；若不是，$b_8=1$。子标识符由上述这些字节的 $b_7 \sim b_1$ 链接起来而形成的一个无符号的二进制数，其最高位是第一个字节的 b_7，最低位是最后一个字节的 b_1。

例如，ISO 9992-2 的 DO 是 06 04 28 CE 08 02。其中，06 是标记 T，04 是长度 L，28(十进制 40)为子标识符 ISO 的编码，CE 08 是子标识符 9992 的编码，02 是子标识符 2，28CE0802 构成 DO 的数值部分。

下面讨论如何从 9992_{10} 转换成 $CE08_{16}$。

根据计算，$9992_{10}=2708_{16}$，二进制值为 0010 0111 0000 1000，按 7 位分段，得 1001110 0001000，所以该子标识符由两个字节构成，第一个字节的最高位补充 1，第二个字节的最高位补充 0，最后得 11001110 00001000，等于 $CE08_{16}$。

3.2 IC 卡使用的数据对象

在 IC 卡和读写器之间的界面上所见到的数据对象在国际标准中又称为行业间数据对象(Interindustry Data Object，IDO)。在本章中仍简称为 DO。

3.2.1 数据对象的格式

IC 卡中的 DO，一般是用 Simple-TLV 和 BER-TLV 描述的两种 DO。

1) Simple-TLV 数据对象

- T 字段：由 1 个字节组成。编码范围为 1～254，'00'和'FF'为无效编码。
- L 字段：如果由 1 个字节组成，编码范围为 1～254，以 N 表示。如果第 1 个字节是'FF'，则 L 字段由 3 个字节组成，后继的 2 个字节表示数值字段长度，范围为 0～65 535，也以 N 表示。
- V 字段：如果 L 字段的 $N=0$，不存在数值字段，这是一个空值 DO；如果 $N>0$，数值字段由 N 个字节组成。

在 IC 卡的文件组织中，可以用 Simple-TLV 数据对象来描述一个记录。

2) BER-TLV 数据对象

上节中描述的 BER-TLV 同样适用于此。有两种 DO 编码：原始编码和结构化编码。

在国际标准 ISO/IEC 7816 中，数据元一般出现在数据对象 DO 的数值字段中或不用标记也能表达其含义的场合。

3.2.2 数据对象的标记分配

在 ISO/IEC 7816 中汇总了某些在 IC 卡中使用的 ASN.1—BER 应用类标记 DO(原始编码 4×、5×和结构化编码 6×、7×)。随着时间的推移和使用范围的扩大，肯定会有新的编码补充进来。

在 ISO/IEC 7816-4 中还定义了上下文相关类标记(8×、9×、A×、B×)，这主要在本书的第 6 章中讨论。专用类标记尚未涉及。

表 3.2 给出了按标记数字次序排列的数据对象 DO(资料来源：ISO/IEC 7816-6)。标记与模板均为十六进制。在表中仅有一个通用类 DO，标记为 06。其他均为 IC 卡应用类数据对象(不适用于其他行业)。

表 3.2 按数字次序排列的 DO

标记	数据元名称	引用标准	长度	可引用的模板
06	对象标识符	ISO 8825-1	可变	—
41	国家机构	ISO/IEC 7816-6	可变	—
42	卡发行者机构	ISO/IEC 7816-4	可变	—
43	卡服务数据	ISO/IEC 7816-4	1 个字节	—
44	初始访问数据	ISO/IEC 7816-4	可变	66
45	卡发行者数据	ISO/IEC 7816-4	可变	66
46	预先发行的数据	专有	可变	66
47	卡能力	ISO/IEC 7816-4	可变	66
48	状态信息	ISO/IEC 7816-4	1、2、3 个字节	—
4F	应用标识符	ISO/IEC 7816-5	可变	61/6E

续表

标记	数据元名称	引用标准	长度	可引用的模板
50	应用标号	ISO/IEC 7816-5	可变	61/6E
51	路径	ISO/IEC 7816-4	可变	61
52	执行的命令	ISO/IEC 7816-4	可变	61
53	自由选择的数据	ISO/IEC 7816-4/5	可变	*
56	磁道 1(应用)	ISO/IEC 7813,ISO 8583	*ans*…76	6E
57	磁道 2(应用)	ISO/IEC 7813,ISO 8583	*n*…37	6E
58	磁道 3(应用)	ISO 4909,ISO 8583	*n*…104	6E
59	卡终止日期	—	*n*4	66
5A	主账号(PAN)	ISO/IEC 7813,ISO 8583	*n*…19	6E
5B	姓名	ISO/IEC 7501-1	可变	65
5C	标记列表	ISO/IEC 7816-4	可变	—
5D	首标列表	ISO/IEC 7816-4	可变	—
5E	登录数据(专有的)	专有	可变	6E
5F20	持卡者姓名	ISO/IEC 7813	*n*2…*n*6	65
5F21	磁道 1(卡)	ISO/IEC 7813,ISO 8583	*ans*…76	66
5F22	磁道 2(卡)	ISO/IEC 7813,ISO 8583	*n*…37	66
5F23	磁道 3(卡)	ISO/IEC 7813,ISO 8583	*n*…104	66
5F24	应用终止日期	—	*n*6	6E
5F25	应用生效日期	—	*n*6	6E
5F26	卡生效日期	—	*n*6	66
5F27	交换控制	ISO 4909	*n*1	66
5F28	国家代码	ISO 3166	*n*3	66
5F29	交换轮廓	—	待定义	67
5F2A	货币代码	ISO 4217	*a*3 或 *n*3	6E
5F2B	出生日期	—	*n*8	65
5F2C	持卡者国籍	ISO 3166	*n*3	65
5F2D	语言优先权	ISO 639	*a*2…*a*8	65
5F2E	持卡者生物统计数据	—	可变	65
5F2F	PIN 使用政策	ISO/IEC 7816-6	2 个字节	6E
5F30	服务代码	ISO/IEC 7813,ISO 8583	*n*3	6E
5F32	交易计数器	—	可变	6E
5F33	交易日期	—	*n*4 或 *n*10	6E
5F34	卡顺序号	—	*n*2	66
5F35	性别	ISO 5218	1 个字节	65

续表

标记	数据元名称	引 用 标 准	长度	可引用的模板
5F36	货币基本单位	ISO 4217	$n1$	6E
5F37	静态内部鉴别(一个步骤)	—	待定义	67
5F38	静态内部鉴别-第1个相关联的数据	—	待定义	67
5F39	静态内部鉴别-第2个相关联的数据	—	待定义	67
5F3A	动态内部鉴别	—	待定义	67
5F3B	动态外部鉴别	—	待定义	67
5F3C	动态相互鉴别	—	待定义	67
5F40	持卡者相片	—	$n1$	6C
5F41	元素列表	—	可变	—
5F42	地址	—	可变	65
5F43	持卡者手写体签名图像	ISO/IEC 11544	可变	6C
5F44	应用图像	ISO/IEC 10918-1	可变	6D
5F45	显示报文	—	可变	66
5F46	定时器	—	2个字节	66
5F47	报文引用	—	可变	66
5F48	持卡者秘密密钥	—	可变	65
5F49	持卡者公开密钥	—	可变	65
5F4A	认证机构的公开密钥	—	可变	65
62	FCP 模板	ISO/IEC 7816-4	可变	—
63	封套	ISO/IEC 7816-4	可变	—
64	FMD 模板	ISO/IEC 7816-4	可变	—
68	特定用户要求	—	可变	65
6A	登录模板	—	可变	6E
6B	受限定的姓名	—	可变	65
6C	持卡者图像模板	—	可变	65
6D	应用图像模板	ISO/IEC 10918-1	可变	6E
6F	FCI 模板	ISO/IEC 7816-4	可变	—
73	自由选择的数据	ISO/IEC 7816-4	可变	*
78	兼容标记分配机构	—	可变	—
79	共存标记分配机构	—	可变	—
7D	安全报文模板	—	可变	—
7F20	显示控制	—	可变	66
7F21	持卡者证明书	—	可变	65

*：本表中定义的所有模板。

表中的符号所表示的意义如下。

- *a*：字母字符。
- *n*：数字，BCD 编码（二进制编码的十进制数）。
- *s*：专用字符。
- …：在两个数之间表示值的范围。

例如：

*a*3 表示 3 个字母字符。

n…3 表示最多 3 个 BCD 码。

*n*2…4 表示 2，3 或 4 个 BCD 码。

表 3.2 中的标记由 1 个或 2 个字节组成，如果第 1 个字节的 $b_5 \sim b_1$ 为 11111（表中的 5F），则表示标记为 2 个字节。

表 3.2 中提及的模板标记有 61、65、66、67、6C、6D、6E。

其对应的数据如下。

标记 61——应用模板。

标记 65——与持卡者相关的数据。

标记 66——卡数据。

标记 67——鉴别数据。

标记 6E——与应用相关数据。

另外，6C 和 6D 可分别编于标记为 65 与 6E 的模板中。例如，在标记为 61 的结构化 DO 模板中，可包含表 3.3 列出的内容，该表是根据表 3.2 列出的。同样，可列出标记为 65、66…的模板。

表 3.3 应用模板——标记 61

标记	长度	数 据 元	标记	长度	数 据 元
4F	可变	应用标识符	53	可变	自由选择的数据
50	可变	应用标号	73	可变	自由选择的 DO
52	可变	执行的命令	51	可变	路径

上下文相关类数据对象将在 3.3 节中讨论。

3.2.3 编码举例

(1) 表示卡终止日期为 1995 年 2 月的 DO：

$$\underset{T}{\underline{59}} \quad \underset{L}{\underline{02}} \quad \underset{V}{\underline{95\ 02}}$$

(2) 表示应用终止日期为 1997 年 3 月 31 日的 DO：

$$\underset{T}{\underline{5F\ 24}} \quad \underset{L}{\underline{03}} \quad \underset{V}{\underline{97\ 03\ 31}}$$

(3) 表示个人出生日期的 DO：

$$\underset{T}{\underline{5F\ 2B}} \quad \underset{L}{\underline{04}} \quad \underset{V}{\underline{YYYYMMDD}} \quad \text{（Y：年；M：月；D：日）}$$

注意：上述 3 例数值字段 V 的编码方法与 3.1.2 小节介绍的通用类编码方法不同，

因此在使用到在本书中尚未讨论过的标记时，要查阅有关资料。

(4) 结构化的 DO 的举例。

$$\underset{T}{\underline{61}}\quad\underset{L}{\underline{0D}}\quad\underset{T_1}{\underline{4F}}\quad\underset{L_1}{\underline{05}}\quad\underset{V_1}{\underline{D\times\times\times\times\times\times\times\times\times}}\quad\underset{T_2}{\underline{53}}\quad\underset{L_2}{\underline{04}}\quad\underset{V_2}{\underline{\times\times\ \times\times\ \times\times\ \times\times}}$$

标记 61 为应用模板，结构化 DO 中有两个原始编码；DO 分别是国家注册的应用标识符 AID4F(5 字节)和自由选择数据标识符 53(4 字节)。

(5) 其他编码形式。

在 IC 卡中，某些数据元并不按 TLV 形式编码，如第 4 章中所讨论的复位应答、第 6 章中的命令编码等。由于它们出现在特定时间或场合，并由相关的国际标准予以详细的定义，不会产生二义性。

3.3 IC 卡的文件系统

3.3.1 文件的种类

文件用于管理应用和存储数据。

IC 支持两种文件：专用文件(Dedicated File，DF)和基本文件(Elementary File，EF)。

(1) 专用文件。用于主持应用和有层次结构的文件。一个“应用 DF”(application DF)对应一种应用。“应用 DF”可以作为其他文件的父文件(是上层的文件)，而其下层的文件被称为该 DF 的直属文件(可以是 DF 和 EF)。

(2) 基本文件。用于存放数据。EF 文件不能作为其他文件的父文件。EF 分为如下两类。

① 内部 EF：用于存储由卡所解释的数据，即为了管理和控制目的由卡内操作系统所分析和使用的数据。

② 工作的 EF：主要存储外界可使用的数据以及卡与读写器之间可相互传输的数据。

ISO/IEC 7816 提供如下两种逻辑组织方式。

(1) 图 3.5 所示为包含对应安全架构的 DF 层次结构。在这种卡的组织结构中，处于根部的 DF 称为主文件(Master File，MF)。所有 DF 可以是应用 DF，也可以有其下层的 DF 和 EF。

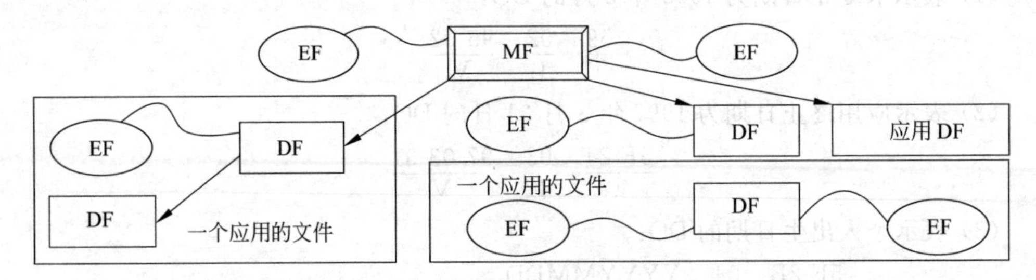

图 3.5　DF 层次结构示例

(2) 图 3.6 所示为平行结构的应用 DF，且没有 MF。该组织结构支持多个卡内的独立应用，在这些独立应用中的“应用 DF”可以包含其 DF 层次和对应安全结构，也可以有其下层的 DF 和 EF。

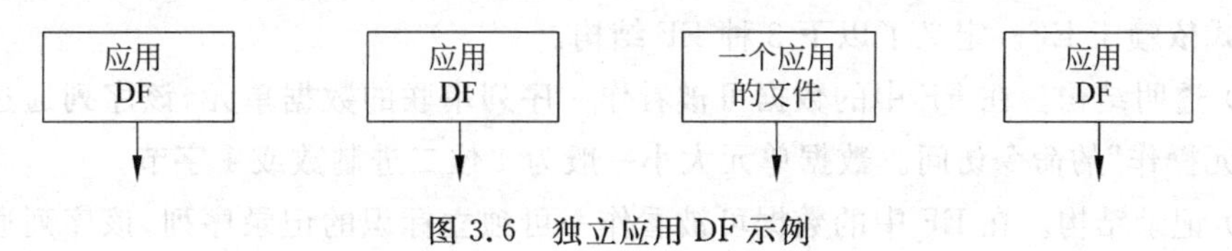

图 3.6　独立应用 DF 示例

3.3.2　结构选择方法、数据引用方法和文件控制信息

1. 结构选择方法

选择了一个结构，则可以访问其数据，如果是 DF 结构，则可以访问其子结构(下层)。结构选择可以是隐式实现，如 IC 卡加电复位后自动进行协议和参数的选择。如果一个结构不能被隐式选择，则应进行显式选择，可利用以下 4 种方式之一来选择文件。

(1) 通过 DF 名称选择。任何 DF 都可以通过按 1～16 个字节编码的 DF 名来选择。任何应用标识符(Application IDentifier，AID)均可作为“应用 DF”名。为了通过 DF 名进行无二义性的选择，“应用 DF”名在给定的卡内是唯一的。

(2) 通过文件标识符选择。任何文件都可以通过按 2 字节编码的文件标识符来引用。如果 MF 通过文件标识符来引用，应使用'3F00'(保留值)。值'FFFF'、'3FFF'和'0000'被保留。为了通过文件标识符来无二义性地选择任何文件，在给定 DF 下的所有直接 EF 和 DF 都应具有不同的文件标识符。

(3) 通过路径选择。任何文件都可以通过路径来引用(一串文件标识符的链接)。该路径以 MF 或当前 DF 的标识符开始，并且以文件自身的标识符结束。在这两个标识符之间，路径由连续父 DF(如果有)的标识符组成。文件标识符的次序总是在父级至子级的方向上。如果当前 DF 的标识符未知，值'3FFF'(保留值)可以用于路径的开始处。值'3F002F00'和'3F002F01'被保留，'2F00'为 EF. DIR，'2F01'为 EF. ATR。

(4) 通过短 EF 标识符选择。EF 可以通过值在 1～30 范围内的 5 位(二进制)编码的短文件标识符(Short File Identifier，SFI)来引用。用作短 EF 标识符的值 0(即二进制的 00000)引用当前已选择的 EF。短 EF 标识符不能用在路径中或不能作为文件标识符(如在第 6 章的 SELECT 命令中)。

EF. DIR 和 EF. ATR 是直接处于 MF 之下的两个基本文件(如果有的话)。EF. DIR 为目录文件，指示卡支持的一系列应用，由一组应用模板和/或应用标识符数据对象组成；EF. ATR 指示卡的操作特性，可理解为与复位应答 ATR(Answer To Reset)相关，复位应答是指 IC 卡加电后首先向读写器发出的一组数据，用来指出卡的基本特性和情况，详见第 4 章。

在 ISO/IEC 7816 中，对上述两个文件的内容到目前为止还没有更详细的描述。

在 TLV 结构的数据对象中，如果标记 T 为'51'，其数值 V 即为文件或路径，可以是任意长度。

2. 数据引用方法

在 DF 中，数据可能引用为数据对象。

在 EF 中，数据可能引用为数据单元、记录或数据对象，并可被相关命令存取。数据引用方式依赖于 EF。定义了以下 3 种 EF 结构。

(1) 透明结构。在 EF 中的数据可被看作一序列串联的数据单元，该序列通过“处理数据单元操作”的命令访问。数据单元大小一般为 4 位二进制数或 1 字节。

(2) 记录结构。在 EF 中的数据可被看作一可独立标识的记录序列，该序列通过“处理记录”的命令来访问。记录编号方法与 EF 相关。为按记录构成的 EF 定义了下列两种属性。

- 记录的长度：固定的或可变的。
- 记录的组织结构：按顺序(线性结构)或者按环形(循环结构)。

(3) TLV 结构。在 EF 中的数据可看作一个数据对象集合，该集合通过用于处理数据对象的命令来访问。这些在 EF 中的数据对象是 SIMPLE-TLV 或 BER-TLV。

为引用 EF 数据，卡必须至少支持图 3.7 中 5 种结构中的一种。

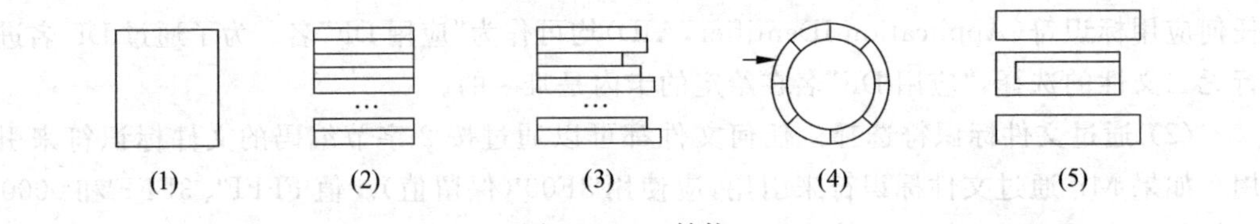

图 3.7 EF 结构

(1) 透明结构。

(2) 线性定长记录结构。

(3) 线性变长记录结构。

(4) 循环定长记录结构(箭头引用最近写入的记录)。

(5) TLV 结构(原始编码和结构化编码，在图中，上部和下部为原始编码 DO，中间是结构化编码 DO)。

3. 文件控制信息

文件控制信息(File Control Information，FCI)可包含在任意 DF 或 EF 中，执行 SELECT 命令后可从文件中读出。该命令在第 6 章中说明。

表 3.4 示出了 3 种模板来嵌套文件控制信息 BER-TLV 数据对象。

表 3.4 与 FCI 相关的模板

标 记	值
'62'	文件控制参数(FCP 模板)
'64'	文件管理数据(FMD 模板)
'6F'	文件控制参数和文件管理数据(FCI 模板)

(1) FCP 模板。它是文件控制参数(File Control Parameter，FCP)的集合，即在表 3.5 中列出的和定义的逻辑属性、结构属性和安全属性。在 FCP 模板中，数据对象定义为特定上下文类(标记为'80'至'BF')。标记'85'和'A5'引用自由选择数据。

(2) FMD 模板。它是文件管理数据(File Management Data，FMD)的集合，即在 ISO/IEC 7816 中规定的 BER-TLV 数据对象(如应用标识符、应用标号和应用有效日期)。在 FMD 模板中，标记'53'和'73'引用自由选择数据。数据对象定义为应用类，具体内容在用到时再介绍。

(3) FCI 模板。它是文件控制参数和文件管理数据的集合。

表 3.5　文件控制参数(模板标记'62')

标记 T	长度 L	值 V	适用于
'80'	变量	在文件中的数据字节数，不包括结构信息	任何 EF，1 次
'81'	2	在文件中的数据字节数，如果有，包括结构信息	任何文件，1 次
'82'	1	文件描述符字节(见表 3.6)	任何文件
	2	文件描述符字节后面紧跟着数据编码字节	
	3 或 4	文件描述符字节后面紧跟着数据编码字节和 1 个或 2 个字节的最大记录长度	任何支持记录结构的 EF
	5 或 6	文件描述符字节后面紧跟着数据编码字节和 2 个字节的最大记录长度以及 1 个或 2 个字节的记录个数	
'83'	2	文件标识符	任何文件
'84'	1～16	DF 名称	任何 DF
'85'	变量	非 BER-TLV 编码的专有信息	任何文件
'86'	变量	专有格式的安全属性	任何文件
'87'	2	包含扩充 FCI 的 EF 标识符	任何 DF，1 次
'88'	0 或 1	短 EF 标识符	任何 EF，1 次
'8A'	1	生命周期状态字节(LCS 字节)	任何文件，1 次
'8B'	变量	扩展格式安全属性	任何文件，1 次
'8C'	变量	压缩格式安全属性	任何文件，1 次
'8D'	2	包含安全环境模板的 EF 标识符	任何 DF
'8E'	1	通道安全属性	任何文件，1 次
'A0'	变量	数据对象模板安全属性	任何文件，1 次
'A1'	变量	专有格式模板安全属性	任何文件
'A2'	变量	模板包含一对或多对数据对象：短 EF 标识符(标记'88')-文件参考(标记'51'，L＞2)	任何 DF
'A5'	变量	BER-TLV 编码的专有信息	任何文件
'AB'	变量	扩展格式模板安全属性	任何文件，1 次
'AC'	变量	密码机制标识模板	任何 DF

表 3.5 列出了有特定上下文类中的文件控制参数，表中还指出了它仅发生一次(明确表示)或可重复(无表示)。“发生一次”表示该参数给出后不能再改变。

下面举例说明上下文类数据对象的意义。

DF 的部分控制信息可以存储在某个应用控制下的 EF 文件中，在文件控制参数中出现(通过标记'87'引用 EF 标识符)，如果存在此类 EF，则文件控制信息必须以 FCP 标记'62'或 FCI 标记'6F'引入。此例说明该上下文类数据对象(标记'87')必须在模板(标记'62'或'6F')中应用，这就可认为是“上文”的意思，以后(“下文”)就使用此 EF 标识符。

下面再举一例，标记为'80'的数据对象，在模板'62'的引用下，其数值 V 字段指出在文件中的数据字节数，而在第 6 章安全报文 SM 模板(标记'7D')的引用下，说明其数值 V 字段的内容是未编码为 BER-TLV 的明文。这说明上下文类数据对象在不同的上文指引下，在下文中其意义是不同的。

表 3.5 中列出的文件控制参数是很重要的，大部分参数的含义将在后面各章节(尤其是第 6 章)用到时再说明，但读者要了解“上下文类”的意义也很重要，因为在“上下文类”的数据不具有唯一性的特点。

表 3.6　文件描述符字节

b_8	b_7	b_6 b_5 b_4	b_3	b_2	b_1	含　义
0	×	— — —	—	—	—	文件可访问性
0	0	— — —	—	—	—	• 不可共享的文件
0	1	— — —	—	—	—	• 可共享的文件
0	—	1 1 1	0	0	0	DF
0	—	不全置 1	—	—	—	EF 类型
0	—	0 0 0	—	—	—	• 工作的 EF
0	—	0 0 1	—	—	—	• 内部的 EF
0	—	其他所有值	—	—	—	• EF 专用类型使用
0	—					EF 结构
0	—	不全置 1	0	0	0	• 没有信息给出
0	—	不全置 1	0	0	1	• 透明结构
0	—	不全置 1	0	1	0	• 线性结构，固定长度，没有进一步的信息
0	—	不全置 1	0	1	1	• 线性结构，固定长度，TLV 结构
0	—	不全置 1	1	0	0	• 线性结构，可变长度，没有进一步的信息
0	—	不全置 1	1	0	1	• 线性结构，可变长度，TLV 结构
0	—	不全置 1	1	1	0	• 循环结构，固定长度，没有进一步的信息
0	—	不全置 1	1	1	1	• 循环结构，固定长度，TLV 结构
0	—	1 1 1	0	0	1	• TLV 结构，用于 BER-TLV 数据对象
0	—	1 1 1	0	1	0	• TLV 结构，用于 SIMPLE-TLV 数据对象

习题

1. 试述数据元和数据对象的定义及两者之间的关系。
2. 原始编码和结构化编码数据对象的定义是什么?

3. 在结构化的 DO 中是否允许再套用结构化 DO？

4. 如果有两个 DO 链接如下：

   T_1-L_1-V_1- T_2-L_2-V_2

   假如其中不含有任何分隔符(或定界符)，而且都用数字编码来表示，请问这两个 DO 的分界处是否可能混淆？

5. 如何得出表 3.1 中通用类 DO 的原始编码范围为'0×'～'1×'，结构化编码范围为'2×'～'3×'?

6. 请写出 ISO 7816-4 的结构化 DO。

7. 在表 3.2 中，双字节标记 5F××是怎样产生的？如果有 5E××标记是否合理？

8. 上下文类数据对象有何特点？其标记是否具有唯一性？具有唯一性标记是哪类数据对象？

9. 在表 3.5 的文件控制参数中，哪些标记可归在上下文类数据对象中？

10. 在 IC 卡中定义了哪几种文件？对每一种 IC 卡来讲是否都必须有的？

11. EF 文件中存放在数据有哪几种格式？

12. 文件标识符一般由几个字节组成？是否都可以用短文件标识符？

第4章　接触式IC卡的物理特性、触点、电信号和传输协议、ISO/IEC 7816-3/10

4.1　接触式集成电路卡的物理特性

ISO/IEC 7816-1制定的物理特性适合于ID-1型的识别卡，其尺寸为85.6mm×53.98mm×0.76mm(参见第2章)。

ISO 7810中为各种识别卡定义的物理特性适用于IC卡，ISO 7813中对金融交易卡定义的某些特性也适用于IC卡。此外，还提出了以下附加特性。

(1) 防护紫外线的能力。

(2) X光照射的剂量。

(3) 触点的表面轮廓。

(4) 卡和触点的机械强度。

(5) 触点电阻。

(6) 磁条与集成电路之间的电磁干扰。

(7) 强度磁场的影响。

(8) 静电影响。

(9) 热耗等。

标准规定了上述各项测试的具体指标，并要求经测试后的集成电路不应损坏或丧失功能。

使用时卡的表面温度不应超过50℃。

4.2　接触式集成电路卡的触点尺寸和位置

ISO 7816-2规定了ID-1型集成电路卡各触点的尺寸、位置和功能。规定每个触点都应有一个不小于2.0mm×1.7mm的矩形表面区域，各触点间应互相隔离，但未规定触点的形状和最大尺寸。

IC卡有8个触点，从C1到C8，触点可安排在卡的正面或反面。触点的位置如图4.1所示(以卡的接触面的左边和上边为基准线)。每个触点的功能如表4.1所示。

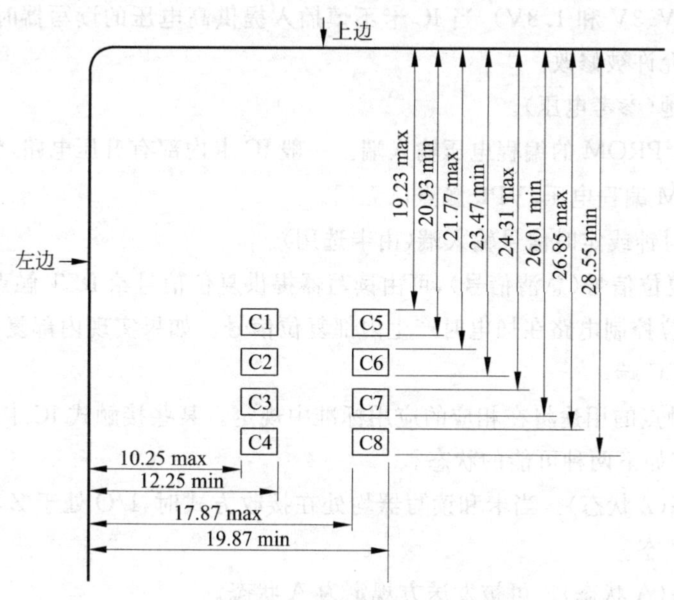

图 4.1　触点的位置

表 4.1　触点功能

触点编号	功　　能	触点编号	功　　能
C1	VCC(电源电压)	C5	GND(地)
C2	RST(复位信号)	C6	VPP(编程电压)
C3	CLK(时钟)	C7	I/O(数据)
C4	ISO/IEC JTC1/SC17 保留于将来使用	C8	ISO/IEC JTC1/SC17 保留于将来使用

4.3　接触式集成电路卡的电信号和传输协议

ISO/IEC 7816-3/10 中规定了电源及信号的结构，以及 IC 卡和读写器之间的信息交换，包括信号频率、电压电平、电流值、奇偶校验协定、操作过程、传送机制以及读写器与 IC 卡之间的通信协定等。在这里不包括信息和命令的内容。

IC 卡支持两种传输协议：同步传输协议和异步传输协议。前者在 ISO/IEC 7816-10 中定义，适用于逻辑加密卡；后者在 ISO/IEC 7816-3 中定义，适用于内含微处理器的智能卡。

4.3.1　触点的功能

在 ISO 7816-2 中对 IC 卡的 8 个触点作出了如下规定。

- I/O：IC 卡的串行数据的输入端和输出端。
- VCC：电源电压输入端。电压容错范围为±10%。目前有 3 种使用不同电压的

IC 卡(5V、3V 和 1.8V),当 IC 卡不慎插入提供高电压的读写器时,不应损坏,内容也不允许被修改。

- GND:地(参考电压)。
- VPP:E^2PROM 的编程电压输入端。一般 IC 卡内部有升压电路,将 V_{CC} 电压升到 E^2PROM 编程电压,VPP 触点已无用。
- CLK:时钟或定时信号输入端(由卡选用)。
- RST:复位信号(总清信号),可由读写器提供复位信号给 RST 触点;或由 IC 卡内部的复位控制电路在加电时产生内部复位信号。如果实现内部复位,必须提供电压到 VCC 端。

剩下两个触点的用途将在相应的应用标准中规定。某些接触式 IC 卡仅有 6 个触点。

I/O 触点有如下两种可能的状态。

(1) 高状态(Z 状态)。当卡和读写器均处在接收方式时,I/O 处于 Z 状态,也可被发送方规定为 Z 状态。

(2) 低状态(A 状态)。可被发送方规定为 A 状态。

如卡与读写器均处于接收方式时,I/O 端处于 Z 状态。当卡与读写器处于不匹配的传输方式时,I/O 端的逻辑状态可能是不确定的。在操作期间,卡与读写器不能同时处于发送方式。

4.3.2 接触式 IC 卡的操作过程和卡的复位

1. 读写器和卡之间对话的操作顺序

(1) 读写器连接卡(插卡),并"激活(active)"IC 卡。

(2) 卡的冷复位(reset)。

(3) 卡对复位的应答(Answer To Reset,ATR)。

(4) 在卡与读写器之间连续进行信息交换(读写器发命令,IC 卡返回响应)。

(5) 读写器"停活"IC 卡(终止操作)。

2. 读写器"激活"IC 卡的操作顺序(图 4.2)

(1) RST 处于 L 状态。

(2) VCC 加电。

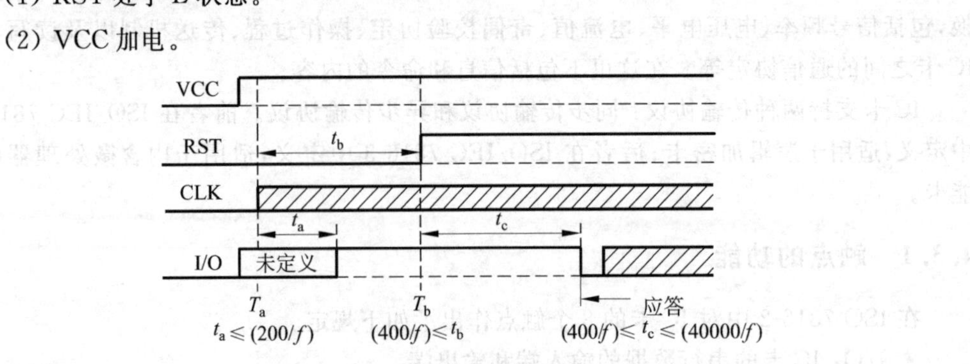

图 4.2 激活和冷复位

(3) 读写器的 I/O 端处于接收方式。

(4) 提供稳定的 CLK。

3. IC 卡的复位

复位有冷复位和热复位两种。

(1) 冷复位：当 IC 卡的电源电压和其他信号从静止状态按一定顺序加上时，称为冷复位，IC 卡发回应答信号 ATR。

(2) 热复位：在电源电压 V_{CC} 和时钟 CLK 处于激活状态下，读写器发出的复位称为热复位，IC 卡发回应答信号 ATR。

卡与读写器的交互，总是起始于冷复位，之后，读写器可启动热复位但非必须有热复位。

1) 冷复位

如图 4.2 所示，在 T_a 时间读写器在 CLK 端加时钟信号。I/O 端应在时钟信号加于 CLK 的 200 个时钟周期(t_a)内被卡置于状态 Z(t_a 时间在 T_a 之后)。时钟加于 CLK 后，保持 RST 为状态 L(低电平)至少 400 周期(t_b)(t_b 在 T_a 之后)。

在时间 T_b，读写器将 RST 置于状态 H(高电平)。I/O 上的应答由 IC 卡发出，应在 RST 信号的上升沿之后的 400～40 000 个时钟周期(t_c)内开始(t_c 在 T_b 之后)。

在 RST 处于状态 H 的情况下，如果应答信号在 40 000 个时钟周期内仍未开始，RST 上的信号将返回到状态 L，各触点的状态按照图 4.5 被读写器释放(停活)，IC 卡终止操作。

2) 热复位

按照图 4.3 所示，当 V_{CC} 和 CLK 保持稳定时，读写器置 RST 为状态 L 至少 400 时钟周期(时间 t_e)后，读写器启动热复位。

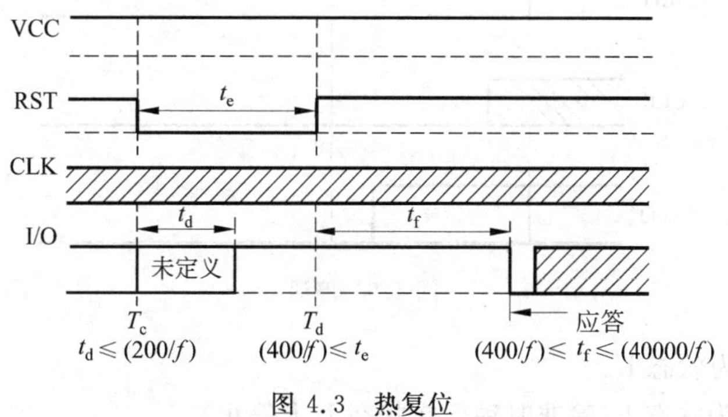

图 4.3　热复位

在时间 T_d，RST 置于状态 H。I/O 的应答在 RST 信号上升沿之后的 400～40 000 个时钟周期(t_f)开始(时间 t_f 在 T_d 之后)。

在 RST 处于状态 H 时，如果 IC 卡的应答信号未在 40 000 个周期之内开始，RST 上的信号将返回状态 L，且电路按图 4.5 所示被读写器停活。

3) 时钟停止(暂停)

对于支持时钟停止的卡，当读写器不希望从卡得到信息时，并且 I/O 保持在状态

Z 至少 1860 个时钟周期(t_g),按照图 4.4 所示,读写器可停止 CLK 上的时钟(在时间 T_e)。

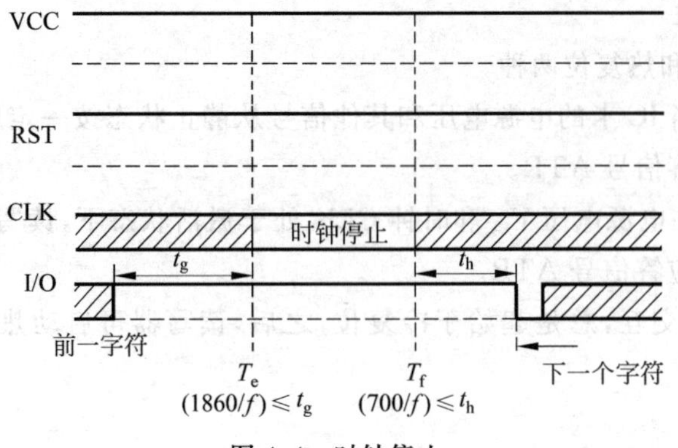

图 4.4 时钟停止

当时钟被停止(从 T_e 到 T_f),CLK 应保持在状态 H 或状态 L。这个状态由复位应答 ATR 的参数 X 指明(见 4.3.3 节)。

在时间 T_f,读写器重启时钟并且 I/O 上的信息交换可在至少 700 个时钟周期后继续(时间 t_h 在 T_f 之后)。

4. 停活

当信息交换结束或失败时(如无卡响应或发现卡被移出),读写器应按以下顺序停活 IC 卡,如图 4.5 所示。

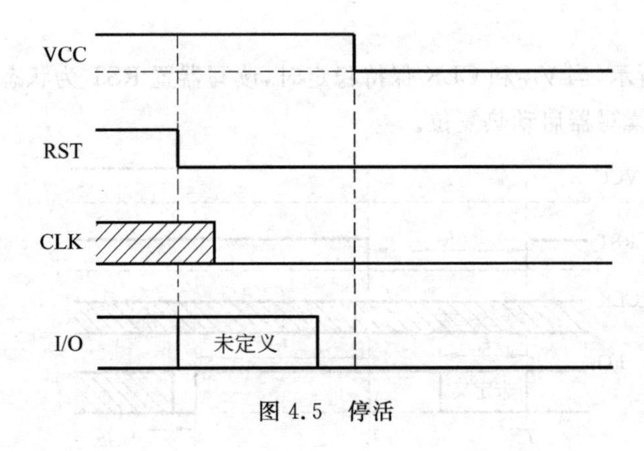

图 4.5 停活

(1) RST 应为状态 L。

(2) CLK 应为状态 L(除非时钟已在状态 L 上停止)。

(3) I/O 应被置为状态 A。

(4) VCC 应被停活降至 0V。

ATR 和命令-响应是理解、设计 IC 卡和 RFID 标签的重点,并与应用密切相关,也为本书的重点。

4.3.3 异步传输的复位应答 ATR

复位应答信号以字符为单位(称为字符帧)进行传送。下面先介绍字符帧,然后描述复位应答信号。

1. 字符帧

字符帧如图 4.6 所示。

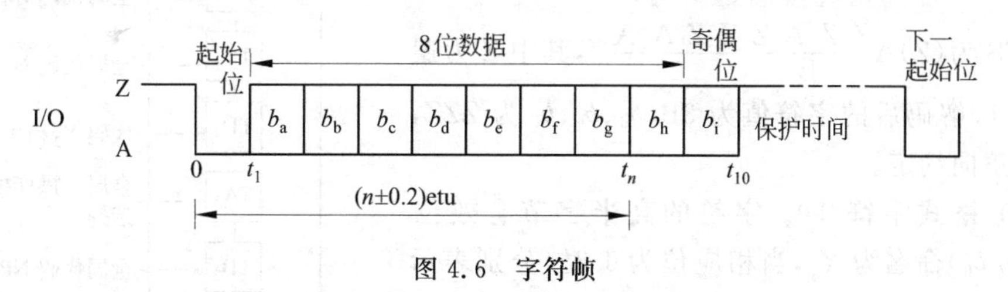

图 4.6 字符帧

在传送字符前,I/O 处于状态 Z。

每个字符由 10 位组成:起始位(1 位)为状态 A,8 位数据 $b_a \sim b_h$,第 10 位 b_i 为偶校验位(从 b_a 到 b_i,1 的个数为偶数是正确的)。每一位在 I/O 触点上的持续时间定义为基本时间单元 etu。在复位应答期间,1etu=372 个时钟周期,即 1etu=372/f,f 为时钟频率。

一个数据字节由 $b_1 \sim b_8$ 组成,b_1 为最低位,b_8 是最高位。

接收方在每一位的中间(0.5±0.2)etu 采样,采样时间应少于 0.2etu。

两个连续字符之间的延时(两起始位下降沿之间)至少为 12 个基本时间单元,包括字符宽度 10 个 etu 和一段保护时间,在保护时间内,读写器和卡都处于接收状态,因此 I/O 触点处于状态 Z。

在复位应答期间,卡发出的两个连续字符的起始位下降沿之间的延时不得超过 9600etu,这个最大值称为初始等待时间。

当奇偶校验不正确时,从起始位下降沿之后的 10.5etu 开始,收方发送状态 A 作为出错信号,该信号宽度为一个 etu 或两个 etu。发方检验 I/O 是在起始位下降沿之后的 11etu 处,如 I/O 处于状态 Z,则认为接收是正确的;如 I/O 处于状态 A,则认为有错,收方期望发方重发有错的字符(对使用T=0异步传输协议的卡必须重发,其他的卡则是可选择的)。

2. 复位应答信息的内容

其主要包括 IC 卡的发行者和应用标识符以及信息传输的基本参数等。假如读写器发现问题,可立即停止操作或为后面的操作提供指示。

卡产生的复位应答信息按以下顺序传送:初始字符 TS、格式字符 T0、接口字符 TA_i TB_i TC_i TD_i(i=1,2,…),历史字符 T1 T2…TK(最多 15 个字符)以及校验字符 TCK。其中,TS 和 T0 是一定要有的,接口字符和校验字符是可选择的。图 4.7 所示是复位应答的一般构成。在 TS 之后发送的字符数不超过 32 个。

(1) 初始字符 TS。I/O 开始处于状态 Z,然后是起始位 A,接着有两种表示方法,如

图 4.8 所示。当首先传送的是字符的最高有效位 $b_a\,b_b\,b_c\,b_d\,b_e\,b_f\,b_g\,b_h$ 时，TS 为 $(Z)A\,\underset{3}{\underline{ZZAA}}\,\underset{F}{\underline{AAAA}}\,Z$，其中 A 为逻辑电平 1，解码后的字符值为 3F，b_d、b_e、b_f 为 AAA，称之为反向约定；当首先传送的是字符的最低有效位 $b_a\,b_b\,b_c\,b_d\,b_e\,b_f\,b_g\,b_h$ 时，TS 为 $(Z)A\,\underset{B}{\underline{ZZAZ}}\,\underset{3}{\underline{ZZAA}}\,Z$，其中 Z 为逻辑电平 1，解码后的字符值为 3B，b_d、b_e、b_f 为 ZZZ，称之为正向约定。

(2) 格式字符 T0。字符的高半字节有效位($b_5\,b_6\,b_7\,b_8$)命名为 Y_1，当相应位为 1 时，分别表示后续接口字符 $TA_1\ TB_1\ TC_1\ TD_1$ 存在；字符的低半字节有效位($b_4 \sim b_1$)命名为 K，用它指出历史字符的个数0～15，如图4.9 所示。

(3) 接口字符 $TA_i\ TB_i\ TC_i\ TD_i$ ($i=1,2,3,\cdots$)。指示协议参数。

TA_1、TB_1、TC_1、TA_2 和 TB_2 是全局性接口字符，将在后面解释。

TD_i 指明协议类型 T 和是否存在后续接口字符，如图 4.10 所示。TD_i 包括 Y_{i+1} 与 T 两部分。其中，Y_{i+1} 由 b_5 到 b_8 组成，分别表示后续接口字符 $TA_{i+1}\ TB_{i+1}\ TC_{i+1}\ TD_{i+1}$ 是否存在，如果 TD_i 不存在，则 TA_{i+1}、TB_{i+1}、TC_{i+1} 和 TD_{i+1} 也不存在。T 由 $b_1 \sim b_4$ 组成，表示后续发送的协议类型。

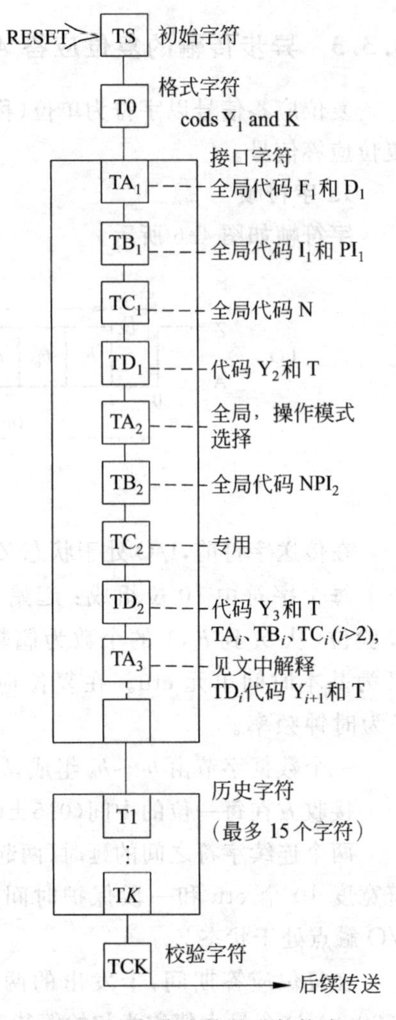

图 4.7　复位应答的一般构成

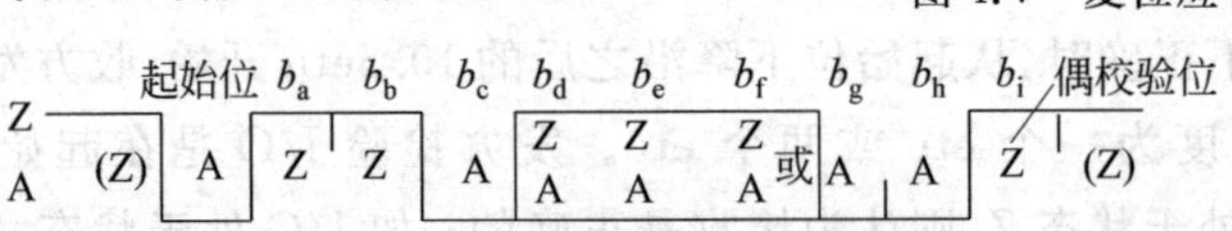

起始位 b_a b_b b_c b_d b_e b_f b_g b_h b_i 偶校验位

Z A (Z) A Z Z A Z/A Z/A Z/A 或 A A Z (Z)

图 4.8　初始字符 TS

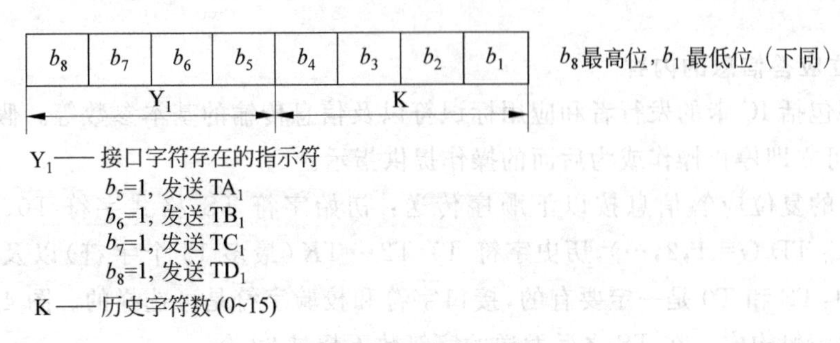

图 4.9　T0 提供的信息

• T=0：异步半双工字符传输协议。

• T=1：异步半双工分组传输协议。在本标准中定义了 T=0 和 T=1 两种协议。

• T=2 和 T=3：保留，用于今后的全双工传输协议。

• T=4：增强型异步半双工字符传输协议。

• T=5 到 T=13：保留，以后使用。

• T=14：用于 ISO 非标准协议。

• T=15：不属于传输协议，随后的是全局接口字符。

TC_2 是专用接口字符。对 TA_i TB_i TC_i（$i>2$）的解释由协议类型 TD_{i-1} 中的 T 决定，如果 T≠15，则随后的接口字符是协议 T 专用的。

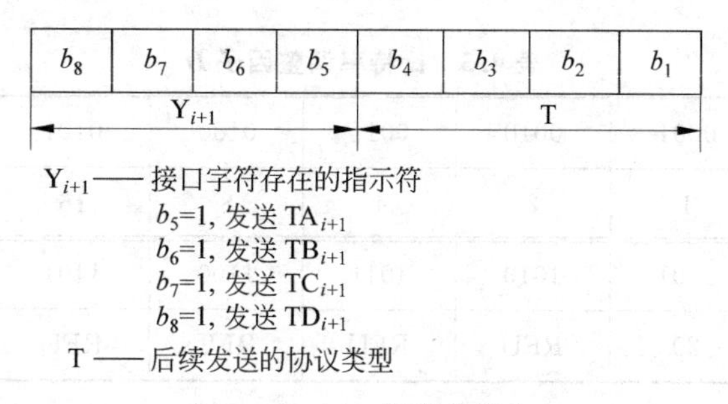

图 4.10　TD_i 提供的信息

(4) 历史字符 T1，T2，…，TK。由 T0 的低 4 位 K 指出历史字符的个数，最多不超过 15 个。

(5) 校验字符 TCK。TCK 的值应选择为使 T0 到 TCK 的所有字符的异或操作，结果为 0。如仅用 T=0 协议，将不发送 TCK，而在所有其他情况下都发送 TCK。

(6) 全局接口字符 TA_1 TB_1 TC_1 TA_2 TB_2

全局接口字符给出读写器用来计算的一些参数（F、D、N、X、U）。

1) 参数 F、D

在复位应答期间的初始时钟周期将被其后传送信息的工作时钟周期所代替，F 是时钟频率转换因子，D 是位速率调整因子，用来决定工作时钟周期。

设 f 为读写器提供给 CLK 触点的时钟频率，则初始时钟周期 $=\dfrac{372}{f}$s；工作时钟周期 $=\dfrac{F}{D}\times\dfrac{1}{f}$s。初始时钟周期的 $F=372$，$D=1$。

f 的最小值为 1MHz，F 以及 f 的最大值由表 4.2 给出，D 由表 4.3 给出。

表中的 F1 和 D1 分别由 TA_1 的 $b_8\sim b_5$ 和 $b_4\sim b_1$ 给出。

如果 TA_1 不存在，则使用默认值 $F=372$，$D=1$，即工作时钟周期=初始时钟周期。如果 PPS 交换成功（见 4.3.5 节），由 PPS1 给出 F 和 D，其值应在默认值与 TA_1 指定的值之间。

2) 额外保护时间 N

当 N 在 0～254 范围内时，两个字符上升沿之间的间隔 $=\left(12+\left(\dfrac{F}{D}\times\dfrac{N}{f}\right)\right)$周期，当

表 4.2 时钟频率变换因子 F

F1	0000	0001	0010	0011	0100	0101	0110	0111
F	372	372	558	744	1116	1488	2232	RFU
f(最大)	4	5	6	8	12	16	20	—
F1	1000	1001	1010	1011	1100	1101	1110	1111
F	RFU	512	768	1024	1536	2048	RFU	RFU
f(最大)	—	5	7.5	10	15	20	—	—

注：RFU 保留将来使用。

f 的单位为 MHz。

表 4.3 比特率调整因子 D

D1	0000	0001	0010	0011	0100	0101	0110	0111
D	RFU	1	2	4	8	16	32	RFU
D1	1000	1001	1010	1011	1100	1101	1110	1111
D	12	20	RFU	RFU	RFU	RFU	RFU	RFU

RFU 保留将来使用。

$N=255$ 时，表示两个相邻字符的上升沿之间的间隔在 T＝0 时为 12etu，T＝1 时为 11etu，减至最小。N 由 TC_1 的 $b_8\sim b_1$ 给出。

这些参数的默认值：$F=372, D=1, N=0$。

3) 操作模式

复位应答后，卡处于下面两种操作模式之一。

(1) TA_2 存在时是专用模式。

(2) TA_2 不存在时是协商模式。

在专用模式，当 TA_2 的 $b_5=0$ 时，使用表 4.2 和表 4.3 中由 TA_1 指定的 F 值和 D 值；当 TA_2 的 $b_5=1$ 时，使用默认值。

在协商模式，如果复位应答后，读写器无 PPS 请求，则 F 和 D 使用默认值；如果复位应答后有 PPS 请求，则由读写器发送带有 F 和 D 的 PPS 请求，使卡从协商模式转到专用模式，并使用该 F 和 D。

另外，在专用模式中，TA_2 的 $b_4\sim b_1$ 位指出要使用的协议。

4) 时钟停止指示符 X 和类别指示符 U

当 $TD_{i-1}(i>2)$ 指出 T＝15 后，TA_i 的 $b_8 b_7$ 为时钟停止指示符(表 4.4)，TA_i 的 $b_6\sim b_1$ 为类别指示符(指出 IC 卡的工作电压 V_{CC})。

表 4.4 时钟停止指示符 X

XI	00	01	10	11
X	不支持	状态 L	状态 H	无优先

表 4.4 中当 XI 为 00 时，时钟不停止；XI=01 或 10 时，指出时钟停止时 CLK 优先处于哪个状态(L 或 H)；XI=11 则为无优先。*X* 的默认值是“不支持时钟停止”。

4.3.4 历史字符

历史字符描述卡的操作特性。

复位时，卡发出的复位应答信息 ATR 中一般包含历史字符。

1. 第一个历史字符称为“状态指示符”

(1) 如果第一个历史字节为'00'，则其余的历史字节由可选的连续 BER-TLV 数据对象和必备的状态指示符组成(最后 3 个字节：生命周期状态 LCS 和 SW1-SW2 的格式在第6 章中介绍)。

(2) 如果第一个历史字节为'80'，则其余的历史字节由可选的连续的 BER-TLV 数据对象组成。最后一个数据对象可能带有一个长度为 1 个(LCS)、2 个(SW1-SW2)或 3 个字节的状态指示符，其标记为 48。

在历史字符中，其些 BER-TLV 数据对象可以转化为压缩 TLV 数据对象，将标记 T 和长度 L 压缩成 1 个字节。在应用中，一般不压缩。

2. 在历史字符中用到的标记为'41'～'48'和'4F'的数据对象(见第 3 章的表 3.2)

(1) 国家或发行者指示符。标记为'41'和'42'，见表 4.5。国家指示符由国家编码(3 个由 4 位二进制码组成的数字 0～9)和紧跟其后的数据(至少一个数字)组成，后者由相关的国家标准化组织选定(奇数个数)。发行者指示符由发行者标识号和可能的紧跟其后的数据组成，如果后者存在，将由卡发行者设定。

表 4.5 国家或发行者指示符

标记	值
41	国家编码(见 ISO 3166-1)和可选的国家数据
42	发行者标识号和可选的发行者数据

注：发行者标识号可以由奇数个 0～9 的数字组成。

(2) 卡服务数据。标记为'43'。表 4.6 对卡服务数据字节进行说明。

如果卡服务数据字节出现在历史字符或初始数据串中，则是用来指示是否存在 EF. DIR 和 EF. ATR 文件及如何访问。如果历史字符或初始数据串中不存在卡服务数据字节，则说明卡只支持隐式应用选择(默认值)。

(3) 初始访问数据。标记为'44'，此数据元用来指示在复位应答及可能的协议和参数选择之后的第一条命令 APDU (READ BINARY 命令或 READ RECORD 命令)。

(4) 卡发行者数据。标记为'45'，由卡发行者定义长度、结构和编码。

(5) 预先发行的数据。标记为'46'，由卡制造商定义，包括卡制造商、集成电路名称、集成电路制造商、ROM 掩膜版本、操作系统版本等的长度、结构和编码。

表 4.6 卡服务数据字节

b_8	b_7	b_6	b_5	b_4	b_3	b_2	b_1	含 义
×	×	—	—	—	—	—	—	应用选择
1	—	—	—	—	—	—	—	• 使用全部 DF 名称
—	1	—	—	—	—	—	—	• 使用部分 DF 名称
—	—	×	×	—	—	—	—	BER-TLV 数据对象存在
—	—	1	—	—	—	—	—	• 于 EF. DIR 内
—	—	—	1	—	—	—	—	• 于 EF. ATR 内
—	—	—	—	×	×	×	—	访问 EF. DIR 和 EF. ATR
—	—	—	—	1	0	0	—	• 通过 READ BINARY 命令访问(透明结构)
—	—	—	—	0	0	0	—	• 通过 READ RECORD 命令访问(记录结构)
—	—	—	—	0	1	0	—	• 通过 GET DATA 命令访问(TLV 结构)
—	—	—	—	其他值			—	保留供将来使用
—	—	—	—	—	—	—	0	有 MF 的卡
—	—	—	—	—	—	—	1	没有 MF 的卡

(6)[c]卡能力。标记为'47',此数据元(即数值 V)的长度有 1 字节、2 字节或 3 字节的 3 种情况,每个字节的含义按顺序在表 4.7、表 4.8(称为软件功能表)中说明。根据长度的不同,数值 V 分别包含第一个表、前两个表或全部 3 个表的内容。

① 第一个软件功能表指明卡所支持的选择方法,如表 4.7 所示。

表 4.7 第一个软件功能表(选择方法)

b_8	b_7	b_6	b_5	b_4	b_3	b_2	b_1	含 义
×	×	×	×	×	—	—	—	DF 选择
1	—	—	—	—	—	—	—	• 通过全部 DF 名称
—	1	—	—	—	—	—	—	• 通过部分 DF 名称
—	—	1	—	—	—	—	—	• 通过路径
—	—	—	1	—	—	—	—	• 通过文件标识符
—	—	—	—	1	—	—	—	隐式 DF 选择
—	—	—	—	—	1	—	—	所支持的短 EF 标识符
—	—	—	—	—	—	1	—	所支持的记录号
—	—	—	—	—	—	—	1	所支持的记录标识符

② 第二个软件功能表称为“数据编码字节”,如表 4.8 所示。该字节还可能出现在文件控制参数(见表 3.5,标记为'82')的第二个字节。

表 4.8 第二个软件功能表(数据编码字节)

b_8	b_7	b_6	b_5	b_4	b_3	b_2	b_1	含 义
1	—	—	—	—	—	—	—	支持 TLV 结构的基本文件
—	×	×	—	—	—	—	—	写功能的行为
—	0	0	—	—	—	—	—	• 一次性写
—	0	1	—	—	—	—	—	• 专有的

续表

b_8	b_7	b_6	b_5	b_4	b_3	b_2	b_1	含　义
—	1	0	—	—	—	—	—	• 写"或"
—	1	1	—	—	—	—	—	• 写"和"
—	—	—	—	×	×	×	×	数据单元的大小,以 4 位为单位(1~32 768 个单位,即 16 384 字节,$b_4 \sim b_1$ 表示 2 的幂,例如 $0001=1,2^1=2$ 个单位=1 字节(默认值);1111(二进制)$=15,2^{15}=$ 32 768 个单位)
—	—	—	×	—	—	—	—	BER-TLV 标记字段的第一个字节值为'FF'
—	—	—	0	—	—	—	—	• 无效(用于填充,默认值)
—	—	—	1	—	—	—	—	• 有效(长专有标记,结构化的编码)

③ 第三个软件功能表指示链接命令,处理扩展的 Lc 和 Le、管理逻辑通道的能力,如表 4.9 所示。逻辑通道的含义将在第 6 章中介绍。

表 4.9　第三个软件功能表(命令链接、长度字段及逻辑通道)

b_8	b_7	b_6	b_5	b_4	b_3	b_2	b_1	含　义
1	—	—	—	—	—	—	—	命令链接
—	1	—	—	—	—	—	—	扩展的 Lc 和 Le 字段
—	—	—	×	×	—	—	—	逻辑通道号分配
—	—	—	1	—	—	—	—	• 由卡分配
—	—	—	—	1	—	—	—	• 由接口设备分配
—	—	—	0	0	—	—	—	没有逻辑通道
—	—	—	—	—	y	z	t	逻辑通道的最大数目 • 当 y、z 和 t 不全为 1 时,值为 $4y+2z+t+1$,即从 1~7 • 当 $y=z=t=1$ 时表示值为 8 或更多
—	—	×	—	—	—	—	—	保留供将来使用

(7) 应用标识符(Application IDentifier,AID)。标记为'4F'。此数据元指示一个应用。应用标识符最多由 16 个字节组成,第一个字节的 $b_8 \sim b_5$ 用来指明分类,如表 4.10 所示。

表 4.10　应用标识符的分类

值	分　类	含　义
'0'到'9'	—	保留
'A'	国际的	应用提供者根据 ISO/IEC 7816-5 进行国际注册
'B','C'	—	按照 ISO/IEC JTC1/SC17 要求保留供将来使用
'D'	国家的	应用提供者根据 ISO/IEC 7816-5 进行国家注册(ISO 3166-1)
'E'	标准的	对象标识符,对标准进行标识
'F'	专有的	不注册应用提供者

① 图 4.11 所示为国际 AID 的说明。它包含 5 个字节的注册应用提供者标识符(国际 RID)和专有的应用标识符扩展(Proprietary application Identifier eXtension,PIX),后者是自定义的,最多 11 个字节。

注册应用提供者标识符 (国际 RID，5 个字节，第一个字节为 'AX')	专有的应用标识符扩展 (PIX，最多 11 个字节)

图 4.11 国际 AID

- 国际 RID 唯一标识应用提供者,第一个字节的 $b_8 \sim b_5$ 设置为 1010,即 'A'。之后的 9 个数字的取值为 0～9。
- 应用标识符扩展为自由编码,允许应用提供者标识不同的应用。

② 国家 AID 包含 5 个字节的注册应用提供者标识符(国家 RID)和专有的应用标识符扩展,后者是可选的,最多 11 个字节。

- 国家 RID 唯一标识应用提供者。第一个字节的 $b_8 \sim b_5$ 设置为 1101,即 'D'。之后的 3 个数字(取值为 0～9)组成国家代码(见 ISO 3166-1)。其余的 6 个数字的取值建议为 0～9。
- 应用标识符扩展为自由编码,允许应用提供者标识不同的应用。

③ 标准 AID。它最多包含 16 个字节。第一个字节设置为 1110 1000,即'E8'。其后跟随一个对象标识符(标记为'06',见第 3 章)用来说明指定应用的标准,其后可能跟随应用标识符扩展来标识不同的应用。其表示形式如下:

'E8'	对象标识符	应用相关的应用标识符扩展

④ 专有 AID 最多包含 16 个字节。第一个字节的 $b_8 \sim b_5$ 设置为 1111,即'F'。在该类别中,由于应用提供者未注册,不同的应用提供者可能使用相同的 AID。

4.3.5 协议和参数选择 PPS

在复位应答之后,如果处于协商模式,则允许读写器向卡发送 PPS(Protocol and Parameters Selection,协议和参数选择)请求。

只有读写器允许发出 PPS 请求,其过程如下。

(1) 读写器向卡发送 PPS 请求。

(2) 若卡收到正确的 PPS 请求,则发出 PPS 确认信号来响应,否则将超出初始等待时间。

(3) 若成功地交换 PPS 请求和 PPS 响应,这就选择好了新的协议类型和(或)传送参数,然后按规定将数据从读写器送到卡中。

(4) 若卡收到错误的 PPS 请求,则不发回 PPS 响应信号。

(5) 若初始等待时间超时,读写器将卡复位或予以拒绝。

(6) 若读写器收到错误的 PPS 响应信号,将卡复位或予以拒绝。

PPS 请求和 PPS 应答信号的组成如下。

PPS 请求和 PPS 响应信号都是由初始字符 PPSS(代码为 FF)、格式字符 PPS0,后跟

3 个任选字符 PPS1、PPS2、PPS3 以及最后一个校验字符 PCK 组成。

PPS0 的作用与接口字符 TD_i 相似，其中 b_5、b_6、b_7 分别表示任选字符 PPS1、PPS2 和 PPS3 是否存在。$b_1 \sim b_4$ 选择协议类型，b_8 留作今后使用。PPS1 给出 F 和 D 的参数值。PPS2 给出 N 值，PPS3 待定。

PCK 的值是使从 PPSS 到 PCK 的所有字符的异或结果为 0 的值。

一般情况下，如果 PPS 响应＝PPS 请求，则为成功的 PPS 交换，例外情况见 ISO/IEC 7816-3 原文。

4.3.6 异步半双工字符传输协议（T=0 和 T=1）

1. 字符传输协议

本协议以字符帧形式连续传输信息（T=0）。

本协议所用的参数都是在复位应答时所指定的，除非被协议和参数选择所修改，此时由 PPS 指定参数。

在复位应答信号 ATR 中，接口字符 $TC_2(b_8 \sim b_1)$ 表示出整数值 W_1。由卡发送的字符的起始位下降沿与前一个字符的起始位下降沿（由卡发送或读写器发送）之间的时间间隔不超过 $960 \times (F/f) \times W_1$，这个最大值称为工作等待时间。$W_1$ 的默认值为 10。

命令总是由读写器发向 IC 卡，IC 卡操作完成后，向读写器返回响应信息，双方传送的信息都以字符为基本单位。

在卡和读写器发送期间，字符的检错和重发如图 4.12 所示。

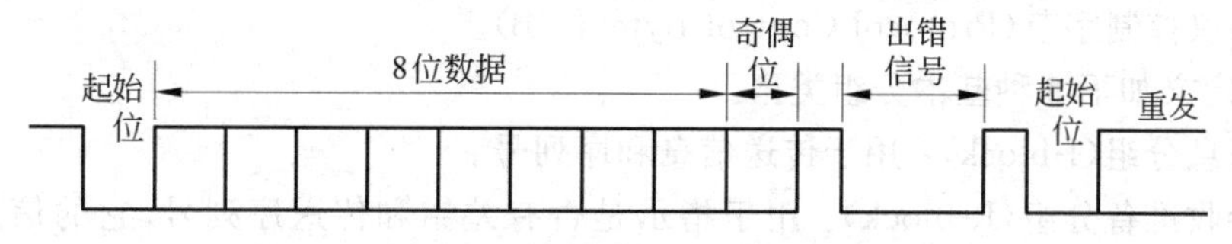

图 4.12　字节传送（出错重发）

2. 异步半双工分组传输协议

在复位应答 TD_1 字节中定义了 T=1，或在 PPS 中定义了 T=1 之后，将按本节讨论内容实现协议。在本节中定义了传输控制命令的结构和处理以及对 IC 卡的控制。

分组传输协议的主要特点如下。

(1) 分组（block）是最小的数据单元，它可以在 IC 卡与读写器之间传送。分组的应用数据对传输协议是透明的，传输控制数据中包含了传输错误处理信息。

(2) 为了整个分组数据的正确接收，在数据传送之前，可对分组结构的定义进行检查。

(3) 无论在复位应答还是在协议类型选择 PPS 之后，都由读写器送出第一组数据来启动协议，以后可交替传送数据块。

(4) 本协议使用复位应答时定义的字符帧以及全局接口字节定义的物理参数。若以后被 PPS 所修改，则采用 PPS 定义的参数。

1) 分组的基本组成——分组帧

分组包括 3 个字段（图 4.13）：开始字段（prologue field）、信息字段（information

field)和结尾字段(epilogue field),其中开始字段与结尾字段是必须有的,信息字段则是可选的。

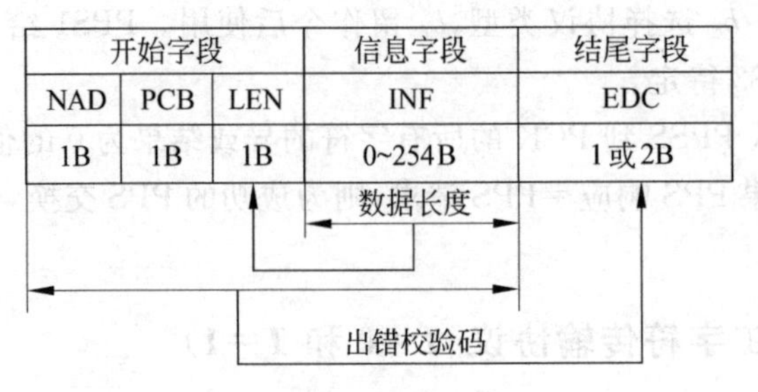

图 4.13　分组结构

(1) 开始字段。

• 节点地址(Node ADdress,NAD)。

$b_1 \sim b_3$ 是源节点地址(Source node ADdress,SAD),$b_5 \sim b_7$ 是目的节点地址(Destination node ADdress,DAD),b_4 和 b_8 最早用于 VPP 状态控制。当地址无用时,将 SAD 和 DAD 置 0。当 SAD 与 DAD 相等,且不为 0 时,保留于将来使用。

由读写器发送的分组 NAD,确定了 SAD 和 DAD 的逻辑关系。例如,由读写器发送的分组,其 SAD 的值为 X,DAD 的值为 Y;由 IC 卡发送的分组,其 SAD 的值为 Y,DAD 的值为 X,这属于一个逻辑连接,记为(X,Y)。当 SAD 和 DAD 为其他值时,则属于另一个逻辑连接。

• 协议控制字节(Protocol Control Byte,PCB)。

协议定义如下 3 种基本分组类型。

① 信息分组(I-block):用于传送信息和序列号。

② 接收准备分组(R-block):用于指示是否有差错和传送序列号,它的信息字段不存在。

③ 管理分组(S-block):在读写器和 IC 卡之间交换控制信息,它的信息字段是否存在取决于控制功能。

• 长度 LEN(length)。

LEN 指出被传送的信息字段的字节数,其代码为'00'~'FE'(0~254B)。

(2) 信息字段(INformation Field,INF)。

INF 字段是可选的,当它存在时,可以是应用数据(I-block)或控制和状态信息(S-block),被传送的字节数由 LEN 指出。

(3) 结尾字段。

包含被传送分组的差错校验码(Error Detection Code,EDC),可以采用纵向冗余校验(Longitudinal Redundancy Check,LRC)(1B)或循环冗余校验(Cyclic Redundancy Check,CRC)(2B)。LRC 的值与分组中所有字节进行异或运算得结果 0,关于 CRC 的值参见 ISO/IEC 3309。

2) 专用接口参数

在复位应答中,当第一次在 $TD_{(i-1)}$($i>2$)中出现 T=1 时,专用接口字节 TA_i、TB_i、

TC_i 被用作协议参数。

(1) 信息字段长度。

卡和读写器允许接收的最大信息长度(分别用 IFSC 和 IFSD 表示)。IFSC 由专用接口字符 $TA_i(i>2)$给出,其值在 1~254 范围内,默认值为 32。IFSD 的初始值为 32。在协议执行过程中,由管理分组中的 S(IFS request)和 S(IFS response)调整 IFSC 和 IFSD。

(2) 字符等待时间。

在同一分组内两相邻字符上升沿之间的最大时间称为字符等待时间。由 $TB_i(i>2)$的 b_4 到 b_1 给出字符等待时间整数(Character Waiting time Integer,CWI),经计算得

$$\text{CWT} = (2^{\text{CWI}} + 11)\text{etu}$$

所以,CWT 的最小值为 12 工作单元,CWI 的默认值是 13。

(3) 分组等待时间。

发送到卡的最后一个字符的上升沿与从卡发出的第一个字符之间的最大时间称为分组等待时间。由 $TB_i(i>2)$的 $b_8 \sim b_5$ 给出分组等待时间整数(Block Waiting time Integer,BWI),经计算得

$$\text{BWT} = 2^{\text{BWI}} \times 960 \times 372/fs + 11\text{etu}$$

此处,$0 \leqslant \text{BWI} \leqslant 9$,BWI$>$9 保留于将来使用。BWI 的默认值为 4。

分组等待时间用来检测不作出响应的卡。

(4) 校验码的选择。

用 $TC_i(i>2)$的 b_1 来选择校验码。

- $b_1=1$:CRC。
- $b_1=0$:LRC(默认值)。

$b_2 \sim b_8$ 置 0,保留于将来使用。

3) 协议操作

在复位应答或协议类型选择之后的第一个分组是由读写器传送到 IC 卡的,可以是信息分组或管理分组。

在传送一个分组(I-block、R-block 或 S-block)后,在下一个分组传送之前,发方应该接收到确认,描述如下。

信息分组内有一个发送序列号 $N(S)$,$N(S)$是一个二进制位(bit),它的起始值为 0,在传送一个信息分组之后加 1(模 2)。

接收准备分组内有一个 $N(R)$,它的值等于下一个要传送的 I-block 中的 $N(S)$。R-block 用于链接。

管理分组有请求分组 S(…request)-block 和响应分组 S(…response)-block 两种,在接收到请求分组后发出一个响应分组。

分组传输协议具有链接功能,允许接口设备或 IC 卡传送信息的长度大于 IFSD 或 IFSC 规定的长度。

分组的链接情况受 I-block 中的协议控制字节 PCB 中的 M 位控制。M 位指出 I-block 的两种状态。

- $M=0$:表示当前的 I-block 是链的最后一个分组。

• $M=1$：表示链还跟有后面的分组。

现将 PCB 编码情况介绍如下。

(1) I-block 的 PCB 字节：由 $b_8 \sim b_1$ 组成。

b_8 位恒为 0，表示是 I-block。

b_7 为发送序列号。

b_6 为 M 位，指示后面是否还有分组。

$b_5 \sim b_1$ 保留于将来使用。

(2) R-block 的 PCB 字节：$b_8 b_7$ 为 10，表示是 R-block。

b_5 为 N(R)。

$b_6=0$，且 $b_4 \sim b_1$ 为 0000：表示正确。

$b_6=0$，且 $b_4 \sim b_1$ 为 0001：表示 EDC 或字符奇偶错。

$b_6=0$，且 $b_4 \sim b_1$ 为 0010：为其他错误。

所有其他值保留于将来使用。

(3) S-block 的 PCB 字节：b_8 b_7 为 11，表示是 S-block。

b_6 为响应位。若 $b_6=0$，表示请求(request)；若 $b_6=1$，表示响应(response)。

$b_5 \sim b_1$ 提出是何种请求或何种响应。叙述如下。

① $b_5 \sim b_1$ 为 00000。若 $b_6=0$，则为"重新同步请求 S(RESYNCH request)"，此请求仅由接口设备发送，将分组传输协议的参数复原到初始值；若 $b_6=1$，则为"重新同步响应 S(RESYNCH response)"，是 IC 卡接收到重新同步请求后发出的响应。

② $b_5 \sim b_1$ 为 00001。若 $b_6=0$，则为"信息字段长度请求 S(IFS request)"；若 $b_6=1$，则为"信息字段长度响应 S(IFS response)"。IC 卡发出 S(IFS request)，表示它能支持的新 IFSC(卡允许的最大信息长度)；读写器发出 S(IFS request)，表示它能支持的新 IFSD(设备允许的最大信息长度)。对方接收到 S(IFS request)后应发出 S(IFS response)作为响应。

③ $b_5 \sim b_1$ 为 00010。若 $b_6=0$，则为"中止请求 S(ABORT request)"；若 $b_6=1$，则为"中止响应 S(ABORT response)"。

④ $b_5 \sim b_1$ 为 00011。若 $b_6=0$，则为"等待时间扩充请求 S(WTX request)"；$b_6=1$，则为"等待时间扩充响应 S(WTX response)"。IC 卡发此请求表示它需要超过 BWT 时间去处理前面接收到的 I-block。

S(IFS…)和 S(WTX…)包括 INF 字段。S(IFS…)的 INF 字段为 IFSC 或 IFSD 值。S(WTX…)的 INF 字段传送长度为一字节的二进制整数，用于增大 BWT 时间。S(…response)的INF 与相应的S(…request)的 INF 值相等。

图 4.14 举例说明链接功能。

应用数据(Application Data)由接口设备传送到 IC 卡，假设分成 3 个信息分组，分别为 Applic、ation 和 Data，每次传送信息时还传送 PCB，以 $I(N(S), M)$ 表示，其中 N(S)是发送序列号，M 表示后面是否还有分组需要传送。所以当发送第一个分组时，

PCB 给出 $I(0,1)$，即 PCB 字节的 $b_7=N(\mathrm{S})=0, b_6=M=1$。IC 卡接收后，给出 R-block，其中包括 $R(N(\mathrm{R}))$，$N(\mathrm{R})$ 为下一个要接收的分组序列号，所以 $N(\mathrm{R})=1$，即 $R(N(\mathrm{R}))=R(1)$……当发送完第三分组时，IC 卡发回信息长度为 0 的 I-block，$I(0,0)$ 表示传送结束。其操作过程如图 4.15 所示。

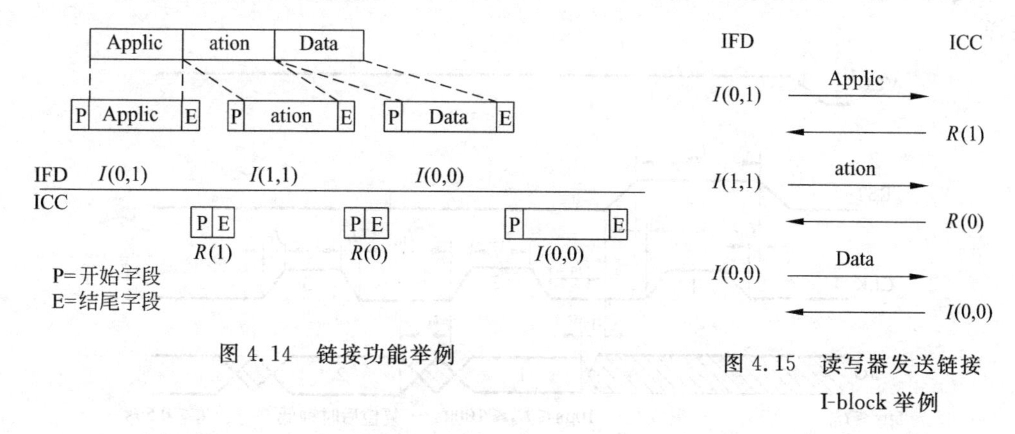

图 4.14 链接功能举例

图 4.15 读写器发送链接 I-block 举例

4.4 接触式集成电路卡(同步卡)的电信号和复位应答

本规范(ISO/ IEC 7816-10)描述在同步传输的集成电路卡与读写器之间的电源、信号结构和复位应答结构。

除了在此说明的以外，在 ISO/IEC 7816-3 中的规则对同步卡的规定仍适用。本规范还包括信号速率、操作条件和通信。

本规范说明两种类型的同步卡：第 1 类(type 1)和第 2 类(type 2)。第 2 类卡的传输率可以比第 1 类高。

4.4.1 触点的电特性

1. 触点的分配

在 ISO/IEC 7816-2 分配的触点 C4 指定为第 2 类(type 2)同步卡的功能码(Function Code,FCB)，FCB 与 RST 一起构成在卡中执行的命令(如复位 reset、读 read、写 write)。

2. 选择卡的类型

读写器启动第 1 类或第 2 类卡的操作条件，如果卡不返回复位应答 ATR，或提供一个不符合的应答，读写器将停活触点，在至少延迟 10ms 之后，启动另一操作条件。

4.4.2 卡的复位

1. 第 1 类同步卡

读写器将所有触点置于状态 L(图 4.16)，然后 VCC 加电，CLK 和 RST 保留于状态 L，读写器的 I/O 触点置于接收方式。RST 至少有 50μs 维持于状态 H，然后回到状态 L。CLK 的上升沿和下降沿时间不超过 0.5μs(图 4.16 和图 4.17 中的 t_f 和 t_r)。

时钟脉冲在它与 RST 上升沿之后相隔 t_{10} 时间后给出，时钟脉冲状态 H 的持续时间在 10~50μs 之间。在 RST 处于状态 H 时只准有一个时钟脉冲，CLK 与 RST 下降沿之间的间隔为 t_{11}。

在 I/O 触点上得到的第 1 位数据可视为应答，此时 CLK 处于状态 L，并在 RST 下降沿 t_{13} 之后有效。后续数据位在从 CLK 下降沿间隔 t_{17} 之后有效，可从其后的 CLK 上升沿采样。

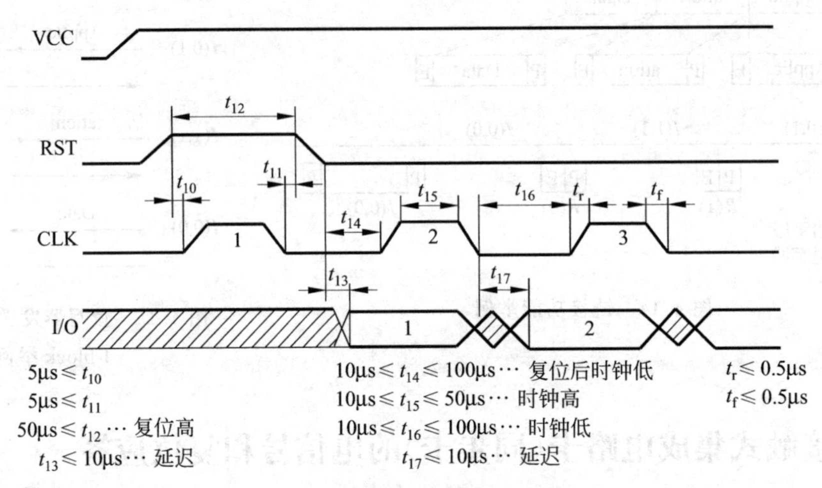

图 4.16　第 1 类同步卡的复位

2. 第 2 类同步卡

读写器将所有触点置于的状态如图 4.17 所示，然后 VCC 加电，CLK、RST 和 FCB 处于状态 L，读写器的 I/O 触点置于接收模式。时钟脉冲在 VCC 上升沿之后相隔 t_{20} 后提供，时钟脉冲的持续时间为 t_{25}。在时钟脉冲上升沿之后至少相隔 t_{22} 时间 FCB 仍维持于状态 L。

在 I/O 触点上得到的第 1 位数据可视为应答，此时 CLK 处于状态 L，并在 CLK 下降沿 t_{27} 之后有效。

当 FCB 置于状态 H 时，每一个时钟脉冲上升沿可用于读出 I/O 线上的数据位。

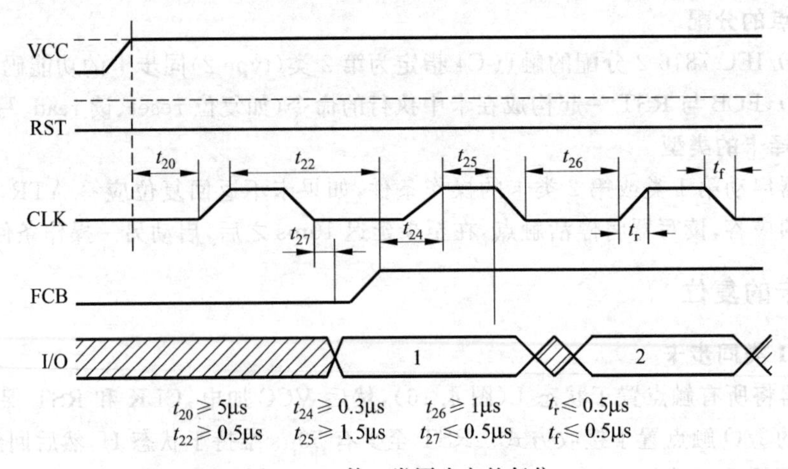

图 4.17　第 2 类同步卡的复位

4.4.3 复位应答

在同步半双工传输方式中，I/O 触点上一串数据位用 CLK 上的时钟信号进行同步。

1. 时钟频率和位速率

I/O 线上的位速率与读写器发到 CLK 的时钟频率呈线性关系，如 7kHz 时钟频率相应于 7Kb/s。

最大上升沿/下降沿各为 0.5μs。

第 1 类卡：低于 50kHz 的任一频率可用。

第 2 类卡：低于 280kHz 的任一频率可用。

2. 复位应答头的结构

复位操作的结果是从卡发送应答头到读写器。该头的长度固定为 32 位，其开始的两个字节 H1 和 H2 是必备的。

$b_1 \sim b_{32}$是按时间顺序发送的信息位，最低位先发送。

3. 复位应答头的时序

1）第 1 类同步卡

复位之后，输出信息受时钟脉冲控制，第 1 个时钟脉冲在 RST 下降沿之后 10～100μs(t_{14})时间内给出。时钟脉冲的状态 H 在 10～50μs(t_{15})之间变化，状态 L 在 10～100μs(t_{16})之间变化。

第 2 个及其随后的数据位在 CLK 下降沿之后 t_{17} 有效，数据位依次用时钟脉冲上升沿采样。

2）第 2 类同步卡

I/O 触点的输出信息受时钟脉冲控制，第一个时钟脉冲在 FCB 上升沿之后 t_{24}时间给出。时钟脉冲状态 H 的持续时间为 t_{25}，状态 L 的持续时间至少为 1μs(t_{26})。

第 2 个及其随后的数据位在时钟为低和 CLK 下降沿之后 t_{27} 时间给出。数据位依次用时钟脉冲的上升沿采样。

4. 头的数据内容

头由 4 个字节(H1～H4)组成，用于尽早决定卡与读写器是否相容，如不相容，则释放触点(停活)。

第 1 个字段 H1 是卡协议类型的编码，如表 4.11 所示。

表 4.11　H1 编码

b_8	b_7	b_6	b_5	b_4	b_3	b_2	b_1	意　义
0	0	0	0	0	0	0	0	不用
0	×	×	×	0	0	0	0	保留给 ISO/IEC　JTC1/SC17 定义协议
×	×	×	×	×	×	×	1	由注册管理机构分配的 H1 和 H2 的编码和结构
1	1	1	1	1	1	1	1	不用
其他值								专用

第 2 个字段 H2 是 H1(协议类型编码)的编码参数,如果 H1='X0'(X=1,…,7),H2 的值由 ISO/IEC JTC1/SC17 指定。

4.4.4 触点的停活

当信息交换中止或失败时(卡无应答或检测到卡移去),触点将被释放,读写器应按顺序完成以下操作。

(1) CLK 处于状态 L。

(2) FCB 处于状态 L(仅适合第 2 类卡)。

(3) I/O 处于状态 A。

(4) VCC 下电。

4.5[a] 接触式集成电路 USB 卡电气接口和操作规程 ISO/IEC 7816-12

USB(Universal Serial Bus)是计算机通用串行总线的缩写,USB-ICC 指的是带 USB 接口的 IC 卡。此类卡片的尺寸、触点位置等仍符合 ISO/IEC 7816-2 中所定义的,然而触点的功能另有安排。在本规范中,USB 规范 2.0 版说明书的用语和定义均适用。

1. IC 卡各触点的功能

USB IC 卡有 8 个触点。表 4.12 列出一般卡(符合 ISO/IEC 7816-3 定义的卡)和 USB 卡各触点功能的对照。

表 4.12 一般卡和 USB 卡各触点功能对照

触点	一般卡	USB 卡	触点	一般卡	USB 卡
C1	VCC	VCC	C5	GND	GND
C2	RST		C6	VPP	
C3	CLK		C7	I/O	
C4	不用	AUX1	C8	不用	AUX2

USB 卡根据 USB 说明书中定义的 VBUS、GND、D+和 D-分别经由 VCC、GND、AUX1 和 AUX2 与计算机的 USB 接口连接。

从表 4.12 中可见,两类卡除了电源触点 VCC 和地(GND)共用外,其他触点的使用不会发生冲突,所以实际的 USB 卡具有 IC 卡和 USB 接口功能,在下面称为 USB-ICC。

依照 ISO/IEC 7816-3 的操作条件设计的卡在 USB 条件下激活时不会受损。同样,为 USB 操作设计的卡在 ISO/IEC 7816-3 操作条件下激活也不会受损。

2. USB 描述符

USB 说明书中描述的标准描述符为主机软件建立一种方式来识别新添的 USB 设备,并给新添的 USB 设备加载一个或多个合适的驱动程序。另外,主机软件可通过标准 USB 请求来检索描述符。

每个描述符由三部分组成：描述符长度(1B)、描述符类型(1B)和若干个按一定顺序排列的描述内容(每个由1或多个字节的指定长度组成)。

(1) 标准设备描述符。描述符长度(1B,其值为12H)；设备描述符类型(1B,代码为01H)；后随USB规范版本号等16(即10H)B。在本节中，H表示其前面的数字是以十六进制表示的。

(2) 标准配置描述符。描述符长度(1B,其值为09H)；配置描述符类型(1B,代码为02H)；后随配置返回的数据总长度等7B。

(3) 标准接口描述符。接口描述符类型代码为04H,其余略。

(4) 标准端口描述符。端口描述符类型代码为05H,其余略。

(5) 特定类型描述符。智能卡设备类的特定类型描述符,代码为21H,其余略。

3. 接口设备和USB-ICC之间的数据传输

有批量传输和控制传输两种方式来完成主机和USB-ICC之间的数据传输。主机和USB-ICC之间的命令响应和相应的数据传送是通过批量传输实现的。对提供低速功能的USB-ICC采用控制传输模式。

另外，在某些传输模式下可提供一个中断端口，该端口用来通知接口设备，在进行命令/响应交接时发生非同步事件。

表4.13是批量传输的命令和响应报文。

表4.13　批量传输的命令和响应报文

命令/响应	代码	数据传送方向	说　明
ICC加电	62H	OUT	接口设备向ICC发的加电报文
ICC返回ATR	80H	IN	ICC对加电命令的响应
ICC关电	63H	OUT	接口设备发的ICC关电报文
ICC发回状态	81H	IN	ICC对关电命令的响应
接口设备向ICC传送数据	6FH	OUT	接口设备向ICC发命令并传送数据
ICC返回数据块	80H	IN	ICC对上一条命令的响应

注：OUT是指接口设备向IC卡传送报文；IN是指IC卡向接口设备传送报文。

习题

1. IC卡的尺寸与磁卡是否相同？IC卡为何保留磁条？
2. IC卡上保留有多少个触点？逻辑加密卡与智能卡的触点数是否相同？你知道每个触点的功能吗？
3. 有哪些国际标准是直接对接触式IC卡做出规定的？为什么要制定国际标准？
4. 写出IC卡激活和停止操作时各触点上的电压或信号变化情况。
5. IC卡开始工作时，为什么需要由读写器送来Reset信号？如果读写器不送Reset信号，是否还可以采取其他办法？
6. 复位应答信号包含哪些内容？作用何在？
7. IC卡加电后首先是由IC卡还是读写器通知对方？采用什么传输协议？

8. 复位应答后，接着是由 IC 卡还是读写器发命令？执行每个命令后的响应信号是由哪一个发出的？
9. 在异步传输协议中，$T=0$ 协议与 $T=1$ 协议的主要差别是什么？
10. 请说出字符帧的结构，当传送有错时如何表示？
11. 在 $T=1$ 的分组传输协议中，每一个分组包括哪些字段？其中哪些是必须有的？哪些是可选的？
12. USB IC 卡与 ISO/IEC 7816-3 中定义的卡有何主要差别？
13. 接触式集成电路 USB-ICC 的主要特点是什么？

第5章 智能卡的安全和鉴别

随着智能卡应用范围的不断扩大，针对智能卡的各种各样的攻击性犯罪现象已经出现，而且有增长的趋势，因此智能卡的安全和保密性显得日益重要。本章介绍智能卡目前采用的一些安全保证措施，诸如身份鉴别技术、报文鉴别技术和数字签名技术，采用这些安全技术可以保证智能卡的内部信息在存储及交易过程中的完整性、有效性和真实性，防止对智能卡进行非法的修改。不过，无论采取什么手段和方法，在设计智能卡的安全和鉴别体制时，都应遵循安全、简单、实用、易于操作、价格合理的基本原则。这样的系统才有竞争力。

5.1 对智能卡安全的威胁

在智能卡的生命周期中，可能会受到各种各样的攻击，它们中间有些是无意识的行为，如在交易过程中可能出现的一些误操作；有些则是蓄意的，如使用非法卡作弊、截取并篡改交易过程中所交换的信息等行为。根据各种攻击所采用的手段和攻击对象的不同，一般可以把它们归纳为以下3种方式。

(1) 使用伪造的智能卡，以期进入某一系统。例如，像制造伪钞那样直接制造伪卡；对智能卡的个人化过程进行攻击；在交易过程中替换智能卡等。

个人化进程是指IC卡发给个人时，由发行商向卡内写入发行商代码、用户密码以及金额等的过程。个人化后将卡交给持卡人使用。

(2) 冒用他人遗失的，或是使用盗窃所得的智能卡，以图冒充别的合法用户进入系统，对系统进行实质上未经授权的访问。这类行为还包括私自拆卸、改装智能卡的读写设备。

(3) 主动攻击方式。直接对智能卡与外部通信时所交换的信息流(包括数据和控制信息)进行截听、修改等非法攻击，以谋取非法利益或破坏系统。

对应于这3种形式的犯罪行为，我们将从相应的3个方面对智能卡的安全进行讨论。这3个方面是：智能卡的物理安全、个人身份鉴别以及智能卡的通信安全和保密。后两个方面本质上都属于智能卡的逻辑安全范畴。

5.2 物理安全

智能卡的物理安全实际上包括两个方面的内容：一是智能卡本身物理特性上的安全保证；二是指能够防止对智能卡外来的物理攻击，即制造时的安全性。

智能卡本身的物理特性必须做到能够保证智能卡的正常使用寿命。因此，在设计制造智能卡时，应该确保其物理封装的坚固耐用性，并且必须做到能够承受相应的应力作用而不致损坏；能够承受一定程度的化学、电气和静电损害。另外，智能卡的电触点(如果有的话)也必须有保护措施，使之不受玷污的影响。一般而言，在这方面的安全性要求与智能卡的具体设计方案和制造时的材料选择有关。另外，为了防止数据在存储和传输时可能产生的错码，往往采取自动纠错和数据备份的措施。

对智能卡的物理攻击则包括制造伪卡、直接分析智能卡存储器中的内容、截听智能卡中的数据以及非法进行智能卡的个人化等手段。为了保证智能卡在这方面的安全，一般应该采取以下一些措施。

(1) 在智能卡的制造过程中使用特定且可靠的生产设备，同时制造人员还需要具备各种专业知识或技能，以增加直接伪造的难度，甚至使之不能实现。

(2) 对智能卡在制造和发行过程中所使用的一切参数都严格保密。

(3) 增强智能卡在包装上的完整性。这主要包括给存储器加上若干保护层(如设定访问条件)，把处理器和存储器做在智能卡内部的芯片上，选用一定的特殊材料(如对电子显微镜的电子束敏感的材料)。防止非法对存储器内容进行直接分析。

(4) 在智能卡的内部安装监控程序，以防止对处理器/存储器数据总线及地址总线的截听。而且，设置监控程序也可以防止对智能卡进行非授权的个人化。

(5) 对智能卡的制造和发行的整个工序加以分析，以确保没有一个人能够完整地掌握智能卡的制造和发行的全部过程，从而在一定程度上防止可能发生的内部职员的犯罪。

5.3 逻辑安全

智能卡的逻辑安全主要是由下列途径实现的。

5.3.1 用户鉴别

逻辑安全的首要问题是验证持卡人的身份，减少智能卡被冒用的可能性，这一过程被称为用户鉴别，也叫做个人身份鉴别。用户鉴别可以采用若干种方法来实现，目前在这一方面使用最多的方法就是通过验证用户个人识别码 PIN(或称为 password)来确认使用 IC 卡的用户是不是合法的持卡人。验证过程大致如下。

持卡人利用读写设备的键盘向 IC 卡输入 PIN(相当于金融卡中的密码)，IC 卡把它和事先存储在卡内的 PIN 加以比较，比较结果在以后访问存储器和执行指令时作为参考，用来判断可否访问或执行。根据使用要求，如果在一定的连续次数以内(通常设定为 3～4 次)没有输入正确的 PIN，IC 卡就判定现在的用户不是合法的持卡人，并且将自己锁定，禁止以后的操作。这样可以防止非法持卡人对 PIN 进行多次猜测的情况，这一过程如图 5.1 所示。

在验证过程中，由于智能卡内含有 IC 芯片，因此把 PIN 的比较过程放到智能卡的内部去完成，这样也就减少了卡内 PIN 暴露的可能性。但是，从图 5.1 中也可以看出，由于在终端机和卡片之间采用的是明码 PIN 传送，因此这种方式的抗攻击能力不强，持卡人输入的 PIN 容易被人窃取而暴露。为了克服这一缺点，针对具有密码计算能力的 CPU 卡，人们又提出了一种带密码运算的 PIN 验证方法，如图 5.2 所示(请读者在阅读 5.5 节后自行解释)。

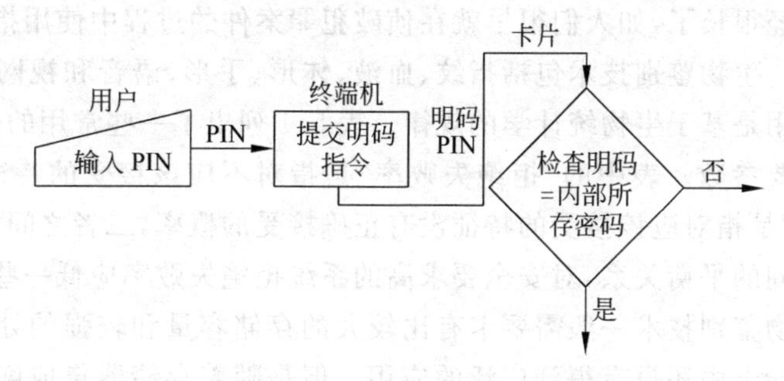

图 5.1　PIN 明码比较过程

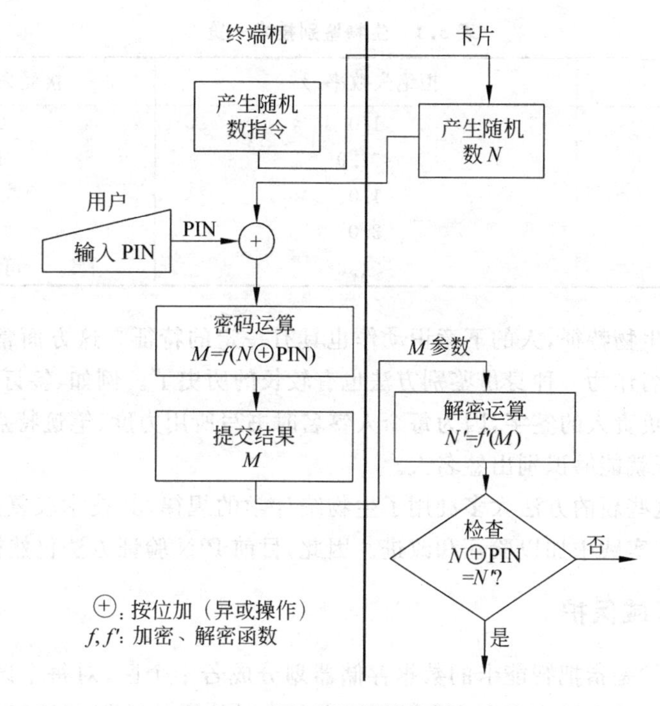

图 5.2　PIN 密码运算鉴别方法

采用上述方法明显增强了 PIN 验证的可靠性和准确性。

PIN 认证技术从一个方面解决了验证持卡人身份的问题，但是从它的本质上看，它能证明的只是当前使用智能卡的用户知道这张卡片的 PIN 码，这与证明持卡人是该智能卡的真正合法授权人并不等同。因为常常有一些用户为了不忘记 PIN 码，就直接把它记在自己的智能卡的表面上(这是不允许的)，这样，一旦失窃，就会被非法分子所利用；而且一般用户往往还会不经意地泄露自己的 PIN 码，所以，如果要保证智能卡达到较高的安全水平，仅仅使用 PIN 认证技术是不够的，必须使用一些新的安全防护方法。下面介绍两种常见的方法：利用人的生物特征的生物鉴别方法和利用人的下意识特征进行验证的鉴别技术。

人的生物特征具有很高的个体性，世界上没有两个人的生物特征是完全相同的，而且人的生物特征是无法伪造的，因而生物鉴别技术的安全性很高。实际上，人们使用生物鉴别技术的历史已经很长了，如人们很早就在侦破犯罪案件的过程中使用指纹、血液等生物特征来识别罪犯。生物鉴别技术包括指纹、血液、体形、手形、语音和视网膜鉴别技术，它在智能卡中的应用是基于生物统计学的规律。表5.1列出了一些常用的生物鉴别技术及其相应的一些重要参数。表中的“拒绝失败率”是指对不应该接受的特征没有拒绝的概率，“接受失败率”是指对应该接受的特征没有正确接受的概率，二者之间相对于不同安全要求的系统有不同的平衡关系，对安全要求高的系统拒绝失败率应低一些，反之则可以稍高一些。使用生物鉴别技术一般需要卡有比较大的存储容量和较强的处理能力，所以目前这种技术在智能卡中还没有得到广泛的应用。但是随着存储器集成度的不断提高，生物鉴别技术的应用正日益成为智能卡发展的趋势。

表 5.1　生物鉴别技术一览

项　　目	拒绝失败率/%	接受失败率/%
动态手写签名	1.0	0.5
手形	<1.0	1.5
指纹	1.0	0.025
语音	3.0	<1.0
视网膜	<1.0	可忽略

类似于人的生物特征，人的下意识动作也具有一定的特征。这方面常见的例子是手写签名。手写签名作为一种身份鉴别方法也有较长的历史了。例如，签订合同、签署协议时都需要有相应负责人的签字，因为每个人签名时书写所用力度、笔迹特点等都是不一样的，根据这些特征就能够识别出签名人。

总的来说，这些新的方法大多利用了生物统计学的规律，其技术较复杂，需要的存储量较大，还需要在实践中加以验证和改进。因此，目前PIN验证方法仍然被广泛地使用。

5.3.2　存储区域保护

存储区域保护是指把智能卡的数据存储器划分成若干个区，对每个区都设定各自的访问条件。只有在符合设定条件的情况下，才允许对相应的数据存储区域进行访问，如表5.2所示(O为允许，×为不允许)。需要指出的是，表5.2中列举的存储区域，其访问条件的设定因卡而异，或因用途不同而不同，因此表中的条件设定不具有普遍性，仅供参考。表5.2中假设有两个密码，发行密码用来验证发行商身份，PIN用来验证持卡人身份。

表 5.2　存储区域保护示意

存储区域	确认发行密码以后		确认 PIN 以前		确认 PIN 以后		数据举例
	读	写	读	写	读	写	
条件1区	O	O	×	×	×	×	加密密钥
条件2区	×	×	×	×	O	O	交易数据
条件3区	O	O	×	×	O	×	户头名、存取权限
条件4区	O	O	O	×	O	×	用户姓名、住址

通过存储区域的划分，普通数据和重要数据被有效地分离，各自接受不同程度的条件保护，相应地提高了逻辑安全的强度。

5.3.3 智能卡的通信安全与保密

智能卡的通信安全与保密和个人身份鉴别一样，也属于智能卡的逻辑安全范畴。而且通信安全与保密也是智能卡的安全特性中最为重要的一个方面，因为无论一张卡使用的目的是什么，它都必须与别的设备（或者是读写设备，或者是银行主机等）进行通信。同时，也由于智能卡自身已具备了存储及计算的能力，完全可以将它看作是一台袖珍型的计算机，因此它也在卡类系统中第一次提供了端到端的安全控制。

一般而言，在通信方面对信息的篡改可以有许多不同的方法，主要包括以下方式。

(1) 对信息内容进行更改、删除、添加。

(2) 改变信息的源点或目的点。

(3) 改变信息组/项的顺序。

(4) 再次利用曾经发送过的或者是存储过的信息。

(5) 篡改回执。

从安全的角度考虑，就是要针对以上的这些攻击手段采取适当的技术防范措施，以求达到保证智能卡与外部设备进行信息交换过程的有效性与合法性的目的。具体而言，即是要保证该交换过程的完整性（integrity）、真实性（authenticity）、有效性（validity）和保密性（privacy）。这里，完整性是指智能卡及系统必须能检测出在它们之间交换的信息是否已经被修改了，无论这种修改是无意的还是蓄意的；有效性是指卡和系统能把真正合法的信息与一个非法人员所发的欺骗信息（这种信息可能是他在以前所截听到的一些合法的交易信息）正确区分开，既能保证合法交易的进程，又能防止可能的诈骗行为；真实性是指智能卡和系统都必须有一种确证能力，能够确证它们各自所收到的信息都确实是真正由真实对方发出的信息，而且自己所发出的信息也确实是被真正的对方所接收到了；保密性则是指利用密码术对信息进行加密处理，从而防止非授权者窃取所交换的信息。满足这4种特性的要求是保证一个信息交换过程安全性的最基本条件，缺一不可。

首先是对完整性的保证。为了保证所交换的信息内容不被非法修改，对之进行鉴别是非常重要的，这种鉴别称为对报文内容的鉴别。一般方法是在所交换的信息报文内加入一个报头或报尾，称其为鉴别码。这个鉴别码是通过对报文进行某种运算而得到的，它与报文的内容密切相关，报文的正确与否可以通过这个鉴别码来检验。鉴别码由报文发送方计算产生，并和报文一起经加密后提供给接收方，接收方在收到报文后，首先对之解密得到明文，然后用约定的算法计算出解密报文（明文）的鉴别码，再与收到报文中的鉴别码相比较，如果相等，则认为报文是正确的；否则就认为该报文在传输过程中已被修改过，接收方可以采取相应的措施，如拒绝接收或者报警等。在鉴别过程中，鉴别算法的设计是至关重要的。最简单的算法是计算累加和，即把所传输报文中的所有位全加起来作为该报文的鉴别码。比较理想的鉴别算法一般是与密码学相联系的。鉴别过程的安全性就取决于鉴别算法的密钥管理的安全性。采用密码鉴别的一个例子是Sievi在1980年向ISO提出的DSA（Decimal Shift and Add）鉴别算法。该算法将要鉴别的信息看作是一个十进制数串，然后利用两个秘密的 10 位长的十进制数作为密钥，对该数串进行相应的运算，产生出鉴别码。下面将介绍 DSA 算法的详细过程。

该算法在收发双方同时利用两个 10 位长的任选的十进制数 b_1 和 b_2 作为密钥。将要鉴别的信息看成是十进制数串，然后分组，10 位为一组。每次运算(加法)取一组，两个运算流并行进行，直到所有信息组运算完为止。举例如下。

用 $R(X)D$ 表示对信息 D 循环右移 X 位，如 $D=1234567890$，则 $R(3)D=8901234567$。

用 $S(3)D$ 表示相加之和：$S(3)D=R(3)D+D\ (\bmod 10^{10})$。

在上例中，$S(3)D$ 可由以下计算得出：

$$
\begin{array}{rr}
 & R(3)D=8901234567 \\
+ & D=1234567890 \\
\hline
 & S(3)D=0135802457
\end{array}
$$

假设信息 $M=15834926375283586900$，鉴别码的计算过程如下。

首先将信息分成 10 位一组，最后一组不足 10 位时补 0，所以 $m_1=1583492637$，$m_2=5283586900$。又任选密钥 b_1 和 b_2，设 $b_1=5236179902$，$b_2=4893524771$，两运算流同时进行。

运算流 1		运算流 2		
m_1	1583492637	m_1	1583492637	
+ b_1	5236179902	+ b_2	4893524771	
p	=6819672539	q	=6477017408	——第一个中间运算结果
+ $R(4)p$	=2539681967	+ $R(5)q$	=1740864770	——p 的移位次数由 b_2 第一位决定
				——q 的移位次数由 b_1 第一位决定
$S(4)p$	=9359354506	$S(5)q$	=8217882178	——第一次运算结果
+ m_2	=5283586900	+ m_2	=5283586900	
u	=4642941406	v	=3501469078	——第二个中间运算结果
+ $R(8)u$	=4294140646	+ $R(2)v$	=7835014690	——u 的移位次数由 b_2 第二位决定
				——v 的移位次数由 b_1 第二位决定
$S(8)u$	=8937082052	$S(2)v$	=1336483768	——第二次运算结果

至此，两组信息已运算完毕，得到两个 10 位长的十进制数，再组合一下，最简单的方法是将它们按模 10^{10} 加起来。

$$
\begin{array}{rr}
 & S(8)u \quad 8937082052 \\
+ & S(2)v \quad 1336483768 \\
\hline
 & 0273565820
\end{array}
$$

其结果即为鉴别码。

在接收端，将接收到的信息用同样密钥按同样方式处理，计算出鉴别码，如果与收到的鉴别码相等，则表示传送的信息是完整的。

目前常用 DES 算法产生鉴别码。

关于信息交换过程的有效性，主要是为了防止对曾经发送过的或存储过的信息的再利用。例如，在某次交易过程中的一条真实信息（假设是某人从银行账户内提取了一笔钱款），如果这一消息被一个非法截听者记录了下来，他就有可能一遍遍地重发该消息，如果不能进行报文有效性的验证，那么该人银行账户内的存款将很快就被提光。由此可见，有效性本质上是对报文时间性的鉴别，即它必须能保证所传送的消息每一条都是唯一的，任何随后产生的重复消息都应当被认为是非法的。实现这种报文时间性鉴别的方法有很多种，常用的方法是每条消息在发送时都附加一个发送当时的日期和时间；或者可以在所发消息中加入一个记录消息个数的数；还可以在报文中加入一个随机数。总之，实现报文时间性鉴别的方法可以归为两大类：第一类是收发双方预先约定一个时间变量，然后用它作为初始化矢量对所发送的报文加密；第二类也是由收发双方预先约定一个时间变量，然后在发送的每份报文中插入该时间变量，从而保证报文的唯一性。采用这些时间性鉴别的方法，显然还能防止在传送过程中可能发生的对信息组顺序的改变。

至于真实性，指的是对报文发送方和接收方的鉴别，即对话的双方彼此都要对对方的真实性进行验证，这种验证称为“双向鉴别”。智能卡和读写器之间的相互鉴别是消息认证和电子签名的基础，在智能卡技术中占有很重要的地位。双向鉴别的具体内容将在 5.5 节中（即在密码技术之后）讨论。

在完成双向鉴别后，为了保证传输过程中信息的安全性，对每条信息也应该进行报文源的鉴别，否则将无法确定一个具体报文的发送者。例如，某一非法截听者截收了一条由智能卡发往读写设备的报文，过后的某个时候，又把它插入到通信线路中，并改向传给智能卡。这样，智能卡就无法正确判断出该报文是否真是由接收设备所发送。为了解决这样的问题，一是可以在报文中加上发送者的标识号，二是可以直接通过报文加密实现。方法如下：在智能卡与接收设备的通信过程中采用两个不同的密钥，智能卡所发送的信息用一个密钥加密，并在接收端用同样的密钥解密还原；而接收端则使用另一密钥加密它所发送的信息，然后再送给智能卡，由智能卡用相同的密钥还原信息。这样，只要双方都能正确还原出对应的信息，就可以证明所接收报文的真实性。

然后是交换过程中的保密性问题。在这方面主要是利用密码技术对信息进行加密处理，以掩盖真实信息，使之成为不可理解，达到保密的目的。由于加密、解密是通信安全中最常用的密码技术，也是通信安全的基础之一，其地位极其重要，因此下节专门进行讨论。

5.4 密码技术

密码技术的出现最初即是以通信的秘密性为目的的，其基本思想就是伪装信息，使局外人不能理解信息的真正含义，而局内人却能理解伪装信息的本来意义。密码技术的实际应用可以追溯到远古时代。公元前 50 年，古罗马的凯撒在高卢战争中就用过一种密码技术来保证其军事命令在传输过程中的保密性，他把从 A 到 W 的每个英文字母均用字母表中它后面的第 3 个位置上的字母来代替，字母 X、Y、Z 分别用 A、B、C 表示。如果分别以数字 0、1、…、25 来对应字母 A、B、…、Z，则他的这种密码变换规则就可以表示成如

下形式,即

$$\Phi=\theta+3 \bmod 26$$

我们把被伪装的信息称为“明文”,伪装后的信息称为“密文”,而加密时所采用的信息变换规则称为“密码算法”。在上式中,Φ 为密文字母,θ 为明文字母,3 就是这种密码算法的密钥。显然,这种密码算法是十分简单的。而到了现代,随着计算机在密码学领域的广泛应用,同时也由于现代数学的发展,使现代密码学无论在原理、概念还是工具上都有了巨大的创新与改进。然而,这些新的技术知识也给破译者提供了强有力的工具,从而又给现代密码学提出了新的任务。

加密,就是对机密信息加以伪装的一个过程。被加密的信息称为“明文”,而把密文转变为明文的过程称为“解密”。以下表明了这个过程。

明文 P → [加密 $E(P)$] → 密文 C → [解密 $D(C)$] → 原明文 P

明文用 P 表示,在智能卡中,它表现为比特流,或二进制数据。

密文用 C 表示,它也是二进制数据,加密函数 E 作用于明文 P 得到密文 C,其表达式为

$$E(P)=C$$

解密函数 D 作用于 C 产生明文 P,其表达式为

$$D(C)=P$$

由于对明文先加密,再解密将恢复出原来的明文,因此下面的等式成立,即

$$D(E(P))=P$$

现代的加密算法都使用密钥,用 k 表示,则下述加密/解密表达式成立,即

$$E_k(P)=C$$

$$D_k(C)=P$$

$$D_k(E_k(P))=P$$

在本书中,算法(algorithm)指的是加密和解密时所用的数学变换,密码体制(cryptosystem)指的是算法和实现它的方法。

一个密码体制一般由两个基本要素构成:密码算法和密钥。这里,密码算法是一些公式、法则或者程序,一般与现代数学中的某些理论相联系;密钥则可以看作是密码算法中的可变参数。相对来说,密码算法在一个时期内是相对稳定的,变化的只是密钥。而从数学角度来看,改变密钥本质上是改变了明文与密文之间等价的数学函数关系。考虑到密码算法本身很难做到绝对的保密,因此现代密码学总是假定密码算法是公开的,真正需要保密的只是密钥,即一切秘密都隐藏在密钥中。所以,现代密码学中密钥管理是极为重要的一个方面。

与加密对应的是密码分析,也叫“破译”,是指非授权者通过各种方法窃取密文,并通过各种方法推导出密钥,从而读懂密文的操作过程。而用以衡量一个加密系统的不可破译性的尺度称为“保密强度”。一般而言,一个加密系统的保密强度应该与这个系统的应用目的、保密时效要求及当前的破译水平相适应。能够达到理论上不可破译是最好的(非

常难),否则也要求能达到实际的不可破译性,即原则上虽然能够破译,但为了由密文得到明文或密钥必须付出十分巨大的计算代价,而不能在希望的时间内或实际可能的经济条件下求出准确答案。

密码体制的分类很多。例如,可以按照密码算法对明文信息的加密方式,分为序列密码体制和分组密码体制;按照加密过程中是否注入了客观随机因素,分为确定型密码体制和概率型密码体制;按照是否能进行可逆的加密变换,分为单向函数密码体制和双向函数密码体制。卡内常用的是按照密码算法所使用的加密密钥和解密密钥是否相同,能不能由加密过程推导出解密过程(或者反之,由解密过程推导出加密过程)而将密码体制分为对称密码体制和非对称密码体制,在下面将予以讨论,并简述属于单向密码体制的 Hash 算法。在某些卡内还使用了其他算法,这属于密码学范围,在本书中不介绍其原理。

5.4.1 对称密码体制

对称密码体制又称为单钥密码体制、对称密钥密码体制、秘密密钥密码体制。在这种密码体制中,加密密钥和解密密钥是相同的,即使二者不同,也能够由其中的一个很容易地推导出另一个。在这种密码体制中,有加密能力就意味着必然有解密能力。一般而言,采用对称密码体制可以达到很高的保密强度,但由于它的加密密钥和解密密钥相同,因此它的密钥必须极为安全地传递和保护,从而使密钥管理成为影响系统安全的关键性因素。

传统的加密方法一般都属于对称密码体制。目前,在智能卡中应用较多的加密技术基本上也是对称密码体制,其中较典型的加密算法是 DES 算法。该算法是一种分组密码算法,分组密码算法的基本设计技巧是 Shannon 所建议的扩散(diffusion)和混乱(confusion)。扩散就是要将每一位明文的影响尽可能迅速地作用到较多的输出密文位中,以隐蔽明文的统计特性。扩散同时也是指把每一位密钥的影响尽可能地扩散到较多的输出密文位中。扩散的目的是希望密文中的每一位都尽可能地与明文和密钥相关,以防止将密钥分解为若干孤立的小部分而给破译者以各个击破的可能性。混乱是指密文和明文之间统计特性的关系应该尽可能的复杂化,要避免出现很有规律的、线性的相关关系。在分组密码算法的设计中,还要考虑的一个问题是如何保证明文与密文的一一对应关系。因为,如果加密算法设计不当,就有可能使多个明文状态对应同一密文状态,使解密出现困难。

在这种算法的设计上,比较成功的例子就是 DES 算法。DES 是 IBM 公司于 1975 年研究成功并公开发表的,这也开创了公开全部算法的先例。1977 年,美国国家标准研究所(American National Standard Institute,ANSI)批准 DES 用于非国家保密机关,称为“数据加密算法(DEA)”。此后,DES 算法得到了广泛应用,并出现了专门处理 DES 加密算法的硬件,下面简单介绍该算法。

1. DES 算法的加密过程

DES 算法是把 64 位的明文输入块变换为 64 位的密文输出块,它所使用的密钥也是 64 位,其中 8 位为奇偶校验位。整个算法的流程如图 5.3 所示。要加密的一组数据先经过初始置换 IP 的处理,然后通过一系列迭代运算,最后经过 IP 的逆置换 IP^{-1} 给出加密的结果。图 5.3 中,$k_i(i=1\sim16)$是初始密钥 K 经分解、移位后产生的 48 位长的子密

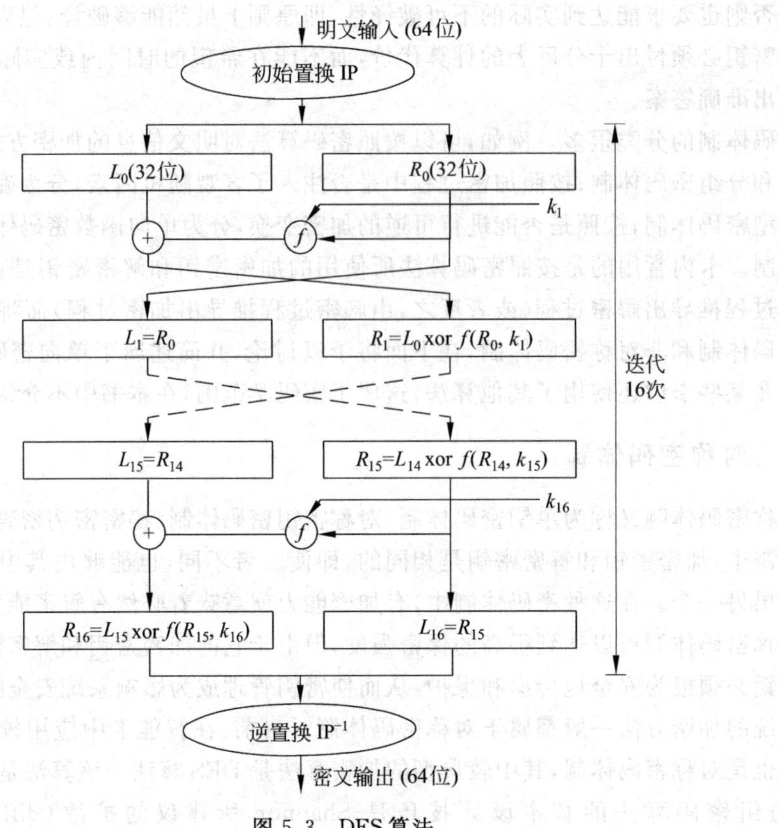

图 5.3 DES 算法

钥。从图中可见，与密钥有关的算法包括子密钥的生成和密码函数 f。

1）初始置换 IP

首先讨论初始置换 IP。IP 的功能是将输入的 64 位数据块按位重新组合，并把输出分为 L_0 和 R_0 两部分，每部分各长 32 位。重新组合的规则如表 5.3 所示。

表 5.3 初始置换 IP

58	50	42	34	26	18	10	2
60	52	44	36	28	20	12	4
62	54	46	38	30	22	14	6
64	56	48	40	32	24	16	8
57	49	41	33	25	17	9	1
59	51	43	35	27	19	11	3
61	53	45	37	29	21	13	5
63	55	47	39	31	23	15	7

即将输入的第 58 位换至第 1 位，第 50 位换至第 2 位，依此类推，最后一位是原来的第 7 位。L_0 和 R_0 则是换位输出后划分的两部分，L_0 是输出结果的左边 32 位，R_0 就是右边的 32 位。即如果令置换前的输入值为 $b_1b_2\cdots b_{64}$，则经过初始置换后的结果为

$$L_0 = b_{58}b_{50}\cdots b_8 \quad R_0 = b_{57}b_{49}\cdots b_7$$

2) 16 次迭代

接下来就是迭代过程，将 R_0 与子密钥 k_1 经密码函数 f 的运算得到 $f(R_0,k_1)$，与 L_0 按位模 2 加得到 R_1，将 R_0 作为 L_1，就是完成了第一次迭代，依此类推，第 i 次的迭代可以表示为

$$L_i = R_{i-1}$$
$$R_i = L_{i-1} \text{ xor } f(R_{i-1},k_i)$$

式中,xor 为按位作模 2 加。

在迭代过程中,重要的部分是函数 f。f 的结构如图 5.4 所示。它的功能是利用放大换位 E(表 5.4)将 32 位的 R_{i-1} 扩展至 48 位，与子密钥 k_i 按位模 2 加后，把结果分为 8 个 6 位长的数据块，再分别经选择函数 $S_1,S_2,\cdots,S_8$ 的变换，产生 8 个 4 位长的块,合为 32 位,最后经过单纯换位 P(表 5.5)得到输出。

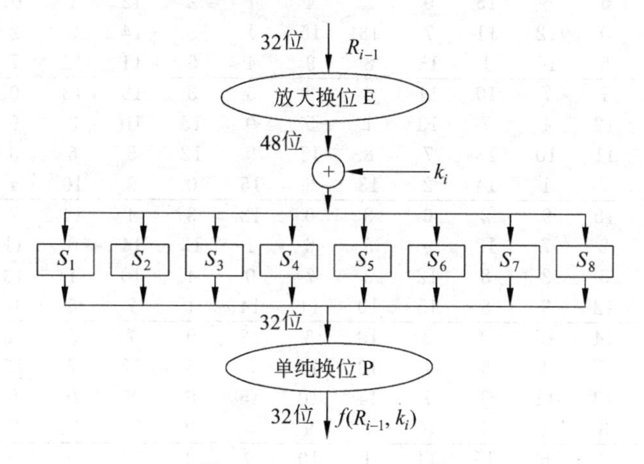

图 5.4 $f(R_{i-1}, k_i)$函数

表 5.4 放大换位表 E

32	1	2	3	4	5
4	5	6	7	8	9
8	9	10	11	12	13
12	13	14	15	16	17
16	17	18	19	20	21
20	21	22	23	24	25
24	25	26	27	28	29
28	29	30	31	32	1

表 5.5 单纯换位表 P

16	7	20	21
29	12	28	17
1	15	23	26
5	18	31	10
2	8	24	14
32	27	3	9
19	13	30	6
22	11	4	25

其中，S_i 的变换规则如表 5.6 所示,其完成的功能都是把 6 位的输入转化为 4 位的输出。

以 S_1 为例说明其功能。例如，设输入为

$$B = b_1b_2b_3b_4b_5b_6$$

表 5.6 选择函数 S_i

R \ h	0	1	2	3	4	5	6	7	8	9	10	11	12	13	14	15	S_i
0	14	4	13	1	2	15	11	8	3	10	6	12	5	9	0	7	
1	0	15	7	4	14	2	13	1	10	6	12	11	9	5	3	8	S_1
2	4	1	14	8	13	6	2	11	15	12	9	7	3	10	5	0	
3	15	12	8	2	4	9	1	7	5	11	3	14	10	0	6	13	
0	15	1	8	14	6	11	3	4	9	7	2	13	12	0	5	10	
1	3	13	4	7	15	2	8	14	12	0	1	10	6	9	11	5	S_2
2	0	14	7	11	10	4	13	1	5	8	12	6	9	3	2	15	
3	13	8	10	1	3	15	4	2	11	6	7	12	0	5	14	9	
0	10	0	9	14	6	3	15	5	1	13	12	7	11	4	2	8	
1	13	7	0	9	3	4	6	10	2	8	5	14	12	11	15	1	S_3
2	13	6	4	9	8	15	3	0	11	1	2	12	5	10	14	7	
3	1	10	13	0	6	9	8	7	4	15	14	3	11	5	2	12	
0	7	13	14	3	0	6	9	10	1	2	8	5	11	12	4	15	
1	13	8	11	5	6	15	0	3	4	7	2	12	1	10	14	9	S_4
2	10	6	9	0	12	11	7	13	15	1	3	14	5	2	8	4	
3	3	15	0	6	10	1	13	8	9	4	5	11	12	7	2	14	
0	2	12	4	1	7	10	11	6	8	5	3	15	13	0	14	9	
1	14	11	2	12	4	7	13	1	5	0	15	10	3	9	8	6	S_5
2	4	2	1	11	10	13	7	8	15	9	12	5	6	3	0	14	
3	11	8	12	7	1	14	2	13	6	15	0	9	10	4	5	3	
0	12	1	10	15	9	2	6	8	0	13	3	4	14	7	5	11	
1	10	15	4	2	7	12	9	5	6	1	13	14	0	11	3	8	S_6
2	9	14	15	5	2	8	12	3	7	0	4	10	1	13	11	6	
3	4	3	2	12	9	5	15	10	11	14	1	7	6	0	8	13	
0	4	11	2	14	15	0	8	13	3	12	9	7	5	10	6	1	
1	13	0	11	7	4	9	1	10	14	3	5	12	2	15	8	6	S_7
2	1	4	11	13	12	3	7	14	10	15	6	8	0	5	9	2	
3	6	11	13	8	1	4	10	7	9	5	0	15	14	2	3	12	
0	13	2	8	4	6	15	11	1	10	9	3	14	5	0	12	7	
1	1	15	13	8	10	3	7	4	12	5	6	11	0	14	9	2	S_8
2	7	11	4	1	9	12	14	2	0	6	10	13	15	3	5	8	
3	2	1	14	7	4	10	8	13	15	12	9	0	3	5	6	11	

由 $b_2b_3b_4b_5$ 代表 0～15 之间的某一数，以 h 表示；由 b_1b_6 代表 0～3 之间的某一数，以R 表示，即

$$h=b_2b_3b_4b_5$$

$$R=b_1b_6$$

然后查表 5.6，在 S_1 的第 R 行第 h 列得一个十进制数 S，以 4 位二进制表示，此即为输出。若 S_1 的输入 $B=101110$，则 $h=0111_2=7_{10}$，$R=10_2=2_{10}$，查表得 $S_1=11_{10}=1011_2$；若 S_5 的输入是 110011，则 $h=1001_2=9_{10}$，$R=11_2=3_{10}$，查表得 $S_5=15_{10}=1111_2$。

3) 逆置换 IP^{-1}

经过 16 次迭代运算后，得到 $R_{16}L_{16}$，将之作为输入，进行逆置换 IP^{-1}，即得到密文。IP^{-1}完成的功能正好是 IP 的逆过程。例如，第 1 位经过 IP 置换处于第 40 位，而经过 IP^{-1}换位，又将第 40 位换回第 1 位，其变换规则如表 5.7 所示。

表 5.7 逆置换 IP^{-1}

40	8	48	16	56	24	64	32
39	7	47	15	55	23	63	31
38	6	46	14	54	22	62	30
37	5	45	13	53	21	61	29
36	4	44	12	52	20	60	28
35	3	43	11	51	19	59	27
34	2	42	10	50	18	58	26
33	1	41	9	49	17	57	25

4）子密钥的生成

下面介绍子密钥的生成。子密钥 k_i 的生成过程如图 5.5 所示。

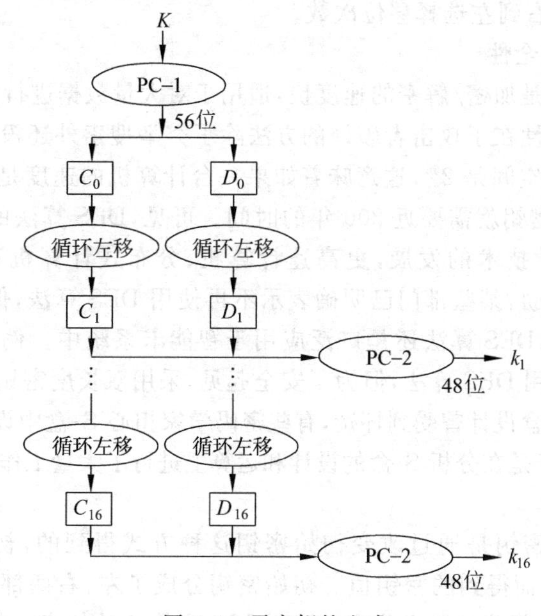

图 5.5 子密钥的生成

密钥 K 本身为 64 位，但其中第 8、16、24、…、64 位是奇偶校验位，所以 K 实际只有 56 位。将这 56 位的数据经过选择换位 PC-1(换位规则如表 5.8 所示)后产生的结果分为两部分：C_0 和 D_0 分别是左、右各 28 位，然后分别经过循环左移位，得到 C_1、D_1，合并后，再经缩小换位 PC-2(表 5.9)，即得到 48 位的子密钥 k_1。同样，将 C_1、D_1 经过循环左移，合并后，

表 5.8 选择换位 PC-1

57	49	41	33	25	17	9
1	58	50	42	34	26	18
10	2	59	51	43	35	27
19	11	3	60	52	44	36
63	55	47	39	31	23	15
7	62	54	46	38	30	22
14	6	61	53	45	37	29
21	13	5	28	20	12	4

表 5.9 缩小选择换位 PC-2

14	17	11	24	1	5
3	28	15	6	21	10
23	19	12	4	26	8
16	7	27	20	13	2
41	52	31	37	47	55
30	40	51	45	33	48
44	49	39	56	34	53
46	42	50	36	29	32

再经缩小换位 PC-2，得到子密钥 k_2，依此类推，可以产生 $k_3, k_4, \cdots, k_{16}$。不过，对应的循环左移的移位数要按照表 5.10 的要求。总共循环移位 28 次，密钥又恢复成原值。

表 5.10　循环移位次数

迭代次数	1	2	3	4	5	6	7	8	9	10	11	12	13	14	15	16
左移位数	1	1	2	2	2	2	2	2	1	2	2	2	2	2	2	1

以上介绍了 DES 的加密过程。

DES 的解密算法是一样的，只是在第一次迭代时使用 k_{16}，第二次使用 k_{15}，……，最后一次用 k_1，算法本身没有任何变化。采取循环右移密钥的方法，每次移位的次数仍按表 5.10 进行，但从表右到左选择移位次数。

2. DES 算法的安全性

DES 算法的优点是加密/解密的速度快，适用于对大量数据进行加密的场合。

DES 算法的安全性在于攻击者破译的方法除了穷举搜索外还没有更有效的手段，而 56 位长的密钥的穷举空间是 2^{56}，这意味着如果一台计算机的速度是 1s 检测 100 万个密钥，则它搜索完全部密钥就需要近 200 年的时间。可见，DES 算法的保密强度还是比较高的。当然，随着科学技术的发展，更高速计算机、分布式计算机和网络的出现，会使 DES 的安全性受到威胁，某些部门已明确表示不再使用 DES 算法，但目前还没有公认的替代算法出现。因此，DES 算法还是广泛应用于智能卡系统中。例如，在国际和国内流行的金融卡中主要采用 DES 算法，但为了安全起见，采用双长度密钥的 3-DES 算法。

DES 算法中的 S-盒设计曾受到怀疑，有些密码学家担心 S-盒中设有“陷门”，而使设计者能破译 DES 算法，于是在分析 S-盒的设计和运算上进行了大量工作，最终没有找到弱点。

3[c]. 弱密钥

由于算法各轮子密钥是通过改变初始密钥这种方式得到的，初始密钥指的是密钥 k 经过选择换位 PC-1 而得到的密钥值。初始密钥分成了左、右两部分(两半)，每部分各自独立移位，如果每一部分的所有位为 0 或 1，那么在算法的任意一轮得到的子密钥都是相同的。如果密钥是全 1、全 0 或者一半是全 1、一半是全 0，都会发生这种情况。因此，产生了 4 种弱密钥，如表 5.11 所示。需要注意的是，表中所列出的初始密钥是密钥 k 经过 PC-1 置换后的值。

表 5.11　DES 弱密钥(以十六进制表示)

序号	弱密钥值(初始密钥，56 位)	加上奇校验位后的初始密钥值(64 位)
1	0000000　0000000	01010101　01010101
2	FFFFFFF　FFFFFFF	FEFEFEFE　FEFEFEFE
3	0000000　FFFFFFF	01010101　FEFEFEFE
4	FFFFFFF　0000000	FEFEFEFE　01010101

需要说明的是，初始密钥值中无奇校验位，校验位是为了后面描述方便而加上的，即将左、右两半各从 28 位扩充到 32 位，便于各自用独立的十六进制表示。

此外，还有一些密钥只产生两种不同的子密钥，而不是 16 种不同的子密钥，称之为半弱密钥，如表 5.12 所示。表中所列出的是用十六进制表示的并加上奇校验位后的初始密钥。

表 5.12 DES 半弱密钥

序号	密钥	序号	密钥
1	01FE 01FE 01FE 01FE	7	FE01 FE01 FE01 FE01
2	1FE0 1FE0 0EF1 0EF1	8	E01F E01F F01E F01E
3	01E0 01E0 01F1 01F1	9	E001 E001 F101 F101
4	1FFE 1FFE 0EFE 0EFE	10	FE1F FE1F FE0E FE0E
5	011F 011F 010E 010E	11	1F01 1F01 0E01 0E01
6	E0FE E0FE F1FE F1FE	12	FEE0 FEE0 FEF1 FEF1

也有只产生 4 个子密钥的密钥，每个子密钥在算法中使用了 4 次，这些密钥（共 48 个）在表 5.13 中列出。

表 5.13 产生 4 个子密钥的弱密钥

1F	1F	01	01	0E	0E	01	01	E0	01	01	E0	F1	01	01	F1
01	1F	1F	01	01	0E	0E	01	FE	1F	01	E0	FE	0E	01	F1
1F	01	01	1F	0E	01	01	0E	FE	01	1F	E0	FE	01	0E	F1
01	01	1F	1F	01	01	0E	0E	E0	1F	1F	E0	F1	0E	0E	F1
								FE	01	01	FE	FE	01	01	FE
E0	E0	01	01	F1	F1	01	01	E0	1F	01	FE	F1	0E	01	FE
FE	FE	01	01	FE	FE	01	01	E0	01	1F	FE	F1	01	0E	FE
FE	E0	1F	01	FE	F1	0E	01	FE	1F	1F	FE	FE	0E	0E	FE
E0	FE	1F	01	F1	FE	0E	01								
FE	E0	01	1F	FE	F1	01	0E	1F	FE	01	E0	0E	FE	01	F1
E0	FE	01	1F	F1	FE	01	0E	01	FE	1F	E0	01	FE	0E	F1
E0	E0	1F	1F	F1	F1	0E	0E	1F	E0	01	FE	0E	F1	01	FE
FE	FE	1F	1F	FE	FE	0E	0E	01	E0	1F	FE	01	F1	0E	FE
FE	1F	E0	01	FE	0E	F1	01	01	01	E0	E0	01	01	F1	F1
E0	1F	FE	01	F1	0E	FE	01	1F	1F	E0	E0	0E	0E	F1	F1
FE	01	E0	1F	FE	01	F1	0E	1F	01	FE	E0	0E	01	FE	F1
E0	01	FE	1F	F1	01	FE	0E	01	1F	FE	E0	01	0E	FE	F1
								1F	01	E0	FE	0E	01	F1	FE
01	E0	E0	01	01	F1	F1	01	01	1F	E0	FE	01	0E	F1	FE
1F	FE	E0	01	0E	FE	F0	01	01	01	FE	FE	01	01	FE	FE
1F	E0	FE	01	0E	F1	EF	01	1F	1F	FE	FE	0E	0E	FE	FE
01	FE	FE	01	01	FE	FE	01								
1F	E0	E0	1F	0E	F1	F1	0E	FE	FE	E0	E0	FE	FE	F1	F1
01	FE	E0	1F	01	FE	F1	0E	E0	FE	FE	E0	F1	FE	FE	F1
01	E0	FE	1F	01	F1	FE	0E	FE	E0	E0	FE	FE	F1	F1	FE
1F	FE	FE	1F	0E	FE	FE	0E	E0	E0	FE	FE	F1	F1	FE	FE

总共发现了64个弱密钥，相对于总数为72 057 594 037 927 936个可能密钥的密钥集而言，真是微不足道。如果随机选择密钥，选中这些弱密钥中的一个的可能性可以忽略，如果实在感到不放心，那么可在密钥产生时进行检查以防产生这些弱密钥。

4. 多重DES

对明文进行多次加密称为“多重加密”。

1)[c]双重DES

如果用两个不同密钥对明文加密两次，首先用第一个密钥加密明文，接着再用第二个密钥对它进行加密。解密步骤与加密相反。

$$C=E_{k2}(E_{k1}(p))\quad P=D_{k1}(D_{k2}(C))$$

在已知明文和密文情况下，能在2^{n+1}次而不是2^{2n}次尝试内攻破这种双重加密方案(n为密钥长度)。这种攻击叫做“中间相遇攻击”，它从一端加密，从另一端解密，并在中间比较结果是否匹配(这种方法需要存储器)。其步骤如下：对每个可能的密钥K计算$E_K(P)$并存入存储器，在有了所有的结果后，对每个K计算$D_K(C)$，并在存储器中寻找相同的结果，如能找到，密钥可能就是现在解密用的密钥K_2和存储器中的密钥K_1，可用第2对数据P_2和C_2进行检验，检验正确，可确信密钥已找到，否则继续进行。

由于攻击难度增加不多，因此，采用双重加密是不值得的。

2) 三重DES(3DES)

三重加密是较好的方法，它用3个密钥对明文加密/解密3次。发送者先用第一个密钥对明文加密，然后用第2个密钥解密，最后用第3个密钥加密；接收者用第3个密钥解密，用第2个密钥加密，最后用第一个密钥解密。

$$C=E_{k3}(D_{k2}(E_{k1}(P)))$$
$$P=D_{k1}(E_{k2}(D_{k3}(C)))$$

图5.6所示为三重DES算法的加密/解密过程，密钥的长度为168位(3×56位)。如果$k_3=k_1$，则用两个密钥，密钥的长度为112位。一般使用的密钥长度为112位。

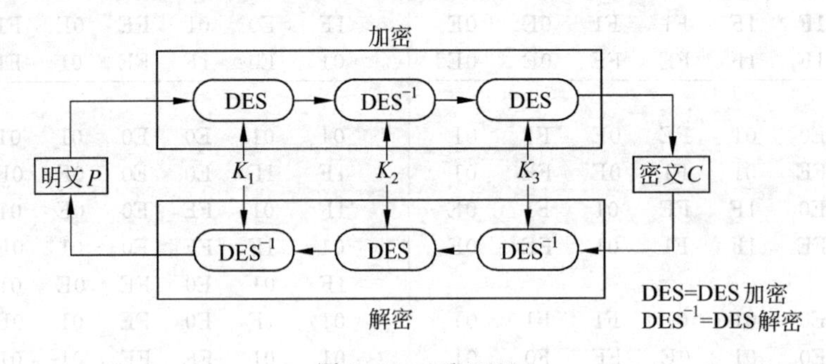

图5.6 三重DES

其后发展的高级加密标准AES(Advance Encryption Standard)是美国国家标准技术研究所NIST旨在21世纪取代3DES的加密标准，加密数据块分组长度为128位，密钥长度是128位、192位或256位。

对称密码体制的密钥使用了一段时间以后就需要更换，加密方需通过某种秘密渠道把新密钥传送给解密方。在传递过程中，密钥容易泄露。而对下面将要介绍的非对称密钥体制，由于加密密钥与解密密钥不同，且不能用加密密钥推出解密密钥，从而使加密密钥可以公开传递。

由于对称密码体制的加密密钥和解密密钥是相同的，在智能卡中采用DES算法，当信息的收发方对信息内容及发送源点产生争执时，DES算法就显得无能为力了。典型的例子是发送方可能是不诚实的，由于他发送的信息可能对他不利而抵赖，接收方又无法证明该消息确实是由发送方发过来的。在这一争执中，作为仲裁的第三方也无法区分哪一种情况是真实的，造成这种情况的原因在于双方都拥有同样的加密算法和密钥，而使用非对称密码体制可以消除这种争执。

5.4.2 非对称密码体制

非对称密码体制又叫做双钥密码体制或公开密码密钥体制。在这种密码体制中，加密和解密分别通过两个不同的密钥实现，并且由其中的一个密钥推导出另一个密钥是很困难的。采用非对称密码体制的每个用户都有一对由认证机构(Certification Authoritg, CA)选定的密钥，其中一个可以公开，称为公开密钥，简称为公钥；另一个发给用户秘密保存，称为私钥。有关CA的概念和作用参见附录D。

非对称密码体制的思想是W. Diffie和M. E. Hellman于1976年在“密码学的新方向”一文中首先提出的，它的出现是现代密码学研究的一次重大突破。与传统的对称密码体制相比较，非对称密码体制具有如下的一些优点。

(1) 密钥分发简单。由于加密和解密密钥不同，而且不能从加密密钥推导出解密密钥，因而加密密钥表可以像电话号码本一样分发。

(2) 秘密保存的密钥量减少。每张智能卡只需秘密保存自己的解密密钥。

(3) 公钥的出现使得非对称密码体制可以适应开放性的使用环境。

(4) 可以实现数字签名。

数字签名主要是为了保证接收方能够对公正的第三方(仲裁方)证明其收到的报文的真实性和发送源的真实性而采取的一种安全措施。它的使用可以解决5.4.1节最后提到的那种由于收发方的不诚实而产生的争执，即可以保证收发方不能根据自己的利益来否认或伪造报文。

但是，目前非对称密码体制也存在一些问题需要解决。这里最为重要的一点是它的保密强度目前还远远达不到对称密码体制的水平。由于非对称密码体制不仅算法是公开的，而且公开了加密密钥，从而就提供了更多的信息可以对算法进行攻击。此外，至今为止，所发明的非对称密码算法都是很容易用数学公式来描述的，因此它们的保密强度总是建立在对某一个特定数学问题求解的困难性上。然而，随着数学的发展，许多现在看起来难以解决的数学问题可能在不久的将来会得到解决。而诸如DES之类的对称密码算法甚至难以表示成一个确定的数学形式，其保密强度因此相应地要高，这也是非对称密码体制目前的一个不足之处。另外，非对称密码体制加密/解密的计算时间长，因此对IC卡中的微处理器性能要求较高，这也影响它的推广使用。尽管如此，由于非对称密码体制的优点还是很明显的，而且在某些特殊的场合也不得不使用非对称密码体制，因此对非对称密码体制的研究一直在进行中，其中最为著名的一个例子就是RSA算法。

RSA 算法是由 Rivest、Shamir 和 Adleman 3 个人提出来的，从提出到现在已经经受了各种攻击的考验，被认为是目前最优秀的非对称密码方案之一，国外也已经研制出了多种 RSA 专用芯片。下面对 RSA 算法本身加以简单介绍。

RSA 算法也是一种分组密码算法，它以数论为基础，其安全性是建立在大整数的素数因子分解的困难性上的，后者在数学上至今还没有一种有效的算法。要建立一个 RSA 密码系统，首先任意选取两个大素数 p、q，计算乘积 n，即

$$n = p \cdot q$$

并得到 Euler 函数，即

$$\varphi(n) = (p-1)(q-1)$$

然后，任意选择一个与 $\varphi(n)$ 互素的整数 e 作为加密密钥，再根据 e 求出解密密钥 d，d 满足

$$de \equiv 1 \bmod \varphi(n)$$

事实上，加密密钥 e 和解密密钥 d 在功能上是完全可以互换的，因此在生成 e、d 时，不论先假设哪一个，再由它去求另一个都是可以的。在这些参数（p、q、n、$\varphi(n)$、e、d）中，p、q、$\varphi(n)$、d 是保密的，n、e 则是公开的。在后面的计算中，p 和 q 已不再需要，可以舍弃，但绝不能泄露。有了这些参数，就能进行加密和解密运算了。

加密之前，先将明文（以 m 表示）数字化，把用二进制数据表示的明文分成长度小于 $\log n$ 位的明文块，以确保每个明文块值不超过 n。对明文 m 加密的过程是：

$$c \equiv E(m) = m^e \bmod n$$

式中，c 为密文。

解密过程则是

$$m \equiv D(c) = c^d \bmod n$$

利用 Euler 定理可以证明该加密/解密过程的一致性，具体的证明过程在这里不加论述。

[c]下面举一简例说明 RSA 加密算法。

1）设计密钥

设素数 $p=5$，$q=17$，公开密钥 $e=19$（实际应用时，应选大素数，以满足安全的需要）。

计算：

$$n = p \cdot q = 5 \times 17 = 85$$

$$\varphi(n) = (p-1)(q-1) = 4 \times 16 = 64$$

其中，n 与 e 是公开的：$n=85$，$e=19$。

2）计算解密密钥 d

采用辗转相除法。

首先令 $G(0)=\varphi(n)$，$G(1)=e$，$V(0)=0$，$V(1)=1$，然后进行下列运算：

$$G(i+1) = G(i-1) - [G(i-1)/G(i)] \cdot G(i)$$

$$V(i+1) = V(i-1) + [G(i-1)/G(i)] \cdot V(i) \quad i=1,2,\cdots$$

式中，除法运算的商 $[G(i-1)/Gi]$ 取整数，$G(i+1)$ 实际上是 $G(i-1)/G(i)$ 的余数。

上面的运算一直进行到 $G(k)=1$ 为止，此时的 $V(k)$ 即为解密密钥 d。

根据上面提供的方法，进行具体计算，即

$$
\begin{aligned}
G(0) &= \varphi(n) = 64 \\
G(1) &= e = 19 \\
G(2) &= G(0) - [G(0)/G(1)] \cdot G(1) \\
&= 64 - [64/19] \cdot 19 \\
&= 7 \\
V(2) &= V(0) + [G(0)/G(1)] \cdot V(1) \\
&= 0 + [64/19] \\
&= 3 \\
G(3) &= G(1) - [G(1)/G(2)] \cdot G(2) \\
&= 19 - [19/7] \cdot 7 \\
&= 5 \\
V(3) &= V(1) + [G(1)/G(2)] \cdot V(2) \\
&= 1 + [19/7] \cdot 3 \\
&= 7 \\
G(4) &= G(2) - [G(2)/G(3)] \cdot G(3) \\
&= 7 - [7/5] \cdot 5 \\
&= 2 \\
V(4) &= V(2) + [G(2)/G(3)] \cdot V(3) \\
&= 3 + [7/5] \cdot 7 \\
&= 10 \\
G(5) &= G(3) - [G(3)/G(4)] \cdot G(4) \\
&= 5 - [5/2] \cdot 2 \\
&= 1 \\
V(5) &= V(3) + [G(3)/G(4)] \cdot V(4) \\
&= 7 + [5/2] \cdot 10 \\
&= 27
\end{aligned}
$$

即秘密的解密密钥(私钥)$d=27$。

3) 发送方用公开的加密密钥 e 将转换成等效数字的明文 m 加密成密文 c

设明文为数字 2，则密文

$$c = m^e (\bmod\ n) = 2^{19} (\bmod\ 85)$$

实际上，m 的数值很大时，m^e 是一个更大的数，给运算带来麻烦。由于 $C=A \cdot B (\bmod\ n)$ 的运算结果等效于 $C=C_1 \cdot C_2 (\bmod\ n)$，其中 $C_1=A(\bmod\ n)$，$C_2=B(\bmod\ n)$，因此可首先分别对各个数据进行模 n 运算，然后再相乘。当相乘数据个数增加时，上述关系仍成立，因此 c 的计算可按下述方法进行，即

$$
\begin{aligned}
c &= 2^{19} (\bmod\ 85) = (2^8)^2 (\bmod\ 85) \times 2^3 (\bmod\ 85) \\
&= 1 \times 8\ (\bmod\ 85) \\
&= 8\ (\bmod\ 85)
\end{aligned}
$$

4) 接收方用加密密钥 d 将密文 c 转换成明文 m

$$
\begin{aligned}
m &= c^d \bmod n = 8^{27} \pmod{85} \\
&= 2^{81} \pmod{85} \\
&= (2^8)^{10} \pmod{85} \times 2 \pmod{85} \\
&= 1 \times 2 \pmod{85} \\
&= 2 \pmod{85}
\end{aligned}
$$

[c]下面介绍大指数模 n 运算的一种简单算法。对于软件来讲,这种算法不是最好的,但适于用硬件实现,其描述如下。

RSA(k,e,n,m,c)算法有

$$c = m^e \bmod n$$

- k:指数 e 的二进制位数。
- $e(i)$:指数 e 的二进制数据 $e(k-1),\cdots,e(1),e(0)$。$e(0)$是 e 的最低位。
- n:模数。
- m:明文(底数)。
- c:密文(运算结果)。

```
begin
  c ← 1
  for i=k-1 to 0 step-1 do
  begin
    c←c² mod n
    if e(i)=1 then c←c • m mod n
  end
end
```

在 RSA 算法中,比较重要的是对素数的选择。为提高 RSA 的安全性,要求 p、q 应该是安全素数和强素数。安全素数是指 p、q 应满足

$$p=2a+1, \quad q=2b+1$$

式中,a、b 均为奇素数。

强素数是指 p(或 q)应是一个位数足够长的随机选择的素数,而且 $p+1$ 和 $p-1$ 也都应该有一个大的素数因子。此外,如果条件允许,还应做到 p、q 长度相差不大,$p-1$、$q-1$ 的公约数 $\gcd(p-1,q-1)$应很小等。

至于 RSA 算法的安全性,由于无法从理论上直接把握它的保密性能,因此目前的结论仅仅是:攻破 RSA 算法不会比大数分解问题更难,因为在 RSA 算法中,n、e 是公开的,所以如果能将 n 分解为 p 和 q,则很快就可以求出 $\varphi(n)$,再由 e 与 $\varphi(n)$求出 d,从而攻破 RSA。但这个结论也不排除在不分解因子的条件下找到一个有效的破译方法的可能性。RSA 的成功刺激了大数分解技术的改进,使各种新技巧不断出现,今后是否会有突破性进展还难以预料,因此当准备采用 RSA 时,应当考虑上述情况。

RSA 算法的主要缺点是:密钥的产生过于麻烦,要受到素数生成技术的限制;而且为了保证安全性,其密钥 n 要求在 500 位以上,从而使运算速度大为降低。尽管有这些缺

点，采用 RSA 算法却可以很方便地解决数字签名的问题：由于发送方不知道接收方的解密密钥，从而使发送方伪造或修改已发送报文的可能性不复存在。下面对 RSA 在数字签名上的应用作一些讨论。

假设用户 A 要传送一个签名信息 M 给用户 B，则 A 先对明文 M 作变换，即

$$S \equiv M^{d_A} \bmod n_A$$

式中，d_A 和 n_A 为用户 A 的解密密钥和模，只有用户 A 才掌握。然后 A 进一步利用用户 B 的加密密钥 e_B 和模 n_B 作运算，即

$$C \equiv S^{e_B} \bmod n_B, \quad 0 < C < n_B, \text{若 } n_A < n_B$$

而如果 $n_A > n_B$，则应该先将 S 分解为比 n_B 小的块，再进行以上运算。与此同时，A 把明文 M 也用 B 的加密密钥进行加密，然后将这两个结果联合在一起送给 B。对用户 B，则首先用它的解密密钥恢复 S 和 M，然后用 A 的加密密钥对 S 作运算，产生明文 M'。如果 M' 与 M 相等，则用户 B 就可以确信信息确实是由 A 所发送，同时用户 A 也不能否认发送过这个信息，因为 S 的产生是通过仅有 A 才掌握的解密密钥 d_A 完成的，别人无法伪造。这同时也就保证了用户 B 无法伪造该签名，从而满足了对签名的要求。

不过目前看来，把 RSA 算法应用在智能卡技术中还有很多困难，由于受到卡内芯片尺寸的限制，智能卡微处理器的计算能力还不强，如果用程序实现 RSA 算法，将使智能卡的响应时间慢得令人无法忍受。因此，通常在卡内设置有适合于加密/解密运算的协处理器。当然，随着 IC 技术的进步，在智能卡技术中采用非对称密码体制是一种不可避免的趋势。

5.4.3 单向密码体制

Hash 算法（或称为散列函数）归属单向密码体制，只能实现加密过程，无解密功能，从任意“大长度”的信息（明文）产生固定“长度”的摘要信息（又称为哈希值）。

Hash 一般翻译成散列，或直接音译的哈希。所以 Hash、散列、哈希成为同义词。哈希算法的主要目的是认证传输的信息无差错或不被篡改。

哈希算法的实现措施如下。

1. 在存储器中建立哈希表（或称为散列表）

表内存放的是从原信息生成的摘要信息，其存放的地址（称为散列地址）是由用户在原信息中选出的关键字（key）或关键字函数 $f(\text{key})$ 的计算结果而决定的。如果不同关键字得到同一散列地址称为冲突，应尽量避免。图 5.7 是哈希表（即散列表）示意图。

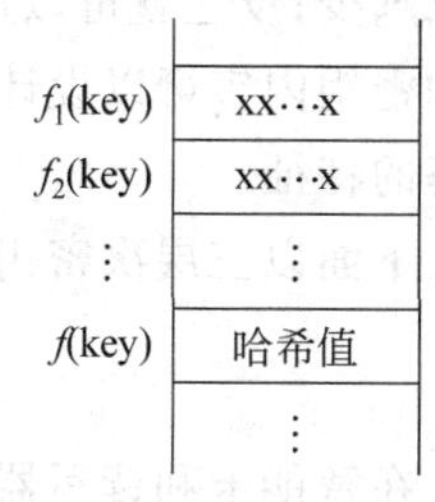

图 5.7　哈希表的示意图

2. 哈希值（即摘要信息）的生成

目前从原信息生成摘要信息一般采用 MD5 算法（Message Digest Algorithm 5，信息摘要算法第 5 版）或 SHA-1 算法（Secure Hash Algorithm-1，安全散列算法-1），其实现步骤可参阅相关的工业标准。SHA-1 算法能将 2^{64} 位（最大值）信息生成固定为 160 位的摘要信息。MD5 的摘要信息长度为 128 位（32 个十六进制数）。

如果两个不相等的原信息生成相同的摘要信息，也称为冲突，应尽量避免，或改进算法。对算法的基本要求之一是：原信息与其摘要信息的表示形式是混杂的，即不容易分

析出两者的关系，即使原信息中数据仅修改了一位，其摘要信息变化很大，让人感到篡改信息不容易。

3. 哈希表的处理与查找

将上述的哈希值存放在存储器的散列地址中。在存放时，如果发现该散列地址已被占用，则将其存放在下一个散列地址中。

查找：如果要得到某一原信息的哈希值，首先根据原信息的关键字函数计算得到散列地址，到散列地址中取出哈希值，或到下一个散列地址中取得。

由于 Hash 算法属于单向密码体制，所以当接收方接收到原信息和哈希值时，按同样方法根据原信息计算出哈希值，并与发送来的哈希值进行比较，如果相等，说明传送的原信息无差错或未被干扰；否则说明有错。

5.4.4 密钥管理

无论在智能卡中采用哪种密码体制，都要考虑一个重要的问题，就是密钥的管理。密钥是一个加密系统中的可变部分，在现代密码学公开加密算法的前提下，密钥成为了加密系统的关键，如果攻击者获得密钥，那么很容易从截取到的密文得出明文。因此，密钥管理也就具有了极其重要的地位。

密钥管理是一门综合性的技术，它涉及密钥的产生、检验、分配、传递、保管、使用和销毁的全部过程，并且与密钥的行政管理制度以及人员的素质密切相关。目前，国际标准化组织也已经开展密钥管理标准化的工作，并制定了密钥管理标准 DIS-8732。不过总的来说，对应于具体的系统往往会有具体的实际要求，因此标准化工作事实上很难统一。

现在的密钥管理系统一般采取层次结构，其基本思想是用密钥来保护密钥，即用第 i 层的密钥 K_i 来保护第 $i+1$ 层的密钥 K_{i+1}，同时 K_i 本身也受到第 $i-1$ 层的密钥 K_{i-1} 的保护。至于具体应该设计成几层，则由密钥管理系统的功能来确定。功能越简单，层次就可以越少；反之就可以适当增加层数。采用这种分层模式可以大大提高安全性。由于下层的密钥内容可以设计成按某种协议而不断变化，从而使整个密钥管理系统表现为一种动态的特征。

下面以三层次密钥管理系统为例予以说明。三层次结构如下。

主密钥 ⟶ 子密钥 ⟶ 会晤密钥
(1)　　　(2)　　　(3)

在智能卡和读写器中存放相同的主密钥（假设为对称密码体制），主密钥可以是一个也可以是多个。由主密钥对某些指定的数据（一般是可变的）进行加密后生成子密钥，然后用子密钥对另外一些指定数据（一般也是可变的）进行加密，加密的结果即为会晤密钥。假如智能卡与读写器之间传送的数据需要加密，就用会晤密钥进行加密，会晤密钥仅使用一次，这样即使一旦会晤密钥被破译，也仅对一次已传送的数据有效，同时，从会晤密钥要解出主密钥也是非常难的。如何保证会晤密钥被使用一次呢，这要从会晤密钥的生成方式讲起。一般在 IC 卡内设置有芯片制造商标识码、卡的序列号或应用序列号等，其中卡的序列号（或应用序列号）是各卡都不相同的。另外，在每次交易时，往往还记录下交易时间（时间的最小单元应该是“s”），某些卡内还可能设置计数器，当卡内执行某条命令或完成一次交易时将该计数器加 1,这就保证了每进行一次交易,交易时间或计数器都是各不相同的。于是可以这样设计,用主密钥对卡的制造商标识码、卡的序列号或应用序列号进行加密生成子密钥,这样虽然使用同一主密钥,但各卡生成的子密钥是不相同的。然后用子密钥对交易时间或计数器进行加密生成会晤密钥,这样即使对同一张卡,每次交易所用到的会晤密钥也是不同的。再加上不同的交易可能使用不同的主密钥,或一次交易用到几个主密钥,这实际上使得破译工作的难度很大,破译的意义不大。

在本书第 15 章的中国金融集成电路(IC)卡规范中,对电子钱包和电子存折的密钥生成办法做出了具体的规定。在该规范中的过程密钥,即为此处的会晤密钥。

DES 算法在 IC 发展到今天的情况下,要破译出密钥的时间已可缩短到十几天,甚至更短,但是当采用了 DES 算法,而且密钥(上述的会晤密钥)变更极快的情况下,其安全性还是有保证的。因此,在商业上还是被广泛采用。当然,人们还是期待有更好的能经受攻击的新算法出现。

上面介绍了三层次密钥生成的办法,需要指出的是,这种方法不是唯一的。下面要讨论一下主密钥是如何生成和下载到读写器和 IC 卡的。

主密钥可由几个可信任的人彼此独立提出的数据组合成一个密钥(单长度或双长度),然后对某个数据(如随机数)进行加密运算而获得,这样主密钥的生成与变化规律也就很难被其中某个人预估了。

主密钥的下载过程稍一不慎,就有可能被泄露,因此下载的环境应是安全的。

主密钥下载到 IC 卡一般在个人化时进行,个人化是在专门的设备上进行的,下载时的环境应是安全的,要保证 IC 卡触点上的信息不能被窃取,主密钥下载到卡内以后就不能再读到芯片以外,这一般由卡内芯片特有的硬件(熔丝)和软件(COS 卡内操作系统)来保证。上述个人化的专门设备应严格保管好,操作人员要验证身份后才能进行操作。

向读写器设备下载主密钥存在一些问题。若采取和 IC 卡同样方法,则要将相对比较笨重的读写器带到指定处进行下载,而且很难保证密钥写入后不能再读出,因为它不具备 COS 功能。经常采取的有效办法是使用安全存取模块(Secure Access Module,SAM),在该模块内下载有密钥,并能实现相应的加密/解密算法。SAM 可安全生产,将 SAM 安装在读写器中,读写器要执行的一切加密/解密运算都在 SAM 中进行。SAM 中的密钥不会泄露,而且有特殊保护功能,当受到攻击时可自动擦除模块内的信息。

5.5 智能卡的安全使用

智能卡主要用于验证身份或作为支付工具(如银行发的电子钱包/电子存折或公交等系统发的预付费卡),在使用时读写器与 IC 卡要相互确认,以防止伪卡或插错卡。一般来说,使用一次卡要经历以下步骤(以接触式卡为例)。

(1) 插卡。读写器向卡加电源,并发一复位信号,令卡进行初始化,做好交易的准备,然后由卡发出复位应答信号 ATR(见第 4 章)。

(2) 读写器鉴别卡的真伪。

(3) 卡鉴别读写器的真伪。

第(2)与第(3)步的鉴别过程将在后面叙述。

(4) 检查此卡是否列入黑名单,如已列入,将停止使用。

(5) 检查上次交易是否已正常完成。如果上次在完成前就拔卡或断电,卡应具有自动恢复数据的功能。

(6) 鉴别持卡人的身份。通常采用密码比较方法,即由持卡人输入只有他本人知道的密码 PIN,与预先存在卡内的密码进行比较,如比较相符,说明持卡人是卡的主人。但也有可能是伪持卡人窃得了卡与密码,所以更严格的要求可采用生物特征来验证,如照片、指纹等。

(7) 根据应用需求进行交易或验证通行。这时可能要对数据的可靠性和完整性进行检查(视需要而定),数据也可能需要加密传送。

(8) 拔卡。

以上各步骤的顺序可以有变动。随着命令系统的不同,执行步骤和内容也会随之而异。如果在交易未正常完成时,发生断电或拔卡情况,卡内的有用数据不应改变,卡的功能不会受损。

下面补充介绍读写器与 IC 卡相互鉴别的方法。

(1) IC 卡鉴别读写器的真伪。先由读写器向智能卡发一取口令(产生随机数)命令,卡产生一随机数 R,然后由读写器对随机数加密成密文 M,密钥是预先存放在读写器和 IC 卡中,密钥的层次按需要而定。读写器将密文与外部鉴别命令送 IC 卡,卡执行命令时将密文解密成明文 R',并将明文和原随机数比较,如果相同,卡承认读写器是真的,否则卡认为读写器是伪造的。其原因简述如下。

如果采用 DES 算法进行加密/解密运算,那么存放在智能卡和读写器中的密钥是相同的,而且是保密的,是不让第三方知道的。如果先进行加密、再进行解密后的结果与加密前的数据相同,说明读写器内的密钥是正确的,读写器也是真的(伪造的读写器无法取得正确的密钥),这再一次说明了密钥要严格保密。

现在用图 5.8 来描述智能卡鉴别读写器的过程。

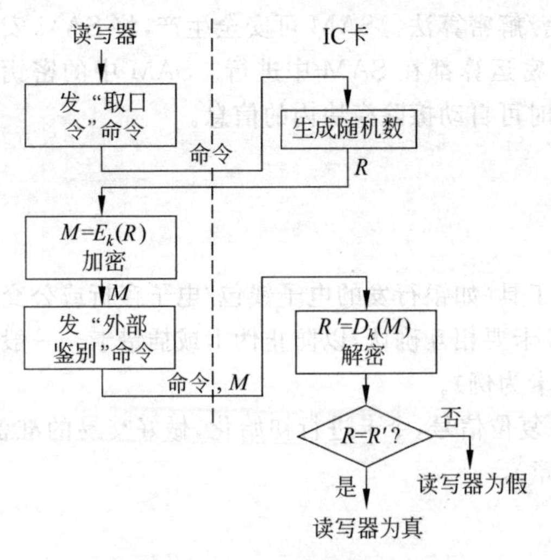

图 5.8　IC 卡鉴别读写器的真伪

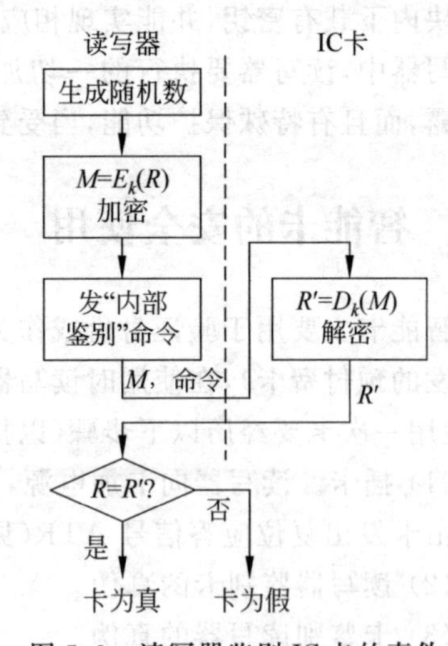

图 5.9　读写器鉴别 IC 卡的真伪

图 5.8 的左半部表示读写器进行的操作,右半部表示智能卡进行的操作。智能卡的操作是完全按读写器发出的命令进行的。采用随机数的原因也是为了安全。

(2) 读写器鉴别 IC 卡的真伪(图 5.9)。其原理与卡鉴别读写器真伪相似,但使用内部鉴别命令,解密后的结果与随机数进行比较的操作应在读写器中进行,显然不能由 IC 卡来判断自身的真伪。

取口令命令、外部鉴别命令和内部鉴别命令的功能见第 6 章。

通过 IC 卡触点的信息是容易被窃取的,非接触式 IC 卡与读写器之间传送的信息更容易被窃取。

习题

1. 对智能卡的安全造成威胁的行为有哪些?
2. 应采取什么措施来保证智能卡的物理安全?
3. 说出为验证持卡人是否是假冒的而经常采取的验证方法。
4. 如果持卡人多次输入 PIN,但都不正确,将发生什么情况?
5. 说明智能卡和读写设备之间相互认证的方法,即如何确定对方是真实的而不是伪造的。
6. 为了保证在系统中交换的信息报文不被篡改而在报尾增加鉴别码的作用及产生方法是什么?
7. 说明 DSA 算法产生鉴别码的方法。
8. 在什么背景下产生了 DES 算法?描述其实现方法。
9. DES 加密算法属于何种密码体制?它的主要特点是什么?加密与解密过程怎样?
10. 说明多重 DES 算法的意义及其实现方法。
11. RSA 加密算法属于何种密码体制?它的主要特点是什么?加密与解密过程怎样?
12. 在智能卡和读写设备之间相互认证时,通常采用发送随机数而不是固定数的方法,这是为什么?
13. 什么是数字签名?
14. 根据 DES 算法和 RSA 算法的具体实现,对卡内 CPU 硬件有何不同的要求?
15. 密钥管理的作用何在?
16. 你认为应如何综合考虑智能卡安全、卡内芯片水平和读写器三者之间的要求?
17. 当采用 RSA 密码体制时,对大指数模 n 运算可采取什么算法?

第6章　智能卡的命令系统和安全体系

当卡和读写器成功地建立起联系以后，就需要通过可靠、安全的数据交换，以实现具体的应用目标。

本章综合了国际标准 ISO/IEC 7816-4/7/8/9/13 的内容，其重点是安全体系和命令-响应对。上述各标准不是同时发表的，并有多次改动。

6.1　智能卡和读写器之间的命令-响应对

命令-响应对的格式如下。

命令 APDU

类别 CLA	命令码 INS	参数 P1-P2	Lc	数据	Le	
1	1	2	0,1,3	0～N	0,1,2,3	字节

响应 APDU

数据	SW1-SW2	
0～N	2	字节

命令和响应必成对出现，即从读写器向卡发送的一个命令 APDU(Application Protocol Data Unit，应用协议数据单元)跟随着从卡向读写器发回的一个响应 APDU。

在国际标准 ISO/IEC 7816 命令 APDU 和响应 APDU 的形式如表 6.1 所示。

表 6.1　命令-响应对

字　段	描　述	字节数
命令头	类别字节 CLA	1
	指令字节 INS	1
	参数字节 P1-P2	2
Lc 字段	N_c 编码为 0 则 Lc 字段不存在，N_c 编码大于 0 则存在	0,1 或 3
命令数据字段	N_c 编码为 0 则命令数据字段不存在，N_c 编码大于 0 则以 N_c 个字符串的形式存在	N_c
Le 字段	N_e 编码为 0 Le 字段则不存在，N_e 编码大于 0 则存在	0,1,2 或 3
响应数据字段	N_r 编码为 0 则响应数据字段不存在，N_r 编码大于 0 则以 N_r 个字符串连的形式存在	N_r(最多 N_e)
响应尾标	状态字节 SW1-SW2	2

在表 6.1 的命令 APDU 中，命令头指出卡要完成的操作及其参数，Lc 指出其随后发往卡的数据长度，Le 是期望卡发回的响应数据长度。在响应 APDU 中，SW1-SW2 是由卡返回的状态，表示命令已完成或出现差错的情况。

Lc 字段的长度有两种：短长度(0 或 1 个字节)和扩展长度(3 个字节)。Le 字段的长度也有两种：短长度(0 或 1 个字节)和扩展长度(2 或 3 个字节)。如果在命令 APDU 中 Le 字段的编码为 N_e，而在响应 APDU 中返回的数据仅为 N_r 个字节($N_r < N_e$)，这说明还有($N_e - N_r$)个字节需要返回，其差值将在响应 APDU 的状态字节(SW1-SW2)中反映出来。读写器接收此信息后，将进一步发送相关命令(GET RESPONSE 命令)要求继续返回余下的数据，从而完成数据传送的链接功能。

在所有包含 Lc 和 Le 字段的命令-响应对中，Lc 和 Le 或者是均为短长度字段，或者是均为扩展长度字段。

除非在卡的历史字节中或 EF.ATR 中另有说明，否则卡默认处理短长度字段。

(1) N_c 指示命令数据字段中的字节数。Lc 字段编码 N_c。

① 如果 Lc 字段不存在，则 N_c 为 0。

② 由 1 个字节组成的短 Lc 字段不能置为'00'。

③ 由 3 个字节组成的扩展 Lc 字段，第 1 个置为'00'的字节，后随两个置为非'0000'的字节。

注：在本章中，十进制数和十六进制数的表示方法举例如下。同一个数，如果以 18 表示十进制数，则以'12'表示十六进制数，即十六进制数加上引号。

(2) N_e 指示期望的响应数据字段中的最大字节数。Le 字段编码 N_e。

① 如果 Le 字段不存在，则 N_e 为 0。

② 由 1 个字节组成的短 Le 字段可以为任何值。如果被置成'00'，则 N_e 为 256，应返回所有可用字节。

③ 扩展 Le 字段的长度与 Lc 有关，如果 Lc 字段不存在，则由 3 个字节(1 个置为'00'的字节后随两个置为任意值的字节)组成扩展 Le 字段；如果扩展 Lc 字段存在，则由两个字节(可以是任何值)组成扩展 Le 字段。如果两个字节被置成'0000'，则 N_e 为 65536，应返回所有可用字节。

在所有的命令-响应对中，如果 Le 字段不存在，表示没有响应数据字段。

如果命令处理失败，则卡将变得不可响应。然而，如果出现响应 APDU，那么响应数据字段应不存在，并且 SW1-SW2 应指出一个差错。

参数字节 P1-P2 指出处理命令的控制和选项。'00'通常不提供进一步的约定。参数字节的编码和含义在每条命令中介绍。

类别字节 CLA、指令字节 INS 和状态字节 SW1-SW2 的通用约定在下面规定。在这些字节中，除非另有规定，否则 RFU 位应置为 0。

在本书中，为了使各国际标准中的命令-响应对格式表示一致，所以没有采用表 6.1 的表达形式。

1. 类别字节 CLA

CLA 指示命令的类别。

CLA＝000xxxxx 和 01xxxxxx 是在本标准中定义的类别。其他值保留供将来使用。

1）表 6.2 规定了 CLA＝000xxxxx 时各位的定义

- b_8、b_7、b_6 置为 000。
- b_5 控制命令链。
- b_4 和 b_3 指明安全报文传输。
- b_2 和 b_1 编码从 0～3 的逻辑通道号。逻辑通道的使用和操作系统 COS 有关，在 11.4 节中有说明。

表 6.2　CLA＝000xxxxx

b_8	b_7	b_6	b_5	b_4	b_3	b_2	b_1	含　义
0	0	0	x	—	—	—	—	命令链控制
0	0	0	0	—	—	—	—	• 本命令是命令链的最后一条或命令链仅此一条命令
0	0	0	1	—	—	—	—	• 本命令不是命令链的最后一条
0	0	0	—	x	x	—	—	安全报文传输 SM 指示
0	0	0	—	0	0	—	—	• 无 SM 或无指示
0	0	0	—	0	1	—	—	• 专用 SM 格式
0	0	0	—	1	0	—	—	• 命令头不参与鉴别
0	0	0	—	1	1	—	—	• 命令头参与鉴别
0	0	0	—	—	—	x	x	从 0～3 的逻辑通道号

注：'x'表示本位有 0 和 1 两种情况；'—'表示本位不起作用(下同，不再说明)。

2）表 6.3 规定了 CLA＝01xxxxxx 时各位的定义

- b_8 和 b_7 置为 01。
- b_6 指明安全报文传输。
- b_5 控制命令链。
- b_4～b_1 编码从 0～15，该值加上 4 即为从 4～19 的逻辑通道号。

表 6.3　CLA＝01xxxxxx

b_8	b_7	b_6	b_5	b_4	b_3	b_2	b_1	含　义
0	1	x	—	—	—	—	—	安全报文传输 SM 指示
0	1	0	—	—	—	—	—	• 无 SM 或无指示
0	1	1	—	—	—	—	—	• 命令头不参与鉴别
0	1	—	x	—	—	—	—	命令链控制
0	1	—	0	—	—	—	—	• 本命令是命令链的最后一条或命令链仅此一条命令
0	1	—	1	—	—	—	—	• 本命令不是命令链的最后一条
0	1	—	—	x	x	x	x	从 4～19 的逻辑通道号

3）说明(对表 6.2 和表 6.3 的解释)

(1) 安全报文传输指的是利用加密和认证码来保护命令-响应对。不安全报文传输指的是用明文表示命令-响应对，参见 6.3.5 节。

(2) 命令链。

规定了多条相邻的命令-响应对可以被链接在一起的机制。该机制可以在执行多步处理时使用，例如，当单一命令传输的数据串过长时（即前面提到的 $N_r < N_e$ 的情况）可采用命令链。

如果 CLA 的 b_5 为 1，表示该命令不是命令链的最后一条命令。

(3) 逻辑通道。

- CLA 指出：读写器和 IC 卡在执行本条命令时命令-响应对的通道号。
- 基本通道始终可用，即它不能被关闭。它的通道号为 0。
- 不支持多个逻辑通道的卡仅使用基本通道。
- 可以通过 SELECT 命令来开放任一尚未使用的通道，或通过 MANAGE CHANNEL 命令的开放功能来开放任一尚未使用的通道。
- 可以通过 MANAGE CHANNEL 命令的关闭功能来关闭任一通道，在关闭后，可以通过重用使通道变得可用。
- 在同一时刻，仅有一个通道可用。
- 对同一 DF 或 EF，可以开放多个通道。
- 如果 CLA 指出的通道尚未开放，则该命令无效。

2. 指令字节 INS

INS 指明要操作的命令。根据 ISO/IEC 7816-3 的规定，值'6X'和'9X'是无效的。

表 6.4 以在本书中出现的顺序列出了目前已制定的 ISO/IEC 7816 中规定的所有命令。每条命令的格式、功能等在 6.4 节中描述。

表 6.4 ISO/IEC 7816 中规定的所有命令

序号	命 令 名 称	INS	定义于
1	CREATE FILE 创建文件	'E0'	7816-9
2	SELECT(FILE)选择文件	'A4'	7816-4
3	MANAGE CHANNEL 管理通道	'70'	7816-4
4	DELETE FILE 删除文件	'E4'	7816-9
5	DEACTIVATE FILE 停活文件	'04'	7816-9
6	ACTIVATE FILE 激活文件	'44'	7816-9
7	TERMINATE DF 终止 DF	'E6'	7816-9
8	TERMINATE EF 终止 EF	'E8'	7816-9
9	TERMINATE CARD USAGE 终止卡使用	'FE'	7816-9
10	READ BINARY 读二进制	'B0', 'B1'	7816-4
11	WRITE BINARY 写二进制	'D0', 'D1'	7816-4
12	UPDATE BINARY 更新二进制	'D6', 'D7'	7816-4
13	SEARCH BINARY 搜索二进制	'A0', 'A1'	7816-4
14	ERASE BINARY 擦除二进制	'0E', '0F'	7816-4
15	READ RECORDS 读记录	'B2', 'B3'	7816-4

续表

序号	命令名称	INS	定义于
16	WRITE RECORD 写记录	'D2'	7816-4
17	UPDATE RECORD 更新记录	'DC', 'DD'	7816-4
18	APPEND RECORD 增加记录	'E2'	7816-4
19	SEARCH RECORD 搜索记录	'A2'	7816-4
20	ERASE RECORDS 擦除记录	'0C'	7816-4
21	GET DATA 取数据	'CA', 'CB'	7816-4
22	PUT DATA 存数据	'DA', 'DB'	7816-4
23	INTERNAL AUTHENTICATE 内部鉴别	'88'	7816-4
24	GET CHALLENGE 取口令	'84'	7816-4
25	EXTERNAL AUTHENTICATE 外部鉴别	'82'	7816-4
26	GENERAL AUTHENTICATE 综合鉴别	'86', '87'	7816-4
27	VERIFY 验证	'20', '21'	7816-4
28	CHANGE REFERENCE DATA 替换引用数据	'24'	7816-4
29	ENABLE VERIFICATION REQUIREMENT 允许验证要求	'28'	7816-4
30	DISABLE VERIFICATION REQUIREMENT 禁止验证要求	'26'	7816-4
31	RESET RETRY COUNTER 复位重试计数器	'2C'	7816-4
32	MANAGE SECURITY ENVIROMENT 管理安全环境	'22'	7816-4
33	PERFORM SECURITY OPERATION 完成安全操作	'2A'	7816-8
34	GENERATE PUBLIC KEY PAIR 生成公开密钥对	'46'	7816-8
35	GET RESPONSE 获取响应	'C0'	7816-4
36	ENVELOPE 封装	'C2', 'C3'	7816-4
37	PERFORM SCQL OPERATION SCQL 操作	'10'	7816-7
38	PERFORM TRANSACTION OPERATION 事务管理操作	'12'	7816-7
39	PERFORM USER OPERATION 用户管理操作	'14'	7816-7
40	APPLICATION MANAGMENT REQUEST 应用管理请求	'40','41'	7816-13
41	LOAD APPLICATION 加载应用	'EA','EB'	7816-13
42	REMOVE APPLICATION 删除应用	'EC','ED'	7816-13

INS 的 b_1 指明数据字段格式，具体如下。

- 如果 b_1 置为 1(奇数 INS 代码)，则数据字段按 BER-TLV 编码。
- 如果 b_1 置为 0(偶数 INS 代码)，则不提供数据字段格式的指示。

3. 状态字节 SW1-SW2

SW1-SW2 指示了处理状态。所有不同于'6XXX'和'9XXX'的值都是无效的。此外，值'60XX'也是无效的。

值'61XX'、'62XX'、'63XX'、'64XX'、'65XX'、'66XX'、'68XX'、'69XX'、'6AXX'、'6CXX'、'6700'、'6B00'、'6D00'、'6E00'、'6F00'和'9000'在 ISO/IEC 7816 中定义，而'67XX'、'6BXX'、'6DXX'、'6EXX'、'6FXX'(XX≠00)和'9XXX' (XXX≠000)都是专有的，未定义。

图 6.1 所示为用于 SW1-SW2 的值'9000'和'61XX'到'6FXX'的结构化图解。

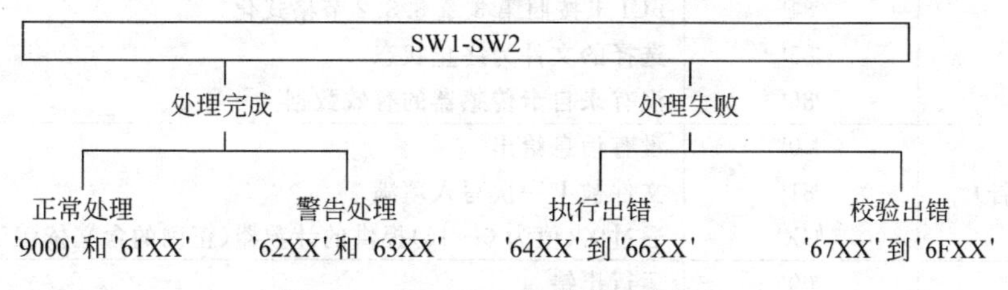

图 6.1　SW1-SW2 值的结构化图解

表 6.5 列出了 SW1-SW2 的值及其通常的含义。

表 6.5　SW1-SW2 的值及通常含义

	SW1-SW2	含　义
正常处理	'9000'	
	'61XX'	SW2 编码表示仍然可以获取的数据字节数(见下面文本)
警告处理	'62XX'	非易失存储器状态无变化(在 SW2 中进一步说明情况)
	'63XX'	非易失存储器状态变化(在 SW2 中进一步说明情况)
执行出错	'64XX'	非易失存储器状态无变化(在 SW2 中进一步说明情况)
	'65XX'	非易失存储器状态变化(在 SW2 中进一步说明情况)
	'66XX'	安全相关的发布
校验出错	'6700'	错误的长度
	'68XX'	CLA 中的功能不被支持(在 SW2 中进一步说明情况)
	'69XX'	不允许的命令(在 SW2 中进一步说明情况)
	'6AXX'	错误的参数 P1-P2(在 SW2 中进一步说明情况)
	'6B00'	错误的参数 P1-P2
	'6CXX'	错误的 Le 字段。SW2 编码准确的有效数据字节数(见下面的文本)
	'6D00'	指令代码不被支持或无效
	'6E00'	类别不被支持
	'6F00'	没有精确的诊断

如果处理失败，返回 SW1 为'64'～'6F'，则没有响应数据字段。

(1) 如果 SW1 置为'61'，则处理完成，在发送其他命令之前，可以先发送与之有相同 CLA 且 SW2(仍然有效的数据字节数)作为短 Le 字段的 GET RESPONSE 命令。

(2) 如果 SW1 置为'6C'，则处理失败，在发送其他命令之前，可以重新发送原有命令，SW2(确切的有效字节数)为短 Le 字段。

表 6.6 列出了 ISO/IEC 7816 中使用的所有警告和错误情形。

表 6.6 警告和错误情形

SW1	SW2	含 义
'62'(警告)	'00'	没有信息被给出
	'02'～'08'	由卡发起的查询
	'81'	返回数据的一部分，数据可能被损坏
	'82'	读出 N_e 字节之前文件或记录已结束
	'83'	选择的文件无效
	'84'	FCI 未按照第 3 章 3.3.2 节格式化
	'85'	选择的文件为终止状态
	'86'	没有来自卡传感器的有效数据
'63'(警告)	'00'	没有信息给出
	'81'	文件被上一次写入填满
	'CX'	通过'X'(值为 0～15)提供的计数器(正确的含义依赖于命令)
'64'(警告)	'00'	运行出错
	'01'	卡需要返回数据
	'02'～'80'	由卡发起的查询
'65'(错误)	'00'	没有信息给出
	'81'	存储器故障
'68'(错误)	'00'	没有信息给出
	'81'	逻辑通道不被支持
	'82'	安全报文不被支持
	'83'	期望是命令链的最后一条命令
	'84'	命令链接不被支持
'69'(错误)	'00'	没有信息给出
	'81'	命令与文件结构不兼容
	'82'	安全状态不满足
	'83'	鉴别方法被阻塞
	'84'	引用的数据无效
	'85'	使用的条件不满足
	'86'	命令不被允许(无当前 EF)
	'87'	期望的 SM 数据对象失踪
	'88'	SM 数据对象不正确
'6A'(错误)	'00'	没有信息给出
	'80'	在数据字段中的不正确参数
	'81'	功能不被支持
	'82'	文件或应用未找到
	'83'	记录未找到
	'84'	无足够的文件存储空间
	'85'	N_c 与 TLV 结构不一致

续表

SW1	SW2	含　义
'6A'(错误)	'86'	不正确的参数 P1-P2
	'87'	N_c 与 P1-P2 不一致
	'88'	引用的数据未找到(正确的含义依赖于命令)
	'89'	文件已存在
	'8A'	DF 名已存在
其他所有 SW2 的值均被 ISO/IEC JTC1/SC17 定义为 RFU		

6.2 智能卡的安全体系结构

6.2.1 安全状态、安全属性和安全机制简介

1. 安全状态

安全状态表示 IC 卡与安全有关的当前状态(卡的某些操作在满足一定的安全条件时才能进行)。完成下列操作后可能获得或修改当前安全状态。

(1) 复位应答和可能的协议参数选择。

(2) 单个命令或一序列命令执行的鉴别过程。

(3) 通过验证通行字 password(如使用一个 VERIFY 命令),确认使用人的身份。

(4) 通过认证密钥(如使用 GET CHALLENGE 命令后面紧跟着 EXTERNAL AUTHENTICATE 命令,或使用 GENERAL AUTHENTICATE 命令序列)。

(5) 通过安全报文传输(如报文鉴别)。

有关鉴别的意义参见第 5 章,有关命令的功能参见 6.4 节。

考虑了下列 4 种安全状态。

(1) 全局安全状态。可以通过完成与 MF 相关的鉴别规程进行修改(如附属于 MF 的 password 或密钥的实体鉴别)。

(2) 应用安全状态。可以通过完成与应用相关的鉴别规程进行修改(如附属于指定应用的 password 或密钥的实体鉴别)。它可以通过应用选择进行维护、恢复或被丢弃。这种修改只与鉴别规程所属的应用相关。如果使用了逻辑通道,则应用安全状态依赖于逻辑通道。

(3) 文件安全状态。可以通过完成与指定 DF 相关的鉴别规程进行修改(如附属于指定 DF 的 password 或密钥的实体鉴别)。它可以通过文件选择进行维护、恢复或被丢弃,这种修改只与鉴别规程所属的文件相关。如果使用了逻辑通道,则文件安全状态依赖于逻辑通道。逻辑通道的含义在 11.4 节说明。

(4) 命令安全状态。仅在执行使用安全报文传输和涉及鉴别的命令期间它才存在。这种命令可以不改变其他安全状态。

2. 安全属性

当安全属性存在时,它定义了允许卡动作时处于的安全条件。

文件的安全属性依赖于它的分类(DF 或 EF)、在它的文件控制信息中的和/或在其父文件的文件控制信息中的可选参数。

安全属性与命令的执行、数据对象等的处理相关。

3. 安全机制

为满足安全属性的需求而采取的措施(建立或修改 IC 卡的状态)。

(1) 使用 password 的实体鉴别。卡对从外界接收到的数据(password)同保密的内部数据进行比较。该机制可以用来保护用户的权利。

(2) 使用密钥的实体鉴别。待鉴别的实体必须按鉴别规程(如使用 GET CHALLENGE 命令后面紧跟着 EXTERNAL AUTHENTICATE 命令、GENERAL AUTHENTICATE 命令序列)来证明了解相关密钥,为此设计了相关的安全处理命令。

(3) 数据鉴别。卡使用密码体制中的密钥(简称密钥)对从外界接收到的数据进行鉴别。而发送方则使用密钥或私钥计算出鉴别码(密码校验),插入到发送的数据中,该机制可以用来保护数据提供者的权利。

(4) 数据加密/解密。卡使用密钥,解密从外界接收到的数据(密文),而发送方则使用密钥,计算出密文和鉴别码发送给卡。该机制可以用来保护数据接收方的利益。

数据的保密性可通过加密和解密来实现。

本节用到的命令在表 6.4 中的序号为 24～27,详见第 6.4 节的安全处理命令。

鉴别的结果可以按照应用的要求记录到文件中。

6.2.2 安全属性

第 3 章表 3.5 中包含了文件中有关安全属性的文件控制参数(标记' 62'),安全属性可以出现在任意文件的控制参数中,在标记' 62' 的模板中,以下述标记引用。

(1) 以标记'86'、'8B'、'8C'、'8E'、'A0'、'A1'或'AB'引用。卡内任意对象(如命令、文件、数据对象、表/视图)可能与超过一个的安全属性相关联或与一个安全属性中包含的引用相关联。

(2) 以标记'A0'引用。该模板串联安全属性数据对象(标记'86'、'8B'、'8C'、'8E'、'A0'、'A1'、'AB')和标记列表数据对象(标记'5C')。

(3) 以标记'8E'引用,根据表 6.7 来解释通道安全属性。

表 6.7 通道安全属性

b_8	b_7	b_6	b_5	b_4	b_3	b_2	b_1	含 义
0	0	0	0	0	—	—	1	不可共享
0	0	0	0	0	—	1	—	安全
0	0	0	0	0	1	—	—	用户鉴别

- 不可共享:表示至多一个逻辑通道可用。
- 安全:表示 SM 密钥可用(如通过以前的鉴别来建立)。
- 用户鉴别:表示用户应被鉴别(如成功的 password 验证)。

本节为捆绑对象(文件、命令、数据对象)和安全属性定义了两种格式:压缩格式和扩展格式。

1. 压缩格式

在压缩格式中，访问规则（表 3.5 中标记'8C'）由一个访问模式字节紧随一个或多个安全条件字节组成。对象访问控制受控于与相关对象绑定的访问规则。

(1) 访问模式字节。当 b_8 置为 0，则 $b_7 \sim b_1$ 的每一位指定相应的命令，如果某位置 0 则表示无对应安全条件字节，置 1 则有且按同一次序（$b_7 \sim b_1$）安排。当 b_8 置为 1，则 $b_7 \sim b_4$ 可能用于其他命令。

表 6.8 至表 6.11 定义了 DF、EF、数据对象和表/视图对应的访问模式字节。

表 6.8　DF 访问模式字节

b_8	b_7	b_6	b_5	b_4	b_3	b_2	b_1	含　义
0	—	—	—	—	—	—	—	$b_7 \sim b_1$ 依照此表设置
1	—	—	—	—	—	—	—	$b_3 \sim b_1$ 依照此表设置（$b_7 \sim b_4$ 专有）
0	1	—	—	—	—	—	—	DELETE FILE (self)
0	—	1	—	—	—	—	—	TERMINATE CARD USAGE (MF)，TERMINATE DF
0	—	—	1	—	—	—	—	ACTIVATE FILE
0	—	—	—	1	—	—	—	DEACTIVATE FILE
—	—	—	—	—	1	—	—	CREATE FILE (DF creation)
—	—	—	—	—	—	1	—	CREATE FILE (EF creation)
—	—	—	—	—	—	—	1	DELETE FILE (child)

表 6.9　EF 访问模式字节

b_8	b_7	b_6	b_5	b_4	b_3	b_2	b_1	含　义
0	—	—	—	—	—	—	—	$b_7 \sim b_1$ 依照此表设置
1	—	—	—	—	—	—	—	$b_3 \sim b_1$ 依照此表设置（$b_7 \sim b_4$ 专有）
0	1	—	—	—	—	—	—	DELETE FILE
0	—	1	—	—	—	—	—	TERMINATE EF
0	—	—	1	—	—	—	—	ACTIVATE FILE
0	—	—	—	1	—	—	—	DEACTIVATE FILE
—	—	—	—	—	1	—	—	WRITE BINARY，WRITE RECORD，APPEND RECORD
—	—	—	—	—	—	1	—	UPDATE BINARY，UPDATE RECORD，ERASE BINARY，ERASE RECORD(S)
—	—	—	—	—	—	—	1	READ BINARY，READ RECORD (S)，SEARCH BINARY，SEARCH RECORD

(2) 安全条件字节。每一个安全条件字节指定了访问规则对应的安全机制。表 6.12 示出了安全条件字节。

表 6.10　数据对象访问模式字节

b_8	b_7	b_6	b_5	b_4	b_3	b_2	b_1	含　义
0	—	—	—	—	—	—	—	$b_7 \sim b_1$ 依照此表设置
1	—	—	—	—	—	—	—	$b_3 \sim b_1$ 依照此表设置（$b_7 \sim b_4$ 专有）
0	×	×	×	×	—	—	—	0000(其他值保留供将来使用)

续表

b_8	b_7	b_6	b_5	b_4	b_3	b_2	b_1	含　义
—	—	—	—	—	1	—	—	MANAGE SECURITY ENVIRONMENT
—	—	—	—	—	—	1	—	PUT DATA
—	—	—	—	—	—	—	1	GET DATA

表 6.11[c]　表/视图访问模式字节(与 SCQL 相关的命令,见表 6.48)

b_8	b_7	b_6	b_5	b_4	b_3	b_2	b_1	含　义
0	—	—	—	—	—	—	—	$b_7 \sim b_1$ 依照此表设置
1	—	—	—	—	—	—	—	$b_3 \sim b_1$ 依照此表设置($b_7 \sim b_4$ 专有)
0	1	—	—	—	—	—	—	CREATE USER,DELETE USER
0	—	1	—	—	—	—	—	GRANT,REVOKE
0	—	—	1	—	—	—	—	CREATE TABLE,CREATE VIEW,CREATE DICTIONARY
0	—	—	—	1	—	—	—	DROP TABLE,DROP VIEW
—	—	—	—	—	1	—	—	INSERT
—	—	—	—	—	—	1	—	UPDATE, DELETE
—	—	—	—	—	—	—	1	FETCH

表 6.12　安全条件字节

b_8	b_7	b_6	b_5	b_4	b_3	b_2	b_1	含　义
0	0	0	0	0	0	0	0	无条件
1	1	1	1	1	1	1	1	Never
—	—	—	—	0	0	0	0	不涉及安全环境
—	—	—	—	不全相等				安全环境标识符 SEID,可以有 14 个字节,由 $b_4 \sim b_1$(0001~1110)指出其中的一个 SEID 字节
—	—	—	—	1	1	1	1	保留
0	—	—	—	—	—	—	—	至少一种条件
1	—	—	—	—	—	—	—	所有条件
—	1	—	—	—	—	—	—	安全报文
—	—	1	—	—	—	—	—	外部认证
—	—	—	1	—	—	—	—	用户认证(如 password)

$b_8 \sim b_5$ 指明了所需的安全条件。如果 $b_4 \sim b_1$ 不全相等,则确定一种安全环境(见 6.3.4 节,SEID 字节从1 到 14)和该环境中定义的安全机制(由 $b_7 \sim b_5$ 指定)以用于命令保护、外部鉴别和用户鉴别。

① 如果 b_8 为 1,则必须满足 $b_7 \sim b_5$ 指定的条件。

② 如果 b_8 为 0,则至少满足一种 $b_7 \sim b_5$ 指定的条件。

③ 如果 b_7 为 1,且 $b_4 \sim b_1$ 不全相等,则安全环境的控制由 $b_4 \sim b_1$ 指定一个 SEID 字节,描述安全报文传输是否应用于对应命令的数据字段和响应数据字段(见表 6.22)。

如果 $b_4b_3b_2b_1 = 0000$,不涉及安全环境,又假设有一 EF 文件,当执行读二进制(READ BINARY)命令时,需要验证 password;而执行写二进制(WRITE BINARY)命令时，除了需要验证 password 外，还要通过外部鉴别，则根据压缩格式的访问规则，该数据对象应包含两个访问模式字节（各后随一个安全条件字节，表示如下）。

$$\begin{array}{cccccccccc} 62 & 08 & 8C & 02 & \multicolumn{2}{c}{\underline{04\quad 30}} & 8C & 02 & \multicolumn{2}{c}{\underline{01\quad 10}} \\ T & L & T_1 & L_1 & \multicolumn{2}{c}{V_1} & T_2 & L_2 & \multicolumn{2}{c}{V_2} \end{array}$$

其中，T 表示 FCP 模板（结构化 BER-TLV），其值字段的长度 L 为 8 个字节。该模板包含两个原始编码数据字段（T_1 L_1 V_1 和 T_2 L_2 V_2），其中 V_1 的第 1 个字节 04 为访问模式字节（写），见表 6.9；随后的 30 为安全条件字节，见表 6.12；V_2 的第 1 个字节 01 为访问模式字节（读），随后的 10 为安全条件字节。

2. 扩展格式

在扩展格式中，访问规则由一个访问模式数据对象紧随一个或多个安全条件数据对象组成。对象访问控制受控于与相关对象捆绑的访问规则。以'AB'标记的模板可以出现在该规则下任意文件（表 3.5）的控制参数中。

（1）访问模式数据对象。一个访问模式数据对象包含一个访问模式字节（见表 6.8 至表 6.11）或命令头列表或专有状态机描述。后续的安全条件数据对象均与命令相关。表 6.13 示出了访问模式数据对象。

表 6.13　访问模式数据对象（模板标记'AB'）

标记	长度	值	含　义
'80'	1	访问模式字节	见表 6.8 至表 6.11
'81'～'8F'	变长	命令头描述	（部分）命令头列表（见表 6.14）
'9C'	变长		专有的状态机描述

如果标记从'81'～'8F'，则访问模式数据元表示为命令头 CLA、INS、P1 和 P2 这 4 字节值的可能组合的列表。根据标记的 b_4～b_1，该列表仅包含表 6.14 所描述的值。可能会用若干个组合来定义一个命令集，如标记'87'下的 INS P1 P2，INS P1 P2，…的值。

表 6.14　标记为'81'～'8F'的访问模式数据对象

b_8	b_7	b_6	b_5	b_4	b_3	b_2	b_1	含　义
1	0	0	0	×	×	×	×	命令描述包括：
1	0	0	0	1	—	—	—	• (CLA)即 CLA 的值
1	0	0	0	—	1	—	—	• (INS)即 INS 的值
1	0	0	0	—	—	1	—	• (P1)即 P1 的值
1	0	0	0	—	—	—	1	• (P2)即 P2 的值
• 如果 CLA 的值编码通道号为 0，表示描述与逻辑通道无关 • 如果 INS 的编码为偶数，表示描述与数据字段格式指示无关								

（2）安全条件数据对象。依据表 6.15，安全条件数据对象定义了访问受特定访问模式数据对象保护的对象所需的安全操作。如果用作安全条件，由'A4'（鉴别 AT）、'B4'（密码校验和 CCT）、'B6'（数字签名 DST）或'B8'（秘密性 CT）引用的控制引用模板（见 6.3.3 节）

包含使用限定数据对象(表 6.22)以指示安全动作。

表 6.15 安全条件数据对象

标 记	长度	值	含 义
'90'	0	—	Always
'97'	0	—	Never
'9E'	1	安全条件字节	见表 6.12
'A4'	变长	控制引用模板	外部或用户鉴别依赖于使用条件的限定
'B4' 'B6' 'B8'	变长	控制引用模板	命令 SM 和响应 SM 依赖于使用条件的限定
'A0'	变长	安全条件数据对象	至少满足一种安全条件(OR 模板)
'A7'	变长	安全条件数据对象	安全条件倒置(NOT 模板)
'AF'	变长	安全条件数据对象	满足所有安全条件(AND 模板)

几个安全条件数据对象可能附加到同一操作。

① 如果安全条件数据对象按 OR 模板嵌套(标记'A0'),则动作之前必须满足至少一个安全条件。

② 如果安全条件数据对象按 AND 模板嵌套(标记'AF'),则动作之前必须满足所有安全条件。

③ 如果安全条件数据对象按 NOT 模板嵌套(标记'A7'),则安全条件不满足,其值为真。

3[c]. 访问规则引用 ARR

扩展格式的访问规则可以保存在 EF 中(支持线性变长记录结构)。该 EF 被命名为 EF. ARR。一个或多个访问规则可以按记录号保存在每一个记录中,该记录号被命名为 ARR 字节。表 6.16 给出了 EF. ARR 的布局。

表 6.16 EF. ARR 布局

记录号(ARR 字节)	记录内容(1 个或多个访问规则)
1	访问模式数据对象,一个或多个安全条件数据对象,访问模式数据对象,……
2	访问模式数据对象,一个或多个安全条件数据对象,……

6.2.3 安全支持数据元

卡用以支持命令-响应对安全的数据元称为递增值。递增值在卡的生命周期中随特定事件而增加。定义以下两种递增值——卡会话计数器和会话标识符。

(1) 卡会话计数器在每次卡激活时计数(增加)一次。

(2) 会话标识符从卡会话计数器和外部提供数据计算得来。

定义递增值的两种类型。

(1) 内部递增值。对于某种应用,用来记录特定事件发生的次数,发生该事件,数据元便递增一次，且卡对该数据元提供 reset(置 0)功能。内部递增值不可被外部控制，类似于卡内实时安全标记。内部递增值可用于密码计算。

(2) 外部递增值。对于某种应用，只能被外部数据更新。且待更新的数值必须比当前卡内所存的值大。

引用——卡按以下方式提供对安全支持数据元的访问。

(1) 可以出现于 MF(如卡会话计数器)或应用 DF(如特定应用递增值)中。

(2) 补充数据对象(标记为'88'、'92'、'93')可以出现于控制引用模板。如果 SE 明确使用这些数据元，那么这些标记可用。

(3) 在以标记'7A'引用的模板中，特定上下文类别(首字节从'80'到'BF')用于安全支持数据对象(表 6.17)。

表 6.17 安全支持数据对象

标　　记	值
'7A'	带下面标记的支持安全的数据对象集
'80'	卡会话计数器
'81'	卡会话标识符
'82'～'8E'	文件选择计数器
'93'	数字签名计数器
'9F2X'	内部值('X'的编码表示特定的内部递增值，如文件选择计数器)
'9F3Y'	外部值('Y'的编码表示特定的外部递增值，如外部时间戳)

6.3 安全报文

安全报文(Secure Messaging，SM)通过确保数据秘密性和数据鉴别这两个基本安全功能，来保护全部或部分命令-响应对或拼接起来的连续的数据字段(命令链，SW1 设置为'61')。每种安全机制包括密码算法、操作模式、密钥和参数(输入数据)，还经常包含初始数据。

6.3.1[b] SM 字段和 SM 数据对象

根据定义，SM 中的任何命令或响应数据字段以及 SM 模板(标记'7D')都是 SM 字段。SM 字段一般被编码为 BER-TLV，在命令-响应对中，SM 格式如果在发出命令前获知可被默认地选择；如果在 CLA 中指示可明确地选择。

表 6.18 示出了特定的上下文类的 SM 数据对象。有一些 SM 数据对象的明文字段是一个 SM 字段。

在 SM 字段中，每个 SM 数据对象(特定上下文类)的标记字段(标记奇偶)的最后一个字节的 b_1 用于指示该 SM 数据对象是否包括在用于鉴别(密码校验和，或者数字签名)的数据元的计算中(b_1 为 1，奇标记数，表示包括；b_1 为 0，偶标记数，表示不包括)。如果该计算发生，该数据元为鉴别(SM 标记'8E'、'9E')某 SM 数据对象的值字段，出现在该 SM 字段的最后。

表 6.18 SM 数据对象(模块标记'7D')

标　记	值
'80','81'	未编码为 BER-TLV 的明文
'82','83'	密文(编码为 BER-TLV 的明文，并包含 SM 数据对象)
'84','85'	密文(编码为 BER-TLV 的明文，但不包含 SM 数据对象)
'86','87'	填充—内容指示字节，其后是密文(未编码为 BER-TLV 的明文)
'89'	命令头(CLA INS P1 P2,4B)
'8E'	密码校验和(至少 4B)
'90','91'	哈希编码
'92','93'	证书(未编码为 BER-TLV 的数据)
'94','95'	安全环境标识符(SEID 字节)
'96','97'	非安全的命令-响应对中编码 N_e 的一个或两个字节(可能为空)
'99'	处理状态(SW1-SW2,2B,可能为空)
'9A','9B'	输入的用于数字签名计算的数据元(值字段被签名)
'9C','9D'	公钥
'9E'	数字签名
'A0','A1'	用于计算哈希编码的输入模板(模板是哈希值)
'A2'	用于验证密码校验和的输入模板(包括模板)
'A4','A5'	用于鉴别的控制引用模板(AT)
'A6','A7'	用于密钥协商的控制引用模板(KAT)
'A8'	用于验证数字签名的输入模板(模板被签名)
'AA','AB'	用于哈希编码的控制引用模板(HT)
'AC','AD'	用于数字签名计算的输入模板(连接的值字段被签名)
'AE','AF'	用于验证证书的输入模板(连接的值字段被签名)
'B0','B1'	编码为 BER-TLV 的明文，并包含 SM 数据对象
'B2','B3'	编码为 BER-TLV 的明文，但不包含 SM 数据对象
'B4','B5'	用于密码校验和的控制引用模板(CCT)
'B6','B7'	用于数字签名的控制引用模板(DST)
'B8','B9'	用于保证秘密性的控制引用模板(CT)
'BA','BB'	响应描述符模板
'BC','BD'	用于数字签名计算的输入模板(模板被签名)
'BE'	用于验证证书的输入模板(模板被验证)

有如下两类 SM 数据对象。

(1) 每个基本 SM 数据对象(见 6.3.2 节)携带一个明文，一个安全机制的输入或结果。

(2) 每个辅助 SM 数据对象(见 6.3.3 节)携带一个控制引用模板(标记'A4'～'A7'、'AA'、'AB'、'B4'～'BA')，或一个安全环境标识符(标记'94'、'95')，或者一个响应描述符模板(标记'BA'、'BB')。

6.3.2[a] 基本 SM 数据对象

表 6.18 中的 SM 数据对象，除了后面讲到的辅助 SM 数据对象外，其余的标记均为基本 SM 数据对象。

用于保持秘密性的 SM 数据对象(密文)的标记为'82'、'83'、'84'、'85'、'86'、'87'(表 6.18)。

在命令和响应数据字段中可采用带填充或不带填充的密文。按如下形式使用。

(1) 情形 a：未编码为 BER-TLV 的明文。

数据字段＝{T-L-填充-内容指示符字节-密文}

产生密文的明文＝1 个或多个分组＝未编码为 BER-TLV 的明文，可能根据指示符字节填充。

(2) 情形 b：编码为 BER-TLV 的明文。

数据字段＝{T -L-密文}

产生密文的明文＝隐蔽字节串＝BER-TLV 数据对象 (依据算法及其操作模式隐蔽填充)。

用于保持秘密性的安全机制由某种操作模式的密码算法组成。当没有明确指出并且没有隐含选择某种机制时，应用默认的机制。

① 计算有填充指示的密码算法，默认机制是“电子密码本”模式的分组密码。该分组密码可能包含填充字节。保持数据秘密性的填充可能影响到传输：密文(一个或多个分组)可能比明文长。

② 计算无填充指示的密文，默认机制是流(stream)密码。在这种情况下，密码是数据字节串与同样长度的隐蔽串的异或。隐蔽的方式中数据没有填充，且通过同样的方式恢复得到数据字节串。

表 6.19 所列为填充-内容指示字节。

表 6.19 填充-内容指示字节

值	含　义
'00'	没有更多的意义
'01'	根据密码校验和的计算方式填充
'02'	无填充
'1X'	用于加密信息(不是加密密钥)的密钥('X'表示'0'到'F'的任意值)
'2X'	用于加密密钥(不是加密信息)的密钥('X'表示'0'到'F'的任意值)
'3X'	非对称密钥对中的私钥('X'表示'0'到'F'的任意值)
'4X'	password('X'表示'0'到'F'的任意值)
'80'～'8E'	专有

下面介绍密码校验和与数字签名的计算方法。

1. 密码校验和数据元

计算密码校验和涉及一个初始化检查块，密钥和分组加密算法(见 ISO/IEC 18033)或哈希函数(见 ISO/IEC 10118)。

计算的方法可以是系统规范中的一部分，或者使用密码机制标识符模板标识一个确定的计算方法的标准。密码机制标识符模块标记'AC'(见表 3.5)引用,这样的模板包含两个或更多的数据对象。

(1) 第一个数据对象应为密码机制引用,标记为'80'(表 6.20)。

(2) 第二个数据对象应为对象标识符,标记为'06',如 ISO/IEC 8825-1 中所定义。该标识对象应该是密码机制,如在 ISO 标准中的密码机制有加密算法(如 ISO/IEC 18033)、消息认证码(如 ISO/IEC 9797)、认证协议(如 ISO/IEC 9798)、数字签名(如 ISO/IEC 9796 或 14888)和已注册密码算法(如 ISO/IEC 9979)等。

具体例子:

{'AC'-'0B'-{'80'-'01'-'01'}-{'06'-'06'-'28818C710201'}}

该模板将局部引用'01'和 ISO/IEC 18033-2 中的第一个加密算法联合起来。

除非特别声明,否则应该采用下列计算方法。在密钥的控制下,算法主要将 k 字节(通常为 8、16 或 20)的当前输入块转换为同样大小的当前输出块。计算过程分为以下几个阶段。

(1) 初始阶段。设置初始检查块为下列块之一。

- 空块。即 k 个字节设置为'00'。
- 链接块。即之前的计算所产生的结果。对命令,为之前命令中最后的检查块;对响应,为之前响应的最后的检查块。
- 提供的初始值块。如外部提供的。
- 在密钥的控制下将辅助数据转换为辅助块。如果辅助数据长度小于 k 字节,在之前加入 0 以达到块的长度。

(2) 持续阶段。为保护命令头(CLA INS P1 P2),可以对其进行封装(SM 标记'89')。但如果 CLA 中的 $b_8 \sim b_6$ 设置为 000,且 b_4、b_3 设置为 11(见 6.1 节),则第一个数据块的组成为:命令头(CLA INS P1 P2),其后是一个设置为'80'的字节,以及 $k-5$ 个设置为'00'的字节。

密码校验和应包含任何有奇标记数的安全报文数据对象和任何第一字节不为'80'~'BF'的数据对象。这些数据对象应以相连数据块的形式包含在当前检查块中。依据以下原则划分数据块。

① 相邻的数据对象之间边界上的数据块应该是连续的。

② 在每个包含的数据对象后面增加填充。填充至少由一个必须设置为'80'的字节组成,如果还有其他字节,将会是 $0 \sim k-1$ 个设置为'00'的字节,直到相应的数据块填至 k 字节。由于填充字节未被传送,填充将不会影响到鉴别。

这样的机制中,操作模式为"加密分组链"(见 ISO/IEC 10116)。第一个输入是初始检查块与第一个数据块的异或,第一个输出由第一个输入产生;当前输入是前一个输出与当前数据块的异或,当前输出由当前输入产生。

(3) 最终阶段。最后的检查块就是最后的输出。最终阶段从最后的检查块中提取密码校验和(前 m 字节,至少有 4B)。

2. 数字签名的数据元

数字签名方案依赖于非对称密码技术(见 ISO/IEC 9796,14888),计算过程中使用到了哈希函数(见 ISO/IEC 10118)。输入的数据由数字签名的输入数据对象的数据字段,或者某个数字签名的输入模板的多个数据字段的值字段拼接而成。

6.3.3[a] 辅助的SM数据对象

1. 控制引用模板CRT

表中6.18中定义了六类控制引用模板,即标记为'A4'、'A5'的鉴别(Template for Authentication,AT),'A6'、'A7'的密钥协商(Template for Key Agreement, KAT),'AA'、'AB'的哈希编码(Template for Hash-code,HT)、'B4'、'B5'的密码校验和(Template for Cryptographic Checksum, CCT)、'B6'、'B7'的数字签名(Template for Digital Signature, DST)和使用对称密钥(Template for Confidentiality-symmetry,CT-sym)或非对称密钥技术(Template for Confidentiality-asymmetry,CT-asym)(标记为' B8' 、' B9')。

每种安全机制包括一个处于某种操作模式的密码算法,使用一个密钥,并且可能会有初始数据。可以隐式选择这些项,即发出命令前已知道;或者显式地选择这些项,即通过嵌在控制引用模板中的控制引用数据对象。在控制引用模板中,保留特定上下文类(第一字节为'80'到'BF')作为控制引用数据对象。

SM字段中,控制引用模板最后的可能位置就在应用引用机制的第一个数据对象之前。例如,密码校验和中有效的模板最后的可能位置就在计算中引入的第一个数据对象之前。

每一个控制引用对象在同类机制中新的控制引用出现之前保留有效,如某条命令能为下一条命令提供控制引用。

2. 控制引用模板中的控制引用数据对象

每个控制引用模板(Control Reference Template,CRT)是一个控制引用数据对象的集合:一个密码机制引用,一个文件和密钥引用,一个初始数据引用,一个使用限定符和在保持秘密性的控制引用模板的密码内容引用。

(1) 密码机制引用表示一个处于某种操作模式的加密算法。任何DF的控制参数(见表3.5中的标记'AC')可包含密码机制标识符模板,每个模板指出该密码机制引用的含义。

(2) 文件引用表示在文件中的某处密钥引用有效。如果没有文件引用,密钥引用在当前DF(可能是一个应用的DF)中有效。密钥引用明确地识别使用的密钥。

(3) 当应用于密码校验和时,初始数据引用指出初始检查块。如果没有初始数据引用且没有隐式地选择初始检查块,则应用空块。并且在通过流密码传输第一个用于保持秘密性的数据对象前,保持秘密性的模板应该提供辅助数据以初始化秘密字节串的计算。

表6.20列出控制引用数据对象并指出相关的控制引用模板。所有的控制引用数据对象都在特定上下文类中。

在任何控制引用模板中,密钥使用模板(标记'A3')可使一个文件和密钥引用与密钥使用计数器和/或密钥重试计数器关联(表6.21)。

表 6.20 控制引用模板 CRT 中的控制引用数据对象(模板标记'AC')

标记	值	AT	KAT	HT	CCT	DST	CT-asym	CT-sym
'80'	密码机制引用	×	×	×	×	×	×	×
文件和密钥引用								
'81'	文件引用	×	×	×	×	×	×	×
'82'	DF 名	×	×	×	×		×	×
'83'	• 密钥引用(直接使用)	×	×	×	×	—	—	×
	• 公钥引用	×	×	×	—	×	×	—
	• 引用数据限定符	×	—	—	—	—	—	—
'84'	• 计算会话密钥的引用	×	×	—	×	—	—	×
	• 私钥引用	×	×	—	—	×	×	—
'A3'	密钥使用模板(见下面的文本)	×	×	×	×	×	×	×
初始数据引用:初始检查块								
'85'	$L=0$,空块	—	—	×	×	—	—	×
'86'	$L=0$,块链	—	—	×	×	—	—	×
'87'	• $L=0$,前一个初始值块加 1	—	—	—	×	—	—	×
	• $L=k$,初始值块	—	—	×	×	—	—	—
初始数据引用:辅助数据元(另见 6.2.2 节)								
'88'	• $L=0$,前一个交换的口令加 1	—	—	—	×	×	×	×
	• $L>0$,无下一步指示	—	—	—	—	—	—	—
'89'到'8D'	• $L=0$,专有数据元索引	—	—	—	×	—	—	×
	• $L>0$,专有数据元值	—	—	—	×	—	—	—
'90'	$L=0$,卡提供的哈希编码	—	—	×	—	×	—	—
'91'	• $L=0$,卡提供的随机数	—	×	—	×	×	×	—
	• $L>0$,随机数	—	—	—	—	×	×	—
'92'	• $L=0$,卡提供的时间戳	—	—	×	—	×	×	—
	• $L>0$,时间戳	—	—	—	—	×	×	—
'93'	• $L=0$,前一个数字签名计数器加 1	—	—	×	—	×	×	×
	• $L>0$,数字签名计数器	—	—	—	—	×	×	×
'94'	密钥的口令或数据元	×	—	—	×	—	—	×
'95'	使用限定符字节(见表 6.22)	×	×	—	×	×	×	×
'8E'	密码内容模板(见表 6.23)	—	—	—	—	—	×	×

CRT 可能含数据对象,如 AT 中的证书持有者的授权(标记'5F4C'),HT 或 DST 中的头列表或扩展的头列表(标记'5D'和'4D')

表 6.21 密钥使用数据对象

标　记	值
'A3'	带下面标记的密钥使用数据对象集
'80'～'84'	表 6.20 中列出的文件和密钥引用
'90'	密钥使用计数器
'91'	密钥重试计数器

在任何用于认证的控制引用模板(AT)、用于密钥协商的控制引用模板(KAT)、用于密码校验和的控制引用模板(CCT)、用于保持秘密性的控制引用模板(CT)及用于数字签名的控制引用模板(DST)中,用法限定字节(标记'95')可指定该模板作安全条件(见表 6.15)使用,或遵循 MANAGE SECURITY ENVIRONMENT 命令。表 6.22 所列为使用限定字节。

在任何保持秘密性的控制引用模板中(CT),密码内容引用(标记'8E')可指定加密的内容。值字段的第一个字节是必备的,其名称是密码描述符字节,见表 6.23,其内容与表 6.19 基本相同。

表 6.22 使用限定字节

b_8	b_7	b_6	b_5	b_4	b_3	b_2	b_1	含　义
1	—	—	—	—	—	—	—	验证(DST,CCT),加密(CT),外部认证(AT),密钥协商(KAT)
—	1	—	—	—	—	—	—	计算(DST,CCT),解密(CT),内部认证(AT),密钥协商(KAT)
—	—	1	—	—	—	—	—	响应数据字段中的安全报文(CCT、CT、DST)
—	—	—	1	—	—	—	—	命令数据字段中的安全报文(CCT、CT、DST)
—	—	—	—	1	—	—	—	基于 password 的用户鉴别(AT)
—	—	—	—	—	1	—	—	基于生物特征的用户鉴别(AT)
—	—	—	—	—	—	×	×	××××××00(任何其他值保留作将来使用)

表 6.23 密码描述符字节

值	含　义
'00'	无更多的含义
'1X'	1～4 个加密信息(不是加密密钥)的密钥('X'表示'0'～'F'的任意值)
'2X'	用于加密密钥(不是加密信息)的密钥('X'表示'0'～'F'的任意值)
'3X'	非对称密钥对中的私钥('X'表示'0'～'F'的任意值)
'4X'	password('X'表示'0'～'F'的任意值)
'80'～'FF'	专有

6.3.4[a] 安全环境

本节说明安全环境(Security Environment, SE)是为了引用密码算法、操作模式、协议、过程、密钥以及安全报文和安全操作所需的任何附加的数据。SE 包含存储在卡中的数据元,或经指定的算法计算的结果数据元。SE 可包含初始化用于该环境的非持久数据的机制，例如会话密钥。SE可为处理计算结果提供指示，如卡中存储。SE模板的标记为'7B'。

1) SE标识符(SEID字节)

可引用任何安全环境，如安全报文、通过MANAGE SECURITY ENVIRONMENT命令存储和转存。

(1) 除非在应用中另外指定，否则'00'表示空环境，其中没有定义安全报文和认证。

(2) 'FF'表示该环境中无操作可执行。

(3) 除非在应用中另外指定，否则'01'为默认SE所保留，并一直可用。本节未指定默认SE的内容，可能为空。

(4) 'EF'保留为将来使用。

2) 组件

控制引用模板(CRT)可描述SE的各种组件。环境定义中的某个机制指定的任何相关的控制引用(文件、密钥或数据)，应该根据相关的DF在该机制使用前确定下来。绝对控制引用(如绝对路径)不需要确定。在SE中，组件可能有两种：一种在命令数据字段中的SM有效；另一种在响应数据字段中的SM有效。

在任意的卡操作期间，应通过默认或作为卡执行命令的结果激活当前的SE。当前SE包含下面组件中的一个或多个。

- 某些组件属于与当前DF关联的默认SE。
- 某些组件通过使用安全报文的命令传送。
- 某些组件通过MANAGE SECURITY ENVIRONMENT命令传送。
- 某些组件被MANAGE SECURITY ENVIRONMENT命令中的SEID字节调用。

当发生下列事件前，当前SE有效：直到有热复位或触点终止，或上下文的改变(如通过选择不同的应用DF)，或通过MANAGE SECURITY ENVIRONMENT命令设置，或替换当前SE。

在SM中，在CRT中传输的控制引用数据对象应优先于任何其他当前SE中出现的相应的控制引用数据对象。

3) 证书持有者的认证

认证过程可使用卡可验证的证书，即通过使用公钥的VERIFY CERTIFICATE操作，卡能够解释和检验模板。在这样的证书中，证书持有者的认证可转换为通过标记'5F4C'引用的数据元。如果这样的数据元在安全条件中使用，以实现访问数据或功能，这时该数据对象(标记'5F4C')应出现在用于鉴别的控制引用模板(AT)中，以描述鉴别的过程。

4) 访问控制

卡可在包含SE模板(标记'7B')的EF中(见表3.5中的标记'8D')存储用于访问控制的安全环境。表6.24列出的安全环境模板包含一个SEID字节数据对象(标记'80')，一个可选的LCS字节对象(标记'8A')，一个或多个可选加密机制标识符模板(标记'AC')和一个或多个CRT(标记'A4'、'A6'、'AA'、'B4'、'B6'、'B8')。

如果LCS字节数据对象在SE模板中出现，则它表明该SE在哪一个生命周期状态有效。如果SE用于访问控制，如访问文件，则该文件的LCS字节和该SE的LCS字节必须匹配。如果无LCS字节，则该SE在激活的操作状态下有效。

表 6.24 安全环境数据对象

标　　记	值
'7B'	带下列标记的安全环境数据对象的集合
'80'	SEID字节，强制
'8A'	LCS字节，可选
'AC'	密码机制标识符模板，可选
'A4'、'A6'、'AA'、'B4'、'B6'、'B8'	CRTs

在SE模板中，如果CRT携带几个有相同标记的数据对象（如密钥引用指定的数据对象），则至少有一个数据对象被执行（OR条件）。

5) SE检索

当前SE中的CRT可以通过GET DATA命令来检索，该命令的P1-P2设置为'004D'(4D为扩展的头列表标记)，该命令的数据字段由SE模板（标记'7B'）组成，该SE模板由一对或多对CRT标记后随'80'组成。

6.3.5[a]　安全的命令-响应对

本节讨论的主要依据是6.1节的类别字节CLA（表6.2）和SM数据对象（表6.18）。在本节的图中，方括号[]中的内容是可选的。

图6.2所示为命令-响应对的示例。

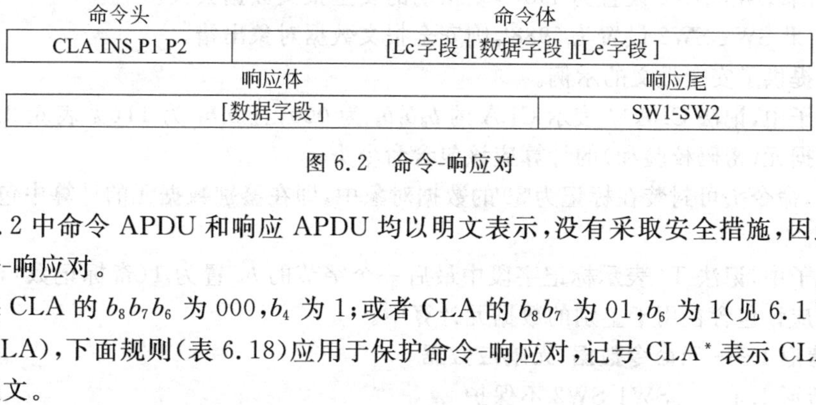

命令头	命令体
CLA INS P1 P2	[Lc字段][数据字段][Le字段]

响应体	响应尾
[数据字段]	SW1-SW2

图 6.2　命令-响应对

图6.2中命令APDU和响应APDU均以明文表示，没有采取安全措施，因此是非安全的命令-响应对。

如果CLA的$b_8b_7b_6$为000，b_4为1；或者CLA的b_8b_7为01，b_6为1(见6.1节中的类别字节CLA)，下面规则（表6.18）应用于保护命令-响应对，记号CLA* 表示CLA中使用了安全报文。

(1) 安全的命令数据字段是一个SM字段，它有下面的形式：

- 如果有命令数据字段($N_c>0$)，则明文数据对象（SM标记'80'、'81'、'B2'、'B3'）或密文数据对象（SM标记'84'、'85'、'86'、'87'）的长度为N_c字节。
- 可以封装命令头(4B)用以保护（SM标记'89'）命令头。
- 如果存在Le字段，应该出现一个新的Le字段（仅包含一个设置为'00'的字节）和一个新的Le数据对象（SM标记为'96'、'97'）。Le数据对象为0和为空时表示最大值，即根据该新Le字段是短型或扩展的，最大值为256或65536。

(2) 安全的响应数据字段也是一个 SM 字段,它应解释如下。

- 如果存在,明文数据对象(SM 标记'80'、'81'、'B2'、'B3')或密文数据对象(SM 标记'84'、'85'、'86'、'87')携带该响应数据字节。
- 如果存在,处理状态数据对象(SM 标记'99')携带为保护而封装的 SW1-SW2。空的处理状态数据对象意为 SW1-SW2,设置为'9000'。

图 6.3 展示了安全的命令-响应对。

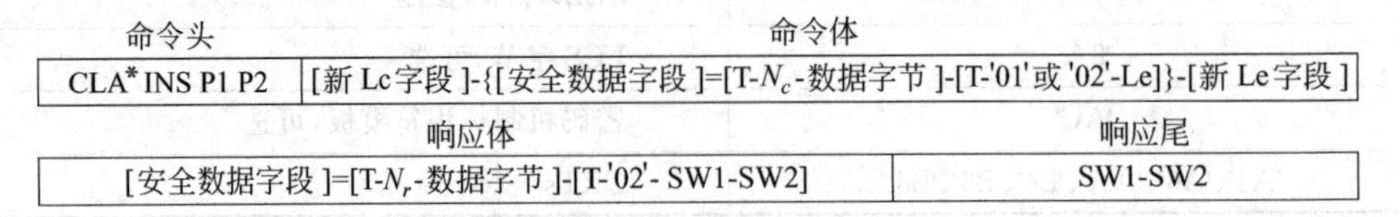

图 6.3　安全的命令-响应对

当 INS 的 b_1 置 1(奇 INS 码),非安全的数据字段编码为 BER-TLV 格式,并且 SM 标记'B2'、'B3'、'84'和'85'将用于它们的封装。另外,要保护的数据字段的格式并不总是明确的,推荐使用 SM 标记'80'、'81'、'86'和'87'。

(3) 安全的命令数据字段是一个 SM 字段,它们可包含更多的或其他的 SM 数据对象,如最后面的密码校验和(SM 标记'8E')或数字签名(SM 标记'9E')。

(4) 新的 Le 字段对安全命令的数据字段的字节数编码。

(5) 如果安全响应数据字段中无期望的数据字段,那么应该无新的 Le 字段;否则新的 Le 字段只包含设置为'00'的字节。

(6) 响应尾指明处理该安全命令后接收实体的状态。下面特定的错误条件可能会出现。

- 如果 SW1-SW2 设置为'6987',则预期的安全报文数据丢失。
- 如果 SW1-SW2 设置为'6988',则安全报文数据对象出错。

下面提供了安全报文的示例。

在例子中,记法 CLA** 表示 CLA 的 $b_8b_7b_6$ 为 000,且 b_4b_3 为 11(见表 6.2),即用于鉴别的数据元(密码校验和)的计算应该包含命令头。

另外,命令头可封装在标记为'89'的数据对象中,即在鉴别数据元的计算中包含的 SM 数据对象。

在例子中,记法 T* 表示标记字段中最后一个字节的 b_1 置为 1(奇标记数),即该 SM 数据对象应该包含在用于鉴别的数据元计算中。

1. 情形 1——无命令数据,无响应数据

1) 情形 1.a—— SW1-SW2 不保护

(1) 安全的命令 APDU 如下。

命令头	命令体
CLA* INS P1 P2	{New Lc field}-{New data field(=T-L-Cryptographic checksum)}

如果密码校验和的长度为 4B,则新的 Lc 字段置为'06',L 置为'04'。

新数据字段=1 个数据对象={T-L-密码校验和}

产生密码校验和的数据(CLA* 的 b_3 置 1)=1 个分组={CLA** INS P1 P2 填充}

(2) 安全的响应 APDU 如下。

响应体	响应尾
Absent	SW1-SW2

2) 情形 1. b——SW1-SW2 保护

(1) 安全的命令 APDU 如下。

命令头	命令体
CLA* INS P1 P2	{New Lc field}-{New data field(=T-L-Cryptographic checksum)}-{New Le field(='00')}

新数据字段=1 个数据对象={T-L-密码校验和}。

产生密码校验和的数据(CLA* 的 b_3 置 1)=1 个分组={CLA** INS P1 P2 填充}。

(2) 安全的响应 APDU 如下。

响应体	响应尾
New data field(={T*-L-SW1-SW2}-{T-L-Cryptographic checksum})	SW1-SW2

新数据字段=2 个数据对象= {T*-L- SW1-SW2}-{T- L-密码校验和}。

产生密码校验和的数据=1 个分组={T*-L-SW1-SW2-填充}。

填充的内容可参考 6.3.2 节中介绍的密码校验和的计算方法。

2. 情形 2——无命令数据,有响应数据

(1) 安全的命令 APDU 如下。

命令头	命令体
CLA* INS P1 P2	New Lc field-New data field-{New Le field (one or two bytes set to 00)}

新数据字段=2 个数据对象={T*-L-Le}-{T-L -密码校验和}。

产生密码校验和的数据=1 个分组={T*-L-Le-填充}(如果 CLA* 的 b_3 置 0);或=2 个分组={CLA** INS P1 P2 填充}- {T*-L-Le-填充}(如果 CLA* 的 b_3 置 1)。

(2) 安全的响应 APDU 如下。

响应体	响应尾
New data field(={T*-L-Plain value}-{T-L-Cryptographic checksum})	SW1-SW2

新数据字段=3 个数据对象={T*-L-明文}-{T*-L-SW1-SW2}-{T-L-密码校验和}。

产生密码校验和的数据=1 个或多个分组={T*-L -明文- T*-L-SW1-SW2-填充}。

3. 情形 3——有命令数据,没有响应数据

1) 情形 3. a—— SW1-SW2 不保护

(1) 安全的命令 APDU 如下。

命令头	命令体
CLA* INS P1 P2	New Lc field-New data field

新数据字段=2 个数据对象={T*-L -明文}-{T-L -密码校验和}。

产生密码校验和的数据=1 个或多个分组={T*-L -明文-填充}(如果 CLA* 的 b_3 置 0);

或＝2 个或多个分组＝{CLA** INS P1 P2 填充}-{T*-L -明文-填充}(如果 CLA* 的 b_3 置 1)。

(2) 安全的响应 APDU 如下。

响应体	响应尾
Absent	SW1-SW2

2) 情形 3. b—— SW1-SW2 保护

(1) 安全的命令 APDU 如下。

命令头	命令体
CLA* INS P1 P2	New Lc field-New data field-New Le field(＝00)

新数据字段＝2 个数据对象＝{T* -L -明文}-{T-L -密码校验和}。

产生密码校验和的数据＝1 个或多个分组＝{T*-L-明文-填充}(如果 CLA* 的 b_3 置 0)或＝2 个或多个分组＝{CLA** INS P1 P2 填充}-{T* -L -明文-填充}(如果 CLA* 的 b_3 置 1)。

(2) 安全的响应 APDU 如下。

响应体	响应尾
New data field(＝{T* -L-SW1-SW2}-{T-L-Cryptographic checksum})	SW1-SW2

新数据字段＝2 个数据对象＝{T* -L-SW1-SW2}-{T-L -密码校验和}。

产生密码校验和的数据＝1 个分组＝{T* -L-SW1-SW2 -填充}。

4. 情形 4——有命令数据，有响应数据

(1) 安全的命令 APDU 如下。

命令头	命令体
CLA* INS P1 P2	New Lc field-New data field-New Le field(one or two bytes set to 00)

新数据字段＝3 个数据对象＝{T* -L -明文}-{T* -L-Le}-{T-L -密码校验和}。

产生密码校验和的数据＝1 个或多个分组＝{T* -L-明文- T* - L- Le-填充}(如果 CLA* 的 b_3 置 0)；或＝2 个或多个分组＝{CLA** INS P1 P2 填充}-{T*-L-明文- T* -L-Le -填充}(如果 CLA* 的 b_3 置 1)。

(2) 安全的响应 APDU 如下。

响应体	响应尾
New data field(＝{T* -L-Plain value}-{T* -L-SW1-SW2}-{T-L-Cryptographic checksum})	SW1-SW2

6.4 在 ISO/IEC 7816 中定义的命令

本节规定的命令分为以下 8 组。命令和响应的一般格式在 6.1 节已作过详细讨论，并适用于本节涉及的所有命令。

(1) 管理卡和文件的命令。
(2) 数据单元处理命令。
(3) 记录处理命令。
(4) 数据对象处理命令。
(5) 安全处理命令。
(6) 传输处理命令。
(7) 用于结构化卡查询语言的处理命令。
(8) 在多应用环境中的应用管理命令。
并不强制所有的卡都支持上述命令。

6.4.1 管理卡和文件的命令

1. 生命周期状态

无论是卡、文件还是其他对象,都可以有生命周期,ISO/IEC 7816 定义了 4 种基本生命周期状态,即创建状态、初始状态、操作状态(激活和停活)和终止状态。表 6.25 是 ISO/IEC 7816 定义的生命周期状态(Life Cycle Status,LCS)字节。

表 6.25 生命周期状态字节 LCS

b_8	b_7	b_6	b_5	b_4	b_3	b_2	b_1	含 义
0	0	0	0	0	0	0	0	没有信息给出
0	0	0	0	0	0	0	1	创建状态
0	0	0	0	0	0	1	1	初始状态
0	0	0	0	0	1	—	1	操作状态(激活)
0	0	0	0	0	1	—	0	操作状态(停活)
0	0	0	0	1	1	—	—	终止状态
不全为 0				×	×	×	×	专有的

文件 LCS 字节可以出现在文件的控制参数中,以标记'8A'引用(表 3.5)。

卡 LCS 字节可以出现在历史字符中,以标记'48'引用,也可能出现在 EF. ATR 中。

基本生命周期状态之间的转变(除了操作状态激活和停活之间)是不可逆的,并且只能是从创建到终止。另外,应用可以定义生命周期子状态:基本状态都可以有可逆子状态。生命周期状态的变化可以用下列命令实现。

- CREATE FILE(创建文件)。
- ACTIVATE FILE(激活文件)。
- TERMINATE EF(终止 EF)。
- DELETE FILE(删除文件)。
- DEACTIVATE FILE(停活文件)。
- TERMINATE DF(终止 DF)。
- TERMINATE CARD USAGE(终止卡使用)。

可以通过执行命令来设置生命周期状态的值。

图 6.4 示出了文件生命周期的状态转换图,但没有示出这些命令执行的条件。

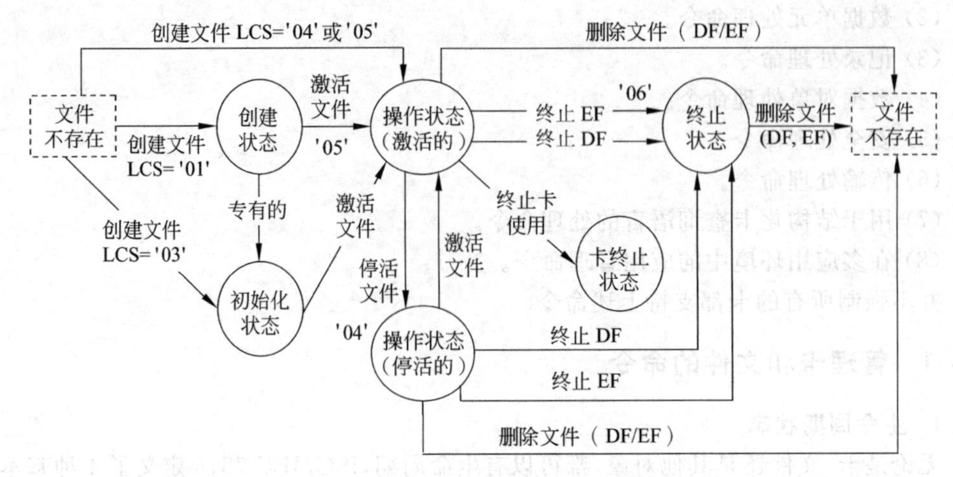

图 6.4 文件生命周期状态示意图

2. 用于卡管理的命令

只有在安全状态满足命令的安全属性时,命令才能被执行。

对于这些命令,CLA 的 b_4 和 b_3 没有意义并且可以被忽略。

1) CREATE FILE(创建文件)命令

CREATE FILE 命令创建一个文件(DF 或 EF),该文件直接处于当前 DF 下。在命令的数据字段给出被创建文件的文件名与 LCS 状态。该命令成功完成后,创建的文件将被置成当前文件,除非另有规定。

在同一个 DF 中不允许存在多个具有相同短文件标识符的 EF。

仅在安全状态满足当前 DF 安全属性的情况下才能执行该命令。

文件描述符字节是必备的,它指示创建了一个 DF 还是创建了一个 EF。

• 如果一个 DF 被创建,则应规定一个文件名和(或)一个文件标识符。

• 如果一个 EF 被创建,则应规定一个文件标识符和(或)一个短 EF 标识符。

CREATE FILE 命令的命令-响应对如下。

命令 APDU

CLA	'E0'	P1-P2	Lc	数据	
1	1	2	0,1,3	0～N	字节

P1-P2: '0000':文件标识符和文件参数在数据字段的 FCP 模板中编码

P1≠'00':文件描述字节(见表 3.6)

P2: b_8～b_4 为短 EF 标识符;b_3～b_1 为专有的

Lc 字段: 其长度为 0B、1B 或 3B,与是否发送数据或发送的数据量有关

数据字段: FCP 模板(标记'62',表 3.5)或不存在(有默认文件控制参数)

响应 APDU

SW1-SW2	
2	字节

2) SELECT(选择)命令

除非在历史字节中或在初始数据中有不同的规定，否则在复位应答之后，通过基本逻辑通道选择 MF 或默认的应用 DF 作为当前文件。

该命令完成时，将打开由 CLA 所指定的逻辑通道，并在该逻辑通道中设置一个当前结构，即选择一个文件作为当前文件，后续命令可以通过该逻辑通道隐式地引用该当前结构。

选择的 DF(MF 或应用 DF)将成为该逻辑通道中的当前 DF。可以通过该逻辑通道来引用一个隐含的当前 EF。以前选择的 DF 将变成前一个当前 DF，并不再通过该逻辑通道引用。

选择 EF 时设置了一对当前文件：EF 及其父 DF 文件。

除非另有规定，否则下面的规则将适用于一个 DF 层次结构中每个打开的逻辑通道。

(1) 如果当前 EF 被改变，或在没有当前 EF 时，将失去针对前一个当前 EF 的安全状态。

(2) 如果当前 DF 是前一个当前 DF 的后代，或与前一个当前 DF 是同一个 DF，则针对前一个当前 DF 的安全状态将保持不变；否则，针对前一个当前 DF 的安全状态将丢失。先前的和新的当前 DF 的所有共同祖先，所共用的安全状态将维持不变。

SELECT(FILE)命令的命令-响应对示于参数 P1 和 P2(表 6.26 和表 6.27)，决定具体选择哪一个文件为当前文件，并要求响应数据字段是否返回或返回哪一种文件控制信息(FCP、FMD 或 FCI)。

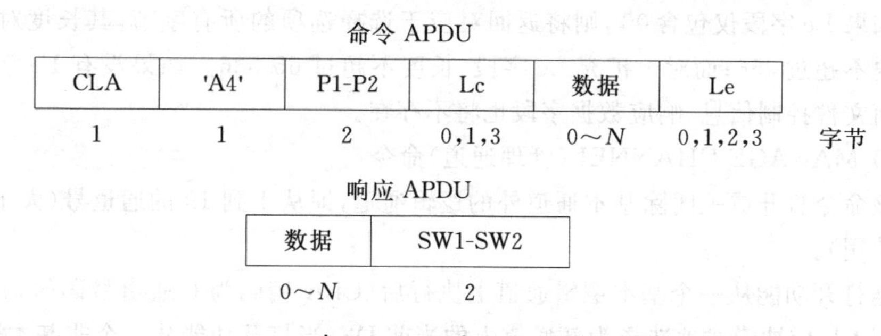

表 6.26　P1 定义

b_8	b_7	b_6	b_5	b_4	b_3	b_2	b_1	含　义	命令数据字段
0	0	0	0	0	0	×	×	通过文件标识选择	
0	0	0	0	0	0	0	0	选择 MF、DF 或 EF	不存在或文件标识
0	0	0	0	0	0	0	1	选择子 DF	DF 标识
0	0	0	0	0	0	1	0	在当前 DF 下选择 EF	EF 标识
0	0	0	0	0	0	1	1	选择当前 DF 的父 DF	不存在
0	0	0	0	0	1	×	×	根据 DF 名选择	
0	0	0	0	0	1	0	0	通过 DF 名选择	如(截短的)应用标识
0	0	0	0	1	1	×	×	根据路径选择	
0	0	0	0	1	0	0	0	从 MF 中选择	无 MF 标识的路径
0	0	0	0	1	0	0	1	从当前 DF 中选择	无当前 DF 标识的路径

如果 P1P2='0000',定义了如下两种情况。

(1) 如果命令的数据字段不存在或等于'3F00',则选择 MF。

(2) 如果命令的数据字段提供了文件标识,则在下列情况下,文件标识应唯一：当前 DF 的直接子文件;父 DF;父 DF 的直接子文件。

当 P1='04'时,数据字段为 DF 名称,该名称可能是应用标识符 AID,也可能是应用标识的一部分(将右边截短)。如果卡接受了不带有数据字段的 SELECT 命令,则全部 DF 或 DF 的子集能够被连续选择。

表 6.27　P2 定义

b_8	b_7	b_6	b_5	b_4	b_3	b_2	b_1	含　义
0	0	0	0	—	—	×	×	文件出现
0	0	0	0	—	—	0	0	首次或唯一出现
0	0	0	0	—	—	0	1	最后出现
0	0	0	0	—	—	1	0	下一次出现
0	0	0	0	—	—	1	1	前次出现
0	0	0	0	×	×	—	—	文件控制信息(见 3.3.2 节和表 3.4)
0	0	0	0	0	0	—	—	返回 FCI 模板,可选使用的 FCI 标签和长度
0	0	0	0	0	1	—	—	返回 FCP 模板,强制使用的 FCP 标签和长度
0	0	0	0	1	0	—	—	返回 FMD 模板,强制使用的 FMD 标签和长度
0	0	0	0	1	1	—	—	当 Le 不存在,无应答数据;当 Le 存在,返回专有数据

如果 Le 字段仅包含'00',则将返回对应于选择选项的所有字节,其长度对于短 Le 字段来说不超过 256;而对于扩充 Le 字段,长度不超过 65 536。如果没有 Le 字段,即不返回任何文件控制信息,响应数据字段也将不存在。

3) MANAGE CHANNEL(管理通道)命令

该命令打开或关闭除基本通道外的逻辑通道,即从 1 到 19 的通道号(大于 19 保留供将来使用)。

当打开功能从一个基本逻辑通道上执行后(CLA 编码为 0 通道号码时),MF 或默认的应用 DF 应被隐式地选择为新通道上的当前 DF;当打开功能从一个非基本逻辑通道上执行后(CLA 编码为非 0 通道号码时),CLA 指定编号的通道上的当前 DF 应成为新通道上的当前 DF。

关闭功能显式地关闭一个除基本通道外的逻辑通道,Le 字段应不存在。关闭后,该逻辑通道能够重新使用。

如果 CLA 指示的既不是基本通道也不是 P2 指示的通道号,则关闭命令将失效。

MANAGE CHANNEL 命令的命令-响应对如下。

命令 APDU

CLA	'70'	P1-P2	Le	
1	1	2	0,1	字节

P1-P2　'0000'打开响应数据字段中号码指定的逻辑通道('01'到'13')

'0001'到'0013'打开 P2 中号码指定的逻辑通道

'8000'关闭 CLA 指定的逻辑通道(除基本通道外)

'8001'到'8013'关闭 P2 中号码指定的逻辑通道

其他值保留将来使用

响应 APDU

数据	SW1-SW2	
0,1	2	字节

4) DELETE FILE(删除文件)命令

DELETE FILE 命令删除直接处于当前 DF 之下指定的 EF,或删除 DF 及其所有的子文件。该命令成功完成后,删除的文件不能再被选择。在 EF 删除后,当前文件是当前 DF;在 DF 删除后,如果没有另外规定,当前 DF 是父辈 DF。文件所拥有的资源将被释放,并且该文件使用的存储空间将被置为逻辑擦除状态。

文件的删除还可能依赖于文件生命状态。MF 不允许被删除。

如果 P1-P2='0000'并且命令数据字段不存在,则命令适用于已经被之前直接执行的命令选中的文件。另外,如果选择的文件在另一个逻辑通道上被选中,则不允许执行该命令,并且在响应中返回一个指示出错的状态字节。

P1-P2 的其他含义在 SELECT 命令中定义,包括定义文件 ID 唯一性的规则。

DELETE FILE 命令的命令-响应对如下。

命令 APDU

CLA	'E4'	P1-P2	Lc	数据	
1	1	2	0,1,3	N_c	字节

P1-P2　'0000':删除当前文件

其他值:如 SELECT 命令所定义

数据:　如 SELECT 命令所定义

响应 APDU

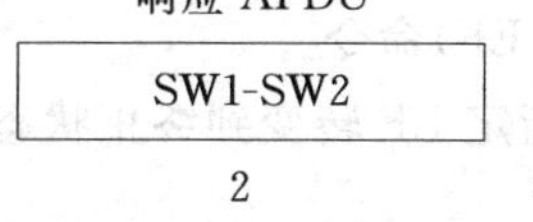

2　字节

5) DEACTIVATE FILE(停活文件)命令

DEACTIVATE FILE 命令停活文件,该停活是可逆的。在该命令成功完成后,除 SELECT 命令外,仅允许 ACTIVATE FILE、DELETE FILE、TERMINATE EF 和 DF 情况中的 TERMINATE DF 命令被执行。

当应用于一个停活的文件时,SELECT 命令将选择文件并返回警告状态,SW1-SW2='6283':选择的文件是无效的,如停活的。

如果一个 EF 被选择,则命令仅适用于该 EF,不适用于父辈 DF。

如果 P1-P2='0000'并且数据字段不存在,则该命令适用于已经被之前直接执行的命令选中的文件。P1-P2 的其他含义在 SELECT 命令中定义,包括定义文件 ID 唯一性的规则。

宜使用安全报文传输。

DEACTIVATE FILE 命令的命令-响应对格式与 DELETE FILE 命令相同，INC＝'04'。

6) ACTIVATE FILE(激活文件)命令

ACTIVATE FILE 命令启动文件从下列状态到操作状态（激活的）的转变：创建状态，或初始化状态，或操作状态(停活的)。

允许激活正确创建的文件。激活一个停活的文件，仅在安全状态满足该文件激活功能定义的安全属性的情况下才能执行。

宜使用安全报文传输。

如果 P1-P2＝'0000'并且数据字段不存在，则该命令适用于已经被之前直接执行的命令选中的文件。P1-P2 的其他含义在 SELECT FILE 命令中定义，包括定义文件 ID 唯一性的规则。

ACTIVATE FILE 命令的命令-响应对格式与 DELETE FILE 命令相似，INS＝'44'。

7) TERMINATE DF(终止 DF)命令

TERMINATE DF 命令终止当前选择的 DF 文件，该转变不可逆。命令成功完成后，DF 处于终止状态。如果返回警告状态 SW1-SW2＝'6285'，说明被选文件已处于终止状态。更多可能的操作不在此定义。

从安全考虑，相同的功能性可以通过专有方法来实现。

如果 P1-P2＝'0000'并且数据字段不存在，则命令适用于已经被之前直接执行的命令选中的文件。P1-P2 的其他含义在 SELECT 命令中定义，包括定义文件 ID 唯一性的规则。

宜使用安全报文传输。

TERMINATE DF 命令的命令-响应对格式与 DELETE FILE 命令相同，INS＝'E6'。

注：在 P1-P2 根据 SELECT 命令编码的命令中，P2 的 b_3 和 b_4 没有意义并且可以被忽略。

8) TERMINATE EF(终止 EF)命令

TERMINATE EF 命令将指定 EF 转变到终止状态，该转变不可逆。将被终止的 EF 应处于激活或停活状态。

如果 P1-P2＝'0000'并且数据字段不存在，则命令适用于已经被之前直接执行的命令选中的文件。P1-P2 的其他含义在 SELECT 命令中定义，包括定义文件 ID 唯一性的规则。

TERMINATE EF 命令的命令-响应对格式与 DELETE FILE 命令相同，INS＝'E8'。

9) TERMINATE CARD USAGE(终止卡使用)命令

TERMINATE CARD USAGE 命令将卡转变到终止状态，该转变不可逆。该命令的使用隐含选择 MF。对于支持该命令的卡，终止状态应在复位应答中指出。命令成功完成后，卡将不支持 SELECT 命令。

注：终止卡使用的目的是使持卡者不可用卡。

宜使用安全报文传输。

TERMINATE CARD USAGE 命令的命令-响应对如下。

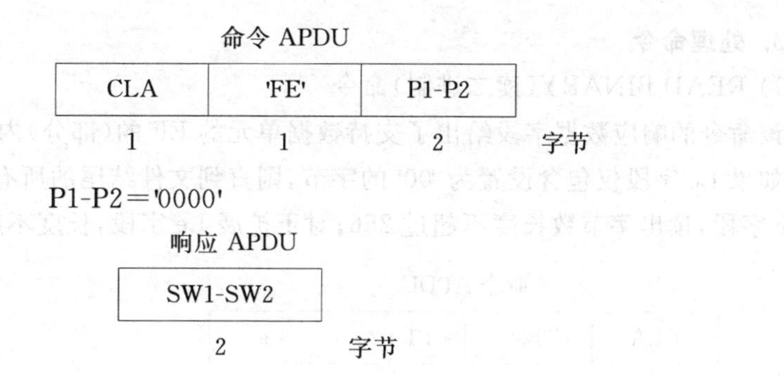

6.4.2 数据单元处理命令

1. 数据单元

在每个支持数据单元的透明结构 EF 内均有一个偏移值指向每个数据单元。从 0 对应 EF 的第一个数据单元开始，偏移每加 1 对应其下一个数据单元。偏移数据元采用二进制编码，指向不包含在 EF 中的数据单元是一个错误。

卡能够在历史字节、EF. ATR 以及任何文件的文件控制信息(见表 3.5 中的标记'82')中提供数据编码字节。数据编码字节固定了数据单元的大小。

如果卡在几个地方均提供了数据编码字节，则对给定的 EF 来说，从 MF 到该 EF 路径上离它最近位置的数据编码字节是有效的。

路径中如果缺少指示，则数据单元大小对该 EF 来说是 1 字节(默认值)。

2. 通则

该组中的所有命令在被应用到不支持数据单元的 EF 上时，应被中止。仅当安全状态满足 read、write、update、erase 或 search 等功能中定义的安全属性时，这些命令才能在 EF 上执行。

该组中每个命令可以使用短 EF 标识符或文件标识符。如果当命令发出时，要使用当前 EF，则当 P1-P2 设置为'0000'时，操作过程就可在该 EF 上完成。完成后，该标识的 EF 成为当前 EF。

INS P1 P2——该组所有命令应按以下方式使用 INS 的 b_1：b_1 为 0，即 INS 代码为偶数；b_1 为 1，即 INS 代码为奇数。

(1) 如果 INS 的 b_1 为 0，P1 的 $b_8b_7b_6=000$，则 b_5 到 b_1 为 EF 的短标识符，并且 P2(所有 8 位)编码为 0～255 的偏移值，是将要读出的第一个数据单元的偏移值(从文件数据开始处算起)。

(2) 如果 INS 的 b_1 为 1，则 P1-P2 应标识 EF。如果 P1-P2 的前 11 位为 0，并且 P2 的 b_5～b_1 不全相等，并且卡和(或)EF 文件支持按短文件标识符选择，则 P2 的 b_5～b_1 编码为 EF 短文件标识符(从 1 到 30 的数)；否则，P1-P2 为文件标识符。P1-P2 设置为'0000'标识当前 EF。至少一个带有标记'54'的数据对象偏移应在命令数据字段中。出现在命令或响应数据字段中的数据应被封装进带有标记'53'或'73'的自由数据对象中。

该组命令中，SW1-SW2 设置为'63CX'，表示成功改变存储器状态，但有一个内部重试次数。$X>$'0'表示已重试次数，$X=$'0'表示不提供计数器。

3. 处理命令

1) READ BINARY(读二进制)命令

该命令的响应数据字段给出了支持数据单元的 EF 的(部分)内容。

如果 Le 字段仅包含设置为 '00' 的字节，则直到文件结尾的所有字节将被读出。对于短 Le 字段，读出字节数长度不超过 256；对于扩展 Le 字段，长度不超过 65 536。

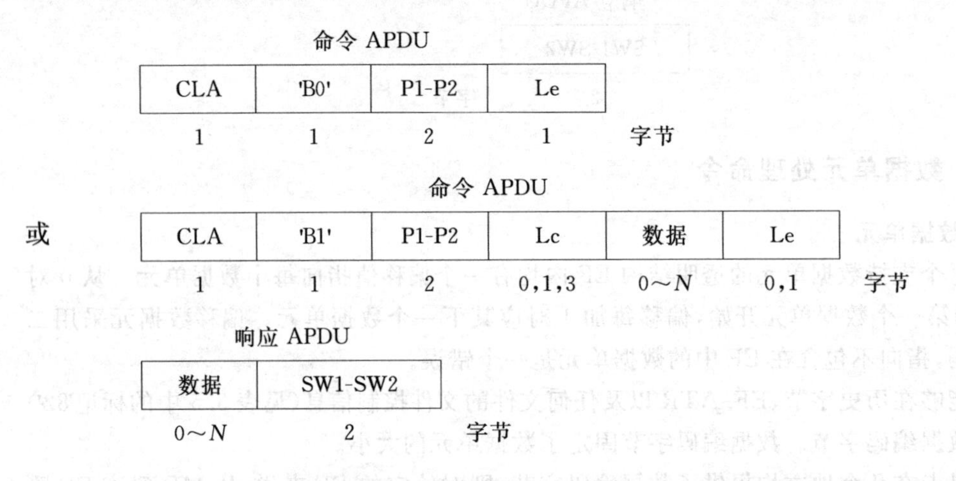

命令 APDU 和响应 APDU 中各字段的字节数的表达方式，对所有命令来说，都是一致的，因此后面不再标出字节数。

2) WRITE BINARY(写二进制)命令

该命令根据文件属性将对 EF 文件执行下列写入操作之一。

(1) 一次写入命令数据字段中指定的数据位(如果数据单元的字串不是在逻辑擦除状态下，则命令将失效，逻辑擦除状态由 ERASE BINARY 命令设置)。

(2) 将命令数据字段中数据位和卡中已存在数据进行逻辑 OR 操作(文件数据位的逻辑擦除状态为 0)后写入。

(3) 将命令数据字段中数据位和卡中已存在数据进行逻辑 AND 操作(文件数据位的逻辑擦除状态为 1)后写入。

如果历史字符或 EF.ATR 以及从 MF 到指定的 EF 路径上的每个文件的控制参数(见表 3.5 中标记'82')中的数据编码字节不存在，则逻辑 OR 操作将被应用到 EF 上。

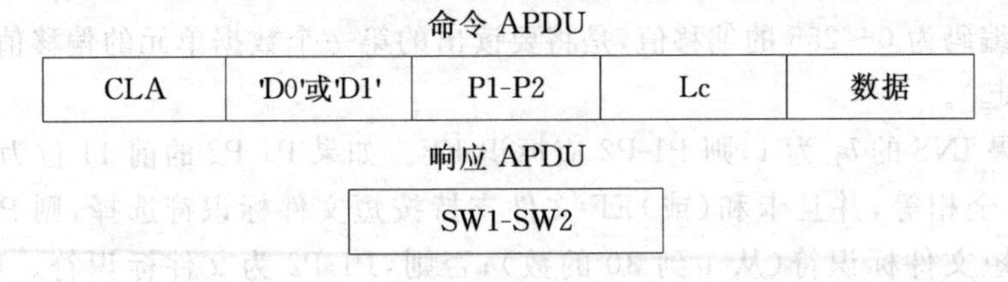

数据：要写入的数据单元串(INS='D0')，或偏移数据对象和要写入的封装成自定义数据对象的数据单元串(INS='D1')

3) UPDATE BINARY(更新二进制)命令

该命令执行用命令数据字段中数据位更新 EF 文件中已存在数据位的操作。当操作完成后，每个指定的数据单元的每一位将被更新为命令数据字段中的指定值。

命令 APDU 和响应 APDU 的格式与写二进制命令的格式相同，INS 为'D6'或'D7'。

4) SEARCH BINARY(搜索二进制)命令

该命令执行在 EF 中搜索数据单元的操作，响应数据中返回找到的数据单元的偏移：EF 中该偏移处的字节串应同命令数据字段中搜索字节串相同。当 Le 不存在或没找到匹配串时，响应数据字段不存在。如果搜索字串不存在，则响应数据字段返回逻辑擦除状态的第一个数据单元的偏移。

命令 APDU

CLA	'A0'或'A1'	P1-P2	Lc	数据	Le

Lc：　不存在或存在

数据：不存在或命令数据字段匹配的第一个数据单元的偏移(INS='A0')，或指示与搜索串匹配的第一个数据单元的偏移数据对象

Le：　不存在或存在

响应 APDU

数据	SW1-SW2

数据：不存在或命令数据字段匹配的第一个数据单元的偏移(INS='A0')，或指示与搜索串匹配的第一个数据单元的偏移数据对象

5) ERASE BINARY(擦除二进制)命令

该命令从一个指定偏移开始顺序设置 EF(部分)内容为逻辑擦除状态，但不删除内容。

(1) 如果 INS='0E'，又存在命令数据字段，则数据字段编码为不被擦除的第一个数据单元的偏移，该偏移值应该比 P1-P2 中的值要高。若命令数据字段不存在，则擦除到文件结尾。

(2) 如果 INS='0F'，又存在命令数据字段，则它应由 0、1 或 2 个偏移数据对象组成。如果没有偏移，则命令擦除整个文件中的所有数据单元；如果有 1 个偏移，则数据字段指向第一个要擦除的数据单元，直到擦除到文件结尾；如果有 2 个偏移，则它表示一个数据单元序列，第二个偏移应比第一个偏移高，它将擦除两个偏移中间的数据单元。

命令 APDU

CLA	'0E'或'0F'	Lc	数据

Lc：字段和数据字段可能不存在或存在

响应 APDU

SW1-SW2

6.4.3 记录处理命令

1. 记录

在每个支持记录的 EF 中，由一个记录号和(或)记录标识符来引用一个记录，引用不

在 EF 中的记录被视为错误。

1) 由记录号引用

每个记录号是唯一的,并是按顺序的。

(1) 在每个支持线性结构的 EF 中,当增加或写入时,记录号应该按顺序分配,即按照创建的顺序。第一个记录(记录号为 1)是首先被创建的记录。

(2) 在每个支持循环结构的 EF 中,记录号应该依次按逆序分配,如第一个记录(记录号为 1)是最近被创建的记录。

0 指向当前记录,即由记录指针指向的记录。

2) 由记录标识符引用

每个记录标识由应用提供。多个记录可以有相同的记录标识,在这种情况下,由记录中的数据来区别不同的记录。如果记录的数据字段是一个 SIMPLE-TLV 数据对象,则记录标识是数据对象的第一个字节,即 SIMPLE-TLV 标记。

由记录标识引用可以促使对一个记录指针进行管理。一次卡复位,一个 SELECT 命令或任何使用合法的短 EF 标识符来访问 EF 文件的命令均能够影响记录指针。但由记录号引用记录将不影响记录指针。

每一次由记录标识符引用,在命令中要指出目标记录的逻辑位置:相对于记录指针是第一个或最后一个出现的,是下一个或前一个出现的。

(1) 在每个支持线性结构的 EF 中,当增加或写入时,逻辑位置应该按顺序分配,如按照创建的顺序。首先被创建的记录在第一个逻辑位置。

(2) 在每个支持循环结构的 EF 中,逻辑位置应该依次按逆序分配,如最近创建的记录是第一个逻辑位置。

第 1 个出现的是带指定标识符在第一个逻辑位置的记录,最后出现的是带指定标识符在最后一个逻辑位置的记录。

如果有当前记录,则下一个出现的应是带指定标识符的离该记录最近,并且逻辑位置要大于当前记录的记录;前一个出现的应是带指定标识的离该记录最近,并且逻辑位置要小于当前记录的记录。如果没有当前记录,则下一个出现的应等于第一个出现的记录,前次出现的应等于最后一个出现的记录。

2. 通则

该组中的所有命令在被应用到不支持记录的 EF 上时,应被中止。仅当安全状态满足 read、write、append、update、erase 或 search 等功能中定义的安全属性时,这些命令才能在 EF 上执行。

该组中 read、update 命令可以使用奇数 INS 编码(数据字段编码为 BER-TLV)对指定记录的一部分进行操作(部分读,部分更新)。然后,一个偏移将指向记录中的每个字节:从记录的第一个字节(0)开始,偏移每移动一个字节增加 1。指向记录外的字节将导致错误。根据需要,偏移数据元是标记为'54'的二进制编码。出现在命令或响应数据字段中的数据被封装进标记为'53'或'73'的自定义数据对象中。

该组中每个命令都可以使用短 EF 标识符。当命令处理完后,该标识 EF 成为当前

EF,并且记录指针被复位。如果在启动命令时存在一个当前 EF,则命令处理时无须指明 EF(设置相应的 5 位为 0)。

P1——记录号或标识,从 1 到 254 的数字,编码为'01'～'FE','00'表示当前记录(擦除记录命令和增加记录命令除外)。255(以'FF'编码)保留供将来使用。

P2——b_8～b_4 为短文件标识(1～30)和当前 EF(0)。b_3～b_1 依命令而定。

该组命令中,SW1-SW2 设置为'63CX',表明存储器状态改变成功。在内部重试后,X>'0'表示已重试次数。X='0'表示不提供重试。

3. 操作命令

1) READ RECORD(S)(读记录)命令

该命令响应数据字段给出 EF 文件中指定记录的(部分)内容(或一个记录的开始部分)。

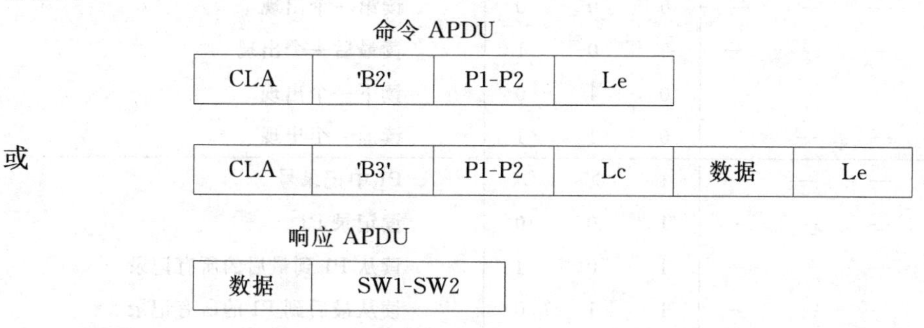

如果 INS='B2'并且记录是 SIMPLE-TLV 数据对象,则表 6.28 给出了响应数据字段。比较 N_r 和 TLV 结构,可以表明读出的唯一记录(读一个记录)或最后一个记录(读所有记录)是完整的、不完整的或填充的。

表 6.28 INS='B2'时响应数据字段

情形 a——单记录的部分读(Le 字段的内容不等于'00'字节)

Tn(1B)	Ln(1 或 3B)	Vn 的开始字节

<-------------------- N_r 字节 -------------------->

情形 b——单记录的完整读(Le 字段的内容等于'00'字节)

Tn(1B)	Ln(1 或 3B)	Vn 的所有字节

情形 c——多记录的部分读(Le 字段的内容不等于'00'字节)

Tn-Ln-Vn	…	Tn+m−Ln+m−Vn+m(记录的开始部分字节)

<-------------------- N_r 字节 -------------------->

情形 d——读多记录直到文件结尾(Le 字段的内容等于'00'字节)

Tn-Ln-Vn	…	Tn+m−Ln+m−Vn+m

注:如果记录不是数据对象,则读所有记录功能将接受无分界的记录。

如果 INS='B3',则命令读取由 P1 指定部分记录,命令数据字段包含一个数据对象的偏移(标记'54'),指向记录中读取的第一个字节。响应数据字段包含一个自定义数据对象(标记'53')封装所读数据。

如果 Le 字段仅包含 '00' 的字节,则命令完整读取请求的单个记录或记录序列。依赖于表 6.29 中 P2 的 b_3、b_2 和 b_1,并且对短 Le 字段长度限制在 256B,扩展 Le 字段长度限制在 65 536B。

表 6.29 P2

b_8	b_7	b_6	b_5	b_4	b_3	b_2	b_1	含义
×	×	×	×	×	—	—	—	短文件标识
—	—	—	—	—	0	×	×	P1 中记录标识
—	—	—	—	—	0	0	0	读第一个出现
—	—	—	—	—	0	0	1	读最后一个出现
—	—	—	—	—	0	1	0	读下一个出现
—	—	—	—	—	0	1	1	读前一个出现
—	—	—	—	—	1	×	×	P1 中记录号
—	—	—	—	—	1	0	0	读记录 P1
—	—	—	—	—	1	0	1	读从 P1 到最后的所有记录
—	—	—	—	—	1	1	0	读从最后到 P1 的所有记录
					1	1	1	保留将来使用

2) WRITE RECORD(写记录)命令

该命令对 EF 文件执行下列操作。

(1) 按给定的命令数据字段中数据一次写入一个记录(如果记录不处于逻辑可擦除状态,则命令中止)。

(2) 将给定的命令数据字段中数据和卡中已存在的数据按逻辑 OR 操作。

(3) 将给定的命令数据字段中数据和卡中已存在的数据按逻辑 AND 操作。

如果历史字节,或 EF. ATR 以及从 MF 到指定的 EF 路径上的每个文件的控制参数(见表 3.5 中标记'82')中的数据编码字节不存在,则默认按逻辑 OR 操作。

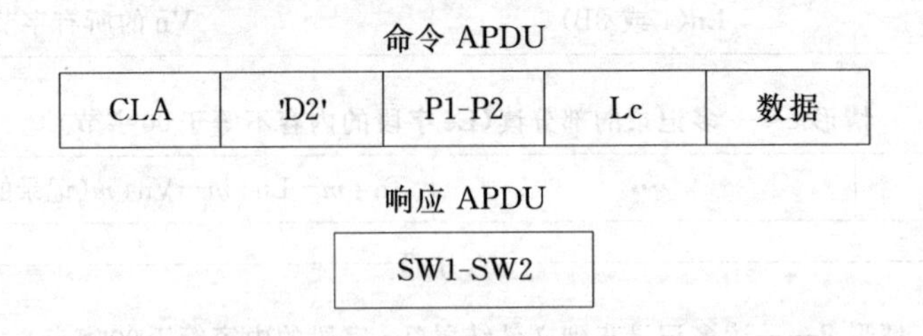

当使用当前记录寻址,命令将设置记录指针到成功写入的记录上。

如果应用到支持循环结构的固定大小的记录上(见表 6.30),写"前一个记录"(P2 的 $b_3b_2b_1$ 设置为 011)将按 APPEND RECORD 操作。

表 6.30 P2

b_8	b_7	b_6	b_5	b_4	b_3	b_2	b_1	含 义
×	×	×	×	×	—	—	—	短文件标识
—	—	—	—	—	0	×	×	P1 设置为'00'
—	—	—	—	—	0	0	0	第一个记录
—	—	—	—	—	0	0	1	最后的记录
—	—	—	—	—	0	1	0	下一个记录
—	—	—	—	—	0	1	1	前一个记录
—	—	—	—	—	1	0	0	P1 中记录号

如果记录为 SIMPLE-TLV 数据对象，则定义的命令数据字段如下。

Tn(1B)	Ln(1 或 3B)	Vn 的所有字节

3) UPDATE RECORD(更新记录)命令

该命令根据命令数据字段中给定的字节更新指定的记录。当使用当前记录寻址时，命令应将记录指针指向成功更新的记录。

(1) 如果应用到支持定长记录线性结构或定长记录循环结构的 EF 上，且更新的记录长度不同于存在的记录长度时，命令将中止。

(2) 如果应用到支持变长记录线性结构或变长记录循环结构的 EF 上，且更新的记录长度不同于存在的记录长度时，命令仍有效。

命令 APDU

CLA	'DC'或'DD'	P1-P2	Lc	数据

P1： 记录号('00'表示当前记录)

P2： 见表 6.30(INS='DC')或表 6.31(INS='DD')

数据：更新的记录(INS='DC')，或数据对象偏移和封装更新数据的自定义数据对象(INS='DD')

响应 APDU

SW1-SW2

(3) 如果应用到支持定长记录循环结构的 EF 上，则更新“前一个记录”(P2 的 $b_3b_2b_1$ 设置为 011)将按 APPEND RECORD 操作。

如果 INS='DC'，并且如果记录是 SIMPLE-TLV 数据对象，则定义命令数据字段；如果 INS='DD'，则部分更新 P1 指定的记录。命令数据字段应包括指明要更新记录的第一个字节的偏移数据对象(标记'54')，以及用于封装更新数据的自定义数据对象(标记'53'和'73')。

4) APPEND RECORD(增加记录)命令

该命令在支持线性结构的 EF 文件结尾写入一个新的记录，或在支持循环结构的 EF 中写入记录号为 1 的记录。当使用当前记录寻址时，命令应将记录指针指向成功增加的记录。

表 6.31 INS='DD'时的 P2

b_8	b_7	b_6	b_5	b_4	b_3	b_2	b_1	含 义
×	×	×	×	×	—	—	—	短文件标识
—	—	—	—	—	1	×	×	P1 中记录号
—	—	—	—	—	1	0	0	替换
—	—	—	—	—	1	0	1	逻辑 AND
—	—	—	—	—	1	1	0	逻辑 OR
—	—	—	—	—	1	1	1	逻辑 XOR

如果命令应用到记录已满的支持线性结构的 EF 中时，则命令中止，因为文件中没有足够的空间；如果命令应用到记录已满的支持循环结构的 EF 中时，则记录号最高的记录被替换，该记录号变为 1。

如果记录为 SIMPLE-TLV 数据对象时，则定义的命令数据字段与写记录命令相同。

命令 APDU

CLA	'E2'	P1-P2	Lc	数据

P1 为'00'，P2 的 $b_3b_2b_1$ 为 000

响应 APDU

SW1-SW2

5) SEARCH RECORD(搜索记录)命令

该命令对 EF 中的记录进行简单的、增强的或专有搜索。搜索可以限制在具有给定标识的记录或比给定记录号大或小的记录上，可以按照记录号增序或降序执行。搜索从记录的第一个字节(简单搜索)，或记录中指定的偏移(增强搜索)或记录中给定字节的首次出现(增强搜索)开始。响应数据字段给出了与支持记录的 EF 中搜索条件匹配的若干个记录号。命令将记录指针指向第一个匹配的记录。

命令 APDU

CLA	'A2'	P1-P2	Lc	数据	Le

P1： 记录号或记录标识(00 表示当前记录)

P2： 见表 6.32

数据：搜索串(P2 的 b_3b_2 不设置为 11，简单搜索)或搜索标志(2 字节)跟搜索串(P2 的 $b_3b_2b_1$ 设置为 110，增强搜索)或(P2 的 $b_3b_2b_1$ 设置为 111)专有搜索，见表 6.32

响应 APDU

数据	SW1-SW2

如果没有搜索到匹配的记录，则响应的数据字段不存在。

在支持变长记录线性结构的 EF 中，命令不考虑比搜索串长度短的记录。在支持定长记录线性结构或循环结构的 EF 中，如果搜索串比记录长，则命令中止。

表 6.32 P2

b_8	b_7	b_6	b_5	b_4	b_3	b_2	b_1	含义
×	×	×	×	×	—	—	—	短文件标识
—	—	—	—	—	0	×	×	按 P1 中记录标识简单搜索
—	—	—	—	—	0	0	0	从首次出现向前
—	—	—	—	—	0	0	1	从最后出现向后
—	—	—	—	—	0	1	0	从下次出现向前
—	—	—	—	—	0	1	1	从前一次出现向后
—	—	—	—	—	1	0	×	按 P1 中记录号简单搜索
—	—	—	—	—	1	0	0	从 P1 向前
—	—	—	—	—	1	0	1	从 P1 向后
—	—	—	—	—	1	1	0	增强搜索(见表 6.33)
—	—	—	—	—	1	1	1	专有搜索

在增强搜索中(P2 的 $b_3b_2b_1$ 设置为 110),命令数据字段包含一个 2B 的搜索指示,其后紧随搜索串。表 6.33 规定了第一个搜索指示字节。根据第一个字节,第二个搜索指示字节或者为偏移或者为一个值,即搜索要么从记录中的偏移(绝对位置)开始,要么从该值的首次出现开始。

表 6.33 搜索指示的第一个字节

b_8	b_7	b_6	b_5	b_4	b_3	b_2	b_1	含义
0	0	0	0	0	—	—	—	下一个字节为偏移(从该位置开始)
0	0	0	0	1	—	—	—	下一个字节为值(从该值首次出现开始)
—	—	—	—	—	0	×	×	按 P1 中记录标识
—	—	—	—	—	0	0	0	从首次出现向前
—	—	—	—	—	0	0	1	从最后出现向后
—	—	—	—	—	0	1	0	从下次出现向前
—	—	—	—	—	0	1	1	从前一次出现向后
—	—	—	—	—	1	×	×	按 P1 中记录号
—	—	—	—	—	1	0	0	从 P1 向前
—	—	—	—	—	1	0	1	从 P1 向后
—	—	—	—	—	1	1	0	从下一个记录向前
—	—	—	—	—	1	1	1	从前一个记录向后

6) ERASE RECORD(S)(擦除记录)命令

该命令设置 EF 中一个或多个记录为逻辑擦除状态,要么是由 P1 指定的记录,要么从 P1 开始直到文件结尾的连续记录序列。擦除记录并不删除记录,并且仍然可以由 WRITE RECORD 命令或 UPDATE RECORD 命令访问。

命令 APDU

CLA	'0C'	P1-P2

P1： 记录号

P2： 若 $b_3b_2b_1=100$，擦除 P1 指出的记录，若 $b_3b_2b_1=101$，擦除以 P1 记录直到文件结尾

响应 APDU

SW1-SW2

6.4.4 数据对象处理命令

1. 通则

该组命令如果应用到不支持数据对象的结构(DF 或 EF)时将中止。它只能在安全状态满足应用上下文中功能所定义的安全条件时才能执行。

INS P1 P2——P1-P2 的含义与 INS 的第 1 位(b_1)的关系在表 6.34 定义。

表 6.34 P1-P2

条　件	P1-P2 的值	含　义
偶 INS 编码 ($b_1=0$)	'0000' '0040'～'00FF' '0100'～'01FF' '0200'～'02FF' '4000'～'FFFF'	数据检索或面向字节串的卡 P2 中 BER-TLV 标记(单字节) 专有 P2 中 SIMPLE-TLV 标记 P1-P2 中 BER-TLV 标记(双字节)
奇 INS 编码($b_1=1$)	任何值	文件标识或短文件标识(见下面文字描述)

(1) 如果 INS 的 b_1 设置为 0。

① P1 设置为'00'，则 P2 从'40'到'FE'应为一个单字节 BER-TLV 标记。如果 BER-TLV 标记合法并且表明一个结构化编码，则命令设置相应模板为当前上下文。值'00FF'用于获取上下文中所有可读的 BER-TLV 数据对象，或者表明命令数据字段为 BER-TLV 编码。

② P1 设置为'01'，则 P2 从'00'到'FF'应是一个卡内部测试和专有服务的标识符，它的意义在给定应用上下文中明确。

③ P1 设置为'02'，则 P2 从'01'到'FE'应是一个 SIMPLE-TLV 标记，值'0200'保留供将来使用。值'02FF' 用于获取所有上下文中可读的通用 SIMPLE-TLV 数据对象，或者表明命令数据字段为 SIMPLE-TLV 编码。

④ P1-P2 从'4000'到'FFFF'，则它们应该是 2B 的 BER-TLV 标记。如果 BER-TLV 标记合法并且表明一个结构化编码，则命令设置相应模板为当前上下文。那些未生效的 2B BER-TLV 标记的值保留供将来使用，如'4000'和'FFFF'。

(2) 如果 INS 的 b_1 设置为 1，则 P1-P2 标识一个文件。如果 P1-P2 的前 11 位设置为 0，且 P2 的 $b_5 \sim b_1$ 不全相等，并且如果卡和/或文件支持短 EF 标识符选择，则 P2 的第 5 到 1 位编码为短 EF 标识符(从 1～30)；否则，P1-P2 是文件标识。P1-P2 设置'3FFF'标识当前 DF，设置'0000'标识当前 EF，除非命令数据字段提供了文件引用数据对象(标记'51')标识一个文件。如果命令完成，则标识的文件成为当前文件。

数据字段——该组命令的数据字段定义如下。

如果 INS 的 b_1 设置为 0，且在当前上下文(如特定应用环境或当前 DF)中请求或提供数据对象，则数据字段或数据字段的串联应包含数据对象的值字段。即在 SIMPLE-TLV 数据对象或原始 BER-TLV 数据对象情况时引用的数据元，或者是在结构化 BER-TLV 数据对象情况下所引用的模板。

对两种 INS 编码，如果提供了一个数据对象集合或请求 EF 内容时，则相应的数据字段应包含数据对象。

2. 操作命令

1) GET DATA(取数据)命令

该命令返回支持数据对象的 EF 文件内容，或在当前上下文中(如特定应用环境或当前 DF)可能是结构化的一个数据对象。

命令 APDU

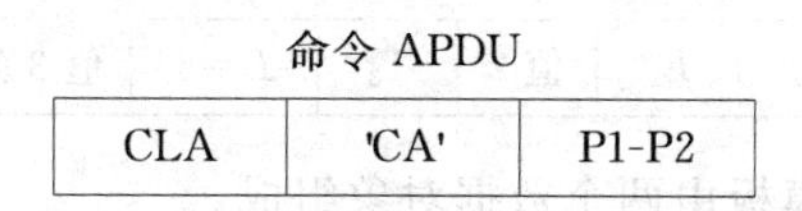

CLA	'CA'	P1-P2

或

CLA	'CB'	P1-P2	Lc	数据	Le

数据：标记列表数据对象或扩展表头列表数据对象

响应 APDU

数据	SW1-SW2

数据：根据 P1-P2 数据字节(INS='CA')或
BER-TLV 数据对象(INS='CB')的连接

注意：如果对单个响应数据字段来说信息太长，则卡应返回信息的开头，后面跟着的 SW1-SW2 设置为'61XX'。然后，接下来的 GET RESPONSE 命令，卡将提供'XX'字节的信息。该过程可以重复直到卡返回 SW1-SW2 为'9000'。

如果 INS='CB'，则命令数据字段将包含一个标记列表数据对象，或一个表头列表数据对象，或一个扩展的表头列表数据对象(标记'5C'、'5D'和'4D')。

(1) 如果是标记列表情况，由 记'5C'引用，如 5CLT1T2…(无定界串联)。响应数据字段将包含由按照列表中的顺序连接在一起的数据对象，一个空列表将要求包含所有可用的数据对象。

(2) 如果是表头列表情况，由标记'5D'引用，如 5DLT1L1T2L2…(无定界串联)。响应数据字段将包含按表头列表中引用按同一顺序连接的截短的数据对象。

(3) 如果是扩展表头列表情况，由标记'4D'引用，响应数据字段包含由扩展表头列表得到的连接在一起的字节串。

例如，下列扩展头列表引用 3 种原始数据对象。

扩展头列表

原始型 T_1	'00'	结构化的标记 T	$L=4$	原始型 T_2	'00'	原始型 T_3	$L=5$

3 种原始数据对象

原始型 T_1	L_1	值 1

原始型 T_2	L_2	值 2

原始型 T_3	$L_3(\geqslant 5)$	值 3

响应数据

情形 1：字节串为数据元的串联。

值 1	值 2	值 3 的前 5 个字节

情形 2：字节串为数据对象的串联。

T_1	L_1	值 1	T	$L=L_2+9$	T_2	L_2	值 2	T_3	$L=5$	值 3 的前 5 个字节

封套——由标记'63'引用，此行业间模板由两个数据对象组成。

第一个数据对象为数据元列表(标记为'5F41')、标记列表(标记为'5C')、头列表(标记为'5D')或扩展头列表(标记为'4D')。第二个数据对象是对 EF 的引用(标记为'51')和/或一条或多条将要执行命令(标记为'52')。如果是多条，则命令 APDU 将按照出现的顺序处理。

由标记列表等引用的数据对象或头列表等引用的数据元应包含在被引用的文件内，或者为对最后一条命令 APDU 的响应的(部分)数据字段。在封套内，仅给出一条间接引用。可能存在一个以上封套。

例如，下列封套模板由标记列表和一条执行命令组成。

'63'-L-{'5C'-L-(标记 1-标记 2-标记 3)}-{'52'-L-命令 APDU}

当一个标记多次出现时，这种情况不能定义哪个数据对象被返回，因为它依赖于数据对象的内容、特征或定义。

如果物理接口不允许卡复位应答，如通用串行总线或通过无线射频访问，则 GET DATA 命令将根据 P1-P2 设置获得特定信息。下列特定信息的一种将从卡中获取。

当 INS='CA'时。

- 标记'5F51'，复位应答是一个符合 ISO/IEC 7816-3 的最大 32B 的串。
- 标记'5F52'，最大 15B 的历史字节串。

当 INS='CB'，且在命令数据字段中含空标记列表，即'5C00'时。

- 文件标识'2F00'，EF.DIR 的内容是 BER-TLV 数据对象集。
- 文件标识'2F01'，EF.ATR 的内容是 BER-TLV 数据对象集。

注：对于 ATR 信息，如果 Le 字段数目小于实际长度，则卡不会返回开始信息并跟着 SW1-SW2 设置为'61XX'；而是应该使该命令中止，并仅返回 SW1-SW2 设置为'6CYY'，表示实际可返回的数据字节长度。然而，'6C00'表示 256B 或更多。而 SW1-SW2 设置为'61XX'表示还有'XX'字节可获取。

如果 Le 字段仅包含'00'字节，则所有要求的信息都将被返回，对于短 Le 字段来说，长度限制为 256B，对于扩展 Le 字段来说长度限制为 65 536B。

2) PUT DATA(存数据)命令

该命令管理支持数据对象的 EF 文件的内容,或在当前上下文中(如特定应用环境或当前 DF)可能是结构化的一个数据对象。例如,它允许发送一个“待执行命令”(标记'52')或一个持卡人证书(标记'7F21')。如果数据对象对单个命令来说太长,则可以应用命令链,数据对象的值是命令数据字段的连接。

数据对象的内容或性质或定义将导致一个管理功能,如一次写入、更新或添加。

SW1-SW2 设置为'63CX'表示成功改变内存状态,但在内部重试之后,X>'0'表示已重试次数。X='0'表示不提供重试。

命令 APDU

CLA	'DA'或'DB'	P1-P2	Le	数据

数据:根据 P1-P2 的数据字节(INS='DA')或 BER-TLV 数据对象的连接(INS='DB')

响应 APDU

SW1-SW2

6.4.5 安全处理命令

1. 通则

该组命令保留 P1-P2 用于算法引用和一些相关数据引用(如密钥 key)等。如果有当前密钥和当前算法,则命令可以隐式地使用它们。

P1——除非特别指定,否则 P1 引用一个使用的算法:密码算法或生物识别算法。P1 设置为'00'表示不提供任何信息,即引用在发出命令前已经事先确定,或由命令数据字段提供。

P2——除非特别指定,否则 P2 根据表 6.35 来限定引用数据。P2 设置为 '00' 表示不提供任何引用信息。即在命令发出前已限定引用,或由命令数据字段提供。限定字节可以是 password 编号或密钥编号,或一个短文件标识。

表 6.35 P2

b_8	b_7	b_6	b_5	b_4	b_3	b_2	b_1	含义
0	0	0	0	0	0	0	0	不提供任何信息
0	—	—	—	—	—	—	—	全局引用数据(如 MF 特定 password 或密钥)
1	—	—	—	—	—	—	—	特定引用数据(如 DF 特定 password 或密钥)
—	×	×	—	—	—	—	—	00(其他值保留将来使用)
—	—	—	×	×	×	×	×	限定词,即引用数据号或秘密号

注意:一个安全管理环境命令可以设置引用算法和/或一个引用数据限定词。

该组命令中,SW1-SW2 设置为'6300'或'63CX'表示验证失败。X>'0'表示重试次数。SW1-SW2 设置为'6A88'表示引用数据没有找到。

在后面的响应 APDU 中,如果仅有 SW1-SW2(不存在数据字段),则不再表示出。

2. 操作命令

1) INTERNAL AUTHENTICATE(内部鉴别)命令

该命令利用读写器发来的口令数据和存储在卡中的秘密(如密钥)计算卡鉴别数据。

命令 APDU

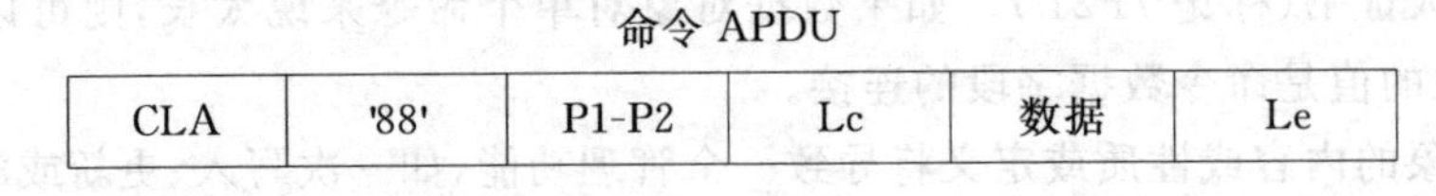

CLA	'88'	P1-P2	Lc	数据	Le

数据：鉴别相关数据(如口令)

响应 APDU

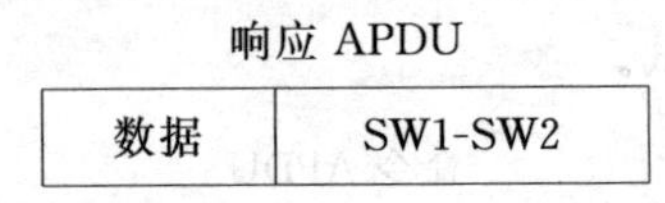

数据	SW1-SW2

数据：鉴别相关数据(如对口令的应答)

(1) 如果相关秘密属于 MF,则命令将卡作为整体鉴别。

(2) 如果相关秘密属于 DF,则命令将鉴别该 DF。

任何鉴别可能在先前的命令(如 VERIFY、SELECT)或选择(如相关秘密)执行完毕后才能成功完成。

为了限制将来的相关秘密和算法的使用,卡能够记录命令执行的次数。

注意：响应数据字段可以包含进一步的安全功能使用的数据(如随机数)。

2) GET CHALLENGE(取口令)命令

该命令要求获取口令(如用于密码鉴别的随机数或用于声波特征生物鉴别的一段提示语句)用于安全相关过程。该口令至少在下一个命令(如 EXTERNAL AUTHENTICATE 命令)有效,没有其他特定条件。

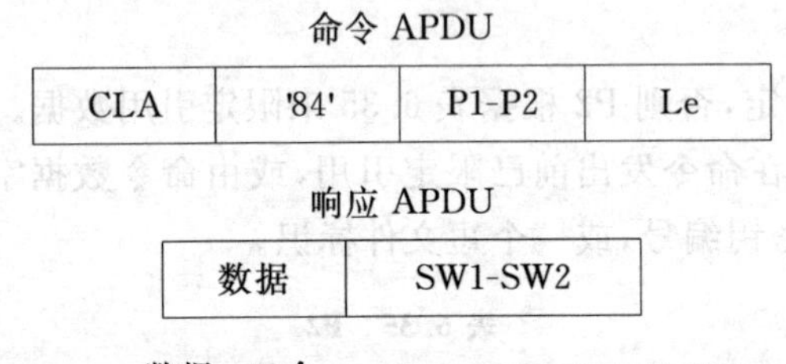

命令 APDU

CLA	'84'	P1-P2	Le

响应 APDU

数据	SW1-SW2

数据：口令

3) EXTERNAL AUTHENTICATE(外部鉴别)命令

该命令根据卡的计算结果(是或否)有条件地更新安全状态,该结果基于先前由卡发出的口令(如 GET CHALLENGE 命令),一个存储在卡中的密钥或秘密,以及由读写器传输的鉴别数据共同计算得出。

命令 APDU

CLA	'82'	P1-P2	Lc	数据

Lc： $N_e=0$,不存在;$N_c>0$,存在

数据：不存在或鉴别相关数据(口令的响应)

任何成功的鉴别要求使用最后从卡中获取的口令。卡将记录不成功的鉴别(如限制

引用数据的使用次数等)。

若不存在命令数据字段,可用于得到可进一步重试的次数'X'(SW1-SW2 设置为'63CX'),或不要求验证(SW1-SW2 设置为'9000')。

外部鉴别的执行过程可参考第 5 章的图 5.8。

[c]相互鉴别功能——相互鉴别功能等效于 INTERNAL 和 EXTERNAL AUTHENTICATE 两条命令。它基于先前的 GET CHALLENGE 命令和保存在卡中的密钥或秘密。卡和读写器共享鉴别相关数据,包括两次发出口令:一个由卡发出;另一个由读写器发出。此时 INS 仍为'82',但命令 APDU 和响应 APDU 的数据字段皆存在,称为鉴别相关数据。而外部鉴别命令的响应 APDU 无数据字段。

该操作只有在安全状态满足其安全属性时才能执行。

4)[c] GENERAL AUTHENTICATE(综合鉴别)命令

该命令执行 EXTERNAL、INTERNAL 或 MUTUAL AUTHENTICATE(相互鉴别)功能,也即一个外部世界的实体鉴别卡中的实体(INTERNAL AUTHENTICATE 功能),或者卡中实体鉴别外部世界实体(EXTERNAL AUTHENTICATE 功能),或两者都鉴别(MUTUAL AUTHENTICATE 功能)。当相应的鉴别机制涉及多个口令-响应对时,要求两个或更多的 GENERAL AUTHENTICATE 命令-响应对,该命令-响应对可以链接。

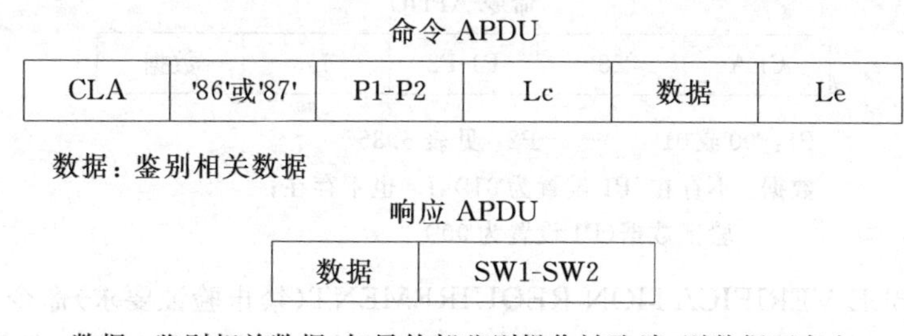
命令 APDU

CLA	'86'或'87'	P1-P2	Lc	数据	Le

数据:鉴别相关数据

响应 APDU

数据	SW1-SW2

数据:鉴别相关数据,如果外部鉴别操作被取消,则数据不存在

该功能(INTERNAL、EXTERNAL 或 MUTUAL AUTHENTICATE)只能在安全状态满足操作的安全属性时才能完成。任何鉴别可能在先前的命令(如 VERIFY、SELECT)或选择(如相关秘密)执行完毕后才能成功完成。卡执行控制的结果(是或否)可以有条件地更新安全状态。卡可以记录功能发起的次数,用于限制相关秘密和算法的使用次数。卡将记录不成功的鉴别(如限制引用数据的进一步使用次数)。

5) VERIFY(验证)命令

该命令对卡中存储的引用数据(如 password)或传感信息(如指纹)和读写器发送的验证数据进行比较。比较结果将更新安全状态。卡将记录不成功的比较次数(将限制进一步引用数据的使用次数)。

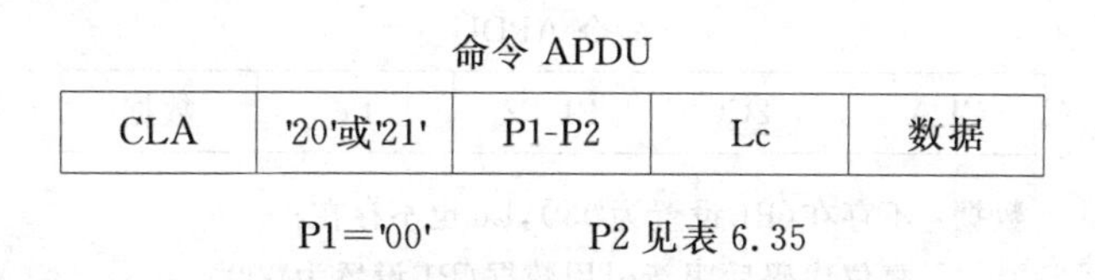
命令 APDU

CLA	'20'或'21'	P1-P2	Lc	数据

P1='00'　　P2 见表 6.35

数据内容如下:

(1) 如果 INS='20',命令数据字段通常为验证数据。若命令数据字段不存在,则用于检

查要求验证(SW1-SW2='63CX',其中'X'表示重试次数),或不要求验证(SW1-SW2='9000')。

(2) 如果 INS='21',命令数据字段应为验证数据对象(如标记'5F2E',见 ISO/IEC 7816-11),通常是存在的。一个带有扩展头列表的空的验证数据对象(标记'4D')表示验证数据来自读写器上的传感器。

6) CHANGE REFERENCE DATA(替换引用数据)命令

该命令利用读写器发送来的新的引用数据替换保存在卡中的引用数据;或将卡中的引用数据同读写器发送的验证数据进行比较,并利用读写器发送的新的引用数据有条件地替换原有数据。只有在安全状态满足该命令的安全属性时才能执行。

命令 APDU

CLA	'24'	P1-P2	Lc	数据

数据:验证数据后跟无定界符的新引用数据(P1 设置为'00'),或新的引用数据(P1 设置为'01')

7) ENABLE VERIFICATION REQUIREMENT(允许验证要求)命令

该命令打开要求比较引用数据和验证数据的开关。只有在安全状态满足该命令的安全属性时才能执行。

命令 APDU

CLA	'28'	P1-P2	Lc	数据

P1:'00'或'01'　　　P2:见表 6.35

数据:不存在(P1 设置为'01'),Lc 也不存在;

验证数据(P1 设置为'00')

8) DISABLE VERIFICATION REQUIREMENT(禁止验证要求)命令

该命令关闭要求比较引用数据和验证数据的开关。只有在安全状态满足该命令的安全属性时才能执行。

命令 APDU

CLA	'26'	P1-P2	Lc	数据

P1:00、01 或 100×××××(×××××为引用数据号)

P2:见表 6.35

9) RESET RETRY COUNTER(复位重试计数器)命令

该命令复位引用数据重试次数为初始值,或完成一次复位引用数据重试次数为初始值并改变引用数据。只有在安全状态满足该命令的安全属性时才能执行。

命令 APDU

CLA	'2C'	P1-P2	Lc	数据

数据:不存在(P1 设置为'03'),Lc 也不存在;

复位代码后跟新引用数据(P1 设置为'00');

复位代码(P1 设置为'01');

新的引用数据(P1 设置为'02')

10)[c] MANAGE SECURITY ENVIROMENT(管理安全环境)命令

该命令为安全报文(见表6.2)和安全命令(即 EXTERNAL、INTERNAL、GENERAL AUTHENTICATE,也可见 PERFORM SECURITY OPERATION)做准备。命令支持下列功能。

- SET：设置或替换当前 SE 的一个部分。
- STORE：在 P2 中的 SEID 字节下保存当前 SE。
- RESTORE：用保存在卡中并由 P2 中的 SEID 字节标识的 SE 替换当前 SE。
- ERASE：擦除保存在卡中并由 P2 中的 SEID 字节标识的 SE。

命令 APDU

CLA	'22'	P1-P2	Lc	数据

P1：见表 6.36　　　　P2：见表 6.37

数据：不存在(STORE、RESTORE 和 ERASE)或控制引用数据对象的连接(SET)

表 6.36　P1

b_8	b_7	b_6	b_5	b_4	b_3	b_2	b_1	含　义
—	—	—	1	—	—	—	—	命令数据字段中的安全报文
—	—	1	—	—	—	—	—	响应数据字段中的安全报文
—	1	—	—	—	—	—	—	计算、解密、内部鉴别和密钥协商
1	—	—	—	—	—	—	—	验证、加密、外部鉴别和密钥协商
—	—	—	—	0	0	0	1	SET
1	1	1	1	0	0	1	0	STORE
1	1	1	1	0	0	1	1	RESTORE
1	1	1	1	0	1	0	0	ERASE

表 6.37　P2

值	含　义
'XX'	STORE、RESTORE 和 ERASE 等情况下的 SEID 字节(GET SE 情况下设置为'00')
	SET 或 GET CRT 情况下命令数据字段中控制引用模板标记
'A4'	——认证的控制引用模板(AT)
'A6'	——密钥协商的控制引用模板(KAT)
'AA'	——哈希编码的控制引用模板(HT)
'B4'	——密码校验和的控制引用模板(CCT)
'B6'	——数字签名的控制引用模板(DST)
'B8'	——保密性的控制引用模板(CT)

KEY DERIVATION 功能(密钥派生功能)——要求含有主密钥的卡派生一个密钥,假定主密钥和算法均已选定;否则,MANAGE SECURITY ENVIROMENT 命令能够额外选择一个密钥和算法。

实现密钥派生功能时,命令的 INS 为'22',P1 为'X1'(SET,见表 6.36),P2 和数据如下。

P2：CRT 标记(如后跟 EXTERNAL AUTHENTICATE 则为'A4',或一个 VERIFY CRYPTOGRAPHIC CHECKSUM 则为'B4')。

数据：{'94'-L-派生密钥的数据(强制)},可以有 SM 数据对象。

注意：依赖引用的算法,从主密钥派生密钥的数据可以是后继命令的部分输入数据(如 EXTERNAL AUTHENTICATE)。在此种情况下,利用 MANAGE SECURITY ENVEROMENT 命令派生密钥不是必需的。

11) PERFORM SECURITY OPERATION(完成安全操作)命令

PERFORM SECURITY OPERATION 命令完成下列操作。

(1) 密码校验和的计算。

(2) 数字签名的计算。

(3) 哈希代码的计算。

(4) 密码校验和的验证。

(5) 数字签名的验证。

(6) 证书的验证。

(7) 加密。

(8) 解密。

上述安全操作使用同一 INS 编码'2A',而由 P1 和 P2 中的参数来确定具体操作的内容。命令可以在一步或多步内完成,可使用命令链功能。

• 使用和安全条件

命令只有在安全状态满足上述操作各自的安全属性时才能执行。管理安全环境命令可以安排在 PERFORM SECURITY OPERATION 命令之前。命令的成功执行以先前命令的成功完成为条件(如 VERIFY 在数字签名的计算之前)。

密钥引用与算法引用一样,应隐含知道,或在 MANAGE SECURITY ENVIRONMENT 命令的 CRT 中规定。

如果出现报头列表,由它构成安全操作输入的顺序和数据项。

• 命令 APDU

命令 APDU

CLA	'2A'	P1-P2	Lc	数据	Le

命令 APDU 中各字段的描述见表 6.38。

表 6.38　命令 APDU 的描述

字　段	描　述
P1	DO(数据对象)标记,其值在响应数据字段中发送,或 '00'=响应的数据字段不存在 'FF'=RFU
P2	DO(数据对象)标记,其值在命令数据字段中发送,或 '00'=命令的数据字段不存在 'FF'=RFU

续表

字　段	描　述
Lc 字段	数据字段的长度
数据字段	P2 中规定的 DO 的值，或不存在
Le 字段	不存在或期望响应的数据的最大长度

• 响应 APDU 见以下每一操作的相关描述。

以下描述本命令的 8 种操作。

(1) COMPUTE CRYPTOGRAPHIC CHECKSUM(密码校验和计算)操作命令报文(表 6.39)。其响应如表 6-40 所示。

表 6.39　COMPUTE CRYPTOGRAPHIC CHECKSUM 命令参数和 DO

P1	'8E'
P2	'80'
数据字段	计算密码校验和所要求的数据

注意：该操作以命令链为前提条件。

表 6.40　COMPUTE CRYPTOGRAPHIC CHECKSUM 响应 APDU

数据字段	SW1-SW2
密码校验和	状态字节

(2) COMPUTE DIGITAL SIGNATURE(数字签名计算)操作。

在签名过程中，要签名的或要集成的数据应在命令的数据字段中传输。在 P2 中，数字签名按照输入的结构用标记'9A'、'AC'或'BC'规定(见表 6.18)。

算法可以是数字签名算法或哈希算法和数字签名算法的组合。

辅助数据(表 6.20)包含在数字签名输入(DSI-见表 6.18)中。如果出现辅助数据的空引用数据对象，则卡应插入辅助数据。

在数据字段中，辅助数据在头列表之前出现或引用。

卡返回的值是 P1('9E')中规定的数字签名。

命令报文如表 6.41 所示。其响应见表 6.42。

表 6.41　COMPUTE DIGITAL SIGNATURE 参数和命令 DO

P1	'9E'
P2	'9A'、'AC'或'BC'
数据字段	若 P2＝'9A'：在签名过程中要签名的或要集成的数据 若 P2＝'AC'：与 DSI 相关的 DO(这些 DO 的值字段在签名过程中签名或集成) 若 P2＝'BC'：与 DSI 相关的 DO(DO 在签名过程中签名或集成)
标记'AC'和'BC'不集成到数字签名输入中	

表 6.42　COMPUTE DIGITAL SIGNATURE 响应 APDU

数据字段	SW1-SW2
数字签名	状态字节

(3) HASH(哈希)操作。

哈希代码的计算：在卡内完成哈希运算，或在卡内完成部分哈希运算(如最后一轮计算)。

计算哈希代码的算法引用在 Hash 计算('AA'、'AB')的 CRT 中指出。

为了进一步处理哈希代码计算，下列情况应区分。

- 存储在卡中的哈希代码：计算出来的哈希代码存储在卡中，在后续命令中是可用的，并且 Le 字段不存在。
- 在响应中哈希代码由卡交付：如果哈希代码在响应中被交付，则 Le 字段应被置为适当的长度。

在后续块(同一时刻一个或多个)中，待 Hash 的数据应呈现给卡，其长度由哈希算法决定。最后出现的块其长度可以等于或小于块长度。填充机制是哈希算法定义的一部分。

命令报文如表 6.43 所示。其响应见表 6.44。

表 6.43　HASH 参数和命令 DO

P1	'90'
P2	'80'或'A0'
数据字段	若 P2＝'80'：Hash 的数据 若 P2＝'A0'：与哈希运算相关的 DO(如'90'用于中间哈希代码、'80'用于最后文本块)

表 6.44　HASH 响应 APDU

数据字段	SW1-SW2
哈希代码或不存在	状态字节

(4) VERIFY CRYPTOGRAPHIC CHECKSUM(密码校验和验证)操作。

命令报文如表 6.45 所示。

表 6.45　VERIFY CRYPTOGRAPHIC CHECKSUM 参数和命令 DO

P1	'00'
P2	'A2'
数据字段	与本操作相关的 DO(如 DO'80'、'8E')，见表 6.20

注意：该操作从属于命令链。

(5) VERIFY DIGITAL SIGNATURE(数字签名验证)操作。

本操作启动在数据字段中作为 DO 发出的数字签名的验证。其他验证相关数据在命令链过程中传输或在卡中出现。

公开密钥与算法一样，应隐含知道，或在 MANAGE SECURITY ENVIRONMENT 命令的 DST('B6')中引用，或作为先前 VERIFY CERTIFICATE 操作的结果是可用的。

算法可以是数字签名算法或组合的哈希代码和数字签名算法。

如果卡内算法的引用声明为签名算法，则哈希代码或签名组成的数据为根据 GB 15851 报文恢复类型；否则，哈希代码计算在卡内执行。另外，算法引用还包含对哈希算法的引用。

命令报文如表 6.46 所示。

表 6.46 VERIFY DIGITAL SIGNATURE 参数和命令 DO

P1	'00'
P2	'A8'
数据字段	与本操作相关的 DO(如 DO'9A'、'AC'、'BC'和'9E')

如果数据字段包含一空 DO，则在验证中使用时卡需要知道其值。

(6) VERIFY CERTIFICATE(证书验证)操作。

验证证书的数字签名在数据字段中作为 DO 发送。在验证过程中使用的认证机构的公开密钥应在卡中出现，并且使用 MANAGE SECURITY ENVIRONMENT 命令来隐含选择或在 DST(表 6.18)中被引用。如果在验证过程中其他的 DO 被使用(如哈希代码)，则这些 DO 应在卡中出现或应由命令链过程来发送。

下列情况应区分。

① 证书是自描述的(P2＝'BE')：在(恢复的)证书内容中卡通过标记检索到公开密钥。

② 证书不是自描述的(P2＝'AE')：通过使用描述证书内容的报头列表中的公开密钥标记，卡在证书中隐含地或明确地检索到公开密钥。

如果公开密钥已存储，它将作为后续 VERIFY DIGITAL SIGNATURE 操作的默认密钥。

命令报文如表 6.47 所示，其响应见表 6.48。

表 6.47 VERIFY CERTIFICATE 参数和命令 DO

P1	'00'
P2	'92'、'AE'、'BE'
数据字段	与 VERIFY CERTIFICATE 操作相关的 DE 或 DO

如果有限报文恢复算法被使用并且信息的一部分已存储在卡中，则被发送的辅助数据 DO 为空并带有卡后来插入的数据

(7) ENCIPHER(加密)操作。

ENCIPHER 操作加密在命令数据字段中传输的数据。

表 6.48 VERIFY CERTIFICATE 响应 APDU

数据字段	SW1-SW2
不存在	状态字节

注：该操作也可用于产生多样化的密钥。

命令报文和响应 APDU 如表 6.49 和表 6.50 所列。

表 6.49 ENCIPHER 参数和命令 DO

P1	'82'、'84'、'86'(密文)
P2	'80'(明文)
数据字段	被加密的数据

表 6.50 ENCIPHER 响应 APDU

数据字段	SW1-SW2
加密的数据	状态字节

(8) DECIPHER(解密)操作。

DECIPHER 操作解密在命令数据字段中传输的数据。

命令报文和响应 APDU 如表 6.51 和表 6.52 所列。

表 6.51 DECIPHER 参数和命令 DO

P1	'80'(明文)
P2	'82'、'84'、'86'(密文)
数据字段	被解密的数据

表 6.52 DECIPHER 响应 APDU

数据字段	SW1-SW2
解密的数据	状态字节

12) GENERATE PUBLIC KEY PAIR(生成公开密钥对)命令

本命令完成公开钥对的产生和存储操作。

为了设置密钥产生相关参数(如算法引用)，在本命令之前可以有 MANAGE SECURITY ENVIRONMENT 命令。

命令只有在安全状态满足这一操作的安全属性时才可以执行。其响应见表 6.53。

命令 APDU

CLA	'46'	P1-P2	Lc	数据	Le

P1-P2: '0000'=产生并存储公开密钥(PK)，对其他值为 RFU
Lc: 不存在或后续数据域的长度
数据: 不存在或专有数据
Le: 不存在或期望的数据长度

表 6.53 GENERATE PUBLIC KEY PAIR 响应 APDU

数据字段	SW1-SW2
不存在或公开密钥	状态字节

6.4.6 传输处理命令

1. GET RESPONSE(获取响应)命令

该命令发送在上一条命令的响应 APDU 中未能发送的部分数据，见表 6.1。

如果 Le 字段包含'00'字节，则所有可用字节应被返回。对于短 Le 字段长度限制为 256B，对于长 Le 字段长度限制为 65 536B。

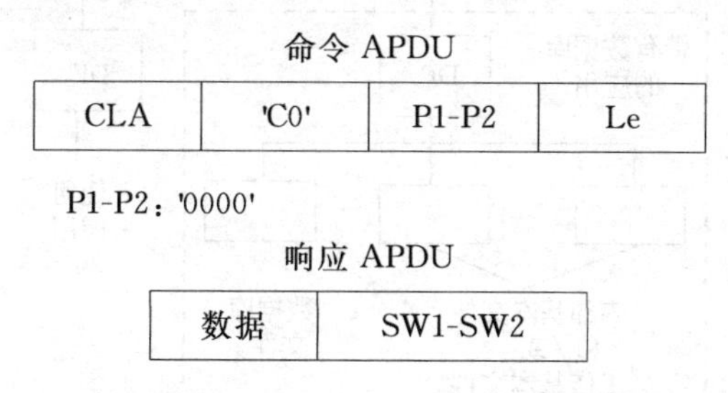

数据：有错误则不存在，或根据 Le 的部分数据

2[c]. ENVELOPE(封装)命令

该命令发送(部分)命令 APDU 或 BER-TLV 数据对象，这些命令 APDU 或 BER-TLV 数据对象不能被可用的传输协议发送。

命令 APDU

CLA	'C2'或'C3'	P1-P2	Lc	数据	Le

P1-P2：'0000'

数据：部分命令 APDU(INS='C2')或(部分)BER-TLV 数据对象(INS='C3')

响应 APDU

数据	SW1-SW2

数据：(部分)响应 APDU(INS='C2')或不存在

6.4.7[a] 用于结构化卡查询语言的处理命令

1. SCQL 数据库概念

1) SCQL 数据库

以 SQL(结构化查询语言)功能为基础(见 ISO 9075)，并且按照 ISO/IEC 7816 中定义的原则编码的卡内数据库被称为 SCQL 数据库，SCQL 即结构化卡查询语言。

数据库是数据库文件(DataBase File，DBF)的数据库结构化对象的集合。在选择相应的 DF 后，在 DF 中最多只应有一个 DBF 是可访问的。数据库也可以直接附在 MF 上。图 6.5 所示为一个数据库嵌入卡中的例子。

2) SCQL 表

SCQL 数据库包含被称为表、视图和字典的对象。每个对象都可以通过一个唯一的标识符来引用。

表是数据库中具有唯一名称的结构化数据对象。表由一些已命名的列和排序的若干行组成。从理论上讲，行的数目可以是无限的(即只受卡中存储空间的限制)，也可以是有限的。图 6.6 示出了表及其主要特性。

表的结构创建后就保持不变，既不能删除现有的列也不能插入新的列。在表上可以对行执行下列操作。

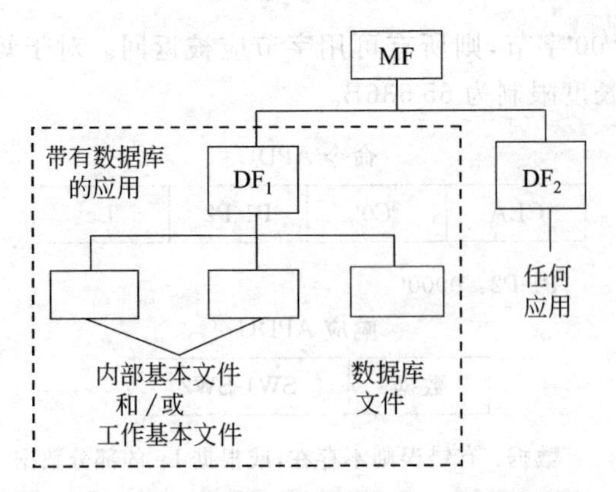

图 6.5　多应用卡中带有数据库的应用(举例)

	表名		
	列名1	列名2	列名3
行1			
行2			
行3			

特性如下。

- 表名：唯一的，最大长度为8个字符
- 在表内的列名：唯一的，最大长度为8个字符
- 在表内的列号：1~15
- 最大行号：不确定或不固定
- 列大小：如果没有规定，则为0~254B
- 列数据类型：串

图 6.6　SCQL 表(例子)及其主要特性

- 读(选择)。
- 插入。
- 更新。
- 删除。

3) SCQL 视图

视图是表的逻辑子集,它定义了表的可访问部分。应区别以下两种类型的视图。

(1) 静态视图(图 6.7)。通过定义,它固定了可访问的列。

(2) 动态视图(图 6.8)。它限制了只能访问那些内容与已定义的条件匹配的行(如值大于'20'的行)。

在同一视图定义中,静态视图和动态视图组合出现也是可能的。

与表一样,在一个 SCQL 数据库中,视图也有一个唯一的名称。同一表上可以定义几个视图。

可以在视图上执行下列操作。

- 读(选择)。
- 更新。

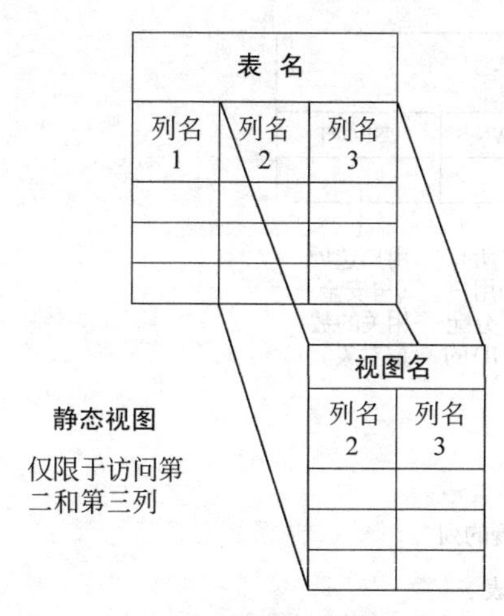

图 6.7　SCQL 静态视图(例子)

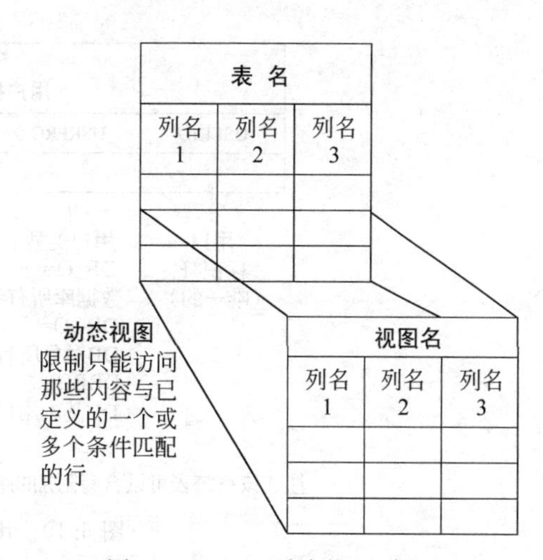

图 6.8　SCQL 动态视图(例子)

4) SCQL 系统表和字典

系统表由卡负责维护,它含有管理数据库结构和访问所必需的信息。有以下 3 种系统表。

(1) 对象描述表(称为*O)。包含关于数据库中存储的表和视图的信息。

(2) 用户描述表(称为*U)。包含关于访问数据库的用户的信息。

(3) 特权描述表(称为*P)。包含关于数据库表和视图上的特权的信息。特权描述了哪些表和视图可以被哪些用户访问,并且这些用户在相应的表或视图上可以进行哪些操作。

图 6.9 至图 6.11 示出了系统表及这些表中所必备的列。

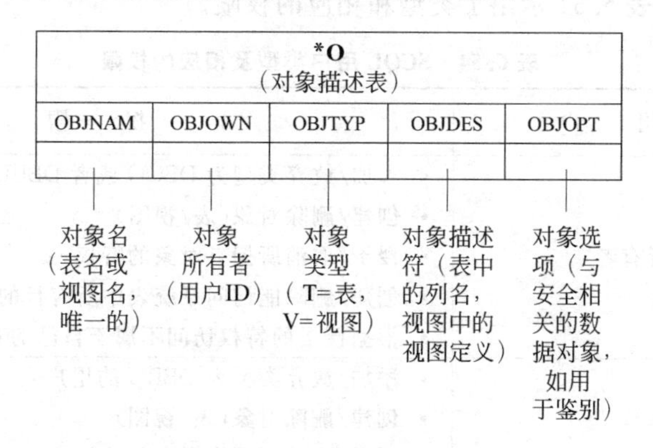

图 6.9　对象描述表

为了访问系统表中所含有的信息,可以在这些系统表上创建视图。系统表上的视图被称为 SCQL 字典。用户在字典上只能进行读(选择)操作。

5) SCQL 用户类型

SCQL 用户类型是通过专用的权限来表征的。用户类型可附在用户描述表内所存储

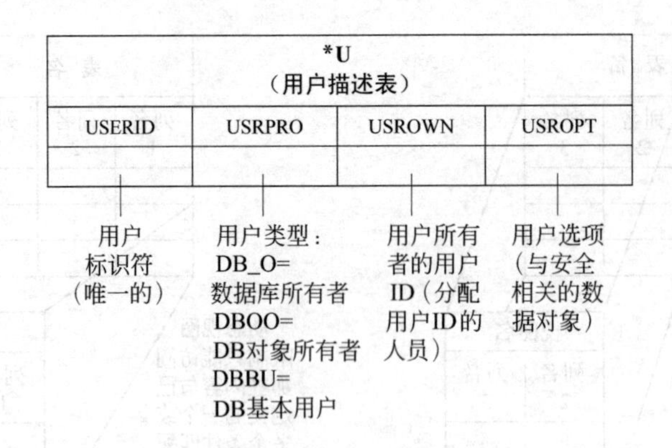

图 6.10　用户描述表

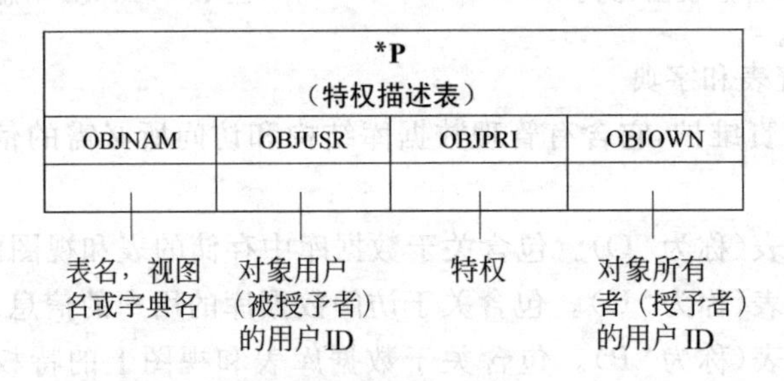

图 6.11　特权描述表

的用户标识符上。表 6.54 示出了类型和相应的权限。

表 6.54　SCQL 用户类型及相应的权限

类型	用户	权限
DB_O	数据库所有者	• 添加/放弃类型为 DBOO 或者 DBBU 的用户 • 创建/删除对象(表/视图) • 授予/取消所拥有对象的特权 • 创建/删除能访问系统表中所有行的字典 • 根据授予的特权访问不属于自己的对象
DBOO	数据库对象所有者	• 添加/放弃类型为 DBBU 的用户 • 创建/删除对象(表/视图) • 授予/取消所拥有对象的特权 • 创建/删除访问某些行的字典,这些行的 DBOO 应注册为 * O 中的 OBJOWN、* U 中的 USROWN 或 * P 中的 OBJOWN • 根据授予的特权访问不属于自己的对象
DBBU	具有特定用户 ID 或者通用用户 ID PUBLIC 的数据库基本用户	• 根据授予的特权访问对象

注：安装 SCQL 数据库时,类型为 DB_O 的用户才可以被插入到用户描述表中。

2. 与 SCQL 相关的命令

有 3 条命令：PERFORM SCQL OPERATION（INS 代码为'10'）、PERFORM TRANSACTION OPERATION（INS代码为'12'）和 PERFORM USER OPERATION（INS代码为'14'）。每条命令根据 P2 编码的不同来完成不同的操作，见表 6.55。

表 6.55 指令代码和操作

INS 代码	P2 的编码和含义	备注
'10'	**PERFORM SCQL OPERATION**(SCQL 操作)	
	'80'=CREATE TABLE(创建表)	①
	'81'=CREATE VIEW(创建视图)	①
	'82'=CREATE DICTIONARY(创建字典)	①
	'83'=DROP TABLE(删除表)	①
	'84'=DROP VIEW(删除视图)	①
	'85'=GRANT(授权)	①
	'86'=REVOKE(取消)	①
	'87'=DECLARE CURSOR(声明游标)	①
	'88'=OPEN(打开)	③
	'89'=NEXT(下一个)	③
	'8A'=FETCH(取数据)	②
	'8B'=FETCH NEXT(取下一条数据)	②
	'8C'=INSERT(插入)	①
	'8D'=UPDATE(更新)	①
	'8E'=DELETE(删除)	③
'12'	**PERFORM TRANSACTION OPERATION**(事务管理操作)	
	'80'=BEGIN(开始)	③
	'81'=COMMIT(提交)	③
	'82'=ROLLBACK(反转)	③
'14'	**PERFORM USER OPERATION**(用户管理操作)	
	'80'=PRESENT USER(提交用户)	①
	'81'=CREATE USER(创建用户)	①
	'82'=DELETE USER(删除用户)	①

① 表示命令有 Lc 和数据字段，无 Le 字段和响应数据字段。
② 表示命令无 Lc 和数据字段，但有 Le 字段和响应数据字段。
③ 表示命令无 Lc、数据字段和 Le 字段，也无响应数据字段。

命令头的结构如下。

- CLA。
- INS：'10'、'12'或'14'。
- P1：'00'，其他值保留将来使用。
- P2：根据表 6.55 编码。

在 PERFORM SCQL OPERATION 命令中，将 SQL 语句映射到 SCQL 操作，见图 6.12。

第一个 SCQL 字被映射到 INS 和 P2。命令的必备参数总是按照相关的命令表中规

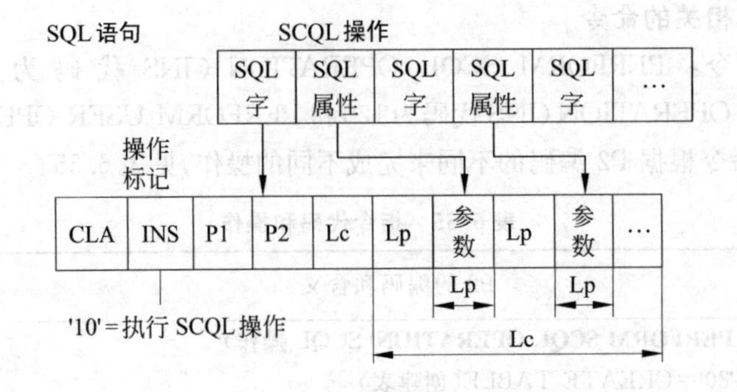

注：
1．数据字段的编码方案是一个简化的TLV结构。由于数据对象的含义和位置是固定的，因此不需要标记，标记不出现在编码中
2．不在命令数据字段中编码SQL字
3．如果将几项分为一组，则必须在分组的项目之前给出组的大小

图 6.12　SQL语句映射为SCQL操作的原理

定的顺序出现，因此，这些参数的标记并不存在。可选参数，如果没有指定，则以TLV格式出现。

下列记法用于描述SQL语句。

- 字母大写的字是SQL字(SQL语言的固定表达式)。
- [ ]表示可选的。
- ＜…＞表示属性字符串。
- ∷＝表示由哪些组成。
- | 表示或。
- * 表示所有的。

对参数进行编码时，使用下列记法。

- Lp＝后续参数的长度(用一个字节编码)。
- ＜…＞＝长度为Lp，含义在＜…＞中给出的字节参数字符串。

对数量D(如列或状态的数量)进行编码时，使用下列规则：D∷＝N，N＝后续项目的数量，用一个字节编码；或D∷＝Ln＜N＞，Ln＝'01'(N用一个字节编码)。

项目由一个或几个连续的参数组成。0数量用置为'00'的一个字节编码。根据命令，0数量的含义是“所有列”或“没有条件”。

在搜索条件中出现的比较操作符，使用表6.56中的编码。

表 6.56　比较操作符的编码

比较操作符	编码	含　义	比较操作符	编码	含　义
＝	'3D'	等于	≤	'4C'	小于等于
＜	'3C'	小于	≥	'47'	大于等于
＞	'3E'	大于	≠	'23'	不等于

对于标识符定义如下约定。

```
<标识符>::=<大写字母>[<大写字母>|<数字>|<_>]
<大写字符>::=A|B|C|D|…|Y|Z
<数字>::= 0|1|2|3|4|5||6|7|8|9
<表名>::= <最大长度为 8 个字节的标识符>
<视图名>::=<最大长度为 8 个字节的标识符>
<字典名>::=<字典名的特定部分><_><OIUIP>
<列名>::=<最大长度为 8 个字节的标识符>
<字典名的特定部分>::=<最大长度为 6 个字节的标识符>|SYSTAB
<用户 id>::=
        <个人 id>|
        <组 id><定界符><个人 id>|
        <组 id><定界符><分组 id><定界符><个人 id>|
        <组 id><定界符><星号>|
        <组 id><定界符><分组 id><定界符><星号>

<组 id>::=<最大长度为 8 个字节的标识符>
<分组 id>::=<最大长度为 8 个字节的标识符>
<个人 id> ::=<最大长度为 8 个字节的标识符><特定用户 id>

<定界符>::=.
<星号>::= *

<特定用户 id>::=<卡持有者>|<公共用户>
<卡持有者>::=CHOLDER
<公共用户>::=PUBLIC
```

CHOLDER 是卡持有者的一般用户 ID,PUBLIC 是数据库基本用户的一般用户 ID。

如果执行了 PRESENT USER 操作,则执行了用户 ID 验证操作,并且当需要控制对表、视图和字典的访问时也要进行用户 ID 验证操作(见 DECLARE CURSOR 和 INSERT)。

3. SCQL 数据库操作

1) CREATE TABLE(创建表)

SCQL 操作 CREATE TABLE 定义了表及其各列,可能也会定义表的安全属性。表的定义被添加到对象描述表中。命令 APDU 的数据字段见表 6.57。

表 6.57　CREATE TABLE(创建表)命令 APDU 的数据字段

数据字段	Lp＜表名＞ D,固定的 N(列) N 项: Lp＜列定义＞ ⋮ 任选的参数: Lp＜在一个字节上二进制编码的行的最大编号＞ Lp＜安全属性＞[＜安全属性＞,…]

只有类型为 DB_O 和 DBOO 的用户才能创建表。

SCQL 操作与下列 SQL 语句相关。

```
CREATE TABLE <表名><表元素列表>[<安全属性>,…]
<表名>::=<标识符>
<表元素列表>::=(<列定义>[,<列定义>…][<USER 列>])
<安全属性>::=<与安全相关的 DO>

<列定义>::=<列名>
[<定界符><唯一的限制定义>]
[<定界符><数据类型>]

<列名>::=<标识符>
<USER 列>::=USER

<唯一的限制定义>::=U
<定界符>::=.
<数据类型>::=<可变的字符(长度)>

<可变的字符(长度)> ::=V<长度>
<长度>::=<一个字节二进制编码的长度>
```

2) CREATE VIEW(创建视图)

SCQL 操作 CREATE VIEW 定义了表上的一个视图。视图定义被添加到对象描述表中。

只有被引用的表的所有者才能创建视图。命令 APDU 的数据字段见表 6.58。

表 6.58　CREATE VIEW 命令 APDU 的数据字段

数据字段	Lp＜视图名称＞ Lp＜表名＞ D,固定的 N(列) N 项: Lp＜列名＞ D,固定的 N(条件) 包括 3 个参数的 N 项: Lp＜列名＞ Lp＜比较操作符＞ Lp＜字符串＞ ⋮ 任选的参数: Lp＜安全属性＞[＜安全属性＞,…]

SCQL 操作与下列 SQL 语句相关。

```
CREATE VIEW<视图名>AS<视图定义>[<安全属性>,…]
```

<视图名>=<标识符>

<视图定义>::=SELECT<选择列表>FROM<对象名>[WHERE <搜索条件>

[AND <搜索条件>,…]]

<安全属性>::=<与安全相关的 DO>

<选择列表>::= * |<列名>[,<列名>]

<对象名>::=<表名>

<搜索条件>::=<列名><比较操作符><字符串>

<比较操作符>::== |< |> |≤ |≥ |≠

<字符串>::= '<字节序列>'

* =所有列

注：如果几个条件都存在，则可以用逻辑操作符 AND 隐含地组合这几个条件。

3) CREATE DICTIONARY(创建字典)

SCQL 操作 CREATE DICTIONARY 定义了系统表*O、*U 和*P 上的视图。卡将固定的视图定义添加到对象描述表中。

4) DROP TABLE(删除表)

使用 SCQL 操作 DROP TABLE 可以删除一个表。

在命令的数据字段给出表名：Lp<表名>。

只有表的所有者才能删除表，与表相关的特权也应被自动删除。

5) DROP VIEW(删除视图)

使用 SCQL 操作 DROP VIEW 可以删除视图。

命令的数据字段为：Lp<视图名或字典名>。

只有视图的所有者才能删除它，与视图相关的特权也应被自动删除。

6) GRANT(授权)

SCQL 操作 GRANT 允许将特权授予单个用户、用户组或者所有用户。

可以授予下列特权。

(1) 访问表的特权：SELECT、INSERT、UPDATE 和 DELETE。

(2) 访问视图的特权：SELECT 和 UPDATE。

(3) 访问字典的特权：SELECT。

注：如果在执行各个动作之前，除特权外，还要求卡持有者给予访问授权(提供口令)，则必须在为各个表或视图定义的安全属性中对此给予定义。

只有表或视图的所有者才能授予或取消特权。

命令的数据字段给出：

Lp<特权,编码见表 6.59>

Lp<表名,视图名或字典名>

Lp<用户 id,或 * >

7) REVOKE(取消)

SCQL 操作 REVOKE 允许取消先前授予用户的特权。

命令的数据字段内容同 GRANT 操作。

表 6.59 特权的编码

特权	在 SCQL 中的编码	特权	在 SCQL 中的编码
INSERT	'41'	DELETE	'48'
SELECT	'42'	ALL	'4F'
UPDATE	'44'		

只有表或视图的所有者才能取消特权。

8) DECLARE CURSOR(声明游标)

游标用于指向表、视图或字典中的一行。SCQL 操作 DECLARE CURSOR 是用于声明游标的。

如果实际用户被授权访问被引用的表、视图或字典，则游标的声明才可以被接受。用户必须是所引用对象或者至少一个对该引用对象的访问特权的所有者。

在一个给定的时间，只能存在一个游标，即如果声明了一个新的游标则前一个游标不再有效。

命令的数据字段内容：

Lp<表名,视图名或字典名>

D,固定的 N(列)

N 项：

Lp<列名>

如果条件存在，N 项包括 3 个参数：

- Lp＜列名＞
- Lp＜比较操作符＞
- Lp＜字符串＞

如果几个条件同时存在，则用逻辑操作符 AND 将它们隐式地组合起来。

9) OPEN(打开)

SCQL 操作 OPEN 打开一个游标，即游标位于第一个满足选择条件的那一行上，选择条件已经在 DECLARE CURSOR 操作中定义。游标必须先声明。

10) NEXT(下一个)

SCQL 操作 NEXT 将游标置在满足游标规范的下一行上。游标必须先打开。

11) FETCH(取数据)

SCQL 操作 FETCH 允许取一行或其中的一部分。游标必须指向要取的那一行上。

此操作只能由对象所有者或具有 SELECT 特权的用户来执行。游标必须先打开。

12) FETCH NEXT(取下一个数据)

SCQL 操作 FETCH NEXT 必须用于从游标的位置读取逻辑上的下一行。游标被置在读取的那一行上。

此操作只能由对象所有者或具有 SELECT 特权的用户执行。游标必须先打开。

13) INSERT(插入)

SCQL 操作 INSERT 向表中插入一行。新的一行总是被加到表的末端。游标保持在原来的位置。

此操作只能由表所有者或具有 INSERT 特权的用户执行。数据字段给出表名和插入的内容。

14) UPDATE(更新)

SCQL 操作 UPDATE 更新游标指向的表或视图中的一行的一个或多个字段。

此操作只能由表所有者或具有 UPDATE 特权的用户执行。游标必须先打开。数据字段给出列名和字节串。

15) DELETE(删除)

使用 SCQL 操作 DELETE 可以删除表中游标所指向的行。游标将指向逻辑上的下一行。

此操作只能由表所有者或对所引用的表具有 DELETE 特权的用户执行。

4. 事务管理操作

事务是指对数据库的修改过程。修改可以是更新或插入一行或多个行。

PERFORM TRANSACTION OPERATION 命令提供了确认或取消事务所需的操作。

1) BEGIN(开始)

事务操作 BEGIN 为存储器映射分配空间,如一行。

所提供的存储器空间依赖于具体的实现。为了缓冲至少一行的内容,建议分配足够大的存储器空间。

2) COMMIT(提交)

事务操作 COMMIT 使执行事务操作 BEGIN 之后所做的所有修改生效。

必须先执行事务操作 BEGIN。

3) ROLLBACK(反转)

事务操作 ROLLBACK 用事务操作 BEGIN 执行之前的方法恢复上下文。

必须先执行事务操作 BEGIN。

5. 用户管理操作

用户管理与下列内容相关。

- 用户标识。
- 用户鉴别。
- 用户授权。
- 用户注册/注销。

用户 ID 被用于用户标识,可以按本小节 SCQL 数据库概念中所述进行构造。

如果需要证明提交的用户 ID 与用户相关联,则必须执行鉴别规程。用于用户鉴别的适当机制可以是口令验证机制、生物统计学验证机制及建立在如对称算法或者与证书相结合的公开密钥系统基础上的密码机制。

在证书内,可以有与用户标识相配的用户 ID。

用户授权负责给用户分配执行操作和动作的权利。在 SCQL 环境中,给用户授权涉及用户类型(DB_O、DBOO 或 DBBU);用户特权(见表 6.59),可选的;相应用户角色,用户组。

用户注册包括注册用户及其用户 ID。用户类型也可能包括用户的安全属性。通过删除注册来执行用户注销。

规定了如下以 PERFORM USER OPERATION 命令为基础的用户识别操作：PRESENT USER、CREATE USER 和 DELETE USER。

当创建用户及其用户 ID 和用户类型时，可以设置安全属性，安全属性包括适宜的、与安全相关的 DO。与鉴别相关的专用命令和操作可以在 SCQL 操作命令中找到（见 CREATE VIEW、GRANT 和 REVOKE）。

1) PRESENT USER（提交用户）

使用 PRESENT USER 操作，可以检验提交的用户 ID 的注册情况。

2) CREATE USER（创建用户）

CREATE USER 操作启动用户注册。在 SCQL 环境下，用户描述表中的一行是由卡插入的。

如果需要鉴别，则当用户想访问数据库或受保护的表或视图时，必须添加与鉴别相关的信息。在这种情况下，CREATE USER 操作后面可跟随一个命令，如设置口令。

CREATE USER 命令只能由类型为 DB_O 或 DBOO 的用户用表 6.54 中所描述的权限来执行。用户 ID 必须唯一。

3) DELETE USER（删除用户）

用 DELETE USER 操作能删除用户 ID。用户描述表中的相应行也被删除。

只有用户所有者才能执行 DELETE USER 操作。

为了保证数据库的完整性，与该用户相关联的特权也应被自动删除。

6. SCQL 操作的用法

下面的例子说明了在将维数 D 编码到一个字节上时，PRESENT USER 操作和其他一些 SCQL 操作的用法和编码。

使用下列缩略语：

CH　　=命令头（=CLA INS P1 P2）

col　　=列名

coldef　=列定义

comp　=比较操作符

tab　　=表名

view　=视图名

PRESENT USER ‘COMPANY. DIV. SMITH’

CH	Lc	用户 ID
'00140080'	'11'	COMPANY. DIV. SMITH

CREATE TABLE FLY(‘DEP’,‘ARR’,‘F_NO. U’,‘TIME’,‘PRICE’)

CH	Lc	Lp	tab	N	Lp	col	Lp	col	Lp	coldef	Lp	col	Lp	col
'00100080'	'1F'	'03'	FLY	'05'	'03'	DEP	'03'	ARR	'06'	F_NO. U	'04'	TIME	'05'	PRICE

注：F_NO. U 表示列 F_NO 的值必须是唯一的。

CREATE VIEW FLY_A AS SELECT('DEP','ARR','F_NO','TIME','PRICE')FROM FLY

CH	Lc	Lp	view	Lp	tab	N	Lp	col	Lp	col	Lp	col	Lp	col
'00100081'	'1D'	'05'	FLY_A	'03'	FLY	'04'	'03'	DEP	'03'	ARR	'04'	F_NO	'04'	TIME

GRANT SELECT ON 'FLY_A' TO *

CH	Lc	Lp	Priv	Lp	view	Lp	用户 ID
'00100085'	'0A'	'01'	'42'	'05'	FLY_A	'01'	*

INSERT INTO 'FLY' VALUES ('FRA','CDG','LH4711','0115_10:20','540DM')

CH	Lc	Lp	tab	N	Lp	DEP	Lp	ARR	Lp	F_NO	Lp	TIME	Lp	PRICE
'0010008C'	'25'	'03'	FLY	'05'	'03'	FRA	'03'	CDG	'06'	LH4711	'0A'	0115_10:20	'05'	540DM

DECLARE SURSOR FOR SELECT * FROM 'FLY' WHERE' ARR' ='CDG'

CH	Lc	Lp	tab	N	N	Lp	col	Lp	comp	Lp	string
'00100087'	'10'	'03'	FLY	'00'	'01'	'03'	ARR	'01'	'3D'	'03'	CDG

注：比较操作符'3D'表示'等于'。

6.4.8 多应用环境的应用管理命令

1. 生命周期状态

多应用环境中的卡应用管理可以通过 SELECT 命令以 AID 为 DF 名称进行选择，AID 的默认值是'EB 28 BD 08 0D'。

图 6.13 是卡的应用生命周期。状态的转换通过以下 3 条应用管理命令实现。

- 应用管理请求(APPLICATION MANAGMENT REQUEST)命令。
- 加载应用(LOAD APPLICATION)命令。
- 删除应用(REMOVE APPLICATION)命令。

图 6.13 中的激活文件是用 ACTIVATE FILE 命令实现的，停活文件是用 DEACTIVAEE FILE 命令实现的(见 6.4.1 节)。对图说明如下。

(1) 在应用生命周期的 4 种状态中，操作激活状态是一定存在过的，其他 3 种状态是可选的。

(2) 状态的转换有两种方式。

① 顺序执行两条命令才能转换，如从"应用不存在"转到"操作激活状态"需要顺序执行应用管理请求(P1='0E')命令＋加载应用命令。

② 执行一条命令即可实现状态转换，如删除应用(P1='07')命令。为了理解应用生命周期图，首先需要理解下面介绍的命令功能。

2. 应用管理命令

当安全状态满足卡应用管理命令的安全属性时才能执行命令。

(1) APPLICATION MANAGEMENT REQUEST(应用管理请求)命令。

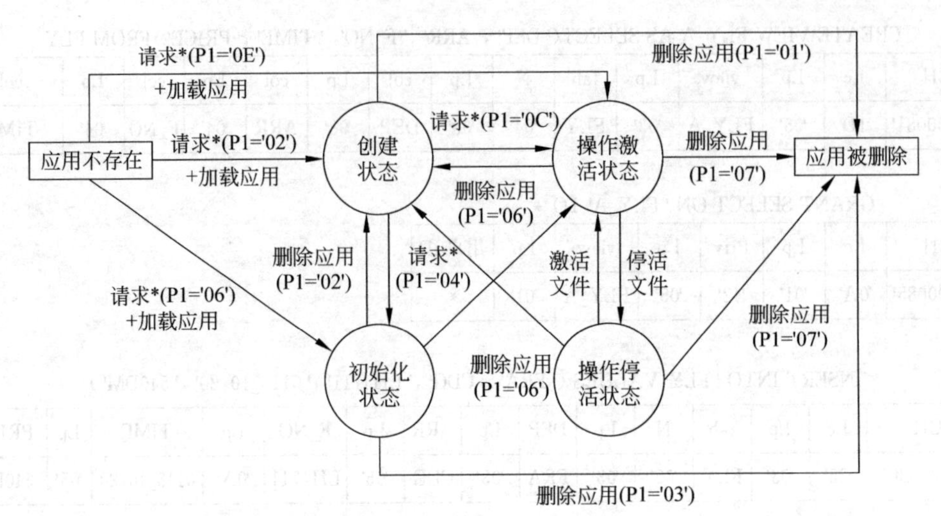

图 6.13　卡的应用生命周期

命令 APDU

CLA	'40'或'41'	P1-P2	Lc	数据	Le

P1：应用生命周期状态控制，见表 6.60

P2：应用管理控制，见表 6.61

数据：目标应用的 AID(标记'4F')，必选

存储资源分析(标记'7F65')

数字签名模板(标记'7F3D')，包含数字签名 DO(标记'9E')等

其他：标记为'42'、'51'、'53'或'73'等(含义见表 3.2)

Le：可能不存在

响应 APDU

数据	SW1-SW2

数据：可能不存在。后面两条命令的响应 APDU 同理，不再说明。

表 6.60　P1 应用生命周期状态控制

b_4 b_3 b_2 b_1	含　义
0 0 0 0	未给出信息
0 0 1 0	从不存在状态转换到创建状态
0 1 0 0	从创建状态转换到初始化状态
0 1 1 0	从不存在状态转换到初始化状态
1 0 0 0	从初始化状态转换到操作激活状态
1 1 0 0	从创建状态转换到操作激活状态
1 1 1 0	从不存在状态转换到操作激活状态

注：$b_8b_7b_6b_5$ 为 0000。

表 6.61　P2 应用管理控制

b_4 b_3 b_2 b_1	含　义
0 0 0 0	未给出信息
0 0 0 1	验证应用管理请求
0 0 1 0	提交应用管理请求
0 0 1 1	验证和提高应用管理请求

注：$b_8b_7b_6b_5$ 为 0000。

数字签名可以有发卡者签名、应用提供者签名和卡管理方案授权签名等。

(2) LOAD APPLICATION(加载应用)命令。

命令 APDU

CLA	'EA'或'EB'	P1-P2	Lc	数据	Le

P1-P2：见表 6.62

数据：应用组件(建立某一应用所需的其他数据)

Le：可能不存在

表 6.62　P1-P2 序列号或偏移量

P1								P2	含　义
b_8	b_7	b_6	b_5	b_4	b_3	b_2	b_1		
0	0	0	0	0	0	0	0	'00'	未给出数据
—	0	×	×	×	×	×	×	'××'	偏移量
—	1	×	×	×	×	×	×	'××'	序列号
0	—	—	—	—	—	—	—	—	更多的块(预计有后续块)
1	—	—	—	—	—	—	—	—	最后的块

注：如果 P1 的 b_7 为 0，则其余的 P1-P2(14 位)编码从 0 到 16383 偏移量，从应用传输开始以字节计算。如果 P1 的 b_8 为 1，则其余的 P1-P2(14 位)编码为序列号，从应用传输开始，每个块增加 1。

执行上述两条命令后，将建立某一应用所需的应用数据和安全信息等传送到卡，并实现状态的转换。在卡上建立一个应用的时间不受发卡前后的限制。

(3) REMOVE APPLICATION(删除应用)命令。

命令 APDU

CLA	'EC'或'ED'	P1-P2	Lc	数据	Le

P1：根据表 6.63 删除状态控制

P2：'00'

数据：不存在，或要删除的卡管理应用的信息(ISN='EC')；或目标应用的 AID(标记'4F')、数字签名(标记'7F30'、'9E')等(INS='ED')

Le：可能不存在

该命令删除一个应用，并可能收回分配给该应用的存储资源。

表 6.63　P1 删除状态控制

b_4	b_3	b_2	b_1	含　义
0	0	0	0	未给出信息
0	0	0	1	从创建状态转换到应用删除
0	0	1	0	从初始化状态转换到创建状态
0	0	1	1	从初始化状态转换到应用删除
0	1	1	0	从操作(激活或停活)状态转换到创建状态
0	1	1	1	从操作(激活或停活)状态转换到应用删除

注：$b_8b_7b_6b_5$ 为 0000。

本章定义的命令适用范围

在 ISO/IEC 7816 中定义的命令是根据应用需要陆续推出的，此时可能会对前面提出的命令细节进行一些更改。在早期的智能卡中，有相当多的命令是由应用提供者或设计者创建的。智能卡应用范围很广，繁简不同，各类应用在卡中采用的命令系统也不相同。

本章介绍的命令系统可以使用在接触式、非接解式智能卡和 RFID 标签中，逻辑加密卡中不采用类似的命令系统。

习题

1. 请说明命令 APDU 的结构。其中哪些内容是必须有的？
2. 响应 APDU 包含哪些内容？当命令正确执行时返回什么状态字节？
3. 今有一条读二进制命令，如果选用通道 3 传送数据，并且采用安全报文传输，请写出该命令 APDU 各字段的编码。
4. 在命令-响应对中，N_e 和 N_r 各表示什么意义？
5. $N_e=0$ 和 $N_c=0$ 各代表传输多少数据？
6. 本章中提到的命令链有什么意义？在什么情况下要执行命令链？如何实现？
7. 请写出在响应 APDU 中，当没有出现错误时的 SW1-SW2 值。
8. 在 ISO/IEC 7816 中所讲的命令是否就是智能卡中的微处理器指令？如果不同，请说明它们的主要差别。
9. 在 ISO/IEC 7816 中定义的 INS 指令码有奇偶值之分(即 INC 的 b_1 位为 1 或 0)，其主要的功能差别是什么？
10. 在 ISO/IEC 7816 国际标准中定义了哪几组命令？每组命令主要完成什么功能？
11. 写二进制命令可执行哪几种操作？
12. 读二进制命令和读记录命令各对什么 EF 结构起作用？如文件结构不满足要求，将发生什么情况？
13. 在 ISO/IEC 7816-4 所推荐的命令中，有哪些命令主要是为了安全或相互鉴别而引入的？在实际应用时，为了满足符合国际标准的要求，所有公司所确定的命令是否应该完全一致？
14. GET CHALLENGE 命令的主要作用是什么？
15. 哪些命令用于验证持卡人的身份？哪些命令用于 IC 卡和读写器之间的鉴别？
16. 管理卡和文件的命令，其执行是否与卡或文件的生命周期状态有关？
17. 执行与 SCQL 相关的命令是否意味着卡内有数据库？TABLE、VIEW 和 DICTIONARY 各表示什么？
18. 在复位应答之后，IC 卡与读写设备之间是怎样配合工作的？是否 IC 卡和读写器都有可能发命令？

19. IC卡接收到读写器发来的命令后，如何实现命令所规定的功能？

20. 历史字节中包含哪些内容？已知我国的国家编码为156，请问在历史字节中如何用TLV数据对象表示？

21. 通过本章的学习你对-TLV定义的3种类别(通用类、应用类和上下文类)的使用场合、唯一性有何认识？请举例说出上下文类中的某一标识的使用情况。

第 7 章　射频识别技术基础(IC 卡和 RFID 标签)

电子标签(非接触式 IC 卡和 RFID 标签)通过无线射频传送数据方式与读写器联系。RFID 标签的外形比非接触式 IC 卡多样化,现将非接触式 IC 卡包含在 RFID 标签范围之内。物联网一般使用 RFID 标签采集数据。本章讲述射频识别基本知识,为后续章节学习电子标签和物联网做准备。本书第 3～6 章阐述的接触式 IC 卡,除了卡上的触点外,都适用于电子标签,如命令-响应对、安全问题和相关的国际标准等。

7.1　射频识别系统结构

1. 射频识别系统简介

该系统一般由电子标签、读写器和天线三部分组成,如图 7.1 所示。

RFID 标签与读写器之间的通信是通过空间介质(无线方式)实现的,通信从读写器发送载波信号开始。国际标准规定 IC 卡采用 ID-1 型卡片,而目前还不能制造厚度符合该标准要求的电池,因此使用的接触式和非接触式 IC 卡都是无源的。电子标签可以从天线接收到的载波信号(射频电磁波)中获取能量,经过检波(整流)、倍压、稳压得到工作所需的直流电压。图 7.1 所示为其工作原理。在该图中,通过 A 点与 D 点的是数字信号,通过 B 点与 C 点的是被调制的载波(射频)信号,MCU 为控制部件。

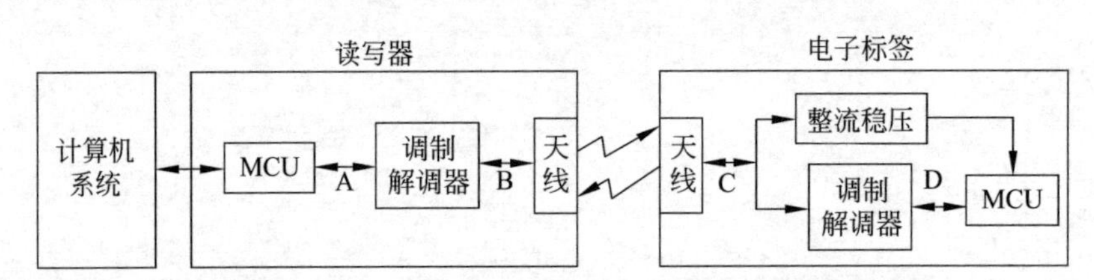

图 7.1　电子标签与读写器通信工作原理框图

2. 电子标签的供电方式

非接触式 IC 卡受卡的厚度限制,卡内不能安置电池,因此是无源 IC 卡。

RFID 标签由芯片和天线构成,根据 RFID 标签内部构造可分为 3 种:有源、无源和半无源标签。带有电池的称为有源(active)标签,不带电池的称为无源(passive)标签。有源式标签使用内部的电池来进行无线通信,因此比无源式标签的通信距离要长,不过会受到电池寿命的限制,它的价格也比无源式标签高,体积也比较大。此外,还有一种内置电池的 RFID 标签,平时不发出电波,当收到读写器的信号时,才发出电波进行通信,标签内的芯片或传感器使用电池来工作,而由读写器负责无线通信,这样的标签称为半无源式标签(semi-passive)。

3. RFID 的频率特点及规划

工作于 13.56MHz 的非接触 IC 卡在我国与世界上已广泛应用，相应的国际标准见第 8 章，本节主要讨论 RFID 标签。

1) RFID 的工作频段

通常情况下，RFID 读写器发送的频率称为 RFID 系统的工作频率或载波频率。RFID 的工作频率不仅决定着 RFID 系统的工作原理、识别距离，还决定着 RFID 标签及读写器实现的难易程度和设备成本。RFID 技术按照工作频段可分为低频(Low Frequency,LF)、高频(High Frequency,HF)、超高频(Ultra High Frequency,UHF)和微波(Micro Wave,MW)。不同频段下的 RFID 系统具有不同的特点，在读写范围、读写速率和使用环境要求等方面也都不同。

(1) 低频标签。低频标签的典型工作频率为 125kHz 和 133kHz。低频标签一般为无源标签，其工作能量通过电感耦合方式从读写器耦合线圈的辐射近场中获得。低频标签与读写器之间传送数据时，需位于读写器天线辐射的近场区内；阅读距离一般情况下小于 10cm。典型应用有动物识别、容器识别、工具识别和电子钥匙等。

(2) 高频标签。高频标签的典型工作频率为 13.56MHz。该频段标签工作原理与低频标签完全相同，即采用电感耦合方式工作。高频标签的阅读距离一般小于 1m。高频标签的数据传输速率快，已广泛应用于电子车票、居民身份证、电子钥匙、市民卡和门禁卡等。

(3) 超高频标签。超高频标签的典型工作频率有 433.92MHz、860～960MHz。超高频射频标签可分为有源标签与无源标签两类。超高频通过电磁波传递能量和交换信息。相应的射频识别系统阅读距离一般大于 10m，有源标签阅读距离可达百米。超高频射频标签主要用于物流、铁路车辆自动识别、集装箱识别、托盘和货箱标识等。

(4) 微波标签。微波标签的典型工作频率有 2.45GHz 和 5.8GHz。微波标签也分为有源标签和无源标签两类，工作原理与超高频射频标签相同，即通过电磁波的发射和反射来传递能量和交换信息，其阅读距离大于 10m，有源标签阅读距离可达百米。微波射频标签主要用于公路车辆识别与自动收费、托盘和货箱标识等。

2) 双频标签与双频系统

从识别距离和穿透能力的特性来看，不同工作频率的表现存在较大差异。低频具有较强的穿透能力，能够穿透水、金属和动物等导电材料。但在同样功率下，传播的距离较近，又由于频率低，可用的频带窄，数据传输速率较低，并且信噪比低，容易受到干扰。高频相对低频而言具有较远的传播距离，较高的传输速率和较大的信噪比，但其绕射或穿透能力较弱，容易被水等导体介质所吸收。

利用高频和低频的各自长处设计识别距离较远和穿透能力较强的双频产品，可应用于动物识别、导体材料干扰和潮湿的环境。

双频标签有有源标签和无源标签两种。

双频 RFID 系统主要应用于距离要求、多卡识别和高速识别的场合，如供应链管理、人员流动跟踪、动物跟踪与识别、采矿作业和地下路网管理及运动计时等。

3) 我国 RFID 在 UHF 频段的规划

UHF 频段的 RFID 技术具有电波传播性好、标签尺寸适中等特点，适合长距离识别和大规模应用,因此一直是业界关注的热点。各国在这一频段的频率规划及使用情况各不相同,欧洲使用的超高频是865～868MHz,美国是902～928MHz,日本是952～954MHz,但都集中在860～960MHz范围内。我国国家无线电管理局在综合考虑RFID使用者的要求和制造者的利益,实现与国际接轨,同时在考虑我国相关产业的发展要求的基础上,于2007年4月发布了《800/900MHz频段RFID技术应用试行规定》,规定了我国UHF频段试行使用频率为840～845MHz和920～925MHz。其中,840～845MHz是我国特殊规定的,为我国RFID产业发展预留了广阔的空间。至此,我国已完成了低频、高频、超高频和微波频段的RFID技术频率规划。

4. 天线

天线是电子标签和读写器的空中接口,根据频率识别系统的基本工作原理,两者之间的射频耦合有两种方式:电感耦合方式(变压器型)和反向散射耦合方式(雷达型),在7.2节中讨论。

射频接口能将接收到的电磁波转换成电流信号,或将电流信号转换成电磁波,天线可以集成到读写器和标签中,也可以设置在外部。

1) 标签的天线

天线应具备以下性能:足够小的体积,可蔽入到本来就很小的标签内;具有全球或半球覆盖的方向性;无论标签处于什么方向,都能与读写器的信号相匹配;天线能提供足够大的信号给标签内的芯片。

在选择天线时要考虑以下因素:天线的类型、阻抗、射频性能以及有其他物品围绕贴标签物品时的射频性能。

标签的使用有两种形式:一种是标签移动,通过固定安置的读写器进行标识;另一种是标签不移动,用手持读写器等进行识别。

2) 读写器天线

射频系统的读写器必须通过天线来发射能量,形成电磁场,对射频标签进行识别,并向射频标签提供生成电源的能量。

读写器天线应满足以下条件:天线线圈的电流产生足够大的磁通量;功率匹配,充分利用磁通量;具有保证载波信号传输的带宽。

在进行应用系统设计时,读写是要考虑的重要指标之一,取决的因素有读写器类型、放置方向、电磁干扰、读写器发射的能量、天线类型,以及读写器或标签所用的电池充电或更换的安排等。

7.2 射频技术

7.2.1 基带信号与载波调制信号

接触式IC卡和读写器之间的数据以0、1两种状态出现,用以表示电脉冲信号呈现的方波形式,其所占据的频带为直流或低频,称为基带信号。而在电子标签中,数字基带信号必须经过高频调制才能进行传输,该高频信号称为载波。图7.2所示为采用调幅方式的数字信号，有载波输出表示 1，无载波输出表示 0。

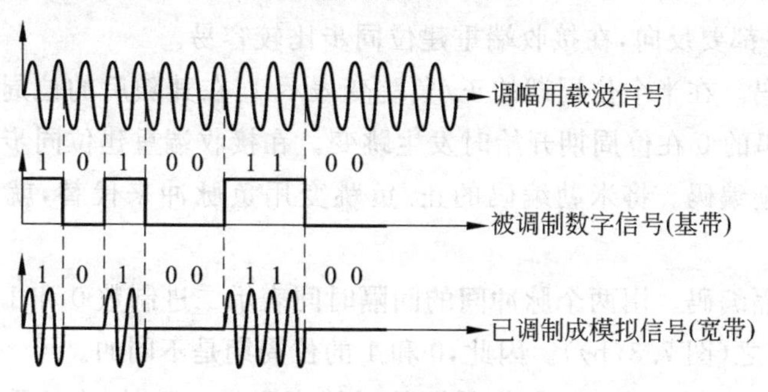

图 7.2　载波调幅信号

在电子标签和读写器的存储器中存放的是基带数字信号，将其转换成高频信号的过程称为调制。在接收端，将高频信号转换成基带数字信号的过程称为解调。实现数据传输的电路称为射频接口。

在非接触式 IC 卡和 RFID 芯片中，使用的射频有低频（125kHz 和 134.5kHz）、高频（13.56MHz）、超高频（433MHz 和 860～960MHz）和微波（2.45GHz 和 5.8GHz）等频段。

7.2.2　数字信号的编码方式

常用的基带数字信号的编码有不归零制（Non Return to Zero，NRZ）编码、曼彻斯特（Manchester）编码、双相差异（Differential Bi-Phase，DBP）编码、米勒（Miller）编码、变形米勒（Modified Miller）编码、脉冲宽度调制（Pulse Width Modulation，PWM）编码和脉冲位置调制（Pulse Position Modulation，PPM）编码等方式，如图 7.3 所示。

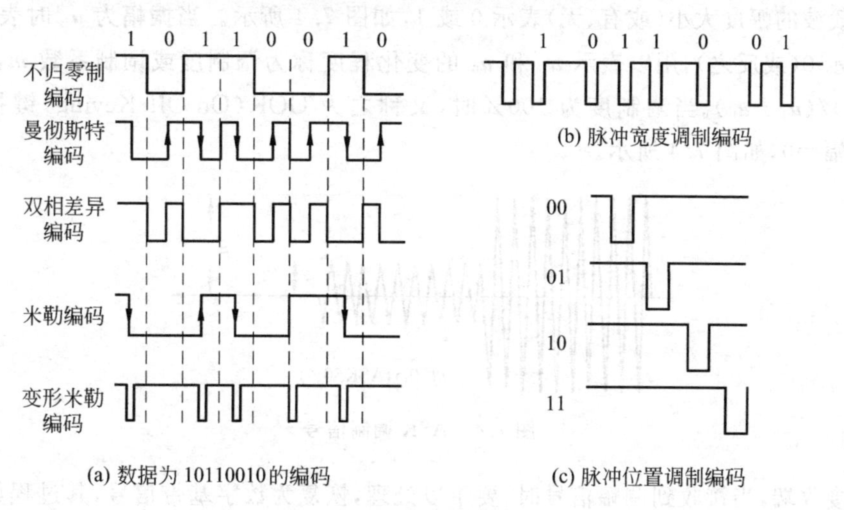

图 7.3　基带数字信号的编码

（1）不归零制编码。用高电平表示 1，低电平表示 0。

（2）曼彻斯特编码。在半个位周期的负跳变表示 1，正跳变表示 0。在接收端重建位同步比较容易。

(3) 双相差异编码。在半个位周期的正/负跳变表示 0,无跳变表示 1。此外,在每个位周期开始,电平都要反向,在接收端重建位同步比较容易。

(4) 米勒编码。在半个位周期的正/负跳变表示 1,在其随后的位周期内不发生跳变表示 0。而一连串的 0 在位周期开始时发生跳变。在接收端重建位同步也比较容易。

(5) 变形米勒编码。将米勒编码的正/负跳变用负脉冲来代替,就成为了变形米勒编码。

(6) 脉冲间隔编码。用两个脉冲间的间隔时间表示二进制数 0 和 1,如用间隔 t 表示 0,$2t$ 表示 1,或反之(图 7.3(b))。因此,0 和 1 的位周期是不同的。

(7) 脉冲位置调制编码。每个位周期的时间宽度是一致的,在 4 取 1 的编码方式中(图 7.3(c))将 1 个位周期分成 4 段,在第一个时间段出现脉冲表示 00(2 位数),在第二、三、四时间段出现脉冲分别表示 01、10、11。

其他的编码方式,如改进调频制 MFM 编码,在 9.3 节图 9.5 中解释,在此不再介绍。

7.2.3 调制方式

数字信号的调制过程类似于对高频载波信号的开关控制,经常称为数字键控。用基带数字信号控制载波的振幅、频率和相位,分别称为幅移键控(Amplitude Shift Keying,ASK)、频移键控(Freguency Shift Keying,FSK)和相移键控(Phase Shift Keying,PSK),利用高频载波在幅度、频率或相位上的两种状态表示二进制数字 0 和 1。

1. 幅移键控

以载波的幅度大小(或有、无)表示 0 或 1,如图 7.4 所示。当振幅为 u_1 时表示 1,为 u_0 时表示 0(或反之),用以表示 u_1 和 u_0 的变化程度称为调制度或调制系数 m,且 $m=(u_1-u_0)/(u_1+u_0)$。当调制度为 100%时,又称之为 OOK(On-Off Keying)键控,此时 u_0 的振幅=0,如图 7.4 所示。

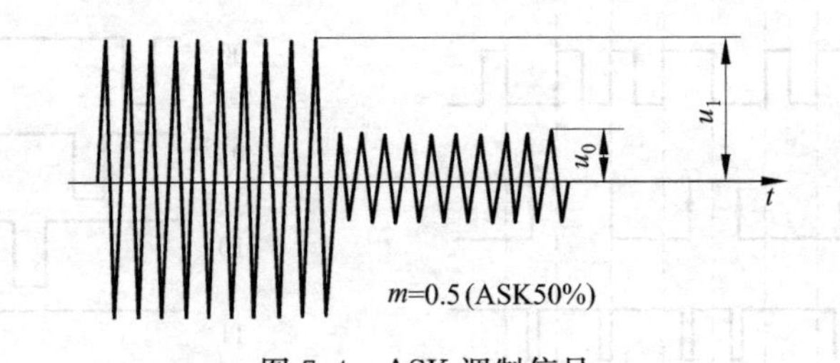

图 7.4　ASK 调制信号

在接收端,当接收到调幅信号时,要予以处理,恢复为数字基带信号,其过程如图 7.5 所示。图中带通滤波器滤掉输入信号 $s(t)$中的噪声,包络检波器输出高频信号的包络,取样脉冲通过取样判决器将 b 端信号转换成数字基带信号输出 S_{ASK}。

2. 频移键控

图 7.6 所示为 FSK 电路的原理框图和波形,在该图中假设信号 0 的频率为 f_0,信号 1 的频率为 f_1,$f_0=2f_1$。

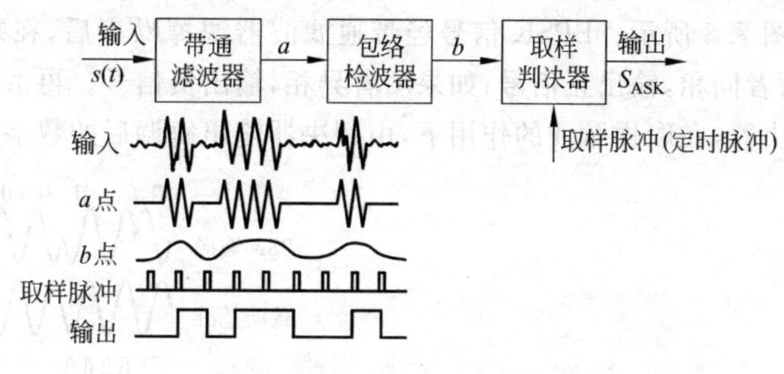

图 7.5　ASK 信号解调器及工作波形

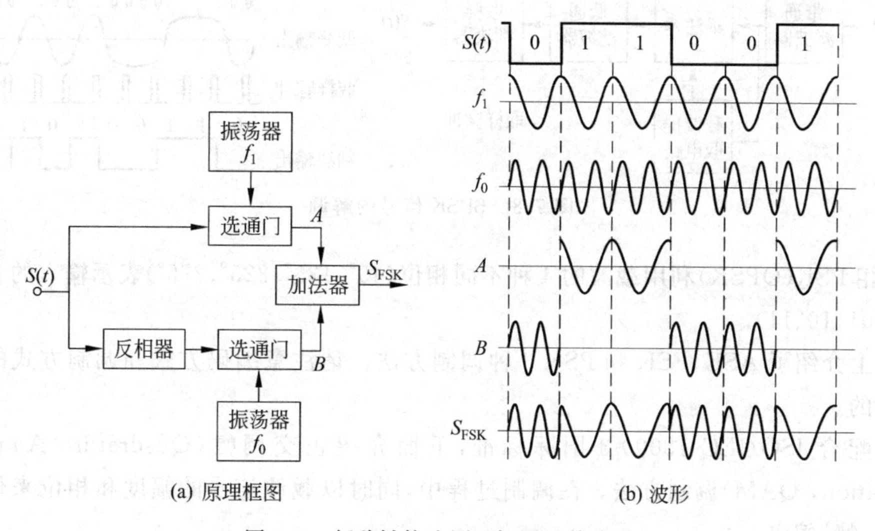

图 7.6　频移键控法原理框图及其波形

3. 相移键控

用相位偏差 180°的载波，分别表示数字基带信号的 0 和 1。通过对接收信号相位与基准相位的比较，实现解调。此方法称为二进制 PSK(Binary Phase Keying，BPSK)或 2 相 PSK。

如图 7.7(a)所示，倒相器将载波的相位偏移 180°，用数字基带信号 $S(t)$控制门电路，通过加法器得到 BPSK 信号(或称为 2PSK 信号)。图 7.7(b)中的 $\cos\omega_0 t$ 是门 1 的输入信号。

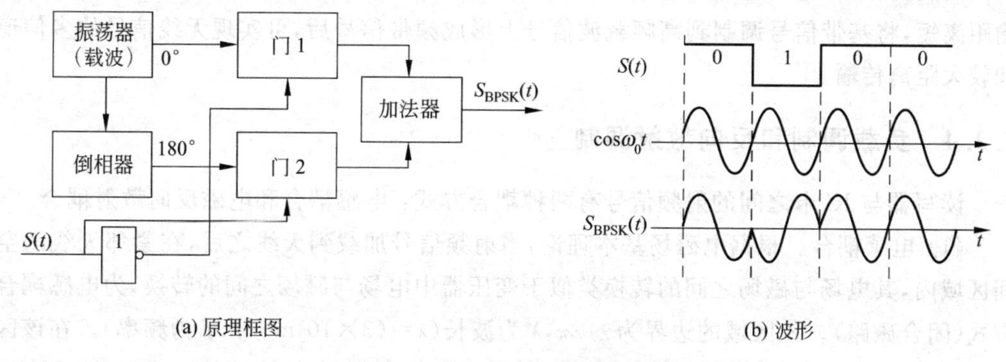

图 7.7　产生 BPSK 信号的方法

解调过程如图 7.8 所示。BPSK 信号经带通滤波器滤掉噪声后，在乘法器中与基准载波相乘，如果两者同相，输出正信号；如果两者异相，输出负信号。再由包络检波器输出信号的包络到判决器，在取样脉冲的作用下，由判决器输出解调后的数字基带信号。

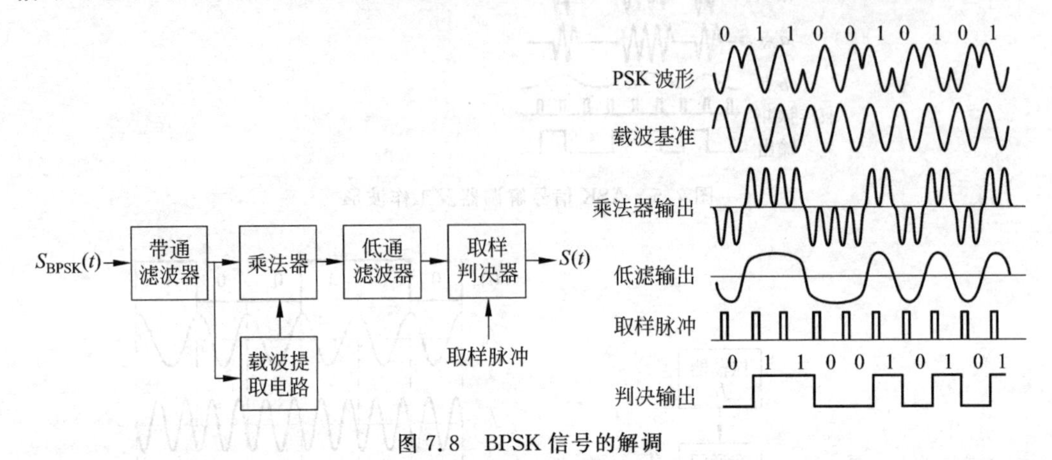

图 7.8　BPSK 信号的解调

4 相 PSK（QPSK）利用载波的 4 种不同相位（45°、135°、225°、275°）表示输入的 2 位数字（00、01、10、11）。

以上介绍了 ASK、FSK 和 PSK 3 种调制方法。请注意编码方式和调制方式的概念是不同的。

为配合 ISO/IEC 18000-3 国际标准，下面介绍正交调幅（Quadrature Amplitude Modulation，QAM）调制方法。在调制过程中，同时以载波信号的幅度和相位来代表不同的“比特”编码。

QAM 信号：有两个相同频率载波，但相互相差 90°（1/4 周期）分别称为 I 和 Q 信号，可分别表示为正弦和余弦波形。两种被调制的载波发射时被混合，到达接收方后，载波分离，数据被分别提取。

QAM 包括二进制（4QAM）、四进制（16QAM）等，对 4QAM，如果信号幅度相等，其调制和解调方法与 4PSK 相同。

此外，在非接触式 IC 卡中，采用负载调制方法，有关内容在 7.2.4 节中介绍。

调制的作用：鉴于基带传输只能使用有限信道（接触式卡一般只用一个信道），且传输距离短，将基带信号调制到高频载波信号上形成频带信号后，可实现无线信号的多信道和较大距离传输。

7.2.4　负载调制和反向散射调制

读写器与 IC 卡之间的射频信号有两种耦合方式：电感耦合和电磁反向散射耦合。

（1）电感耦合。根据电磁场基本理论，当射频信号加载到天线之后，在紧邻天线的空间区域内，其电场与磁场之间的转换类似于变压器中电场与磁场之间的转换，为电感耦合方式（闭合磁路）。该区域的边界为 $\lambda/2\pi$，λ 为波长（$\lambda=(3\times10^8\text{m})/f$，$f$ 为频率）。在该区域内其磁场强度随离开天线的距离迅速减小，非接触式 IC 卡的载波频率为 13.56MHz，

$\lambda=(3\times10^8\text{m})/13.56\times10^6=22.1\text{m}$，典型的工作距离仅为若干厘米。

(2) 电磁反向散射耦合。当读写器和IC卡之间的工作距离增大时(典型距离为1～10m)，一般使用超高频或微波频段的载波。例如，2.45GHz的微波波长λ为12.2cm，此时读写器与IC卡天线之间的通信是通过电磁波的发射与反射而实现的反向散射耦合(雷达原理)。

针对上述两种耦合方式而采用的两种调制方法为负载调制和反向散射调制。

1. 负载调制

如果将一个谐振频率与读写器发送频率相同的IC卡放入读写器天线的交变磁场中，IC卡就能从磁场取得能量，这将导致读写器天线电流的增加和读写器内阻R_i上的压降增大，如图7.9所示。IC卡天线上负载(图中的T)的接通和断开会使读写器天线上的电压发生变化，如果用IC卡要发送的数据(基带信号)来控制负载的接通和断开，那么这些数据就能从卡传输到读写器(在读写器天线上测到)，这种数据传送方式称为负载调制。然而在天线上测得的信号幅度太小，实践中，对13.56MHz的系统来说，当天线电压大约为100V(由于谐振使电压升高)时，有效信号仅有10mV左右，要在天线上检测这些很小的电压变化对检测电路的要求很高，于是在下面即将介绍的国际标准中，采用的是使用副载波的负载调制。

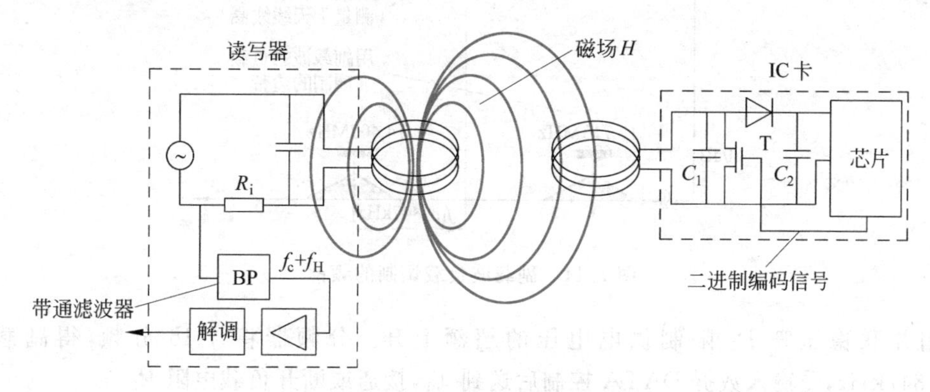

图7.9　IC卡能量的获得与负载调制

在卡中，将接收到的载波进行分频而得到副载波。假设载波频率为13.56MHz，16分频得副载波，其频率f_H为847kHz，卡要发送的数据采用曼彻斯特编码，ASK调制，传输率为106kb/s(847/8)，负载调制的过程如图7.10所示。用已调制的副载波控制负载开关的接通和断开，对载波实行调制，形成最终的输出。

对副载波负载调制的输出波形进行频谱分析(图7.11)，在载波f_c的$\pm f_H$距离上出现频率分别为f_c+f_H和f_c-f_H的两个边带(sideband)，可用带通滤波器将它们滤出，通过解调得数字基带信息。由于该两边带均含有传输信息，任选其一即可。在读写器中，借助带通滤波器，将从IC卡来的微小有效信号从天线的高电压中分离出来，进而放大、解调得最终结果(图7.9)，该方法被广泛应用。

图7.12所示为使用副载波负载调制的IC卡电路举例。在IC卡天线线圈L_1上感应的电压用桥式整流器(D_1～D_4)整流，稳压后用作IC卡供电电源，当卡接近读写器天线

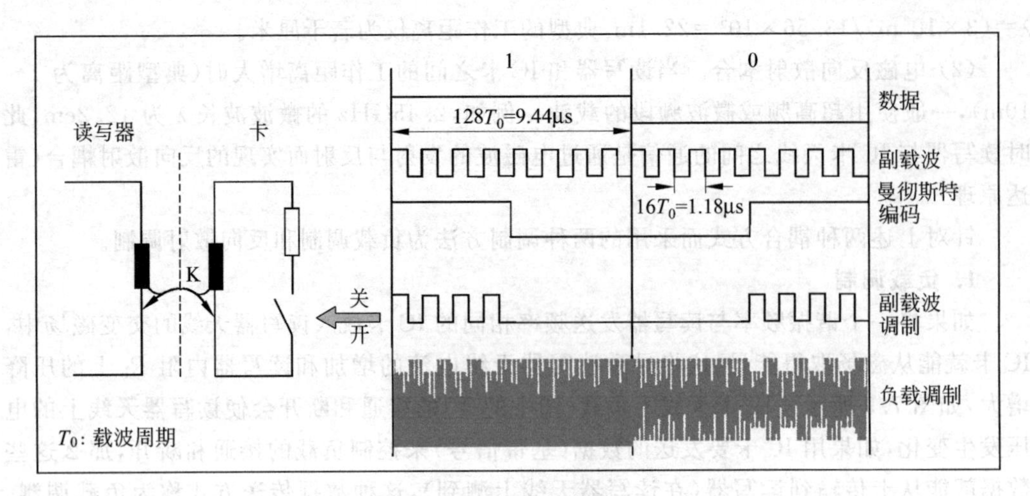

图 7.10 负载调制原理

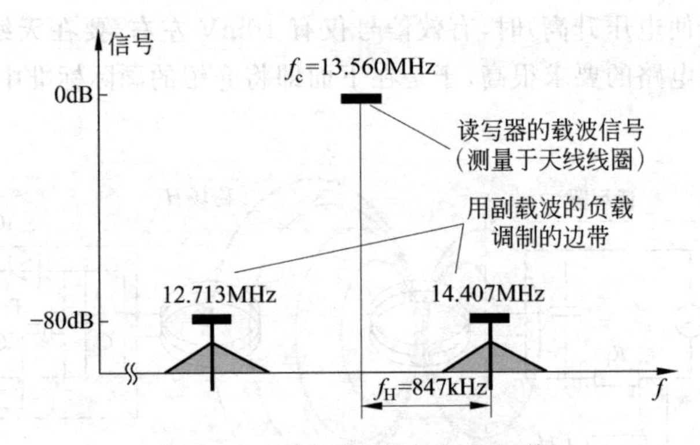

图 7.11 副载波负载调制的频谱

时,用并联稳压管 D_5 限制供电电压的超额上升。分频器将 f_c16 分频,得副载波 f_H=847kHz,受输入数据 DATA 控制后送到 T_1,接通或断开负载电阻 R_2。

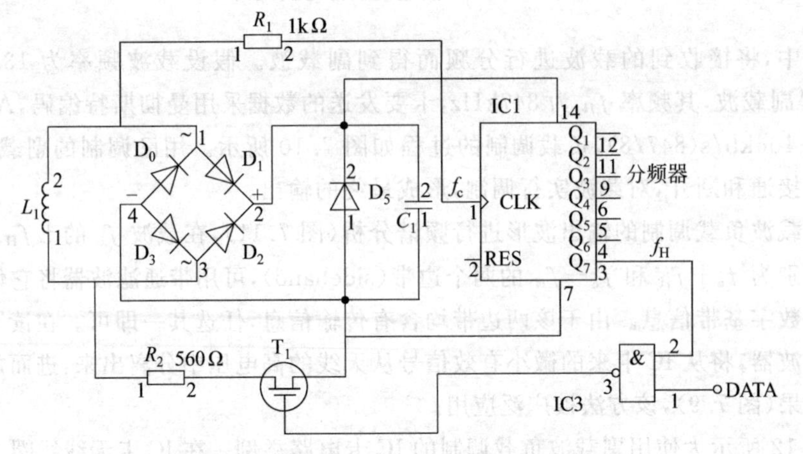

图 7.12 使用副载波负载调制的电路举例

从图 7.12 中可以看到，IC 卡的能量来自读写器发送的载波，因此在设计读写器数据的编码和调制方式时，要尽量保证不间断地供给能量。

也可采取接通或断开负载电容的方法进行调制。

2. 反向散射调制

超高频以上的 RFID 系统采用反向散射调制技术，类似于雷达技术，雷达天线发射的电磁波部分被目标吸收，其他部分向各方散射，其中仅有小部分返回天线。在 RFID 系统的电子标签中，通过发送数据控制标签天线的阻抗匹配情况来改变天线的反射系数。在图 7.13 中，要发送的数据是具有两种电平的信号，通过一个简单的混频器（与门）与中频信号完成调制，调制结果控制阻抗开关，由阻抗开关改变天线的反射系数，从而对载波信号完成调制。这种数据调制方式与普通的数据通信方式有较大的区别，在通信双方，仅存在一个发射机，却完成了双向的数据通信。例如，当标签发送的数据为 0 时，天线开关打开，标签天线处于失配状态，辐射到标签的电磁能量大部分被反射回读写器；当发送的数据为 1 时，天线开关关闭，标签天线处于匹配状态，辐射到标签天线的电磁能量大部分被标签吸收，极少反射回读写器，由此将标签中的数据传送到读写器。

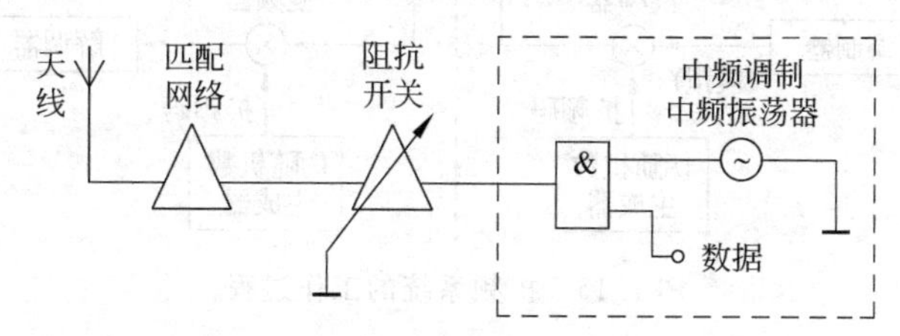

图 7.13 电子标签阻抗控制方式

7.2.5 表面声波电子标签的识别

表面声波（Surface Acoustic Wave, SAW）元件是以压电效应和与表面弹性相关的低速传播的声波为基础的装置，通常工作于 2.45GHz 频率。表面声波电子标签的基本结构如图 7.14 所示。从天线接收到的高频脉冲，经过数字转换器（指状电极结构）转换成表面声波，在压电晶体基片上低速传送（反射）。约经过 1.5ms 的滞后时间，传送到数字转换器将声波转换为电磁波送到天线。在压电晶体基片上完成低速传送功能部分称为反射器，如果将反射器按某种特定的规律设计，使其反射信号表示出特定的编码信息，那么阅读器接收到的反射高频电脉冲串（响应信号）就是贴有电子标签的物品的特定编码信息，不同物品的反射器都不相同，即可达到自动识别物品的目的。

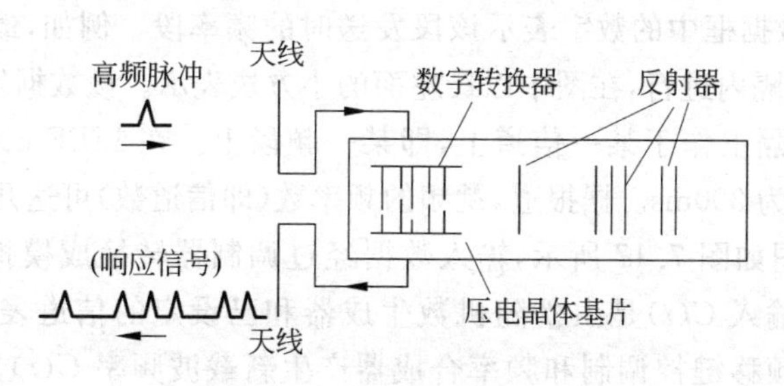

图 7.14 表面声波电子标签

在图 7.14 中，从天线输入 1 个脉冲，经过反射器得到 6 个脉冲的响应信号。

7.3 扩频技术

1. 扩频

扩频(Spread Spectrum,SS)是用于传输模拟和数字信息的通信技术。图 7.15 举例描述了通用扩频系统的工作过程，发送方输入的数据经过调制器转换成模拟信号，该模拟信号围绕某个中心频率具有相对较窄的带宽，该调制器又可称为信道编码器。然后模拟信号与伪随机数生成器经调制后生成的扩频码同时送到混频器，混频器输出信号的带宽显著增加，即扩展了频谱，并送到天线，通过空中信道进行发送。接收方通过天线接收信号后，将伪随机数生成的同一扩频码同时送到混频器，经解调器后的输出数据即恢复成原发送方的输入数据。

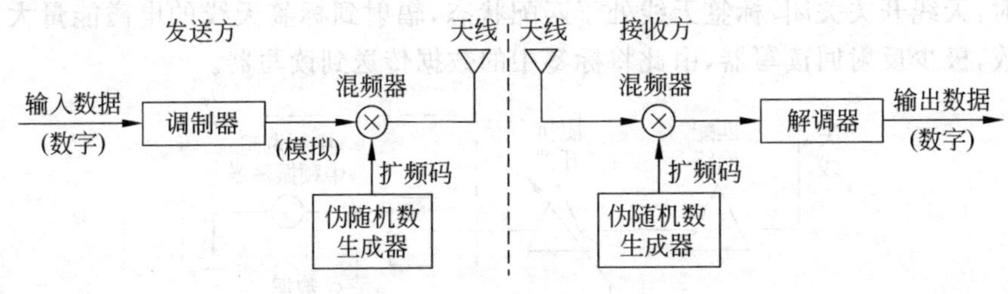

图 7.15 扩频系统的工作过程

以上扩频方法的优点：可防止被窃听与干扰，因为接收方和发送方使用同一扩频码才能恢复原始信息，而且生成扩频码的伪随机数，外人不可得知。

混频器将信号频率由一个量值变换成另一量值，其输出信号频率可以等于两输入信号之和、差或其他组合电路(非线性元件或选频回路)构成的频率。

目前占主流的扩频技术是下面介绍的跳频扩频和直接序列扩频。本书第 9 章的空中接口标准中用到此项技术。

2. 跳频扩频

跳频：用多个扩频码组成一个序列，在时间上按顺序进行频移键控(FSK)调制，产生相应的载波频率，造成载波频率不断跳变，称为跳频。

假设传送数据采用 8 信道跳频扩频(Frequency Hopping SS, FHSS)技术，每一信道分配的载波频率分别为 f_1、f_2、…、f_8。图 7.16 表示数据发送时，各数据段与时间间隔和信道的关系。最上面的数据框中的数字表示该段发送时的频率段。例如，最先发送的数据段频率 f_5，在第 1 时间间隔内进行，在图中以最左面的小方块表示。该数据发送总共需要 8 个时间间隔，每一时间间隔工作于某一信道上，即某一频段上。在 IEEE 802.11 的局域网标准中，将时间间隔定义为 300ms。据报道，跳频的频率数(即信道数)可达几十个到几百个。

FHSS 系统框图如图 7.17 所示，输入数据经过调制器转换成模拟信号 $S_d(t)$ 送混频器。混频器的另一输入 $C(t)$ 是由伪随机数生成器和已设定的信道表所生成的跳频控制命令，再通过 FSK 频移键控调制和频率合成器产生新载波频率 $C(t)$。混频器的输出(即图 7.17 中的 FH 扩频器的输出)即是“扩频信号”，为了修正信号的频率精度差错，设置了

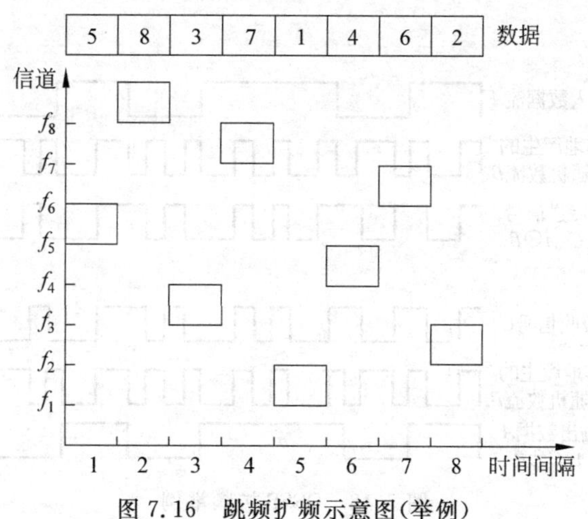

图 7.16 跳频扩频示意图(举例)

带通滤波器,然后将扩频信号送到天线。扩频信号到达接收方时,通过与发送方相逆的操作过程进行解调,其输出即为发送方的输入数字信号。由于形成 $C(t)$ 的伪随机数和信道表等仅为固定的发送方和接收方所知,所以不易受他人的窃听和干扰。

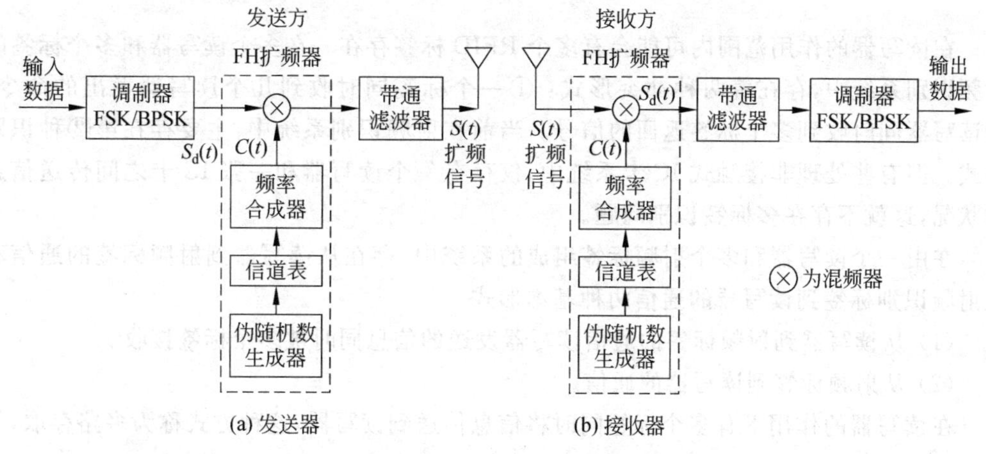

图 7.17 FHSS 系统框图

3. 直接序列扩频

(1) 直接序列扩频(Direct Sequence SS, DSSS)系统框图与图 7.17 相同,但输入数据的表达方式不同。

在 DSSS 系统中,输入数据中的每一位(1 或 0)在传输信号中用多位代码表示。例如数字"0"用 110011 替代,"1"用 000111 替代,其中替代的多位代码称为码片(Chips),上例有 6 位代码。这种扩展编码能将信号扩展到更宽的频带范围内。在不同的应用例子中,码片的表示形式(如位数等)不是唯一的。

(2)[c] 另一种 DSSS 技术是使用异或运算(或称为模 2 加运算)将图 7.17 中的扩频码用图 7.18 中的传送信号 C 来替代。在图 7.18 中,当输入数据流 A 为 0 时(高电平),本地产生的伪随机数流 B 即为传送信号 C;当输入数据流 A 为 1 时(低电平),传送信号

C 取 B 的反码。

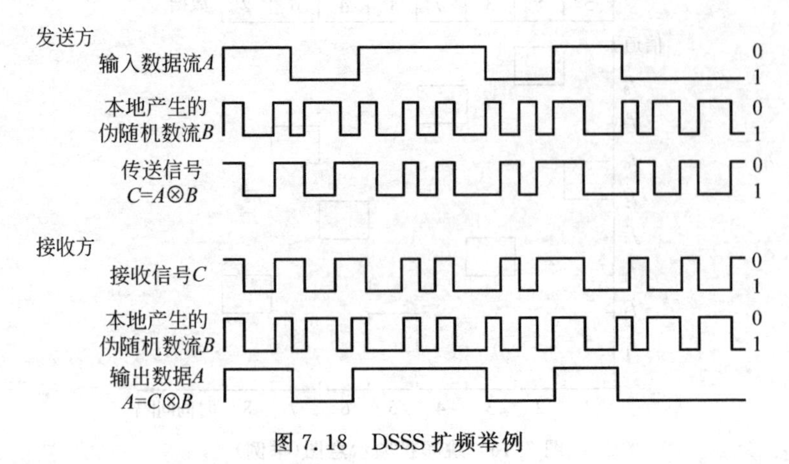

图 7.18　DSSS 扩频举例

作为教材,图 7.18 的举例可以暂不学习。

7.4　多路存取(多标签射频识别)

在读写器的作用范围内可能会有多个 RFID 标签存在。在多个读写器和多个标签的射频识别系统中,存在着两种冲突形式:①一个标签同时收到几个读写器发出的命令;②读写器同时收到多个标签返回的信号。当前在射频识别系统中,主要存在第②种识别形式。但有些处理非接触式 IC 卡系统中,仅存在一个读写器和一张 IC 卡之间传送信息的状况,这就不存在多标签识别问题。

在由一个读写器和多个射频标签组成的系统中,存在从读写器到射频标签的通信和从射频识别标签到读写器的通信两种基本形式。

(1) 从读写器到射频标签的通信读写器发送的信息同时被多个标签接收。

(2) 从射频标签到读写器的通信。

在读写器的作用下有多个标签同时将信息传送到读写器,这种方式称为多路存取,如图 7.19 所示。

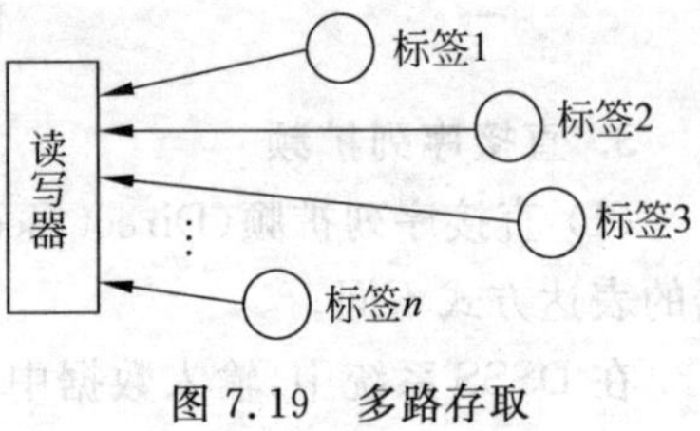

多路存取一般有以下几种形式:空分多址、时分多址、频分多址、码分多址和正交频分多址。

1) 空分多址(Space Divisio Multiple Access, SDMA)

SDMA 利用不同标签的空间特征(如位置)区分标签,配合电磁波传播的特征,可使不同位置的标签使用相同频率且互不干扰。例如,可利用定向天线或窄波束天线,使电磁波按一定方向发射,且局限在波束范围内,也可控制发射功率,使电磁波只作用在有限距离内。但空间分隔不能太细,某一空间范围一般不会仅有一个标签,所以 SDMA 常与其他多址方式结合使用。

读写器　标签1　标签2　标签3　⋮　标签n

图 7.19　多路存取

2) 频分多址(Frequency Division Multiple Access, FDMA)

FDMA是把若干个不同载波频率的传输通路同时供标签使用,一般情况下,从读写器到标签的频率 f_a 是固定的,而射频标签可采用不同频率进行数据传送(f_1、f_2、…、f_n),如图7.20所示。

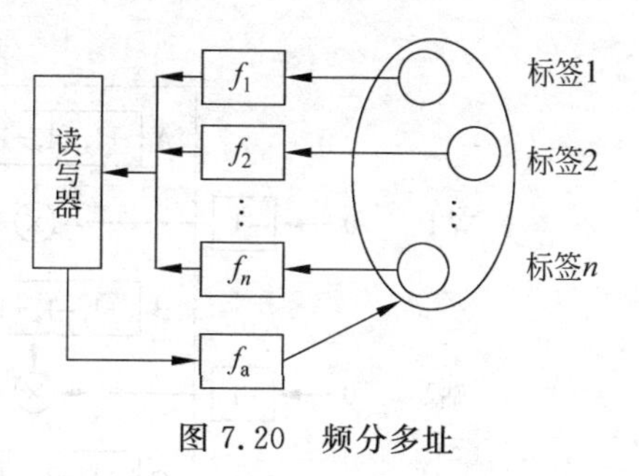

图7.20 频分多址

3) 时分多址(Time Division Multiple Access, TDMA)

TDMA将整个可用的时间分配给多个标签,构成了多标签防冲突算法中应用最广的一种算法。参见第8章中论及的国际标准ISO/IEC 14443和ISO/IE 15693。

TDMA将数据传送时间划分成若干时隙,每个标签使用某一指定时隙接收和发送信号。各标签按序占用不同时隙,但占用同一频带。TDMA的主要问题是整个系统要精确同步,各时隙之间应留有保护间隙,以减少数据串扰。

4)[c]码分多址(Code Division Multiple Access, CDMA)

CDMA采用7.3节中讨论的扩频技术。发送方用一个带宽远高于信号带宽的伪随机数编码(或其他码)生成扩频码,调制所需传输的信号,即拓宽原信号的带宽,再经调制后发送。接收方使用完全相同的伪随机数编码,与接收到的宽带信号做相关处理,把宽带信号解调为原始数据信号。不同用户使用互相"正交"的码片序列,它们占用相同频带,可实现互不干扰的多址通信,由于以正交和不同码片序列区分用户(或标签),所以称为"码分多址",也称为"扩频多址(SSMA)"。

"正交"的含义是指被描述的信号(如子信道、子载波等)之间不会互相干扰,而且它们与各自的上层信号(如信道、载波等)有精确的数学关系,而且该数学关系不是唯一的。

5)[c]正交频分多址(Orthogonal Frequency Division Multiple Access,OFDMA)

OFDMA将信道分为若干个子信道,将高速数据信号转换成并行的低速子数据流,调制到每个子信道上传输。接收方用相关技术可区分正交信号,减少子信道间的相互干涉。各子信道的带宽仅是原信道带宽的小部分。每个用户可选择条件较好的子信道传输数据。

上述多种多路存取方式可组合起来使用。下面以"正交"和"码分"为例进行说明。

假设有4个用户(称为站),在码分多址(CDMA)系统中,共同占用一个通道,且同时发送数据(不用分时)。每个站有一个码片(Chips)序列,分别为A、B、C和D,如图7.21所示。

+1, +1, +1, +1	+1, −1, +1, −1	+1, +1, −1, −1	+1, −1, −1, +1
A	B	C	D

图7.21 码片(Chips)系列

按以下规则编码(举例):假设每站仅发送1位。如果站发送数字"0",则发送数值−1;如果站发送数字"1",则发送数值+1;当站为空闲,没有信号发送,则发送数值0。在

图 7.22(CDMA 发送)中,假设站 1 和站 2 发送“0”,站 3 空闲,站 4 发送“1”。

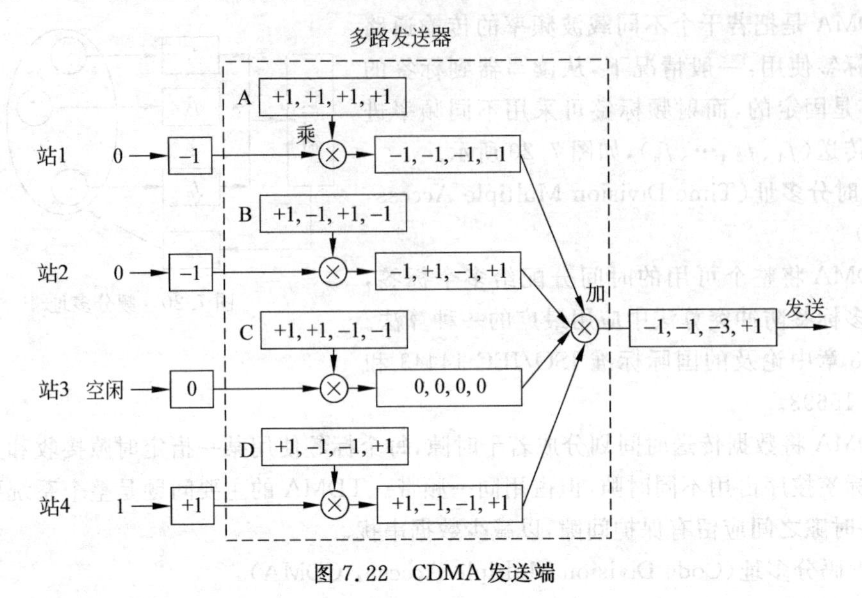

图 7.22　CDMA 发送端

发送步骤如下(图 7.22)。

(1) 多路发送器从各站分别接收数据,而且已转换成数值−1、−1、0 和+1。

(2) 站 1 发送的数值−1,乘以码片各列的每个 Chip,得到序列为−1、−1、−1 和−1。同理,得到其余 3 个序列如图 7.22 所示。

(3) 将 4 个新序列的第一个 Chip 相加,第 2 个 Chip 相加,直到第 4 个,得到最后的新的序列为−1、−1、−3 和+1,并发送出去。

在接收端,对传送来的序列进行分解,如图 7.23 所示。其步骤如下。

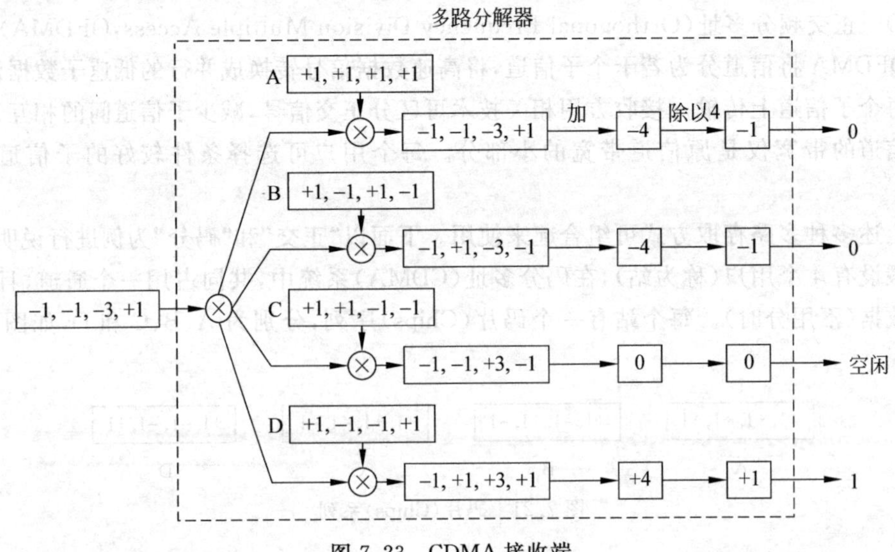

图 7.23　CDMA 接收端

(1) 多路分解器接收从发送器送来的序列－1、－1、－3 和＋1。

(2) 将接收到的序列,依次乘以码片序列的每个 Chip,得到 4 个新的序列,如图 7.23 所示。

(3) 每个序列中的 Chip 相加,结果分别为－4、－4、0 和＋4。实际上所有例子的结果总是＋4、－4 或 0。

(4) 将结果除以 4,得－1、－1、0 和＋1。解码后为 0、0、空闲和 1。与各站发送的数字相等。

上例中讲到的码片序列,不是随机产生的,是使用 Walsh 表生成的正交序列,具体方法不在本书中讨论。

7.5 无线局域网

无线局域网(Wireless Local Area Network, WLAN)是计算机网络与无线通信技术相结合的产物,也是物联网的产生、发展和应用的基础。WLAN 能在几十米到几千米范围内应用。下面讲述 IEEE 802.11 国际标准和蓝牙无线网。与物联网有关的无线局域网、传感网等在第 14 章介绍。

7.5.1 IEEE 802.11 体系结构

WLAN 的基本构成单元称为基本服务集(Basic Service Set, BSS)。它由争用同一共享介质的站点组成。BSS 可以是独立的,也可通过访问点连接到有线 LAN 后,再连接到服务器,构成扩展的服务集(ESS),如图 7.24 所示。

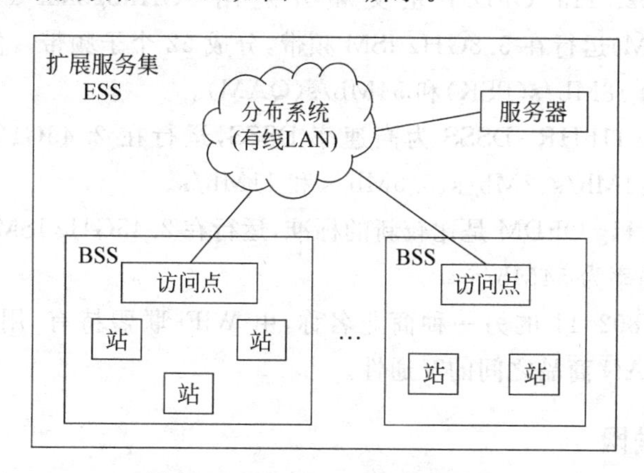

图 7.24 IEEE 802.11 体系结构

基于流动性,WLAN 定义了以下 3 种站点。

(1) 不迁移。站点位置固定或仅在某一个 BSS 内移动。

(2) BSS 间迁移。站点从某一 ESS 的 BSS 中迁移到同一 ESS 的另一个 BSS 中。

(3) ESS 间迁移。站点从某个 ESS 的 BSS 迁移到另一 ESS 的 BSS 中,在这种情况下,服务可能受到破坏。

7.5.2 IEEE 802.11 标准频谱

国际电信联盟(International Telecommunication Union, ITU)为工业、科学、医疗(Industrial Scientific Medical, ISM)领域分配了无需授权即可使用的频率范围(见表 7.1)。IEEE 802.11 标准和RFID 标签产品基本上包含在此范围以内。

表 7.1 ISM 频谱

频率范围/MHz	中心频率/MHz	频率范围/GHz	中心频率/GHz
6.765～6.795	6.780	2.4～2.5	2.450
13.553～13.567	13.56	5.725～5.875	5.800
26.957～27.283	27.12	24～24.25	24.125
40.16～41.2	40.68	61～61.5	61.25
433.05～434.79	433.92	122～123	122.5
902～928	915	244～246	245

从技术角度分析,WLAN 利用无线多址信道和宽带调制技术来提供统一的物理层平台,支持节点间的数据通信。

IEEE 802.11 定义的频谱规范如下:

(1) IEEE 802.11 FHSS 跳频扩频运行在 2.45GHz ISM 频带,FSK 调制,数据传输率为 1Mb/s 或 2Mb/s。

(2) IEEE 802.11 DSSS 直接序列扩频运行在 2.45GHz ISM 频带,发送的每一位用一串码片替代,采用 BPSK 或 QPSK 调制,数据传输率为 1Mb/s 或 2Mb/s。

(3) IEEE 802.11a OFDM 正交频分复用(Orthogonal Frequency Division Multiplexing,OFDM)运行在 5.8GHz ISM 频带,分成 52 个子频带。使用 PSK 和 QAM 调制,数据传输率为 18Mb/s(PSK)和 54Mb/s(QAM)。

(4) IEEE 802.11bHR -DSSS 为高速率 DSSS,运行在 2.45GHz ISM 频带,定义了 4 种数据传输率:1Mb/s、2Mb/s、5.5Mb/s 和 11Mb/s。

(5) IEEE 802.11g OFDM 是比较新的标准,运行在 2.45GHz ISM 频带,采用复杂的调制技术,数据传输率为 54Mb/s。

WiFi 是 IEEE 802.11 的另一种商业名称,由 WiFi 联盟持有,用于改善基于 IEEE 802.11 标准的 WLAN 商品之间的互通性。

7.5.3 蓝牙无线网

蓝牙(Bluetooth)是一种无线局域网技术,用于连接在 10m 范围内的设备,如笔记本、照相机、打印机、传感器和移动设备等。

当今蓝牙技术实施的协议由 IEEE 802.15 标准定义。蓝牙设备内有短距离无线电发送器,数据传输率是 1Mb/s,频宽 2.45GHz,有可能在 IEEE 802.11b 的无线局域网和蓝牙局域网之间相互连接。

蓝牙在物理层使用跳频扩频技术,1s 跳频 1600 次,即每个设备在 1s 内可改变 1600

次调制频率，即在跳到其他频率前，一个设备使用该频率的时间仅 625μs。蓝牙使用 FSK 调制，FSK 有一个载波频率，频率偏移在载波频率之上的信息为"1"，在载波频率之下为"0"。

蓝牙在 2.45GHz 频带范围内分成 79 个通道，每个通道的频率偏移值为 1MHz，每个通道的载波频率定义为

$$f_c = (2404 + n) \quad \text{MHz}$$

式中，$n=0,1,2,\cdots,78$。

蓝牙支持"点到点"和"点到多点"的连接。

7.5.4 无线局域网的特点

WLAN 是在有线局域网基础上发展起来的，摆脱了有线传输介质的束缚，实现了便携式设备的网络接入功能，并可将网络延伸到线缆无法连接的地方，节省了组网的费用。

但是由于无线信道存在各种干扰和噪声，无线电波可能受到窃听和恶意篡改，从而影响了可靠性和安全性。

便携设备要注意节能，从而延长电池使用时间和提高电池寿命。

习题

1. 学习射频识别技术的重要性何在？
2. 电子标签、RFID 标签和非接触式 IC 卡的相同点和差别是什么？
3. 什么是基带信号和宽带信号？它们与载波有何关系？
4. 数字信号常用的有哪些编码方式？了解编码和调制两个概念的联系与差别。
5. 常用的调制方式有哪些？调制与解调有什么关系？为什么要对数字信号进行调制？
6. 射频识别系统包括哪些部件？作用是什么？与物联网有何关系？
7. 跳频扩频(FHSS)和直接序列扩频(DSSS)系统的工作原理及其组成是什么？
8. 为什么要讨论多路存取的方法？一般有哪几种方法？
9. 叙述 IEEE 802.11 定义的频谱范围与本章中介绍的射频技术的关系。
10. 国际电信联盟为 ISM 领域分配频率范围的作用何在？RFID 标签一般使用在哪些频率范围内？
11. 非接触式 IC 卡和 RFID 标签怎样得到工作所需的直流电源？请比较各种方法的优缺点。

第 8 章 非接触式 IC 卡国际标准 ISO/IEC 14443 和 ISO/IEC 15693

根据非接触式 IC 卡操作时与读写器发射表面距离的不同，定义了 3 种卡及其相应的读写器，如表 8.1 所示。

表 8.1 非接触式 IC 卡、读写器及其对应的国际标准

IC 卡	读写器	国际标准	读写距离/cm
CICC	CCD	ISO/IEC 10536	紧靠（基本淘汰）
PICC	PCD	ISO/IEC 14443	<10
VICC	VCD	ISO/IEC 15693	<50

ICC 为集成电路卡，表 8.1 中 CICC 为 Close-Coupled ICC（紧耦合 IC 卡），PICC 为 Proximity ICC（接近式 IC 卡），VICC 为 Vicinity ICC（邻近式 IC 卡），CD 为 Coupling Device，是读写器中发射电磁波的部分。

在目前已发表的非接触式卡国际标准中，主要讨论的是卡的物理特性、发射/接收的电信号、防冲突机制、复位应答和传输协议。与接触式 IC 卡相比，非接触式 IC 卡还需要解决下述 3 个问题。

(1) IC 卡如何取得工作电压。

(2) 读写器与 IC 卡之间如何交换信息。

(3) 多张卡同时进入读写器发射的能量区域（即发生冲突或称为碰撞）时，如何处理。

PICC 和 VICC 的物理特性与尺寸应满足 ISO/IEC 7810 中规定的 ID-1 卡的需求，还应满足在紫外线、X 射线、交流电场、交流磁场、静电、静磁场、工作温度、动态弯曲和动态扭曲等方面提出的要求。其测试方法在 ISO/IEC 10373 标准中描述。

8.1 ISO/IEC 14443-2 射频能量和信号接口

PCD 和 PICC 开始对话的操作顺序如下。

(1) PCD 的 RF（射频）场激活 PICC。

(2) PICC 等待 PCD 的命令。

(3) PCD 发出一个命令。

(4) PICC 发出一个应答。

以上这些操作用到的 RF 能量以及信号接口将在下面说明。

8.1.1 能量传送

PCD 产生耦合到 PICC 的 RF 电磁场，用以传送能量和双向通信（经过调制/解调）。

(1) PICC 获得能量后，将其转换成直流电压。

(2) RF 场的载波频率 f_c 是 13.56MHz±7kHz。

(3) RF 场的 H 值(磁场强度)在 1.5～7.5A/m(有效值)之间，在此范围内 PICC 应能不间断地工作。

8.1.2 信号接口(Type A 和 Type B)

本协议规定了两种信号接口：Type A(A 类)和 Type B(B 类)。图 8.1 所示为在 PCD 和 PICC 之间传送二进制信号(01001)的举例。两个方向传送的信号表示形式是不同的。

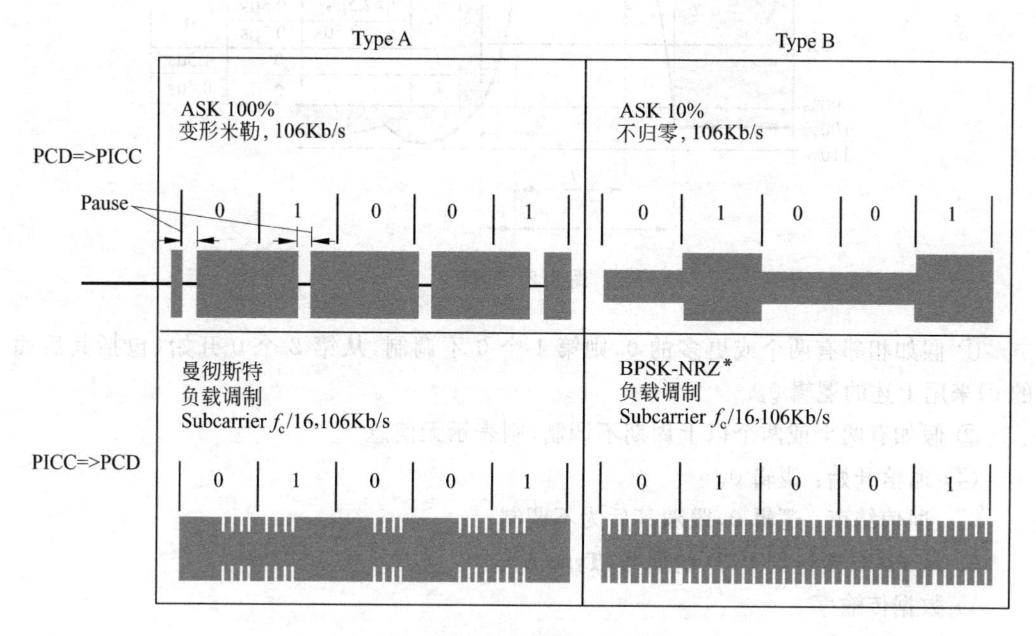

图 8.1 Type A 和 Type B 接口通信信号举例

1. 从 PCD 传送到 PICC 的信号(Type A)

1) 传输率

载波频率为 13.56MHz，在初始化和防冲突期间，数据传输率为 13.56MHz/128＝106Kb/s，一位数据所占的时间周期为 9.4μs。

2) 调制

采用 ASK 100%调幅制，在 RF 场中创造一个“间隙(pause)”来传送二进制数据，图中灰影部分为载波，空白处即为间隙。间隙的实际波形如图 8.2 所示。

3) 数位的表示和编码

定义以下时序。

(1) 在 $64/f_c$ 之处(位周期的中间)，产生一个间隙，代表逻辑 1。

(2) 在位期间的开始产生一个间隙，代表逻辑 0。

(3) 在整个位期间($128/f_c$)不发生调制，其意义如下。

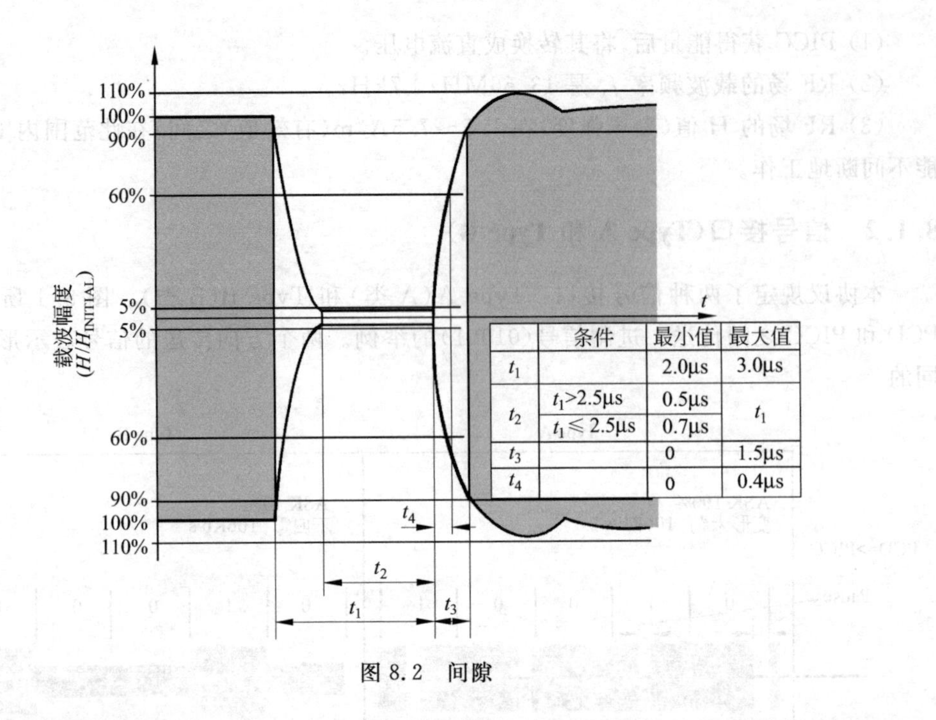

	条件	最小值	最大值
t_1		2.0μs	3.0μs
t_2	t_1>2.5μs	0.5μs	t_1
	t_1≤2.5μs	0.7μs	
t_3		0	1.5μs
t_4		0	0.4μs

图 8.2　间隙

① 假如相邻有两个或更多的 0，则第 1 个 0 不调制，从第 2 个 0 开始(包括其后面的 0)采用上述的逻辑 0。

② 假如有两个或两个以上周期不调制，则表示无信息。

(4) 通信开始：逻辑 0。

通信结束：逻辑 0，跟随其后为不调制。

2. 从 PICC 传送到 PCD 的信号(Type A)

1) 数据传输率

在初始化和防冲突期间，数据传输率为 $f_c/128$(106Kb/s)。

2) 负载调制

PICC 通过电感耦合区与 PCD 进行通信。在 PICC 中，利用 PCD 发射的载波频率生成副载波(频率为 f_s)，副载波是在 PICC 中用开通/断开负载的方法(load modulation)实现的。

副载波的频率 $f_s = f_c/16$(≈847kHz)，在初始化和防冲突期间，一位时间等于 8 个副载波时间。

3) 数位表示和编码

采用曼彻斯特编码，定义如下。

(1) 载波被副载波在位宽度的前半部(50%)调制，表示逻辑 1。

(2) 载波被副载波在位宽度的后半部(50%)调制，表示逻辑 0。

(3) 通信开始(S)：逻辑 1。

(4) 通信结束(E)：不被副载波调制。

(5) 无信息：在整位宽度内载波不被副载波调制。

3. 从 PCD 传送到 PICC 的信号(Type B)

1) 数据传输率

在初始化和防冲突期间,数据传输率为 $f_c/128$(≈106Kb/s)。

2) 调制

采用 ASK 10%调幅制(调制指数=$(a-b)/(a+b)$=8%～14%),其调制波形如图 8.3 所示。

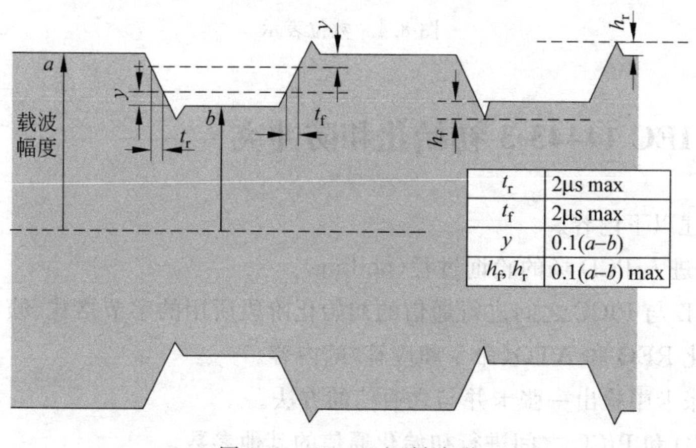

t_r	2μs max
t_f	2μs max
y	0.1(a–b)
h_f, h_r	0.1(a–b) max

图 8.3　Type B 调制波形

3) 数位表示和编码

位编码格式为非归零制 NRZ-L。

(1) 逻辑 1:载波高幅度(无调制)。

(2) 逻辑 0:载波低幅度。

4. 从 PICC 传送到 PCD 的信号(Type B)

1) 数据传输率

在初始化和防冲突期间,数据传输率为 $f_c/128$(≈106Kb/s)。

2) 负载调制

PICC 通过电感耦合区与 PCD 进行通信,在 PICC 中利用 PCD 发射的载波频率生成副载波(频率为 f_s),副载波是在 PICC 中用开通/断开负载的方法实现的。

副载波的频率 $f_s=f_c/16$(≈847kHz)。在初始化和防冲突期间,一位时间等于 8 个副载波时间。

PICC 仅在数据传送时产生副载波。

3) 数位表示和编码

位编码采用不归零制 NZR-L,逻辑状态的转换用副载波相移 180°来表示。φ_0 表示逻辑 1,$\varphi_0+180°$表示逻辑 0,如图 8.4 所示。

从 PCD 发出任一命令后,在 TR0 的保护时间内,PICC 不产生副载波,TR0>$64/f_s$。

然后,在 TR1 时间内 PICC 产生相位为 φ_0 的副载波(在此期间相位不变),TR1>$80/f_s$。副载波的初始相位定义为逻辑 1,所以,第一次相位转变表示从逻辑 1 转变到逻辑 0。

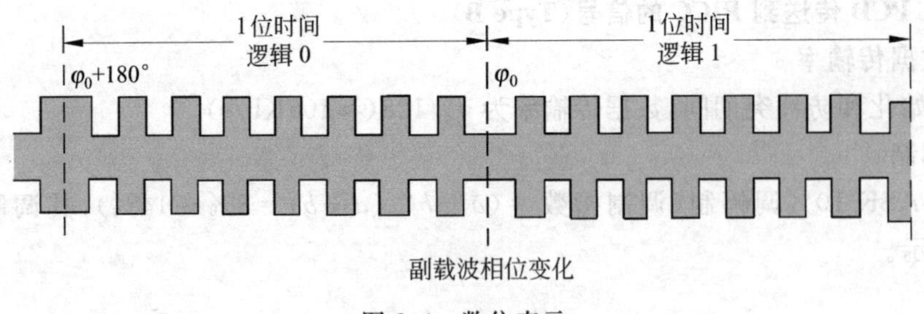

图 8.4　数位表示

8.2　ISO/IEC 14443-3 初始化和防冲突

本部分描述以下内容。

(1) PICC 进入 PCD 场的轮询过程(polling)。

(2) 在 PCD 与 PICC 之间进行通信的初始化阶段所用的字节格式、帧和时序。

(3) 初始化 REQ 和 ATQ(命令和应答)的内容。

(4) 在多张卡中检出一张卡并与之通信的方法。

(5) 在 PCD 和 PICC 之间进行初始化通信的其他参数。

(6) 基于应用规范,加速从多张卡中选出一张卡的可选方法。

8.2.1　轮询

为了检出进入 PCD 能量场的 PICC,PCD 重复发出请求命令 REQA/REQB,并查询 PICC 的响应 ATQA/ATQB,这一过程称为轮询(polling)。

REQA 和 REQB 分别为采用 Type A 和 Type B 规范的 PCD 所发出的请求命令。

当 PICC 进入尚未调制的射频场后,应能在 5ms 时间内接收 PCD 的请求命令。

8.2.2　Type A——初始化和防冲突

本节描述应用于 Type A 的 PICC"位冲突"检测协议。

1. 字节与帧的格式

命令帧和响应帧应成对传送,PCD 发送帧到 PICC 后,经过延迟时间,PICC 发送帧到 PCD。然后再延迟时间后,可启动下一对帧的传送。

1) 帧延迟时间

帧延迟时间定义为在相反方向上所发送的两个帧之间的时间。

(1) PCD 到 PICC 的帧延迟时间。

PCD 发送命令的最后一个间隙结束与 PICC 发送响应的起始位的第一个调制边之间的最小时间应遵守图 8.5 中的规定。其中,$1/f_c=73.75$ns。

为适应所有命令的操作,将图 8.5 中的 $1236/f_c$ 修改为$(n\times128+84)/f_c$,$1172/f_c$ 修改为$(n\times128+20)/f_c$,其中 $n\geqslant9$,且为整数。当 $n=9$ 时,即为图 8.5 中的时序。

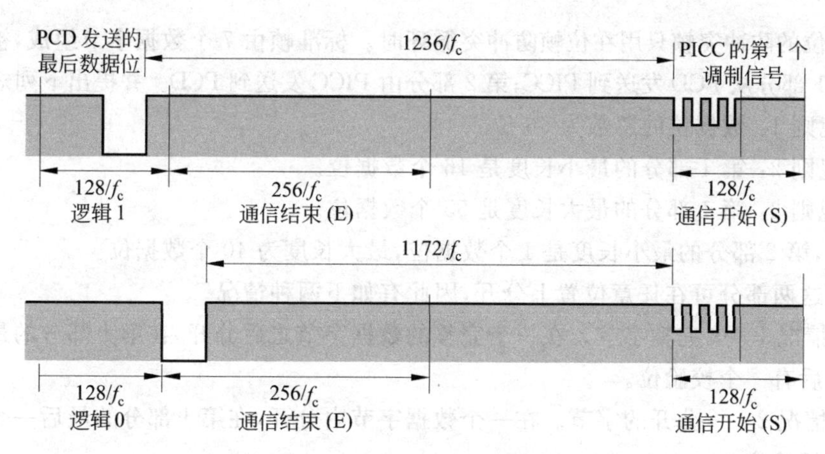

图 8.5 同步应答时序

(2) PICC 到 PCD 的帧延迟时间。

PICC 发送的最后一个调制与 PCD 发送的第一个间隙之间的时间，至少为 $1172/f_c$。

2) 请求保护时间

相邻两个 REQA 命令的起始位之间的最小时间定义为请求保护时间，其值为 $7000/f_c$。

3) 帧格式(短帧和标准帧)

(1) 短帧。REQA 命令帧和 WUPA 命令帧。REQA 帧如下。

	LSB						MSB	
S	0	1	1	0	0	1	0	E

发送的第一位　　'26'

这两帧应用于初始化通信，包含以下内容。

① 通信起始位 S。

② 命令代码 7 位，最低有效位(Least Singnificant Bit，LSB)先发送，最高有效位(Most Singnificant Bit，MSB)最后发送。REQA 的命令代码是'26'，WUPA 的命令代码为'52'。

③ 通信结束位 E。

无奇偶校验位。

(2) 标准帧。用于数据交换，其组成如下。

① 通信起始位 S。

② $n\times$(8 个数据位＋奇校验位)，其中 $n\geqslant 1$。数据字节的最低位先发送，每一数据字节后有一奇校验位。

③ 通信结束位 E。

4) 面向位的防冲突帧

当至少有两个 PICC 发出不同的位样本(如唯一标识码)到 PCD 时，就能检测到冲突。在这种情况下，至少有一位的载波在整个位宽度内都被副载波调制。

面向位的防冲突帧只用在位帧防冲突循环时。标准帧由 7 个数据字节组成，被分成两部分：第 1 部分从 PCD 发送到 PICC；第 2 部分由 PICC 发送到 PCD。并提出下列规则。

- 规则 1：数据位的总数为 56 位。
- 规则 2：第 1 部分的最小长度是 16 个数据位。
- 规则 3：第 1 部分的最大长度是 55 个数据位。

因此，第 2 部分的最小长度是 1 个数据位，最大长度为 40 个数据位。

由于这两部分可在任意位置上分开，因此有如下两种情况。

(1) 情况 1——完整字节。在一个完整的数据字节之后分开，在第 1 部分的最后一个数据位之后有一个校验位。

(2) 情况 2——分开的字节。在一个数据字节内分开，在第 1 部分的最后一个数据位之后不加校验位。

图 8.6(a)所示为上述情况 1 的举例，图 8.6(b)所示为上述情况 2 的举例。每一字节(SEL、NVB、…)的意义在以后介绍。

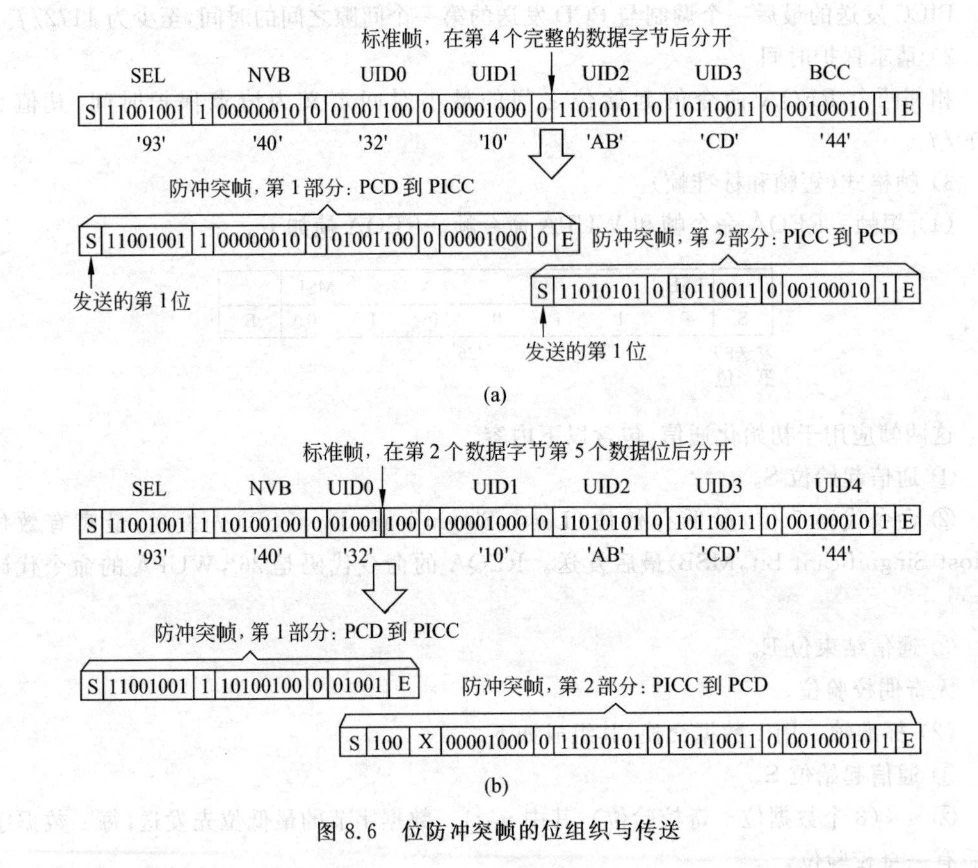

图 8.6　位防冲突帧的位组织与传送

2. PICC 的状态及其转换

实现状态转换的命令由跟随在后的命令集介绍。

(1) POWER OFF(断电)状态。PICC 由于缺少载波能量而处于断电状态，也不发射副载波。

(2) IDLE(休闲)状态。电磁场激活后延迟 5ms 时间以内,PICC 进入 IDLE 状态,在这一状态,PICC 加电,同时能够对已被调制的信号解调,并认识来自 PCD 的 REQA 和 WUPA 命令。

(3) READY(就绪)状态。当接收到一个有效的 REQA 或 WUPA 命令,就进入了 READY 状态,在这一状态中,可采用位帧防冲突或其他可供选择的防冲突方法。当 PICC 的唯一标识符 UID 被 PCD 发来的 SELECTION 命令选中时,就退出本状态。

(4) ACTIVE(激活)状态。当 PICC 的 UID 被 PCD 选中时就进入本状态。在激活状态,遵循更高层次协议,如 ISO/IEC 14443-4 或第 6 章中介绍的命令,完成本次应用所要求的全部操作。

注:每张卡都有一标识符(IDentifier,ID),在同一应用中的所有卡的 ID 应该是各不相同的(至少有 1 位不相同),称之为"唯一标识符(Unique IDentifier,UID)"。

(5) HALT(停止)状态。接收 HALT 命令的 PICC 进入 HALT 状态。

查出场内各 IC 卡标识符不同位值(0,1)位置的方法称为位帧防冲突方法。

3. 命令集

PCD 管理进入其能量场的多张卡的命令如下。

- REQA(启动)命令。
- WUPA(唤醒)命令。
- ANTICOLLISION(防冲突)命令。
- SELECT(选择)命令。
- HALT(停止)命令。

所有命令都是由 PCD 发出的。

1) REQA 命令和 WUPA 命令

这两条命令都是使卡进入 READY 状态,其差别是 REQA 命令从 IDLE 状态进入 READY 状态,而 WUPA 命令从 HALT 状态进入 READY 状态。命令代码如表 8.2 所示。

表 8.2 REQA 和 WUPA 命令代码

b_7	b_6	b_5	b_4	b_3	b_2	b_1	说 明
0	1	0	0	1	1	0	'26'=REQA
1	0	1	0	0	1	0	'52'=WUPA
所有其他							专用或 RFU

当 PICC 接收到 REQA 命令或 WUPA 命令后,在 PCD 能量场范围内的所有 PICC 同步发出 ATQA 响应。ATQA 的长度为 2 个字节,其编码如表 8.3 所示。

表 8.3 ATQA 的编码

b_{16}	b_{15}	b_{14}	b_{13}	b_{12}	b_{11}	b_{10}	b_9	b_8 b_7	b_6	b_5	b_4	b_3	b_2	b_1
RFU				专用编码				UID 长度位帧	RFU	位帧防冲突				

b_8b_7 表示 UID 位帧的长度。UID 的长度不是固定的，可以由 1、2 或 3 部分组成，其 b_8b_7 位分别为 00（UID 长度为 1）、01（UID 长度为 2）或 10（UID 长度为 3），如表 8.4 所示。

表 8.4 UID 的长度

ATQA 的 b_8b_7	UID 长度	最大级联 CL	UID 的字节数
00	1	1	4
01	2	2	7
10	3	3	10

$b_5 \sim b_1$ 中有 1 位（仅有 1 位）置成 1，表示采用的是位帧防冲突方式。

所有 RFU 位均置成 0。

UID 结构定义如表 8.5 所示。

表 8.5 UID 结构定义

<table>
<tr><th>UID 长度：1</th><th>UID 长度：2</th><th>UID 长度：3</th><th>UID CL</th></tr>
<tr><td>UID0</td><td>CT</td><td>CT</td><td rowspan="5">UID CL1</td></tr>
<tr><td>UID1</td><td>UID0</td><td>UID0</td></tr>
<tr><td>UID2</td><td>UID1</td><td>UID1</td></tr>
<tr><td>UID3</td><td>UID2</td><td>UID2</td></tr>
<tr><td>BCC</td><td>BCC</td><td>BCC</td></tr>
<tr><td rowspan="10"></td><td>UID3</td><td>CT</td><td rowspan="5">UID CL2</td></tr>
<tr><td>UID4</td><td>UID3</td></tr>
<tr><td>UID5</td><td>UID4</td></tr>
<tr><td>UID6</td><td>UID5</td></tr>
<tr><td>BCC</td><td>BCC</td></tr>
<tr><td rowspan="5"></td><td>UID6</td><td rowspan="5">UID CL3</td></tr>
<tr><td>UID7</td></tr>
<tr><td>UID8</td></tr>
<tr><td>UID9</td></tr>
<tr><td>BCC</td></tr>
</table>

注：CT 为级联标志，其编码为'88'。

当 UID 的长度为 1 时，由 UID0 决定后随 UID 字节的内容：如果 UID0＝'X0'～'X7'，则 UID 是固定的唯一数；如果 UID＝'08'，则 UID 是动态生成的随机数（UID1～UID3）。

PCD 接收 ATQA 响应，PICC 进入 READY 状态，执行防冲突循环操作。

2）ANTICOLLISION 命令和 SELECT 命令

这两条命令用于防冲突循环，命令格式如下。

SEL	NVB	UID CL_n 数据位	BCC
1字节	1字节	0～4字节	1字节

(1) 选择代码 SEL(1字节),编码如表 8.6 所示。

表 8.6 SEL 的编码

b_8	b_7	b_6	b_5	b_4	b_3	b_2	b_1	说 明
1	0	0	1	0	0	1	1	'93'选择 UID CL1
1	0	0	1	0	1	0	1	'95'选择 UID CL2
1	0	0	1	0	1	1	1	'97'选择 UID CL3

(2) 有效位数量 NVB(1字节),编码如表 8.7 所示。有效位数量为命令的 SEL、NVB 和 UID CL_n 数据位之和。

表 8.7 NVB 编码

b_8	b_7	b_6	b_5	b_4	b_3	b_2	b_1	说 明
0	0	1	0	—	—	—	—	字节数=2
0	0	1	1	—	—	—	—	字节数=3
0	1	0	0	—	—	—	—	字节数=4
0	1	0	1	—	—	—	—	字节数=5
0	1	1	0	—	—	—	—	字节数=6
0	1	1	1	—	—	—	—	字节数=7
—	—	—	—	0	0	0	0	位数=0
—	—	—	—	0	0	0	1	位数=1
—	—	—	—	0	0	1	0	位数=2
—	—	—	—	0	0	1	1	位数=3
—	—	—	—	0	1	0	0	位数=4
—	—	—	—	0	1	0	1	位数=5
—	—	—	—	0	1	1	0	位数=6
—	—	—	—	0	1	1	1	位数=7

(3) UID CL_n(0～40位)。

当 NVB 指示其后有 40 个有效位时(NVB='70'),为 SELECT 命令;NVB 指示非 40 个有效位时(NVB≠'70'),为 ANTICOLLISION 命令。

UID CL_n 为 UID 的一部分,$1 \leqslant n \leqslant 3$,ATQA 的 $b_8 b_7$ 表示 UID 的长度。

命令代码 SEL 的编码如表 8.6 所示。

NVB 的编码如表 8.7 所示。表中高 4 位代表字节数,低 4 位表示位数。SEL 与

NVB 字节也包括在字节数内。因此，最小字节数为 2；最大字节数为 7，此时，NVB 后面有 40 个数据位(UID CL_n)。

(4) BCC 为 UID CL_n 的校验位，仅当 UID 数据位为 4 字节时才有，是前 4 个字节的“异或”值。如果是 SELECT 命令，在命令的最后还要增加 2 字节的 CRC-A 检验码。

PCD 发出防冲突命令的目的，是想从 PICC 得到卡的 UID CL_n 的一部分或全部，从而达到在多张卡中选出一张卡进行交易的目的。

3) HALT 命令

HALT 命令由 4 个字节组成：

S	'50'	'00'	CRC-A	E
	1B	1B	2B	

如果在 HALT 命令帧结束后 1ms 时间内，PICC 以任何调制来响应，则该响应被定为“不确认”。

4. 初始化和防冲突时序

PCD 的初始化和防冲突流程如图 8.7 所示。图中的 SAK(Select AcKnowledge)是由 PICC 发给 PCD 的，是对选择命令的回答，表示被检出的 PICC 的所有 UID 位已经核实。

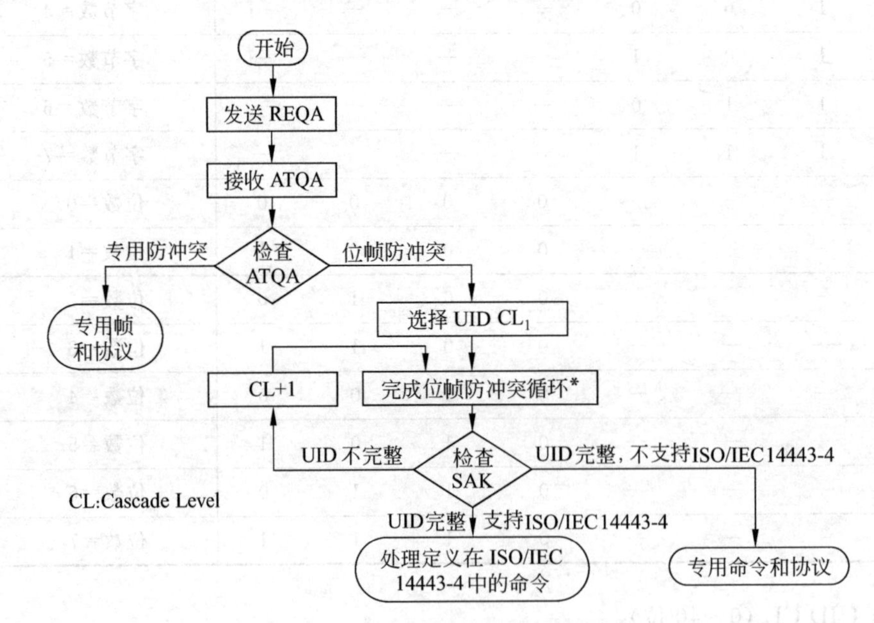

图 8.7 PCD 的初始化和防冲突流程

SAK 是一个标准帧：

SAK	CRC-A
1B	2B

SAK 的编码：

MSB　　　　　　　　　　　　　　　　　　　　　　　　LSB

b_8　b_7	b_6	b_5　b_4	b_3	b_2　b_1
RFU	0/1	RFU	0/1	RFU

其中，b_3 级联位(cascade 位)表示 UID 是否完整。$b_3=0$ 为完整，即 PICC 的 UID 已被 PCD 所确认；$b_3=1$，表示还有部分 UID CL_n($n=2$ 或 3)未经确认。

b_6 位表示是否支持 ISO/IEC 14443 协议，$b_6=1$ 为支持，$b_6=0$ 为不支持。

下面对图 8.7 中的位帧防冲突进一步解释。PCD 的防冲突循环如图 8.8 所示，其算法如下。

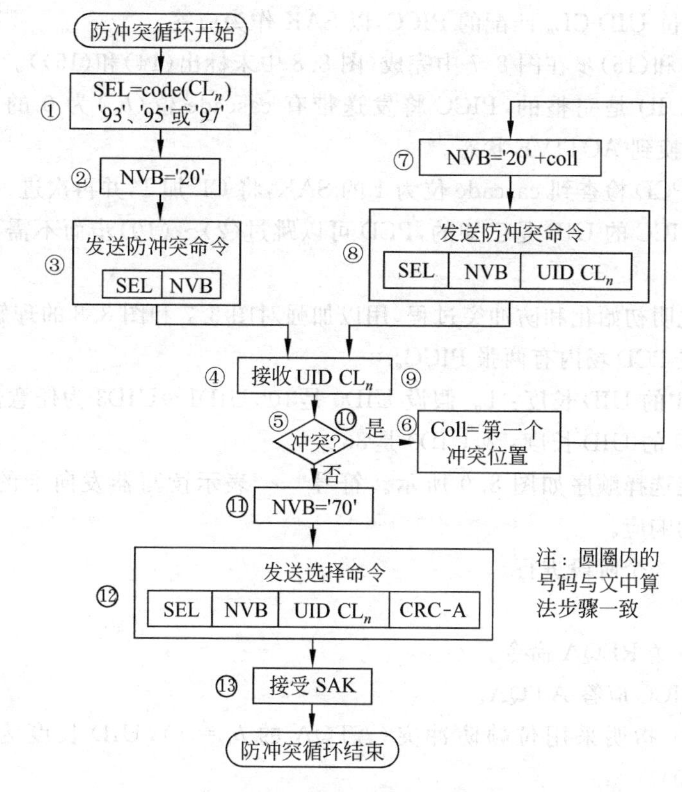

图 8.8　PCD 防冲突循环流程

(1) PCD 指定防冲突命令 SEL 的代码为'93'、'95'或'97'，分别对应于 UID CL1、UID CL2 或 UID CL3。

(2) PCD 指定 NVB 的值是'20'，此值表示 PCD 不发出 UID CL_n 的任一部分，而迫使所有在场的 PICC 发回完整的 UID CL_n 作为应答。

(3) PCD 发送 SEL 和 NVB。

(4) 所有在场的 PICC 发回完整的 UID CL_n 作为应答。

(5) 假如多于一张 PICC 发回应答，则发生了冲突。假如不发生冲突，可跳过(6)～(10)步。

(6) PCD应认出发生第1个冲突的位置。

(7) PCD指示NVB值说明UID CL_n 的有效位数目，这些有效位是接收到的UID CL_n 发生冲突之前的部分，后面再由PCD决定加一位0或一位1，一般加“1”。

(8) PCD发送SEL、NVB和有效数据位。

(9) 只有这样的PICC，它们的UID CL_n 部分与PCD发送的有效数据位内容相等，才发送出UID CL_n 的其余位。

(10) 假如还有冲突发生，重复(6)～(9)步。最大循环次数为32。

(11) 假如没有再发生冲突，PCD指定NVB为'70'，此值表示PCD将发送完整的UID CL_n。

(12) PCD发送SEL和NVB，接着发送40位UID CL_n，后面是CRC校验码。

(13) 与40位UID CL_n 匹配的PICC，以SAK作为应答。

以下第(14)和(15)步在图8.7中完成(图8.8中未标出(14)和(15))。

(14) 如果UID是完整的，PICC将发送带有cascade位(b_3)为0的SAK，同时从READY状态转换到ACTIVE状态。

(15) 如果PCD检查到cascade位为1的SAK，将CL加1，并再次进入防冲突循环。

假如一张PICC的UID是已知的，PCD可以跳过(2)～(10)步而不需要进入防冲突循环。

下面举例说明初始化和防冲突过程，用以加强对图8.7和图8.8的理解。

本例假设在PCD场内有两张PICC。

- PICC＃1的UID长度：1。假设UID0是'10'，UID1～UID3为任意值。
- PICC＃2的UID长度：2，UID0是'88'。

位帧防冲突选择顺序如图8.9所示。符号“→”表示读写器发向卡的命令传送，符号“←”表示卡的响应。

操作分如下3个阶段进行。

1) 请求

(1) PCD发送REQA命令。

(2) 所有PICC应答ATQA。

- PICC＃1指明采用位帧防冲突(ATQA的 $b_1=1$)，UID长度为1(ATQA的 $b_8b_7=00$)。
- PICC＃2指明采用位帧防冲突，UID长度为2(ATQA的 $b_8b_7=01$)。

2) 防冲突循环cascade level 1(CL_1)

(1) PCD发送防冲突(ANTICOLLISION)命令：SEL'93'，指明是位帧防冲突和CL1。NVB的值为'20'，表示PCD不发送UID CL_1 部分。

(2) 在场的所有PICC以完整的UID CL_1 作为应答。

(3) 由于级联标志CT='88'，所以第一个冲突发生于第4位。

(4) PCD发送另一个ANTICOLLSION命令，包含UID CL_1 的开始3位，这是在冲突位发生前接收的，后面再跟随1位(1)。PCD指定NVB='24'。

上述4位等于PICC＃2的UID CL_1 前4位。

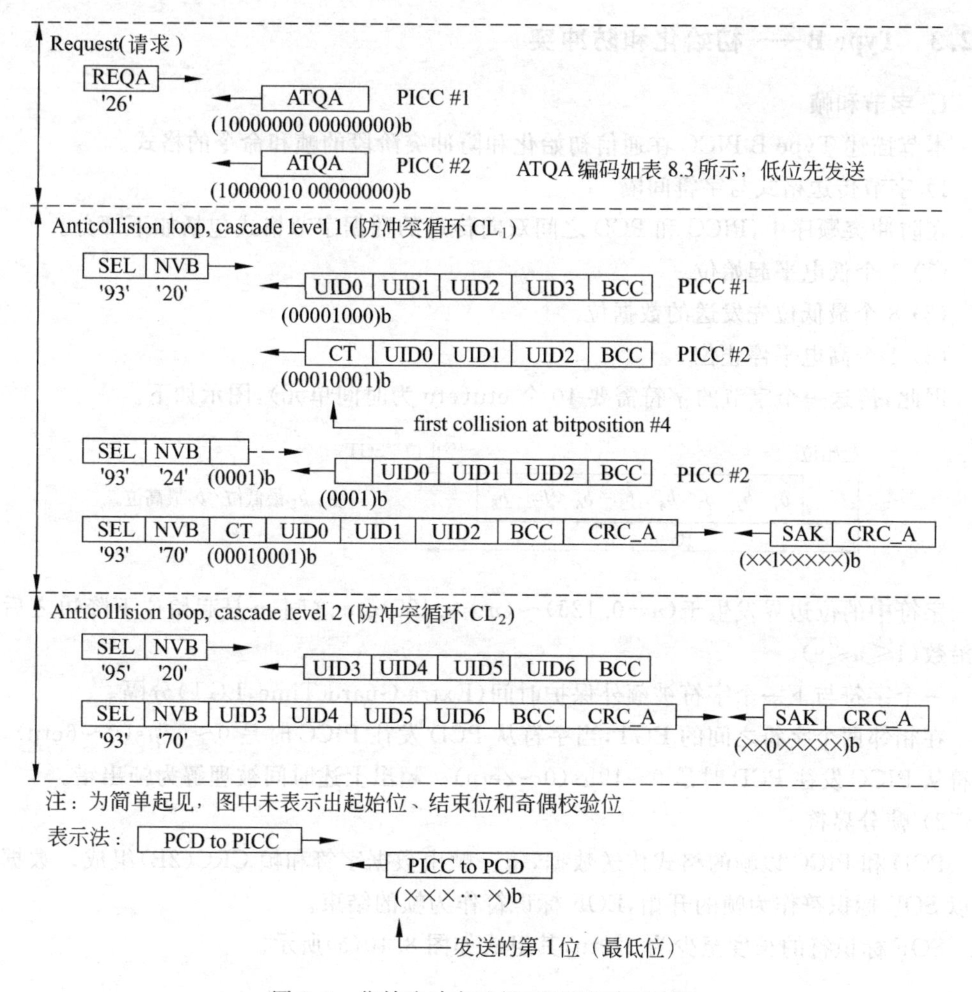

图 8.9　位帧防冲突选择 PICC 顺序(举例)

(5) PICC＃2 应答 UID CL_1 的其余 36 位，因为 PICC＃1 不响应，所以不发生冲突。

(6) 因为 PCD 已经知悉 PICC＃2 UID CL_1 的全部，所以它发出一个选择 PICC＃2 的 SELECT 命令。

(7) PICC＃2 应答 SAK，指出 UID 不完整。

(8) PCD 增加 cascade level(CL＋1)。

3) 防冲突循环 cascade level 2(CL_2)

(1) PCD 发送另一个 ANTICOLLSION 命令：SEL'95'，指明是位帧防冲突和 CL_2，NVB 为'20'，迫使 PICC＃2 以完整的 UID CL_2 作为应答。

(2) PICC＃2 以完整的 UID CL_2 作为应答。

(3) PCD 对 PICC＃2 发出 SELECT 命令(UID CL_2)。

(4) PICC 应答 SAK，指出 UID 完整，并从 READY 状态转换到 ACTIVE 状态。

8.2.3 Type B——初始化和防冲突

1. 字节和帧

本节描述 Type B PICC 在通信初始化和防冲突阶段的帧和命令的格式。

1) 字节传送格式与字符间隔

在防冲突顺序中，PICC 和 PCD 之间双向传送的数据字节格式包括如下部分。

(1) 1 个低电平起始位。

(2) 8 个最低位先发送的数据位。

(3) 1 个高电平停止位。

因此，传送一个字节的字符需要 10 个 etu(etu 为时间单元)，图示如下。

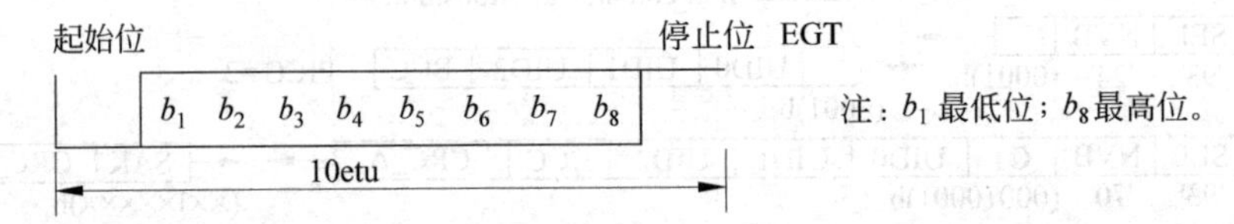

字符中的位边界发生于$(n-0.125)\sim(n+0.125)$etu 之间，n 是起始位下降边之后的边沿数$(1\leqslant n\leqslant 9)$。

一个字符与下一个字符被额外保护时间(Extra Guard Time，EGT)分隔。

在相邻两个字符之间的 EGT，当字符从 PCD 发往 PICC 时是 $0\sim57\mu s$($0\sim6$etu)，当字符从 PICC 发往 PCD 时是 $0\sim19\mu s$($0\sim2$etu)。超出上述时间被理解为帧出错。

2) 帧分界符

PCD 和 PICC 以帧的格式传送数据，每一帧由数据字符和帧 CRC(2B)组成。数据帧都以 SOF 标识符作为帧的开始，EOF 标识符作为帧的结束。

SOF 标识符的长度至少为 12etu，其组成如图 8.10(a)所示。

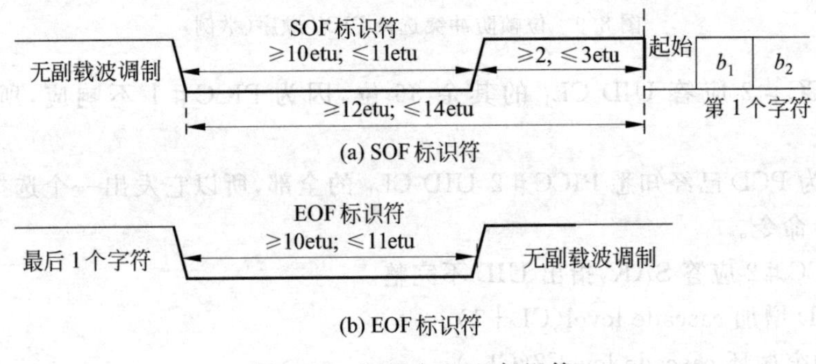

图 8.10 SOF 和 EOF 标识符

(1) 1 个下降边。

(2) 长度为 10etu 逻辑 0。

(3) 位于下一 etu 内任何位置的上升边。

(4) 至少 2etu(不超过 3etu)逻辑 1。

EOF 标识符的长度一般为 11etu，其组成如图 8.10(b)所示。

(1) 1 个下降边。

(2) 长度为 10etu 逻辑 0。

(3) 位于下一 etu 内任何位置的上升边。

3) PICC 和 PCD 之间传送方向转换时的副载波和 SOF、EOF

从 PCD 发送转换到 PICC 发送的时序如图 8.11(a)所示。TR0(PCD EOF 和 PICC 产生副载波之间的时间)和 TR1(PICC 产生副载波到传送第 1 位之间的时间)可以在防冲突会话开始时定义(见 ATTRIB 命令),其值可小于默认值。默认值在 ISO/IEC 14443-2 中定义：TR0 的最大值是 $256/f_s$(仅对 ATQB)和$(256/f_s)\times 2^{FWI}$(对所有其他帧),参见 ATQB 响应。TR1 的最大值为 $200/f_s$。

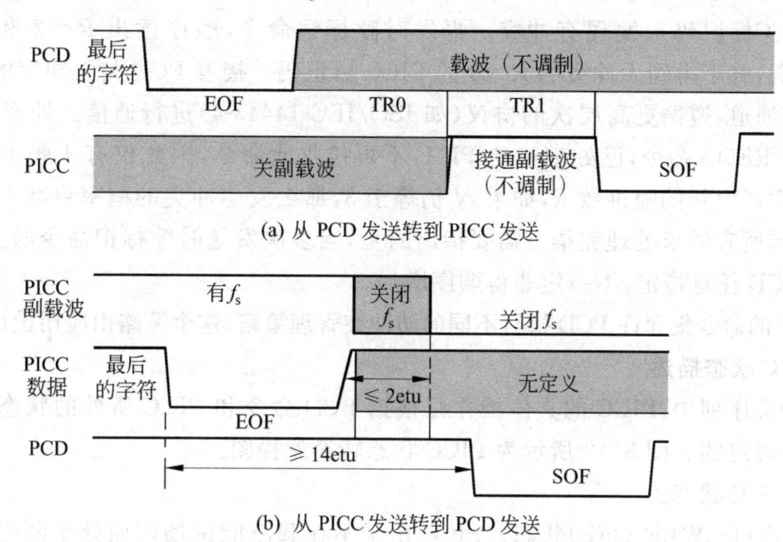

(a) 从 PCD 发送转到 PICC 发送

(b) 从 PICC 发送转到 PCD 发送

图 8.11 PICC 和 PCD 之间传送方向转换时的副载波和 EOF、SOF

从 PICC 发送转换到 PCD 发送的时序如图 8.11(b)所示。PICC 在发送 EOF 后将关闭副载波,关闭时间不迟于 EOF 结束后 2etu。PICC EOF 开始(下降边)和 PCD SOF 开始(下降边)之间的最小时间为 14etu。

当 PICC 打算开始发送信息时,才可接通副载波。

2. CRC-B

如果接收到的数据帧带有一个有效的 CRC-B 值,该帧才被认为是正确的。

数据帧：	Data 字节(*n* 字节)	CRC-B(2 字节)

CRC-B 是 *k* 个数据位的函数,该 *k* 个数据位由帧中所有的数据位组成,但不包括起始位、停止位、字节间的延迟、SOF、EOF 和 CRC-B 本身。位数 *k* 是 8 的倍数。

2 字节的 CRC-B 处于数据字节之后,EOF 之前。CRC-B 在 ISO/IEC 3303 中定义。

3. 防冲突原理

PCD 通过一组命令来管理防冲突过程。PCD 发出 REQB 命令启动多张 PICC 作出响应。如果有两张或更多卡同时响应,就发生了冲突。通过执行防冲突命令序列使得

PICC 完全置于 PCD 控制之下，在每一时刻只处理一张卡。

防冲突方案以时隙(time slot)为基础，时隙的个数由 REQB 命令中的参数决定，其范围为 1 至某个整数 N。假如有多张 PICC 进入 PCD 射频场，当接收到请求命令(REQB)时，每张卡各自产生一个随机时隙数 $R(1 \leqslant R \leqslant N)$，然后 PCD 发送时隙标记(slot-MARKER)命令，在命令中给出 R 值，该命令的功能是读取处于第 R 个时隙中的 PICC 标识码(如卡的唯一序列号)。当 N 的数值较小时，就有较大概率使两张(或以上)PICC 产生相同的 R，于是就有两张(或以上)的 PICC 送回标识码，这就是冲突。举例如下：如果 $N=3$，且有 5 张 PICC 进入 PCD 的有效射频场，假设在接收到 REQB 命令后，有两张卡产生的 $R=1$，两张卡的 $R=2$，1 张卡的 $R=3$。然后 PCD 发出时隙标记命令(假设读取 $R=1$ 的 PICC标识码)，发现有冲突。再发时隙标记命令，顺序读出 $R=2$ 和 $R=3$ 的 PICC 标识码，终于得到无冲突的 $R=3$ 的 PICC 标识码。接着 PCD 与无冲突的 PICC 建立一个通信通道，遵循更高层次的协议(如 ISO/IEC 14443-4)进行通信。处理完后 PCD 再重复发出 REQB 命令，已处理过的 PICC 不再接收此命令，因此仅有 4 张卡需要再处理，各自再次产生新的随机数 R，如果 N 仍等于 3，那么发生冲突的概率将减少。如此进行下去，直到所有的卡处理完毕。需要指出的是，当多次发送时隙标记命令时，命令中的 R 值可由 PCD 任意指定，不一定非得顺序增加。

Type B 的命令集允许 PCD 执行不同的防冲突管理策略，这个策略由应用设计者制定。

4. PICC 状态描述

在防冲突序列中，PICC 的具体操作是根据 PCD 命令和 PICC 所处的状态及状态间的转换条件确定的。图 8.12 所示为 PICC 状态转换流程图。

有如下 6 种状态。

(1) 断电(POWER OFF)状态。PICC 由于不在载波能量场内而处于断电状态。如果 PICC 处于一个能量足够大的激励磁场内($H_{min}=1.5\text{A/m}$)，则它将在不大于 5ms 的延迟内进入 IDLE 状态。

(2) IDLE 状态。PICC 生成电压，监听 REQB 或 WUPB 命令帧，当接收到有效的 REQB 或 WUPB 帧(含有参数 N 和匹配的应用标识符)时，PICC 进入 READY-REQUESTED(就绪-请求)状态。

(3) READY-REQUESTED 状态。

若 $N=1$，则 PICC 将发送 ATQB 并进入 READY-DECLARED 子状态。

若 $N>1$，则 PICC 将内部产生在 $1\sim N$ 之间的随机数 R。

若 $R=1$：则 PICC 将发送 ATQB 并进入 READY-DECLARED 子状态。

若 $R>1$：

- 采用概率路径(参考选项 1)的 PICC 将返回到 IDLE 状态。
- 在发送 ATQB 并进入 READY-DECLARED 状态前，采用时隙(参考选项 2)的 PICC 将等待至收到一带有匹配时隙号 R 的 Slot-MARKER 命令。

(4) READY-DECLARED 状态。监听 PCD 发出的 REQB 或 WUPB 命令和 ATTRIB 命令。假如 ATTRIB 命令的 PUPI(见 ATTRIB 命令)与 PICC 中的 PUPI 匹配，PICC 就进入 ACTIVE 状态，否则仍保留在原状态。

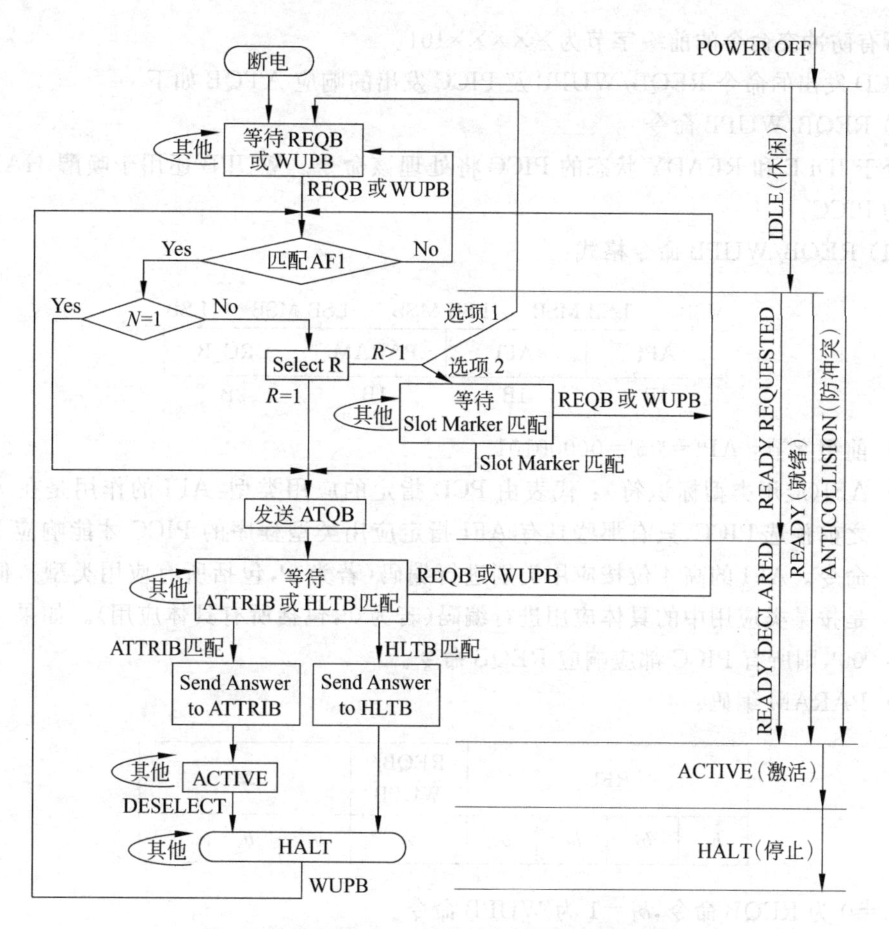

注：1. R 是 PICC 在 1～N 范围内选择的一个随机数。

2. 选项 1　对不支持 Slot-MARKER 命令的 PICC(概率方法)。

选项 2　对支持 Slot-MARKER 命令的 PICC(时隙方法)。

3. AFI 为应用标识符。见 REQB/WUPB 命令

图 8.12　PICC 状态转换流程图(举例)

(5) ACTIVE 状态。ATTRIB 命令已将通道号(称为卡标识符 Card IDentifier,CID)指定给 PICC。进入本状态后,PICC 监听更高层的报文(命令帧)。如果帧中的 CRC-B 有错或 CID 不同于赋给它的 CID,PICC 将不发出副载波。

PICC 在 ACTIVE 状态,将不对 REQB、WUPB、Slot-MARKER 和 ATTRIB 命令作出响应。

PICC 接收到 HALT 命令时,将进入 HALT 状态。

在高层协议,有专设的命令使 PICC 进入到其他状态(IDLE 或 HALT)。

(6) HALT 状态。PICC 静止,不发出负载调制也不再参与防冲突循环。如果射频场消失,PICC 回到 POWER-OFF 状态。

5. 命令集

用于管理多节点通信通道的 4 条命令：REQB/WUPB、Slot-MARKER、ATTRIB 和 HALT。这些命令都是由 PCD 发出的。

所有防冲突命令的前缀字节为×××××101。

PCD 发出的命令 REQB/WUPB 及 PICC 发出的响应 ATQB 如下。

1) REQB/WUPB 命令

处于 IDLE 和 READY 状态的 PICC 将处理该命令。WUPB 还用于唤醒 HALT 状态中的 PICC。

(1) REQB/WUPB 命令格式：

MSB　　LSB	MSB　　LSB	MSB　　LSB	MSB　　LSB
APf	AFI	PARAM	CRC_B
1B	1B	1B	2B

- 前缀字节：APf='05'=00000101。
- AFI(应用类型标识符)：代表由 PCD 指定的应用类型，AFI 的作用是在 ATQB 之前预选 PICC，只有那些具有 AFI 指定应用类型程序的 PICC 才能响应 REQB 命令。AFI 的高 4 位按应用类别进行编码(若为'0'，包括所有应用类型)，低 4 位是按某类应用中的具体应用进行编码(若为'0'，包括所有具体应用)。如果 AFI='00'，则所有 PICC 都应响应 REQB 命令。
- PARAM 编码：

RFU				REQB/WUPB	M		
b_8	b_7	b_6	b_5	b_4	b_3	b_2	b_1

$b_4=0$ 为 REQB 命令，$b_4=1$ 为 WUPB 命令。

M 是防冲突的主要参数，时隙总数 $N=f(M)$。

$M(b_3\ b_2\ b_1)$	000	001	010	011	100	101	11×
N	$2^0=1$	$2^1=2$	$2^2=4$	$2^3=8$	$2^4=16$	RFU	RFU

对于每个 PICC，在第一个时隙内响应 ATQB 的概率为 $1/N$(即产生随机数 $R=1$ 的概率)。

(2) ATQB 响应

PICC 对 REQB/WUPB 和 Slot-MARKER 命令的响应都被称为 ATQB。

ATQB 格式：

MSB	MSB　　LSB	MSB　　LSB	MSB　　LSB	MSB　　LSB
APa	Identifier(PUPI)	Application Data	Protocal Info	CRC_B
1B	4B	4B	2B	2B

- 前缀字节：APa='50'=01010000。
- 标识符(PUPI)：伪唯一的 PICC 标识符(Pseudo-Unique PICC Identifier，PUPI)用于区分 PICC，可以是唯一的 PICC 序列号的缩短形式；或 PICC 接收每一个

REQB 命令后计算而得的随机数等。PUPI 只有在 IDLE 状态下才能改变。

- 应用数据(Application Data):该数据用来通知 PCD,在 PICC 上安装了哪些应用,这些数据允许在有多个 PICC 存在时,PCD 选择它所需的 PICC。
- 协议信息(Protocal Info)

位速率能力	最大帧长度	协议类型	FWI	ADC	FO
8 位	4 位	4 位	4 位	2 位	2 位

- FO:PICC 支持的帧。

$b_2b_1=10$,PICC 支持 NAD(节点地址);$b_2b_1=01$,PICC 支持 CID(卡标识符)。

- ADC:PICC 支持的应用数据编码。

$b_2b_1=00$,专用编码;$b_2b_1=01$,上述应用数据字段编码。其他值为 RFU。

- FWI:帧等待时间整数。

FWI 的值在 0~14 之间(值 15 为 RFU),用以计算 FWT。

$FWT=(256\times16/f_c)2^{FWI}$,是 PCD 帧结束后到 PICC 响应的最大时间。

如果 FWI=0,$FWT_{min}=302\mu s$;FWI=14,$FWT_{max}=4949ms$。

- 协议类型:

$b_4\sim b_1=0001$,PICC 支持 ISO/IEC 14443-4 协议。

$b_4\sim b_1=0000$,PICC 不支持 ISO/IEC 14443-4 协议。

其他值是 RFU。

- 位速率能力:PICC 支持的位速率如表 8.8 所示。

表 8.8 PICC 支持的位速率

b_8	b_7	b_6	b_5	b_4	b_3	b_2	b_1	含　义
0	0	0	0	0	0	0	0	在两个方向上 PICC 仅支持 106Kb/s
1	0	0	0	0	0	0	0	从 PCD 到 PICC 和从 PICC 到 PCD 强制相同的位速率
×	0	0	1	0	0	0	0	PICC 到 PCD,$letu=64/f_c$,支持的位速率为 212Kb/s
×	0	1	0	0	0	0	0	PICC 到 PCD,$letu=32/f_c$,支持的位速率为 424Kb/s
×	1	0	0	0	0	0	0	PICC 到 PCD,$letu=16/f_c$,支持的位速率为 847Kb/s
×	0	0	0	0	0	0	1	PCD 到 PICC,$letu=64/f_c$,支持的位速率为 212Kb/s
×	0	0	0	0	0	1	0	PCD 到 PICC,$letu=32/f_c$,支持的位速率为 424Kb/s
×	0	0	0	0	1	0	0	PCD 到 PICC,$letu=16/f_c$,支持的位速率为 847Kb/s

($b_4=1$)为 RFU,$b_7\sim b_5$ 称为发送因子 DS,$b_3\sim b_1$ 称为接收因子 DR

- 最大帧长度:最大帧编码与帧长度的关系如表 8.9 所列。

表 8.9 最大帧编码与帧长度的关系

编码	0	1	2	3	4	5	6	7	8	9~F
帧长度/B	16	24	32	40	48	64	96	128	256	RFU

2）Slot-MARKER 命令

命令格式：

APn	CRC_B
1B	2B

APn='×5'=nnnn0101，其中 nnnn 为时隙编号，在 1～15 之间，分别表示第 2～16 时隙。在 REQB/WUPB 命令后，PCD 最多可发送 $N-1$ 个 Slot-MARKER 命令来指定时隙 R，发送的时隙编号并不一定要按顺序增加。

PICC 对本命令的响应为 ATQB。

3）ATTRIB 命令

该命令包括选择一张 PICC 所需要的信息。

PICC 接收此命令，并被选择后(PUPI 匹配)，将与一个唯一的未用通道 CID 相联系，该 PICC 不再响应除包括唯一 CID 以外的任何命令。为再次响应一个新的 REQB 命令，PICC 应该先解除选中(或通过断电/通电过程复位)。

ATTRIB 命令格式：

APc	Identifier	参数 1	参数 2	参数 3	参数 4	高层 INF	CRC_B
1B	4B	1B	1B	1B	1B	可变字节数	2B

APc='1D'=0001 1101。

- Identifier(标识符)编码：标识码 PUPI 是 PICC 在 ATQB 响应中所发送的。
- 参数 1 编码：

TR0	TR1	EOF	SOF	RFU
$b_8\ b_7$	$b_6\ b_5$	b_4	b_3	$b_2\ b_1$

TR0 告诉 PICC，在 PCD 命令结束后到响应(发送副载波)之前的最小延迟时间。

TR1 告诉 PICC，从副载波接通到数据开始发送之间的最小延迟时间。

TR0 与 TR1 的默认值在 8.1 节中定义。

EOF 和 SOF：b_4 或 b_3 指明 PCD 是否支持 EOF 或 SOF。$b_4=0$，需要 EOF；$b_4=1$，则不需要，可以减少通信开销。b_3 的作用与此类似。

- 参数 2 编码：低 4 位($b_4\sim b_1$)用来编码可被 PCD 接收到的最大帧长度，其定义与 ATQB 的最大帧长度相同。高 4 位($b_8\sim b_5$)用于位速率选择，b_6b_5 定义 PCD 到 PICC 的位速率，如表 8.10 所示。b_8b_7 定义 PICC 到 PCD 的位速率，含义类似。
- 参数 3 编码：低 4 位($b_4\sim b_1$)用于协议类型的确认，见 ATQB 的协议类型。高 4 位($b_8\sim b_5$)被置为 0000，其他值为 RFU。
- 参数 4 编码：低 4 位($b_4\sim b_1$)被称为卡识别符 CID，被定义为在 0～14 范围内寻址 PICC 的逻辑号，值 15 为 RFU。CID 由 PCD 规定并对任一时刻处于 ACTIVE 状态的 PICC 是唯一的。如果 PICC 不支持 CID，应使用编码值 0000。高 4 位($b_8\sim b_5$)被置为 0000，其他值为 RFU。

表 8.10 参数 2 的 b_6b_5 编码

b_6	b_5	含义
0	0	PCD 到 PICC,letu=128/f_c,位速率为 106Kb/s
0	1	PCD 到 PICC,letu=64/f_c,位速率为 212Kb/s
1	0	PCD 到 PICC,letu=32/f_c,位速率为 424Kb/s
1	1	PCD 到 PICC,letu=16/f_c,位速率为 847Kb/s

- 高层 INF：可包括如 ISO/IEC 14443-4 的 INF 字段那样传送的任一高层命令。如果不包含任何应用命令,PICC 仍应成功处理 ATTRIB 命令。

ATTRIB 命令的响应如下：

MBLI	CID	高层响应	CRC_B
1B		0 或多个字节	2B

第一字节由两部分组成：低 4 位(b_4～b_1)包含返回的 CID,如果 PICC 不支持 CID,则返回编码值 0000。高 4 位(b_8～b_5)称为最大缓冲区长度指数 MBLI,它由 PICC 使用,让 PCD 知道接收链帧的内部缓冲区的限制,MBLI 的编码如下。

MBLI=1,表示 PICC 不提供内部缓冲器长度的信息。

MBLI>0,根据公式 MBL=PICC 最大帧长度×2^{MBLI}计算,式中 MBL 为实际内部最大缓冲器长度,PICC 最大帧长度由 PICC 在其 ATQB 响应中返回。

PICC 应使用一个空的高层响应对没有高层 INF 字段(空)的 ATTRIB 命令作出响应。

4) HALT 命令及响应

该命令将 PICC 置为 HALT 状态。在该状态 PICC 不响应 REQB 命令,仅对 WUPB 命令作出响应,并忽略所有其他命令。

HALT 命令格式：

'50'	标识码	CRC_B(AID)
1B	4B	2B

HALT 响应格式：

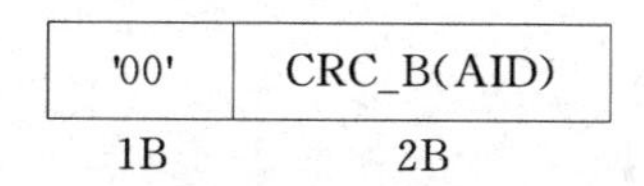

CRC_B(AID)是对应用标识符 AID 计算得到的校验码。

8.3 ISO/IEC 14443-4 传输协议

在 ISO/IEC 14443-3 中已讨论了初始化、防冲突和 PICC 卡的选择,在这里将继续讨论 ACTIVE 状态、状态转换(从 ACTIVE 状态转换到 HALT 状态)和半双工分组传输协议。

有关 PICC Type B 的激活序列已在 ISO/IEC 14443-3 中定义,所以在本节中仅介绍 Type A 的激活序列。

8.3.1 PICC Type A 的激活序列

开始时，为了得到 ATS(Answer To Select)，PCD 必须检查 SAK 字节。SAK 的定义见 ISO/IEC 14443-3。假如 SAK 表示已根据 UID 选中了一张 PICC。PCD 将发送 RATS(Request for Answer To Select)，以后 PICC 发送 ATS 来回答 RATS。假如 PCD 检查到它不支持该 PICC 或协议，它将置 PICC 于 HALT 状态或使用 PPS(Protocal and Parameter Selection)转到另一个支持的协议。

PICC 完成一次交易之后，将被置于 HALT 状态。

图 8.13 从 PCD 角度观察 PICC Type A 的激活序列。

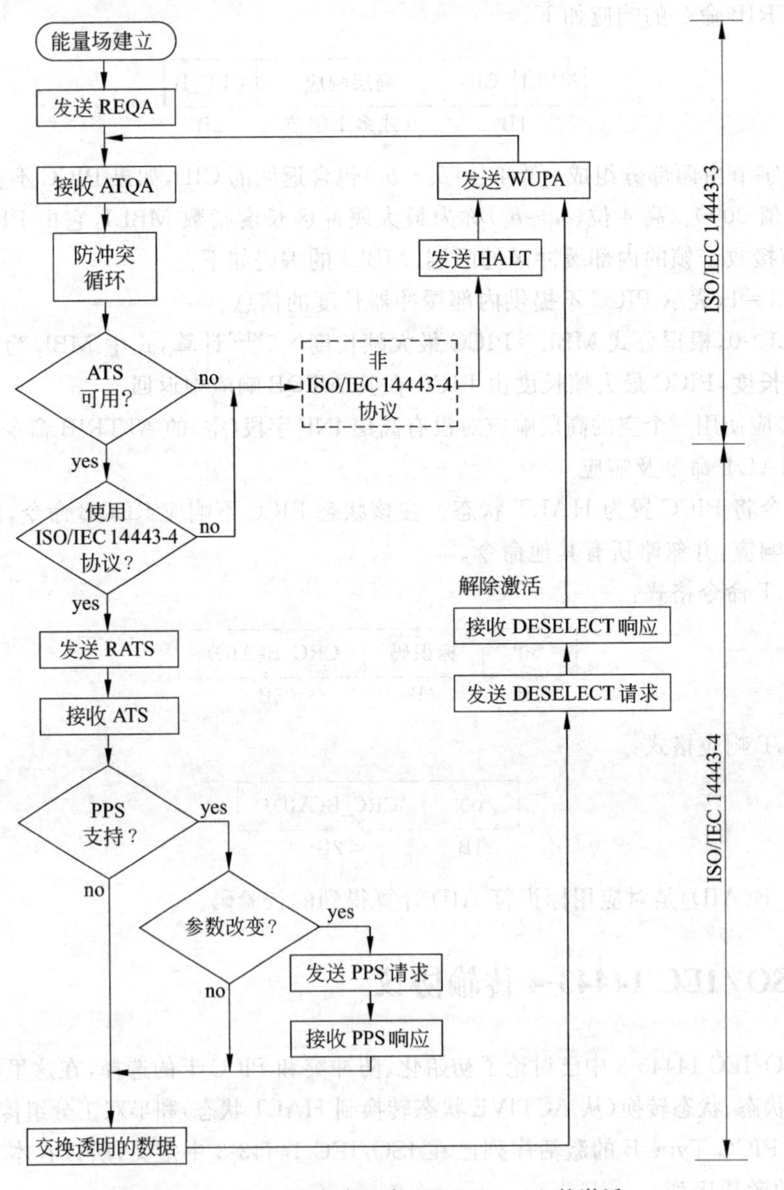

图 8.13　从 PCD 角度观察 PICC Type A 的激活

RATS 请求和 ATS 选择应答：

选择 PICC 后，PCD 发送 RATS，PICC 发出 ATS 作为 RATS 的应答。

1. RATS 命令

发送的 RATS 帧包括 RATS 命令代码 CMD、参数 Param 和 CRC。

CMD	Param	CRC
1B	1B	2B

(1) RATS 的命令代码是'E0'。

(2) RATS 的参数字节包括如下两部分。

① 高半字节($b_8 \cdots b_5$)，称为 FSDI(Frame Size proximity coupling Device Integer)，是一个整数值，用以确定 FSD 的长度(Frame Size proximity coupling Device)，FSD 是 PCD 可接受的帧的最大值。

② 低半字节($b_4 \cdots b_1$)，称为卡标识符。定义为被访问的 PICC 的逻辑通道号，其范围为'0'～'E'，'F'为 RFU。CID 是 PCD 指定的，而且对所有处于 ACTIVE 状态的 PICC 是唯一的。

2. ATS 选择应答

1) ATS 结构(图 8.14)

长度字节 TL 之后有一串数是可变的序列字符，其顺序如下。

(1) 格式字节 T0。

(2) 可选的接口字节 TA1、TB1 和 TC1。

(3) 历史字符 T1…TK。

(4) 校验码 CRC1、CRC2。

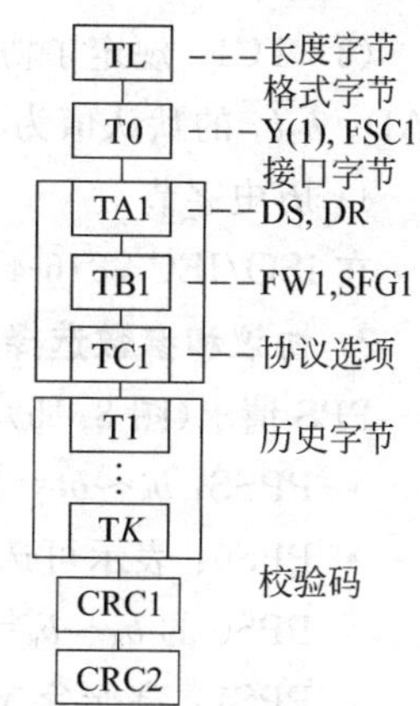

图 8.14　ATS 结构

TL 说明发送的 ATS 长度(包括 TL 在内，CRC 字节未包含在内)，ATS 的最大长度不应超过 FSD，因此 TL 的最大值不超过 FSD－2。

2) 格式字节 T0

格式字节 T0 包括如下两部分。

(1) 高半字节的 $b_8=0$，($b_7 \cdots b_5$)称为 Y1，分别表示其后面的接口字符 TC1、TB1 和 TA1 是否存在。

(2) 低半字节($b_4 \cdots b_1$)，称为 FSCI(整数)。用来确定 PICC 的帧长度 FSC，FSC 是 PICC 能接收的帧的最大长度。

PPSS 开始字节

PPS0 参数 0，编码 PPS1的存在

PPS1 参数 1，编码 DRI和 DSI

CRC1

CRC2 校验码

图 8.15　PPS 请求

PPS 请求如图 8.15 所示。

3) 接口字节 TA1、TB1 和 TC1

(1) TA1：指定 PICC 和 PCD 的传输率，如表 8.8 所示。PCD 利用 PPS 可以选择一个不同的默认值(位传输率为 106Kb/s)或 TA1 中定义的 DS、DR。

(2) TB1：定义了帧等待时间和专用的帧保护时间。TB1 包括如下两部分。

① 高半字节($b_8 \cdots b_5$)：称为帧等待时间整数(Frame Waiting time Integer,FWI),用来决定帧等待时间(Frame Waiting Time,FWT)。FWT 定义为 PCD 发送的帧和 PICC 发送的应答帧之间的最大延迟时间。FWI 的编码为 0～14(整数),15 保留(RFU),默认值为 2。

② 低半字节($b_4 \cdots b_1$)：称为启动帧保护时间整数(Startup Frame Guard time Integer,SFGI),用于定义启动帧保护时间(Startup Frame Guard Time,SFGT)。这是 PICC 在它发送 ATS 以后,到准备接收下一帧之前所需要的特殊保护时间。SFGI 的编码范围为 0～14,15 保留(RFU),默认值为 0。

SFGT 的计算式为

$$SFGT=(256\times 16/f_c)\times 2^{SFGI}$$

其最大值为 4909ms。

(3) TC1：规定了协议的参数,$b_8 \sim b_3$ 为 000000。若 $b_2=1$,支持 CID;若 $b_1=1$,支持 NAD。$b_2 b_1$ 的默认值为 10,支持 CID。

4) 历史字节

在 ISO/IEC 7816-4 中定义。参见本书第 4 章。

3. 协议和参数选择

PPS 请求(图 8.15)用以改变协议参数(PCD 发送 PPS 请求,PICC 返回 PPS 响应)。

- PPSS：$b_8 \sim b_5=1101$,$b_4 \sim b_1$ 为 CID(访问 PICC 的逻辑号)。
- PPS0：表示可选字节 PPS1 的存在(如果 $b_5=1$)。
  PPS0 的 $b_8 \sim b_6=000$,$b_4 \sim b_1=0001$,其他值为 RFU。
- PPS1：高半字节 $b_8 \sim b_5=0000$,其余值为 RFU。在低半字节中,$b_4 b_3$ 为 PSI,是从 PICC 到 PCD 传输数据的位速率整数因子。$b_2 b_1$ 为 DRI,是从 PCD 到 PICC 的位速率整数因子。$DR=2^{DRI}$,$DS=2^{DSI}$。位传输率 = DR(或 DS)× 106Kb/s。

PPS 响应由开始字节 PPSS 和 2B CRC 组成,其 PPSS 的内容与接收到的 PPS 请求中的 PPSS 内容相同。

4. 激活帧等待时间

激活帧等待时间为 PICC 在接收到来自 PCD 的帧结尾后开始发送其响应帧的最大时间,其值为 $65\,536/f_c$(≈4833μs)。

在任一方向上两个帧之间的最小时间在 ISO/IEC 14443-3 中定义。

8.3.2[a] 半双工分组传输协议

协议所用的帧格式在 ISO/IEC 14443-3 中规定,本节包括数据分组的帧结构、数据传送控制(诸如流程控制、分组链和错误纠正)和专用接口控制的机构。

1. 分组格式

图 8.16 描述了一个分组的组成,包括开始字段(必备)、信息字段(可选的)和结尾字段(必备)。

开始字段			信息字段	结尾字段
PCB	[CID]	[NAD]	[INF]	EDC
1B	1B	1B	0~251B	2B

错误检测码

注：括号内的项目是可选的

图 8.16　分组格式

1）开始字段

该字段是必备的，最多由 3 个字节构成。

- 协议控制字节 PCB(必备)。
- 卡标识符 CID(可选)。
- 节点地址字段 NAD(可选)。

(1) PCB。包含控制数据传输所需的信息，定义了 3 种基本分组类型。

① I-block：包含应用层所用的信息，另外，还包含了正常或有错的确认。

② R-block：包含正常或有错的确认，该确认与最后接收的分组有关。

③ S-block：在 PCD 和 PICC 之间交换控制信息，INF 字段是否存在有赖于它的控制。有两种 S-block，包含 1B 1NF 字段的等待时间扩展 WTX 和不含 INF 字段的 DESELECT 命令。

PCB 的编码如下。

- I-block

  $b_8\ b_7$：00 (I-block)。

  b_6：0。

  b_5：链接位 M(表示还有数据需传送)。

  b_4：后随有 CID(若 $b_4=1$)。

  b_3：后随有 NAD(若 $b_3=1$)。

  b_2：1。

  b_1：分组号。

- R-block

  $b_8\ b_7$：10(R-block)。

  b_6：1。

  b_5：若为 0，则确认(ACK)；若为 1，则否定确认(NAK)。

  b_4：后随有 CID (若 $b_4=1$)。

  b_3：0。

  b_2：1。

  b_1：分组号。

- S-block

  $b_8\ b_7$：11(S-block)。

  $b_6\ b_5$：00(DESELECT)、11(WTX)。

  b_4：后随有 CID(若 $b_4=1$)。

b_3：0。

b_2：1。

b_1：0。

所有其他值均为 RFU。

(2) CID。用于访问指定的 PICC，该 PICC 的 CID 是在卡激活时被指定的，然后保持不变。当 PICC 成功进入 HALT 状态时，CID 失效。

CID 字段的 b_8b_7 指出 PICC 的能量水准，表示是否有足够能量完成全部功能。

CID 字段的 $b_6b_5=00$。$b_4 \sim b_1$ 为 CID 编码。

(3) NAD。在 PCD 和 PICC 间建立逻辑连接。NAD 字节的编码（在 ISO/IEC 7816-3 中定义）如下。

$b_8=0$

b_7、b_6、b_5：DAD（目标节点地址）。

$b_4=0$

b_3、b_2、b_1：SAD（源节点地址）。

PCD 发送的第一个分组的 NAD 建立 SAD 和 DAD 的联系，用此方法定义了一个逻辑连接。以后，如果 PCD 发送一个分组用 NAD，那么 PICC 的应答同样有 NAD。NAD 字段仅在 I-block 中有效，如果用到分组链，仅在链的第一个 I-block 包含 NAD 字段。R-block 和 S-block 没有 NAD 字段。PCD 不使用 NAD 去访问不同的 PICC，CID 被用于访问不同的 PICC。

2) 信息字段

INF 字段是可选的。如有 INF，在 I-block 中，为应用数据；在 S-block 中，不是应用数据而是状态信息。

3) 结尾字段

该字段包含发送分组的错误检测码。

协议规定使用 ISO/IEC 1444-3 中定义的循环冗余校验码。

2. 帧等待时间

FWT 给 PICC 定义了在 PCD 帧结束后开始其响应的最大时间，在任何方向上两个帧之间的最小时间在 ISO/IEC 1444-3 中定义。

FWT 的计算式为

$$FWT=(256\times 16/f_c)\times 2^{FWI}$$

其中，FWI 的值在 0～14 之间，15 为 RFU。

对于 Type A，若 TB1 被省略，则 FWI 的默认值为 4，给出的 FWT 值约为 4.8ms。

FWT 应用于检测传输差错或无响应的 PICC，如果来自 PICC 的响应没有在 FWT 时间内开始，则 PCD 获得重发的权力。

Type B 的 FWI 值在 ATQB 中设置（见 ISO/IEC 1444-3），Type A 的 FWI 值在 ATS 中设置。

3. 帧等待时间扩展

当 PICC 临时需要比定义的 FWT 更多的时间时，应使用 S(WTX) 请求。S(WTX)

请求包含 1B INF 字段,它由如下两部分组成。

• b_8b_7:编码能量水平指示。

• b_6~b_1:编码 WTXM。WTXM 在 1~59 范围内编码,值 0 和 60~63 为 RFU。

PCD 通过发送 1B INF 字段来确认,该字节的 b_8b_7 为 00,b_6~b_1 编码 FWT 的 WTXM 值。

FWT 的临时值的计算式为

$$FWT_{临时} = FWT \times WTXM$$

PICC 需要的 $FWT_{临时}$ 在 PCD 发送了 S(WTX)响应后开始。当公式得出的结果大于 FWT_{MAX} 时,应使用 FWT_{MAX}。$FWT_{临时}$ 仅在下一个分组被 PCD 接收到时才应用。

8.4 ISO/IEC 15693-2 空中接口和初始化

本部分提出了在邻近式耦合设备(Vicinity Coupling Device,VCD)和邻近式卡之间提供能量和双向通信的规范。

能量传送到 VICC 是通过 VCD 和 VICC 中的耦合天线用射频 RF 来完成的,并通过射频的调制实现双向通信。RF 工作场的频率为 13.56MHz±7kHz。VICC 应在 150mA/m(最小有效值)~5A/m(最大有效值)之间的工作场内工作。VCD 应在制造商规定的工作场内各个位置产生不小于 H_{min}(150mA/m),且不大于 H_{max}(5A/m)的磁场。

8.4.1 VCD 到 VICC 的通信信号接口

1. 调制

采用 ASK 的调制原理,进行 VCD 到 VICC 的通信。使用两个调制指数——10%~30%和 100%(调制指数=$(a-b)/(a+b)$),波形与 ISO/IEC 14443 基本一致(图 8.2 和图 8.3),但具体参数(宽度、上升沿、下降沿等)有所差别。

2. 数据速率和数据编码

数据编码采用脉冲位置调制来实现。

VICC 支持两种数据编码方式(256 取 1 和 4 取 1)。

1) 数据编码方式:256 取 1

一个字节的值(0~255)可以通过一个"间隙"的位置来表示。在 256 个连续时间内取 1 个间隙位置确定了该字节的值。一个间隙周期为 $256/f_c$(约 18.88μs)。因此,传输一个字节约 4.833ms(等于 256×18.88μs),所得到数据速率是 1.65 Kb/s(f_c/8192)。

图 8.17 示出了 256 取 1 编码方式。

在图 8.17 中,数据'E1'=11100001_2=225。是由 VCD 发送给 VICC 的。

间隙出现在确定该值的时间周期位置的后一半期间(图 8.18)。

2) 数据编码方式:4 取 1

通过 4 个间隙位置来确定两位数值$(00\sim11)_2$。4 个连续的"位对"构成 1 个字节,其中首先传送最低的有效"位对"。所得到的数据速率为 26.48Kb/s (f_c/512)。

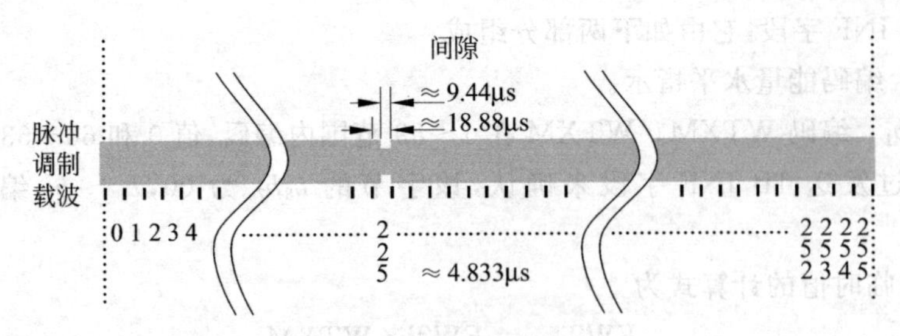

图 8.17　256 取 1 编码方式

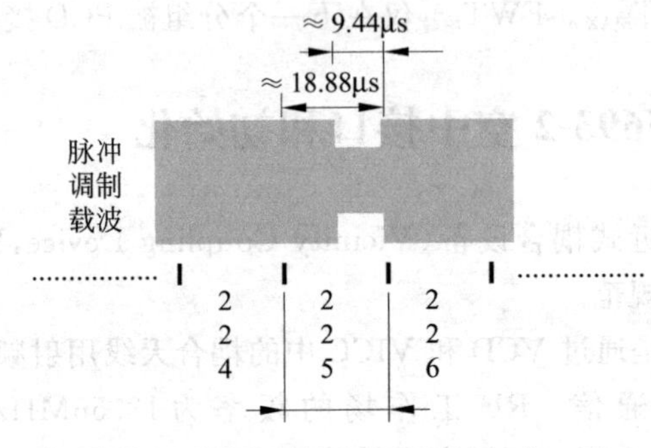

图 8.18　一个时间周期的细节

图 8.19 示出了 4 取 1 脉冲位置和编码。

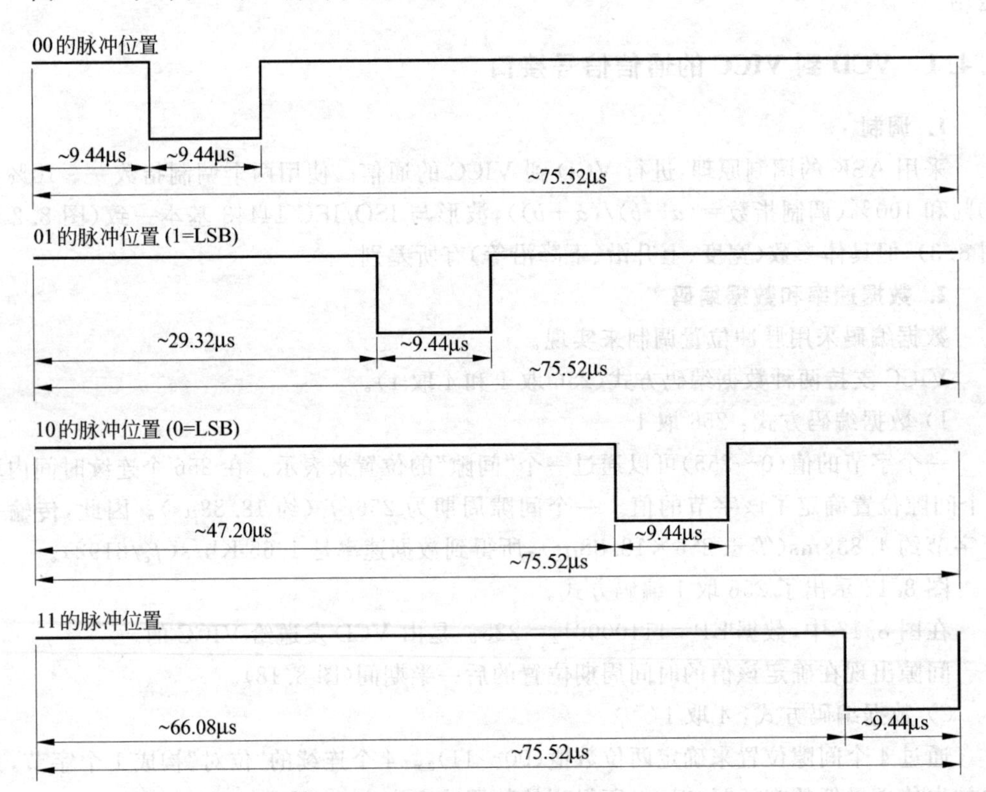

图 8.19　4 取 1 编码方式

例如，图 8.20 示出了 VCD 传输的'E1'$=11100001_2=225_{10}$。

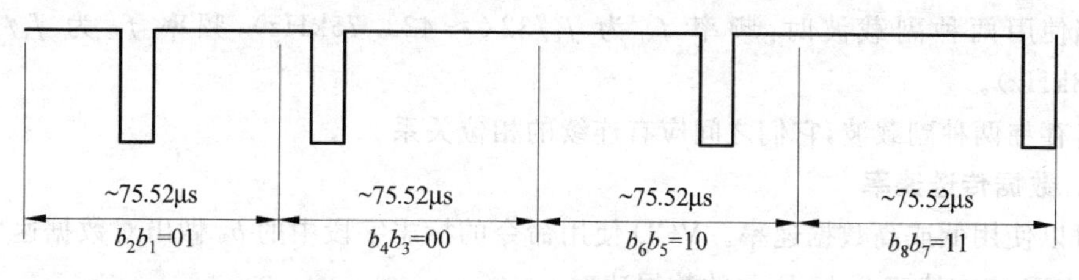

图 8.20　4 取 1 编码示例(11100001)

3. VCD 到 VICC 的帧

由帧开始(Start Of Frame，SOF)和帧结束(End Of Frame，EOF)来定界，并使用特定编码来实现。

VICC 应准备好在发送帧给 VCD 后的 300μs 内接收来自 VCD 的帧。

VICC 应准备好在能量场激活 1ms 内接收帧。

图 8.21 描述 SOF 和 EOF 的编码。

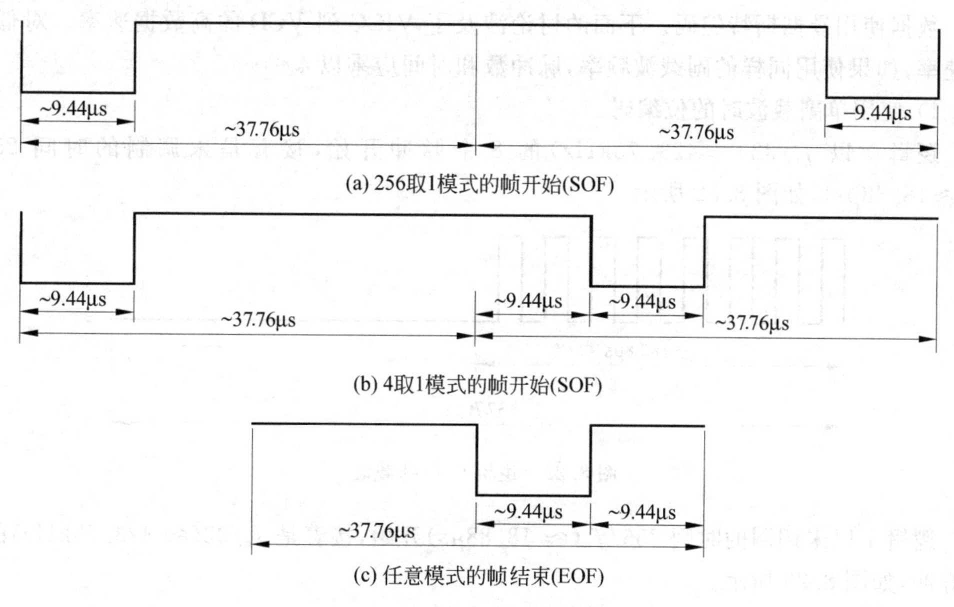

(a) 256取1模式的帧开始(SOF)

(b) 4取1模式的帧开始(SOF)

(c) 任意模式的帧结束(EOF)

图 8.21　帧开始和帧结束的编码

8.4.2　VICC 到 VCD 的通信信号接口

1. 负载调制

VICC 借助电感耦合区域与 VCD 通信，VICC 通过 PCD 发送来的载波产生具有频率 f_s 的副载波，该副载波是通过切换 VICC 中的负载产生的。

负载调制幅度应至少为 10mV。

2. 副载波

VCD 使用一种或两种副载波，VICC 应支持两种方式。

当使用一种副载波时，副载波负载调制频率 f_{s1} 为 $f_c/32$（≈423.75kHz）。

当使用两种副载波时，频率 f_{s1} 为 $f_c/32$（≈423.75kHz），频率 f_{s2} 为 $f_c/28$（≈484.28kHz）。

若存在两种副载波，它们之间应有连续的相位关系。

3. 数据传送速率

可以使用低或高数据速率。VCD 使用命令的标志字段中的 b_2 做出对数据速率的选择。VICC 应支持表 8.11 所示的数据速率。

表 8.11 数据速率

数据速率	单副载波	双副载波
低	6.62Kb(f_c/2048)	6.67Kb(f_c/2032)
高	26.48Kb(f_c/512)	26.69Kb(f_c/508)

4. 位和编码

数据使用曼彻斯特编码。下面的讨论涉及了 VICC 到 VCD 的高数据速率。对低数据速率，如果使用同样的副载波频率，脉冲数和时间应乘以 4。

1）使用单副载波时的位编码

逻辑 0 以 $f_c/32$（≈423.75kHz）的 8 个脉冲开始，接着是未调制的时间 $256/f_c$（≈18.88μs），如图 8.22 所示。

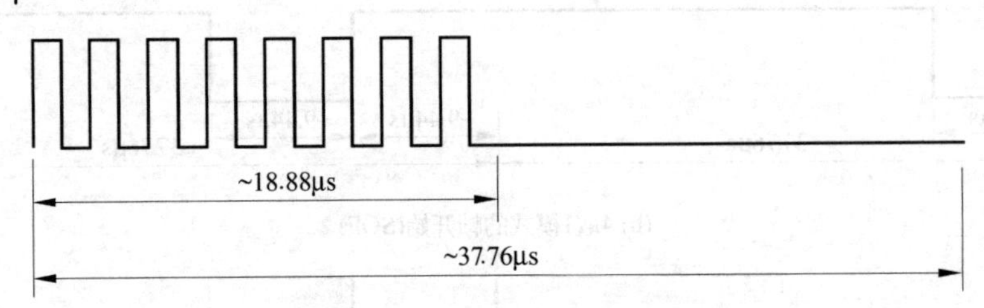

图 8.22 逻辑 0（单副载波）

逻辑 1 以未调制的时间 $256/f_c$（≈ 18.88μs）开始，接着是 $f_c/32$（≈ 423.75kHz）的 8 个脉冲，如图 8.23 所示。

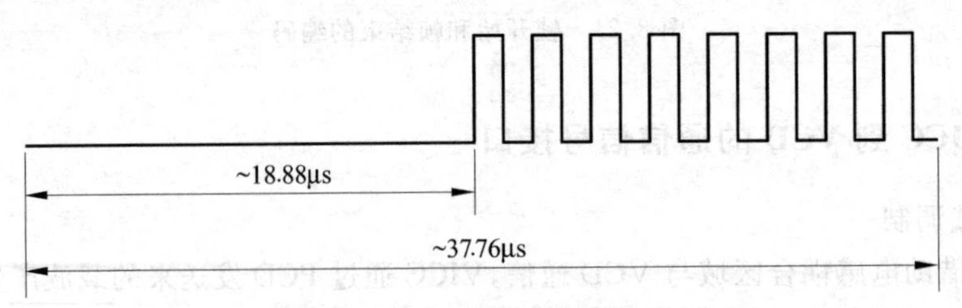

图 8.23 逻辑 1（单副载波）

2）使用两种副载波时的位编码

逻辑 0 以 $f_c/32$（≈ 423.75kHz）的 8 个脉冲开始，接着是 $f_c/28$（≈ 484.28kHz）的

9 个脉冲，如图 8.24 所示。

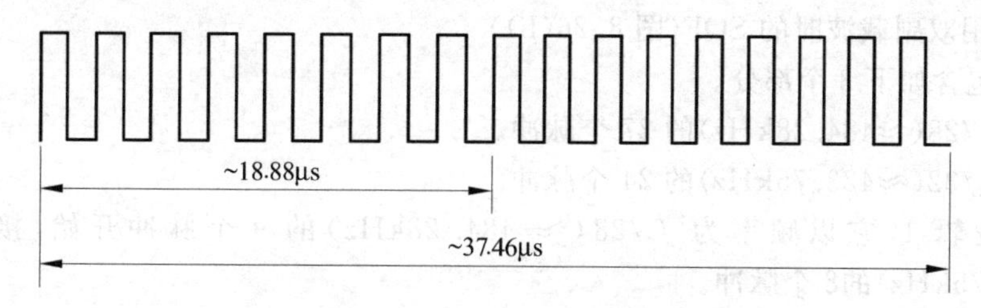

图 8.24　逻辑 0(两种副载波)

逻辑 1 以 $f_c/28$(≈ 484.28kHz)的 9 个脉冲开始，接着是 $f_c/32$(≈ 423.75kHz)的 8 个脉冲，如图 8.25 所示。

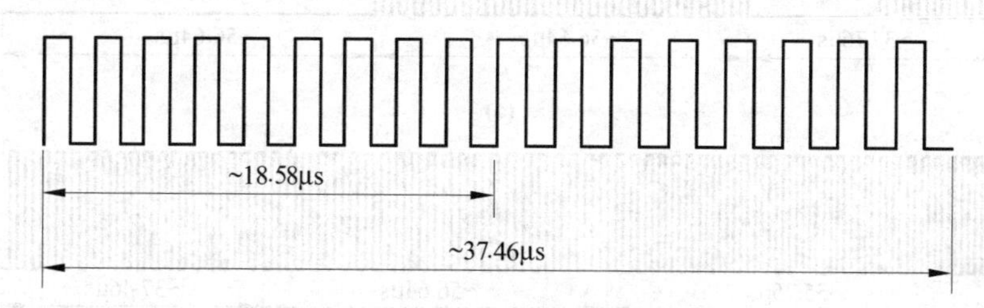

图 8.25　逻辑 1(两种副载波)

5. VICC 到 VCD 的帧

下面所有定时涉及了 VICC 到 VCD 的高数据速率。

对低数据速率，如果使用同样的副载波频率，脉冲数和时间应乘以 4。

VICC 应准备好在发送帧给 VCD 后的 300μs 内接收来自 VCD 的帧数据。

1) 使用单副载波时的 SOF(图(8.26(a))

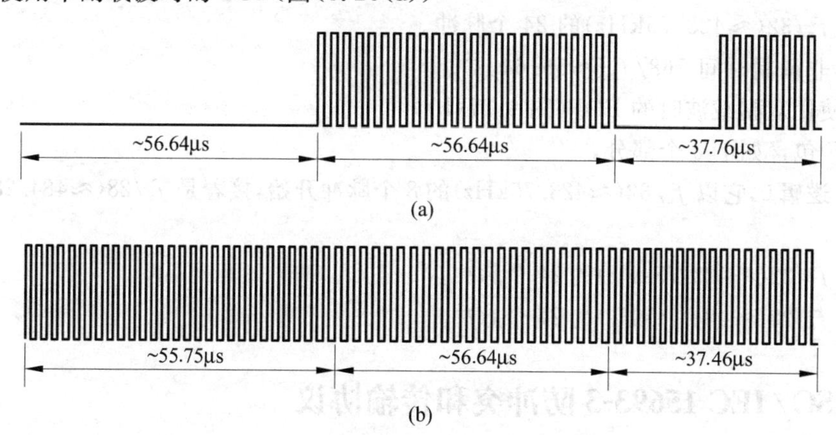

图 8.26　使用单副载波或双副载波的 SOF

SOF 包含如下 3 个部分。

(1) 未调制时间 $768/f_c$(≈56.64μs)。

(2) $f_c/32$ (≈423.75kHz)的 24 个脉冲。

(3) 逻辑 1，它以未调制时间 $256/f_c$(≈18.88μs)开始，接着是 $f_c/32$(≈423.75kHz)

的8个脉冲。

2) 使用双副载波时的SOF(图8.26(b))

SOF包含如下3个部分。

(1) $f_c/28$(≈484.28kHz)的27个脉冲。

(2) $f_c/32$(≈423.75kHz)的24个脉冲。

(3) 逻辑1,它以频率为$f_c/28$(≈484.28kHz)的9个脉冲开始,接着是$f_c/32$(≈423.75kHz)的8个脉冲。

3) 使用单副载波时的EOF(图8.27(a))

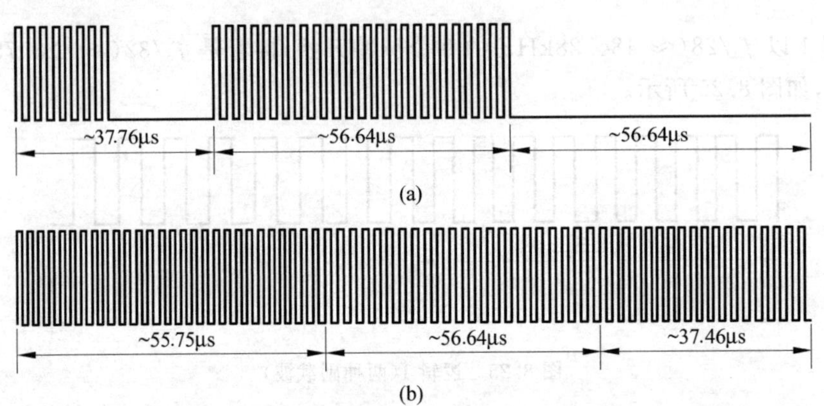

图8.27 使用单副载波或双副载波的EOF

EOF包含如下3个部分。

(1) 逻辑0,它以$f_c/32$(≈423.75kHz)的8个脉冲开始,接着是未调制时间$256/f_c$(≈18.88μs)。

(2) $f_c/32$(≈423.75kHz)的24个脉冲。

(3) 非调制时间$768/f_c$(≈56.64μs)。

4) 使用双副载波时的EOF(图8.27(b))

EOF包含如下3个部分。

(1) 逻辑0,它以$f_c/32$(≈423.75kHz)的8个脉冲开始,接着是$f_c/28$(≈484.28kHz)的9个脉冲。

(2) $f_c/32$(≈423.75kHz)的24个脉冲。

(3) $f_c/28$(≈484.28kHz)的27个脉冲。

8.5 ISO/IEC 15693-3防冲突和传输协议

当有多张VICC卡处于PCD的工作场内,就有可能发生冲突。本协议采用的防冲突方法是由VCD发出清点命令,在VICC配合下,最终清点出场内所有VICC的唯一标识码UID。

传输协议定义了VCD和VICC之间的命令和双向交换的机制。命令都是由VCD发出,VICC对每一个命令作出响应。每一次命令和每一次响应都各自包含在一帧内，帧分隔符为 SOF、EOF，一帧中传输的位的个数是 8 的倍数，即整数个字节。在通信中，单字节首先传输最低有效位；多字节首先传输最低有效字节，每字节最先传输最低有效位。

8.5.1 命令和响应的通用格式、VICC 状态及其转换

1. 命令通用格式

SOF	标志	命令代码	参数	数据	CRC	EOF

标志、命令代码、CRC(校验码)、SOF 和 EOF 字段是必备的，参数和数据字段是可选的(由各个命令决定)。

命令的标志字段说明了 VICC 完成的动作及相应的可选字段是否存在。它包含 8 位(表 8.12 至表 8.14)。

表 8.12　命令标志 b_1～b_4 的定义

位	标志名称	值	描　　述
b_1	副载波标志	0	VICC 应使用单副载波频率
		1	VICC 应使用双副载波频率
b_2	数据速率标志	0	应使用低数据速率
		1	应使用高数据速率
b_3	清点标志	0	标志 b_5～b_8 的含义按照表 8.13
		1	标志 b_5～b_8 的含义按照表 8.14
b_4	协议扩展标志	0	无协议格式扩展
		1	协议格式被扩展

表 8.13　当清点标志为 0 时命令标志 b_5～b_8 的定义

位	标志名称	值	描　　述
b_5	选择标志	0	VICC 执行命令根据地址标志(b_6)设置
		1	命令只由处于选择状态的 VICC 执行(VICC 的状态在下面说明) 地址标志应设置为 0，UID 字段应不包含在命令中
b_6	地址标志	0	命令不被寻址。不包括 UID 字段。命令可以由任何 VICC 执行
		1	命令被寻址。包括 UID 字段。命令仅由其 UID 与命令中规定的 UID 匹配的 VICC 才能执行
b_7	可选标志	0	含义没有被命令描述来定义
		1	含义由命令描述来定义
b_8	RFU	0	

表 8.14　当清点标志为 1 时命令标志 $b_5 \sim b_8$ 的定义

位	标志名称	值	描　述
b_5	AFI 标志	0	AFI 字段没有出现(AFI 为应用系列标识符)
		1	AFI 字段有出现
b_6	时隙数目标志	0	16 时隙
		1	1 时隙
b_7	可选标志	0	含义没有被命令描述来定义
		1	含义由命令描述来定义
b_8	RFU	0	

2. 响应通用格式

SOF	标志	参数	数据	CRC	EOF

标志、CRC、SOF 和 EOF 字段是必备的，参数和数据字段则是可选的(由各个命令及其执行情况决定)。现将各字段的作用说明如下：

1）响应标志

响应标志指示 VICC 的动作是否完成，以及相应字段是否出现。

响应标志由 8 位组成。在本标准中，仅定义了 1 位(b_1)，当 $b_1=0$ 时，表示无差错；当 $b_1=1$ 时，表示检测到差错。差错代码在“错误”字段(参数字段)。$b_2 \sim b_8$ 为 RFU。

2）响应差错代码

当差错标志被 VICC 置位时，应包含差错代码字段，并提供关于出现差错的信息。差错代码在表 8.15 中定义。

表 8.15　响应差错代码定义

差错代码	意　义
'01'	命令不被支持，即命令编码不被识别
'02'	命令不被识别，如出现的格式差错
'03'	命令选项不被支持
'0F'	不给出差错信息或特定的差错代码不被支持
'10'	规定的 block 不可用(不存在)
'11'	规定的 block 已经被锁定，因此不能被再次锁定
'12'	规定的 block 被锁定，其内容不能改变
'13'	规定的 block 没有被成功写入
'14'	规定的 block 没有被成功锁定
'A0'～'DF'	客户定制命令差错代码
其他	RFU

如果 VICC 不给出差错信息，则应以差错代码'0F'进行响应。

3）响应格式的 3 种表示

（1）当命令要求 VICC 返回数据，且执行无误时，以响应通用格式表示，其中参数和数据字段的内容随命令而定。

（2）当命令不要求返回数据，且执行无错误时，其响应格式如图 8.28 所示。

（3）无论命令是否要求返回数据，当执行有错误时，其响应格式如图 8.29 所示。

SOF	标志	CRC16	EOF

图 8.28　命令不要求返回数据且执行无错的响应格式

SOF	标志	差错代码	CRC16	EOF

图 8.29　命令执行有错时的响应格式

在其后描述命令和响应时，对第(2)种和第(3)种响应格式予以默认，不再重复介绍。

3. VICC 状态及转换

VICC 可以处于断电、就绪、静默和选择这 4 种状态中的一种。

VICC 对断电、就绪和静默状态的支持是必备的，对选择状态的支持是可选的。

（1）断电状态(POWER-OFF)。当 VICC 不能被 VCD 激活时，它处于断电状态。

（2）就绪状态(READY)。当 VICC 被 VCD 激活时，它处于就绪状态。若选择标志＝0 时，VICC 应处理任何命令。

（3）静默状态(QUIET)。当 VICC 处于静默状态时，清点标志＝0，且地址标志＝1 的情况下，VICC 应处理任何 UID 匹配的命令。

（4）选择状态(SELECTED)。只有处于选择状态的 VICC 才应处理选择标志置位的命令。

8.5.2　防冲突

防冲突系列(操作流程的处理)的目的，是清点出 VICC，清点的结果是得出 VCD 工作场中多个 VICC 唯一标识码 UID。VCD 通过发出清点命令启动它与卡之间的通信。

防冲突方案以时隙为基础，其工作原理参考 8.2.3 节。

1. 清点命令和响应格式

VCD 在发出清点命令时，将时隙数目标志设置为期望值(1 个时隙或 16 个时隙)，然后在命令字段的后面加入掩码长度和掩码值(命令通用格式中的参数字段和数据字段)。清点命令格式如下(命令代码＝'01')。

SOF	标志	清点(命令)	掩码长度	掩码值	CRC16	EOF
	8位	8位	8位	0~64位	16位	

掩码长度指出掩码值的位数。掩码值是 VCD 欲清点的 VICC 的 UID(低位部分)，很可能不存在，在防冲突操作流程举例后再说明。

如果清点命令中的 AFI 标志已设置，则在清点命令中将增加 AFI 字段，此命令的格式如下。

SOF	标志	清点	可选的 AFI	掩码长度	掩码值	CRC16	EOF
	8位	8位	8位	8位	0~64位	16位	

AFI(应用标识符)表示由 VCD 标定的应用类型,只有支持该 AFI 应用类型的 VICC 才能从所有存在于 VCD 工作场的 VICC 中被挑选出来。

清点命令的响应格式如下。

SOF	标志	DSFID	UID	CRC16	EOF
	8位	8位	64位	16位	

响应中包括 DSFID 和 UID。DSFID(数据存储格式标识符)指出了数据在 VICC 存储器中是如何构成的。如果 VICC 不支持 DSFID 编码,将以'00'作为响应。UID 由 64 位组成,由 IC 制造商写入到卡中。UID 格式如下。

MSB　　　　LSB

64　　57	56　　49	48　　1
'E0'	IC 制造商代码	IC 制造商序列号

如果 VICC 检测到错误,发送响应如图 8.29 所示。

2. 防冲突操作流程举例

如果时隙数量是 16,那么在 VICC 中有 4 位时隙计数器,在开始执行清点命令时,将它清 0,假设有 5 个 VICC 在 VCD 工作场内的情况下,在典型的防冲突序列期间,图 8.30 总结了可能发生的主要情况。步骤如下。

(1) VCD 发送由 EOF 终止的以帧表示的清点命令,时隙的数量为 16。各 VICC 随机产生各自的时隙编号。假设 VICC1 的时隙编号为 0,VICC(2 和 3)为 1,VICC(4 和 5)为 3,VICC 在执行清点命令过程中,时隙编号不变。

(2) VICC1 在时隙 0 发送其响应。VICC1 是发送响应的唯一 VICC,因此不会出现冲突,VCD 接收它的 UID 并为其注册。

(3) VCD 发送一个 EOF,意指切换到下一个时隙,即时隙计数器加 1,时隙计数值为 1。

(4) 在时隙 1 内,两个 VICC(2 和 3)发送它们的响应,产生冲突。VCD 检测到冲突,并且记住在时隙 1 发生冲突。

(5) VCD 发送一个 EOF,意指切换至下一个时隙(+1),即时隙计数值为 2。

(6) 在时隙 2 内,没有 VICC 发送响应。因此,VCD 未检测到 VICC SOF,于是通过发送一个 EOF 来切换到下一个时隙(+1),即时隙计数值为 3。

(7) 在时隙 3 内,来自 VICC(4 和 5)的响应引起另一冲突。

(8) VCD 决定发送一个寻址的命令(如一个读块)给 VICC1,其 UID 已被正确接收。

(9) 所有的 VICC 检测到 SOF,将退出防冲突序列。因为该命令是对 VICC1 寻址的,只有 VICC1 发送其响应。

(10) 所有 VICC 都就绪接收另一个命令。如果它是一个清点命令,时隙计数器重新从 0 开始。各 VICC 随机产生各自的时隙编号。

注:VCD 可以连续发送 EOF,直到发送到时隙计数值 15 为止,然后发送读块(或其

他)命令给 VICC1。

图 8.30 中的 t_1 是 VICC 收到 VCD 的一个 EOF 后，传送响应前的等待时间，t_1 开始于 VCD 发出的 EOF 的上升沿。t_2 是 VCD 接收到 VICC 响应的 EOF 的上升沿后，发出后续命令之前(或图 8.30 中 VCD 发出接通下一时隙的 EOF 之前)的等待时间。t_3 是在执行清点命令过程中，无 VICC 响应 VCD，在发送一个后续 EOF 接通下一时隙前的等待时间。

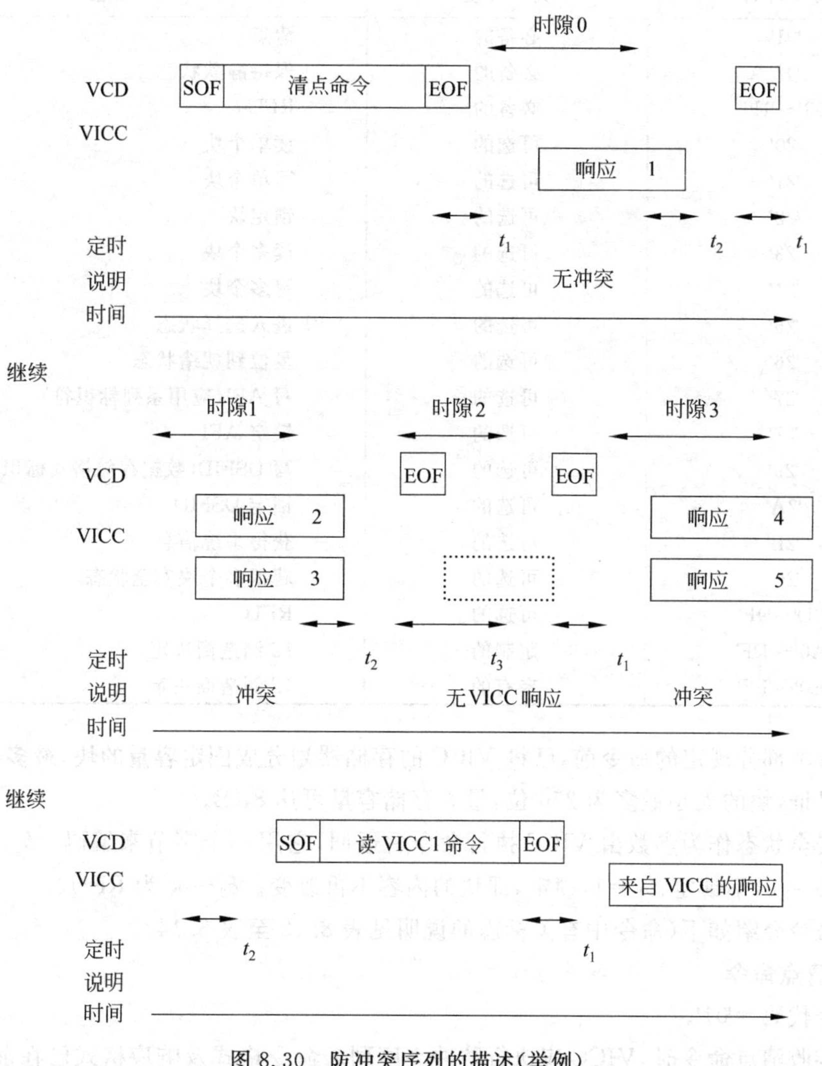

图 8.30 防冲突序列的描述(举例)

在上例中，没有用到清点命令中的掩码值。但在卡中，有一个比较器(≤64 位)，当比较时输入的一方(清点命令)是时隙计数器(4 位)和掩码值，另一方是卡中的时隙编号和 UID 低位部分(截取)，当参与比较的双方相等时，卡方能返回清点命令的响应，即是完整的 UID，可供 VCD 在接着运行的清点命令使用(VCD 也可以不用它)。

8.5.3 命令和响应

本协议定义了4种类型命令：强制的、可选的、定制的和专有的。命令代码如表8.16所示。

表8.16 命令代码

命令代码	类 型	功 能
'01'	必备的	清点
'02'	必备的	保持静默状态
'03'～'1F'	必备的	RFU
'20'	可选的	读单个块
'21'	可选的	写单个块
'22'	可选的	锁定块
'23'	可选的	读多个块
'24'	可选的	写多个块
'25'	可选的	进入选择状态
'26'	可选的	复位到就绪状态
'27'	可选的	写AFI(应用系列标识符)
'28'	可选的	锁定AFI
'29'	可选的	写DSFID(数据存储格式标识符)
'2A'	可选的	锁定DSFID
'2B'	可选的	获得系统信息
'2C'	可选的	获得多个块安全状态
'2D'～'9F'	可选的	RFU
'A0'～'DF'	定制的	IC制造商决定
'E0'～'FF'	专有的	IC制造商决定

执行本部分规定的命令前，已将VICC的存储器划分成固定容量的块，最多有256个块可被寻址，块的大小最多为256位，最大存储容量可达8KB。

块安全状态作为参数由VICC执行命令后返回，它用一个字节来编码。b_1为块的锁定标志，$b_1=0$，不锁定；$b_1=1$，锁定，即块的内容不再改变。$b_2 \sim b_8$为RFU。

对命令介绍如下(命令中有关标志的说明见表8.12至表8.14)。

1. 清点命令

命令代码='01'。

当接收清点命令时，VICC应执行防冲突序列。命令格式及响应格式已在前面描述。在指定时隙中，仅当UID的低位部分与命令中的掩码值相等的卡才能响应，因而可降低冲突概率。

2. 保持静默命令

命令代码='02'。

当接收保持静默命令时，VICC应进入静默状态，不应返回其响应。

当处于保持静默状态时：

(1) 如果清点标志＝1，VICC 不会处理任何命令。

(2) VICC 应处理任何寻址命令(选择标志＝0，地址标志＝1)。

在以下情况，VICC 应退出静默状态。

(1) 复位(断电)。

(2) 接收选择状态命令。如果支持，VICC 应进入选择状态；如果不支持，将返回一个错误。

(3) 收到复位就绪命令。VICC 应进入就绪状态。

保持静默命令格式如下。

SOF	标志	保持静默	UID	CRC16	EOF
	8位	8位	64位	16位	

命令参数：UID(必备的)

应总是以寻址方式，执行保持静默命令(选择标志置 0，并且地址标志置 1)。

3. 读单个块命令

命令代码 ='20'，命令格式如下。

SOF	标志	读单个块	[UID]	块编号	CRC16	EOF
	8位	8位	64 位	8位	16位	

响应格式(无错误时)如下。

SOF	标志	[块安全状态]	数据	CRC16	EOF
	8位	8位	块长度	16位	

注：[ ]内的项目是可选的(下同)。

当接收读单个块命令时，VICC 应读命令的块，并且在响应中反向发送它的值。

如果在命令中可选标志＝1，VICC 应返回块安全状态，接着是块值；如果在命令中可选标志＝0，VICC 应只返回块值。

4. 写单个块命令

命令代码 ='21'，命令格式如下。

SOF	标志	写单个块	[UID]	块编号	数据	CRC16	EOF
	8位	8位	64位	8位	块长度	16位	

当接收写单个块命令时，将命令中包含的数据块写入 VICC，并且在响应中报告操作是否成功。

如果可选标志＝0，当它已完成写操作后，VICC 将返回其响应。

从检测到 VCD 命令帧的 EOF 上升沿开始算起，在不超过 20ms 时间内完成写操作。

如果可选标志＝1，VICC 应等待接收来自 VCD 的 EOF，当接收时，它应返回其响应。

5. 读多个块命令

命令代码='23',命令格式如下。

SOF	标志	读多个块	[UID]	第1个块编号	块数量	CRC16	EOF
	8位	8位	64位	8位	8位	16位	

响应格式如下。

SOF	标志	[块安全状态]	数据	CRC16	EOF
	8位	8位	块长度	16位	
		当需要时，重复			

执行读多个块命令时,VICC应读命令块,并且在响应中返回它们的值。

如果命令中可选标志=1,VICC应返回块安全状态,接着是逐块顺序的块值;如果命令中可选标志=0,VICC应只返回块值。

6. 获得系统信息命令

命令代码='2B',命令格式如下。

SOF	标志	获得系统信息	[UID]	CRC16	EOF
	8位	8位	64位	16位	

响应格式如下。

SOF	标志	信息标志	UID	DSFID	AFI	其他字段	CRC16	EOF
	8位	8位	64位	8位	8位	见下面	16位	

该命令允许接收来自VICC的系统信息值。

响应的信息字段(DSFID、AFI等)以其相应的信息标志为顺序返回(如果相应的标志=1),如表8.17中的定义。

块大小以5位的字节数表达,最多为32B,即256位。

表8.17 信息标志定义

位	信息标志名字	值	描　　述
b_1	DSFID	0	不支持DSFID。DSFID字段不存在
		1	支持DSFID。DSFID字段存在
b_2	AFI	0	不支持AFI。AFI字段不存在
		1	支持AFI。AFI字段存在
b_3	VICC存储器规模	0	不给出VICC存储器大小信息(表8.18)。存储器大小字段不存在
		1	给出VICC存储器大小信息。存储器大小字段存在

续表

位	信息标志名字	值	描述
b_4	IC参数	0	不给出IC参数信息。IC参数字段不存在
		1	给出IC参数信息。IC参数字段存在
b_5	RFU	0	
b_6	RFU	0	
b_7	RFU	0	
b_8	RFU	0	

表 8.18 VICC存储器大小信息

MSB LSB

16　　14	13　　9	8　　1
RFU	以字节表示的块大小	块数

7. 其他命令

各条命令的功能在表8.16中有简单说明,命令格式没有太大的不同,因此不进行详细描述。而且在表8.16中必备的命令仅有两条。

8.6[b] 扩展协议和扩展命令

本节内容来自ISO/IEC 18000国际标准,也可用于ISO/IEC 15693国际标准中。该标准描述的是RFID标签的规范,ISO/IEC 15693也是RFID采纳的标准之一。VICC在ISO/IEC 18000中称为标签(tag)。

8.6.1 扩展协议

扩展协议是可选的。

如果VICC不支持扩展协议,不返回错误代码并保持静默。

如果支持扩展协议,协议命令格式如下。

SOF	标志	扩展协议字节	参数	数据	CRC	EOF
	8位	8位			16位	

- 标志(见表8.19: b_4 设为1表示扩展协议; b_5～b_8 必须设为0,保留)。
- 扩展协议字节(命令代码): b_1 和 b_2 保留为0,除保持静默Stay quiet命令代码'02'和选择Select命令代码'25'。
- 参数、数据:少数命令保留(具体见智能卡技术第三版)
- CRC。

表 8.19　命令标志 $b_1 \sim b_4$ 的定义

位	标志名称	值	描　　述
b_1	Sub-carrier_flag	0	VICC 应该使用单一副载波频率
		1	VICC 应该使用两个副载波频率
b_2	Data_rate_flag	0	使用低数据速率
		1	使用高数据速率
b_3	Response_flag	0	如果 VICC 不支持已定的副载波,它应该保持静默
		1	使用的编码依赖于上面的 b_1 和 b_2。如果 VICC 不支持,它应该保持静默
b_4	Protocol_Extension_Flag	1	协议格式扩展

8.6.2　扩展协议中的防冲突管理

扩展协议分成两部分：1 时隙协议和多时隙协议。

1. 1 时隙多 VICC 读协议

在此协议中,一条 Wake-Up 命令应该使所有在工作场中的 VICC 随机响应。VCD 将接收、检测所有未发生冲突的响应。当少量的 VICC 在工作场内时,该方法效果较好。

图 8.31 所示为 3 个 VICC 在工作场中的情况。

图 8.31　1 时隙多 VICC 读协议的 VICC 响应实例

(1) VCD 发出一个 Wake-Up 命令,所有 VICC 响应导致冲突发生。

(2) 然后 VICC1 和 VICC3 经过不同的持续时间后响应,导致冲突发生。

(3) VICC2 的单独响应被检测到。

(4) 然后 VICC1 的单独响应被检测到。

(5) VICC2 和 VICC3 的响应导致冲突发生。

(6) VICC1 和 VICC2 的响应导致冲突发生。

(7) 最后 VICC3 的响应被检测到。

各个 VICC 的响应时间间隔是由 VICC 自己决定的。

2. 多时隙 VICC 的状态

除了前述的断电(POWER OFF)、就绪(READY)和静默(QUIET)状态外,还有激活(ACTIVE)和等待(STAND BY)状态。

(1) 激活状态。在激活状态的 VICC,当前的时隙数和 VICC 随机选择的时隙号(在当前时隙轮询从最大时隙数目中计算得到)相同时,将用它的默认响应返回;否则不返回响应,仍保持在激活状态。如果当前的时隙数的递增大于当前轮询的最大时隙数,则复位到 0,并计算一个新的随机时隙号。

VICC 离开激活状态的条件如下。

① VICC 已经响应,自动转移到静默状态。

② 接收到一个命令,转移到其他状态。

③ 离开工作能量区。

(2) 等待状态。在等待状态的 VICC 只响应全复位命令,或重新进入轮询命令,并分别转移到就绪状态或激活状态。

3. 多时隙协议

在 VCD 发出 Wake-Up 命令后的轮询过程中,VICC 和 VCD 之间有一个持续的对话。从时隙 0 到最大时隙数的操作过程称为一个轮询。

VICC 接收到唤醒命令时,从就绪状态转移到激活状态,并在允许的最大时隙数内随机选择一个时隙号。每个时隙开始后,时隙号与当前时隙数相等的 VICC 将发回响应,如果未发生冲突,将由激活状态转移到静默状态。当前的时隙数和最大的时隙数相同,而工作场内还有 VICC 处于激活状态时,时隙数的再次累加(+1),将导致时隙数被复位到 0,此时所有 VICC 需重新计算其随机的时隙号。当 VCD 工作场内所有 VICC 都响应,并且保持在静默状态,那么总轮询宣告结束。

最大的时隙数是指一个轮询中的总时隙数。其默认值为 8。

VCD 和 VICC 对话的例子如下。

接收到 Wake-Up 命令后,VICC 在最大时隙数内随机选择一个时隙号。在一个轮询内,VICC 期望的时隙数由 VICC 的最初编程确定,但是能够被 VCD 的命令修改。

图 8.32 给出了一个 VCD 和 VICC 对话的例子。相关的命令功能参见表 8.21。

(1) VCD 发出 Wake-Up 命令,该命令使 VICC 从就绪状态转移到激活状态。

(2) VICC 从存储器中读默认的轮询长度(时隙数),并随机选择一个时隙进行响应。

(3) 在本例中时隙 0 包含 VICC1 的响应,响应后该 VICC 转入到静默状态。VICC 的响应包含前置同步码(precursor)和主响应(见图 8.35 和表 8.20)。

(4) VCD 发出"下一时隙"命令,该命令包含处于静默状态的 VICC1 的 TEL,并将时隙计数器加 1,得到当前的时隙数。TEL 的定义见 8.6.3 节中的冲突检测。

(5) 时隙 1 无响应,VCD 发送一个 EOF。

(6) 时隙 2 包含两个响应,它们响应内容的前置同步码不同,因此 VCD 检测到有冲突发生。在主响应发生前将时隙关闭,这两个 VICC 将在下一个轮询中继续返回响应(也就是在本轮中的最大时隙数之后)。

(7) 时隙 3 包含两个响应,在前置同步码中未能检测到冲突,但是在主响应的 CRC 检测中检测到有冲突,VCD 发送一个"最终错误"命令,这两个 VICC 将在下一个轮询中继续返回响应。

(8) 时隙 4 包含两个响应,但是一个信号(VICC6)明显比另一个信号强,因此对于 VCD 而言,在该时隙中只有 VICC6 响应,VICC6 进入静默状态。VCD 发出下一时隙命令,该命令包含处于静默状态的 VICC6 的 TEL。VICC7 将在本轮的最大时隙数后的下一个轮询再次响应。

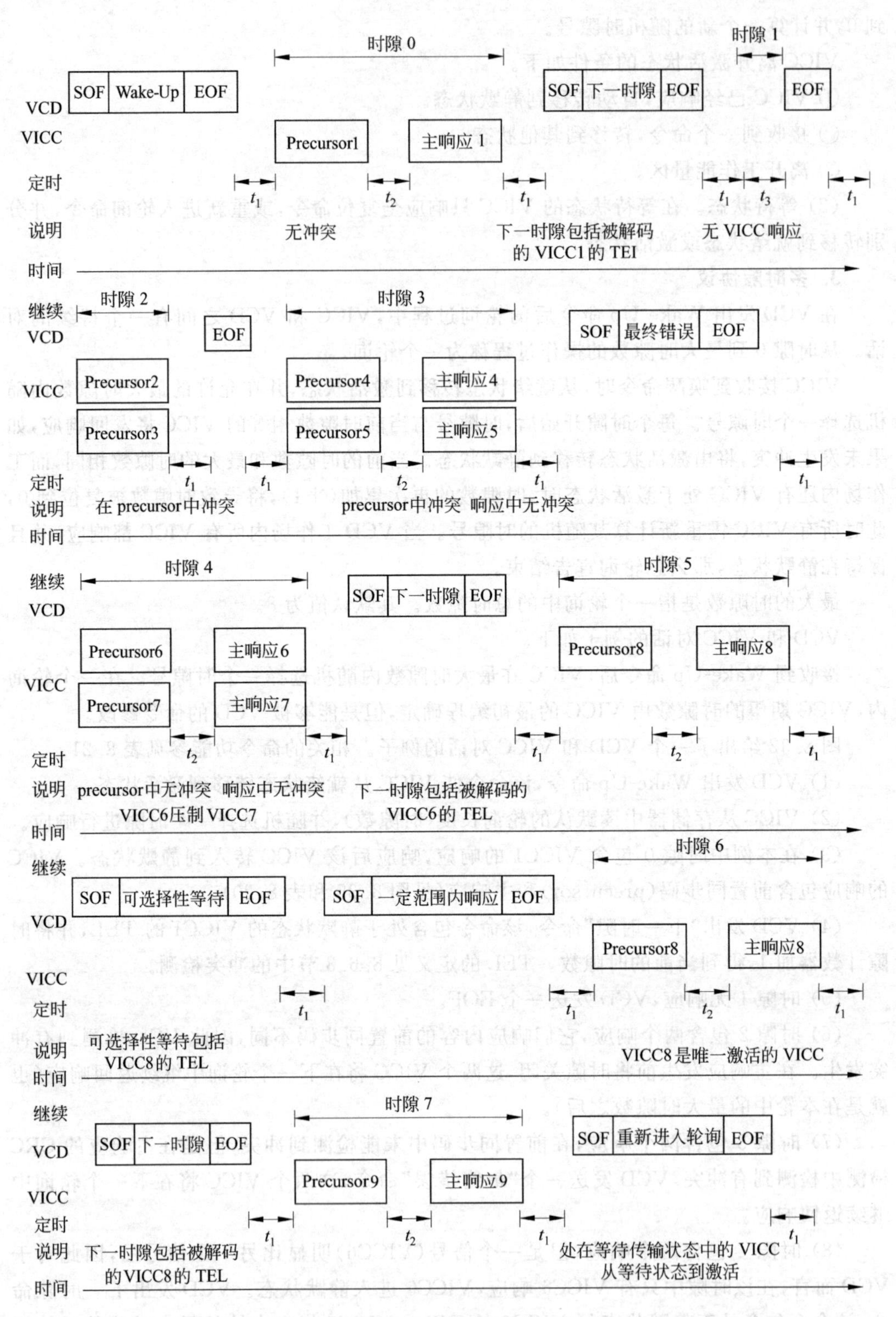
时隙 0
时隙 1
SOF
Wake-Up
EOF
SOF
下一时隙
EOF
EOF
VCD
VICC
Precursor1
主响应 1
定时
说明
无冲突
下一时隙包括被解码
的 VICC1 的 TEI
无 VICC 响应
时间
继续
时隙 2
时隙 3
VCD
EOF
SOF
最终错误
EOF
VICC
Precursor2
Precursor3
Precursor4
Precursor5
主响应4
主响应5
定时
说明
在 precursor中冲突
precursor中冲突 响应中无冲突
时间
继续
时隙 4
时隙 5
VCD
SOF
下一时隙
EOF
Precursor6
Precursor7
主响应6
主响应7
Precursor8
主响应8
VICC
定时
说明
precursor中无冲突 响应中无冲突
VICC6压制 VICC7
下一时隙包括被解码的
VICC6 的 TEL
时间
继续
时隙 6
SOF
可选择性等待
EOF
SOF
一定范围内响应
EOF
VCD
Precursor8
主响应8
VICC
定时
说明
可选择性等待包括
VICC8的 TEL
VICC8 是唯一激活的 VICC
时间
继续
时隙 7
VCD
SOF
下一时隙
EOF
SOF
重新进入轮询
EOF
VICC
Precursor9
主响应9
定时
说明
下一时隙包括被解码
的VICC8 的 TEL
处在等待传输状态中的 VICC
从等待状态到激活
时间

图 8.32 多时隙轮询

(9) 时隙 5 包含一个特殊的 VICC8 响应，因为各种各样的原因，该 VICC 需要被隔离。VCD 发出一个“可选择性等待”命令，该命令将 VICC8 转移到激活状态。VICC1 和 VICC6 将保持在静默状态，而其他 VICC 从激活状态转移到等待状态。

(10) 这时只有 VICC8 处于激活状态，VCD 发出“一定范围内响应”命令，命令 VICC8 返回响应(时隙 6)。

(11) VCD 发出“下一时隙”命令，该命令使 VICC8 进入静默状态。

(12) 时隙 7 包含一个从 VICC9 返回的响应。

(13) VCD 发出“重新进入轮询”命令，该命令使处于等待状态的 VICC 返回到就绪状态。

8.6.3 扩展协议——VICC 响应格式

有两种响应格式：带有前置同步码的主响应和不带前置同步码的主响应。

前置同步码能够使冲突尽快被检测到，检测到冲突发生后，VCD 在前置同步码和主响应的间隙内发送一个关闭时隙命令。

1. 有(或无)前置同步码的响应格式

有前置同步码的响应由以下几部分组成。

前置同步码	间隙	主响应

(1) 前置同步码(precursor)。

(2) 间隙(gap)，占 44 位时间。

(3) 主响应(main reply)。

无前置同步码的响应仅有主响应。

(1) 前置同步码格式。

前置同步码包含起始头和冲突检测，格式如下。

起始头	冲突检测（12位）

(2) 前置同步码起始头编码(precursor leader coding)。

起始头以 8 个 $f_c/32$(423.75kHz)的脉冲紧跟 4 个 $f_c/32$(423.75kHz)的相反相位的脉冲表示，如图 8.33 所示。

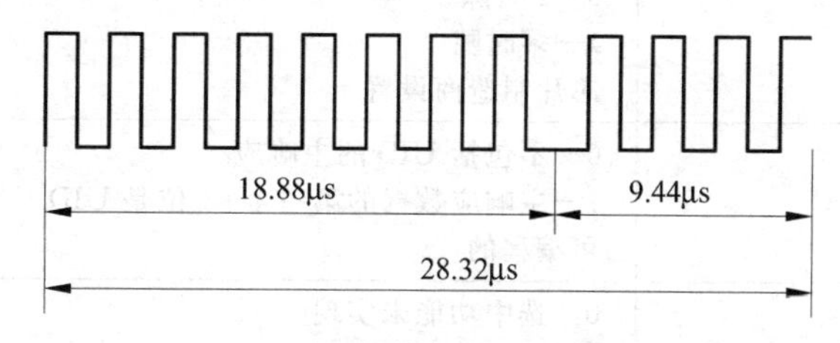

图 8.33 前置同步码头编码

(3) 冲突检测格式。

冲突检测字段由 4 位 TEL 和 8 位随机数组成，或由 12 位随机数组成。TEL 用以表示 VICC 的激励级别,1～F 共 15 个级别,0 表示 VICC 不支持 TEL,不予以发送。

TEL 级别被应用于冲突检测的前置同步码中和 VICC 响应的同步信号中。在 VCD 后面发送的命令中可包含 TEL 值,用来保护小信号不被抑制。是否有 TEL 位,由主响应的开始符指定,如图 8.35 和表 8.20 所示。

(4) 前置同步码冲突检测二进制(0 和 1)编码(precursor collision detection binary coding)。

逻辑 0 以 4 个 $f_c/32$(423.75kHz)脉冲紧跟一个 $128/f_c$(9.44μs)的未调制时间表示,如图 8.34(a)所示,逻辑 1 以一个 $128/f_c$(9.44μs)未调制信号和 4 个 $f_c/32$(423.75kHz)的脉冲表示,如图 8.34(b)所示。

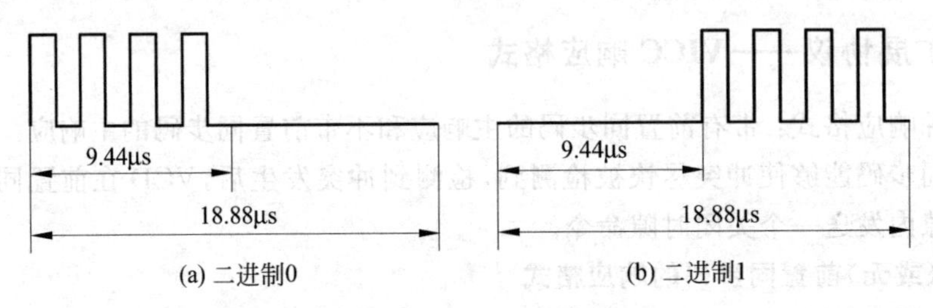

图 8.34 冲突检测编码

2. 主响应格式

主响应格式包含以下字段,如图 8.35 所示。

开始符	响应数据	CRC	信号结束
32位	n×32位	16位	2位

图 8.35 主响应格式

- 开始符(preamble,表 8.20 定义的 32 位代码)。
- 响应数据(reply data,32 位的倍数)。
- CRC(16 位数)。
- 信号结束(end of signaling terminator,图 8.39 中定义)。

1) 主响应开始符格式(表 8.20)

表 8.20 主响应开始符

位号	名 称	描 述
1～4	信号开始	1110 (b_1～b_4)——开始主响应。强制的
5	Protocol	0—1 时隙 1—多时隙 芯片制造商设置
6	UID	0—不包括 UID 的主响应 1—主响应数据的第一个 64 位是 UID 可编程的
7	Selection	0—选中功能未实现 1—选中功能已实现 芯片制造商设置

续表

位号	名　称	描　述
8	State storage	0——无能量时状态不保持 1——无能量时状态保持 300ms 芯片制造商设置
9～12	Tag Excitation Level (TEL)	0000 (b_9～b_{12})—TEL 未实现 TTTT (b_9～b_{12})—TEL 已实现的激励级别（除了 0000）
13	Special bit	0—特殊功能位无效 1—特殊功能位有效 可编程的
14～16	Round size 一个轮询中的时隙数	(b_{14}～b_{16}) 000—RFU 001—8 010—16 011—32 100—64 101—128 110—256 111—RFU 可编程的。能够被 VCD 命令改变
17～32	Page range	响应的 8 位起始(b_{17}～b_{24})和 8 位结束页 (b_{25}～b_{32}) 可编程的。能够被 VCD 命令改变

2）主响应编码(main reply coding)

主响应(包括开始符和 CRC)使用 DBPSK 编码，每 1 位为 4 个 $f_c/32$(423.75kHz)的脉冲。

(1) 二进制 0 编码(binary 0 coding)。和二进制 0 之前的 4 个脉冲具有相反相位的 4 个 $f_c/32$(423.75kHz)的脉冲，如图 8.36 所示。

(2) 二进制 1 编码(binary 1 coding)。和表示二进制 1 的前 4 个脉冲的相位相同的 4 个 $f_c/32$(423.75kHz)的脉冲，如图 8.37 所示。

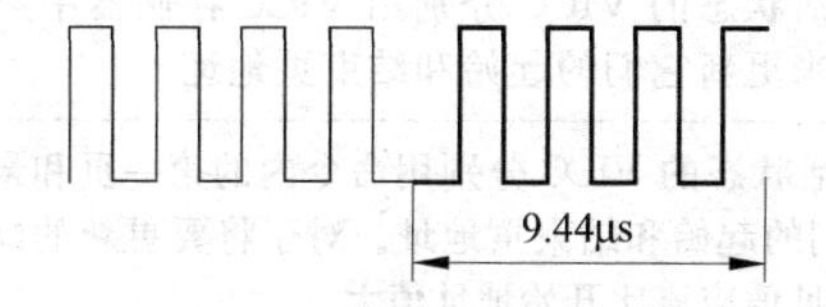

图 8.36　响应编码(二进制 0)

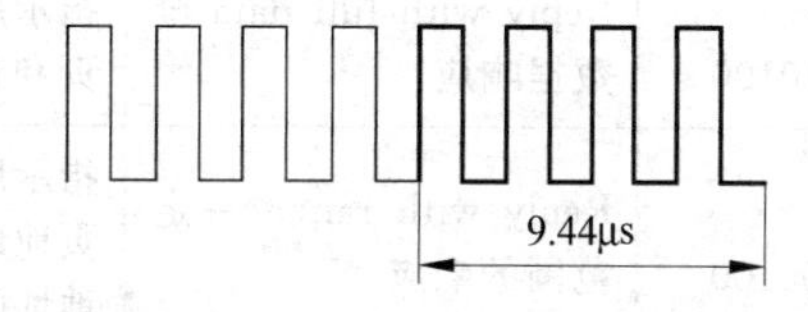

图 8.37　响应编码(二进制 1)

(3) 二进制编码的例子(example of binary coding)。图 8.38 是二进制 10 的编码的例子。

(4) 信号结束编码。信号结束编码如图 8.39 所示，包括以下内容：和前面 4 个脉冲的相位相反的 6 个 $f_c/32$(423.75kHz)的脉冲；和前面 4 个脉冲的相位相同的 6 个 $f_c/32$(423.75kHz)的脉冲。

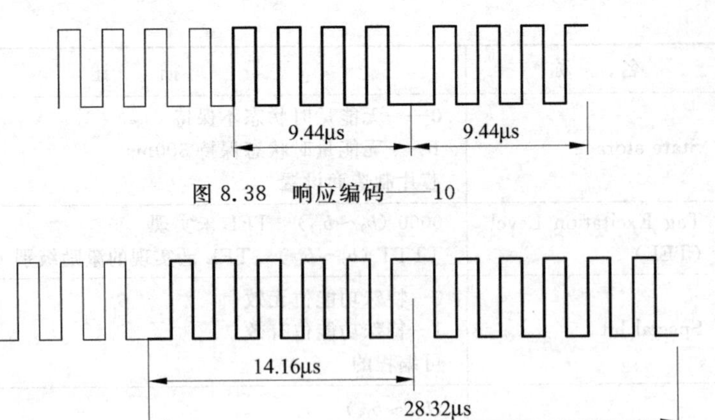

图 8.38　响应编码——10

图 8.39　信号结束符编码

8.6.4　扩展协议命令

对于扩展协议命令，其命令代码的 b_1 和 b_2 设为 0（保持静默命令（'02'）和选择命令（'25'）例外），$b_3 \sim b_8$ 按表 8.21 所描述的定义。

对于 1 时隙 VICC，只有一个强制命令（'C4'）和两个可选命令（'64'和'74'）。其他命令及'64'和'74'可应用于多时隙 VICC。

表 8.21　扩展协议命令代码

命令代码	命 令 名 称	功　　能
*'(0~F)0' TTTT0000	Next slot 下一时隙	为所有参与本次轮询的 VICC 指示当前时隙结束。在最高半字节（Most Significant Nibble，MSN）包括 TEL 值 TTTT
'02' 00000010	Stay Quiet 保持静默或下一时隙	基本命令中的保持静默命令（命令代码 02），在扩展协议命令中可以被用来指示响应中包括 UID 的 VICC 进入下一个时隙
'04' 00000100	Reply now 立即响应	指示所有处于激活状态的 VICC 在当前时隙发回它们的响应
'14' 00010100	Reply with full data 全数据响应	指示所有处于激活状态的 VICC 分别用 VICC 存储器中第一页和最后页地址来更新它们的起始和结束页地址
'24' 00100100	Reply with range 一定范围的响应	指示所有处于激活状态的 VICC 分别用命令内的第一页和最后页地址来更新它们的起始和结束页地址。对于将要更新的默认地址而言，结束地址值应该比开始地址值大
*'34' 00110100	Ultimate error 错误结局	指示所有刚刚在当前时隙发生错误答复的 VICC 在下一个轮询继续响应
*'44' 01000100	re -enter round 重入轮询	指示所有处于等待状态的 VICC 转移到激活状态
*'54' 01010100	reset active VICC 复位激活状态	指示所有处于激活状态的 VICC 转移到就绪状态
'64' 01100100	clear special bit 清除特殊位	将特殊位清 0

续表

命令代码	命令名称	功　能
'74' 01110100	set special bit 设置特殊位	将特殊位设为1
* '(8～B)4' 10WW0100	wake up 唤醒(多时隙)	该命令将VICC从就绪状态转移到激活状态。Wake-Up命令中的WW用于指示在VICC的响应中是否有TEL和/或前置同步码
* 'C4' 11000100	wake up 唤醒(1时隙)	只唤醒1时隙VICC
'D4' 11010100	global reset 全复位	指示所有的VICC转移到就绪状态
'E4' 11100100	set protocol default parameters 设置协议的默认参数	所有的VICC在非易失性存储器中存入新的轮询大小,起始和结束答复页等协议默认参数
'(0～F)8' TTTT1000	selective stand-by 选择等待	指示所有处于激活状态的VICC转移到等待状态。指示所有处于静默状态,而在当前时隙响应,且它们的TEL和命令中的TTTT值匹配的VICC转移到激活状态,不匹配的VICC转移到等待状态
'25' 00100101	select 选择	基本协议的选择命令(命令代码25),在扩展协议中可以被用来指示在响应中包括UID(在主协议开始符的UID位被设置为1)的VICC进入下一个时隙 指示所有处于激活状态的VICC转移到等待状态。指示所有处于静默状态,而在当前时隙刚刚答复且其UID和指令中相匹配的VICC转移到激活状态,那些UID不匹配的VICC转移到等待状态
* '(0～7)C' 0RRR1100	new round size 新轮询长度	指示所有处于激活状态的VICC从最大时隙数重新计算出它们的随机时隙号,最大时隙数$=2^{RRR+2}$,RRR在001～110的范围内
'(8～F)C' 1CCC1100	comparison 比较	通过对一个VICC存储器中比较页的数据和命令中发送的比较数据进行比较,满足条件的VICC保持在当前的激活状态,否则被转移到等待状态。

注：命令代码前带 * 号的命令是强制的,其余的命令是可选的。

习题

1. 在ISO/IEC 14443国际标准中Type A和Type B两种非接触式卡在传递信息方面有什么差别?
2. 什么叫冲突? Type A和Type B IC卡怎样实现防冲突?
3. 为了实现非接触式IC卡的初始化和防冲突,在国际标准中定义了哪些命令?请写出防冲突的工作流程。
4. 请叙述在ISO/IEC 14443中的REQA、ATQA、REQB、ATQB的作用及信息格式。
5. 接触式IC卡的国际标准ISO/IEC 7816与非接触式IC卡完全没有关系,这种说法对吗？为什么？

6. 试比较接触式 IC 卡与非接触式 IC 卡的优、缺点。
7. 目前非接触式 IC 卡有哪些国际标准？
8. ISO/IEC 15693 与 ISO/IEC 14443 中定义的编码方式有何不同？
9. VICC 比 PICC 的工作范围大主要是什么因素起作用？
10. VICC 可工作于一种或两种副载波频率下，这是用什么方法区别逻辑 0 和逻辑 1 的？
11. 叙述 VICC 防冲突原理。防冲突操作(1 时隙和多时隙)用到哪些命令？
12. 在 ISO/IEC 15693-3 中定义了哪几种类型命令？哪些是强制执行的命令？
13. VICC 中的基本命令与扩展命令如何区分？是否有可能出现相同的命令代码而执行不同的操作？
14. 当有较多卡出现在 VCD 的工作场中时，应采用何种防冲突协议(1 时隙或多时隙协议)？
15. 在扩展协议中，VICC 返回的响应字段中的前置同步码是否必须设置？有前置同步码的好处何在？
16. 在主响应字段中，二进制码(0 和 1)的定义有何特点？
17. 你认为依照 ISO/IEC 15693 中确定的命令是否足以设计 VICC 的命令系统？根据本命令提供的资料设计的 VICC 是否能确保兼容性？
18. ISO/IEC 7816 与 ISO/IEC 14443 中的指令格式表示方法是否相同？

第9章 RFID标签空中接口标准 ISO/IEC 18000系列

9.1 概述

RFID标签和读写器之间通过相应的空中接口协议进行相互通信。空中接口协议定义了读写器与标签之间进行命令和数据双向交换的机制，即读写器发给标签的命令和标签发给读写器的响应。

目前，RFID的空中接口标准中最受瞩目的是ISO/IEC 18000系列标准，适用于射频识别技术在物品管理中的应用。它涵盖了125kHz～2.45GHz的通信频率，识读距离由几厘米到几十米，其中主要是无源标签，但也有用于集装箱的有源标签。

ISO/IEC 18000-1定义了在所有ISO/IEC 18000系列标准中空中接口定义所要用到的参数。还列出了所有相关的技术参数及各种通信模式，如工作频率、跳频速率、跳频序列、调制载波频率、占用频道带宽、最大发射功率、杂散发射、调制方式、调制指数、数据编码、位速率、标签唯一标识符、读处理时间、写处理时间、错误检测、存储容量、防冲突类型和标签识读数目等，为后续的各部分标准设定了一个框架和规则。

ISO/IEC 18000的其他部分分别定义了在各种通信频率下的空中接口通信协议。

目前在HF频段的13.56MHz和UHF频段的RFID技术应用最为广泛。在UHF频段中，860～960MHz频段一般用于无源标签，433MHz一般用于有源标签。标签和读写设备之间的工作原理，在HF和UHF频段下是截然不同的，前者是采用近距离磁场耦合的方式来工作，标签感应读写设备所产生的磁场信号，并依靠磁场的变化来传递信息，工作距离较近；后者采用反向散射的方式来工作，标签利用接收到的由读写器发出的射频能量，将编码信息利用电波传播回去，其工作距离较远。

9.2 空中接口标准化参数

ISO/IEC 18000-1定义了两组空中接口数据链路参数：从读写器到RFID标签（在本章中简称“标签”）的参数（以符号Int表示），从标签到读写器的参数（以符号Tag表示）。此处说明每个参数的含义，具体指标将在ISO/IEC 18000系列标准的其他部分用表格方式描述。

1. 工作频率范围(Int:1,Tag:1)

规定通信链路工作的频率范围。

(1) 默认工作频率(Int:1a,Tag: 1a)。规定读写器和标签建立通信的工作频率。所给值是已调制信号的中心频率或范围。所有兼容的标签和读写器都应该支持默认工作频率。

(2) 工作信道(适用于扩频系统,Int:1b,Tag:1b)。规定读写器至标签链路(或反向)工作频率的数量和数值。所提供的数值是已调制信号的中心频率。

(3) 工作频率精度(Int:1c,Tag:1c)。用 ppm 指出载波频率和指定标称频率之间的最大偏差,1ppm 为百万分之一,如 2450MHz 载波的百万分之一允许载波频率范围在 2450MHz±2.45kHz 之间。

(4) 跳频速率(适用于 FHSS 系统,Int:1d,Tag:1d)。规定 FHSS(Frequency Hopping Spread Spectrum)中心频率驻留时间的倒数。

(5) 跳频序列(适用于跳频[FHSS]系统,Int:1e,Tag:1e)。规定 FHSS 发射机选择一个 FHSS 频道的跳频频率的伪随机序列列表。

2. 占用信道带宽(Int:2,Tag:2)

规定占用一个特定信道的通信信号的带宽。

最小接收机带宽(Int:2a,Tag:2a)规定接收机所能够接收到的所有频率或单个频率的最小频率范围。

3. 发送最大 EIRP(Int:3,Tag:3)

规定由读写器(或标签)天线发送的最大有效全向辐射功率 EIRP(Effective Isotropic Radiated Power)。

4. 杂散发射(Int:4,Tag:4)

无用的频率输出定义为杂散发射,包括谐波、子谐波、本机振荡和其他寄生发射。

(1) 带内杂散发射(适用于扩频系统,Int:4a,Tag: 4a)。规定在允许的载波频率范围内出现的杂散发射。

(2) 带外杂散发射(Int:4b,Tag: 4b)。规定在允许的载波频率范围外出现的杂散发射。

5. 发射频谱掩码(Int:5,Tag:5)

规定读写器(或标签)发射的作为频率函数的最大功率或场强。

6. 定时(Int:6,Tag:6)

(1) 发送-接收转换时间(Int:6a,Tag: 6a): 规定从标签发送完对读写器的答复到准备好接收下一个读写器询问的最长时间。

(2) 接收-发送转换时间(Int:6b,Tag: 6b): 规定标签接收完一个读写器询问到标签开始回复询问的最长时间。

(3) 读写器发送功率上升时间(Int:6c): 规定读写器发送功率从稳态输出功率水平的 10%上升到 90%所需的最长时间。

(4) 读写器发送功率下降时间(Int:6d): 规定读写器发送功率从稳态输出功率水平的 90%下降到 10%所需的最长时间。

7. 调制(Int:7,Tag:7)

规定编码数据对载波的键控方式。应描述成与一般理解意义上的方法相一致,如幅移键控、相移键控、频移键控、线性调幅和调频。

(1) 扩频序列(适用于直接序列[DSSS]系统) (Int:7a,Tag: 7a)。规定对每一个逻辑数据位编码的码片(Chip)序列。

(2) 码片速率(适用于扩频系统,Int:7b,Tag: 7b)。规定扩频序列调制载波的频率。

(3) 码片速率精度(适用于扩频系统,Int:7c,Tag:7c)。规定码片速率的允许误差,用 ppm 表示。

(4) 调制指数(Int:7d) 。规定调制指数为[$a-b$]/[$a+b$],a 和 b 分别为信号振幅的峰值和最小值。调制指数通常用百分比表示。

(5) 开关比率(Tag:7d)。适用于 ASK 调制(包括 OOK),ASK 调制信号的峰值振幅和最小振幅的比率。

(6) 副载波频率(Tag: 7e)。用于调制载波频率的频率,副载波由数据信息或编码调制。

(7) 副载波频率精度(Tag:7f)。任何原因引起的副载波频率的最大误差。通常情况下,用%表示或者以副载波频率的 ppm 表示。

(8) 副载波调制(Tag:7g)。用编码数据完成的副载波键控,与通常描述的方法是一致的,如幅移键控、相移键控、频移键控、线性调幅和调频。

(9) 占空比(适用于 OOK 调制,Int:7h,Tag:7h)。定义为从有信号时间与整个通信持续时间的比率。

(10) 调频偏移(适用于调频,Int:7i,Tag:7i)。规定调制波的最大瞬时频率和载波频率的差值。

(11) 调制脉冲上升和下降时间(Int:7j)。定义调制脉冲上升和下降时间。

8. 数据编码(Int:8,Tag:8)

规定基带信号的表示方式(像逻辑位到物理信号的映射,如双相编码(曼彻斯特、FM0、FM1、差分曼彻斯特)、NRZ 和 NRZI)。

9. 位速率(Int:9,Tag:9)

规定每秒逻辑位数,与数据编码无关,以位/秒来表示。

位速率准确度(Int:9a,Tag: 9a):规定位速率与标称值间的最大偏离程度,以 ppm 表示。

10. 发送调制准确度(Int:10,Tag:10)

规定在码片发送时段测量得到的峰值矢量误差级。

11. 前同步码(Int:11,Tag:11)

在数据前设置的同步码,可以是未调制载波或已调制载波,这取决于编码后的信道要求。

(1) 前同步码长度(Int:11a,Tag: 11a)。规定以位表示的前同步码的长度。

(2) 前同步码波形(Int:11b,Tag: 11b)。规定前同步码在信道上的信号形状。

(3) 位同步序列(Int:11c,Tag:11c)。接收机利用该序列与输入位流保持同步。

(4) 帧同步序列(Int:11d,Tag:11d)。用于指示一个数据帧开始的位序列。

12. 不规则性(适用于扩频系统,Int:12,Tag:12)

发送的所有字节都执行的一项操作,用于产生位时序和改善频谱质量。

13. 位传输顺序(Int:13,Tag:13)

位传输的顺序,或者最低有效位(LSB)优先或者最高有效位(MSB)优先。

14. 唤醒过程(Int:14),保留(Tag:14)

该参数(Int:14)应定义 RFID 标签是否需要唤醒过程。唤醒的 RFID 标签可以马上与读写器进行通信。

15. 极化(Int:15,Tag:15)

规定天线发射/接收电磁波的方向。

16. 标签接收机的最小带宽(Tag:16)

标签接收机所能接收频率的最小范围。

注:扩频、FHSS、DSSS 和码片的说明见第 7 章。

9.3 ISO/IEC 18000-3:13.56MHz 频率下的空中接口通信参数

定义了两种相互独立的模式,这两种模式互不兼容,但相互没有影响。

读写器和 RFID 标签可以支持模式 1(M1)或者模式 2(M2),也可以两种模式都支持。两种模式都采用"读写器先讲"机制。

9.3.1 模式 1(M1):物理层、防冲突系统和协议

模式 1 中的物理层、防冲突系统和协议采取的方法是和 ISO/IEC 15693 中使用的相一致。详细内容参见第 8 章。

9.3.2 模式 2(M2):物理层和媒体访问控制参数

1. 物理和媒体访问控制参数

(1) 读写器到标签(参阅 9.2 节)如表 9.1 所示。

表 9.1 物理和媒体访问控制参数:读写器到标签

参 数	参数名称	描述/值
M2-Int: 1	工作频率范围	13.56MHz±7kHz
M2-Int: 1a	默认工作频率	13.56MHz
M2-Int: 1c	工作频率精度	±100ppm
M2-Int: 2	占有信道带宽	调制边带振幅很低,但是扩展很宽。它们需要满足 ETSI (European Telecommumications Standards Institute)和 FCC(Federal Communications Commission)的管理规范
M2-Int: 2a	最小接收机带宽	适合接收标签信道或相关的信道
M2-Int: 6	定时	
M2-Int: 6a	发送-接收转换时间	0～50μs
M2-Int: 6b	接收-发送转换时间	第一类: 0～100μs;第二类: 取决于应用
M2-Int: 6c	读写器发送功率上升时间	0～10μs
M2-Int: 6d	读写器发送功率下降时间	0～10μs

续表

参 数	参数名称	描述/值
M2-Int：7	调制	PJM(相位抖动调制)最低水平：±1.0°;最高水平：±2.0°
M2-Int：8	数据编码	改进调频制(Modified Frequency Modulation,MFM)
M2-Int：9	位速率	423.75Kb/s
M2-Int：9a	位速率准确度	与载波频率同步
M2-Int：11	前同步码	包括一个 MFM 编码违例
M2-Int：11a	前同步码长度	16 位
M2-Int：11b	前同步码波形	命令标记定义了一个命令的开始和位间隔时间,标记包含 3 个部分(图 9.1)：①9 位有效 MFM 数据同步字符串；②一个不会在正常数据中出现的 MFM 编码违例(违例由一个 2 位间隔、一个 1.5 位间隔及一个 2 位间隔分开的 4 态变化序列组成),第 4 次转变的边缘定义为一个位间隔的开始；③定义标记结束的尾随 0
M2-Int：11c	位同步序列	参阅 M2-Int：11b
M2-Int：11d	帧同步序列	参阅 M2-Int：11b
M2-Int：13	位发送序列	最低位优先

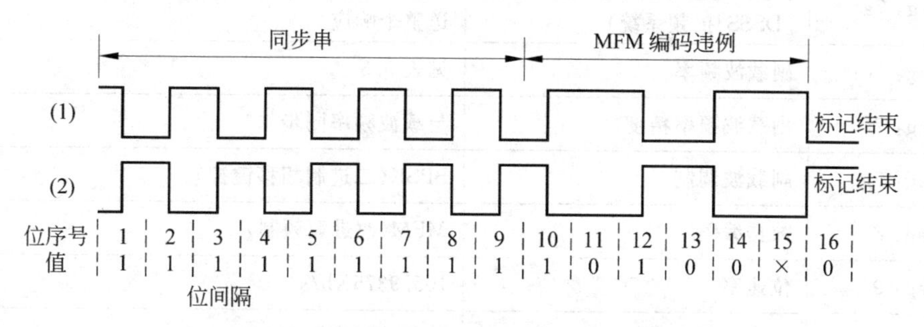

图 9.1 两种可能的命令或响应标志的前同步码

在图 9.1 中,第 15 位是编码违例波形。对于正确波形,如果第 15 位为 0,则应在位间隔开始波形发生变化;如果为 1,则应在位间隔中间波形发生变化,但第 15 位都未发生。MFM 编码实例见图 9.5。

(2) 标签到读写器。

标签到读写器如表 9.2 所示。

2. 通信数据的编码与调制

1) 概述

本节定义了读写器与标签之间的空中接口的特性,描述了读写器与标签之间能量的传递和双向通信。

标签是无源的。

表 9.2 标签到读写器链路

Ref.	参数名称	描述/值
M2-Tag：1	工作频率范围	13.56MHz±3.013MHz
M2-Tag：1a	默认工作频率	不适用于系统不依赖于默认工作频率的地方
M2-Tag：1b	工作信道(适用于扩频系统)	标签可从8个响应信道中进行选择的多频率工作系统。标签用一个选择信道发送整个响应。标签可能使用8个副载波之一。副载波通过对能量场频率分频获得，见表9.3
M2-Tag：1c	工作频率精度	与载波同步
M2-Tag：1d	跳频速率(适用于跳频[FHSS]系统)	标签在选定的信道上发送整个响应
M2-Tag：1e	跳频序列(适用于跳频[FHSS]系统)	由标签随机选择响应通道
M2-Tag：6	定时	
M2-Tag：6a	发送-接收转换时间	0～200μs
M2-Tag：6b	接收-发送转换时间	50～100μs
M2-Tag：7	调制	负载调制
M2-Tag：7a	扩频序列(适用于直接序列[DSSS]扩频系统)	标签在随机选定的或者读写器选定的信道上发送整个响应
M2-Tag：7e	副载波频率	见表9.3
M2-Tag：7f	副载波频率精度	与载波频率同步
M2-Tag：7g	副载波调制	BPSK(二进制相移键控)
M2-Tag：8	数据编码	MFM(改进调频制)
M2-Tag：9	位速率	105.9375Kb/s
M2-Tag：9a	位速率准确度	与载波频率同步
M2-Tag：11	前同步码	包括一个MFM编码违例
M2-Tag：11a	前同步码长度	16位
M2-Tag：11b	前同步码波形	同M2-Int：11b
M2-Tag:11c	比特同步序列	参阅M2-Tag：11b
M2-Tag:11d	帧同步序列	参阅M2-Tag：11b
M2-Tag:13	位传输顺序	最低位优先

命令通过能量场的相位抖动调制(Phase Jitter Modulation，PJM)由读写器传送到标签，见图9.2。PJM以能量场中非常小的相位变化发送数据，相位变化处于±1.0°～

±2.0°之间。在使用 PJM 调制传输能量到标签的过程中没有能量衰减，PJM 的带宽不比原来的双边带频谱宽。

相位抖动调制包括如下两部分。

(1) 一个相位(0°)功率信号 I。

(2) 一个低电平正交(90°)数据信号 $\pm Q$。

相位抖动调制的波形就是这两个信号的和。在矢量图中，这可以被表示为图 9.3 所示。

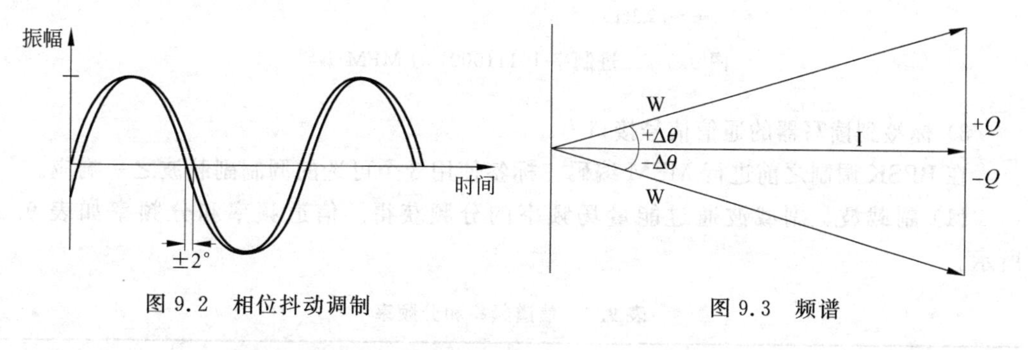

图 9.2　相位抖动调制　　　　图 9.3　频谱

图 9.4 中给出了相位抖动调制的实现示例。

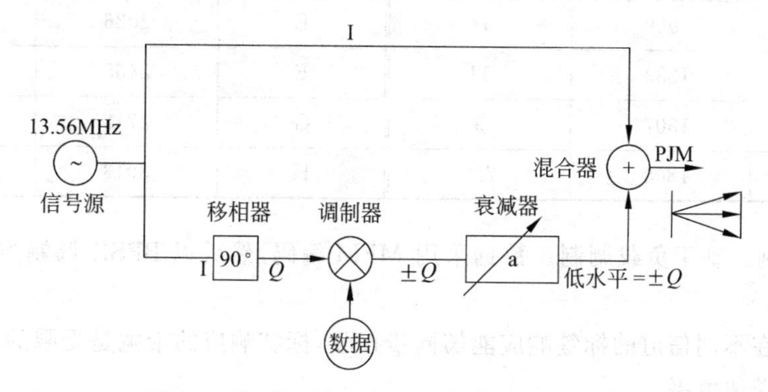

图 9.4　实现示例——相位抖动调制产生电路

空中接口采用全双工通信链路。读写器在传输 PJM 命令的同时能够接收多个标签发来的应答。标签是半双工工作方式。

标签可以从 969～3013kHz 间的 8 个副载波中选择一个。响应数据速率是 105.9375Kb/s。通过使用改进调频制进行编码，并作为二进制移相键控调制到副载波上。

为了确保在不同信道的标签响应能够同步接收，标签响应的带宽是受限的，以减小数据和副载波的谐波电平。

2) 读写器到标签的通信信号接口

命令通过能量场的相位抖动调制从读写器发送到标签。

所有的命令在 PJM 调制之前进行 MFM(改进调频制)编码。编码规则定义如下。

(1) 位 1 由位间隔中间状态的变化定义。

(2) 位 0 由位间隔起始状态的变化定义。

(3) 紧随位 1 的位 0 没有状态变化。

二进制串 101110001 的 MFM 编码实例见图 9.5，位速率为 423.75Kb/s(f_c/32)，f_c=13.56MHz。位间隔 2.36μs。

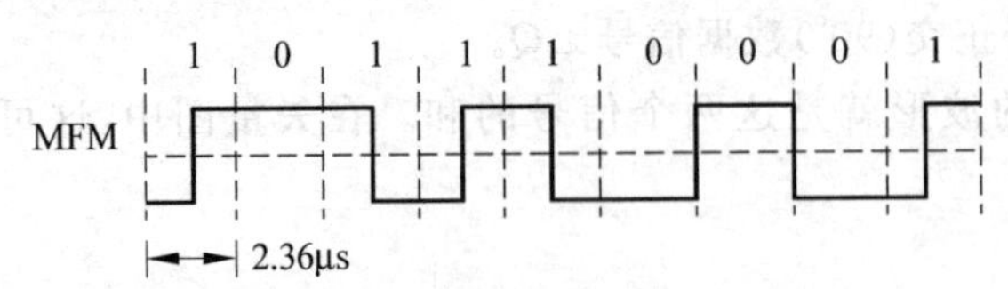

图 9.5　二进制串 101110001 的 MFM 编码

3) 标签到读写器的通信信号接口

在 BPSK 调制之前进行 MFM 编码。标签使用 8 个可选的调制副载波之一响应。

(1) 副载波。副载波通过能量场频率的分频获得。信道频率和分频率如表 9.3 所示。

表 9.3　信道频率和分频率

信道	频率/kHz	分频率	信道	频率/kHz	分频率
A	969	14	E	2086	6.5
B	1233	11	F	2465	5.5
C	1507	9	G	2712	5
D	1808	7.5	H	3013	4.5

(2) 调制。基于负载调制。数据采用 MFM 编码，然后以 BPSK 调制方式调制到副载波上。

为确保在不同信道的标签响应能够同步接收，标签响应的带宽是受限的，以减小数据和副载波的谐波电平。

(3) 数据速率。数据传输速率为 105.9375Kb/s(f_c/128)，f_c=13.56MHz。位间隔时间为 9.4395μs。

3. 标签的识别和存储器组织

1) 概述

多标签的识别是通过 FTDMA(频分和时分多址)的方式来实现的。有 8 个响应信道可供标签使用，每个标签随机选择一个信道响应有效命令，响应通过所选信道传输一次。收到下一个有效命令后，每个标签再随机选择一个新的信道并使用新信道发送响应。通过随机信道选取进行响应跳频。

除了随机选择信道外，标签还能够随机静默单个响应。当一个响应被静默后，标签不传输该响应。当识别大量标签时，随机静默是必需的。所有 FTDMA 频率和时间参数都通过命令来定义。

所有的命令都有时间戳。标签存储进入读写器工作场后接收到的第一个时间戳。

使用暂时随机访问存储器(TRAM),可以在能量场减弱而引起掉电时暂时保存数据。

2) 标签存储器

虚拟存储器地址分配见表 9.4。最低有效位存储在最低虚拟存储位地址。

表 9.4 虚拟存储器逻辑地址分配

字地址	存储器类型	注 释	寄存器	16 位/字
0	制造系统存储器	定义字段	RFM	保留给制造商
1			MC	生产编码
2			SID0	特殊标识符 0
3			SID1	特殊标识符 1
4	用户系统存储器	定义字段	GID	应用组标识符
5			CID	条件标识符
6			CW	配置字
7	用户存储器	不要求口令时不定义	PW0	口令 0
8			PW1	口令 1
9			PW2	口令 2
10 及以上	用户存储器	未定义字段		

虚拟存储区按 16 位/字进行地址分配。

存储区可以被锁定,锁定后不能被再次写入。

另外,还设置了一个锁定指针。锁定指针是 16 位虚拟地址,该区指向存储器中的一个字,用于防止标签存储器的内容被覆盖。所有地址值小于存储在锁定指针的数据块都不能够被再次写入。读写器不能够减少锁定指针值。

锁定指针被设置到一个不能寻址的虚拟存储位置上。

(1) 唯一标识符。UID 在制造过程中被永久设置。UID 由 64 位逻辑块组成,与 ISO/IEC 15693 一致。

① 制造商代码是一个在制造测试阶段设置的 16 位字段。格式如下。

16 ... 9	8 ... 1
'E0'	制造商代码

② 建议将 MC 的第一个字节用于 ISO/IEC 15693 中定义的 AFI(应用标识符)。

第二个字节还没有专门定义。

③ 特殊标识符 SID0,SID1(产品序列号)由生产商按顺序分发而且不能重复使用。它是制造商唯一标签标识符。

(2) 条件标识符。条件标识符可以在生产时提供(如生产日期),也可随后提供。CID 提供时间编码,根据时间条件可以判定被标识的物品是否已超过了有效期。

(3) 配置字。配置字是用户设置的 16 位的字段。其中,b_{15} 表示是否要求口令(0 为不要求,1 为要求),$b_0 \sim b_{14}$ 为 RFU。

(4) 口令。口令字段是由用户设置的 48 位字段。如果标签配置为“不要求口令”,口令存储空间将对用户存储器开放。

3) 硬编码

在一些标签中有 16 位硬编码。硬编码定义了存储器容量和存储块大小等。

在标签的正常响应过程中,硬编码字先被传送,然后是时间戳,最后是响应的其他部分。所有硬编码的 MSB(最高有效位)应设置为 1,硬编码的含义如表 9.5 所示。

表 9.5 硬编码字段

位编号	字 段	状 态	描 述
$b_6 \sim b_0$	参数用以表示($b_7 \sim b_{14}$)的含义	'00'	存储器容量(每单元 4 字)(LSB*)
		'01'	存储器容量(每单元 4 字)(MSB*)
		'02'	存储器块大小(块内包含的字数)
		'03'	存储器子块大小(子块内包含的字数)
		'04'	存储器擦写时间(100μs 为 1 单位)
		'05'~'7F'	RFU
$b_{14} \sim b_7$	值	'00'~'FF'	与参数 $b_6 \sim b_0$ 相关的十六进制值
b_{15}	MSB		应设置为 1

注: LSB* 和 MSB* 分别表示每个字传送时,先传送最低位或最高位。

4)[c] 举例

一个标签的存储器参数如下,求出其相应的硬编码。

- 8192 位存储器(512 字,128×4 字单元)。
- 存储器块大小为 4 个字。
- 子存储器块大小为 1 个字。
- 4ms 的存储器擦写时间(40×100μs 单位)。

得出下列硬编码。

- 存储器容量:'C000'。

图 9.6 说明如何得出 8192 位存储器容量的硬编码为'C000'。根据表 9.5,8192 位存储器的 $b_6 \sim b_0$ 为'00'(状态),$b_{14} \sim b_7$ 为 128_{10} = '80'(值),其相应的二进制表示为 1100000000000000,即为'C000'。

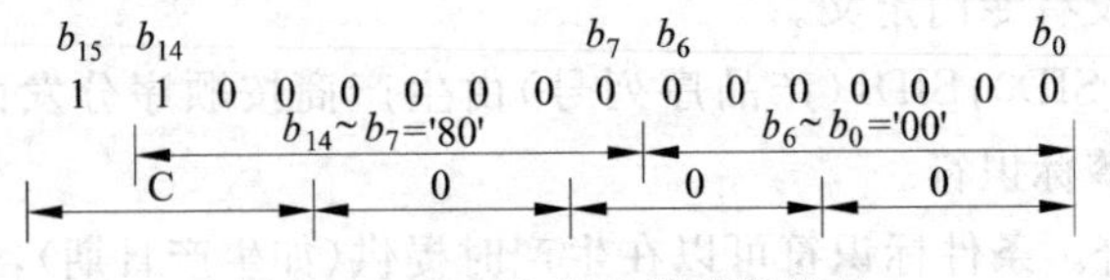

图 9.6 8192 位存储器的硬编码

• 块大小：'8202'。

b_{15} b_{14} b_7 b_6 b_0

1 0 0 0 0 0 1 0 0 0 0 0 0 0 1 0

$b_{14}\sim b_7$='04' $b_6\sim b_0$='02'

8 2 0 2

• 子块大小：'8083'。

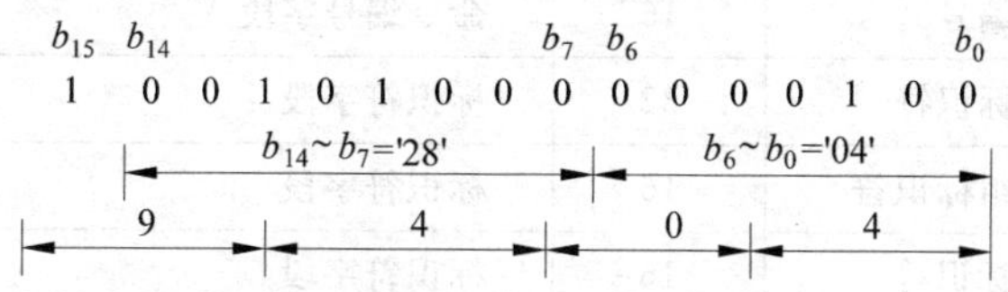

• 擦除＋写入时间(4ms)：'9404'。

b_{15} b_{14} b_7 b_6 b_0

1 0 0 1 0 1 0 0 0 0 0 0 0 1 0 0

$b_{14}\sim b_7$='28' $b_6\sim b_0$='04'

9 4 0 4

所有写入应在一个块内(不允许跨块写)。

如果没有规定子块大小,那么只允许进行 4 字存储器写入。

存储器可以在子块间被锁定,如果未给出子块间隔,那么存储器只能在块间锁定。

如果在标签正常响应中不包含硬编码,则默认标签参数如下。

• 块大小：2 字。
• 存储器擦写时间：10ms。
• 存储器容量：64 字。

9.3.3 模式 2(M2)：命令与响应

本标准定义的命令用于识别标签和读、写、锁定标签存储器。命令也可以决定响应类型(短或正常)以及响应模式(固定信道或是随机信道等)。

短响应用于加速通信,正常响应要包括所有硬编码和系统存储器内容。

1. 命令格式

命令格式见表 9.6。表中各字段(符号)的含义见表 9.7。

表 9.6 有效的命令格式

项 目	起始字段	标识符字段	地址及长度字段	数据	CRC
群读	F[Cd] Cn	G Ci	[R]或[Ra Rl]		C
特殊读	F[Cd] Cn	SS	[R]或[Ra Rl]		C
群读/写	F[Cd] Cn	G Ci |PPP|	[RW]或[Ra Rl Wa Wl]	D	C
群特殊读/写	F[Cd] Cn	SS |PPP|	[RW]或[Ra Rl Wa Wl]	D	C

表 9.7 显示了有效的命令格式,其中口令字段(标识符字段的 PPP)只有在标签需要时提供。“[]”中的内容是可选的。

最小的命令长度为 112 位。

1) 起始字段

(1) 标记字段 F。标记字段包含一个在正常的数据中不会有的 MFM 违例。该字段指示命令的开始。

(2) 命令字段 Cn。命令字段的编码如表 9.8 所示。

表 9.7 命令格式表中各字段的含义

编码	字 段	位	注 释
F	标记	16	MFM 违例序列
Cn	命令	16	命令字段，见表 9.8
Cd	命令编号	16	命令编号字段
SS	特殊标识符	32	标识符字段
G	应用组标识符	16	标识符字段
Ci	条件标识符	16	标识符字段
PPP	口令	48	口令
R	读地址和长度	16	存储器读的 8 位地址($b_0 \sim b_7$)和 8 位长度字段
W	写地址及长度	16	存储器写的 8 位地址和 8 位长度字段($b_8 \sim b_{15}$)
Ra	读地址	16	存储器读的 16 位地址
Rl	读长度	16	存储器读的 16 位长度字段
Wa	写地址	16	存储器写的 16 位地址
Wl	写长度	16	存储器写的 16 位长度字段
D	写数据	—	将被写的数据
C	CRC	16	CRC 验证

表 9.8 命令字段位编码

位编号	字 段	状态	描 述
b_0	命令类型[a]	0	读命令
		1	读/写命令
b_1	标识符类型[b]	0	特殊命令
		1	应用组条件(组)命令
b_2	响应类型	0	短响应
		1	正常响应
b_3	固定/随机	0	固定信道响应
		1	随机信道响应

续表

位编号	字 段	状态	描 述
$b_4 \sim b_6$	信道/静默比[c]	000	[固定信道 A]或[非静默随机信道]
		001	[固定信道 B]或[1/2 静默随机信道]
		010	[固定信道 C]或[3/4 静默随机信道]
		011	[固定信道 D]或[7/8 静默随机信道]
		100	[固定信道 E]或[31/32 静默随机信道]
		101	[固定信道 F]或[127/128 静默随机信道]
		110	[固定信道 G]或[511/512 静默随机信道]
		111	[固定信道 H]或[全静默随机信道]
b_7	地址及长度	0	8 位地址及 8 位长度字段
		1	16 位地址及 16 位长度字段
$b_8 \sim b_{14}$	RFU		将被设置为 0
b_{15}	命令扩展	0	指示标签：该字为最后命令字段
		1	指示标签：该字为命令字段扩展

a：命令类型。命令类型字段决定是读命令还是读/写命令。

读命令用于读取标签存储器，对于快速标签识别，读命令长度字段可以设置为 0。

读/写命令用于读写标签存储器。对于只写操作，读命令长度设置为 0。为了锁定标签存储器，写长度应设置为 0 并且写命令地址设置为最低未锁存储器地址。

b：标识符类型。标识符类型字段决定是特殊命令还是应用组条件命令。

特殊命令用于单个标签的识别和通信。

应用组条件命令用于对满足测试条件一组标签或者是满足条件的所有组标签进行识别和通信。

c：信道/静默比。信道/静默比用于确定选择信道或静默。

该字段和上面描述的固定/随机字段相关。如果选择了固定信道，则信道/静默比字段决定响应中使用的实际信道。如果选择了随机信道，则信道/静默比字段决定了静默周期。

对于有效的随机信道命令：

① 如果选择了非静默，则标签在随机选择的信道上传送一次完整的响应。

② 如果选择了 1/2 静默～511/512 静默之间，标签随机选择传输(非静默)或者不传输(静默)单个响应。命令中提供的静默比(1/2 静默、3/4 静默等)决定标签被静默的概率。

③ 如果选择完全静默，则标签不响应，标签将被设置为暂时静默状态。暂时静默状态的标签只能响应具有新的读写器标识符的命令，见下面的“(3)命令编号”。

(3) 命令编号 Cd。

命令编号用于设定本地时间戳及识别读写器。16 位命令编号定义如下：$b_0 \sim b_7$ 为本地时间戳；$b_8 \sim b_{14}$ 为读写器标识符，均由读写器设置；b_{15} 设为 0。

当标签进入一个新的读写器工作区域时，标签将存储接收到的第一个有效命令编号。

所有标签响应都包括这个时间戳。命令编号的最低有效字节通过读写器周期性累加，并用于后续的命令。标签不能更新时间戳，因此，时间戳指出标签第一次收到有效命令的时间。

2）标识符字段

(1) 特殊标识字段 SS。特殊标识符用于单个标签通信。为使命令有效，命令中的特殊标识应与标签中存储的用于通信的特殊标识符相同。

(2) 应用组标识符字段 G。应用组标识符用于和来自同一应用组或所有应用组的标签通信。为使命令有效，命令中的应用组标识符应等于'FFFF'，或者和标签中存储的用于通信的应用组标识符相同。如果命令标识符设置为'FFFF'，且命令是有效的，则所有应用组都可以通信。

(3) 条件标识符字段 Ci。条件识别符用于和满足条件的标签通信。为使命令有效，命令中的条件标识符应小于或者等于标签中储存的条件标识符。

(4) 口令字段 PPP

口令用于限制标签存储器的读写操作。

3）地址和长度字段 R、W、Ra、Rl、Wa、Wl

该命令字段确定命令包含 8 位地址和 8 位长度字段还是包含 16 位地址和 16 位长度字段。地址和长度字段定义了存储器读写的字起始地址和长度。

4）数据

写命令时存在。

2. 响应格式

响应格式见表 9.9，所有字段都是最低有效位优先传输。对于多字节字段，最低有效字节的最低有效位定义该字段的最低有效位。

表 9.9 有效响应格式

响应类型	开始字段	系统存储器字段	数据	CRC
正常响应	F [H] T	L M SS G Ci Co	[D]	CC
短响应	F T	SS	[D]	CC

表 9.9 中各符号的意义为：F：前置同步码；H：硬编码；T：时间戳；L：锁定指针；M：生产编码；SS：特殊标识符；G：应用组标识符；Ci：条件标识符；Co(Cw)：配置字；D：读数据；CC：CRC 校验码。[]中的内容是可选的。

响应的最小长度为 96 位。

标签设计如果包括硬编码，那么在正常响应时就要发送所有硬编码数据。

3. 系统存储器字段

响应系统存储器字段就是标签虚拟存储器中的系统存储器内容。

9.3.4 模式 2(M2)：防冲突管理

1. 总体描述

在这一模式下，多标签识别使用频分多址和时分多址(Frequency and Time Division

Multiple Access,FTDMA)的组合来实现。

标签有 8 个可用响应信道。在响应有效命令时,每个标签随机选择一个传输响应的信道。仅使用所选择的信道传输一次响应。接收到下一个有效命令时,每个标签随机选择一个新的信道传输响应。对随后的有效命令,重复使用这种利用随机信道选择进行跳频响应的方法。

除随机信道选择外,标签还可随机静默单个响应。当响应被静默后,标签将不发送这个响应。随机静默在识别大量标签时是必要的。一旦标签被识别,它将暂时被命令静默。

所有 FTDMA 频率和时间参数都由命令来定义。FTDMA 提供了比单一频率 TDMA 方法更高级的性能,因为可以在不同信道上同步接收多标签的响应。

在该系统中,标签包括条件标识符。该字段可用日期－时间戳编程,将日期－时间戳与命令中传输的条件标识符进行对比测试。只有条件标识符测试通过后,标签才响应命令。使用这种方法,将旧的和过期的标签排除在识别过程之外。

因为使用全双工传输,读写器在同步接收其他标签的响应时可以给标签发送命令。8 个标签可以同时在 8 个信道上响应,而同时读写器可以给其他不同的标签发命令。

2. 响应信道

系统使用 969～3013kHz 之间的 8 个响应信道。对于不同的读写器类型和不同的标签数量,可以使用不同的响应模式来提高标签识别速率。标签使用的响应模式可以通过读写器来选择。

3. 响应模式(参见表 9.8 和注 c)

1) 固定信道响应模式

2) 随机信道响应模式

(1) 非静默。

(2) 随机静默。

(3) 完全静默响应模式。读写器可以将标签设置为完全静默响应模式。在该模式下,标签不响应从同一读写器发出的命令,因此也不会与其他标签响应发生碰撞。该模式可用于多标签情况下,改进标签识别率。当标签进入一个新的读写器范围内,它将退出完全静默模式。

标签确定是否进入了一个新的读写器,这取决于读写器命令中包含的数据,或是标签检测到断电时间已经超出了规定的时间时。

当标签使用随机信道响应模式或者随机信道及随机静默响应模式时,为了避免在某信道上长时间不传输信息,标签应包含一种方法使得在其他信道产生若干个(如 15 个)非静默响应后,强制在该信道上进行响应。

4. 防冲突管理

在响应有效命令时,每个标签随机选择一个传输响应的信道。仅使用所选择的信道传输一次响应。接收到下一个有效命令时,每个标签随机选择一个新的信道传输响应。对随后的有效命令重复使用这种利用随机信道选择进行跳频响应的方法。

除随机信道选择外,标签还可随机静默单个响应。当响应被静默后,标签将不发送这个响应。随机静默在识别大量标签时是必要的。一旦标签被识别,它将暂时被命令静默。

所有 FTDMA 频率和时间参数都由命令来定义。FTDMA 提供了比单一频率 TDMA 方法更高级的性能，因为可以在不同信道上同步接收多标签的响应。

对于多标签读数据时，能够利用读写器全双工工作的优势。8 个标签可以同时在 8 个信道上接收，而同时读写器可以给其他不同的标签发命令。

大数量标签的防冲突操作顺序举例：当识别和读取大数量标签数据时，静默比率设置为每个读命令接收到的标签的平均数目是 2～3 个。

识别 500 个标签和读取操作顺序如下。

(1) 将 500 个标签放到读写器工作范围内。

(2) 发出 0 长度的读命令，并监控接收到的标签的数目。

(3) 增加静默比率，直到每次读取标签的平均数为 2～3。

(4) 当标签被识别后，被临时静默。

(5) 重复以上顺序直到识别出所有标签。标签数目减少时需要调整静默比率以达到每次至少接收到两个标签。

(6) 在识别过程完成后，命令相互链接使 8 个标签的数据被同时读取。重复进行，直到读取所有标签的数据。

9.4[b] ISO/IEC 18000-6：860～960MHz 频率下的空中接口通信参数

9.4.1 概述

ISO/IEC 18000 的本部分描述了一个反向散射 RFID 系统，支持有电池或无电池两种标签。

标签接收读写器传来的经幅度调制的功率/数据信号。在标签对读写器作出响应的时间内，读写器以恒定的射频功率发射信号，标签对标签天线终端的射频负载阻抗进行调制。

ISO/IEC 18000 的本部分规定了工作在 860～960MHz 的工业、科学与医学频段，用于物品管理的射频识别设备的空中接口。ISO/IEC 18000 的本部分包含一个具有两种类型的模式，这两种通信类型为类型 A 和类型 B。两种类型都采用公共返回链路(即标签发回的响应)，并且都是读写器先讲模式。类型 A 在前向链路(读写器向标签发信号)中采用了脉冲间隔编码(Pulse Interval Encoding，PIE)以及自适应 ALOHA 冲突仲裁算法，类型 B 在前向链路中使用曼彻斯特编码以及自适应二进制树冲突仲裁算法。两种类型的技术差别细节参见表 9.10，返回链路都采用 FM0 编码。

表 9.10 类型 A 和类型 B 的对比

参　数	类 型 A	类 型 B
前向链路编码	PIE	Manchester
调制指数	27%～100%	18%或 100%
数据速率	33Kb/s (平均)	10Kb/s 或 40Kb/s (根据本地规范)

续表

参　数	类 型 A	类 型 B
返回链路编码	FM0	FM0
冲突仲裁	ALOHA	二进制树
标签唯一标识符	64 位(40 位 SUID)	64 位
标签寻址能力	8KB	2KB
存储器寻址	块,大小可达 256 位	字节块,可以写入 1、2、3、4 字节
前向链路差错检测	所有命令均有 5 位 CRC(所有长命令另附 16 位 CRC)	16 位 CRC
返回链路差错检测	16 位 CRC	16 位 CRC
冲突仲裁线性度	可达 250 个标签	可达 2^{256} 个标签

9.4.2　参数表

表 9.11 和表 9.12 给出了类型 A 和类型 B 的参数。

表 9.11　读写器到标签链路参数

读写器到标签	参 数 名 称	说　　明
Int：1	工作频率范围	860～960MHz
Int：1a～5	默认工作频率…	与当地无线电规则一致
Int：6a	发送到接收的转换时间	读写器发射/接收设定时间不应超过 85μs
Int：6b	接收到发送的转换时间	由通信协议规定,参见 Tag：6a
Int：6c	读写器发射功率上升沿时间	最长 1.5ms
Int：6d	读写器发射功率下降沿时间	最长 1ms
Int：7	调制	幅度调制
Int：7d	调制指数	类型 A：标称 30％～100％;类型 B：标称 18％或 100％
Int：7e	占空比	与当地无线电规则一致
Int：9	位速率	类型 A：33Kb/s,受当地无线电限制; 类型 B：10Kb/s 或 40Kb/s,受当地无线电限制
Int：9a	位速率精度	100ppm
其他	前同步码…	在本章相关处介绍

表 9.12 标签到读写器的链路参数

标签到读写器	参数名称	说明
Tag:1	工作频率范围	860～960MHz
Tag:1a	默认工作频率	标签在 Tag:1 指定的频率范围应响应读写器信号
Tag:1b	工作信道(针对扩频系统)	标签在 Tag:1 指定的频率范围应响应读写器信号
Tag:2～5	占有信道带宽…	与当地无线电规则一致
Tag:6a	发送到接收的转换时间	类型 A:标签应在其响应结束后的两个位时间内开启接收命令窗口; 类型 B:400μs
Tag:6b	接收到发送转换时间	类型 A:150～1150μs;类型 B:85～460μs
Tag:7	调制	后向双态幅度调制
Tag:8	数据编码	双相间隔(Frequency Modulation0,FM0)
Tag:9	位速率	典型的 40Kb/s 或 160Kb/s 返回链路数据速率为前向链路数据速率的 4 倍
Tag:9a	位速率精度	±15%
其他	前同步码…	在本章相关处介绍

9.4.3 FM0 返回链路(适合于类型 A 和类型 B)

1. 数据编码

数据编码采用 FM0 技术,也被称为双相差异编码。

在 FM0 编码中,波形(电平)变化发生在所有的位边界和被发送的逻辑 0 的位中间。

数据编码为最高有效位优先,图 9.7 给出了 8 位'B1'的编码说明。

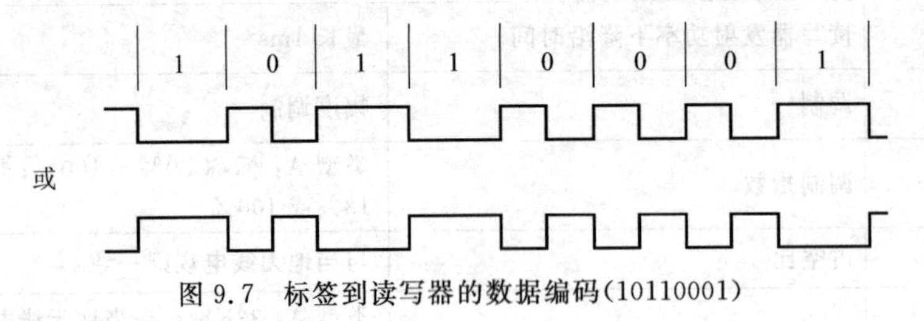

图 9.7 标签到读写器的数据编码(10110001)

2. 信息格式

返回链路信息由前同步码引导下的 n 个数据位组成。数据位传送为最高有效位优先。

前同步码包含图 9.8 所示的 16 位,包含多种代码违例形式(相关序列不同于 FM0 规则)。

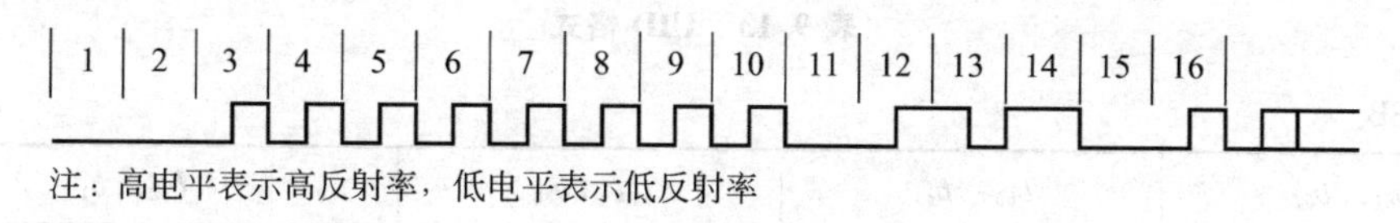

图 9.8　前同步码波形

将标签调制器的开关从高阻抗状态切换到低阻抗状态时，引起入射能量的改变以进行后向散射。

9.4.4　类型 A 前向链路（编码、数据元、协议和冲突仲裁）

1. PIE 前向链路

1）载波调制脉冲

从读写器到标签的数据传输是通过调制载波振幅完成的。

2）数据编码及帧形成

图 9.9 中的时间参数 T_{ari} 规定了代表读写器发射符号 0 的两个连续脉冲下降沿之间的参考间隔（20μs）。

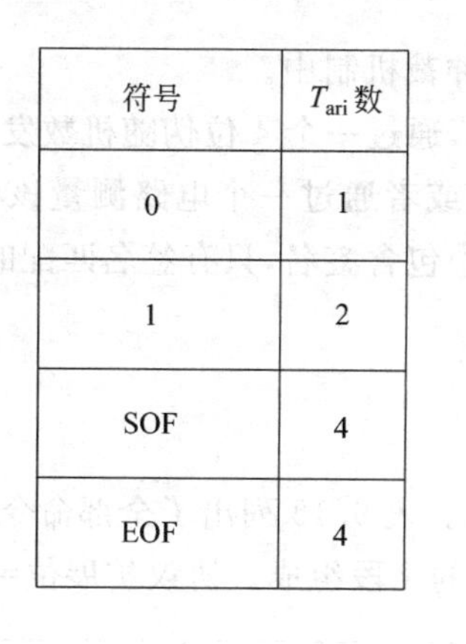

符号	T_{ari} 数
0	1
1	2
SOF	4
EOF	4

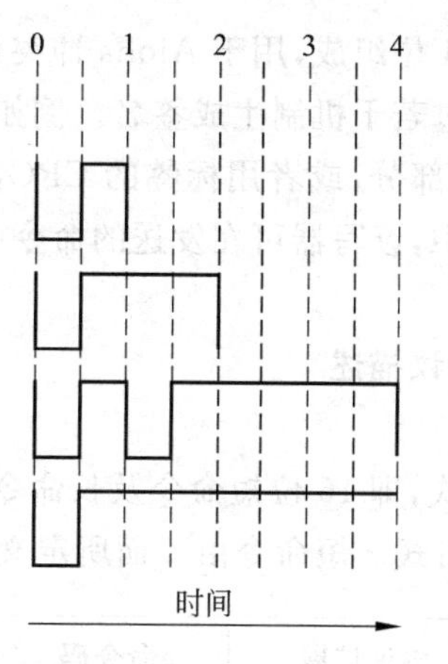

图 9.9　PIE 符号

图 9.9 中定义了 4 个符号，符号参考了间隔 T_{ari}，持续时间为 $1T_{ari}$、$2T_{ari}$ 和 $4T_{ari}$，容差范围在 ±100ppm 内。

3）帧格式

在发送帧之前，读写器先确保已建立的未调制载波持续时间已超过 300μs（静默时间）。

帧由帧起始、数据位和帧结束组成。读写器发出帧结束之后按协议要求保持发射一个平稳的载波，这样标签可被激励以便发射其响应。

2. 类型 A 数据元

1）唯一标识符

标签的唯一标识符应采用表 9.13 和 ISO/IEC 15963 指定的形式。

表 9.13 UID 格式

MSB			LSB
$b_{64}..b_{57}$	$b_{56}..b_{49}$	$b_{48}..b_{33}$	$b_{32}..b_{1}$
'E0'	IC 制造商代码	RFU,设置为 0	IC 制造商确定的序列号

如果使用 UID,IC 制造商应按照表 9.13 永久设置 UID。

2) 子唯一标识符

当使用 Aloha 算法时,在很多的命令和在冲突仲裁处理的标签响应中,只有一部分称为子 UID(SUID)的被传送。返回完整的 64 位 UID 的获取系统信息命令除外。

SUID 包含 40 位:8 位制造商代码后跟一个序列号 32 位。

3. 类型 A 协议元素

1) 标签存储器结构

假定物理存储器以固定大小的块组成。可寻址多达 256 个块,块的大小可多达 256 位,由此得到的标签最大存储器容量为 8KB(64K 位)。

2) 标签签名

标签签名由 4 位组成,用于 Aloha 冲突仲裁机制中。

标签可以通过若干机制生成签名。例如,通过一个 4 位伪随机数发生器,或者通过利用标签 UID 的一部分,或者用标签的 CRC,或者通过一个电路测量该标签的激励电平。在冲突仲裁过程中,读写器可在发送的命令中包含签名,只有签名匹配的标签才会响应这些命令。

4. 类型 A 协议描述

1) 命令格式

两种命令格式,即 16 位短命令及长命令。表 9.15 列出了全部命令及其功能。

(1) 短命令格式。短命令由下面所定义的字段组成。协议扩展位=0。

SOF	协议扩展	命令码	参 数	CRC-5	EOF
	1 位	6 位	4 位	5 位	

(2) 长命令格式。长命令由下面定义的字段组成。协议扩展位=1。

SOF	协议扩展	命令码	参 数	CRC-5	SUID (可选)	数据	数据 (可选)	CRC-16	EOF
	1 位	6 位	4 位	5 位	40 位	8 位	8～n 位	16 位	

数据(可选)字段长度的值被定义为 n,这里 $n=m+8$,m 是在标签存储器中编程的位数。当前,$m=32$,协议允许 m 值最大到 256。

2) 命令参数

命令参数字段的最高有效位是 SUID 标志。其余 3 位是轮询周期的编码。

(1) SUID 标志和清点命令。

清点命令是指参与冲突仲裁，用以清点读写器工作场中所有标签的命令。

如果 SUID 标志设置为 0，标签应返回用户存储器的第一页。在其响应中不应包括 SUID。用户存储器区可以不存在，但是如果存在，则其必须为 4B(32 位)的整数倍。

如果 SUID 置为 1，标签应返回 SUID。

(2) SUID 标志和非清点命令。

① 当 SUID 标志置为 1 时，命令应包括寻址标签的 SUID。收到一个 SUID 标志设置的命令时，标签应比较包含在命令中 SUID 和自身的 SUID。如果 SUID 匹配，标签应执行该命令；如果 SUID 不匹配，标签应忽略该命令。

② 当 SUID 标志置为 0 时，该命令不应包含 SUID。在接收命令时，如果标签处于“选中”状态，它应响应命令；如果标签未处于“选中”状态，应忽略命令。

(3) 轮询周期大小(即时隙数)。

轮询周期使用 3 位编码(命令参数字段的低有效位)，其与时隙数的关系如下。

位编码	000	001	010	011	100	101	110	111
时隙数	1	8	16	32	64	128	256	RFU

3) 命令码定义和类别

命令码的长度为 6 位。定义了 4 个命令集，分别为强制的、可选的、定制的及专用命令，见 9.4.5 节。

4) 响应格式

来自标签的一般响应格式如下。其中参数和数据字段在介绍每一个命令中定义。

前同步码	出错标志	参数	数据	CRC-16

出错标志由两位组成，b_1 表示是否有错($b_1=0$ 为无错；$b_1=1$ 为有错)，b_2 为 RFU。当错误代码被置位时的响应格式如下。响应错误代码见表 9.14。在介绍具体命令时不再说明。

前同步码	出错标志	错误代码	终止位
	2 位	4 位，参见表 9.14	

错误代码没有置位并且没有数据时的响应格式如下。

前同步码	出错标志	终止位
	2 位	

表 9.14　响应错误代码

代码	描　述	代码	描　述
'0'	RFU	'5'	指定块未能成功编程和/或锁定
'1'	不支持本命令,即本命令不能被识别	'6'～'A'	RFU
'2'	命令未被识别,如存在格式错误	'B'～'E'	定制命令错误代码
'3'	指定块不可用(或不存在)	'F'	无给出信息错误或者指定错误代码不被支持
'4'	指定块被锁定并且内容不能被更改		

5) 标签状态

标签处于下列状态之一。

(1) RF 场关闭状态。当标签在没有接收到所需的来自读写器的 RF 场时，标签处于 RF 场关闭状态。对于无源标签来说,意味着标签未被激励。对电池辅助支持的标签来说,意味着 RF 射频激励的水平尚不足以启动标签电路。

(2) 就绪状态。当标签收到来自读写器的足够的能量而正常工作时，标签就处于就绪状态。标签应处理选择标志未设置的任何命令。

(3) 静默状态。当标签处于"静默"状态时，标签应处理 SUID 标志置位并且 SUID 匹配的任何命令。

注意：在其自身时隙中被读写器正确识别的标签应进入"静默"状态。处于该状态下,标签将不参与当前或后续的轮询。

(4) 选中状态。只有在"选中"状态的标签才能处理 SUID 标志置为 0 的命令(除了 Init_round、Init_round_all、Begin_round 和 New_round 命令,这些命令在 SUID 标志置为 0 或 1 时都会被处理)。

(5) 轮询激活状态。当标签处于"轮询激活"状态时,将参与冲突仲裁。

(6) 轮询待命状态。当标签处于"轮询待命"状态时,标签将暂缓其冲突仲裁。

6) 冲突仲裁

冲突仲裁采用了一种轮询和时隙的机制。一次轮询由多个时隙组成,每个时隙有一个足够长的持续时间以便读写器接收标签的响应。由读写器来决定一个时隙实际的持续时间。标签经上电复位后进入"就绪"状态,并通过 Init_round_all(轮询全面启动)命令进入轮询激活状态。轮询中的时隙数被称为轮询周期大小,由读写器来决定,并由 Init_round_all 告知标签。初始的轮询周期由用户预先决定。在随后的冲突仲裁过程中,读写器基于本次轮询中的冲突次数动态地选择一个最佳的下一轮轮询周期的时隙数。

在收到 Init_round_all 命令时,标签选择一个响应的时隙,响应时隙选择由伪随机数发生器决定,在一个轮询周期内该响应时隙保持不变。如果标签选择了第 1 个时隙,它将等待一个介于 0～7 个位时间的伪随机延迟时间后发送其响应。

在标签的响应里包括 4 位标签签名。如果标签选择的时隙号大于 1,它将保留其时隙号并等待进一步的命令。

在读写器发出 Init_round_all 命令后，可能出现如下 3 种结果。

(1) 读写器没有收到响应，因为没有一个标签选择时隙 1，或者读写器没有检测到标签的响应。读写器接着会发出一个 Close_slot(结束时隙)命令，原因是它未收到响应。

(2) 读写器检测到两个或多个标签响应之间的冲突。检测到的冲突可能是因为多个标签传输争用或者是由于 CRC 无效而引起的。读写器发送 Close_slot 命令。

(3) 读写器收到一个无错的标签响应，也就是说，收到的响应具有有效的 CRC。读写器发送一个包含刚收到的标签签名信息的 Next_slot(下一时隙)命令。

在当前时隙中没有发送响应的标签收到 Close_slot 或 Next_slot 命令时，它们将其时隙计数器加 1(在标签内还有一个时隙计数器，其初始值为 1)。当时隙计数器等于该标签先前选择的时隙号时，该标签根据上述规则发送响应，否则该标签将等待下一条命令。

当一个处于轮询激活状态的标签收到 Close_slot 命令时，它增加时隙计数器。

当一个标签在当前时隙中发送其数据后收到一个 Next_slot 命令时，它将校验命令中的签名是否与其上一次响应发出的签名相匹配，并且校验 Next_slot 命令是否在规定的时间内接收到。

如果标签满足这些确认条件，它即进入"静默"状态；否则，将保持其当前的状态。

一次轮询一直持续到所有的时隙都被检测到为止。

在一次轮询中，读写器可以通过发送 Standby_round(轮询待命)命令暂缓当前的轮询，标签处理该命令的方式与处理 Next_slot 命令的情况相似。不同的是，如果满足确认条件，标签将进入"选中"状态；如果不满足确认条件，标签将进入"轮询待命"状态。

注意："轮询待命"机制允许读写器在继续轮询之前与选中标签对话。

没有被 Next-slot 或 Standby_round 确认正确的标签，保持时隙计数。

读写器在每次发送 Close_slot 或 Next_slot 命令时，保持时隙计数。

当时隙计数等于由 Init_round(轮询启动)或 Init_round_all 命令规定的轮询周期时，标签应选择一个新的时隙来发送，选择一个新的随机签名并进入一个新的轮询。

9.4.5 类型 A：命令与响应

1. 强制命令

共有 4 个强制命令，命令代码分别是 02、04、06 和 0A。强制性命令代码 00 以及 0B～0F是为了未来使用而预留的。标签应实现所有强制命令。

2. 可选命令

强制命令和可选命令的命令码和功能见表 9.15。详细内容可参考《智能卡技术》(第 3 版)。

3. 定制命令

由标签集成电路设计与制造部门设计、制造。

4. 专用命令

不在 ISO/IEC 18000 中定义。

表 9.15 强制命令和可选命令

命令码	命令名称	功能
'02'	Next_slot 下一时隙	确认标签被标识。处于轮询激活状态的标签时隙计数器加1,进入下一时隙
'04'	Standby_round 轮询待命	发出有效响应的标签进入选中状态。处于激活状态的其他标签进入轮询待命状态
'06'	Reset_to_ready 复位到就绪状态	所有标签进入就绪状态
'0A'	Init_round_all 轮询全面启动	标签返回响应内容有电池状态(有否)、签名、随机数、存储器前 n 位和SUID等,并控制标签状态的保持或转换
'01'	Init_round 轮询启动	命令与'0A'相比,增加AFI字段,当标签的AFI与它匹配,则其响应与'0A'命令相同否则忽略该命令,并转换状态
'03'	Close_slot 结束时隙	所有处于激活状态的标签切换到下一时隙,时隙计数器+1
'05'	New_round 新轮询	进入一个新的轮询
'07'	Select 选择	若命令中的SUID与标签的SUID匹配,标签进入选中状态
'08'	Read_blocks 读块	标签读出数据块(0～255块)和块安全状态
'09'	Get_ststem_information 获取系统信息	从标签中获取系统信息值
'10'	Write_single_block 写单块	命令中的数据写入标签(1块)
'11'	Write_multipll_black 写多块	命令中的数据写入标签(多块)
'12'	Lock_blocks 锁定块	标签永久锁定要求的块
'13'	Write_AFI 写 AFI	标签把AFI写入其存储器中
'14'	Lock_AFI 锁定 AFI	标签把AFI值永久锁定在其存储器中
'15'	Write_DSFID 写 DSFID	将DSFID值写入标签的存储器中
'16'	Lock_DSFID 锁定 DSFID	标签把DSFID值永久锁定在其存储器中
'17'	Get_block_lock_status 获取锁定块状态	标签返回请求块的锁定状态(锁定块号从'0'到'7')

9.4.6 类型B前向链路(编码、数据元、协议和冲突仲裁)

1. 物理层和数据编码

1) 载波调制

从读写器到标签的数据传送通过载波调制完成,数据采用曼彻斯特编码。

调制幅度:① 90%～100%(标称值100%),通信速率40Kb/s。

② 15%～20%(标称值18%),通信速率8Kb/s。

2) 协议概念

对于标签到读写器的通信(返回链路),数据采用反向散射技术发送。这就要求在返回链路中读写器应向标签提供稳定的功率。当读写器激励标签时，标签改变其前端的有效阻抗，从而改变读写器所能看到的标签的射频反射率。在该时间内，读写器不调制载波，向标签提供稳定的功率。

本协议是面向位的。在一个帧中发送的位数应是 8 的整倍数，也就是字节的整数倍。但是为了支持帧检测，帧本身并不基于字节的整倍数。

在所有字节字段中，最高有效位首先传送，顺次到最低有效位。在所有字(8 字节)数据字段中，应首先传送最高有效字节。

最高有效字节应为规定地址的字节，字节传送按以地址递增的顺序。

字节掩码的最高有效字节应对应于规定地址的最高数据字节。

字(8 字节)地址不要求在 8 字的边界上，可以在任意字节边界上。

3）命令格式

通用命令格式如下。

前同步码检测	前同步码	分隔符	命令	参数	数据	CRC-16

(1) 前同步码检测字段。前同步码检测字段由一个稳定的载波组成(无调制)，持续时间至少 400μs，对于 40Kb/s 的通信速率，该字段为 16 位。

(2) 前同步码。前同步码等于 9 个 NRZ 格式的曼彻斯特码 0：010101010101010101。其中，2 个数字 01 表示 1 位数，分别为位周期的前半周期和后半周期的电平。

(3) 分隔符。定义 4 种分隔符。这些分隔符有多处不符合曼彻斯特编码规则，从而可与正常编码区分。目前使用的起始分隔符是 11 00 11 10 10

(4) 命令、参数、数据由各条命令具体规定。

4）响应格式

(1) 一般响应格式如下。

静默	返回前同步码	数据	CRC-16

标签在静默期间不进行反向散射。静默时间的长度由返回链路的通信速度决定。

(2) 等待。

当标签收到一个写命令，它应执行一个写操作。如果执行一个写操作，整个字段序列的最后一个字段总是为“等待”，等待时间至少为 15ms。

在“等待”字段期间，当标签向 E^2PROM 中写入数据时，读写器必须稳定地激励标签，不能在这期间发送 OOK(开关键控)数据。

图 9.10 描述了一个写命令的包序列。该序列包含一个写等待的时间，为芯片完成写操作提供了必要的时间。此外，紧跟写等待时间，读写器发出一个标签再同步信号。该信号由 10 个连续的 01 信号组成。标签再同步信号的目的是初始化标签数据恢复电路。在完成一个写操作后需要再同步信号，因为读写器在写等待的时间内有可能输出一些虚假的边沿。如果没有标签再同步，标签有可能因虚假信号而造成错误的校准。

对于跳频系统，为了确保标签不陷于混乱，应避免在命令和响应之间发生跳频。

动作	命令	响应	写等待	标签重新同步	命令	响应
执行操作方	读写器	标签	读写器	读写器	读写器	标签

图 9.10 无跳频命令的操作序列(包括一个写操作)

2. 数据元素的定义

1) 唯一标识符

ISO/IEC 定义的唯一标识符如下。

MSB　　　　　　　　　　　　　　　　　　　　　　　　　　　　LSB

'E0'	根据 ISO/IEC 7816-6 分配的 IC 制造商代码	芯片制造商分配的 48 位
字节 0	字节 1	字节 2…字节 7

2) FLAGS

标签应支持具有 8 位标志的 FLAGS,该字段称为"标志字段",如表 9.16 所示。

表 9.16 FLAGS

位	名　称	位	名　称
FLAG1(LSB)	DE_SB(Data_Exchange 状态位)	FLAG5	0(RFU)
FLAG2	WRITE_OK	FLAG6	0(RFU)
FLAG3	BATTERY_POWERED	FLAG7	0(RFU)
FLAG4	BATTERY_OK	FLAG8(MSB)	0(RFU)

(1) 数据交换状态位(DE_SB)。当标签进入 DATA_EXCHANGE 状态时,DE_SB 位置位(即置 1),并保持该状态,除非标签进入 POWER-OFF 状态。

当 DE_SB 位置位,并且标签进入 POWER-OFF 状态,标签应触发一个计时器,该计时器应在超过 4s 的时间之后清除 DE_SB 位。

当标签收到 INITIALIZE 命令后,应立即复位 DE_SB。

(2) WRITE_OK。WRITE_OK 位在对标签存储器成功写操作后将被置位,在写命令后的一条命令执行后被清除。

(3) BATTERY_POWERED。在标签带电池的情况下,BATTERY_POWERED 应置位。对于无源标签,该位应清除。

(4) BATTERY_OK。当电池具有充足的电力支持标签时,BATTERY_OK 将被置位。对于无源标签,该位应清除。

3) 标签存储器组织结构

以单字节的形式组成块,寻址可达 256 块。由此导出最大的存储器容量为 2KB。

注:当需要时,本结构允许通过使用附加定义的命令对存储器的最大容量作进一步的扩展。

4) 块安全状态

每一个字节有一个对应的锁定位，该锁定位可以由 LOCK 命令来设定。锁定位的状态可以由 QUERY_LOCK 命令读取。标签不允许在离开生产现场后对锁定位进行复位。

本节涉及的命令功能参见表 9.19。

3. 标签状态转换

标签具有如下 4 个主要状态。

(1) POWER-OFF：当读写器不能激励标签时，标签所处的状态（对于电池辅助支持的标签，该状态意味着 RF 激励电平尚不足以开启标签的电路）。

(2) READY：当读写器首次激励起标签后，标签即处于此状态。

(3) ID：当标签允许被读写器识别时所处的状态。

(4) DATA_EXCHANGE：当标签被读写器识别并选中时，标签处于此状态。

4. 冲突仲裁

1) 冲突仲裁概述

读写器可以使用 GROUP_SELECT 命令和 GROUP_UNSELECT 命令来定义 RF 场中所有标签或其中的一个子集参与冲突仲裁。然后读写器可以使用识别命令来执行冲突仲裁算法。

为了冲突仲裁，标签需要以下两个硬件。

- 一个 8 位的计数器 COUNT。
- 一个 1 位的随机数生成器（产生 0 或 1 两个可能值）。

一开始通过 GROUP_SELECT 命令将一组标签置入 ID 状态，并将标签的计数器置为 0。

经过上面描述的选择后，接下来将执行以下循环。

(1) 所有计数器 COUNT 为 0 的处于 ID 状态的标签应发送其 UID。

(2) 如果有多于一个标签进行发送，读写器会收到错误的（冲突）响应，应发送一个 FAIL 命令。

(3) 所有收到 FAIL 命令的标签，若其 COUNT 计数器不等于 0，应增加 COUNT 计数器值，即它们被推迟发射。

所有收到 FAIL 命令的标签，若其计数器为 0（这些标签是刚发送过响应的）将生成一个随机数。那些生成为 1 的标签将增加 COUNT 计数器内容并且不发送；那些生成为 0 的标签将保持 COUNT 计数器为 0，并再次发送它们的 UID。

现在 4 种可能性之一的情况将会发生。

① 如果多于一个的标签发送，则应发送 FAIL 命令，返回步骤(2)。（可能性 1）

② 如果所有标签生成为 1，没有发送，读写器什么也没有收到。读写器发送 SUCCESS 命令。所有标签计数器减 1，计数器为 0 的标签进行发送。这种情况将返回步骤(2)。（可能性 2）

③ 如果只有一个标签发送并且 UID 号接收正确，读写器将发出带有 UID 的 DATA_READ 命令。如果标签正确地收到该 DATA_READ 命令，该标签将进入 DATA_EXCHANGE 状态，并且发送其数据，返回步骤(1)。（可能性 3）

读写器将发送 SUCCESS 命令，处在 ID 状态的标签将其计数器 COUNT 减 1。

④ 如果只有一个标签发送,并且如果 UID 号收到有错,读写器将发出 RESENT 命令;如果 UID 号收到正确,返回步骤(3)。如果该 UID 号又被重复收到多次(该次数可以根据系统所期望的错误处理等级设定),可以假定有多个标签在发送,返回步骤(2)。(可能性 4)

2) 特殊冲突仲裁

在部分用户数据是唯一的或重复信息的可能性非常低的情况下,命令 FAIL_0、SUCCESS_0 和 DATA_READ_0 可以用于冲突仲裁。其算法与不带_0 下标的命令相同,用于该算法的 UID 可以是 32 位或 64 位,起始于存储区地址'14'。

对于前面已提到的 GROUP_SELECT 和 GROUP_UNSELECT 命令,它们与有 32 位UID 选项的_0 命令联合使用。这意味着,一条 GROUP_SELECT 命令,只选择那些 64 位 UID 的高 32 位 ID 全为 0 的标签,经过如此核对后,那些 64 位 UID 的高 32 位 ID 不全为 0 的标签被留了下来。

9.4.7 类型 B:命令与响应

1. 命令类型(4 种类型)

(1) 强制命令。强制性命令代码范围从'00'到'0A'、'0C'、'15'及'1E'到'3F'。

(2) 可选命令。代码范围是'0B'、'0D' 到 '0F'、'11' 到 '13'、'17' 到'1D' 及'40' 到'9F'。

(3) 定制命令。命令代码范围从'A0'到'DF'。

(4) 专用命令。专用命令的代码是'10'、'14'、'16'及'E0'到'FF'。

专用命令由 IC 及标签制造商用于各种目的,如测试、写入系统信息等。

2. 命令代码、格式、功能和操作内容

通用命令格式和一般响应格式已在前面说明。

选择命令(GROUP_SELECT)用于选择读写器工作场中的一个标签的子集,参与冲突仲裁。

1) 存储器选择命令的数据比较

包括以下命令:

- GROUP_SELECT_EQ(命令代码 00,EQ 表示=)。
- GROUP_SELECT_NE(命令代码 01,EQ 表示≠)。
- GROUP_SELECT_GT(命令代码 02,EQ 表示＞)。
- GROUP_SELECT_LT(命令代码 03,EQ 表示＜)。
- GROUP_UNSELECT_EQ(命令代码 04,EQ 表示=)。
- GROUP_UNSELECT_NE(命令代码 05,EQ 表示≠)。
- GROUP_UNSELECT_GT(命令代码 06,EQ 表示＞)。
- GROUP_UNSELECT_LT(命令代码 07,EQ 表示＜)。

GROUP_SELECT_EQ

命令代码='00'。

收到 GROUP_SELECT_EQ 命令时,处于就绪(READY)状态的标签将在命令规定的地址开始读 8 字节存储器内容,并且和读写器发送的 WORD_DATA 进行比较。假如存储器内容等于 WORD_DATA,标签将设置它的内部计数器 COUNT 为 0,读它的 UID 送回读写器,并且进入 ID 状态。

SELECT_EQ 命令格式如下。

前同步码	分隔符	命令	地址	字节掩码	WORD_DATA	CRC-16
		8 位	8 位	8 位	64 位	16 位

收到 GROUP_SELECT_EQ 命令时，处于 ID 状态的标签将设置它的内部计数器 COUNT 为 0，读它的 UID 送回读写器，仍处于 ID 状态。

在其他情况下，标签将不发送响应。

上面讲到的 8 字节存储器内容(M_7～M_0)与命令地址(ADDRESS)的关系见表 9.17。

表 9.17　存储器地址

M_7(MSB)	M_6	M_5	M_4
位于 ADDRESS+0	位于 ADDRESS+1	位于 ADDRESS+2	位于 ADDRESS+3
M_3	M_2	M_1	M_0(LSB)
位于 ADDRESS+4	位于 ADDRESS+5	位于 ADDRESS+6	位于 ADDRESS+7

WORD_DATA 中的数据(D_7～D_0)安排顺序为 D_7,D_6,…,D_0。

字节掩码(BYTE_MASK)定义用于比较的字节。例如 $b_7=1$,则 D_7 和 M_7 进行比较;$b_6=1$,则 D_6 和 M_6 进行比较,…;否则不进行比较。

本组内其他命令的情况类同,仅对比较结果的处理有差异,如 GROUP_SELECT_GT 要求存储器内容> WORD_DATA。

2）标志选择命令的数据比较

包括以下命令。

- GROUP_SELECT_EQ_FLAGS(命令代码 17)。
- GROUP_SELECT_NE_FLAGS(命令代码 18)。
- GROUP_UNSELECT_EQ_FLAGS(命令代码 19)。
- GROUP_UNSELECT_NE_FLAGS(命令代码 1A)。

GROUP_SELECT_EQ_FLAGS

命令码='17'。命令格式如下。

前同步码	分隔符	命令	地址	字节掩码	BYTE_DATA	CRC-16
		8 位	8 位	8 位	8 位	16 位

执行命令时,将命令中的 BYTE_DATA 与标签内的 FLAGS 进行比较,其他操作都和 GROUP_SELECT_EQ 命令相同。

3）MULTIPLE_UNSELECT

命令代码='13'。

处于 ID 状态的标签将在规定的地址开始读 1 字节存储器内容，并且和读写器发送的 BYTE_DATA 进行比较。假如存储器内容等于 BYTE_DATA 并且标志 WRITE_OK=

1(表 9.16)，标签将进入就绪状态并不发送任何响应。假如比较失败，标签将设置它的内部计数器 COUNT 为 0，读取它的 UID 并且送回该 UID。

该命令用于取消选择所有成功写入的标签，而写入能力弱或写入存在问题的标签则保留选择。

其他命令的功能将在表 9.18 中说明。

表 9.18 强制命令和可选命令

代 码	命令名称	功 能
'00'…'07'	GROUP_SELECT	存储器选择命令的数据比较，见前面的说明
'17'…'1A'	GROUP_SELECT_FLAGS	FLAGS 选择命令的数据比较，见前面的说明
'15'	RESEND	已传送 UID 的标签，如果处于 ID 状态且 COUNT 是 0，则重发 UID
'08'	FAIL	若标签处于 ID 状态，且内部计数器 COUNT 是 0，则在响应中返回 UID，否则 COUNT+1
'0A'	INITIALIZE	所有标签进入就绪状态
'40'或'41'	FAIL_0	执行条件与 FAIL 命令相同，响应中返回的是存储器地址'14'的内容 32 位(命令码'40')或 64 位(命令码'41')
'09'	SUCESS	若标签处于 ID 状态，又计数器 COUNT 是 0，则响应 UID 返回，如果计算器 COUNT 不是 0，则计数器 COUNT－1
'42'或'43'	SUCESS_0	执行条件与 SUCESS 命令相同，响应中返回存储器地址'14'的内容 32 位(命令码'42')或 64 位(命令码'43')
'46'或'47'	RESEND_0	重发存储器地址'14'的内容
'0C'	READ	命令中的 UID 与标签内的 UID 比较，若相等，则标签从任一状态转移到 DATA_EXCHANGE 状态，并按命令提供的地址从存储器中顺序读出 8 个字节，否则响应中无数据
'0B'	DATA_READ	处于 ID 状态或 DATA_EXCHANGE 状态才能执行该命令，其余见 READ 命令
'44'或'45'	DATA_READ_0	将标签内的 UID 改为存储器地址'14'开始的内容进行比较，其余见 READ 命令
'0D'	WRITE	标签将命令中的 UID 与自己的 UID 比较，若相等，标签从任一状态转移到 DATA_EXCHANGE 状态，将 WRITE_OK 标志置位，并将数据(1B)写入命令指定的地址中，假如该地址已被锁定，则一切操作皆被废除
'1B'	WRITE4BYTE	写 4B(32 位)，其余同 WRITE 命令
'0F'	LOCK	标签处于 DATA_EXCHANGE 状态，比较 UID，指定的存储器地址有锁定标志，则将锁定位编写到指定地址，否则不进行操作
'11'	QUERY_LOCK	询问指定的存储器地址内容锁定情况
'0E'	WRITE_MUTIPLE	在读写器工作场内所有处于 ID 状态或 DATA _EXCHANGE 状态的标签，当存储器指定地址未锁定时写入
'1C'	WRITE4BYTE_MUTIPLE	写入多个标签，由命令中的屏蔽字节选择该写的字节

9.5[b] ISO/IEC 18000-7:433MHz 频率下的有源标签空中接口通信参数

9.5.1 物理层

- 载波频率：433.92MHz；精度：±20ppm。
- 调制类型：FSK。
- 频率偏离：50kHz；上限：f_c+50kHz；下限：f_c−50kHz。
- 位速率：27.7Kb/s；精度：±200ppm。
- 唤醒信号：30kHz。

唤醒信号是一个持续 2.5～2.7s 的 30kHz 副载波，检测到唤醒信号的所有标签将进入就绪状态等候读写器的命令。

9.5.2 数据链路层(数据包、命令响应)

1. 总则

标签与读写器之间的数据以包的格式传输，一个包由前同步码、数据字节和最终逻辑低电平组成。前同步码的结束和数据首字节的开始由前同步码最后两个脉冲指示。传输顺序是最高有效字节优先。每一个字节最低有效位优先。图 9.11 举例说明了一个包的前同步码和首字节的数据('64')通信时序。

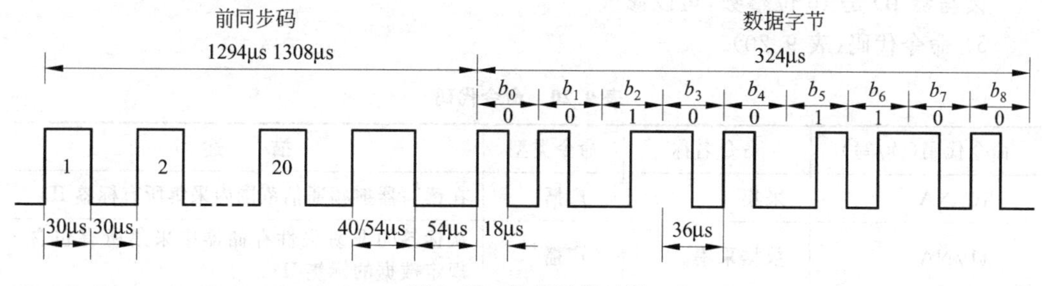

图 9.11 数据通信时序

(1) 前同步码。前同步码是由 20 个周期为 60μs 的脉冲组成，30μs 高，30μs 低，后面是最终同步脉冲，用来识别通信方向：40μs 高，54μs 低(标签到读写器)；54μs 高，54μs 低(读写器到标签)。

(2) 数据字节格式。数据字节是曼彻斯特码的格式，由 8 个数据位和 1 个停止位组成，每一位周期为 36μs，整个字节周期是 324μs。位时间中心的下降沿表示位 0，而上升沿表示位 1，停止位用位 0 编码。

(3) 包结束期。每一包 CRC 字节结束后传送一个 336μs 连续逻辑低的最终周期。

2. 读写器-标签信息格式

标签应识别的命令格式如下。

MSB							LSB
命令前缀	命令类型	所有者 ID	标签 ID	读写器 ID	命令代码	参数	CRC
1B (0×31)	1B (8 位)	3B	4B	2B	1B	*N*B	2B

所有者 ID、标签 ID 和参数字段的存在由命令类型和命令代码确定。

1) 命令类型(表 9.19)

表 9.19 命令类型字段

b_7	b_6	b_5	b_4	b_3	b_2	b_1	b_0
预留	预留	预留	预留	预留	1	0＝广播(标签 ID 字段不存在) 1＝点对点(标签 ID 字段存在)	0＝所有者 ID 字段不存在 1＝所有者 ID 字段存在

2) 所有者 ID

所有者 ID 字段存在时,只允许读写器与属于特定所有者 ID 组里的标签进行通信。所有者 ID 可以被修改。如果标签没有使用所有者 ID 或是它的值被置为 0,标签应响应任何一个在命令信息中不包含所有者 ID 的读写器命令。

3) 标签 ID

标签 ID 是在制造过程中唯一分配给每个标签的 32 位整数,这个数字不能被修改,是只读的。

4) 读写器 ID

读写器 ID 是 16 位整数,可以修改。

5) 命令代码(表 9.20)

表 9.20 命令代码

命令代码(读/写)	命令名称	命令类型	描述
'10'/NA	采集	广播	在读写器射频通信范围内采集所有标签 ID
'11'/NA	数据采集	广播	从标签的非易失性存储器中采集所有包含规定数据的标签 ID
'14'/NA	用户 ID 采集	广播	采集所有包含标签用户 ID 的标签 ID
'15'	休眠	点对点	使标签休眠
'01'/NA	状态	点对点	重新取得标签状态
'07'/'87'	用户 ID 长度	点对点	设置用户 ID 长度(1～16B)
'13'/'93'	用户 ID	点对点	设置用户分配的 ID(1～16B),由用户编写可随时修改
'09'/'89'	所有者 ID	点对点	设置所有者 ID(3B)
'0C'/NA	固件修订	点对点	由制造商设置
'0E'/NA	模型编号	点对点	由制造商设置
'60'/'E0'	读/写存储器	点对点	存储器数据

续表

命令代码(读/写)	命令名称	命令类型	描　　述
NA/'95'	密码设置	点对点	设置标签密码(4B)
'17'/'97'	密码保护设置	点对点	设置或清除使访问标签保护密码有效或无效的标签安全位
NA/'96'	解锁	点对点	解除标签保护密码

命令代码及作为读写命令的功能总结如下。一个命令的 7 位最低有效位用来识别它的基本功能;第 8 位(MS)置 0 表示读功能,置 1 表示写功能。未用的代码保留。

3. 标签到读写器的信息格式

(1) 广播响应信息格式如下。

标签状态	信息长度	读写器 ID	标签 ID	所有者 ID	用户 ID	数据	CRC
2B	1B	2B	4B	3B	0～16B	0～*N*B	2B

广播命令采集标签 ID、用户 ID 或者选定标签组(所有标签、特殊标签类型等)的短数据块。

- 标签状态:指出各种条件,如响应格式、标签类型和报警标志。
- 信息长度:用字节表示的信息长度,包括 CRC 字节。
- 读写器 ID:读写器的 ID,包括 1～65 535 的整数值。
- 标签 ID:在制造过程中预设的唯一标签。
- 所有者 ID:分配给企业的唯一标识符。
- 用户 ID:由用户设置的可选字段。由"读写器到标签的信息格式"中规定的命令类型段位 0 控制。
- 数据:数据字段取决于命令类型。该数据段可以包括用户 ID 或者标签存储器中的特定数据块。
- CRC:CCITT 校验码。

(2) 点对点响应信息格式如下。

标签状态	信息长度	读写器 ID	标签 ID	命令码	参数	CRC
2B	1B	2B	4B	1B	*N*B	2B

点对点命令需要标签 ID 以访问特定标签(这些命令包括除采集命令外的所有命令)。前面 4 个字段的定义与广播响应信息相同。

- 命令码:该字段包含接收到的命令代码。
- 参数:该字段包含命令代码定义的参数。
- CRC:CCITT 校验码。

标签状态格式如下。

$b_{15} \sim b_{12}$	$b_{11} \sim b_9$	b_8	b_7	b_6	$b_5 \sim b_3$	b_2	b_1	b_0
模式字段	保留	ACK 1=NAK 0=ACK	保留		标签类型	保留	用户 ID	电池

注：保留字段设置为 0。

模式字段表示标签的响应数据格式(0000 为广播命令，0010 为点对点命令)。

确认位 ACK：为 0 时，表示从读写器接收到一个有效的命令(CRC 正确并且所有字段都有效)；否则为 1(NAK)。

标签类型：符合 ISO/IEC 18000 标准的本部分的标签编码是 010。其他编码保留。

用户 ID：如果用户 ID=1，表明用户 ID 包含在采集响应信息中；如果用户 ID=0，表示不使用用户 ID。为 0 时，表示正常状态。

电池状态位：为 1 时表明已经达到标签电池寿命的 80%。

9.5.3 标签采集和冲突仲裁

冲突仲裁使用一种机制将标签传输分配到指定的采集周期的时隙中，最小采集周期设置为 57.3ms。采集周期由若干时隙组成，采集周期中的时隙数和每个时隙的实际持续时间由读写器采集命令类型决定。

当读写器射频通信范围内的标签收到由读写器广播的“唤醒信号”后，便进入就绪状态。

读写器通过发送采集命令启动标签采集过程。收到采集命令的标签随机选择时隙进行响应。初始采集周期是 57.3ms。在随后的冲突仲裁过程中，读写器根据这个周期的冲突次数动态地选择下一周期最佳采集周期。

收到采集命令后，标签选择一个时隙进行响应。选择由伪随机数发生器决定。

读写器发出采集命令后，有如下 3 种可能的结果。

(1) 在一个时隙内，读写器没有接收到响应，读写器随后就结束当前的采集时隙，在后续时隙中继续侦听标签。

(2) 读写器检测到两个或多个标签响应之间的冲突。冲突可能被检测为多个标签传送冲突或是无效的 CRC。读写器记录冲突并在后续时隙中继续侦听其他标签。

(3) 读写器正确接收到标签的响应，即 CRC 校验正确。读写器记录标签数据并在后续时隙中继续侦听新的标签。

采集周期持续到周期内所有时隙都被探测到。

采集周期结束后，读写器开始向前一个采集周期内被采集的所有标签发送休眠命令。接收到休眠命令的标签进入休眠模式，在随后的采集周期内不再参与采集。

说明：读写器到标签和标签到读写器的控制参数，基本上已讲述，在此不再列表。

习题

1. ISO/IEC 18000 国际标准中规定的标签使用在哪几个频段？为什么在有些频道中发射功率要受当地管理机构限制？
2. 什么是有源标签？什么是无源标签？各有什么优、缺点？
3. 在读写器与标签的空中接口协议中，如果是“读写器先讲”，表示什么含义？

4. 读写器与标签通常处于哪种工作方式(全双工或半双工)?
5. 在本标准中重点介绍哪几部分内容?
6. 在 ISO/IEC 18000 国际标准中,一般情况下,哪些命令的功能是共同具备的?在同一频段中,不同模式的命令格式又各不相同,原因是什么?
7. 与 ISO/IEC 7816 相比,在命令系统方面,ISO/IEC 18000 还有哪些不足?
8. 前同步码中的违例码起什么作用?
9. 防冲突处理的主要目的是什么?请总结在 ISO/IEC 18000 标准中采用了哪几种防冲突机制?其共同点是什么?
10. 在具体处理防冲突时,各个频段各个模式在方法上有什么不同?这样做在技术方面是否是必需的?
11. 请叙述本标准中采用的跳频系统方案,其作用是什么?
12. ISO/IEC 18000 国际标准规定的各频段下的 RFID 系统工作原理是否相同?识读距离是否相同?
13. 唯一标识符在空中接口通信协议中的作用是什么?有哪几种格式?遵循什么标准进行分配?
14. ISO/IEC 18000 国际标准中规定的标签可能处于哪些状态?各状态之间如何进行转换?
15. 什么是单向系统?什么是双向系统?本系列标准中描述的系统采用的是哪种系统?
16. ISO/IEC 18000 国际标准中规定了哪些物理和媒体访问控制参数?在前向链路和返回链路中这些参数都是相同的吗?

第10章 IC卡及其专用芯片

IC卡按其所装配的芯片不同而分成存储器卡、逻辑加密卡和智能卡3种类型。本章主要论述适合IC卡使用的存储器芯片、逻辑加密芯片和CPU(内含COS)芯片。

10.1[b] 存储器卡芯片

IC卡是从磁卡发展而来的,从使用角度出发,在金融领域中使用的IC卡至少应存储如发行者标识、个人密码等相对固定的信息以及与消费金额等有关的可修改数据,而且用户随身携带的IC卡平时无法由外界供电,只有在与读写器接触或进入射频场时才能取得电源,这就决定了IC卡中存储信息用的存储器不能是易失性的随机存储器或不能改变内容的只读存储器,而只能采用可电擦除可编程的只读存储器 E^2PROM。与其他存储器比较,E^2PROM 写入时要求的电压较高、时间较长。另外,根据ISO制定的国际标准,接触式IC卡上的芯片总共只有8个引出端,其中一个为数据(输入输出)端,因此芯片与外界传送信息(数据、地址)只能以串行方式进行。

下面以美国ATMEL公司生产的AT24C存储器芯片(用于接触式卡)为例来进行说明。

1. 芯片特点

(1) 低电压。选择5.0V、3.0V、2.5V或2.0V中一种电压。

(2) 容量:1Kb(128×8)～16Kb(2048×8)。

(3) 双线串行接口(双线指的是:时钟SCL,串行数据SDA)。

(4) 支持ISO/IEC 7816-10同步协议。

(5) 高可靠性。

擦写次数:100 000次。

数据保存期:100年。

(6) 可以以芯片、模块及标准封装形式提供。标准封装有8引出端和16引出端两种形式,是通用2线串行CMOS E^2PROM(采用 I^2C 总线)芯片。

2. 芯片的封装

这里仅介绍IC卡使用的模块,符合ISO/IEC 7816协议,其触点的安排见图10.1。

3. 逻辑图

图10.2所示为 E^2PROM 逻辑图。

1) 引出端说明

(1) SCL(串行时钟)。SCL上升沿将数据输入到 E^2PROM 芯片,下降沿将 E^2PROM 中的数据输出。

芯片的触点	引出端名	功　能
C_1	VCC	工作电压
C_2	NC	未连接
C_3	SCL(CLK)	串行时钟
C_5	GND	地
C_6	NC	未连接
C_7	SDA(I/O)	串行数据(输入/输出)

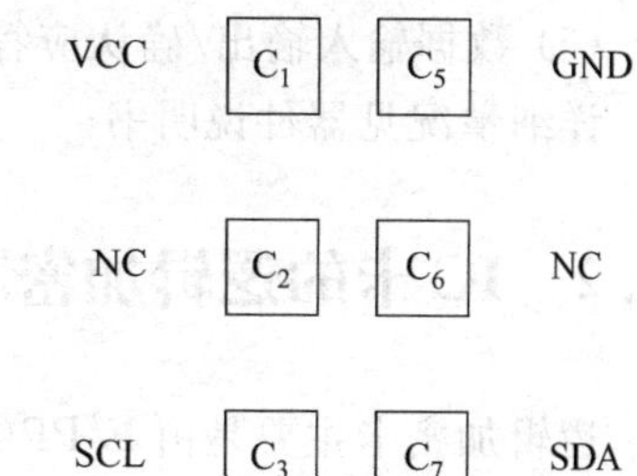

图 10.1　E^2PROM 模块触点和功能

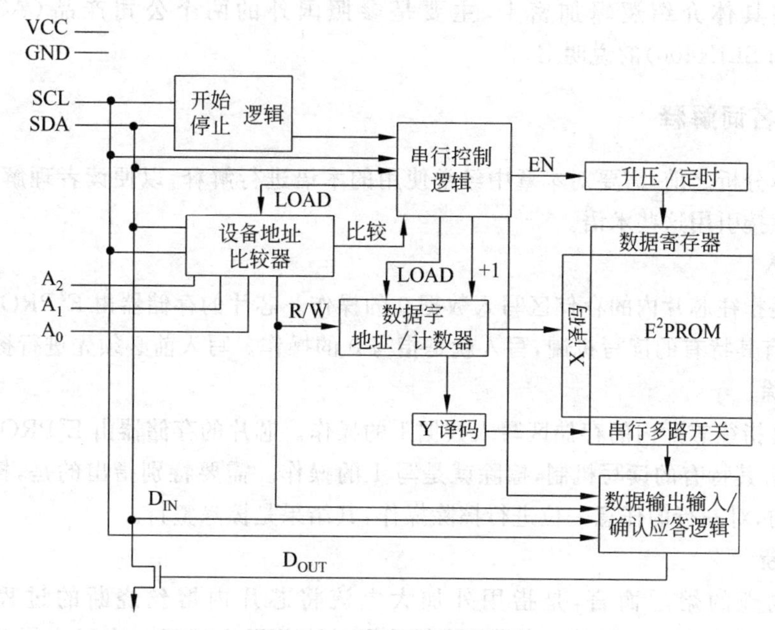

图 10.2　E^2PROM 逻辑图

(2) SDA(串行数据)。双向串行数据传送端,该端采用漏极开路驱动,可以与其他漏极开路直接连接。

(3) A_2、A_1、A_0(器件/页地址)。器件地址输入端,应用于标准封装中,当在 IC 卡中使用时,因受尺寸限制,只能使用一个存储芯片,因此不将 A_2、A_1、A_0 引到触点上。

2) 逻辑图组成

(1) 启动停止逻辑。控制一次读/写操作的开始和终止。

(2) 串行控制逻辑。当该芯片应用于 IC 卡中时,与逻辑有关的信号线仅有 SCL 和 SDA 两根。SCL 为同步用的时钟,其他信息诸如地址、数据和读写控制命令均从 SDA 输入。串行控制逻辑需要区分这些信息,并将它们送到片内相应的部件。

(3) 地址/计数器。形成访问 E^2PROM 存储单元的地址,分别送 X 译码器进行字选(字长 8 位)、送 Y 译码器进行位选。

(4) 升压/定时线路。E^2PROM 的写入操作需要高电压,为此,在片内有升压线路,将标准电压升高到写入数据所需的电压(一般在12～20V范围内)。

(5) 数据输入输出/确认应答逻辑。控制数据的输入输出和确认应答信号。

详细情况见器件说明书。

10.2 IC卡的逻辑加密芯片(接触式IC卡)

逻辑加密卡主要是由E^2PROM单元阵列和密码控制逻辑构成的。具有一定的保密逻辑功能,但不如CPU卡能进行复杂的密码计算,因此适用于一些需要保密功能,但是对保密功能要求又不是很高的应用场合。

以下将具体介绍逻辑加密卡,主要是参照国外的两个公司产品(AT88SC102、SLE4404和SLE4406)的说明书。

10.2.1 名词解释

在具体分析之前,需要对本章中经常使用的术语进行解释,以便读者理解,在以后的章节中将直接引用这些术语。

1. 写入

写入是指往芯片内的存储区写入数据0的操作。芯片的存储器由E^2PROM构成,而E^2PROM有其特有的读写机制,写入就是指写0的操作。写入前必须先进行擦除。

2. 擦除

擦除是指往芯片内的存储区写入数据1的操作。芯片的存储器由E^2PROM构成,而E^2PROM有其特有的读写机制,擦除就是写1的操作。需要特别指出的是,擦除操作是按行进行的,对一行的任意一位进行擦除操作,其结果是擦除整行。

3. 熔断

对于物理的熔丝而言,是指用外加大电流将芯片内熔丝烧断的过程。如果用E^2PROM单元来表示一种熔丝信号,熔断是指对该单元进行了一次写入操作。即该单元为1时表示它代表的熔丝未熔断,该单元为0时表示熔丝熔断了。需要指出的是,用E^2PROM表示的熔丝信号与真正的物理熔丝是不同的,后者烧断后是不能再接通的,而前者有可能通过擦除恢复成1,而这一般是不希望的,因此在逻辑设计时要加以控制。

通常在芯片内设有两个熔丝,具体情况参见存储器区域分配和电路设计分析。

4. 个人化

E^2PROM中的存储单元按其所起的作用不同而分成若干个区。个人化是指IC卡由发行商发行给个人的过程。在这个过程中,由发行商按要求往E^2PROM中写入发行商代码、用户密码及用户身份标识,分别写入IZ、SC和SCAC区等(见10.2.3节),并将应用区全部擦除,随后交付给个人使用。

5. 密码错误计数

用户使用逻辑加密卡时,首先输入用户密码。在卡中设置有用户密码比较计数区。设置该区的目的是防止人为地对密码进行猜测,用该区来累计不正确的密码输入比较次数。当连续 N 次密码比较均不正确后，卡将自锁，拒绝以后的任何操作。用户只能将卡交给发行商，由发行商读出卡中的应用区数据(如余额)，并重新发售另一张卡使用，有的卡可用发行商专设的解锁密码，由发行商对卡解锁。设置的密码比较次数 N 要折中考虑：一方面要使猜测成功的可能性小，尽可能减小 N；另一方面又要考虑到用户操作的失误，N 的值又不能太小。实践证明，当采用 16 位二进制用户密码时，$N=4$ 是比较合理的设置。

10.2.2 功能框图

逻辑加密卡芯片从功能上看，主要分为两个部分：一部分是 E^2PROM 单元阵列；另一部分是保密逻辑部分，如图 10.3 所示(举例)。图中，RST 信号的要求应符合 ISO/IEC 7816-10 的规定(见本书第 4 章)，该信号还将地址计数器置为全 0。图中行驱动器(字驱动器)和列选择器(位选择器)从属于 E^2PROM 单元阵列，为 E^2PROM 单元阵列的读写提供适当的选择信号。图中假设每个字长为 16 位(D0～D15)，由列选择器选择其中的某一位进行读或写的操作。

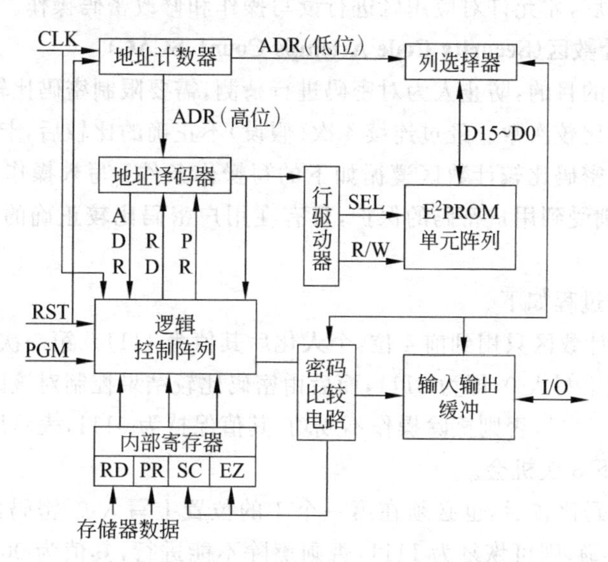

图 10.3 逻辑加密卡芯片的功能框图(举例)

保密逻辑部分包括地址计数器、地址译码器、密码比较电路和一个内部寄存器，图中画出了 RD、PR、SC 和 EZ 这 4 位，这些内部寄存器锁存的是密码比较结果和应用区的读写属性(见 10.2.4 节)。逻辑控制阵列则是根据设计的要求，对 E^2PROM 的各个存储区域的读出、写入和擦除进行控制。

地址计数器只有计数功能，不能从外界接收地址，当加电或者 RST 信号来时清 0，所以对 E^2PROM 只能按照地址顺序访问，当卡加电运行时，在读写器送来的操作命令和卡内逻辑电路的控制下，地址计数器自动完成计数功能(按位寻址)。

10.2.3 芯片内部存储区域分配(举例)

逻辑加密卡一般具有如下的存储分区(主要参考 ATMEL 公司的 AT88SCI02 型 IC 卡,表 10.2)。

1. 制造代号区(Fabrication Zone,FZ)

制造代号区由制造厂商写入,用于记录卡片的制造信息,以便于以后验证卡的出处。对这一区的写入和擦除只有在熔丝 1 未断时进行,制造厂商可对同一批芯片写入一特定的标识代号,随后将熔丝 1 熔断,使制造代号不能再更改。

2. 发行代号区(Issuer Zone,IZ)

发行代号区由发行商在发行给个人的时候写入,用于记录卡片的发行信息。对这一区的写入和擦除只有在熔丝 2 未断时进行,当熔丝 2 被熔断后即不可更改。制造代号和发行代号在应用时可以自由读出,以便验证卡的出处。

3. 用户密码区(Security Code,SC)

当卡片个人化完成后,由该密码保护卡内的应用区域。使用时由用户输入用户密码,只有密码比较正确后,才允许对应用区进行读写操作和修改密码操作。

4. 密码比较计数区(Security Code Attemps Count,SCAC)

出于安全保护的目的,防止人为对密码进行猜测,需要限制密码比较次数。用该区来累计不正确的密码比较次数。经过连续 4 次(假设)不正确的比较后,卡将自锁,以后拒绝用户的任何操作。密码比较计数区遵循如下的写操作条件:写入操作是任意的,不受保护,而对它的擦除则受到用户密码的保护,只有在用户密码比较正确的条件下,才能进行擦除操作。

在实现时操作过程如下。

(1) 密码比较计数区只用到前 4 位,个人化后其值为 1111。第一次密码比较后,必须在第一个 1 的位置上写入 0,即为 0111,而后由密码比较结果控制对该区的擦除操作。比较正确则可擦除为 1111,否则擦除操作不成功,其值保持为 0111,表示用户已有一次错误的密码输入,还剩下 3 次机会。

(2) 第二次密码比较后,也必须在第一个 1 的位置上写入 0,密码比较计数为 0011。若这次密码比较正确,则可恢复为 1111,否则擦除不能进行,其值为 0011,用户还剩两次比较机会。

(3) 当用户输入 4 次均为错误密码后,密码比较计数区变为 0000。这时,在前 4 位再也没有合适的 1 供写 0 使用,卡将自锁,以后拒绝用户的任何操作。

5. 个人区(Personal Zone,PZ)

个人区记载用户的个人身份标识。写入和擦除受密码保护,但可以自由读出,以核实用户身份。

6. 应用区(Application Zone,AZ)

应用区内一般存放与消费有关的数据(钱),由于逻辑加密卡没有计算功能,因此用户的每次消费额不是任意的,一般将应用区的每一位代表一定的金额(假设为 A),若应用区有 256 位,则可在卡内存入金额 256×A,此时将应用区改写成全 1,然后消费 1 次,将应用区中的 1 位由 1 改写为 0。

图 10.3 所示的内部寄存器中的 PR 和 DR 标识应用区的读写属性，并和用户密码一起控制对应用区的读出和写入。擦除操作则由擦除密码来控制进行，并且受到擦除计数的限制。当擦除计数区中没有可用的位 1 时，擦除操作也不能进行。

7. 擦除密码(Erase Key,EK)

这个密码是个人化的时候，由发行商写入芯片内并供发行商使用的。发行商输入密码后，与片内的擦除密码进行比较，如果相等，且擦除计数区不是全 0，则可以对整个应用区进行擦除，相当于再次写入用户的预付款额，以达到一卡重复使用多次的目的。

在卡未发行时(即熔丝 2 熔断以前)，在核实用户密码以后，该区可以自由地读出、写入和擦除；当卡发行后，对擦除密码的读出、写入、擦除的操作都不能进行。

8. 擦除计数(Erase Counter,EC)

擦除计数中的每一个 1 表示可以对应用区进行一次擦除操作。当擦除计数区全为 0 时，不能再对应用区进行擦除操作。

对该区的擦除只能在卡发行之前进行，当卡发行后，对它只能作读出和写入操作。

虽然国际标准中并没有规定逻辑加密卡的存储器分区结构，但是，事实上大部分逻辑加密卡都遵循以上的存储区域分配原则，虽然在各分区的长度上和细节上存在差异。但还请注意某些 IC 卡具有一些其他方面的特点，使用时应该仔细阅读有关的产品说明书。

下面选择 ATMEL 公司和 SIEMENS 公司的逻辑加密卡进行介绍，其中对 ATMEL 公司的 AT88 SC102 芯片和 SIEMENS 公司的 SLE 4404 芯片作较为详细的描述。

10.2.4 ATMEL 公司的逻辑加密卡芯片

美国 ATMEL 公司的逻辑加密卡芯片中有 AT88SC06、AT88SC101/102 和 AT88SC200 等型号。

AT88SC06 是 104 位 E^2PROM 芯片，与 SIEMENS 公司的 SLE 4406 属同一类型，后者将在 10.2.5 节中进行介绍。

AT88SC102 是由美国 ATMEL 公司设计的具有密码比较逻辑的 1K 位 E^2PROM 芯片，是一种典型的逻辑加密卡芯片。在制造中使用了低功耗 CMOS 技术，提供给用户两个 512 位的可用存储分区；芯片内部的存储区域分配合理，能满足大部分应用领域的要求。此外，它还具有内部的自升压电路，芯片只需要 5V 电压支持，而不需要外部提供进行 E^2PROM 单元擦除所需的较高电压，其 E^2PROM 单元的允许擦除次数在 10 万次以上，数据保存年限为 100 年。

1. 卡片的触点

图 10.4 所示为芯片模块触点，表 10.1 所示为触点的功能说明。

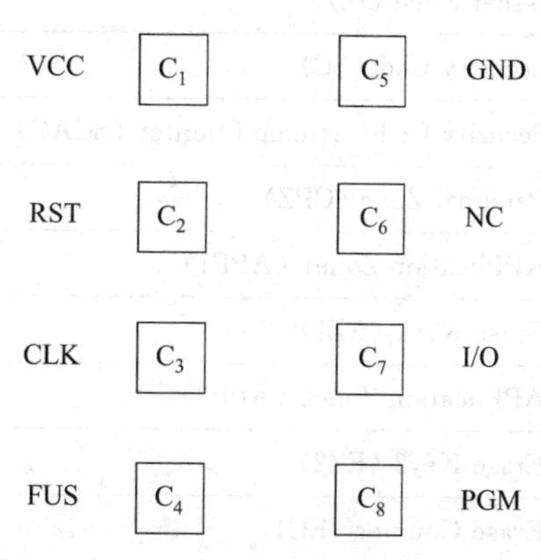

图 10.4 AT88SC102 芯片的触点结构

表 10.1 AT88SC102 芯片的触点功能说明

ISO 触点	触点号	触点名	说　　明
C1	8	VCC	电源(operating voltage)
C2	7	RST	复位(reset)
C3	6	CLK	时钟和地址控制(clock and address control)
C4	5	FUS	熔丝信号(identification fuses)
C5	1	GND	地 (ground)
C6	2	NC	未使用 (not connect)
C7	3	I/O	输入/输出数据端(bi-direction data port)
C8	4	PGM	编程控制(programming control)

以上定义的触点符合 ISO/IEC 7816-10 同步协议,其中 VCC、RST、CLK、GND 和 I/O在协议中有详细规定。而 PGM 与 FUS 为自定义信号,作用如下。

(1) FUS: 熔断信号,用以进行熔断操作。

(2) PGM: 编程信号,用以通知芯片进行写入和擦除操作,可参看时序图 10.9 和图 10.10。由于芯片内部有升压电路,因此不需要读写器提供高压 V_{PP},而采用 PGM 信号作编程通知。

2. 芯片的存储区域分配

AT88SC102 的地址计数器有 11 位,即计数范围可为 0～2047。但是实际使用的地址区间是 0～1567,当地址计数器计至 1567 后,在下一个时钟周期到来时,地址翻转为 0,而留给用户使用的地址是 0～1423,共 1424 位,如表 10.2 所示。

表 10.2 AT88SC102 芯片的存储区域分配

区 域 名	字段	地 址	位数	说　明
Fabrication Zone (FZ)	0	0～15	16	制造代号
Issuer Zone (IZ)	1～4	16～79	64	发行代号
Security Code(SC)	5	80～95	16	用户密码
Security Code Attemp Counter (SCAC)	6	96～111	16	用户密码比较计数
Personal Zone (CPZ)	7～10	112～175	64	用户个人区
APPlication Zone1 (APP1)	11～42	176～687	512	应用区 1
Erase Key1 (EZ1)	43～45	688～735	48	擦除密码 1
APPlication Zone2 (APP2)	46～77	736～1247	512	应用区 2
Erase Key2 (EZ2)	78～79	1248～1279	32	擦除密码 2
Erase Counter (EC)	80～87	1280～1407	128	擦除计数
Test Zone (MTZ)	88	1408～1423	16	存储器测试区

注释：存储器测试区不受保护，可以进行任何操作，它用以测试 E^2PROM 单元阵列的各项性能。此外，芯片内还有如下部分。

- 3 个供内部使用的 E^2PROM 单元：FUSE1、FUSE2 和 EZ1 的控制位。
- 两个供特殊控制用的地址：当访问到其中一个指定地址时，可取得物理熔丝的状态（熔断或者未熔断）；访问到另一些地址时，可对全片进行擦除。

现分别介绍如下。

(1) FUSE1 是留给制造商使用的。在 FUSE1 未熔断时，E^2PROM 的所有单元均可自由地读出、写入和擦除。

FUSE1 单元本身可以自由写入（写 0），它的擦除（写 1）则受物理熔丝控制，当物理熔丝熔断后，就不能被擦除。

(2) FUSE2 是留给发行商使用的。卡从制造商到发行商手中时，FUSE1 已熔断，FUSE2 未熔断，此时发行商可以对除了 FZ 区之外的任意单元作写入和擦除操作，为用户进行个人化的操作。个人化完成后，发行商熔断 FUSE2，则卡的 IZ、EZ1、EZ2 和 EC 区将不能被擦除，其中 EZ1、EZ2 也不能写入和读出，卡成为最终用户手中的卡。

与 FUSE1 一样，FUSE2 的擦除受物理熔丝控制，当物理熔丝熔断后就不能被擦除。

(3) EZ1 的控制位。当这一位为 0 时，表示卡内不设置 EZ1 区，此时 EZ1 地址被跳过，即从地址 687 直接跳到地址 736。当 EZ 为 1 时，对 APP1 的擦除需要核对 EZ1 密码，且要求 SC 比较正确。

对该位的写入只有在 FUSE1 未熔断前进行，即由制造商根据实际应用情况决定是否设置 EZ1 区。该位不能擦除，也不能读出。

(4) 对全片擦除的控制。该控制功能留给制造商和发行商用。在卡片未出厂前，FUSE1 未熔断，当对某些预先指定的地址（>1424）进行写入和擦除操作时，实际上是打开了 E^2PROM 单元阵列的所有行选线，即在该行写入和擦除操作实际上是对全片的写入和擦除。

当卡片出厂且未发行时，也即 FUSE1 已熔断而 FUSE2 未熔断时，只要用户密码 SC 比较成功，对上述指定地址的写入和擦除，则是对除了 FZ 区外的所有 E^2PROM 单元进行写入和擦除。

3. 访问控制

对各存储区域的访问（制造商测试）是由 FUSE 触点上的电压和内部的两个熔丝（FUSE1 和 FUSE2）的状态共同控制的。

4. 操作模式

由 PGM、RST、CLK 信号和内部地址计数器决定了 4 种操作模式（命令），如图 10.5 所示。在这 4 种操作模式中，输出的控制在卡内完成。如果读出的条件不满足，则在 I/O 线上出现的数据无效（Z 状态）。此外，CMP（比较）操作和 INC（地址计数器+1）操作从外部控制来看是一样的（RST 和 PGM 均为 0），它们是通过内部地址计数器来区分的：CMP 操作只在 SC 和 EZ 地址区进行，其他地址区域均进行 INC 操作。芯片内部地址计数器的最大值为 1567，超过这个值，计数器将翻转为 0。

命令名	PGM	RST	CLK	描　述
RESET	X		0	卡内地址计数器清 0。当 RST 和 CLK 信号都为 0 时，存储器内的数据开始出现在 I/O 线上（图 10.6）。当 RST 为高时，禁止地址计数器计数；计数器在 RST 的下降沿清 0
INC (INC/READ)	0	0		卡内地址计数器加 1，存储器内的数据输出在 I/O 线上（图 10.7）。以上操作在时钟下降沿进行
CMP(INC/CMP)	0	0		外部输入数据与卡内密码进行比较（图 10.8）。当 CLK 为低时，输入 I/O 线上必须稳定。地址计数器在时钟下降沿加 1
WRITE	1	0		在时钟上升沿前，I/O 数据必须准备好，然后 CLK 必须保持为高至少 5ms 时间，等待写入操作完成（图 10.9）。
VERIFY	0	0		随后，在时钟下降沿，刚写入的数据出现在 I/O 线上，以被验证。在这个时钟下降沿地址计数器不加 1

图 10.5　AT88SC102 的操作模式

图 10.5 中的命令与对应的时序图如下：复位时序，对应于图 10.6；读时序，对应于图 10.7；比较时序，对应于图 10.8；写时序，对应于图 10.9。

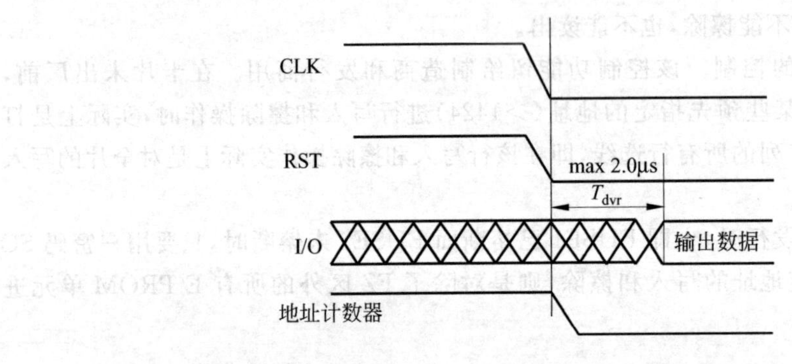

注：RST 为高时禁止计数。
RST 的下降沿地址计数器清 0，延时 T_{dvr}后，I/O 线上输出数据

图 10.6　复位时序图

SC 和 EZ 的完整比较过程如图 10.10 所示。在整个过程中，各阶段完成的功能如下。

- A：SC 或 EZ 的比较时序（图 10.8）。
- B：找到 SCAC 或 EZAC 行中第一个逻辑 1 的位。
- C：在这个位地址处进行写入（即写 0）操作。
- D：芯片输出该位的值。若写入操作成功进行，输出值为 0。如密码比较正确，SC 或 EZ 寄存器（图 10.3）将被置为 1。

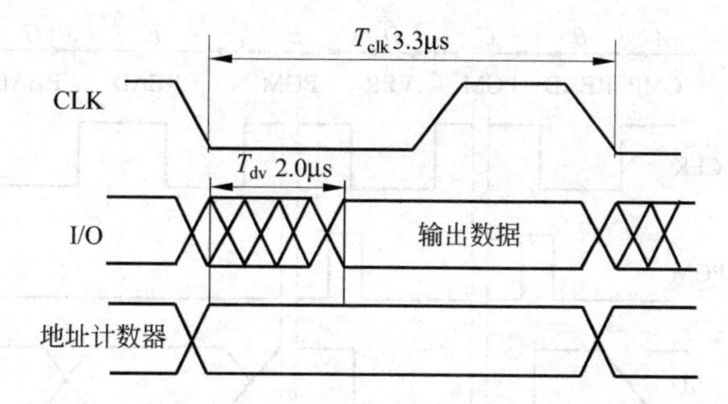

注：T_{clk}为时钟周期。在 CLK 的下降沿，计数器加 1。存储器内的数据经过一段延时 T_{dv}以后，读出在 I/O 线上。在这个时序中包含了地址加 1(INC)和读出(READ)两种操作

图 10.7　读时序

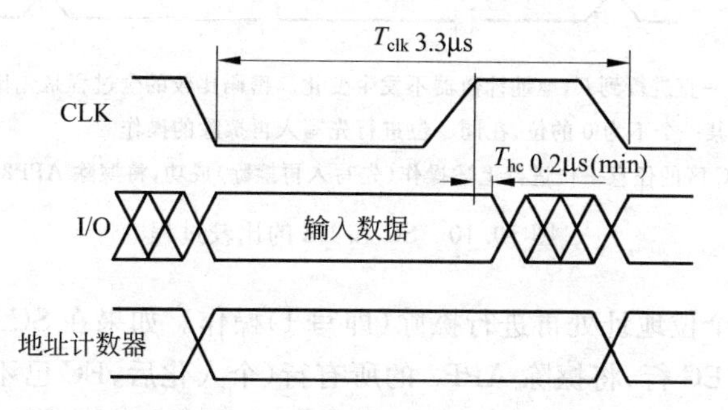

注：在 CLK 下降沿，地址计数器加 1，这时外部开始输入待比较的数据。在 CLK 上升沿，I/O 上的数据被锁存，I/O 线上的数据在 CLK 上升沿后至少保持 T_{hc}时间。当下一个 CLK 下降沿来临时，执行这次比较操作，同时地址计数器加 1

图 10.8　比较时序

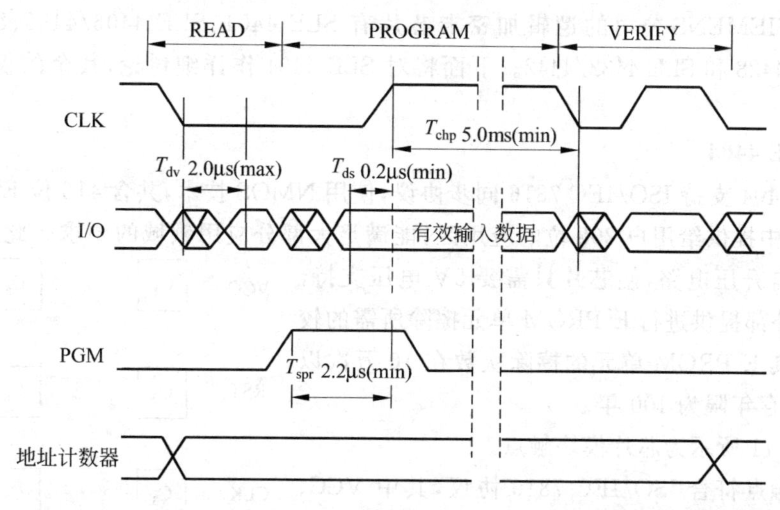

注：在 CLK 上升沿到来之前(T_{spr}时间)，PGM 应升为 1，I/O 上由外部给出写入数据(提前 T_{ds}时间)。当 CLK 为 1 时，开始执行写 0 或写 1 操作，这时 CLK 应至少保持 5ms 时间为 1(T_{chp})。在紧接着的是 CLK 下降沿，地址计数器不发生变化，I/O 上出现存储器输出的数据，提供给外部验证上次写操作是否成功

图 10.9　写(编程 program)时序

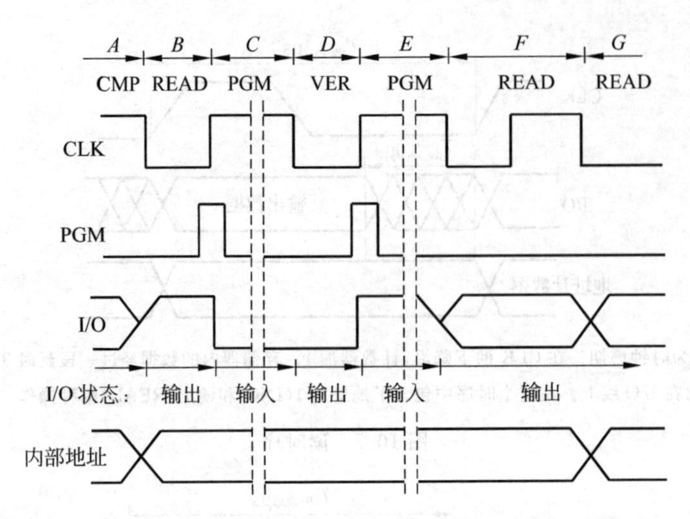

注：1. 从操作 B 一直进行到 F，地址计数器不发生变化。密码比较的全过程是先比较，然后再比较计数行找到某一个不为 0 的位，在同一位进行先写入再擦除的操作

2. 如果在 EC 区的任意一位进行上述操作(先写入再擦除)成功，将擦除 APP2 的所有行

图 10.10　SC 和 EZ 的比较过程

- E：在同一个位地址处再进行擦除(即写 1)操作。如果在 SCAC 行，将擦除 SCAC 行；如果在 EC 行，将擦除 APP2 的所有行(个人化后，EC 已不能被擦除)。
- F：芯片输出当前位的值。如果擦除操作成功进行，输出值为 1。
- G：在 CLK 的下降沿，地址计数器加 1，芯片输出下一位的值。

10.2.5　SIEMENS 公司的逻辑加密卡芯片

德国 SIEMENS 公司的逻辑加密卡芯片有 SLE 4404、SLE 4406/4436、SLE 4412、SLE 4418/4428 和 SLE 4432/4442。下面将对 SLE 4404 作详细讨论，其余的仅作一简单介绍。

1. SLE 4404

SLE 4404 支持 ISO/IEC 7816 同步协议，使用 NMOS 技术，共含 416 位 E^2PROM 存储单元，其中提供给用户 208 位的应用区，能满足大部分应用领域的要求。此外，它还具有内部的自升压电路，使芯片只需要 5V 电压支持，而不需要外部提供进行 E^2PROM 单元擦除所需的较高电压。其 E^2PROM 单元的擦除次数在 10 万次以上，数据保存年限为 100 年。

图 10.11 所示为芯片模块触点。

VCC	C_1	C_5	GND
RST	C_2	C_6	NC
CLK	C_3	C_7	I/O
T	C_4	C_8	P

图 10.11　SLE 4404 芯片模块触点

以上触点符合 ISO/IEC 7816 协议，其中 VCC、RST、CLK、GND 和 I/O 信号在协议中有详细规定。而 P 信号与 T 信号为自定义信号，作用如下。

(1) T：熔断信号，用以进行熔断操作，仅在卡片发行时使用。用户使用时不需连接。

(2) P：编程信号，用以通知芯片进行写入和擦除操作。由于芯片内部有升压电路，因此不需要读写器提供高压 V_{PP}，而采用 P 信号作编程通知。

芯片内部存储区域分配如下：

SLE 4404 的地址计数器有 9 位，即计数范围为 0～512。当地址计数器计至 512 后，在下一个时钟周期到来时，地址翻转为 0。其中，用户使用的地址是 0～415，共 416 位，如表 10.3 所示。

2. 操作模式

由 P、RST、CLK 信号和内部地址计数器决定了 4 种操作模式，如图 10.12 所示。

表 10.3 SLE 4404 芯片的存储区域分配

区　域　名	字段	地址	位数	说　　明
Fabrication Zone (FZ)	0	0～15	16	制造代号
Issuer Zone (IZ)	1～3	16～63	48	发行代号
Security Code (SC)	4	64～80	16	用户密码
Security Code Attemp Counter (SCAC)	5	80～96	16	用户密码比较计数
Personal Zone (CPZ)	6	96～111	16	用户个人区
APPlication Zone (APP)	7～19	352～383	208	应用区
Erase Key (EZ)	20～21	320～351	32	擦除密码
Erase Counter (EC)	22～25	352～415	64	擦除密码比较计数

命令名	P	RST	CLK	描　　述
RESET	×		0	卡内地址计数器清 0。当 RST 和 CLK 信号都为 0 时，存储器内的数据开始出现在 I/O 线上(时序图 10.13)。当 RST 为高时，地址计数器清 0
INC (INC/READ)	0	0		卡内地址计数器加 1，存储器内的数据输出在 I/O 线上(时序图 10.14)。地址加一操作在 CLK 上升沿进行，数据输出操作在 CLK 下降沿进行
CMP (INC/CMP)	0	0		外部输入数据与卡内密码进行比较(时序图 10.15)。当 CLK 为低时，输入数据在 I/O 线上必须稳定。地址计数器在 CLK 上升沿加 1
WRITE	1	0		在 CLK 上升沿前，I/O 数据必须准备好，然后 CLK 必须保持为高至少 5ms 时间，等待写入操作完成(时序图 10.10)。
VERIFY	0	0		随后，在 CLK 下降沿，刚写入的数据出现在 I/O 线上，以被验证。在这个 CLK 上升沿，地址计数器不加 1

图 10.12　SLE 4404 操作模式

在这 4 种操作模式中，输出的控制在卡内完成，如果读出的条件不满足，则在 I/O 线上出现的数据无效（H 状态）。CMP 操作和 INC 操作从外部控制来看是一样的（RST 和 P 均为 0），它们是通过内部地址计数器来区分的：CMP 操作只在 SC 和 EZ 地址区进行，其他地址区域均进行 INC 操作。此外，芯片内部地址计数器的最大值为 512，超过这个值，计数器将翻转为 0。

图 10.12 中的复位时序，对应于图 10.13；读时序对应于图 10.14；比较时序对应于图 10.15；写时序对应于图 10.16。

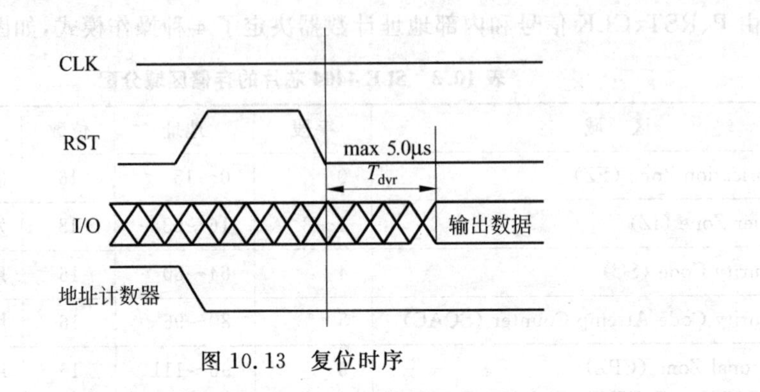

图 10.13　复位时序

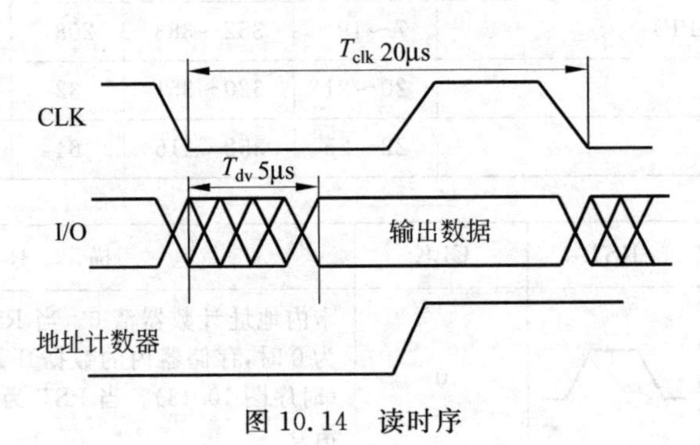

图 10.14　读时序

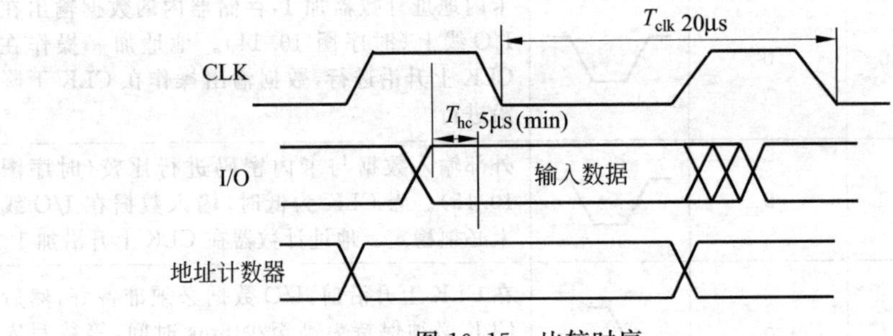

图 10.15　比较时序

3. SLE 4406/4436

下面介绍的 SIEMENS 公司的 SLE 4406（表 10.4）特别适用于电话卡，其特点是存储单元仅 104 位，而能控制的打电话次数可达到 2 万多次，因此降低了成本。

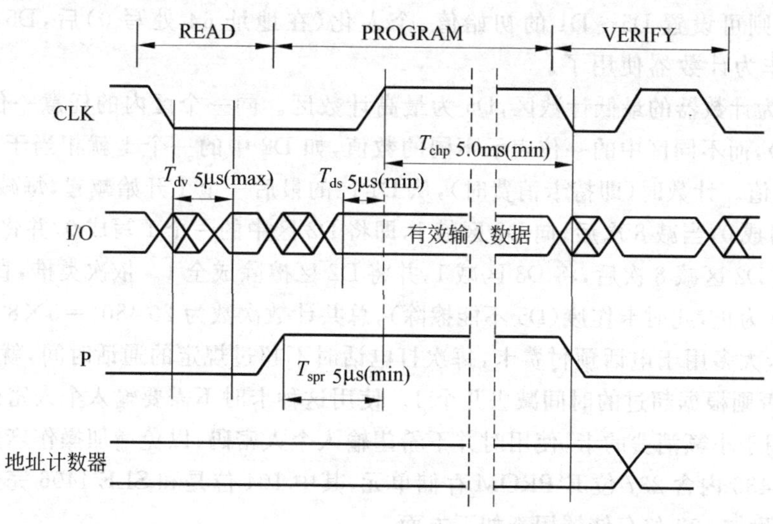

图 10.16 写(编程 program)时序

表 10.4 SLE 4406 存储区域的分配

区域名	地址/位	位数	区域名	地址/位	位数
芯片数据区 CHD	0～23	24	计数区 D4	72～79	8
发行数据区 ID	24～63	40	计数区 D3	80～87	8
个人化区	64	1	计数区 D2	88～95	8
测试区	65～66	2	计数区 D1	96～103	8
计数区 D5	67～71	5			

芯片数据区的内容由芯片制造商写入，发行数据区的内容由发行商写入。

个人化区为熔丝单元，当它为 0 时(个人化后)，发行数据区只能读出。而芯片出厂时，个人化区为 1，此时发行商可往发行数据区写入任何内容，如写入发行商的标识码、卡的编号等。

测试区用于测试 E^2PROM 的读/写/擦除功能。每个芯片出厂时都需进行严格的测试。当发行商或用户拿到芯片后，存储器的某些单元是不能任意进行读写操作的(如个人化区)，因而需认真考虑各区何时写入以及写入什么内容。但测试区的数据可以任意读、写或擦除。芯片的性能好坏与芯片的生产工艺有关，在小小的芯片中，如果有些位(如测试区)不能进行读、写或擦除操作，说明这一芯片质量有问题。尽管这些位可能没有任何用处，也须将这一芯片作为废片处理，以保证可靠性。

计数区由 D5～D1 组成。芯片出厂时，为防止芯片在运输途中被非法者所偷盗，制造厂商在 D3～D1 中存放了运输密码，该密码仅为制造商和合法用户知悉，对其他方都是保密的。用户收到芯片后，首先需向片内输入运输密码，如果与卡内所存的运输密码相同，则表示是合法用户，否则被认为是非法用户。D4 中存放了允许运输密码比较的次数，如果用户输入不正确的运输密码的次数超过了 D4 中所规定的次数，卡将被锁住而不能使用。如果输入的次数在上述范围之内，且输入的是正确的运输密码，则可设置 D5～D1 的初始值、个人化(在地址 64 处写 0)后，D5～D1 就可联合起来作为计数器使用了。

D1 区为计数器的最低计数区，D5 为最高计数区。同一个区内的任意一位表示相同数值(金额)，而不同区中的一位表示不同的数值，如 D2 中的一个 1 就相当于 D1 区中的 8 个 1 的数值。计数时(即持卡消费时)，从 D1 区的最后一个 1 开始减起，每减 1 次，就把一个 1 改写成 0，当减 8 次后，向 D2 区借 1，即将 D2 区中的一个 1 写成 0，并将 D1 区擦除成全 1。当 D2 区减 8 次后，将 D3 区减 1，并将 D2 区擦除成全 1。依次类推，直到D5～D1 区全变成 0 为止，此时卡作废(D5 不能擦除)，总共计数次数为 20 480($=5\times8^4$)次。

这种卡大多用于电话预付费卡，每次打电话时不超过规定的通话时间，就从 D1 区减去一个 1，否则根据超过的时间减去几个 1。使用这种卡时不需要输入个人密码。

一般用于小额消费的卡，使用时并不希望输入个人密码，以免增加操作麻烦。

SLE 4436 内含 237 位 E^2PROM 存储单元，其中 104 位是和 SLE 4406 完全兼容的用户存储器，附加 133 位存储器用于如下方面。

- 第 1 个授权密码(48 位)。
- 第 2 个授权密码或用户数据(64 位)。
- 用户数据区或卡验证区(16 位)。
- 防插拔标志(4 位)。
- 控制第 2 密码的初始化标志(1 位)。

下面对防插拔的意义进行说明。

前面讲到，40 位计数区由 D5～D1 组成。使用卡时，当 D1 的 8 位全部写成 0 后，则要向 D2 借 1，即将 D2 区中的一个 1 写成 0，同时将 D1 擦除成全 1。一般先进行 D2 区的写 0 操作，然后再进行 D1 区的擦除操作。如果在 D2 区已写 0 而 D1 尚未擦除时不慎断电(如用户拔卡)，这将导致持卡人的经济损失。补救的方法是在 D5～D2 区各设一防插拔位，在借位时，先将该区的防插拔位写 0，然后再与较低计数区同时被擦除。当再次加电时，如果发现防插拔位为 0，要补做一次擦除操作，这实际上是一次自动恢复数据的操作。

4. SLE 4412

SLE 4412 内有 256 位存储单元和硬件控制逻辑，该逻辑控制对存储器的存取。

SLE 4412 从芯片制造商交给卡制造商时，所有位均设置为 1，每一位仅能写一次(从 1 到 0)，其中第 9 位固定为 1。

SLE 4412 存储区分配如图 10.17 所示。各区主要功能如下。

(1) 保护区。第 0～95 位，卡制造商或发行商可以写入自己的数据，在写入安全数据之后，该区只能读。第 9 位永远为 1。

(2) 用户数据区。第 96～255 位，卡制造商或发行商可写入数据，该区实现计数功能。

(3) 安全单元。第 96 位(测试模式)，通过写此单元，可对保护区进行写保护。

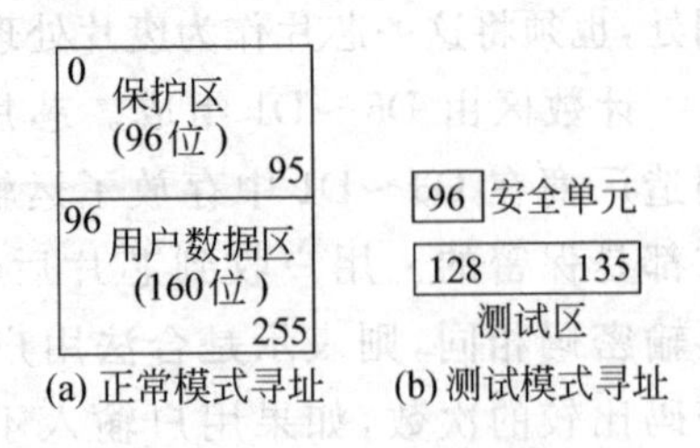

图 10.17　SLE 4412 存储区分配

(4) 测试区。第 128～135 位(测试模式),测试写过程,在写入安全单元后,此区不可输入数据,读写操作均被锁住。

注:存储器地址存储单元 96 和 128～135 在物理上出现两次,同一地址的不同区由操作模式决定。

SLE 4412 有 3 种正常操作模式和一种测试模式,由输入到触点 C_2 和 C_4(分别以 A、B 表示)的信号决定芯片处于何种模式,其关系如表 10.5 所示。

表 10.5　SLE 4412 操作模式

A	B	模　式	A	B	模　式
0	0	复位地址计数器	1	1	写存储单元
0	1	地址计数器+1	1	0	测试模式

5. SLE 4418/4428

SLE 4418 芯片内含 1024×8 位 E^2PROM 存储器和 1024×1 位保护存储器,该存储器具有可编程和对每一字节进行写保护的功能,存储器可以被逐字节地写或擦除。写入时,将比较输入数据和被寻址的地址单元中的内容,只写那些还没有被写入的位。擦除操作只能按字节进行,但可以独立写位。每一字节可以通过设置一个保护位来进行写/擦除保护。保护位仅能一次编程且不能被擦除。

SLE 4428 除具有 SLE 4418 功能外,还具有 PIN 验证逻辑。除 PIN 外,其余的存储器永远可读,但写/擦除操作只有在验证 PIN 后才能进行。在 8 次不正确的 PIN 验证之后,将锁住以后的 PIN 验证和写/擦除操作。

SLE 4418/4428 的操作命令输入方式和其他逻辑加密卡有很大差别。命令控制字、地址和数据都是通过 I/O 端口传送的。RST 端的状态决定了 I/O 端上信息的传送方向,RST 为 1 时,I/O 端处于输入方式;RST 为 0 时,I/O 端处于输出方式。

命令控制字的定义见表 10.6。

表 10.6　命令控制字

字节 1								字节 2	字节 3	功　能
S_0	S_1	S_2	S_3	S_4	S_5	A_8	A_9	$A_0 \sim A_7$	$D_0 \sim D_7$	
1	0	0	0	1	1	地址		地址	输入数据	擦除和带保护位写
1	1	0	0	1	1	地址		地址	输入数据	擦除和不带保护位写
0	0	0	0	1	1	地址		地址	数据比较	数据比较和写保护位
0	0	1	1	0	0	地址		地址	无用(空)	读 9 位,带保护位数据
0	1	1	1	0	0	地址		地址	无用(空)	读 8 位,无保护位数据

命令均由 3B 组成:控制字、地址和输入数据。当为读出命令时,数据字节无用(空),读出一字节后,地址自动加 1。当执行写保护位但不改变数据的命令时,也要输入数据,且与存储器中的数据比较相等后才允许写保护位。

3 字节命令的时序如图 10.18 所示。

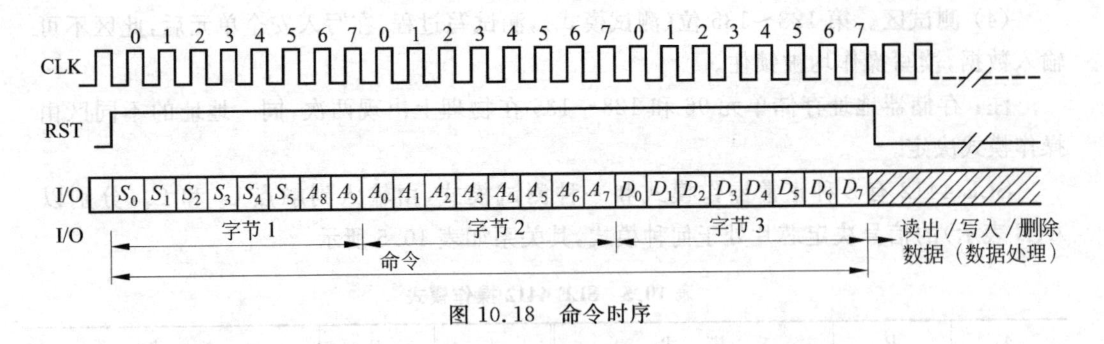

图 10.18　命令时序

6. SLE 4432/4442

SLE 4432/4442 内含 256×8 位 E^2PROM 存储器和 32×1 位保护存储器，该保护存储器对 E^2PROM 的前 32 字节(第 0～31 字节)进行写/擦除保护。保护位的设置是一次性的，不能修改。

SLE 4442 还有一个可编程安全码(PSC)逻辑，整个存储器除了 PSC 以外，均可读，而且只有在比较 PSC 正确后才能进行写/擦除操作。在 3 次比较 PSC 不正确后，将锁住后续的 PSC 比较及写/擦除操作。

SLE 4442 的存储器分配如图 10.19 所示。

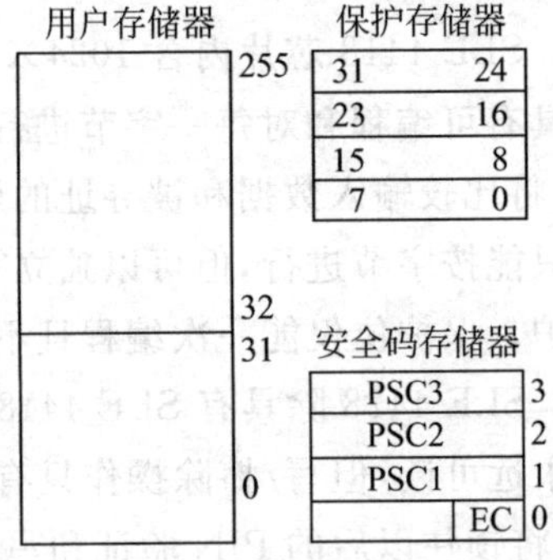

图 10.19　SLE 4442 存储器分配

SLE 4432 除了不具备安全码存储器外，其余均与 SLE 4442 相同。

用户存储器可以按字节擦除和写入，擦除时，数字字节的 8 位被置成 1；写入时，E^2PROM 中的信息与输入数据比较后，逐位写成 0。

10.2.6　熔丝电路

熔丝的作用是控制某些特殊的读写操作，当熔丝熔断后，这些读写操作就无法进行，从而达到保密的目的。逻辑加密卡芯片内部一般设计有两个熔丝，即 FUSE1 和 FUSE2，其中 FUSE1 由生产厂家掌握，用于出厂前控制芯片的初始化工作，出厂时生产厂家将 FUSE1 熔断，芯片移交给发行商；FUSE2 由发行商掌握，用于进行芯片的个人化工作，在个人化完成后，发行商将 FUSE2 熔断，芯片就可以交付给用户使用了。

FUSE1 和 FUSE2 的实现有以下 3 种方式。

(1) 采用两个物理熔丝分别代表 FUSE1 和 FUSE2，都采用外加电流的方式熔断。在芯片内，物理熔丝是一段多晶硅电阻区，可用外加的大电流烧断，如图 10.20(a)所示。由于物理熔丝所占的面积较大，这种方式会增加芯片的面积。

(2) 采用一个物理熔丝，而用两个 E^2PROM 单元来代表 FUSE1 和 FUSE2，用这个物理熔丝来控制 FUSE1 和 FUSE2 的读写操作。当物理熔丝未熔断时，可对 FUSE1 和 FUSE2 单元进行多次擦除写入操作；而物理熔丝熔断后，由附加的逻辑电路控制，只能对

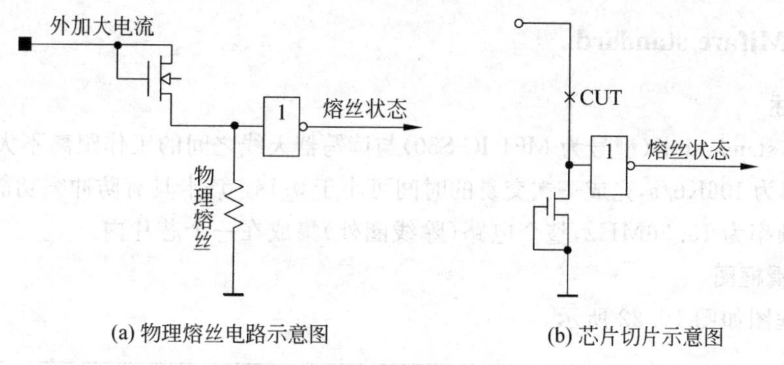

图 10.20 熔丝示意图

FUSE1 和 FUSE2 单元进行一次写入操作，也就达到了熔断的目的。

(3) 利用芯片出厂的切片操作来替代熔断物理熔丝，如图10.20(b)所示。出厂时厂家在图中 CUT 位置进行切片，切断了部分逻辑电路的连线，间接地从物理上达到了熔断的目的。

10.3 非接触式 IC 卡 Mifare

Philips 是世界上最早研制非接触式 IC 卡的公司。其早期产品系列有 Mifare Standard(逻辑加密卡，E^2PROM 容量为 8K 位)、Mifare Light(逻辑加密卡，E^2PROM 容量为 384bit)、Mifare PLUS(第一代双界面微处理器卡)、Mifare PRO 和 Mifare PROX(第二代双界面微处理器卡)。

Mifare 技术的发展状况如图 10.21 所示。

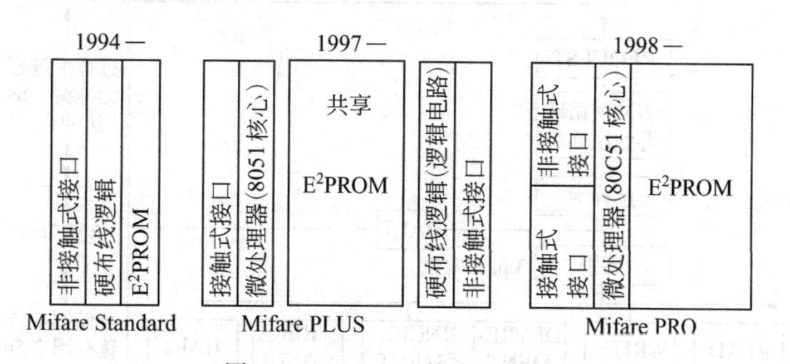

图 10.21 Mifare 技术的发展

图 10.21 中，非接触式接口符合 ISO/IEC 14443 Type A 标准，接触式接口符合 ISO/IEC 7816 标准。

Mifare PLUS 和 Mifare PRO 为双界面卡，既可用作接触式卡，也可用作非接触式卡。Mifare PLUS 的接触式界面有微处理器支持，非接触式界面仅有逻辑电路支持，但芯片内的 E^2PROM 为两者共享。Mifare PRO 的两个界面共享微处理器和 E^2PROM。

10.3.1 Mifare standard

1. 概述

Mifare standard 卡(型号为 MF1 IC S50)与读写器天线之间的工作距离不大于 100mm,数据传输率为 106Kb/s,完成一次交易的时间可小于 0.1s。该卡具有防冲突功能。

工作频率为 13.56MHz,整个电路(除线圈外)集成在一个芯片内。

2. 逻辑框图

逻辑框图如图 10.22 所示。

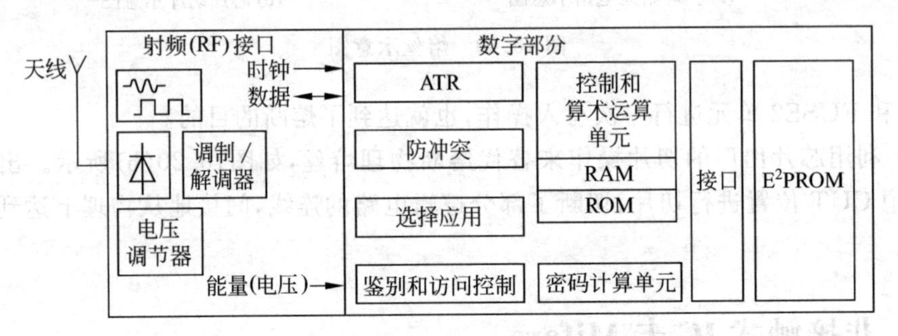

图 10.22 Mifare standard 逻辑框图

卡内的电子部分仅有一个 IC 和一个天线(线圈)。

3. 读写器 IFD 和集成电路卡之间的通信

交易流程如图 10.23 所示。详情见本书第 8 章有关 ISO/IEC/14443 Type A 的描述。

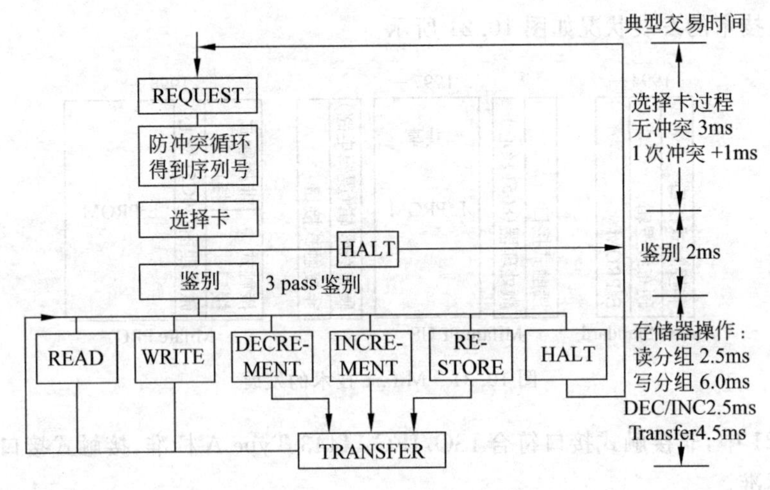

图 10.23 Mifare 卡的交易流程

读写器发 REQUEST 命令给所有在天线场范围内的 IC,通过防冲突循环,得到一张卡的序列号(唯一标识码 UID),选择此卡进行鉴别,通过后对存储器(E^2PROM)进行操作。

4. Mifare 卡的访问存储器命令

Mifare 卡有下列命令对存储器进行操作。

- READ：读存储器的一个分组，命令码为'30'。
- WRITE：写存储器的一个分组，命令码为'A1'。
- DECREMENT：减小分组内容(数值)，并将结果存入数据寄存器，命令码为'C0'。
- INCREMENT：增大分组内容(数值)，并将结果存入数据寄存器，命令码为'C1'。
- TRANSFER：将数据寄存器内容写入 E^2PROM 的一个分组，命令码为'B0'。
- RESTORE：将分组内容存入数据寄存器，命令码为'C2'。

5. 存储器组织与访问条件

存储器中有 8Kbit E^2PROM，分成 16 个区，每个区又分成 4 个分组(Block 0～Block 3)，一个分组有 16 个字节。其组织如图 10.24 所示。

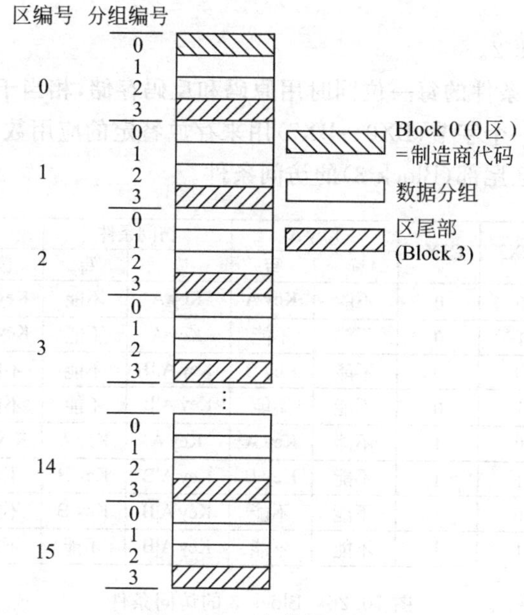

图 10.24 存储器组织

第 0 区第 0 分组称为 Block 0，存储制造商代码，第 0～3 字节为序列号，第 4 字节为序列号的校验字节(异或值)，第 5 字节为卡片容量，第 6、7 字节为卡片类型。所有区的第 0、1、2 分组(除 Block 0)存储数据。第 3 分组(即区的尾部)存放本区使用的两个密钥(Key A、Key B)和访问条件，其中 Key A 是必备的，Key B 是可选的。由于每个区都有各自的密钥和访问条件，各区之间互不干扰，因此 Mifare 可作为多应用卡使用。

图 10.25 所示为区尾部(Block 3)的组成情况。在该分组的 16 个字节中，第 0～5 字节存放 Key A，第 10～15 字节存放 Key B，第 6～9 字节存放本区中各分组的访问条件。

下面讨论访问条件，在图 10.25 中访问条件的每一位都用符号来表示，其中 C1X3、C2X3、C3X3 用来控制本区 Block 3 的访问条件；C1XY、C2XY、C3XY(Y＝0～2)用来控制本区 Block 0～Block 2 的访问条件。当 Y＝0 时，控制 Block 0；当 Y＝1 时，控制 Block 1；

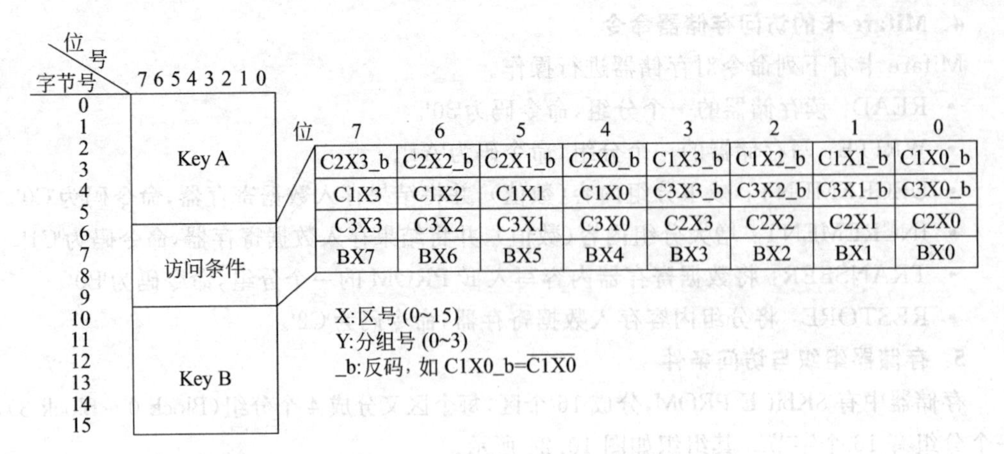

图 10.25　区尾部(Block 3)的组成

当 Y＝2 时，控制 Block 2。

为可靠起见，访问条件的每一位同时用原码和反码存储，相当于存放了两遍。

访问条件的最后一个字节(BX0～BX7)用来存放特定的应用数据。

图 10.26 示出了区尾部(Block 3)的访问条件。

C1X3	C2X3	C3X3	Key A		访问条件		Key B	
			读	写	读	写	读	写
0	0	0	不能	Key A	Key A	不能	Key A	Key A
0	1	0	不能	不能	Key A	不能	Key A	不能
1	0	0	不能	Key B	Key A|B	不能	不能	Key B
1	1	0	不能	不能	Key A|B	不能	不能	不能
0	0	1	不能	Key A	Key A	Key A	Key A	Key A
0	1	1	不能	Key B	Key A|B	Key B	不能	Key B
1	0	1	不能	不能	Key A|B	Key B	不能	不能
1	1	1	不能	不能	Key A|B	不能	不能	不能

图 10.26　Block 3 的访问条件

图 10.26 中，Key A|B 表示 Key A 或 Key B。对该图的说明(举例)如下。

(1) 如果 C1X3、C2X3、C3X3＝000，则 Key A 不能读，访问条件不能写，而在持卡人输入正确的 Key A 后，可改写 Key A、读访问条件和读写 Key B。

(2) Key A 在任何情况下都是不能读出的，但在满足一定条件下可以改写。Key B 作为密钥使用时，也是不能读出的，但当它满足一定条件(输入正确的 Key A)而能读出时，此时存放在 Key B 位置的内容为数据而不是密钥。

图 10.27 示出了数据分组(Y＝0～2)的访问条件(除 0 区的 Block 0)。

根据各区 Block 3 提供的访问条件，可以对本区相应的数据分组进行 READ、WRITE、INCREMENT、DECREMENT、TRANSFER 和 RESTORE 命令的控制，在满足图 10.27 所示的条件下(验证 Key A 或 Key B)可以执行相应的命令，或永远不能执行该命令。

C1XY	C2XY	C3XY	READ	WRITE	INCREMENT	DECREMENT,TRANSFER RESTORE
0	0	0	Key A|B	Key A|B	Key A|B	Key A|B
0	1	0	Key A|B	不能	不能	不能
1	0	0	Key A|B	Key B	不能	不能
1	1	0	Key A|B	Key B	Key B	Key A|B
0	0	1	Key A|B	不能	不能	Key A|B
0	1	1	Key B	Key B	不能	不能
1	0	1	Key B	不能	不能	不能
1	1	1	不能	不能	不能	不能

图 10.27 数据分组(Y=0～2)的访问条件

对于 Block 3，下列 4 条指令是永远不能执行的：DECREMENT、INCREMENT、TRANSFER 和 RESTORE。

有如下两类数据分组。

(1) 读写分组：用于读写一般的 16 字节数据。

(2) 价值分组(Value block)：用于电子钱包功能(READ、INCREMENT、DECREMENT、TRANSFER 和 RESTORE)，Value 的长度为 4 字节(包括符号位)，为了提供错误检测和纠错能力，在一个 Value Block 中每一个 Value 存入 3 次，格式如下。

15			12	11～8	7～4	3～0	字节
$\overline{A}$	A	$\overline{A}$	A	Value	$\overline{Value}$	Value	

在进行任意计算之前，在芯片内部检查 3 个 Value 的一致性。余下的 4 个字节 A 和 $\overline{A}$ 为 8 位任意地址(address)字节，同一地址存入 4 次(A 和 $\overline{A}$)。

Value Block 中的内容第一次由 WRITE 命令写入到所要求的地址中，以后可用 DECREMENT/INCREMENT/RESTORE 命令修改内容。数据的计算过程如图 10.28 所示。计算结果暂存入 DATA 寄存器(即数据寄存器)，然后用 TRANSFER 命令写入存储器。

6. 安全

从读写器工作磁场范围内选择出一张卡后，用随机数、卡的序列号(UID)和密钥进行加密(基于流密码算法(stream cipher algorithm))，采用 3 pass 鉴别方法(根据 ISO 9798-2)。密钥在卡内是受读保护的，但可修改，因此系统集成者在知道了运输密钥后，可以写入他自己的秘密密钥。每个区可以有两个密钥，用于不同目的。例如，Key A 可以用于保护 decrement 功能，而 Key B 可以用于保护 increment 功能。在通过 3 pass 鉴别后进行的任何通信，发送器自动加密而接收器自动解密。

图 10.29 所示为 3 pass 鉴别图。图中，RB 为 ICC 产生的随机数。

- Token AB=EK_{AB}(RA ‖ RB ‖ …)
- Token BA=EK_{AB}(RB ‖ RA ‖ …)

操作流程如下。

(1) B 接收到 A 发来的访问命令后发送随机数 RB。

(2) A 发送随机数 RA 和 Token AB 到 B。

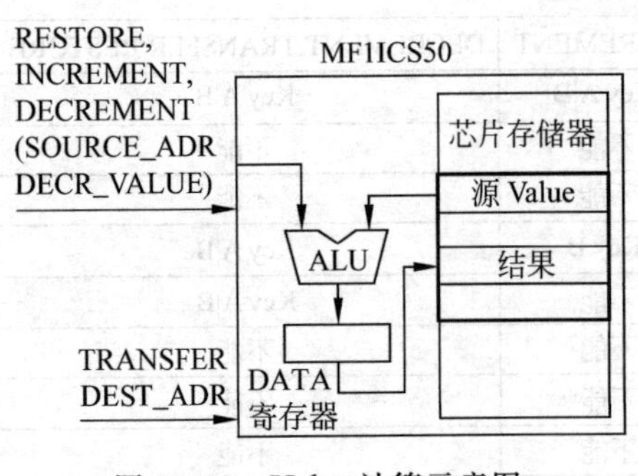

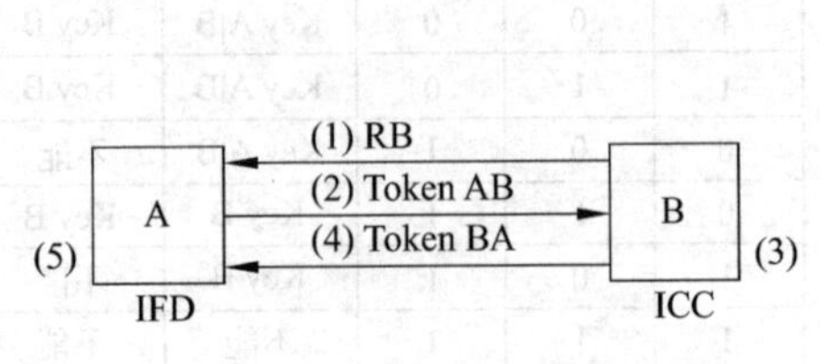

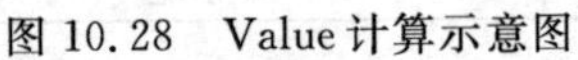

图 10.28　Value 计算示意图

图 10.29　3 pass 鉴别

(3) B 接收到报文 Token AB 后，对加密部分进行解密，并验证在步骤(1)发送到 A 的 RB 与包含在 Token AB 中的随机数一致性以验证 A 的合法性。

(4) B 发送 Token BA 到 A。

(5) A 接收到报文 Token BA 后，对加密部分进行解密，并检查在步骤(1)中接收到的随机数 RB 与 Token BA 中的随机数的一致性；在步骤(2)中送到 B 的随机数 RA 与 Token BA 中的随机数的一致性，以验证 B 的合法性。

7. 经测试后存储器中的内容

(1) Block 0(制造商分组)：

字节	0	1	2	3	4	5	6	7	8	9	10	11	12	13	14	15
	序列号				CB	制造商数据										

CB：序列号校验字节，CB＝字节 0 XOR 字节 1 XOR 字节 2 XOR 字节 3。XOR 为异或操作。

(2) 数据字节：可变的数据。

(3) 区尾部 Block 3：区尾部的初始值在测试后可以根据个人化要求由制造商修改。默认编码：

字节	0	1	2	3	4	5	6	7	8	9	10	11	12	13	14	15
	运输密钥 Key A						FF	07	80	XX	运输密钥 Key B					

字节 9 未定义，其内容可变。

根据字节 6、7、8，可得出各 block 的访问条件如下(参见图 10.25)。

C1X0　C2X0　C3X0＝0 0 0　　block 0　(数据分组)

C1X1　C2X1　C3X1＝0 0 0　　block 1　(数据分组)

C1X2　C2X2　C3X2＝0 0 0　　block 2　(数据分组)

C1X3　C2X3　C3X3＝0 0 1　　block 3　(区尾部)

Key A 为秘密密钥，仅制造商和系统集成商知道。

10.3.2　Mifare PRO

图 10.30 所示为 Mifare PRO 框图。

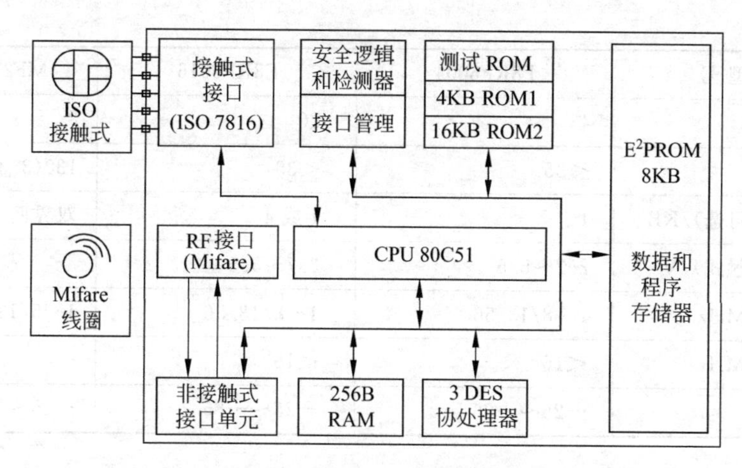

图 10.30　Mifare PRO 框图

Mifare PRO 为双接口卡，其接触式接口遵循 ISO/IEC 7816 国际标准，非接触式接口符合 ISO/IEC 14443 国际标准。80C51 是低压低功耗微处理器，芯片内还有 3 DES 协处理器。

早期 3 DES 协处理器及其运算时间如图 10.31 所示。

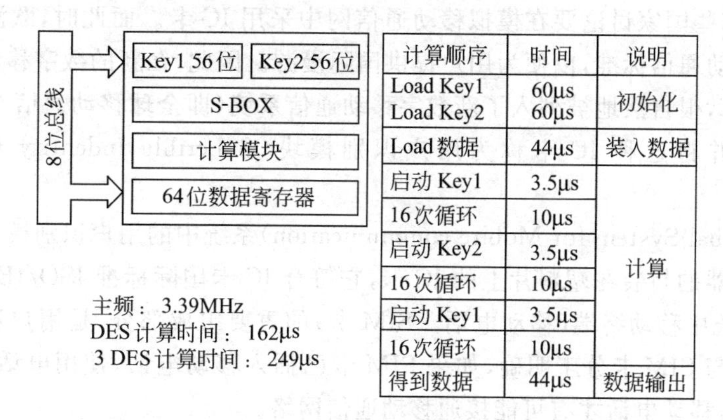

图 10.31　3 DES 协处理器及其运算时间

表 10.7 列出 Mifare PROX 和 Mifare PRO(带＊号者)双界面卡部分产品的参数。

表 10.7　Mifare PROX 和 Mifare PRO 产品(举例)

产 品 型 号	P8RF6004	P8RF6016	MF21CD8X＊
CPU	80C51(8 位)	80C51(8 位)	80C51(8 位)
接触式标准	ISO 7816	ISO 7816	ISO 7816
非接触式标准	ISO 14443(Type A)	ISO 14443(Type A)	ISO 14443A/Mifare
ROM/KB	32	64	20
标准 RAM/B	256	256	256
扩充 RAM/KB	1	1	—

续表

产 品 型 号	P8RF6004	P8RF6016	MF21CD8X *
E^2PROM/KB	4	16	8
3DES/μs	<35	<35	130(3.39MHz 时)
Mifare 仿真(可选)/KB	1	1 或 4	双界面
电源电压(接触式)/V	2.7～5.5	2.7～5.5	
外时钟频率/MHz	1～8/13.56	1～8/13.56	1～5/13.56
内时钟频率/MHz	<16	<16	—
工作温度/℃	−25～+85	−25～+85	−25～+70

10.4 移动通信中的 SIM 卡

10.4.1 SIM 卡概述

以微处理器为基础的智能卡在移动通信领域中的应用可以追溯到 20 世纪 80 年代初期，当时欧洲有些国家讨论要在模拟移动通信网中采用 IC 卡。而此时，欧洲正在讨论建立新的数字移动通信标准，以便为用户提供国际漫游。因此，在新的数字移动通信系统中采用 IC 卡技术，很自然地被列入了新数字移动通信系统（即全球移动通信 GSM 系统）的技术标准中，并将这种 IC 卡称为用户识别模块（Subcrible Indentity Module，也叫 SIM 卡）。

GSM(Global System for Mobite communication)系统中的用户识别模块(SIM 卡)是一种带微处理器的封装在塑料片上的 IC 卡，它符合 IC 卡国际标准 ISO/IEC 7816 要求。它是 GSM 系统中移动终端(移动电话+SIM 卡)的重要组成部分，是用户进网登记的凭证。移动电话与 SIM 卡分工明确，如果 SIM 卡已插入移动电话，使用电话时，通过 SIM 卡进行鉴权后，移动电话才有可能接通移动通信网络。

有两种功能相同而形式不同的 SIM 卡投入使用：一种是卡片式 SIM 卡，尺寸为 85.6mm×53.98mm，符合接触式 IC 卡的 ISO/IEC 7816 标准；另一种形式是嵌入式 SIM 卡，尺寸为 25mm×15mm，触点尺寸与卡片式 SIM 卡相同，主要用于手机中。

目前广泛应用的是第 2 代（2G）和第 3 代（3G）手机。第 4 代（4G）手机也已投入运行。

中国移动通信运营商有 3 家：中国移动、中国联通和中国电信。在 2G 时代，中国移动和中国联通遵循 GSM 通信协议，采用该协议的 SIM 卡可在遵循该协议的任一家厂生产的手机中使用。中国电信遵循 CDMA 通信协议，其手机卡又称为 UIM 卡。进入 3G 时代，3 家通信运营商被指定运行的移动网络通信的制式如下：中国联通为 WCDMA(源自欧洲)；中国移动为 TD-SCDMA(源自美国)；中国电信为 CDMA2000(是中国大唐电信公司自主研发的通信协议)。目前全球应用最广泛的制式为 WCDMA。

10.4.2 SIM卡的结构和工作原理

1. SIM卡的基本结构和使用流程

SIM卡和移动电话、GSM基站的连接关系如下。

GSM的基站 ⟷ 移动电话 ⟷ SIM卡

手机由移动电话(机座)和SIM卡组成,电话号码随卡不随机,通话费等也记录在SIM卡中用户账单上。

移动电话与基站之间为无线连接。SIM卡通过卡上的I/O触点与移动电话传送信息。SIM卡的硬件由5部分组成:微处理器、ROM、RAM、E^2PROM和串行通信单元。E^2PROM的存储容量有8KB、16KB、32KB、64KB甚至1MB等多种,如果采用8KB,则可存储100组电话号码及其对应姓名,15组短信,25组最近拨出的电话号码和4位PIN。

卡内操作系统(COS)存放在ROM中,每次用户使用手机时,首先由GSM基站对手机进行鉴别(称为鉴权),如果通过鉴别,则由使用人输入PIN(可选的),以验证使用人的身份合法性,然后在使用人的操作下实现使用目标,GSM网络与SIM卡之间传送的命令和数据都要进行加密,而且都要经过移动电话。

SIM卡是否启用PIN可由用户选择,如果选择,带来的优点是避免手机丢失被他人使用带来的损失,缺点是每次加电开机后要输入PIN才能使用,连续输入3次错误PIN码,SIM卡被锁住,此时需用解锁码PUK(8位)将SIM卡解锁,PUK使用10次后,SIM卡将被作废,因此建议不要轻易启用PIN密码。SIM卡个人化时输入的PIN码为1234或0000,其修改和启用的方法参见手机说明书。

SIM卡的时钟频率为13/4MHz(即3.25MHz)或13/8MHz。I/O传输波特率是时钟频率的1/372。

移动电话包括以下内容:CPU、存储器(Flash RAM)、I/O设备(显示屏、虚拟键盘、USB接口、射频空中接口以及与SIM卡之间的串行接口)等。

移动电话的CPU是基带处理芯片,内有CPU核、DSP核(数字信号处理器)、通信协议处理单元(通过空中接口协议软件,完成空中接口与基站的通信功能,实现语音和数据的传送)等。

如果在SIM卡中安装了应用工具包(软件),该卡称为STK卡(SIM Toolkit),存储容量至少大于16KB,从而增加了服务项目,其中某些项目是要收费的。

为使SIM卡能正常工作,其各触点的电性能以及电源开/关时的电性能都是有所要求的。当电源开启时,SIM卡可处于两种方式,即工作方式和休闲方式。在工作方式时,完成与移动终端之间的信息传输;在休闲方式时,SIM卡将保留所有相关数据,并支持内部全休眠、指令休眠和时钟休眠3种休眠方式。

电源开/关时,SIM卡各触点的激活与去激活(停活)过程符合ISO/IEC 7816-3标准。

2. SIM卡与GSM基站数据传送、个人化和安全机制

1) SIM卡与GSM基站之间传送的相关信息

在GSM基站设置鉴别中心(AUC),为GSM网络提供鉴别用户、加密数据和信号所需的全部信息。

在SIM卡中，符合GSM协议规范，并与用户相关的信息有：国际移动用户识别码(IMSI)、密钥Ki以及加密算法A3、A5、A8。

为了避免IMSI在传送时被窃取，所以将其转换成临时移动用户识别码TMSI，同理将Ki转换成Kc。转换方法将在下面说明。A3、A5、A8算法尚未标准化，仅规定调用算法时的输入/输出信息，但GSM系统中已有使用实例，生产手机的各公司都采用它的算法，因此可实现手机漫游。A3、A5、A8算法固化在SIM卡的COS中。

2) SIM卡的个人化

合法的SIM卡必须经过严格的管理步骤才能得以实现。SIM卡在制造厂家出厂时即应写入该卡的序列号、操作系统码、特定的数据及保密密钥，以便进行个人化处理。一旦这些信息装入后，就不能更改。

在SIM卡的预个人化阶段，先将芯片的E^2PROM格式化，建立目录结构，开辟GSM应用数据文件，以便由网络经营部门将GSM业务相关的数据写入这些特定的文件中。在预个人化阶段存储的信息如下：国际移动用户识别码(International Mobile Subscriber Identity，IMSI)、鉴权密钥Ki、个人识别码(PIN码)、PIN码出错计数、预个人化数据、SIM卡状态、个人解锁密钥PUK(解锁一般由运营商进行)。其中，IMSI是全球唯一的识别码。

在SIM卡的个人化阶段，将一些特定的信息如用户相关信息、个人化数据和用户访问等级控制写入SIM卡。在预个人化阶段和个人化阶段，写入何种数据是由网络经营者确定的。SIM卡在进行个人化处理后，数据文件的访问是由SIM卡软件控制的，这种控制与规定的保密规则相符。

在移动电话的控制下可读出或更新加密密钥Kc、临时移动用户识别码TMSI、区域识别码和附加GSM业务相关信息。另外，还具有短消息业务存储、费率信息存储、缩位拨号、固定号码呼叫、禁止呼出和公共陆地移动网络PLMN(Public Land Mobile Network)。

3) 安全机制

GSM网络和SIM卡间传送的信息都要进行加密，同时加入随机数RAND，因此即使是同一信息，加密的结果也不相同。如果第3方对某些信息或密钥破译，对以后的操作还是无用。

SIM卡主要用A3、A5、A8加密算法，凡是个人化时写入SIM卡的信息，在GSM网络中也存在，因此用到这些信息时不需要传送。

(1) 鉴权。GSM网络中的鉴权中心AUC鉴别移动电话的合法性，鉴别过程如下。

SIM卡将网络生成并传送来的RAND(128位)和Ki作为输入数据，使用A3算法，得到的输出结果称为SRES(32位)。在鉴权中心AUC也将RAND和Ki使用A3算法，得到SREC，并与SIM传来的SRES进行比较，如果相等，则鉴权通过，移动电话合法。

(2) 密钥Kc。对RAND和Ki施以A8算法，计算得到Kc(64位)，作为对信息进行加密/解密的密钥。

(3) 信息加密。对网络和 SIM 卡间传送的信息(如命令和数据),施以 A5 算法后再传送。

上面讲到的 SRES、Kc 和 RAND 称为鉴权三参数,可使用多次(如 5 次),即不是每次通话都要鉴权。电话号码随卡不随机,通话费用计入持卡用户的账单上。

TMSI 是在 GSM 系统中,对 IMSI 进行 A5 算法加密运算而得(密钥为 Kc),之后使用的是 TMSI 而不是 IMSI。

2G 手机还有安全隐患,如鉴权是单方的,即不存在 SIM 卡对 GSM 系统的鉴别。

10.4.3 SIM 卡的数据结构

1. SIM 卡数据文件的一般说明

SIM 卡是按数据文件来组织数据的。同一数据文件的信息具有相同的安全保密特性和数据管理特性。数据文件有两种类型:一种是透明的文件,由固定长度的字块构成;另一种是面向记录的数据文件,它由固定长度的逻辑记录组成。

1) 透明文件的结构

透明数据文件由头标和数据体两部分组成,由 SIM 卡管理的头标包括如下部分。

(1) 数据文件标识符。该标识符由两个字节组成。用以区分根目录下或同应用目录下的数据文件。

(2) 数据文件的类型。二进制数,它用一个字节编码来说明类型。

(3) 保密规则。它是对数据文件中的数据进行存取操作所必须满足的条件,每次操作的保密规则(操作限制条件)都是由 4 位(一个字节中的高 4 位或低 4 位)编码来表示的。

数据文件中数据体的字节长度以两个字节编码。

2) 面向记录的数据文件结构

面向记录的数据文件也由头标和数据体两部分组成,由 SIM 卡管理的头标包括如下部分。

(1) 数据文件标识符。用来区分同一应用中的不同数据文件,该标识符由两个字节构成。

(2) 数据文件的类型。它用一个字节编码来说明类型。

(3) 保密规则。它是对数据文件中的数据进行存取操作所必须满足的条件(每次操作的保密规则都是由 4 位编码来表示的)。

(4) 数据文件的特性。包括记录长度(用一个字节编码)和数据中数据体的字节长度(用两个字节编码)。

面向记录的数据文件的数据体由记录构成,首个记录为记录 1。

2. SIM 卡的目录

在 SIM 卡中,按树状结构组织文件,它有一个根目录(即 MF),根目录下面有 GSM 应用目录和电信应用目录两个子目录(DF),另外还有两个数据文件(EF)。根目录内存放着两个应用目录的属性(标识符、类型和起始地址等信息)。两个数据文件是持卡者信息和 IC 卡识别号。GSM 应用目录存储着所辖的各个数据文件的属性(标识符、类型、安全保密特性、长度及起始地址),这些数据文件存储 GSM 网络操作所需的信息。GSM 应用目录所辖的数据文件有管理数据文件、SIM 卡业务表、IMSI、TMSI(临时移动用户识别码、区域识别码)、禁止的 PLMN、选择的 PLMN、BCCH 信息、访问控制信息和密钥。其中 BCCH 是广播控制信道。电信应用目录存储了用户通信时所需的特性参数和业务信息,它所辖的数据文件有被叫方子地址、缩位拨号、网络和设备的性能参数、短信息、固定拨号和计费计数器。每种目录以及各自目录下的数据文件均有自己的识别码,进入相关的目录后,需经过判别后才能对数据文件中的数据进行查询、读取或更新。

3. 目录及数据文件头标结构

目录与数据文件头标采用相同的结构,见表 10.8。

表 10.8 目录(DF)与数据文件(EF)头标结构

字节区距	长度/B	含 义	字节区距	长度/B	含 义
00H	2	标识符	0BH	1	记录长度(字节)
02H	1	数据类型	0CH	2	数据总长度(字节)
03H	5	保留	0EH	2	起始地址
08H	3	保密规则			

标识符由两个字节组成,它是区别目录或数据文件的标志。数据类型用一个字节表示,00 表示透明的数据文件,01 表示面向记录的数据文件,10 表示目录。保密规则(即访问权)也存放在数据文件的头标中,它说明对数据文件操作的条件等级。

GSM 对数据文件的操作主要是读取和修改数据两种,其操作限制条件分为如下 16 个等级。

0:无条件(ALW),即对数据文件的操作无需鉴权认证。

1:PIN,是指在输入正确的 PIN 后或不要求 PIN 时可以对数据文件进行操作。

2、3:保留 GSM 将来用。

4~14:SIM 卡在运营者管理阶段,通过了指定的鉴权认证后,才能操作数据文件。

15:NEV,即不允许操作。

操作限制条件用一个字节表示,高 4 位对应读控制条件,低 4 位对应修改控制条件。

记录长度只对面向记录的数据文件有效;否则为 00H。数据总长度对 DF 和两种数据文件均有效。

4. 对目录(DF)及数据文件(EF)的操作说明

1) 对目录的操作说明

在 GSM 操作中,允许对目录的操作仅为"选择",这种选择操作就是向 SIM 卡传送标识符来选择一特定的目录,一旦选定目录后,在 GSM 应用中与数据文件相关的所有操作都是与"现行"目录相关的。

2) 对数据文件的一般操作说明

在 GSM 操作中,对数据文件可能的操作列举如下。

(1) 选择。通过向 SIM 卡发送标识符来选择一特定的数据文件,数据文件的选择只能在现行目录下进行，一旦选定数据文件后，所有的操作都是与“现行”数据文件相关的，且 SIM 卡会确保每种操作的保密规则的实行。

(2) 数据更新。即改变数据的操作，这种数据可能是透明数据文件中的字节串或者是面向记录的数据文件中的记录。注意，在新数据写入之前，先清除存储器(E^2PROM)单元，然后写入。

(3) 数据读取。这是通过 I/O 线，将数据信息从 SIM 卡存储器传输到移动电话的操作。读取的数据可以是字节串，也可以是记录，这与操作的数据文件类型有关。

(4) 数据查找。这种操作是在面向记录的数据文件中进行搜索，以定位到一个记录上。SIM 卡在现行数据文件的“找到”位置处建立一指针，以便对现行记录作进一步的读取/更新操作。

在 GSM 操作中，若选择的是透明的数据文件，移动终端读取或更新字节串是以构成数据文件数据体的字块为单位的。若选择的是由记录构成的面向记录的数据文件，移动终端查找、读取、更新数据文件中的记录是以完整的记录为单位的，不能对更小的字节组进行独立的存取。

10.5 智能卡的硬件环境和芯片

从信息技术的角度来看，智能卡的核心技术就包含在嵌入卡内的芯片上，它由三部分组成：微处理器、存储器和输入/输出接口。

对非接触式 IC 卡来说，还有天线，一般为环绕卡四周的几匝铜线。IC 卡通过触点或天线与读写器交换信息，非接触式 IC 卡的接口部件中还包含射频收发电路和调制解调器。目前所有电路都集成在一个芯片中，是一个片上系统(System on Chip，SoC)。

工作时，除了 IC 卡刚加电时进行初始化处理外，均以读写器与卡之间的命令-响应对方式工作。微处理器接收从读写器发送来的命令，对之进行分析后，根据需要控制对存储器的访问。访问时，微处理器向存储器提供要访问的数据单元地址(当写时还有数据)，然后由存储器根据地址返回对应的数据给微处理器，由微处理器再对这些数据作进一步处理(读时)；或者将数据写入存储器(写时)。此外，智能卡所需要的运算(如加密运算)也是由微处理器来完成的。在上述这些过程中，如何控制及实现这些过程则是由智能卡的操作系统来完成的。图 10.32 所示为智能卡硬件结构框图。

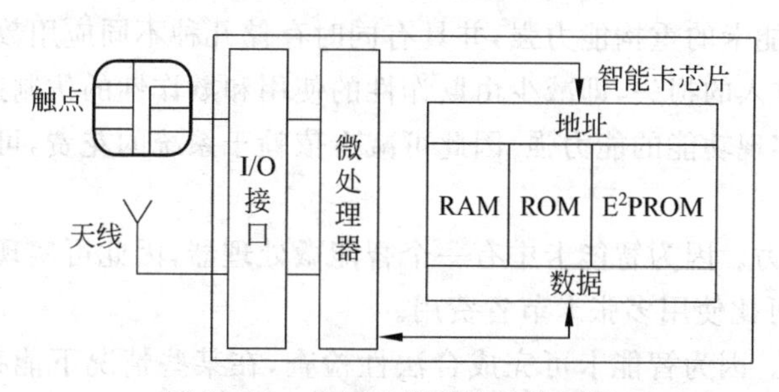

图 10.32 智能卡的硬件结构框图

10.5.1 智能卡的微处理器

卡内的微处理器又称微控制器，它不是专门为卡设计的，而是使用了在计算机控制领域内经过长期考验的工作可靠的微控制器，一般采用 Motorola 公司的 6805 系列微处理器(8 位)、Intel 公司的 8051 系列微处理器(8 位)和 ARM 公司的 ARM 微处理器。其中，ARM 为 32 位 RISC(精简指令系统计算机)结构的微处理器。采用 8 位字长的微处理器主要是由于受到了智能卡芯片尺寸的限制，使得微处理器的内部电路不能过于复杂；而另一个原因也是因为目前智能卡本身所需要的管理工作及所要实现的功能还都比较简单，使用 8 位微处理器通常就能够达到要求。为了节省芯片面积，可以将原来在微处理器的某些功能而在 IC 卡中无用的部分予以删除，如微控制器原来有多个 I/O 通道与外界联系而在 IC 卡中只有一个 I/O 触点，因此可予以简化。

智能卡通常采用 DES、RSA 等密码算法以提高安全度。当采用 RSA 算法时，由于要进行大指数模运算，对微处理器的运算速度要求较高，因此在芯片内一般设置有专用的算术运算部件。

1. Motorola 公司的 MC68HC05SC 系列

Motorola 公司推出的 MC68HC05SC 系列芯片用于智能卡，该公司于 1979 年推出的单芯片微控制器(Micro Controller Unit，MCU)用于法国银行。下面首先简单介绍 Motorola 公司有关智能卡和安全问题的一些论述，然后介绍 MC68HC05SC 系列芯片。

1) 智能卡的优点

(1) 提高数据安全性。智能卡可以采用多种方法提高安全性，因为它可以利用 COS 对存储在卡中的信息的存取作出限制。

(2) 应用灵活性。智能卡可以同时用于几种不同的应用。卡与系统的互相操作是受存放在卡中和系统中的软件控制的。如果应用的功能有变化，可以对卡中的部分软件进行修改，其方法是对卡中的非易失性存储器的一部分重新编程。

(3) 应用与交易的合法性证实。当卡连到合法的系统以实现某项应用时，通过来自用户的数据(如生物特征或 PIN 数据)或系统的数据(如加密/解密密钥)，可在任何时候对持卡人或系统进行验证。

(4) 价格通过有效性予以补偿。智能卡的价格比磁卡贵，但其原始价格可通过以下因素予以补偿。

① 发行后，智能卡的重构能力强，并具有同时存储几种不同应用数据的能力。

② 减少发行收入的损失，即减少由欺诈性的使用和欺诈性的仿制造成的损失。

③ 独立方式实现功能的能力强，因此可减少依赖于系统的花费，可节省投资、减少交易处理时间。

(5) 多应用能力。因为智能卡中有一个智能微处理器，因此可实现一种以上的应用，即一卡多用，从而可比使用多张卡节省费用。

(6) 脱机能力。因为智能卡可完成合法性检查，在某些情况下能存储交易的详细数据，因此不必为每一笔交易与中央计算机/数据库进行通信，提高了交易速度，降低了处理费用。

2）安全问题

为了保证智能卡的安全应用，芯片制造商与卡的发行商要明确各自的职责。芯片制造商在设计芯片时要考虑安全问题，并注意制造安全；卡的发行商要保证应用安全。

从芯片设计到智能卡应用的全过程请参阅附录C。

（1）芯片安全的设计实现。

芯片内包含有微处理器、RAM、ROM和E^2PROM等，ROM中存放操作系统COS及固定数据；E^2PROM中存放密码和数据，有时还存放部分与应用有关的程序；RAM中仅存放一些处理的中间结果。外界对卡发布的命令需要通过操作系统才能对微处理器起作用，而操作系统在ROM中是不可能改变的，也不能读出。因此，为安全应用提供了可靠的基础。

将RAM、ROM和E^2PROM分成若干个存储区，根据安全需要可对各分区进行读保护，即在一定条件下，某些分区不允许读出，或虽允许从存储器中读出，但不能送到卡的触点上，以防被不正当窃取。对E^2PROM的各个分区还可分别进行写入/擦除保护。

对程序的失控采取预防性保护措施，设置多重“非正常运行状态”监视手段，以使该装置在非正常情况下停机（或采取其他保护措施）。例如，MC68HC05SC27和MC68HC05SC28设置“看门狗”，监视程序是否“逃逸（runaway）”，并强迫它回到正确的程序流中。

在每个芯片的存储器中写入各不相同的卡序列号（跟踪数据）和密码；软件能对卡、持卡人、读写设备进行相互鉴别，使得任一方都不能进行伪造，甚至包括每一笔交易数据在内。

此外，还应不断探索新方法，以便为潜在的盗用者设置层出不穷的新障碍。

同样，出于安全考虑，制造厂对此不能向外人介绍得很详细。

（2）制造时的安全措施。

① 封闭的制造环境和流程，不准无关人员进入制造地区，各个工序之间严格保持独立，对产品（每个模片）进行严格的跟踪管理：或者发运给客户，或者在内部安全地销毁。其目的是防止伪造和丢失。

② 限制接触载有客户的软件和保密规范的计算机系统和软件。每个装置可设置单独的密码。

③ 将测试合格的芯片制成器件（模块或卡）后运送给发行商。为保证运输过程的安全，发行商可将他自己定义的密钥及算法告诉制造商，制造商按算法运算后，将结果作为“运输密钥”写入E^2PROM中；发行商收到卡后，按照同一算法进行验证，通过后，才允许卡进一步工作；否则卡将自锁。

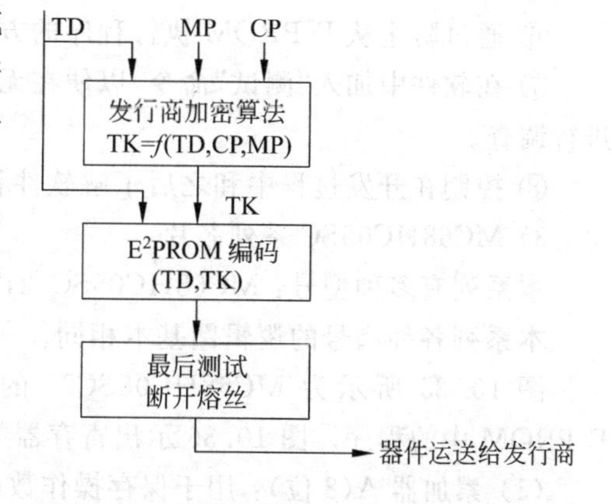

图10.33 运输密钥的生成（在Motorola处）

运输密钥举例如下。

运输密钥（transport Key）= TK = f(TD,CP,MP)

其中，TD是跟踪数据；CP是发行商的PIN；

MP 是制造商的 PIN。

运输密钥的生成与器件的激活过程如下。在制造商处生成 TK,并将 TK、TD 写入 E^2PROM,经过最后的测试后,断开熔丝,将器件运送给发行商,其过程如图 10.33 所示。

器件送到发行商处后,在第一次加电时,从器件中读出 TD,送读写器,根据同一算法,在读写器中得到 TK,并将 TK 送到器件,在器件内将器件的 TK 和读写器的 TK 进行比较,如相等,则通过,其过程如图 10.34 所示。仅当验证通过后,才允许对卡作进一步操作。

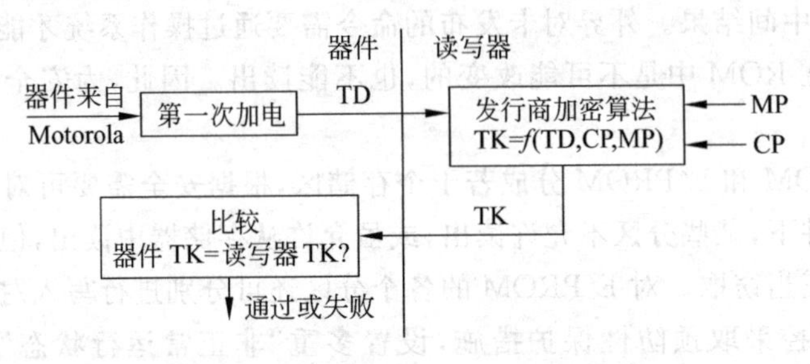

图 10.34　运输密钥验证(在发行商处)

(3) 应用安全。

智能卡用户应对他们所控制的那部分系统(如固化在芯片上的软件以及系统的软件和硬件)采取适当的保密措施。

软件保密战略包括从非常简单的到极为复杂的密码算法演算和鉴别过程,这些程序中有许多是个别用户的应用产品所独享和专用的,但也有一些简单的、普遍适用的、体现保密意识的软件开发手段。

① 考虑软件运行到关键部分时电源(意外或人为)中断后造成的后果。

② 在软件设计中加上计数功能,限制输入错误密码的次数。

③ 在软件中加入一些程序,以保证在系统被重新设置后的特定时间里,某些特别敏感的事情(如向 E^2PROM 写入新的数据或指令)不会不受限制地发生。

④ 降低软件的可读性。

⑤ 采用以时间为基准的子程序。

⑥ 通过防止从 E^2PROM 执行程序的方法,限制应用程序自我修改的能力。

⑦ 在软件中加入"测试"命令,以便在无需输出任何软件内容的条件下对出现的问题进行调查。

⑧ 控制在开发过程中和之后了解软件和硬件的任何细节的途径。

3) MC68HC05SC 系列芯片

本系列有多种型号:MC68HC05SC/21/24/26/27/28。

本系列各种型号的逻辑图基本相同。

图 10.35 所示为 MC68HC05SC21 的逻辑框图,图中微处理器执行在 ROM 或 E^2PROM 中的程序。图 10.36 示出寄存器的组成。

(1) 累加器 A(8 位):用于保存操作数或运算结果。

(2) 变址寄存器 X(8 位):用于变址寻址方式,也可用作暂存寄存器。

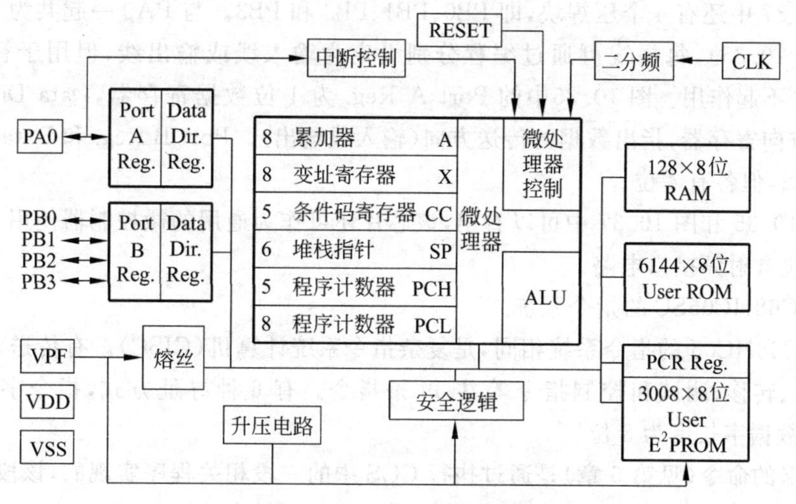

图 10.35 MC68HC05SC21 的逻辑框图

(3) 堆栈指针 SP(13 位)：高 7 位为 0000011，堆栈用于保存子程序调用时的返回地址和中断处理时的机器状态，其访存地址范围为 00FF～00C0，在 RAM 中。

(4) 程序计数器(13 位)：指出下一条将执行的指令地址。

(5) 条件码寄存器 CC(5 位)：指出刚执行的指令的结果，对其各位说明如下。

- 半进位位(H)：执行加法 ADD 或 ADC 指令时，从第 3 位到第 4 位的进位。
- 中断屏蔽位(I)：当 I 位为 1 时，所有中断均被禁止。
- 负(N)：当 N 为 1 时，指出最后一次算术运算、逻辑运算或数据处理的结果为负(或第 7 位为逻辑 1)。
- 0(Z)：当 Z 为 1 时，表示最后一次算术运算、逻辑运算或数据处理的结果为 0。
- 进位/借位(C)：当 C=1 时，表示最后一次算术运算产生进位或借位。

图 10.37 示出芯片的压焊块。用于智能卡时有 6 个引出端，符合标准的规定。其中，VPF 用于烧断熔丝，PA0 为 I/O 端，其他 4 个引出端不再解释。

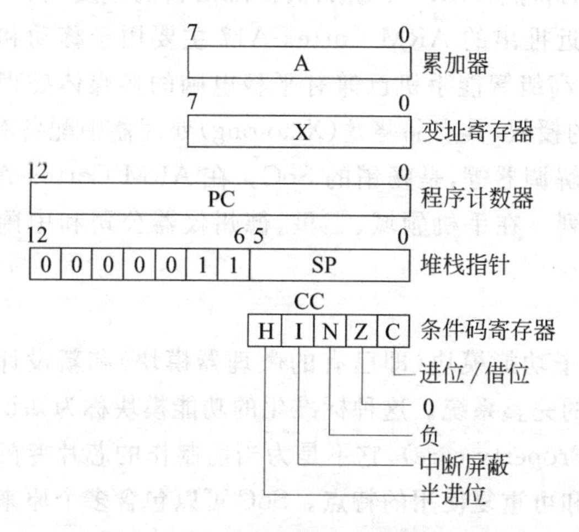

图 10.36 微处理器的寄存器组成

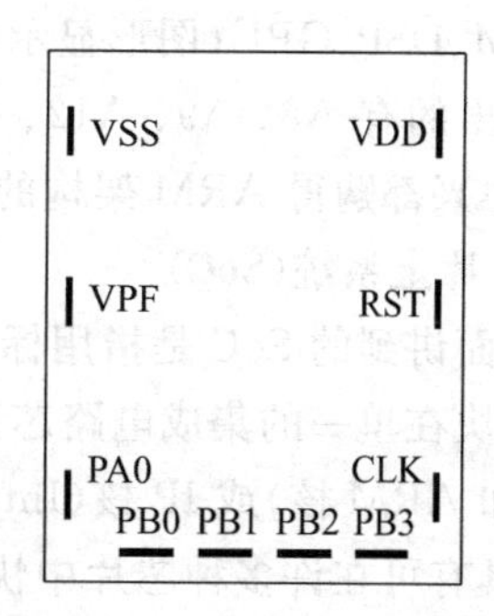

图 10.37 MC68HC05SC 的压焊块

图 10.37 中还有 4 个压焊块，即 PB0、PB1、PB2 和 PB3。与 PA0 一起共为 5 个输入/输出线(图 10.35)，每根线可通过编程分别设定为输入线或输出线，但用于智能卡时，PB0～PB3 不起作用。图 10.35中的 Port A Reg. 为 1 位数据寄存器，Data Dir. Reg. 为 1 位数据方向寄存器，指出数据的传送方向(输入或输出)。Port B Reg. 和 Data Dir. Reg. 的意义相似，但各有 4 位。

从图 10.35 和图 10.37 中可以看出，该芯片还可作为通用的微控制器使用，同时芯片内还没有包含射频接口电路。

4) MC68HC05SC 的指令系统

与 MC68HC05 的指令系统相同，是复杂指令系统计算机(CISC)。有传送、算术逻辑运算、移位、转移、测试和控制指令等共 59 条指令。有 6 种寻址方式，指令字长度可变(1～3B)，数据字长度为 8 位。

智能卡的命令(见第 6 章)是通过执行 COS 中的一段相关程序实现的，该段程序是按 MC68HC05 的指令系统编制的，Motorola 可提供设计 COS 的工具。

2. ARM 微处理器

ARM 微处理器是英国 ARM 公司开发的 32 位 RISC 微处理器，占 32 位 RISC 市场的 75%以上，广泛应用于手机、视频/音频处理、图像处理、机顶盒、数码相机、网络设备和工业控制等许多领域。ARM 公司不直接设计和生产 ARM 芯片，而是以 IP 核(见片上系统)的形式转让设计许可，已授权几十家生产芯片的半导体公司，根据实际应用的需要生产各具特色的芯片，这些公司使用 ARM 核，再加上外围电路，形成自己的 ARM 处理器芯片进入市场。ARM 系列具有功能和性能不同的多种产品，除了执行 32 位 ARM 指令外，还可支持多个指令子集，其中有 16 位指令集 THUMB。该子集有 36 条指令，从部分 32 位指令压缩而来，其目的是减少程序占用的存储器容量，在执行程序时又将 16 位指令实时恢复成 32 位指令。ARM 指令和 THUMB 指令不能混合编程，当处理器处于 ARM 状态时不能执行 THUMB 指令，处于 THUMB 状态时不能执行 ARM 指令。每个指令集中包含有切换处理器状态的指令。加电时首先处于 ARM 状态。

ARM 微处理器具有低功耗、低成本的特点，ARM 不断加快推陈出新的速度，从而加快了授权客户新产品的研究与发行。最近推出的 ARM Cortex-A17 主要用于移动和电子消费市场(智能手机和平板电脑)，一般高级智能手机已兼有平板电脑的多媒体处理功能。高通公司取得 ARM 最高级指令集的授权，其产品骁龙(Xiaolong)处理器中配备有 4 核 ARM、DSP、GPU(图形显示器)、调制解调器等，是畅销的 SoC。在 ARM Cortex-A17 之前推出的有-A8、-A9、-A12、-A15 等系列。在手机领域、三星、德州仪器公司和中国的华为、中兴都购得 ARM 架构的授权。

3. 片上系统(SoC)

上面讲到的 SoC 是指用标准化的电子功能模块(即已有的微理器模块)和新设计的功能模块在单一的集成电路芯片上制作的完整系统。这种标准化的功能模块称为知识产权核(如 ARM 核)或 IP 核(Intellectual Property core)，它不是为当前制作的芯片专门设计的，具有可在许多种芯片中快速、可靠和可重复使用的特点。SoC 可以包含多个原来在印制电路板上安装的器件。如今在一个芯片上已经可以集成微处理器、数字信号处理器、逻辑电路、存储器和输入/输出接口等，甚至可将数字电路、模拟电路和射频电路集成在一个芯片中。与全部独立设计的芯片相比，可以缩短开发时间，降低成本，减少错误，快速推向市场。SoC的胜出得益于微电子工艺的进步而导致的芯片集成度的提高，以及ASIC（专用集成电路）设计技术的成熟。

10.5.2 智能卡的存储器

与微处理器一样，智能卡内的存储器由于受到卡的外形尺寸限制，容量一般都不是很大。智能卡的存储器通常由ROM、RAM和E^2PROM组成。其中，RAM通常不超过256B，仅提供给COS存储操作过程中的数据；COS的代码部分（程序）则存储于ROM中；E^2PROM是智能卡的用户真正能够访问的存储区，这一部分存储了智能卡的各种信息、密码及应用文件等，还可能包含COS的某些部分，其容量通常在2～32KB之间。采用E^2PROM使得智能卡能够有效地保存数据，同时读写起来也十分方便，不需要附加设备。

在单个硅晶片上集成3种不同类型的半导体存储器，要求有更多的生产步骤和曝光掩膜，而且它们在芯片上所占的面积差别也很大。例如，当采用0.8μm制造工艺时，1个E^2PROM单元要占用4个ROM单元的面积，而1个RAM单元又占4个以上E^2PROM单元的面积。

由于存储器的容量不大，因此COS通常使用直接寻址方式，也就是直接使用物理地址访问存储单元。这样做的好处是可以使读写控制相对简单化，适应了智能卡简便的要求。

关于智能卡中存储器（E^2PROM部分）的布局情况，一般是随卡的不同而各有特点。但归纳起来，这些存储分区中应该至少包括如下几个部分：发行商区、保密字区和文件区。以法国GEMPLUS公司的产品PCOS（Payment COS）为例，其E^2PROM存储器的布局如图10.38所示。从图中可见，其存储器划分为5个区：发行商区、ROM代码控制

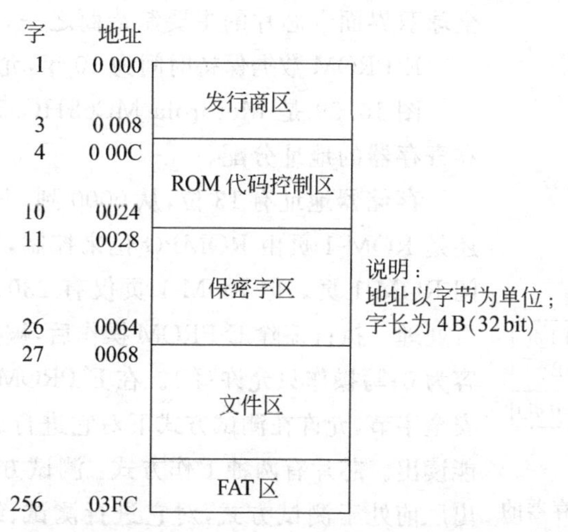

图10.38 PCOS的E^2PROM存储器组织

区、保密字区、文件区和文件分配表(File Allocation Table,FAT)区。其中,发行商区存储了智能卡及发行商的各种信息,如卡的序列号、发行商的代码等;ROM代码控制区存储的是与操作系统相关的一些控制信息,如用以标记智能卡使用阶段的锁定字、用以记录卡交易次数的交易计数器等;保密字区存储了与文件操作的权限(如读写权限)有关的各个密码及其相应的描述信息;文件区用于存储智能卡的各种文件;FAT区则用于存储与文件区中各个文件相对应的描述信息,其中包括文件在存储器中的起始地址、文件长度和文件权限等。总之,不同智能卡的存储器分区情况会有所不同,但大体上都包括在前面提到的基本部分,尽管它们在分区中所对应的位置与容量可能各不相同。

表10.9列出ST半导体(ST microelectronics)公司的双界面卡部分产品。

表10.9 ST半导体公司的双界面卡

产品型号	ST16RF58	ST19RF08	ST19×R34
CPU	8位	扩展寻址增强型8位	
接口标准	接触式 ISO/IEC 7816　非接触式 ISO/IEC 14443 Type B		
用户ROM/KB	22	32	96
用户RAM/KB	512	960	4
用户E^2PROM/KB	8	8	34
DES协处理器	—	3DES(310个周期),DES(190个周期)	
数据传输率(RF)/(Kb/s)	106	424(最大值)	424(最大值)
工作电压(接触式)/V	2.7～5.5	3(1±10%)或5(1±10%)	2.7～5.5
E^2PROM擦写时间/ms	1个程序周期(1～32B)	1(1～64B)	2(1～64B)

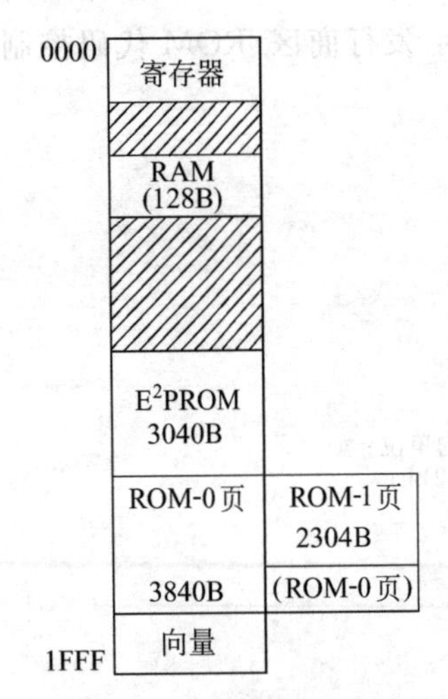

图10.39 存储器和寄存器的地址分配

该公司是ISO/IEC 14443 Type B国际标准的倡导者和全球双界面卡芯片的主要制造商之一。

E^2PROM数据保持时间为10年,允许擦写次数10万次。

图10.39是Motorola MC68HC05SC21芯片的存储器和寄存器的地址分配。

存储器地址有13位,从0000到1FFF。访问ROM-0页还是ROM-1页由ROMPG位来控制,当ROMPG=1时,访问ROM-1页。但ROM-1页仅有2304B,其余仍按ROM-0页处理。执行擦除E^2PROM操作后,被擦除的E^2PROM的内容为0;写操作只允许写1。在E^2PROM中有n个字节被称为安全字节,允许在测试方式下对它进行编程,而在用户方式只能读出。芯片有两种工作方式:测试方式和工作方式。芯片出厂前处于测试方式,对它进行测试、编程和分析都比较容易。器件出厂时,被置于用户方式,由于外界访问MCU受到限制，因此当器件出问题时，要对它的运行情况进行测试和分析特别困难，需要运用软件知识以及依靠制造厂和用户之间的紧密合作才可能进行分析。而且一旦设置成用户方式后就不能再回到测试方式。

MC68HC05SC21 芯片的布局如图 10.40 所示，照片如图 10.41 所示。

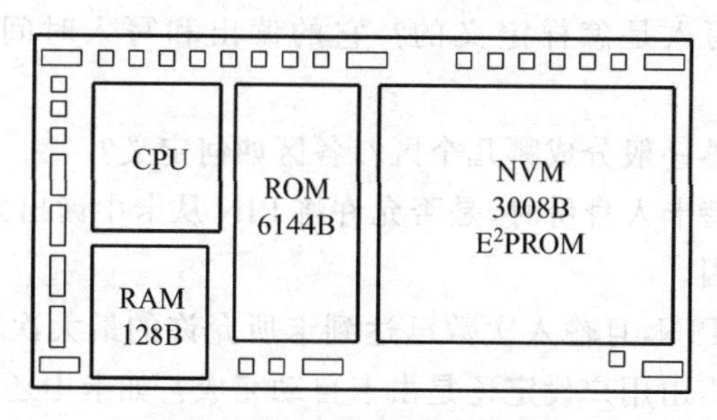

图 10.40 芯片的布局示意图

图 10.41 MC68HC05SC21 芯片的照片

MC68HC05SC21 的芯片面积为 3.5mm×5.6mm。

E^2PROM 的允许擦写次数与温度、电压有关，如表 10.10 所示。

表 10.10 擦/写次数与温度、电压的关系

擦/写次数	工作温度/℃	工作电压/V	擦/写次数	工作温度/℃	工作电压/V
10K 次	85	5	100K 次	25	5
20K 次	60	5	200K 次	25	3
35K 次	50	5			

数据保持时间也与环境温度有关，在 85℃环境下可保持 10 年，环境温度降低可延长数据保持时间。

习题

1. IC卡的卡内芯片有哪3种类型？各类芯片内部的组成情况如何？
2. E^2PROM的擦除、写入是怎样定义的？它的读出和写入时间与RAM相比有什么特殊之处？
3. 逻辑加密卡的存储器一般分成哪几个区？各区如何定义？
4. 在验证逻辑加密卡持卡人身份时，是否允许将PIN从卡中读出并送到读写设备中去进行比较？简述其原因。
5. 当用户输入错误的PIN，且输入次数已达到卡所允许的最大次数，为安全起见应采取什么措施？该措施需由用户设定还是由卡自动完成？如卡中还保存有余额，应该作废还是应该设法让用户不受损失或少受损失？
6. 逻辑加密卡的擦除密码的作用是什么？
7. 逻辑加密卡卡内熔丝的作用是什么？一般应设置多少个熔丝？采用什么手段实现熔丝的功能？
8. 智能卡芯片内包含哪些内容？各起什么作用？
9. 智能卡芯片中的3种存储器类型是否可减少？请说明原因。
10. 本章中介绍的逻辑加密卡和智能卡各采取什么传输协议(同步传输协议或异步传输协议)？
11. 请总结执行异步传输协议时，对卡进行一次操作(即使用一次)的流程，从RESET开始，直到一次应用结束。
12. 如果IC卡芯片设计得好，可以保证绝对安全，即可杜绝一切作弊和非法行为。这种说法对吗？
13. 在什么情况下希望在芯片内部设有数字信号处理器(DSP)？主要完成什么功能？
14. CPU卡中的微处理器一般是新设计的还是采用经过实际使用考验过的设计方案？
15. SIM卡是接触式IC卡还是非接触式IC卡？它是否遵循ISO/IEC 7816国际标准？
16. SIM卡中的微处理器和移动电话中的微处理器所起的作用有何主要差别？

第 11 章　智能卡的操作系统

随着 IC 卡从简单的同步卡发展到异步卡，从简单的存储器卡发展到内带微处理器的智能卡，对 IC 卡的各种要求越来越高。而卡本身所需要的各种管理工作也越来越复杂，因此就迫切需要一种工具来解决这一矛盾。内部带有微处理器的智能卡的出现，使得这种工具的实现变成了现实。人们利用它内部的微处理器芯片，开发了应用于智能卡内部的各种各样的操作系统，也就是在本节将要论述的 COS。COS 的出现不仅大大地改善了智能卡与读写器的交互界面，使智能卡的管理变得更容易、使用更安全，而且使智能卡本身向着个人计算机化的方向迈出了一大步，为智能卡的发展开拓了极为广阔的前景。

11.1 COS 概述

COS(Chip Operating System，片内操作系统)是紧紧围绕着它所服务的智能卡的特点而开发的。由于不可避免地受到了智能卡内微处理器芯片的性能及存储器容量的影响，因此，COS 在很大程度上不同于通常所能见到的微机上的操作系统(如 Windows、UNIX 和 Linux 等)。首先，COS 是一个专用系统而不是通用系统。不同卡内的 COS 一般是不相同的。因为 COS 一般都是根据某种智能卡的特点及其应用范围而特定设计开发的，尽管它们完成的功能大部分都遵循着同一个国际标准。其次，与微机操作系统相比，COS 在本质上更加接近于监控程序，而不是真正意义上的操作系统，这一点至少在目前看来仍是如此。因为在当前阶段，COS 所需要解决的主要还是对外部的命令如何进行处理、响应的问题和安全问题，这其中一般并不涉及多道程序的共享、并发的管理及处理，而且就智能卡在目前的应用情况而言，并发和共享的工作也确实是不需要的。

COS 一般都是紧密结合智能卡内存储器分区的情况，按照国际标准(ISO/IEC 7816 系列标准)中所规定的一些功能进行设计、开发的。但是，由于目前智能卡应用的发展速度很快，而国际标准的制定不能及时跟上，又存在专利和竞争等因素，因而在当前的智能卡国际标准不可能十分完善的情况下，有些厂家对自己开发的 COS 作了一些命令扩充。就目前而言，还没有任何一家公司的 COS 产品能形成一种工业标准。因此，本章将主要结合现有的国际标准，重点讲述 COS 的基本原理及基本功能，并列举它们在某些产品中的实现方式。

COS 的主要功能是控制智能卡和外界的信息交换，管理智能卡内的存储器，并在卡内部完成各种命令的处理。其中，与外界进行信息交换和确保安全是 COS 最基本的要求。在交换过程中，接触式 IC 卡 COS 所遵循的信息交换协议目前包括两类：异步字符传输的 $T=0$ 协议以及异步分组传输的 $T=1$ 协议，这两种信息交换的电信号和传输协议的具体内容及实现机制在 ISO/IEC 7816-3 中作了规定。COS 所应完成的管理和控制的基本功能则是在 ISO/IEC 7816-4 标准中作出规定的。在该国际标准中，还对智能卡的数据结构以及 COS 的基本命令集作出了较为详细的说明，这些内容同样适用于非接触式 IC 卡。

COS(接触式 IC 卡)的功能可概括如下。

(1) 芯片运输到用户(指发行商)时对运输密码的比较处理。

(2) 发卡时的个人化处理(包括创建文件)。

(3) 一次交易的完整处理。

① 插卡后的初始化处理以及向读写器发回复位应答。

② 防插拔处理(见 11.2 节的防意外掉电)。

CPU 卡的处理过程比逻辑加密卡复杂，通常采用数据备份的方法来实现数据的自动恢复功能。

③ 读写器和 IC 卡之间以命令-响应对方式进行处理。

读写器与 IC 卡之间的通信，是全部通过 COS 进行的，对某些数据，如密码和密钥，是绝对不允许从卡内传送到卡外的。当 IC 卡发给持卡人后，COS 的程序代码(即使是部分代码)也是绝对不允许泄露到卡外的。存放在 ROM 中的 COS 代码，甚至对卡的发行人也是保密的。下载到 E^2PROM 中的部分 COS 代码相对于 ROM 来说比较容易泄密，需要特别注意遭受攻击的可能性，要防止攻击者下载另外一些程序到 E^2PROM 中，以致改变了原 COS 程序的一些功能，从而造成巨大损失。

由于卡内微处理器的指令比 IC 卡的命令简单得多，所以每条命令的功能都由 COS 中的一段程序实现。

11.2 一个简单的 IC 卡操作系统(SCOS)示例

为了引导读者对智能卡 COS 内部结构的理解，本节描述了一个非常简单的操作系统，命名为 Simple COS(SCOS)。该卡设想应用于单位内部的小额消费(一卡专用)，基于非常小的存储器容量，但符合 ISO/IEC 7816 国际标准。

该卡的存储器由 ROM、RAM 和 E^2PROM 组成，复位应答信号 ATR 与 COS 存放在 ROM 中；文件和数据存放在 E^2PROM 中；安全状态和 I/O 缓冲器(如存放当前执行的命令 APDU 和响应 APDU 的缓冲器)等的即时信息放在 RAM 中，在 IC 卡加电时，有必要对 RAM 中一部分内容进行初始化，设置成默认值。

1. SCOS 的文件系统

SCOS 的文件系统结构如下。

(1) SCOS 有两层文件 MF 和 EF，由于是一卡专用，因此不再设置 DF 文件。

(2) SCOS 的内部基本文件(EF)有 3 个：存密码的 SF、存密钥的 KF 和存系统信息的 AF。内部基本文件仅供 COS 访问，采用透明结构。

(3) SCOS 的工作基本文件(EF)有 3 个：一个存放余额的 PF、一个存放交易记录的 RF 和一个保存个人信息的 IF。其中，PF 和 IF 采用透明结构，RF 采用定长记录的环形结构。

(4) SCOS 用唯一标识符(2 字节)访问文件，定义如下。

MF：3F00；SF：2F01；KF：2F02；AF：2F00。

PF：4F00；RF：4F02；IF：4F03。

(5) EF 文件由文件头和文件体两部分组成，SCOS 采用文件头和文件体分开相向存放法，即将文件头集中在一起，并从 E^2PROM 最小地址(0000)开始存放；文件体也放在一起，并从 E^2PROM 最大地址开始存放。这样的安排便于增添新文件。若将 E^2PROM 的 0000～02FF 空间（共 768B）用于存储文件，则可画出图 11.1 所示的 SCOS 文件系统在 E^2PROM 中的存储空间分配。在图中没有专设 MF 文件体存储空间，而将所有的文件头(从 AF 到 IF)都视为 MF 的文件体。文件头中包括的内容有文件标识符、该文件体在 E^2PROM 中的起始地址、文件体的长度和访问(读/写)条件等。为简化设计，假设每个文件头的长度是相同的。

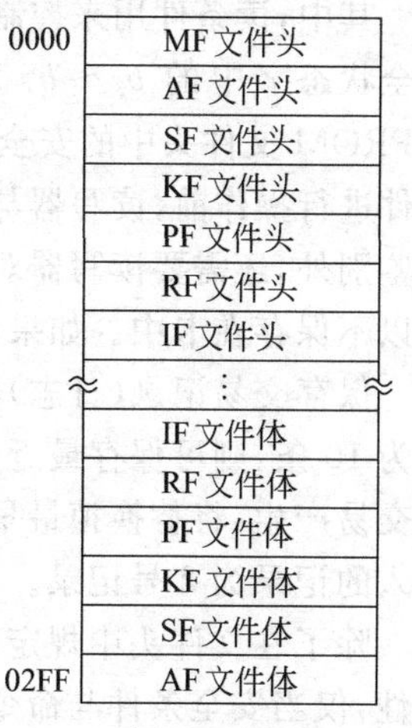

图 11.1 E^2PROM 存储区分配

2. 安全管理和应用管理

参照 ISO/IEC 7816-4，有关安全部分需要考虑 3 个问题：安全状态的建立、安全属性的设置以及安全机制的实现。SCOS 采用以下方案。

使用两个密码：发行人密码 ISC 和持卡人 PIN。当 IC 卡插入读写器时，只有当从键盘上输入的密码与卡内先前存入的 ISC 或 PIN 相同时，才能核实插卡人的身份是发行人还是持卡人，或都不是，然后才允许进行读/写操作。因此，需要将核实的结果保存下来，用来控制其后某些操作的执行权限，直到卡拔出为止。一旦卡拔出，核实结果不再有用。下次插卡时，要重新核实插卡人的身份。SCOS 在 RAM 区内选定一个单元(长度设为 1B，b_0～b_7)存放安全状态字，定义如下。

- b_0：外部鉴别位(卡判别读写器真伪)，卡执行外部鉴别命令，如果读写器为真，则将 b_0 置 1。
- b_1：PIN 核实位，如果核对个人(使用人)密码正确，将 b_1 置 1。
- b_2：ISC 核实位，如果核对发行人密码正确，将 b_2 置 1。
- b_3～b_7：保留于将来使用。

当卡插入读写器，复位后应立即将安全状态字清除为全 0，只有在相应的验证通过后才能分别将 b_0、b_1 或 b_2 置 1。于是就可用安全状态字进行安全管理和应用管理了。表 11.1 列出安全状态字与允许卡进行的操作之间的关系。

表 11.1 安全状态位与允许卡执行的操作

安全状态位			卡允许执行的操作
b_2	b_1	b_0	
×	×	0	允许执行外部鉴别命令，如果通过，将 b_0 置 1
0	0	1	允许验证 ISC 或 PIN，核实后，将 b_2 或 b_1 置 1
×	1	1	已核实 PIN，允许持卡人消费或修改 PIN，填写交易记录
1	×	1	已核实 ISC，允许增加卡内余额(持卡人存钱)

为了实现表 11.1 的功能，在每个文件的文件头中设置了该文件的“读/写”条件(1 字节)，称为安全属性。对保存余额的 PF 文件，设置了如下 8 位条件码。

b_3	b_2	b_1	b_0	b_3	b_2	b_1	b_0
×	×	1	1	×	1	×	1
读条件				写条件			

其中，读条件用来控制查询余额或消费，写条件控制增加余额（充值），各位的意义与安全状态字中的 $b_3 \sim b_0$ 对应。在对文件进行操作时，把 RAM 中的安全状态字和 E^2PROM 文件头中的安全属性比较，仅当匹配（即相符）时才允许进行操作。另外，在对文件进行操作前，读写器与卡之间要进行相互（双向）鉴别，除了 IC 卡要对读写器进行外部鉴别外，还需要读写器对卡进行内部鉴别，以确定读写器和卡的真伪，后者的鉴别结果可以不保存在卡中。如果读写器发现卡是假的，将中止操作。

保存交易记录（日志）的 RF 文件采用环形结构，其记录数可根据需要确定，如果设计定为 10 条，则可保存最近进行的 10 次交易记录。也就是说，在记满 10 条记录后，如有新的交易产生，将替换掉最早保存在卡中的记录。新记录总是被定为 1 号记录，在此之前刚写入的记录为 2 号记录。

除了在文件头中规定了安全属性外，在命令系统中也可为每条命令设置各自的安全属性，仅当安全条件与命令中的安全属性相符时才允许执行该命令。

在卡发行时或发行前，发行人可根据实际需要设计文件结构、文件数量和文件的安全属性。但当卡发给持卡人后，一般就不允许再修改了，这也是为了安全。

3. 传送管理

传送管理用来处理 SCOS 与读写器之间的信息交换，遵循 ISO/IEC 7816-3 国际标准的规定，有 $T=0$ 和 $T=1$ 两种协议，SCOS 选择较为简单的 $T=0$ 协议。卡加电后向读写器发送 ATR，然后双方以命令-响应对的方式进行通信。在卡的 RAM 存储区开辟一块区域作为信息缓冲器，用来暂存命令 APDU、响应 APDU 和外部输入的信息（如 PIN 和消费金额等），以实现读写器与卡之间的通信。

4. 命令系统

当 IC 卡接收到一个命令 APDU 后，首先对命令的合法性及安全条件进行检查，通过后再根据该命令所要完成的功能进行操作，最后将执行的结果（响应 APDU）返回给读写器。以上这些工作都是由预先设计好并存在于 ROM 中的操作系统（COS）控制卡内微处理器完成的。

SCOS 中设计的命令如下。

(1) 文件处理命令。创建文件、选择文件和删除文件。

(2) 安全管理命令。取口令（取随机数）、内部鉴别、外部鉴别和验证密码（PIN 和 ISC）。

(3) 应用命令。读二进制、写二进制、读记录和写记录。

其中，创建文件命令只能在卡个人化之前执行。

5. 防意外掉电

在智能卡工作时，防止因突然掉电或用户随意插拔智能卡而造成写入数据出错。一般智能卡中没有在掉电时仍维持一段时间电压的功能，因此一旦掉电，卡中的软件立即无法执行。在本例中，如果在修改卡中余额时产生这种情况，其后果是严重的。前面已经讲到，文件是建在 E^2PROM 中的，而 E^2PROM 进行写入（或修改）操作有两个步骤：首先是擦除，然后才写入。如果正好在擦除与写入之间掉电，卡中的余额将不再是正确的了。因此，对 COS

提出一个要求，对卡中的某些功能要么完整地实现，要么完全不进行。将不可分割的完全满足这一要求的进程称为“原子进程”。为解决此问题，在 E^2PROM 中设置了一个缓冲区，用以接收数据，在其中还包含一个状态标记，用来表示该缓冲区内容“有效”或“无效”。

工作过程如下：首先将被修改的原始数据及其地址复制到缓冲区，并将状态标记设置成“缓冲区内容有效”；然后把新数据写入到原来该写入的地址，如果能完成这一操作(不发生掉电)，则将状态标志设置成“缓冲区内容无效”，否则(掉电)仍保持为“缓冲区内容有效”，并中止进一步的操作。当智能卡再次上电时，SCOS 被启动，在它发送 ATR 以及读写器和 IC 卡的双向鉴别后，查询“缓冲区状态标记”，如果是“有效”，则将缓冲区的数据按所存地址写入 E^2PROM，从而恢复了原始数据，消除了上一次上电后所进行的“不完整”操作的影响。这种机制能保证文件中的数据(无论是否意外掉电)有效。

上面叙述的方法有两个缺点。第一个是在所有的 E^2PROM 中，上述缓冲区将具有最沉重的擦除/写入负担，由于 E^2PROM 中任何给定区域的擦除/写入次数是有限的，因此这个缓冲区可能就是 E^2PROM 中首先开始发生写错误的部分，而使智能卡不能再使用。解决的办法是增加缓冲区容量，采用循环结构，分段使用缓冲区以分散负担。第二个缺点是在写访问时对缓冲区的强制性访问增加了 SCOS 的执行时间。

6. SCOS 在一次消费交易中完成的操作(图 11.2)

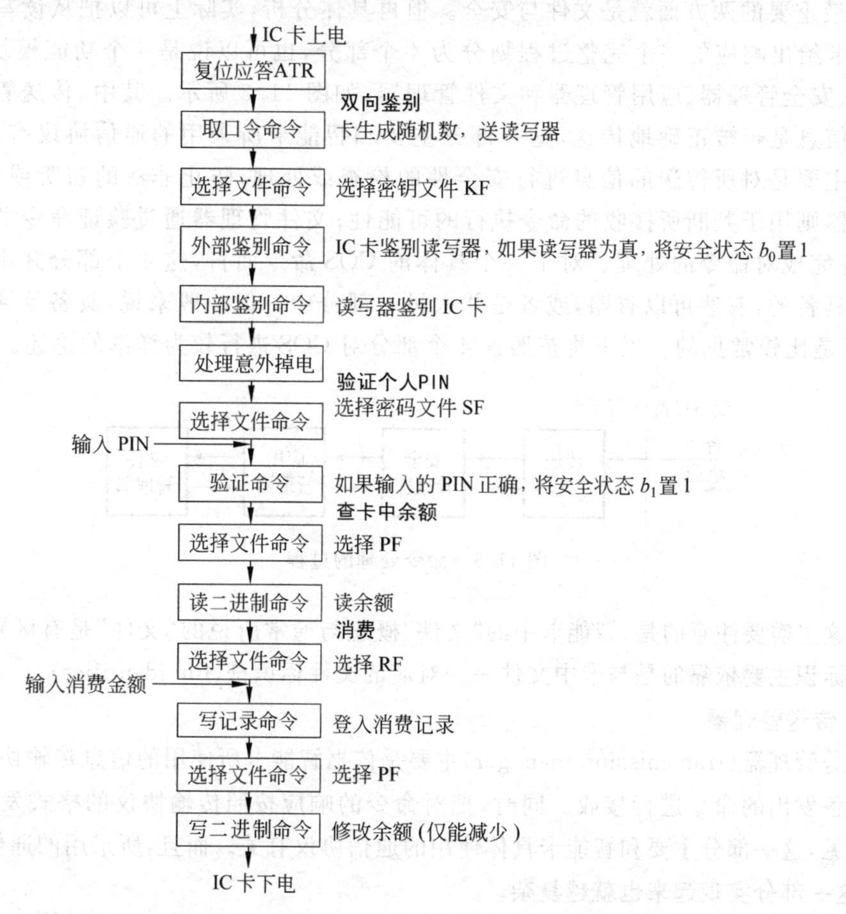

图 11.2　SCOS 在一次消费交易中完成的操作流程

图 11.2 所示为正常情况下的操作流程，当任一环节出现异常时，将中止操作。图中每一方框是卡接收读写器发出的命令后，在卡内 SCOS 控制下，由卡内微处理器执行一段程序(称为子程序)完成指定的功能。另外需要注意的是，在对某一文件进行访问时，该文件必须为当前文件，而 SCOS 规定，只能有一个文件为当前文件，因此在图 11.2 中，多次执行选择文件命令。

以上叙述的是持卡消费的过程，如果需要在卡内追加金额，可去指定地点充值，其操作流程大致与消费过程相同，但以下两点必须执行。

(1) 将输入 PIN 改为输入发行人密码 ISC，比较相符时将安全状态 b_2 位置 1。

(2) 将消费金额改为存入金额，并加到 PF 文件的余额中。

11.3 COS 的体系结构

依赖于第 10 章中所描述的智能卡的硬件环境，可以设计出各种各样的 COS。但是，所有的 COS 都必须能够解决至少 3 个问题，即文件操作、鉴别与验证、安全机制。事实上，鉴别与验证和安全机制都属于智能卡的安全体系的范畴之中，所以，智能卡的 COS 中最重要的两方面就是文件与安全。但再具体分析，实际上可以把从读写器发出命令到卡给出响应的一个完整过程划分为 4 个部分，也可以说是 4 个功能模块：传送管理器、安全管理器、应用管理器和文件管理器，如图 11.3 所示。其中，传送管理器用于检查信息是否被正确地传送，这一部分主要和智能卡所采用的通信协议有关；安全管理器主要是对所传送的信息进行安全性的检查或处理，防止非法的窃听或侵入；应用管理器则用于判断所接收的命令执行的可能性；文件管理器通过验证命令的操作权限，最终完成对命令的处理。对于一个具体的 COS 命令而言，这 4 个部分并不一定都是必须具备的，有些可以省略，或者是并入另一部分中。但一般来说，具备这 4 个部分的 COS 是比较常见的。以下将按照这 4 个部分对 COS 进行较为详细的论述。

图 11.3　命令处理的过程

在这里需要注意的是，智能卡中的“文件”概念与通常所说的“文件”是有区别的。对文件的标识主要依靠的是与卡中文件一一对应的文件标识符(file identifier)。

1. 传送管理器

传送管理器(transmission manager)主要是依据智能卡所使用的信息传输协议，对由读写设备发出的命令进行接收。同时，把对命令的响应按照传输协议的格式发送出去。由此可见，这一部分主要和智能卡具体使用的通信协议有关。而且，所采用的通信协议越复杂，这一部分实现起来也就越复杂。

前面曾提到过目前智能卡采用的信息传输协议一般是 $T=0$ 协议和 $T=1$ 协议，如果说这两类协议的COS在实现功能上有什么不同的话，主要就是在传送管理器的实现上有所不同。不过，无论是采用 $T=0$ 协议还是 $T=1$ 协议，智能卡在信息交换时使用的都是异步通信模式。而且由于智能卡的数据端口只有一个，因此信息交换也只能采用半双工的方式，即在任一时刻，数据端口上最多只能有一方（智能卡或者读写设备）在发送数据。$T=0$、$T=1$ 协议的不同之处在于它们数据传输的单位和格式不同：$T=0$ 协议以单字节的字符为基本单位，$T=1$ 协议则以有一定长度的数据分组为传输的基本单位。

传送管理器在对命令进行接收的同时，也要对命令接收的正确性作出判断。这种判断只是针对在传输过程中可能产生的错误而言的，并不涉及命令的具体内容，因此通常是利用诸如奇偶校验位、校验和等手段来实现。对分组传输协议，则还可以通过判断分组长度的正确与否来实现。当发现命令接收有错后，不同的信息交换协议可能会有不同的处理方法：有的协议是立刻向读写设备报告，并且请求重发；有的则只是简单地作一标记，本身不进行处理，留待它后面的功能模块作出反应。这些都是由交换协议本身所规定的。

第6章中指出：每条命令的CLA字节指示该命令的命令-响应对是否按安全报文SM传送，若是，而且命令APDU和响应APDU的数据都存在，则将命令APDU的Lc、数据、Le字段加密成密文，并加入校验和字段；或者不加密，但加入校验和。响应APDU增加校验和。校验和的主要作用是检查传输是否有错，相关内容在6.3.5节中有详细解决方法，供设计人员参考。

如果传送管理器认为对命令的接收是正确的，那么，它将接收到的命令的信息部分传到下一功能模块，即安全管理器，而滤掉诸如起始位、停止位之类的附加信息。相应地，当传送管理器在向读写设备发送响应时，则应该对每个传送单位加上信息交换协议中所规定的各种必要的附加信息。

2. 安全体系

智能卡的安全体系(security structure)是智能卡的COS中一个极为重要的部分，它涉及卡的鉴别与验证方式的选择，包括COS在对卡中文件进行访问时的权限控制机制，还关系到卡中信息的保密机制。可以认为，智能卡之所以能够迅速地发展并且流行起来，其中的一个重要原因就在于它能够通过COS的安全体系给用户提供一个较高的安全性保证。

安全体系在概念上包括三部分：安全状态(security status)、安全属性(security attributes)及安全机制(security machanisms)。其中，安全状态是指智能卡在当前所处的一种状态(或称为安全环境SE)，这种状态是在智能卡进行复位应答或者是在它处理完某命令之后得到的。事实上，完全可以认为智能卡在整个工作过程中始终都是处在这样的或是那样的一种状态中。安全状态通常可以利用智能卡在当前已经满足的条件的集合来表示。安全属性实际上是定义了执行某个命令或访问某个文件所需要的一些条件，只有智能卡满足了这些条件，该命令才是可以执行的。因此，如果将智能卡当前所处的安全状态与某个操作的安全属性相比较，那么根据比较的结果就可以很容易地判断出一个命令或文件在当前状态下是否允许执行或访问，从而达到了安全控制的目的。和安全状态与安全属性相联系的是安全机制。安全机制可以认为是增强安全状态所采用的方法和手段，通常包括通行字鉴别、密码鉴别、数据鉴别及数据加密。把这种状态与某个安全属性相比较，如果一致，就表明能够执行该属性对应的命令，这就是COS安全体系的基本工作原理。

从上面对COS安全体系的工作原理的叙述中可以看到，相对于安全属性和安全状态而言，安全机制的实现是安全体系中极为重要的一个方面。没有安全机制，COS就无法进行任何操作。而从上面对安全机制的介绍中可以看到，COS的安全机制所实现的就是如下功能：命令的判断、鉴别与验证、数据加密与解密、文件访问的安全控制。因此，将在下面对它们进行介绍。其中，关于文件访问的安全控制，由于它与文件管理器的联系十分紧密，因此把它放到文件管理器中加以讨论。

(1) 鉴别与验证。鉴别与验证其实是两个不同的概念，但是，由于它们二者在所实现的功能上十分相似，所以同时对它们进行讨论，这样也有利于在比较中掌握这两个概念。

通常鉴别(authentication)指的是对智能卡(或者是读写设备)的合法性的鉴别，即是如何判定一张智能卡(或读写设备)不是伪造的卡(或读写设备)的问题；而验证(verify)是指对智能卡的持有者的合法性的验证，也就是如何判定一个持卡人是经过了合法授权的问题。由此可见，二者实质都是对合法性的一种认证，就其所完成的功能而言是十分类似的。但是，在具体的实现方式上，由于二者所要认证的对象不同，所采用的手段也就不尽相同了。

具体而言，在实现原理上，验证是通过由用户向智能卡出示只有他本人才知道的通行字PIN，并由智能卡对该通行字的正确性进行判断来达到验证的目的。在通行字的传送过程中，有时为了保证不被人窃听，还可以对要传送的信息进行加密/解密运算，这一过程通常也称为“通行字鉴别”，其具体流程可以参考图11.4。

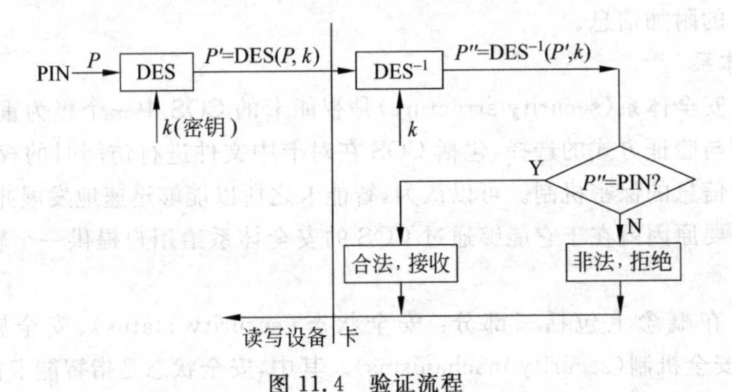

图11.4　验证流程

鉴别则是通过智能卡和读写设备双方同时对任意一个相同的随机数进行某种相同的加密运算(目前常用DES算法)，然后判断双方运算结果的一致性来达到鉴别的目的；也可通过一方对随机数进行加密，再由另一方进行解密的方法来达到鉴别的目的。根据所鉴别的对象不同，COS又把鉴别分为内部鉴别(internal authentication)和外部鉴别(external authentication)两类。这里所说的“内部”、“外部”均以智能卡作为参照点，因此，内部鉴别就是读写设备对智能卡的合法性进行的鉴别；外部鉴别就是智能卡对读写设备的合法性进行的鉴别。至于它们的具体实现方式，在第5章和第6章中已有详细论述，此处不再重复。

智能卡通过鉴别与验证的方法可以有效地防止伪卡的使用，防止非法用户的入侵，但还无法防止在信息交换过程中可能发生的窃听。因此，在卡与读写设备的通信过程中对重要的数据进行加密就作为反窃听的有效手段提了出来。关于数据加密的原理与方式可以参阅第6章。下面仅对加密中的一个重要部件——密钥在COS中的管理及存储原理加以说明。

(2) 密钥管理。目前智能卡中常用的数据加密算法之一是DES算法。采用DES算法的原因是因为该算法曾被证明是一个十分成功的加密算法，而且算法的运算复杂度相对而言也较小，比较适用于智能卡这样运算能力不是很强的情况。DES算法的密钥长度是64位。COS把数据加密时要用到的密钥组织在一起，以文件的形式储存起来，称为密钥文件。最简单的密钥文件就是长度为8个字节的记录的集合，其中的每个记录对应着一个DES密钥；较为复杂的密钥文件的记录中则可能还包含着该记录所对应的密钥的各种属性和为了保证每个记录的完整性而附加的校验和信息，其结构如图11.5所示。其中的记录头部分存储的就是密钥的属性信息，如是可以应用于所有应用文件的密钥还是只对应某一应用文件可用的密钥。但是，不论是什么样的密钥文件，作为一个文件本身，COS都是通过对文件访问的安全控制机制来保证密钥文件的安全性的。

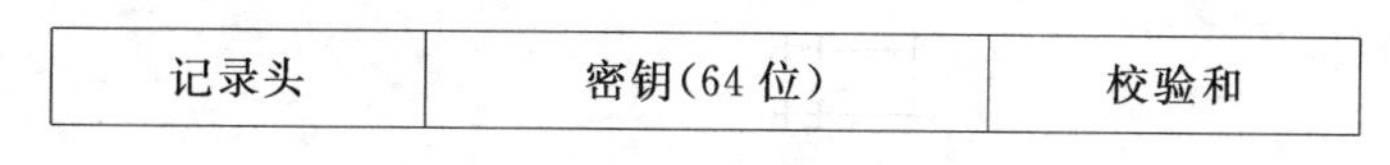

图11.5 密钥文件的记录结构

当需要进行数据加密运算时，COS就从密钥文件中选取密钥加入运算。从密钥文件中读出密钥时，与读取应用数据一样，只要直接给出密钥所在的地址就可以了。为了避免多次使用同一密钥，从而给窃听者提供破译的机会，安全性不太高。因此，比较好的办法是再对密钥本身做一些处理，尽量减少其重复出现的机会。例如，PCOS产品中，采用的办法就是对从密钥文件中选出的密钥首先进行一次DES加密运算，然后将运算结果作为数据加密的密钥使用。其计算式为

$$\text{Key} = \text{DES}(\text{CTC}, K_s)$$

式中，K_s是从密钥文件中选取的一个密钥；CTC是一个记录智能卡的交易次数的计数器，该计数器每完成一次交易就增1；Key是最后要提供给数据加密运算使用的密钥，每次交易采用的Key都不相同。使用这种方法可以提高智能卡的安全性，但却降低了执行效率。因此，具体采用什么样的方法来产生密钥，应当根据智能卡的应用范围及安全性要求的高低而具体决定。

3. 应用管理器

应用管理器(application manager)的主要任务在于对智能卡接收的命令的可执行性进行判断。关于如何判断一条命令的可执行性，已经在安全体系一节中作了说明，所以，

可以认为应用管理器的实现主要是智能卡中的应用软件的安全机制的实现问题。而因为智能卡的各个应用都以文件的形式存在，所以，应用管理器的本质就是将要在下一节加以讨论的文件访问的安全控制问题。正是基于这一点，也可以把应用管理器看作是文件管理器的一个部分。

4. 文件管理器(file manager)

与安全一样，文件也是COS中的一个极为重要的概念。文件是指关于卡内数据单元和/或记录的有组织的集合。COS通过给每种应用建立一个对应文件的方法来实现它对各个应用的存储及管理。因此，COS的应用文件中存储的都是与应用程序有关的各种数据或记录。

(1) 文件系统。COS的文件按照其所处的逻辑层次可以分为三类：主文件MF、专用文件DF及基本文件EF。可以用图11.6所示的树状结构来形象地描述一个COS的文件系统的基本结构。

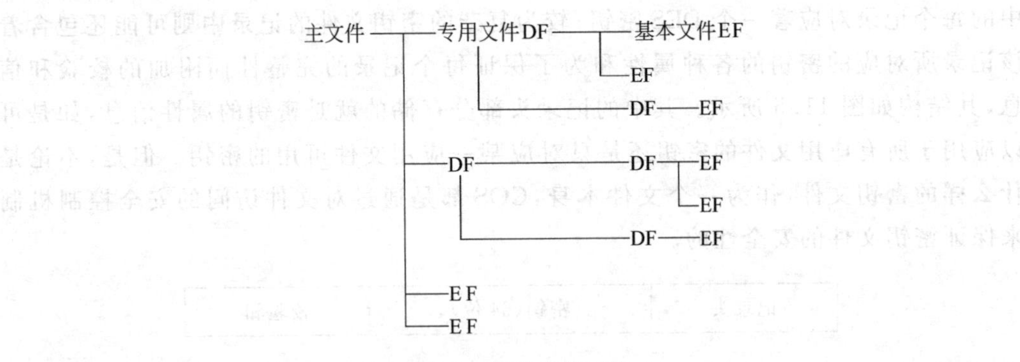

图11.6 树状文件系统

当然，对于具体的某个COS产品，很可能由于应用的不同，对文件的实际分层方法会有所不同。但只要仔细地进行分析，都可以归结为上面的3个逻辑层次，如前面提到过的PCOS产品。该产品的存储器分区情况在图10.38中已经作了说明，它对文件的分类不是按照逻辑层次划分的，而是根据文件的用途进行的。它的文件分为三类：COS文件(COS file)、密钥文件(key file)和钱夹文件(purses file)。其中，COS文件保存有基本的应用数据；密钥文件存储的是进行数据加密时要用到的密钥；钱夹文件的作用有些类似于日常生活中的钱包。由此可见，它的这三类文件本质上其实都属于基本文件类。在PCOS中，专用文件的概念不是很明显，但是事实上，如果大家留心的话，那么从以前的论述中，应该不难发现该产品存储器分区中FAT区内的文件描述器的作用就类似于专用文件。

COS文件有4种逻辑结构：透明结构、线性定长结构、线性变长结构和定长循环结构。它们的定义及特点可以参阅第6章ISO/IEC 7816-4协议中的有关部分，这里不再详述。不过，无论采取的是什么样的逻辑结构，COS中的文件在智能卡的存储器中都是物理上连续存放的。卡中数据存取采用随机存取方式，也就是卡的用户在得到授权后，可以直接任意访问文件中的某个数据单元或记录。

(2)[c]文件访问安全。对文件访问的安全性控制是COS系统中的一个十分重要的部分，在这里准备介绍比较有代表性的两种实现方式：鉴别寄存器方式以及状态机方式。

采用鉴别寄存器方式时，通常是在RAM中设置一个8位(或者是16位)长的区域作为鉴别寄存器。这里的鉴别是指对安全控制密码的鉴别。鉴别寄存器所反映的是智能卡在当前所处的安全状态。采用这种方式时，智能卡的每个文件的文件头(或者是文件描述器)中通常都存储有该文件能够被访问的条件，一般包括读、写两个条件(分别用Cr、Cu表示)，这就构成了该文件的安全属性。而用户通过向智能卡输入安全密码，就可以改变卡的安全状态，这一过程通常称为出示，这就是鉴别寄存器方式的安全机制。把上面的三方面结合起来，就能够对卡中文件的读写权限加以控制了。具体的操作机制以PCOS为例加以描述。

首先，PCOS中的鉴别寄存器是8位字长的，这8位中的低7位分别与PCOS存储器中保密字区(参见图10.38)内的7个安全密码的序号(1～7)一一对应。鉴别寄存器中每一位的初始值都被置为0。如果用户向智能卡出示了某一个安全密码，并且被卡判断为正确的话，系统就在鉴别寄存器的相应位上写入1。例如，如果处于保密字区中的第2个安全密码被用户正确出示的话，PCOS就在寄存器的第2位上写1。同时，文件描述器中的读、写条件Cr、Cu保存的都是$b_0 \sim b_7$对应于该文件进行读(或写)操作时所需要出示的密码在保密字区中的序号。在对某个文件进行读(或写)操作之前，如果文件描述器的Cr(或Cu)$\neq 0$，系统首先判断在鉴别寄存器中对应的第Cr(或Cu)位是否已被置为1，只有当该位为1时，才表示读(或写)权限已经得到满足，才能对该文件进行读(或写)操作，也就是说，如果用户想要对一个文件进行操作，就必须首先出示对应于该文件的安全属性为正确的安全密码，系统据此就达到了对文件的访问进行安全控制的目的。如果文件描述器的Cr=0，表示该文件可以被用户随意读取，对于Cu也是一样。

与鉴别寄存器方式不同，状态机方式更加明显地表示出了安全状态、安全属性和安全机制的概念及其之间的关系(关于状态机的知识不属于本书的范畴，有兴趣的读者请自行查阅有关资料)。以STARCOS为例，它采用的是一种确定状态机的机制，该机制通过系统内的应用控制文件(Application Control File，ACF)实现。ACF文件的格式如图11.7所示，它是一个线性变长结构的文件，其中记录01包括该ACF所控制的应用可以允许的所有命令的指令码(INS)，其余的记录分别与记录01中的指令码一一对应，其中存储的都是对应命令的变体(varient)记录。变体记录指的是这样一些记录，记录中存储的是控制信息、初始状态、可能的下一状态以及可选的指令信息的组合，其结构可用图11.8表示。利用ACF中的这些变体记录就可以形成状态转移图。在变体记录中，控制信息部分是必不可少的。不同的变体记录主要在两个方面有区别：一是命令所允许的状态不同；二是以CLA字节开始的指令信息部分不相同，这主要是由命令要操作的应用对象的不同决定的。

利用ACF，COS系统就可以实现对文件访问的安全控制了。当系统接收到一个应用进行操作的一条命令后，首先检验其指令码是否在相应的ACF文件的记录01中。如果不在其中，系统就认为该命令是错误的。在找到了对应的指令码后，系统把命令的其余部分与该命令对应的各变体记录中的指令信息按照该变体记录的控制信息的要求进行比较，如果比较结果一致，那么再查验变体记录中的初始状态信息。若所有这些检测都顺利通过，那么系统就进入对应变体记录中指明的下一状态；否则，继续查找下一个变体记录直到发现相应变体或是查完该命令对应的所有变体记录为止。如果没有找到相应的变体记录，说明该命令是非法的；否则就进入下一步对命令的处理，即由 COS 调用实际的处理过程执行对命令的处理。当且仅当处理过程正常结束的时候，系统才进入一个新的状态，并开始等待接收下一条命令。

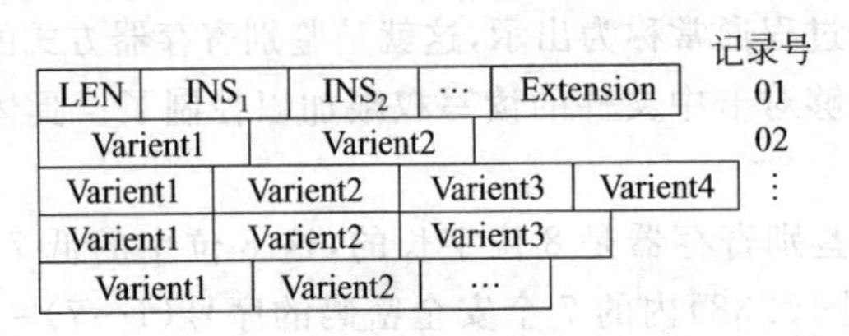

图 11.7 应用控制文件 ACF 格式

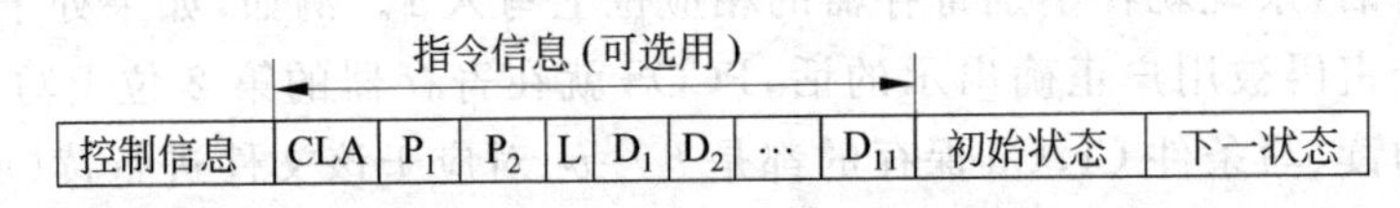

图 11.8 变体(varient)记录结构

11.4 COS 的命令系统

前面讲述了 COS 的体系结构，而在智能卡具体进行处理时，除了卡激活时返回复位应答 ATR 外，其后系统所采用的都是命令-响应对的方式。

COS 的命令集在 ISO/IEC 7816 国际标准中已有规定。而对于一张具体的智能卡，往往因为它的应用关系，使其命令集在国际标准的基础上都要做一些不同程度的选择或扩充。例如，早期产品 STARCOS 的命令集共有 28 条命令，在该产品推出时，其中属于 ISO/IEC 7816-4 标准命令集的则仅有 9 条。

在 20 世纪末，国际标准 ISO/IEC 7816 中规范的命令远远不能满足实际需要，甚至像创建文件等命令也没有包含在标准中，因此在这之前开发的智能卡产品中都有不少自行定义的命令。而在 2006 年版的 ISO/IEC 7816-4 标准中，已将命令集进行了大量修改与扩充，并补充了 ISO/IEC 7816-7/8/9 国际标准及以后的 ISO/IEC 7816-13 国际标准。本书根据国际标准的最新版本重新编写了相关章节(见第 6 章)。

下面以编写图 11.2 中的“复位应答 ATR”和“读二进制命令”子程序为例，启发编写 COS 的思路。先画出子程序操作流程图，并指出完成子程序所需的微处理器指令。存储器有 RAM、ROM 和 E^2PROM 是统一编址的。

1. 微处理器程序流程示意图

微处理器程序流程见图 11.9。

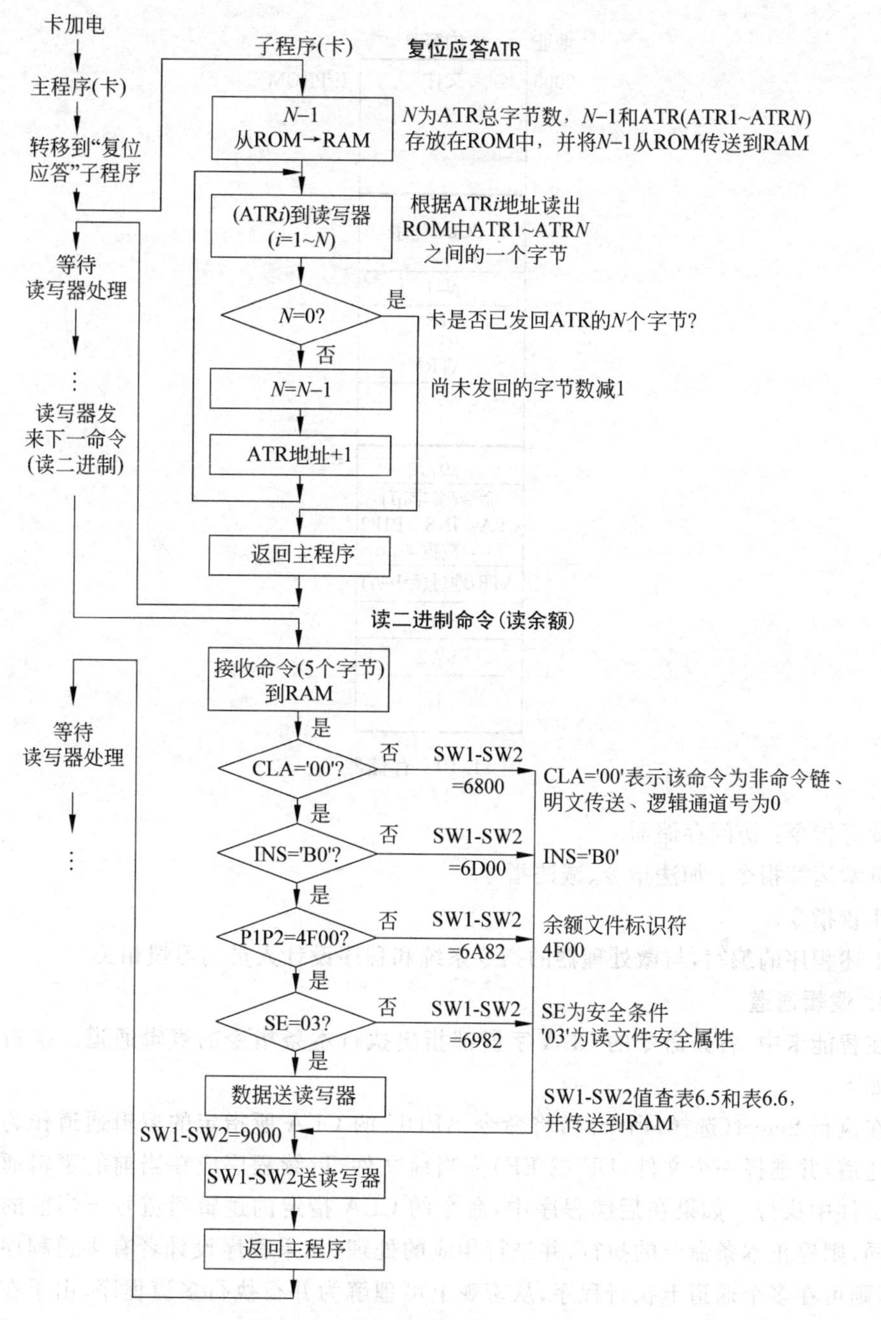

图 11.9　微处理器程序流程示意图

2. 实现程序流程的存储器

存储器见图 11.10。

3. 实现程序流程所需的微处理器指令

转移指令：转子程序指令(或称为调用指令)和返回指令(返回到上层调用程序)；条件转移指令。

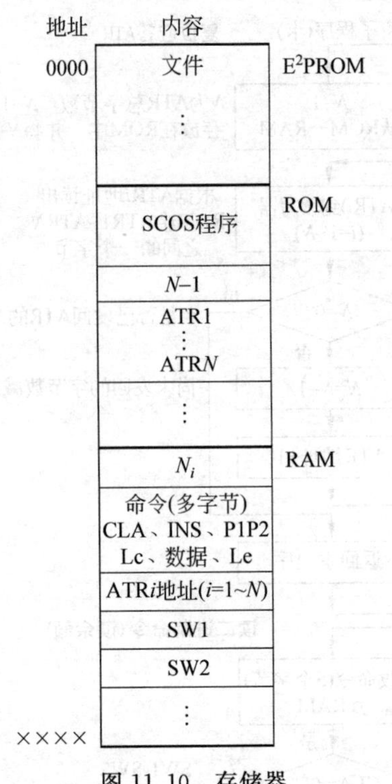

图 11.10　存储器

读写指令：访问存储器

算术运算指令：加法指令、减法指令

比较指令。

上述程序的编写，与微处理器的指令系统和程序设计人员的习惯相关。

4. 逻辑通道

在智能卡中，各条命令的 CLA 字段都指出执行本条指令的逻辑通道。逻辑通道的含义如下。

在执行 Select(选择)命令时，将命令 APDU 的 CLA 所指定的逻辑通道作为当前的逻辑通道，并选择一个文件(DF 或 EF)为当前文件，后续程序应在当前的逻辑通道和当前的文件中执行。如果在后续程序中，命令的 CLA 指定的逻辑通道号与当前的逻辑通号不同，则停止本条命令的执行，并进行相应的处理；如果程序设计者有多道程序设计的观念，则可在多个通道上执行程序，从宏观上可理解为并行执行多道程序，由于在硬件只有一个物理通道，所以在卡中称它为逻辑通道。

在 SCOS 中，仅使用一个编码为 0 的逻辑通道。

11.5　COS 设计原则

智能卡与外界(读写器)之间的联系必须通过 COS 才能进行，在程序执行过程中卡的安全和数据存取时的保护极为重要。由于受到卡内可用存储器数量的限制，COS 只能占有少量存储空间，一般在3～20KB的范围内。

1. COS的编程语言

COS一般用汇编语言编写，这样可使编译后的程序代码占用较少的存储空间。如果用C语言编写，即使经过高度优化，也比用汇编语言编写的具有同样功能的程序代码多占存储器20%～40%的空间，同时其运行速度也较低。然而，其最大的问题还在于它所需的RAM量，RAM的存储密度要比ROM和E^2PROM低很多，因此RAM存储器的资源在卡中是极其有限的。用汇编语言编程也有缺点，它通常比C语言编程更容易产生错误。采用独立的完全可测试的模块化设计，有利于及时发现编程错误。COS程序编写好后，一般存入ROM中，当芯片生产出来以后，ROM中的程序代码无法修改，如果有错误，将导致整批芯片报废，影响效益和声誉，因此不能忽视测试和质量保证工作。

设计者一旦选定微处理器后，有关厂家(公司)可提供COS的开发工具，但这要在双方通过协商并签订合同后才能实现，保证安全是首先要考虑的问题。

2. 程序代码结构

ROM中的内容是在生产芯片时写入的，写入后就不能修改。根据应用对卡的安全性、成本和修改错误难易程度的不同要求，COS的程序代码在ROM和E^2PROM存储器中有不同的分配方法，叙述如下。

(1) 为便于修改错误，只将很小的用于E^2PROM的加载程序存放在ROM中，而把实际的操作系统下载到E^2PROM中。相对于ROM来说，每位E^2PROM在芯片中所占的面积增大4倍，因而增加了成本，同时在E^2PROM中的COS程序代码有可能被篡改，危及安全性。

(2) 把尽可能多的程序代码放在ROM中，因此，所有COS程序的核心部分及其余的重要部分都存储在ROM中，只允许一小部分程序存储在E^2PROM中。

(3) COS的程序代码全部在ROM中，只把数据存储在E^2PROM中。

设计者根据安全要求、生产成本、芯片面积及可靠性等，综合考虑后选定代码结构。

下面介绍硬掩膜和软掩膜的概念。

掩膜是在芯片生产过程中使用的(参见附录C)。在这里，硬掩膜指的是在向ROM中写入内容时所用的掩膜，写入后不能再改变，所以是“硬”的。而向E^2PROM或闪存(Flash存储器)中存入的代码可由程序予以改变(实际并不存在掩膜)，称之为软掩膜。软掩膜一般用在设计程序阶段或现场试验中，这样可以迅速修改程序纠正错误，一旦完成程序测试或现场试验后，再按E^2PROM中的代码做硬掩膜存入ROM。也有的成品卡采用软掩膜，用E^2PROM或闪存接收下载的COS程序。

3. 存储器的构成

在卡中有3种不同类型的存储器。ROM只能在芯片制造期间通过掩膜来编程，而且是一次编完永不改变。RAM在电源加到卡时才能保持内容，掉电就会丢失数据，卡加电时需要初始化，如将安全状态字清0。RAM可以进行无限次写入，且操作速度快；E^2PROM可以在没有外加电源情况下保持数据，但有3个缺点，即有限的擦/写次数、较长的擦/写时间(约比RAM长1万倍)和按区(或块)擦除的结构。另外，IC卡在每次加电后最好能对存储器进行测试，如果发现错误，一开始就排除掉或中止操作。

图 11.11 是一个 256B RAM 的分区举例。如果 I/O 缓冲器不够用，可通过在 E^2PROM 中设置工作区来解决，即将 E^2PROM 的一部分像 RAM 那样来使用。其缺点仍是读写周期长和写/擦除次数受限制。

4. 智能卡文件

所有文件都可通过两个字节的代码(文件标识符)寻址。当智能卡个人化时(即准备发给持卡人时)，所有文件都被创建并装入智能卡内，通常采用并不复杂的存储器管理方法，如果一个文件被删除(有此功能的操作系统不多)，其释放的存储空间一般就不用了。

最新的文件管理系统具有面向对象的内部结构，把有关文件的所有信息都存放在文件中，因此在进行任何操作前必须先选择此文件。文件内容分成两部分：文件头和文件体。文件头内包含文件的格式和结构，以及存取条件等信息；文件体存储数据。文件头通过指示器与文件体相链接，如图 11.12 所示。文件头和文件体存放在不同的存储区里，文件头总是不变的，这样，有关文件体的擦除或写入错误就不会影响文件头中的存取条件。如果文件头和文件体存储在同一存储区内，就有可能被人利用故意产生的写入错误来改变存取条件，从而能从文件体中读取机密信息。

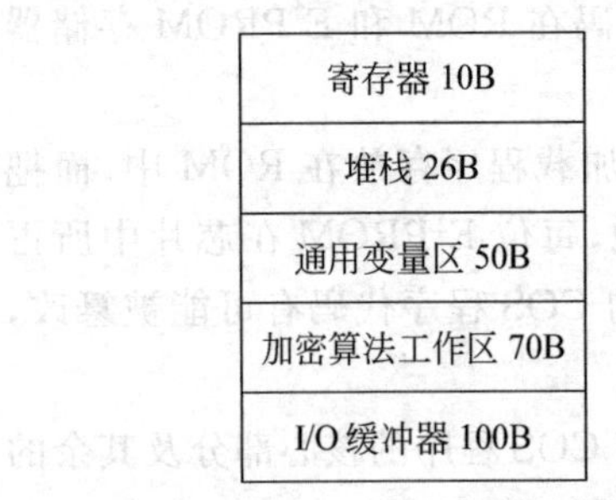

图 11.11 256B RAM 分区举例

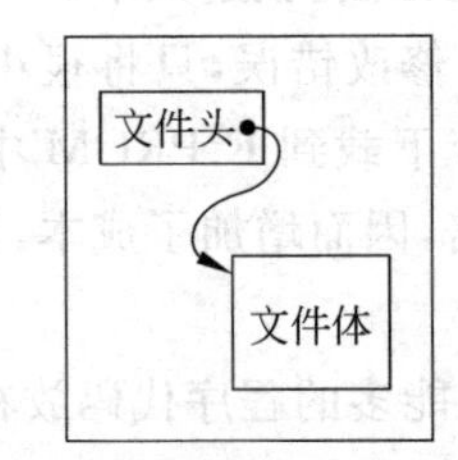

图 11.12 文体管理系统中的文件内部结构

新文件的成功选择将导致之前选择的文件无效，即在任何时候被选中的文件只能有一个，该文件称为当前文件。

有关文件的结构详见 ISO/IEC 7816-4(本书第 3 章的 3.3.1 节)。

文件访问条件编码在文件头中，文件管理的安全性立足于对文件访问权限的管理。在文件创建时就规定了访问条件，以后不能再改变。

在 EF 文件中，附加有文件属性的定义，这些属性取决于卡的应用领域，设置的目的是防止对 E^2PROM 操作可能产生的写差错。这些属性在文件创建时被规定，在以后一般是不可改变的。有以下几种属性。

(1) WORM 属性。一次写，多次读。把一串代码一次性永久写入一个文件中。例如，在卡个人化时，将持卡人的姓名和卡使用截止时间永久性写入卡中，写入后不能再修改。该属性可以用硬件或软件实现。

(2) 多重存储属性。由于 E^2PROM 的擦除/写入次数是有限制的，对某些文件的频繁写入有可能使有关的 E^2PROM 位失效。通过在写入数据时存储其多重备份，读出数据采取多数表决的方法来清除失效位的影响，对写数据，通常采用 3 重并行写入存储，对读数据采用了 3 中取 2 的多数表决方式。另一种不同的实现方式是发生读数据错误时，以多重存储数据中的另一备份取代。

(3) 差错检测码(EDC)利用属性。利用 EDC 可检测到错误。与其他方法一起采用,有可能纠正错误。

(4) 原子操作属性(参见 11.2 节的“防意外掉电”)。在写入操作时,要么完整地执行,要么根本不执行。由于这种机制要花费两倍多的写操作时间,因此只能有选择地在需要的文件中进行。

(5) 并发访问文件属性。支持多个逻辑通道的 COS 可能要求具有一种用于并发访问的特殊文件属性,即允许两条或更多条命令通过不同通道同时对一文件进行写入/读出访问。发生这种情况时,对数据来说,有可能在一通道修改之前或修改之后被另一通道读出,如果这两个进程之间没有同步,读出的数据将不同,且无法预测。因此,一般不允许并发访问,于是在一通道访问时,其他通道被暂时封锁。如果确有并发访问需要,有关应用程序应负责写读访问的同步。

(6) 数据传输界面选择。对于双界面卡,要确定用两种界面中的哪一个来访问文件。例如,对电子钱包,可用接触式界面存钱(充值),而对其他操作可用非接触式界面,在过去认为接触式界面工作更可靠些。

在前面介绍的文件头(文件描述符)中至少包含以下条目。

(1) 文件名,如 FID='2000'。

(2) 文件类型,如 EF。

(3) 文件结构,如线性记录(定长、变长)、透明记录。

(4) 文件长度,如 10 条记录。

(5) 存取条件,如读/写在 PIN 验证之后。

(6) 属性,如 WORM。

(7) 链接到父文件,如链接在 MF 之下。

最后需要强调,设计的 IC 卡应尽量遵循国际标准和国家标准,本书第 6 章的内容与 COS 的关系极为密切。编写完的 COS 要进行严格的测试。

11.6 COS 的测试

11.6.1 测试原则

(1) 测试要求详尽、全面,对卡应完成的全部功能都要进行测试。当输入不正确的命令或操作有误时,测试程序(COS)应自动中止,给出发生差错的信息,并且不能改变卡中原来存储的有关数据。

(2) 在硬件设计和 COS 设计阶段就要考虑测试方案,为此在芯片中可能会附加一些测试专用电路,设置一些观察点和熔丝等,在完成测试或个人化后将熔丝断开,从而限制以后某些操作的执行,以维护卡的安全。在设计 COS 时也应考虑如何划分程序模块,以便于调试。

(3) IC 卡从设计、生产到最后的产品出来,要经历多个步骤,每一步都可能产生废品,为了及早将不合格的中间产品检测出来,原则上每经过一道工序都要进行检测。

(4) COS和硬件存在的问题会交叉在一起,要认真检查。有关测试内容可参见第13章。

11.6.2 设计工具与测试仪器

在完成了硬件设计以后,就可进行COS设计,在设计COS的过程中,不排除对硬件实行局部修改的可能性。接触式IC卡的硬件包括MCU、存储器(RAM、ROM和E^2PROM)和与触点连接的接口电路,在半导体工艺线上将其集成在一个芯片中。

COS的设计一般在半导体生产厂家提供的工具上进行,该工具包括两部分:仿真IC卡和仿真读写器。

(1) 仿真IC卡。具有被设计的IC卡的所有功能部件,但由集成度较低的若干个现成的芯片和一些附加电路构成。其中,ROM由RAM、EPROM或E^2PROM替代,以便将设计中的COS写入仿真卡存储器后可修改COS的内容,在设计过程中这种情况是经常发生的。另外,仿真IC卡最好能有自诊断能力,这样在调试COS程序时,在某些场合可很快区分是硬件还是软件问题。一般自诊断在加电后立即进行。

仿真IC卡(接触式)通过6个或8个触点与外界接触(符合ISO/IEC 7816-2标准)。

仿真IC卡(非接触式)通过天线与外界接触。

(2) 仿真读写器。功能是产生调试COS程序所需提供给各触点的信号,并接收与分析从IC卡返回的信息。

在向IC卡加电时,提供各触点激活IC卡所需的时序信号;在下电时,提供各触点停活(去激活)IC卡所需的时序信号,接收并分析从IC卡返回的复位应答。

发送测试程序(命令APDU组合),接收响应APDU并分析。非接触式IC卡中的COS增加防冲突程序。

11.6.3 测试举例(SCOS的测试)

下面以11.2节所介绍的SCOS为例来说明有关测试的问题。测试的方法与步骤是可以改变的,原则上以正确、全面为准,而且与卡处于生命周期哪一阶段有关,还与测试目的有关。例如,检测成品卡是否合格和寻找问题卡出错原因、出错地点,其检测程序一般是不同的。

1. SCOS设计阶段

假设设计工具是可靠的,且有自诊断程序予以保证。一般半导体公司提供的COS设计工具是可信的,所以主要考虑SCOS的设计与测试。

1) 模块化设计

一般的大程序在完成软件的总体设计以后,将其分成若干个功能独立的模块,并明确各模块之间的输入/输出要求,这样就可以有多人参加模块程序的编写,各模块分别调试后再进行模块之间的联调。SCOS的程序很简单,不一定需要多人共同完成程序的编写,但考虑到模块功能明确,调试方便,并且还能减少程序量,节省存储器空间,所以仍考虑采用模块化设计。可分为以下模块。

(1) IC卡加电、断电处理模块。内容包括如下部分。

① 加电后,对IC卡硬件的初始化(设置默认值)。

② 防插拔(防意外)。如果上次交易影响写入的正确性,在此纠正;为防止本次交易

突然停电而进行的预处理(见 11.2 节的“防意外掉电”)。

③ 发送 ATR 到读写器。

(2) 命令-响应对的公共处理模块。

① 命令 APDU 中 CLA 和 INS 编码合法性处理。

② 响应 APDU 中的 SW1、SW2 编码设定。

③ 安全条件和安全属性匹配性检查(包括加密/解密算法的实现)。

(3) 各命令 APDU 的专有处理模块。

① 各命令参数(P1、P2)和数据字段(Lc、data、Le)编码合法性处理。

② 命令功能的实现。

2) 编程语言

采用 IC 卡中的 MCU 所支持的汇编语言编写 SCOS 程序,在微机上将其编译成 MCU 的二进制机器语言(指令)代码,并存放在仿真器的 RAM 或 EPROM 中(由仿真器决定),其优、缺点分别如下所述。

RAM 修改方便、速度快,但仿真器掉电会丢失内容,而这是经常会发生的,所以需要有后备存储保留备份,在加电时将其内容复制到 RAM 中。EPROM 掉电时仍能保持内容,但修改内容比较麻烦,需用紫外线先擦除其内容随后才能写入。因此,也可以考虑用闪存或 E^2PROM 暂存设计过程中的程序。

另外,还希望能实现反汇编,即将存储器中存放的 SCOS 二进制程序代码转换成用 MCU 指令表示的汇编程序,以便于人工检查 SCOS 的正确性。

3) 编写测试程序并进行程序模块调试

在仿真读写器中编写测试上述各模块的测试程序,并将相应信号转换到各触点上。测试程序还需顾及 9.3 节提到的传输协议($T=0$)的测试。

如果 SCOS 中编写的程序还与频率有关,则需要进行变频测试。

如果在模块测试过程中发现问题,要及时修改 SCOS 程序,修改后要重新进行测试。在测试时,除了检查在正常工作情况下的操作结果是否正确以外,还要尽可能检查所有在不正常情况下的操作结果是否与预期的相同,一定要保持卡内数据的安全。

在完成了程序模块的分调和联调后,就可考虑运行更为复杂的测试程序,具体内容可参考下面介绍的 IC 卡操作系统测试程序举例。但是真 IC 卡的个人化处理与仿真 IC 卡的个人化处理是不同的,必须加以注意。

测试通过后,提交厂家生产,在芯片生产过程中将 SCOS 写入 ROM。

2. 试制芯片的测试

试制芯片除了要测试 SCOS 外,还要考验硬件的正确性和可靠性,并且要注意某些命令(如创建文件)在个人化后就不能再执行了,因此要在个人化前进行充分的测试。

如果芯片的硬件有问题,这是厂家的责任。如果 COS 有问题,有可能有一次修改的机会(在合同中约定),多次修改要额外付费。

3. 成品测试

批量生产的芯片要全部(100%)进行测试,封装成模块和卡后还要再进行 100%测试。

4. IC卡操作系统测试程序举例

主要考虑IC卡的测试，但可供设计阶段和生产阶段的测试作参考。

测试程序可以多样化，此例仅作参考。

建议测试步骤如下。

(1) IC卡加电，返回ATR，与正确的ATR比较，如果相同，进入下一步；否则，中止执行程序。

以下不设置安全属性，对能正常执行的文件处理命令和应用命令进行测试。

(2) 任意建立一个二进制文件，选择该文件，再执行写二进制命令和读二进制命令。

每执行一条命令后，检查卡的响应APDU是否与预期的一致。

(3) 建立SCOS中定义的其余5个文件。

(4) 轮流选择各个文件，进行写入(写二进制/写记录)与读出，并检查是否会影响非当前被选文件的内容。

(5) 删除文件，被删文件不应再被选择。

以下对安全管理命令进行测试。

(6) 执行取口令命令，获取随机数，然后执行外部鉴别命令。应成功执行，并设置相应的安全条件码(是否能设置，要靠其他命令来验证)。

(7) 执行内部鉴别命令，如果不成功，中止程序执行。

(8) 建立多个有不同读写条件的文件和密码、密钥文件(SF、KF)。

(9) 执行验证密码(PIN和ISC)命令，应设计有成功执行和不成功执行的多种情况，卡应自动设置相应的安全条件码。

(10) 执行写读文件的命令。并返回第(9)步，重复循环执行。在验证各种安全条件码后进入第(11)步。

步骤(1)～(10)对IC卡在正常操作条件下的基本功能进行了测试。每条命令(除步骤(9)和步骤(10))返回的条件码SW1-SW2应为9000，如果测试过程中发现错误，SW1-SW2不等于9000，立即中止测试，根据测试程序停止位置，可以判断执行哪条命令时出错。

(11) 当命令的INS未被定义时，是否能返回期望的SW1-SW2。

(12) 测试命令的CLA不符合指定值时是否返回预期的SW1-SW2。可任意选择一条命令，如读二进制文件命令。

以下对每一条命令进行详尽的测试。

(13) 创建文件命令。对命令APDU中P1、P2、Lc、DATA、Le设置成不同值时，检查响应APDU返回的内容，并检查本命令执行后可能出现的所有SW1-SW2。当出现错误时，不应对卡产生不该有的影响。

(14) 其他命令。所有命令都要一一进行测试。最后根据应用情况进行综合测试。

5. 其他测试

对IC卡而言，除了COS以外，还要保证硬件的可靠性，所以除了在标准电压和标准频率下进行测试外，还要考虑在电压和频率变化在±5%时IC卡工作的可靠性。在变压和变频后重复执行前面介绍的测试程序。

另外，还需要进行防插拔测试。

为了考验卡的可靠性,可以在批量生产的 IC 卡中,随机抽取一些卡片,改变测试的环境温度,循环执行上述测试程序考验一段时间。

6. 卡的个人化处理

由于 SCOS 比较简单,除了个人化后不能再执行创建文件命令以外,其他功能都没有变化,因此大量测试工作可在个人化之前进行。在对少量 IC 卡进行个人化后的详尽测试并证明 SCOS 是正确的以后,大批量的 IC 卡可以在发卡前进行个人化。

11.7[a] Java 智能卡

Java 智能卡是基于 Java 语言的 CPU 卡。

Java 语言是一种基于开放技术的编程语言,有着广阔的应用前景。从 Java 语言的语法来看,可分为标准的 Java 语言和 Java 智能卡的 Java 语言。Java 智能卡的 Java 语言是标准 Java 语言的一个子集。

Sun Microsystem 公司于 1995 年 5 月推出 Java 程序设计语言和 Java 平台;2010 年 11 月发布 Java 卡规范,要求全球 Java 应用开发公司所设计的 Java 软件能互相兼容,与微软公司倡导的注重精英和封闭式模式不同;2011 年被 Oracle(甲骨文)公司收购。

11.7.1 Java 语言及简单程序举例

Java 起源于 C 与 C++ 的语言,但进行了大量改动和增删,以实现其简单、安全等特性。

Java 程序是由“类”构成的,用保留字 class 来声明一个新的类。在一个 Java 程序中可以定义多个类,每个类中可以定义多个“方法”(相当于函数)。对于一个应用程序来说,main()方法是必需的,用它来作为程序的入口,一个程序中只能有一个 main()。下面介绍一个简单的 Java 程序。

```
public class Hello World App{
  public static void main (string args[]){
  system.out.println ("Hello World!");
  }
    }
```

本程序的结果是输出一行信息:

```
Hello World!
```

程序中,Hello World App 是类名;public 表示访问权限,是一个公共类;static 表示通过类名可直接调用;void 表示 main()方法不返回任何值。在 main()方法中,括号()中的 string args[]是传递给 main()的参数,args 为参数名。在 main()方法的实现(大括号)中,只有一条语句:

```
system.out.println("Hello World!")
```

来实现字符串的输出。

运行该程序的过程见图 11.13 和 11.7.2 节中的讨论。首先要把它放到一个名为 Hello World App.java 的文件中，文件名和类名相同，然后对它进行编译：

```
C:\>javac Hello World App.java
```

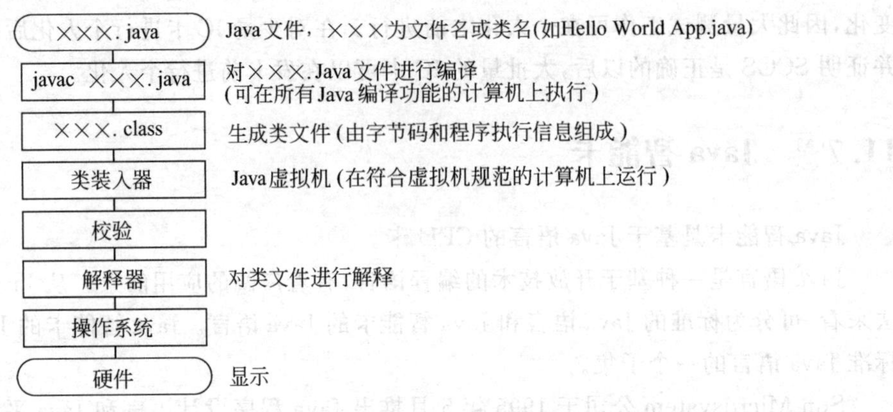

图 11.13　Java 程序的运行过程

编译的结果是生成类文件 Hello World App.class。最后用 Java 解释器来运行该文件：

```
C:\>java Hello World App
```

在屏幕上显示结果：

```
Hello World!
```

11.7.2　Java 虚拟机

1. 虚拟机概述

Java 虚拟机指的是实现类文件的计算机(类文件是 Java 程序经编译后生成的，以×××.class 表示)，该计算机包含执行以字节码形式表示的指令集的软件及硬件，称为 Java 虚拟机。

注：注意类文件与前述类名的差别。

Java 程序的运行过程如图 11.13 所示。

在图 11.13 中，产生类文件以后，字节码的装入、校验和解释可由任意一台遵循 Java 虚拟机规范的计算机的解释器或编译器完成，然后由操作系统和硬件实现具体的操作。

为了保证 Java 程序经编译后的类文件在任何系统上都能够运行，制定了 Java 虚拟机规范。凡是符合 Java 虚拟机规范的计算机系统都是百分之百兼容的，因此，Java 程序只要编译一次，就可在各个计算机系统中运行。

Java 虚拟机定义了类文件格式和字节码形式的指令集规范。

Java 虚拟机的指令由操作码和操作数组成，操作码为 8 位，最多能设计 256 条指令，目前使用 200 条左右，操作数的数目随指令而异。在任何 Java 程序的字节码表示中，变量和方法的引用都使用符号，而不使用具体数字，用数字引用替代符号引用是在运行时由解释器完成的。

2. 虚拟机的指令集（举例）

Java 虚拟机大多数都从栈中取得操作数，处理后把结果送回栈中。选择栈结构的目的是：在只有少量寄存器或非通用寄存器的机器上也能够高效地模拟虚拟机的行为。例如，iadd 指令将两个整数相加，相加的两个整数应该是操作数栈顶的两个字，这两个字是由先前的指令压进栈的。本指令把这两个整数从操作数栈中弹出，相加后，把结果压回到操作数栈中。作为约定，当操作的源和目的都是栈时，在指令中不再指明；而当不是栈时，则特别指明。因此，iadd 指令仅有指令码而不需要指明操作数，该指令由 1 字节组成。

虚拟机的每一条指令都以字节码的形式表示，并为每条指令的操作码分配了固定代码。举例如下。

1) bipush 指令（整数压入栈）

指令格式：

```
bipush=16(操作码)
byte 1(操作数)
```

操作：将 1 字节带符号整数（byte 1）压入栈。

2) iadd 指令（整数加）

指令格式：

```
iadd=96
```

操作：将栈顶两整数相加，结果送回栈顶。

3) ifeq 指令（相等转移）

指令格式：

```
ifeq=153
branch byte 1
branch byte 2
```

操作：从栈中弹出一数，如果等于 0，程序转移到当前指令地址加上偏移量（由指令给出的 branch byte 1 和 branch byte 2 组成）处执行，否则执行 ifeq 后面的指令。

从上述几例中可以看出，字节码类似于汇编语言，但是它经过特殊设计特别适合于用软件解释（或编译）的方法加以执行。

由于 Java 字节码指令可以用软件解释执行，这样，只要安装了 Java 运行的软件系统，Java 程序就可以在任意的处理器上运行。

如果用 Java 字节码构成为某种微处理器的指令系统，这种微处理器就是 Java 芯片。

图 11.14 指出了 Java 虚拟机在 Java 平台上的作用。Java 平台由 Java 虚拟机和 Java 应用程序接口 API 构成。

<table>
<tr><td colspan="2">Java应用程序Applet</td></tr>
<tr><td colspan="2">Java类文件和 API*</td></tr>
<tr><td colspan="2">Java虚拟机</td></tr>
<tr><td>适配器</td><td rowspan="2">Java
操作系统</td></tr>
<tr><td>操作系统</td></tr>
<tr><td>一般微处理器</td><td>Java芯片</td></tr>
</table>

*API为应用程序接口

图 11.14　Java 虚拟机和 Java 平台

Java 虚拟机的下方是可选择的两种方法：其中依赖平台的部分称为“适配器”(解释器或编译器)，Java 虚拟机程序通过适配器在一般操作系统上实现；如果在 Java 操作系统和 Java 芯片上实现，则不需要适配器，因为这部分工作已由 Java 操作系统完成。

在 Java 芯片上直接执行字节码指令，其运行 Java 程序的速度要比在 Java 解释器(或编译器)上运行快得多。但目前广泛采用的是一般微处理器，而且在 Java 卡上运行程序要比其他智能卡的机器语言程序慢很多，因此有的公司为提高速度采用了 32 位 ARM 微处理器。

11.7.3 Java 智能卡

1. 概述

Java 卡规范是一个用于智能卡的软件规范，它遵从 ISO/IEC 7816-4 标准。由于智能卡的硬件功能弱，所以它只能支持一部分 Java 语言规范和 Java 虚拟机规范。然而，智能卡所需的程序一般都比较简单，所以，虽然 Java 卡是标准 Java 的一个子集，仍能用它编出足够强大的智能卡程序。

Java 智能卡程序可以用标准的 Java 编译器编译。Java card 虚拟机的类文件格式和字节码指令都是标准 Java 的一个子集。

前面各章讲到的智能卡，各生产厂家的子集并不完全统一，智能卡的应用程序接口 API 也不完全相同，而且卡是在专用的开发工具上设计的，因此一个应用系统使用不同厂商生产的卡会带来麻烦。

Java 卡和 Java API 规范的出现使得智能卡和应用系统的编程简化，卡的应用程序(Applet)可在任一支持 Java 卡 API 的智能卡上运行。开发程序人员无需熟悉卡的硬件和智能卡专用技术，而且简化了卡的 Applet 与终端或后台服务器通信的设计工作。这是优势。

Java 卡的开发可由 Java 开发人员承担，因此增加了设计力量。对多应用卡来说，卡内各个应用可由不同厂家实现。

2. Java 智能卡的应用程序

1) Java 卡的 Applet 程序

根据 ISO/IEC 7816-4 标准，Java 卡中包含了一个或多个“应用程序”。Java 卡使用 Java Applet 程序来完成符合 ISO 标准的应用程序实现的功能。当用户将一块智能卡插入读写器时，读写器将在卡上选择一个 Applet 程序来运行。该 Applet 程序根据应用标识符进行选取。下面介绍一些基本概念。

(1) 多个 Applet 程序。一张多应用卡上可以有多个 Applet 程序。每个 Applet 程序都是具备自身状态和功能的独立实体。在一般情况下，一个 Applet 程序的存在和操作，对卡上其他 Applet 程序并不构成影响。然而，Java 卡提供 Applet 程序之间可以互相查找、通信的机制，并在一定方式下可共享数据。这时，出于安全考虑，各 Applet 之间仍有防火墙(firewall)保护。

(2) 对象。在 Java 卡中，使用 Java 对象来完成对数据的操作。一个对象就是变量和相关方法的集合，其中变量表明对象的信息或数据，方法表明对象所具有的行为。每个对象都归生成它的 Applet 程序所有，除非对象被特别指明可以被共享；否则，只能被生成它的 Applet 程序使用和修改。

(3) 虚拟机的生存期。Java 卡的虚拟机具有和智能卡相同的生存期。智能卡中大部分数据在卡掉电时还要保存，卡中数据以 Java 对象的形式加以保存，这些对象称为“常驻对象”。

卡与读写器交互过程中，很有可能产生一个实际上只需暂时存在的对象，称为“暂态对象”。在掉电后或者在卡与读写器停止交互后，暂态对象的域将丢失数据，并被重置为默认值(如 0 或 false)。

(4) 原子性。原子性指的是 Java 卡的一次操作或是全部完成，或是不发生任何作用。这种原子性保证了在操作中出现意外情况时，操作对象将恢复原值。

在某些情况下，一个 Applet 程序需要以原子方式对许多不同对象中的域进行更新。有两种结果：所有域均正确完成了更新操作；所有域均保留其更新前的原始数据。

2) Applet 程序设计

Applet 程序是一个 Java 卡对象集，Applet 程序将长久存在于智能卡中。只要安装了一个 Applet 程序，它将永远存在于卡中。

每个 Applet 程序都是 Applet 类的一个子类，一个 Applet 程序必须实现 3 个方法：install(安装)、select(选择)和 process(处理)。一个 Applet 必须实现 install 方法，否则它不能被产生和初始化。

(1) install()。

```
public static void install(APDU apdu)
```

参数 apdu 为包含 INSTALL 命令的输入 APDU。

当调用 install 方法时，无任何程序对象存在。在 Applet 程序中，install 方法的主要任务就是对在 Applet 程序生存期中所需的对象进行生成和初始化工作，并进行相应的准备工作以备读写器对其进行选择和访问。

通常，一个 Applet 程序将生成多种对象，对其进行初始化和链接，设置一些内部状态变量，并调用方法 register 通知智能卡系统可以对此 Applet 程序进行选取。

install 方法在安装时调用，安装命令的 APDU 只有命令头，无数据。

本方法无返回数据，如安装成功，将向读写器发送成功完成的状态字 9000。在安装过程中如遇到问题，则向读写器发送不成功的相应状态字，并终止 Applet 的安装。

(2) new()。

Java 卡系统允许智能卡发行机构指定与平台多方面操作相关的策略，其中之一就是是否允许在安装(install)工作完成后运行方法 new 以生成新的对象。

有些卡发行机构规定，只有在安装过程中 Applet 程序才可以生成新的对象，而另一些卡发行机构则允许在 Applet 程序生存期的任何时候都可以生成新的对象。

(3) select()。

```
public boolean select()
```

返回值：成功选择返回 true；否则返回 false。

在系统选择一个 Applet 程序之前，此 Applet 程序一直保持在“暂停”状态下。当 Java 卡系统接收到一个 SELECT APDU 命令，且名称数据与 Applet 程序的应用标识符 AID 相符，即开始进行选择工作，使此 Applet 程序由“暂停”状态转变成“激活”状态。同时 Java 卡 RE 对平台内容进行调整，使得只有属于此程序的对象才能被访问。

如果本方法返回 true，紧接着 Applet 的 process()方法就被调用，其参数就是一个 SELECT APDU 命令，这样 Applet 就可以在方法 process()中返回 SELECT 命令的响应数据，如文件控制信息。

在成功完成选择工作后，其后的 APDU，包括 SELECT APDU 都将通过方法 process 传送到此 Applet 程序中。如果又来了一个新的 SELECT APDU 命令，且与旧 AID 相符的 Applet 程序已被安装，这时 Applet 程序的 deselect()方法将被调用，然后旧 Applet 程序暂停，新标识的 Applet 程序处于激活状态，并调用方法 select()。

如果卡在掉电后重置，则 Java 卡 RE 会调用一个默认的 Applet 执行，这时方法 select 也会被调用。

如果选择不成功，则返回 false 或送出例外。

(4) process()。

```
public void process(APDU apdu)throws ISO Exception
```

参数：apdu 为可供处理的 APDU。

用于处理一个输入 APDU。

当系统接收到输入信息标题后，即调用方法 process。与此同时，APDU 的 5 个字节命令头已位于 APDU 的缓冲器(APDU[0..4])中。命令 APDU 就是此方法的参变量 apdu。

卡与读写器之间的交互是由一个命令-响应对组成的，关于 APDU 处理的情况参见下一节。

执行 process 方法后，如正常返回，Java 卡会向读写器发出一个完成状态字(9000)。如执行中出现问题，产生例外 ISO Exception，根据情况，Java 卡 RE 会将相应的状态字返回给读写器。

(5) deselect()。

```
public void deselect()
```

当 Java 卡从读写器接收到 SELECT 命令时，它会调用即将被选择的 Applet 的 select()方法。在此之前，它还会调用原先被选择的 Applet 的 deselect()方法。

deselect()方法用来为原先被选择的 Applet 做一些清除工作。

3) Applet 程序的处理

在完成安装工作之后，Applet 程序将控制其自身状态，并对响应方法 select 和 process 进行设定。

在选择了一个 Applet 程序以后，除掉电或重新选择了其他 Applet 程序以外，此 Applet 程序一直处于激活状态。Applet 程序从读写器接收 APDU 命令，并处理此命令，完成的工作包括(部分)：维持自身状态；读写自身对象；读写共享对象；与其他 Applet 共享自身对象;生成新对象;激活由 Java 卡 API 提供的服务,如文件系统、PIN 等。

当卡从读写器设备取出,或出现电气或机械故障时,卡将掉电。当重新加电时,Java 卡 RE 保证:

(1) 所有暂态对象域被置为默认值。

(2) 上次(掉电前)如有未完成的交易处理,则该交易会被取消。

(3) 上次的 Applet 不被选择。

4) APDU 的处理

ISO/IEC 7816-4 中的应用协议包括以下操作:读写器发送命令 APDU、卡接收命令后予以处理并发回响应 APDU。

Java 卡的 APDU 类提供了强健且灵活的机制来处理 ISO/IEC 7816-4 标准中定义的 APDU。

(1) APDU 缓冲区头信息。

当激活一个 Applet 程序的 process()方法后,APDU 缓冲区的头 5 个字节 Buffer [0..4]就包含了 APDU 命令头字节(CLA、INS、P1、P2 和 P3)。

(2) APDU 与 Applet 类的 process()方法。

Applet 类的 process()方法是每个 APDU 处理的开始,所有的 APDU 命令(除 install 外)都由 process()传递给 Applet。如果 process()正确处理了 APDU,Java 卡向读写器发送"正常完成"状态字 9000,否则把标识出错信息的状态字传送到读写器。

(3) APDU 类的方法。

在 APDU 处理过程中用到以下 APDU 类。

① get Buffer()。

返回值:包含 APDU 缓冲区的字节数组。

APDU 对象的缓冲器中存储了接收到的命令数据字节和将发送的响应字节,调用 get Buffer 方法可以监测命令字节并使用 Java 语法存储响应字节。

APDU 缓冲器对象能被所有 Applet 程序所共享,是暂态对象。

② get InBlock Size()。

返回值:在 $T=1$ 时返回从终端接收的数据块的最大长度,$T=0$ 时返回 1。

③ receive Bytes()。

返回值:返回 APDU 缓冲区中从偏移量开始的可读取字节数。

使用本方法要先调用 Set In Coming And Receive()方法。

④ Set In Coming And Receive()。

返回值:返回读入到 APDU 缓冲区的字节数。

如果 Applet 程序通过分析 APDU 命令头得知该命令具有命令数据时,就调用本方法,这就通知了 P3 的内容为 Lc,并从 APDU 缓冲器第 5 字节起读入命令数据(第 0~4 字节为命令头)。

⑤ SetOutgoing()。

返回值:响应数据长度 Le。

⑥ SetOutgoingLengTh()。

返回值：实际发送的全部响应数据长度(不包括 SW1、SW2)。

⑦ Send Bytes()。

用于从 APDU 缓冲区发送一组响应数据。

⑧ Send ByteLong()。

与 Send Bytes 方法类似，但允许 Applet 程序从 APDU 缓冲区以外发送一组数据。

本方法的实现机制是：把要发送的数据送到 APDU 缓冲区，并对其进行分时发送。调用本方法以后，原来 APDU 缓冲器中的内容将丢失。

⑨ Wait()。

智能卡向读写器请求额外等待时间，这样智能卡进行长时间计算时不会发生超时问题。

⑩ get NAD()。

返回值：ISO/IEC 7816-3 中规定了 $T=1$ 时的节点地址 NAD。$T=0$ 时返回 0。$T=1$ 协议支持应用程序可同时保持多个通信通道。

5）其他常用类

前面已介绍了 Applet 类和 APDU 类，下面将介绍其他一些常用的类。

(1) System 类。

① share()：用于说明一个特定对象可以由哪些 Applet(用 AID 标识)访问。本方法只有对象的拥有者才可以调用。

② is Transcient()：用来检查对象是否是暂态对象。

③ make Transcient()：将对象置成暂态类型。

④ get Version：用于返回当前 Java 卡 API 的版本。版本号的格式是"主版本号：次版本号"。

⑤ get AID：用于返回当前 Applet 程序标识符对象。

⑥ begin Transaction()：用于启动一次原子处理。

⑦ abort Transaction()：终止原子操作。

(2) Util 类。

① array Copy()：用于数组复制。

② array Compare()：用于数组比较。

③ get Short()：获得数组中两连续字节代表的短整数值。

④ set Short()：将数组的两个连续的字节置值。

(3) ISO 类。

ISO 没有方法，只有一些变量，其内容是 ISO/IEC 7816-4 中定义的响应状态字，当卡正常完成命令功能时，返回 9000。出现问题时，根据问题的性质给出相应的状态字。

(4) PIN 类。

在 Java 卡中，个人标识符由 PIN、Owner PIN 和 Proxy PIN 组成。其中，PIN 是抽象类，是 Owner PIN 和 Proxy PIN 的父类。Owner PIN 对象拥有对 PIN 的修改和重置权，Proxy PIN 对象仅可以访问 PIN。

PIN 类代表个人标识符，保存了以下内容。

① PIN 值。

② PIN 可重复输入的最大次数(当输入不正确时)，如果超过最大次数，PIN 将被死锁。

③ 目前允许输入不正确的 PIN 次数。

④ 有效标志位。如果提供了合法 PIN，则有效标志位为真。当卡被重置时，有效标志位初始化为假。

PIN 类的方法有 PIN()、get Tries Remaining()、check()、is Validated()和 reset()。

Owner PIN 类的方法有 Owner PIN()、get Validate Flag()、set Validate Flag()、update And Unblock()和 reset And Unblock()。

Proxy PIN 类的方法有 is Validated()、check()、get-TriesRemaining()和 reset()。

(5) 文件系统和 File 类等。

Java 卡的文件系统符合 ISO/IEC 7816-4 标准。

① File 类。File 类的方法如下。

- get FID()：用于获得 16 位文件标识符。
- Dedicate File get Parent()：获得双亲专用文件(可能为空)。
- get FCI()：获得文件控制信息。
- set FCI()：设置文件的 FCI。
- get Security()：获得文件外部读写安全性。
- set Security()：设置文件外部读写安全性。
- get File System()：获得该文件属于的文件系统(可能为空)。
- is Allowed()：检验文件的外部读写安全性。

② 有关文件的其他类。在 ISO/IEC 7816-4 中定义的文件有基本文件(透明文件、线性可变文件、线性固定文件和循环文件)、目录文件和根文件等。在 Java 卡系统中，每一种文件都有相应的类方法，下面是透明文件(transparent file)类的方法(其他类的方法略)。

- transparent file()：用于构造一个具有指定数据字节数组的透明文件。
- get Data()：获得包含此文件数据的字节数组。

6) Java 卡 Applet 的开发

由于智能卡的硬件环境与计算机的硬件环境差别太大，必须单独为 Java 卡设计 API 集。虽然表面上 API 的一些类与标准 Java 类的名字相同，如它们同样有 System 类，同样有 Applet 类，但是类中的内容是大不一样的。

Java 卡虚拟机在语法上和标准 Java 不同，所以不能用标准 Java 编译器而要用智能卡自己的开发工具(编译器)进行编译。如果用标准 Java 编译器，则在编译后还要用工具把类文件转化成可用于 Java 卡的格式。

开发智能卡的 Java 程序的第一步是：利用文本编辑器将开发的程序转换成真正的 Java 源代码。然后用 Java 编译器编译源代码，产生与机器无关的类文件(字节码)，传送到 Java 虚拟机，虚拟机逐行测试并解释字节码，产生智能卡处理器的程序(机器指令程序)。

为了在开发(编程)时能迅速查出错误,一般利用智能卡Java仿真器对程序的执行进行跟踪,并及时纠正错误。对编好的程序要进行测试,如对有关安全的问题以及命令-响应的结果(成功或有差错)进行全面检查。

第11章主要介绍了存储器卡、逻辑加密卡与智能卡。由于智能卡中有CPU和操作系统,因此可以通过编程来适应各种应用场合,其可靠性、安全性和灵活性都居于首位,但价格也最贵。

智能卡的CPU核心部分可采用一般通用的微处理器,实际上目前在智能卡中使用的微处理器也就是通常在单片机中使用的微处理器,如MC68HC05、i8051等的核心部分。其差别是I/O接口比较简单,且I/O触点是串行输入/输出,无外部中断等,很多特殊功能(如鉴别、安全等)都是依靠COS来实现的。因此,COS的设计是很重要的。

对COS既希望它有良好的通用性和灵活性,又希望它不容易被攻破,这两个要求是互相矛盾的,但是又必须互相协调解决好,这就是COS设计的难点所在。

习题

1. 什么是COS? 为什么要设计COS? COS和一般微处理器的操作系统有何主要差异?
2. COS主要存储在卡内什么地方? COS如何处理内部EF文件和工作EF文件?
3. 在COS中怎样处理意外掉电或任意插拔IC卡的情况? 如果不处理会产生什么后果?
4. COS一般由哪几部分组成? 各部分的主要功能是什么? 在测试COS时要注意哪些问题?
5. 简述COS在一次交易过程中应完成的基本操作。
6. 设计COS时一般用什么编程语言? 为什么?
7. 在COS的文件管理系统中,一般将文件分成文件头和文件体两部分而分别存放,其好处是什么?
8. CPU卡可以设计得比逻辑加密卡更安全的原因是什么?
9. 什么是Java虚拟机? 什么是Java卡? Java卡和ISO/IEC 7816中命令系统的关系如何?
10. 请自选一条命令,设计完成该命令功能的子程序,并考虑完成子程序需要哪些微处理器指令。假如你选择的微处理器没有设计中所需的指令,是否有问题?

第12章　IC卡和RFID标签的读写器

读写器是连接IC卡与应用系统间的桥梁，是相关应用中至关重要的一个环节。IC卡读写器的种类很多，有固定式、便携式、接触式与射频空中接口等形式。功能上由于不同的应用需要，差异也很大，但就其对卡和RFID标签的操作功能来说，都应具备以下几个基本功能。

(1) 接触式IC卡的插入/退出的识别与控制；IC卡或标签进/出射频区的识别、防冲突和控制。

(2) 向无源的IC卡或标签提供其所需的稳定电源，或发送射频信号传送能量。

(3) 实现与卡或标签的数据交换，并提供相应的控制信号；读写器发出命令、接收响应。

(4) 对于加密数据系统，应提供相应的加密解密处理及密钥管理机制。

(5) 提供相应的外部控制信息及与其他设备的信息交换。

12.1　IC卡读写器的组成

读写器可以是一个独立面向应用的应用机具，或者以从设备方式(或称外部设备)与主设备(一般为微机)一起构成一个IC卡应用机具。前者一般以简单专用设备方式出现，如水、电和煤气等的IC卡计费设备，IC卡自动售票机，IC卡付费电话，IC卡自动售货机等，这些机具的使用方式与功能均在出厂前由厂家制备好，使用仅能根据不同的情况进行小范围设定；后一类设备在功能上仅完成面向IC卡的操作，但以丰富而又灵活的应用接口给应用开发者提供了良好的支持，一般还与网络相连，是系统应用中一个非常实用的选择。

接触式IC卡读写器的组成如图12.1所示，它由IC卡适配插座(简称IC卡座)、IC卡电气接口电路、用于IC卡时序生成与数据交换的微处理器以及与其他主设备(如果需要)的连接接口等部分组成。

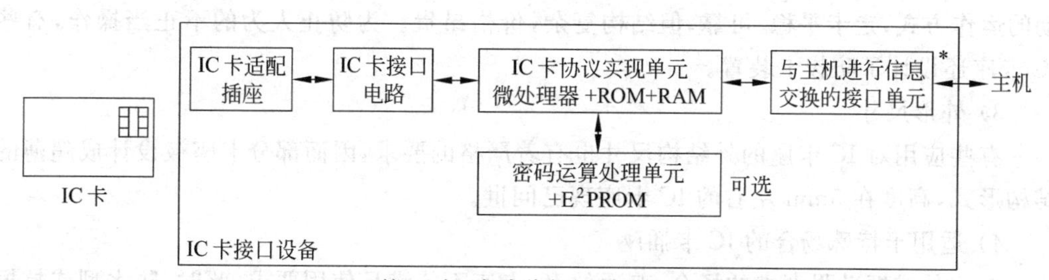

注：*表示如为独立应用机具，无此部件

图12.1　接触式IC卡读写器总体结构框图

非接触式IC卡或标签无触点，读写器不需要IC卡适配插座。但需要设置天线，发送/接收射频信号，向IC卡或标签传送能量，并进行双向数据传送，将在12.4节中讨论。

双界面卡读写器兼有接触式和非接触式两方面功能。

12.2 IC卡适配插座

用于接触式IC卡的适配插座是构成IC卡与IC卡读写器间的物理连接的部件。由于涉及插入时的手感及插拔寿命要求较高，IC卡座在设计和制造中比普通接插件的要求高，难度也较大。

1. IC卡适配插座的结构形式

各厂家为迎合各类不同的使用需要，推出了多种多样的IC卡适配插座供选用。这些适配插座在结构上有较大不同，主要可在以下几个方面进行区分。

1) 触点的接触方式

根据IC卡在插入或退出时，按触点压触和脱离的方式区分主要有两种。一种是滑触式结构(sliding)，这种方式，插座上的触点处于固定位置，IC卡在插入或退出时，滑过与之不相关的位置，并滑接在固定的位置上，它的特点是结构简单、价格低。缺点是对卡的触点位置磨损较大，寿命仅在5～10万次之间。另一种是着陆式结构(landing)，这种结构下，IC卡在插入过程中，插座上的触点与IC卡同步运动，逐步下压，并稳定于最终位置。由于在触点对卡的着力过程中卡与触点间没有相对位移，因而对卡表面的磨损小，触点寿命长，可达30～100万次插拔，但其价格较滑触式高出很多。

2) 卡的进退形式

卡的进退(插入和退出)过程，也是人机的交互过程，根据不同的使用需要，对卡的进退形式要求也有较大不同。现行市场IC卡插座主要有如下几种形式。

(1) 推入-拉出结构。

(2) 推入-推入弹出结构。

(3) 压入-弹出结构。

(4) 压入-电磁弹出结构。

(5) 电动式入出卡控制结构。

其中，推入-拉出结构是最常见的一种结构形式。而电动式入出卡结构，是一种全自动的运作方式，走卡平稳、可靠，但结构复杂，价格昂贵。为防止人为的不正当操作，有些IC卡座还设计了防拔卡装置。

3) 外形尺寸

有些应用对IC卡座的外结构尺寸也有着严格的要求，因而部分卡座被设计成超薄的结构形式，高度在5mm左右的IC卡座现已问世。

4) 适用于特殊场合的IC卡插座

在户外或振动强度大的场合，普通的IC卡座不能满足使用要求，此时，防水型或抗振动形式的IC卡插座便是一种好的选择，这些卡座采取了密封防水设计及机械加固等方法，使得在环境较恶劣的条件下，使用IC卡成为可能。

2. 选择IC卡适配插座时的几个重要指标

在选用IC卡适配插座时，以下几个重要的指标是不容忽视的。

(1) 触点的电气性能。

(2) IC 卡座的插拔寿命。

(3) 对卡的磨损程度。

(4) 卡从接触好到识别有效的位置差。

(5) 价格因素。

其中,对卡的磨损,不但要看对卡的电气接触面的磨损,还要考查对卡的其他位置的磨损。此外,使用场合要求也是选择的一个重要指标。

12.3 接触式 IC 卡读写器的接口电路和读写控制

12.3.1 接触式 IC 卡读写器的接口电路

IC 卡的接口电路是连接 IC 卡与读写器的通路,由它实现对 IC 卡的供电,并满足不带电插拔的要求。

一般来说,逻辑电路的 1 和 0 只是反映电压大小的关系,都处于带电状态。若带电插拔 IC 卡,有可能会给 IC 卡带来损伤,甚至损坏 IC 卡。因此,在插拔前应先断开向 IC 卡供电的电源,并切断其逻辑连接,实现对 IC 卡的保护。

IC 卡的逻辑接口电路一般采用集电极开路输出及非箝位保护式输入结构,如图 12.2 所示。外加的上拉电阻 R 源端与向 IC 卡供电的电源相连接。当 IC 卡处于供电状态时,整个接口电路接通,读写器与 IC 卡间构成逻辑通路;而当 IC 卡处于下电状态时(V_{CC}=OFF),上拉电阻 R 的源端失去了供电,整个与卡接口的电路均处于不带电状态。这种电路的优点是结构简单,可以与 CMOS、TTL 电路接口相兼容,上升沿阻尼较大,不易产生边沿振荡。它的缺点是当接口端的分布电容较大时,上升沿过缓。在作为 CPU 卡的时钟驱动时(通常为3.57MHz),就有可能产生丢失脉冲等现象。解决这一问题的办法有两种:第一种方法是通过减小时钟驱动端的上拉电阻,减小上升时间来解决;另一种方法是采用互补驱动方式来进行时钟驱动,这种方式结构上略复杂些,但可以实现更高的时钟频率,如图 12.3 所示,电路中 R 是一个去耦电阻,可有效地抑制上升及下降沿的抖动现象。

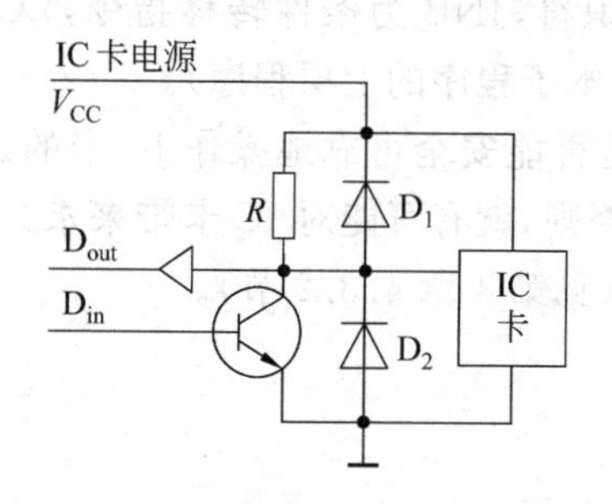

图 12.2 IC 卡的数据接口电路

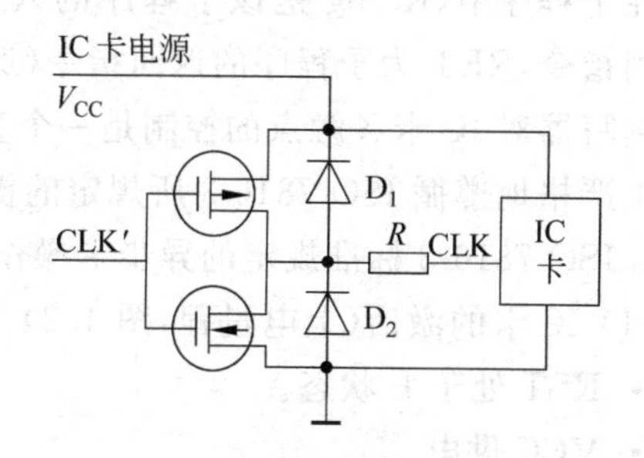

图 12.3 高频时钟的驱动电路

所有的 IC 卡的接口部分都加入了箝位保护二极管,这些箝位二极管可以使各引脚上的电压严格地限定在 $-V_D \sim V_{CC}+V_D$ 之间(V_D 是箝位二极管的正向压降,通常为 0.6V 左右)。这样,可以抑制由于线路干扰和逻辑电平变化的边沿产生抖动所带来的瞬态过压，为IC卡提供了进一步的保护措施。

读写器中向IC卡供电电路应是一个相对独立于读写器中其他电路，并提供完善的过流保护措施的稳压电路，这是由于它是一个独立于IC卡的设备，当有卡插入时，读写器便开始向IC卡提供其所需的能量。如果插入的是一张电源与地击穿的坏卡，或是一个金属片之类的物质，就会造成供电电路的短路现象，若读写器中无过流保护措施，就会造成读写器的损坏。即便有保护措施，若与IC读写器的其他部分共同使用一个保护电路，就会干扰读写器的正常工作。

当前市场上的IC卡基本上都已采用CMOS工艺，最大的电流也不过十几毫安，向IC卡供电的过流保护点设置在50～70mA是比较适宜的。

12.3.2 接触式IC卡读写器的控制与读写技术

对IC卡的控制与读写是读写器中的核心操作部分，在图12.1中称为IC卡协议实现单元。由于各种IC卡的实际操作有较大的不同，只选取其中较具共性的部分进行介绍。本章的程序部分将以Intel公司芯片的MCS-51汇编程序方式给出。

1[c]. IC卡的插入/退出识别与上电/下电控制

IC卡的插入与退出是通过IC卡适配插座上的一个开关来识别的，对于复杂结构的IC卡适配插座，其识别与控制过程也相当复杂。这里仅针对那些手动插拔的IC卡适配插座来讨论，这种识别过程非常简单，仅有一个开关，表示卡是否已插入。如果卡已插入到正确位置，IC卡适配插座就会给出一个开关接通的信号，而一旦卡离开这个位置，该信号就会立即发生反转。对于手动式IC卡适配插座来说，这一信号已经足够了。为了确保IC卡已准确地插到位置，插入的识别过程必须加入消颤处理。在读写器中，实现卡的插入和消颤功能的子程序如下。

```
Recog: JNB IC_SW, Recog      ;IC_SW为开关信息，若无卡插入，等待(重复执行本指令)
       LCALL Delay-5ms       ;延迟5ms
       JNB IC_SW, Recog      ;再次判断，若无卡输入，等待(转移到子程序入口，实现消颤)
       RET                   ;返回
```

在子程序中，Recog是该子程序的入口地址标识符，JNB为条件转移指令，LCALL为调用指令，RET为子程序的返回指令(返回到调用本子程序的上层程序)。

读写器对IC卡各触点的控制是一个直接涉及是否能安全可靠地操作IC卡的过程。它必须严格地遵循ISO 7816-3所规定的操作顺序；否则，就有可能对IC卡带来永久性的损坏。ISO 7816-3标准规定的异步卡操作顺序如下(见第4章4.3.2节)。

(1) IC卡的激活(上电过程，图4.2)。

- RST处于L状态。
- VCC供电。
- 读写器处于接收方式。
- CLK由相应稳定的时钟提供。

(2) IC卡的去激活过程(下电过程，图4.5)。

- RST为状态L。

• CLK 为状态 L。
• I/O 为状态 A。
• VCC 关闭。

异步卡上电过程和下电过程的汇编程序如下。

(1) 上电过程。

```
PWRON2: LCALL Recog              ;识别是否有卡插入
        CLR RST                  ;清除 RST,RST 为低电平
        CLR CLK                  ;禁止时钟,且 CLK=L
        LCALL Delay_0.5ms        ;延迟,使端口稳定
        SETB PWR                 ;给卡稳定供电
        CLR TXD                  ;使 I/O 为低电平状态
        SETB CLK                 ;允许时钟
        RET                      ;返回
```

(2) 下电过程。

```
PWROFF2: CLR RST;                ;清除 RST
         CLR CLK                 ;禁止时钟,且常置低
         CLR TXD                 ;使 I/O 为低电平状态
         LCALL Delay_0.5ms       ;使端口稳定
         CLR PWR                 ;给卡下电
         RET                     ;返回
```

2. IC 卡的读写技术

不同类型的 IC 卡,其读写方式或数据协议方式是不同的。ISO 7816 标准对异步型 IC 卡的读写协议作了较充分的定义,而对于同步型 IC 卡,则只定义了其复位响应过程的协议标准,这使得各厂家设计的同步型 IC 卡的读写方式不尽相同。而且由于同步型 IC 卡主要是不带微处理器的 IC 卡,接口协议是面向操作而进行的,因此,其操作协议也各不相同。好在许多厂家生产的 IC 卡都以 ISO 7816 同步复位响应协议作为 IC 卡的数据读协议方式,使我们能在这里进行一下简要的介绍。

1) 同步型 IC 卡读操作的实现

大多数符合 ISO 7816 标准的同步型 IC 卡的地址计数器是与时钟紧密相关的,当卡复位时,地址计数器置 0,以后,每向卡发一个节拍的时钟,都将使 IC 卡的地址计数器加 1,这一时钟频率上限为 50kHz 或 280kHz(见 ISO/IEC 7816-10,本书第 4 章)。

在复位之后的头 32 个时钟周期内,是卡的复位响应过程。该过程中,厂家的产品编码以位编码方式逐一在数据线上送出,以后的字段则根据厂家及用户所定义的含义不同而各不相同。若某字段定义为可读的,则可将时钟运行到该字段上,然后再逐时钟读出。数据的读出可分为 3 个基本过程:复位、数据字段的定位和数据的读出。

(1) 复位过程。对符合 ISO 7816 同步协议标准的 IC 卡来说,其复位方式也与 ISO 7816标准是相容的。请参考图 4.16。

(2) 数据字段的定位。定位到数开始读出的地址。数据字段的定位是以复位后的时

钟数目来定标的。

(3) 数据的读出过程。完成前两个过程后，在时钟的作用下，即可实现对卡的读操作。

2) 异步型IC卡读操作的实现

异步型IC卡大多带有微处理器，对卡的操作只有ATR过程和COS命令的传递与响应过程，其通信的协议方式严格符合ISO 7816-3标准。

由于ISO 7816标准中的异步通信标准的格式与计算机的异步通信格式基本相同，而标准上所规定的卡在3.57MHz时钟频率下的初始速率为9600b/s(周期104μs)，这实际上已成为各厂家所共同遵从的数据交换速率规范，这一速率也完全符合现行的异步通信速率标准。为方便读写，将IC卡的数据端口与IC卡接口设备的异步通信接口构成相应的半双工异步通信逻辑通路(图12.4)，利用该数据协议通路，并配合其他相关的控制，可实现与IC卡间的信息交换。

异步通信接口的初始化设置如下。

通信速率初始设置为9600b/s。

- 1个起始位。
- 8个数据位。
- 1个奇偶校验位。
- 2个停止位。

此外，这一接口还需要实现ISO 7816-3所规定的接收方的接收错误指示和发送方的监视错误功能，这一功能不属于标准的异步通信范畴。在MCS-51系列或MC68系列微处理器中，都设置了异步通信与I/O的复用功能，利用它们的这一特点，并配合相应的程序过程，可完整地实现IC卡的接口数据协议过程。

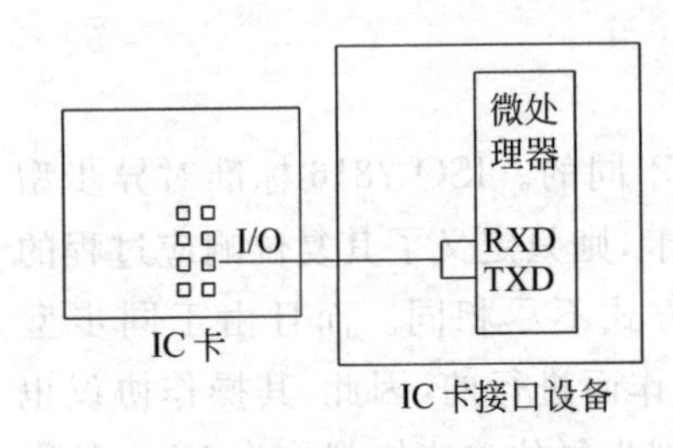

图12.4　IC卡与IC卡接口设备间半双工异步通信通路

在图12.4中，使用卡的I/O端(C7)与读写器进行数据传送。在第4章的4.5节中，ISO/IEC 7816-12定义的USB卡，由C4和C8实现卡与读写器之间的数据传送。目前某些IC卡利用C4和C8实现相应的功能。

IC卡的通信字节格式是读写器能够准确与IC卡进行数据交换的基础，读写器必须在初始读入复位应答ATR时(即读入TS字节时)，便进入正确的状态判断。由于在ISO 7816-3标准中没有对从复位应答过程的开始(TS字节从IC卡中送出)到应答过程终止(TCK字节送出)的最大时间进行限制，而过长的超时时间会影响系统的操作性能。通过对多个厂家多种IC卡的应答数据流进行分析时发现，一旦IC卡开始进行复位应答，其字节流都是连续的，时间不超过2ms(在3.57MHz的时钟频率下)，因此，可以通过字节间的传输超时来判断是否应答结束。这一方式虽不能说是完备的，但至少对市场上流通的IC卡来说具有较好的通配性。

读写器的复位应答流程如图12.5所示，首先测试是否是低电位reset有效，将RST置为“低”，等待ATR，若超时，说明不是低电位reset有效，然后将RST置为“高”，若也超时，说明也非高电位reset有效，此时表示卡可能存在问题。允许重复测试3次，若都超时，说明卡无效。若卡有效，再确定是正向协议还是反向协议，然后继续接收ATR并进行分析。

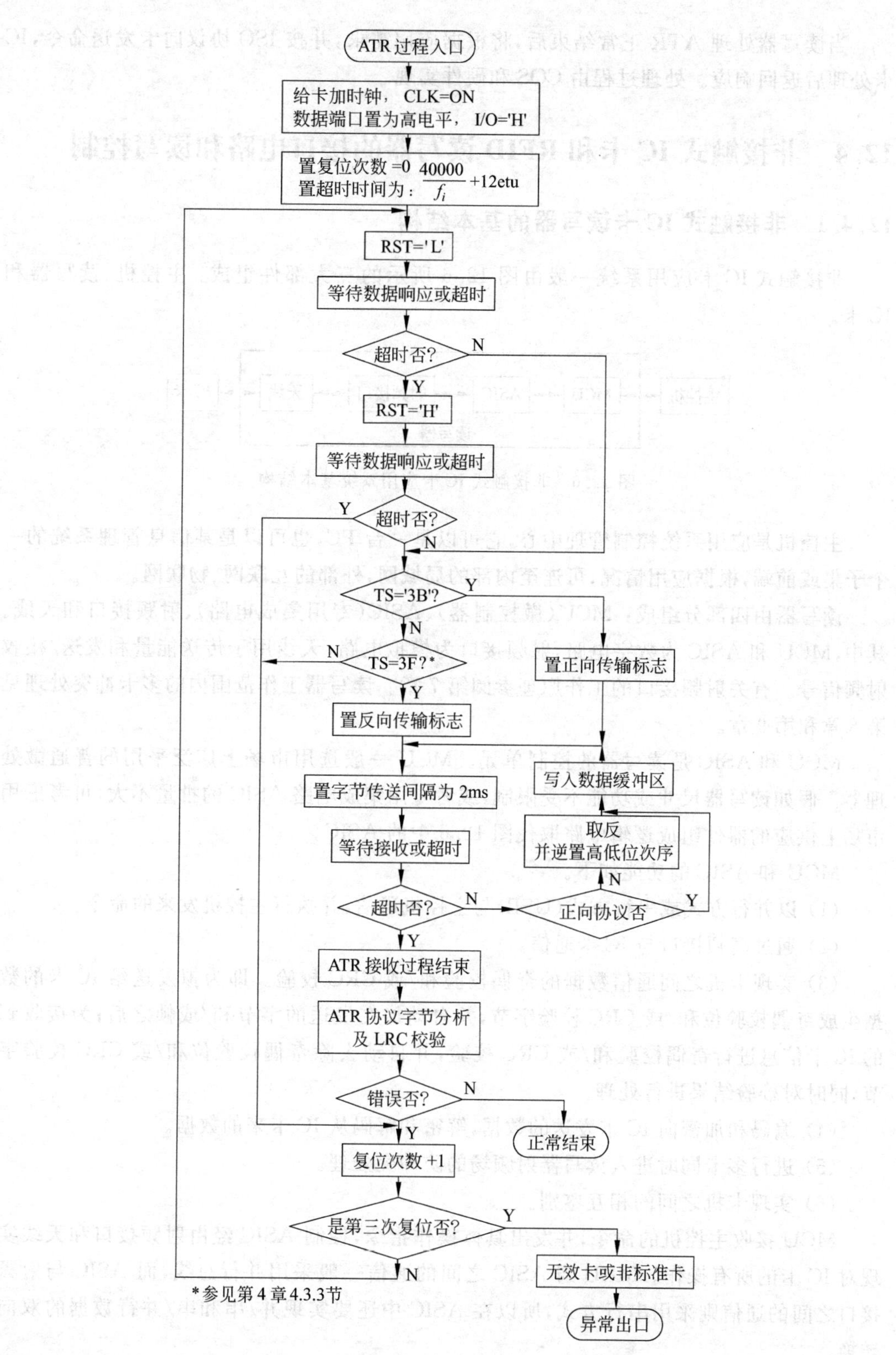

图 12.5　读写器复位应答(ATR)处理流程

当读写器处理 ATR 正常结束后，将根据应用需求，并按 ISO 协议向卡发送命令，IC 卡处理后返回响应。处理过程由 COS 和硬件实现。

12.4 非接触式 IC 卡和 RFID 读写器的接口电路和读写控制

12.4.1 非接触式 IC 卡读写器的基本结构

非接触式 IC 卡应用系统一般由图 12.6 所示的三大部件组成：主控机、读写器和 IC 卡。

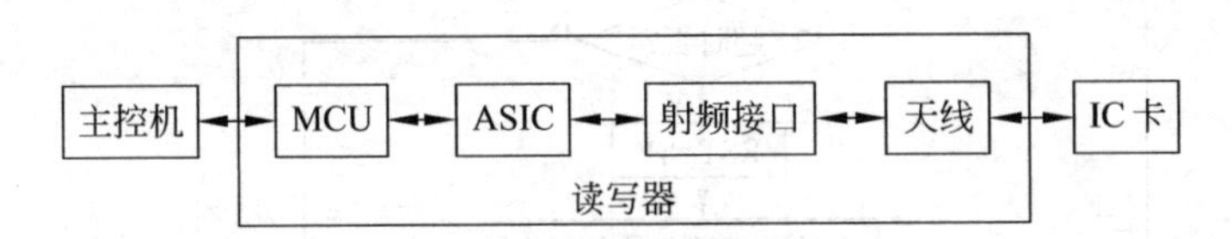

图 12.6 非接触式 IC 卡应用系统基本结构

主控机是应用系统控制管理中心，它可以是一台 PC，也可以是某信息管理系统的一个子集或前端，根据应用情况，可连至内部的局域网，外部的互联网、物联网。

读写器由四部分组成：MCU(微控制器)、ASIC(专用集成电路)、射频接口和天线。其中，MCU 和 ASIC 为数字电路，射频接口为模拟电路，天线用于传送能量和发送/接收射频信号。有关射频接口的工作原理参阅第 7 章。读写器工作范围内的多卡冲突处理见第 8 章和第 9 章。

MCU 和 ASIC 是读写器的控制单元。MCU 一般选用市场上广泛采用的普通微处理器。假如读写器尺寸或功能不受限制，或者专用集成电路 ASIC 的批量不大，可考虑用市场上供应的器件组成逻辑电路取代图 12.6 中的 ASIC。

MCU 和 ASIC 的功能如下。

(1) 以并行方式或串行方式(USB)与主控机通信，并执行主控机发来的命令。

(2) 通过高频接口与 IC 卡通信。

(3) 实现卡机之间通信数据的奇偶校验和/或 CRC 校验。即为拟发送给 IC 卡的数据生成奇偶校验位和/或 CRC 校验字节，并自动加在发送的字节和/或帧之后；为接收到的 IC 卡信息进行奇偶校验和/或 CRC 校验，并自动去除奇偶校验位和/或 CRC 校验字节，同时对校验结果进行处理。

(4) 编码和加密向 IC 卡发送的数据，解密和解码从 IC 卡来的数据。

(5) 进行多卡同时进入读写器射频场的防冲突处理。

(6) 实现卡机之间的相互鉴别。

MCU 接收主控机的命令，并发出具体操作指令，控制 ASIC 经由射频接口和天线实现对 IC 卡的所有操作。MCU 与 ASIC 之间的通信一般采用并行总线，而 ASIC 与射频接口之间的通信则采用串行方式，所以在 ASIC 中还要实现并/串和串/并行数据的双向转换。

鉴于非接触通信的复杂性和各厂家新产品在性能特点、遵循的协议和结构上的差异，芯片制造商往往为其非接触式 IC 卡的读写器生产包含上述 ASIC 功能和/或射频接口的专用读写芯片。下面将介绍 PHILIPS 公司的 MFRC500 高集成度读写芯片。

12.4.2[b] MFRC500 高集成度读写芯片

1. 主要特性

MFRC500 是 PHILIPS 公司于 21 世纪推出的 13.56MHz 的高集成度非接触读写芯片，支持 ISO/IEC 14443 Type A 协议，其发送部分可直接驱动天线，工作距离为 10cm，接收部分有解调和解码电路，数据处理部分有奇偶校验和 CRC 校验，支持快速 CRYPTO 1 流密码加密算法。其并行接口可直接与多种 8 位微处理器相接。其主要特性可归纳如下。

(1) 高集成度的调制解调电路。

(2) 输出缓冲驱动器通过少量外部无源器件连接天线，最大工作距离为 10cm。

(3) 支持 ISO/IEC 14443-1～4 Type A 协议。

(4) 采用 CRYPTO 1 加密算法和内部密钥 E^2PROM 存储器。

(5) 芯片的引出端与 MFRC530、MFRC531、SLRC400 和 MFRC632 兼容。

(6) 带内部地址锁存的并行微处理器接口和 IRQ 中断申请线。

(7) 可编程中断处理、定时器和初始化配置。

(8) 64B 的接收/发送 FIFO(先进先出)缓冲器。

(9) 64B 控制寄存器。

(10) 数字、模拟和发送部分经独立引出端分别供电，且具备多种节电模式。

(11) 内部振荡缓冲器连接 13.56MHz 石英晶体振荡器。

(12) 面向位或字节的帧结构。

(13) 支持防冲突操作。

2. 功能框图

图 12.7 的上半部为数字电路，下半部为射频接口。

1) MFRC500 芯片的引出端

MFRC500 芯片共有 32 个引出端，分成如下 3 种类型。

(1) 电源线与地线(7 根)。

数字电路、模拟电路(射频接口)和发送射频的端口分别由 DVDD 和 DVSS、AVDD 和 AVSS 以及 TVDD 和 TVSS 供电，其中 DVDD、AVDD 和 TVDD 为电源端，DVSS、AVSS 和 TVSS 在芯片外部接地。设置 3 对电源线和地线的目的是减少电源线和地线引起的相互干扰。

另外，还有一个放大器参考电压 VMID。

(2) 数字电路部分的引出端(19 个)。

数字电路部分主要与读写器内部的微处理器连接，该芯片的并行接口可与多种不同类型的微处理器相接，其中部分连线的连接方法与微处理器有关。

① D_0～D_7 或 AD_0～AD_7(I)。连接地址线与数据线分开的微处理器时为 D_0～D_7，而对地址线与数据线复用的微处理器则为 AD_0～AD_7。

注：括号内的 I 表示输入(IN)，O 表示输出(OUT)。

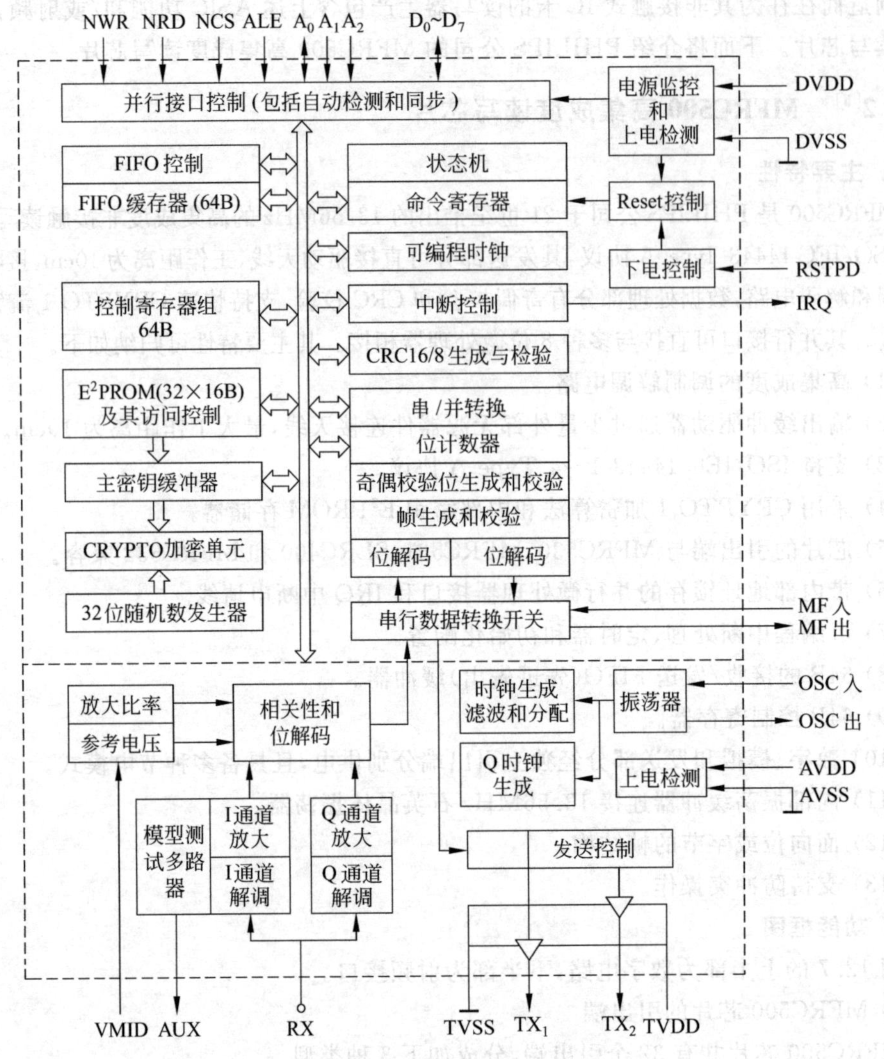

图 12.7 MFRC500 读写芯片功能框图

② $A_0 \sim A_2$(I),地址线。对某些微处理器(带握手功能),A_0 可作为 MFRC500 芯片输出的等待信号,A_0 为低电平表示一访问周期开始,高电平表示结束。

③ ALE(I),地址锁存。$AD_0 \sim AD_5$ 锁存入内部地址锁存器。

④ NWR 和 NRD(I),写选通与读选通。

MFRC500 与多种接口类型不同的微处理器相连时,连接方法有所区别。接口类型有:读/写选通共用且地址和数据总线独立或复用的接口;读/写选通分离且地址和数据总线独立或复用的接口;读/写选通共用且带握手通信功能的接口。

⑤ NCS(I),芯片选择。选择和激活 MFRC500 的微处理器接口。

⑥ IRQ(O),中断请求。

⑦ RSTPD(I),复位和掉电。负边沿启动内部复位。

⑧ MF 入和 MF 出(I 和 O),Mifare 接口的输入和输出。传送的串行数据流符合

ISO/IEC 14443 Type A 协议。

(3) 射频接口引出端(6 个)

① OSC 入和 OSC 出(I 和 O),石英振荡器输入和输出。也可输入 13.56MHz 外部时钟。

② RX(I),接收输入。接收 IC 卡响应信号负载调制的 13.56MHz 载波。

③ TX_1 和 TX_2(O),发送输出。输出调制的 13.56MHz 载波。

④ AUX(O),辅助输出。输出模拟测试信号。

2) MFRC500 读写芯片的操作流程举例

读写器与 IC 卡之间的通信是通过 MFRC500 的射频接口实现的,在这里将以其如何送命令 APDU 和接收响应 APDU 为例作一简介。

假设读写器中 MCU 和 MFRC500 的连接方式如图 12.8 所示。该图假设复用数据地址线($AD_0 \sim AD_7$),$A_0 \sim A_2$ 接固定电平。

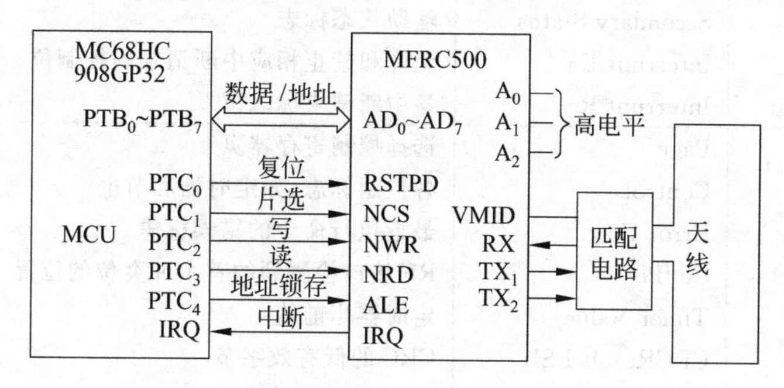

图 12.8 MCU 和 MFRC500 的连接(举例)

(1) 发送命令 APDU 流程。

① MCU 将命令 APDU 送 FIFO 缓存器。

FIFO 缓存器的长度为 64B,有读和写两个指针,分别指示读出或写入的当前缓存器地址。在命令 APDU 送 FIFO 缓存器之前,将读指针与写指针清 0,然后每写入 1B,自动将写指针加 1;每读出 1B,自动将读指针加 1。写指针与读指针的差值,即为 FIFO 缓存器中存在的数据长度。

当 MCU 连续给出片选、写等控制信号,就可将数据线($AD_0 \sim AD_7$)上的数据连续写入 FIFO 缓存器。直到命令 APDU 全部写入为止。

② MCU 发 Transmit 命令到 MFRC500 的命令寄存器。

MFRC500 芯片本身也设计有一组命令集,当命令寄存器接收到 Transmit 命令时,将 FIFO 缓存器的内容通过 TX_1 和 TX_2 引出端送至天线。

③ 发送完毕后,MFRC500 发中断请求到 MCU。

(2) 接收响应 APDU 的流程。

① MCU 发 Receive 命令到 MFRC500 芯片。

② 接收到整个响应 APDU 后,MFRC500 发中断请求(响应 APDU 存储在 FIFO 缓存器)。

③ 将 FIFO 缓存器中的响应 APDU 传送到 MCU。

3. MFRC500 芯片的各个组成部分介绍

1）控制寄存器组

控制寄存器组直接控制 MFRC500 芯片的各种操作，并表示该芯片所处的状态。共有 64 个控制寄存器，分成 8 页，每页 8 个寄存器，每个寄存器 8 位，如表 12.1 所示。

表 12.1　MFRC500 的控制寄存器

页	地址	寄存器名	功　能
页 0：地址和状态	0	Page	选择控制寄存器页
	1	Command	执行命令指定的操作，启动命令执行
	2	FIFO Data	缓存器的输入输出
	3	Primary Status	接收器、发送器和 FIFO 缓存器的状态标志
	4	FIFO Length	FIFO 缓存器中数据的字节数
	5	Secondary Status	辅助状态标志
	6	Interrupt En	允许和禁止相应中断请求的控制位
	7	Interrupt Rq	各中断请求标志位
页 1：控制和状态	8	Page	选择控制寄存器页
	9	Control	各控制标志，如定时器和节电
	A	Error Flag	最近执行命令的错误标志
	B	CollPos	RF 接口检测到的首个冲突位的位置
	C	Timer Value	定时器当前值
	D	CRCResult LSB	CRC 的低有效字节
	E	CRCResult MSB	CRC 的高有效字节
	F	Bit Framing	面向位的帧的调整
页 2：发送器和编码器控制	10	Page	选择控制寄存器页
	11	TX Control	控制天线驱动器 TX_1 和 TX_2 引出端的逻辑状态
	12	CWC Conductance	控制天线驱动器 TX_1 和 TX_2 引出端的传导性能
	13	Preset 13	
	14	Preset 14	
	15	ModWidth	调制脉冲宽度选择
	16	Preset 16	
	17	Preset 17	
页 3：接收器和解码器控制	18	Page	选择寄存器页
	19	Rx Control 1	控制接收器状态：定义接收信号的电压放大系数
	1A	Decoder Control	控制解码器状态：定义接收 1 个帧或多个帧
	1B	BitPhase	选择发送和接收时钟间的相位差
	1C	Rx Threshold	选择解码器的阈值：定义解码器接收的最小信号强度
	1D	Preset 1D	
	1E	Rx Control 2	控制解码器状态，定义接收器输入来源，选择 I 时钟或 Q 时钟作为接收时钟
	1F	Clock Q Control	控制 90°相位移的 Q 通道时钟的生成

续表

页	地址	寄存器名	功　能
页 4：RF 定时和通道	20	Page	选择控制寄存器页
	21	RxWait	发送后到接收前的时间间隔
	22	Channel Redundancy	验证 RF 通道数据完整性的类型和模式
	23	CRC Preset LSB	CRC 寄存器预置值的 LSB
	24	CRC Preset MSB	CRC 寄存器预置值的 MSB
	25	Preset 25	
	26	MFOUT Select	选择经 MFOUT 引出端输出的内部信号
	27	Preset 27	
页 5：FIFO 定时器和 IRQ 引出端配置	28	Page	选择控制寄存器页
	29	FIFOLevel	定义 FIFO 预警线
	2A	TimerClock	选择定时器时钟的分频
	2B	TimerControl	选择定时器启动和停止条件
	2C	TimerReload	定义定时器预置值
	2D	IRQPinConfig	IRQ 信号输出极性(高或低电平有效)及器件类型(CMOS 或漏极开路)
	2E	Preset 2E	
	2F	Preset 2F	
页 6	30	Page	选择控制寄存器页
	31～37	RFU	
页 7：测试	38	Page	选择控制寄存器页
	39～3F	测试和 RFU	

注：Preset ××的值不改变。

对寄存器功能的了解是系统应用和程序设计的关键，在这里为了理解读写器工作原理，将有选择地对某些控制寄存器作进一步的介绍，如果要进行程序设计，请参阅该芯片的说明书。

(1) Page(页)寄存器。

功能：选择控制寄存器页。

地址：00、08、10、18、20、28、30、38，即每页的首地址。

注：本节中的地址均以十六进制表示。

格式：

7	6	5	4	3	2	1	0
页选择	0	0	0	0	被选择的页号		
r/w	r/w	r/w	r/w	r/w	r/w		

b_7：若置 1，b_2～b_0 为控制寄存器高 3 位地址 A_5、A_4 和 A_3，寄存器低 3 位地址 A_2、A_1 和 A_0 由芯片的地址引出端或内部地址锁存器定义；若置 0，内部地址锁存器内容定义寄存器地址。

b_6～b_3：0000。

b_2～b_0：当 b_7=1 时，用于确定寄存器页(高 3 位地址)。

格式下的字符表示外界对它的访问权限(适用于所有控制寄存器)。有以下 4 种情况。

• r/w：可被 MCU 读写，不受内部状态影响。

• r：只读，其值由内部状态确定，如错误标志。

• w：只写，MCU 可对其写，但不可读。若读，则返回不确定值或错误标志。

• dy：动态，这些位可被 MCU 读写，或被内部状态机自动改写。

(2) Command(命令)寄存器。

功能：启动和停止命令运行，执行命令代码所规定的操作。

地址：01。

格式：

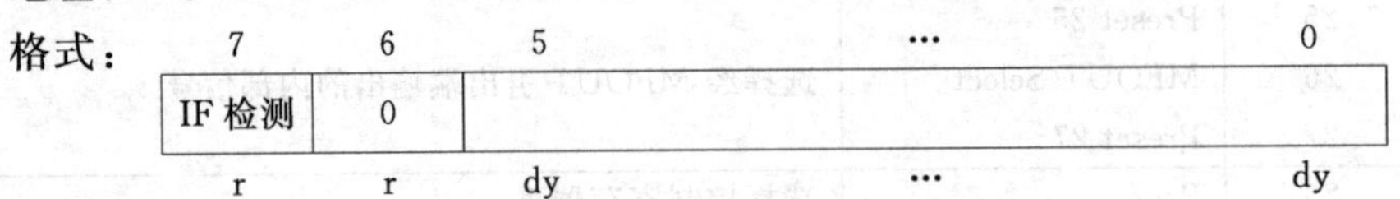

b_7：接口检测，$b_7=0$ 表示检测完成，$b_7=1$ 表示检测正在进行。

$b_6=0$。

$b_5 \sim b_0$：命令代码，在后面阐述。

(3) FIFO Data(数据)寄存器。

功能：64B FIFO 缓存器的输入和输出数据。

地址：02。

格式：

(4) FIFO Length(长度)寄存器。

功能：表明 FIFO 缓存器中存放的数据字节数。

地址：04。

格式：

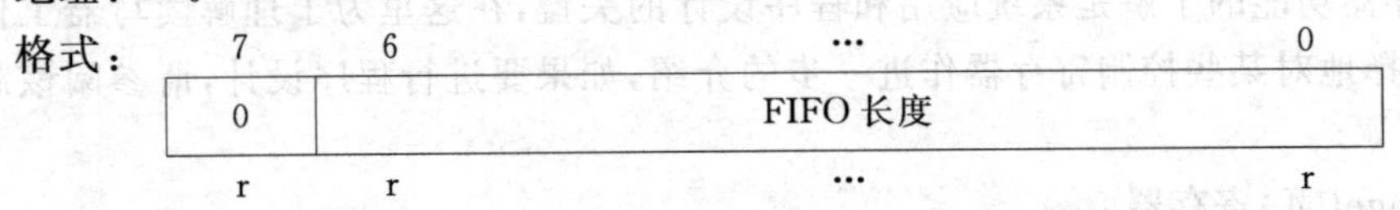

$b_7=0$。

$b_6 \sim b_0$：FIFO 缓存器中存放的数据字节数。写 FIFO 时，加 1；读 FIFO 时，减 1。

(5) FIFO Level(预警线)寄存器。

功能：定义 FIFO 的预警线。

地址：29(为地址 03 的 Primary status 寄存器作准备)。

格式：

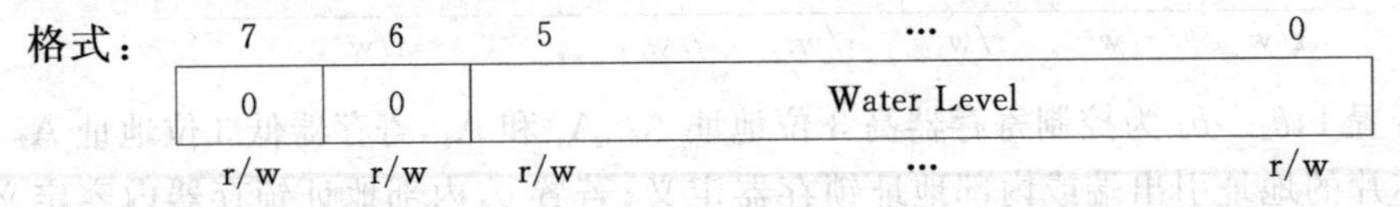

b_7、$b_6=00$。

$b_5 \sim b_0$：预警线，若 FIFO 缓存器的剩余空间长度≤Water Level 字节，则 Primary Status(基本状态)寄存器的 HiAlert 标志置 1，否则为 0；若 FIFO 缓存器中存储的数据字节长度≤Water Level 字节，则 Primary Status 寄存器的 LoAlert 标志置 1，否则为 0。

(6) Primary Status(基本状态)寄存器。

功能：发送器、接收器和 FIFO 缓存器的状态标志。

地址：03。

格式：

7	6	5	4	3	2	1	0
0	Modem Status			IRg	Err	HiAlert	LoAlert
r	r	r	r	r	r	r	r

$b_7=0$

$b_6\sim b_4$：发送器和接收器状态，如表 12.2 所示。

表 12.2　发送器和接收器状态定义

状　态	状态名称	定　义
000	Idle	发送器和接收器处于闲置状态
001	TxSOF	发送"SOF(帧开始)"
010	TxData	发送 FIFO 缓存器数据(或冗余校验位)
011	TxEOF	发送"EOF(帧结束)"
100	Goto Rx1 Goto Rx2	中间状态，接收启动时 中间状态，接收结束时
101	PrepareRx	接收器等待，直到 RxWait 寄存器设定的定时周期结束
110	Awaiting Rx	接收器激活，准备接收 Rx 端输入信号
111	Receiving	接收数据

b_3：中断请求(见 InterruptEn 寄存器设置的中断使能标志)。

b_2：错误标志，当任一错误标志建立于 ErrorFlag 寄存器时，b_2 置 1。

b_1：HiAlert 预警标志。

b_0：LoAlert 预警标志。

(7) Secondary Status(辅助状态)寄存器。

功能：多种状态标志。

地址：05。

格式：

7	6	5	4	3	2	1	0
TRunning	EZReady	CRCReady	0	0	RkLastBits		
r	r	r	r	r	r	r	r

b_7：若置 1，表示定时器在运行，其内容随定时器时钟递减。

b_6：若置 1，表示 MFRC500 已完成 E^2PROM 写入操作。

b_5：若置 1，表示 MFRC500 已完成 CRC 计算。

b_4、b_3＝00。

$b_2\sim b_0$：表示最后接收字节的有效位数，若为 0，整个字节有效。

(8) Error Flag(错误标志)寄存器。

功能：表明最近一次执行命令的错误状态。

地址：0A。

格式：

7	6	5	4	3	2	1	0
0	KeyErr	AccessErr	FIFOOvfl	CRCErr	FramingErr	ParityErr	collErr
r	r	r	r	r	r	r	r

$b_7=0$。

b_6：密钥错误标志，如果 Load keyE2 和 Load key 命令中的输入数据与规定的密钥格式不符，该位置 1。在启动这两条命令时，将该位置 0。

b_5：访问错误标志，如果 E^2PROM 访问违规，b_5 置 1。在启动与 E^2PROM 相关命令时，b_5 置 0。

b_4：FIFO 溢出标志，如果 FIFO 缓存器已写满，而仍试图再写入数据，将 b_4 置 1。

b_3：CRC 错误标志，CRC 校验有误置 1。

b_2：帧错误标志，若 SOF 不正确置 1。

b_1：奇偶校验错误标志，若奇偶校验有错置 1。

b_0：冲突标志，多卡进入射频场，检出位冲突时置 1。

上述标志，在相应操作启动阶段置 0。

(9) CollPos(冲突位的位置)寄存器。

功能：在 RF 接口处检出的首个冲突位的位置。

地址：0B。

格式：$b_7 \sim b_0$ 表明在 RF 接口处检出的首个冲突位的位置。例如，00 表示冲突位在起始位，01 表示冲突位在第 1 位，08 表示冲突位在第 8 位。

(10) InterruptEn(中断使能)寄存器。

功能：允许和禁止相应中断请求传送到 IRQ 引出端。

地址：06。

格式：

7	6	5	4	3	2	1	0
SetIEn	0	TimerIEn	TxIEn	RxIEn	IdleIEn	HiAlertIEn	LoAlertIEn
w	r/w	r/w	r/w	r/w	r/w	r/w	r/w

b_7：若为 1，允许设置 InterruptEn 寄存器的相应标志位($b_5 \sim b_0$)；若为 0，允许清除 InterruptEn 寄存器的相应标志位($b_5 \sim b_0$)。

$b_6=0$。

b_5：允许定时器中断请求传送到 IRQ 引出端。

b_4：允许发送器中断请求传送到 IRQ 引出端。

b_3：允许接收器中断请求传送到 IRQ 引出端。

b_2：允许闲置中断请求传送到 IRQ 引出端。

b_1：允许 FIFO 缓存器预警中断请求 HiAlert 传送到 IRQ 引出端。

b_0：允许 FIFO 缓存器预警中断请求 LoAlert 传送到 IRQ 引出端。

(11) InterruptRq(中断请求)寄存器。

功能：中断请求标志。

地址：07。

格式：

7	6	5	4	3	2	1	0
SetIRq	0	TimerIRq	TxIRq	RxIRq	IdleIRq	HiAlertIRq	LoAlertIRq
w	r/w	dy	dy	dy	dy	dy	dy

b_7：若为1，可设置InterruptRq寄存器的相应标志位；若为0，允许清除InterruptRq寄存器的相应标志位。

$b_6=0$。

b_5：当定时器值减小至0时，将b_5置1。

b_4：当下述事件之一发生时，将b_4置1。

- Transceive命令——所有数据发送。
- Auth1命令和Auth2命令——所有数据发送。
- writeE2命令——所有数据写入E^2PROM。
- CalcCRC命令——所有数据被处理。

b_3：当接收停止时，将b_3置1。

b_2：当命令处理完毕或启动一未定义命令时，将b_2置1(微处理器启动的Idle命令除外)。

b_1：当Primary Status寄存器的HiAlert=1，且SetIRq为1时，将该位置1。

b_0：当Primary Status寄存器的LoAlert=1，且SetIRq为1时，将该位置1。

MFRC500芯片中与中断有关的控制寄存器有3个，即InterruptEn、InterruptRq和IRQPinConfig，IRQPinConfig寄存器的功能见表12.1。MCU从IRQ引出端接收到中断请求信号后，读取InterruptRq寄存器内容，即可以知道中断来源，进行程序处理。

第2页中的控制寄存器用以控制发送器和编码器的功能，简介如下。

(12) TxControl(发送控制)寄存器。

功能：控制天线驱动器TX1和TX2输出的逻辑状态(输出调制或未调制的13.56MHz载波，正相或反相的13.56MHz载波或恒定电平等)。

(13) CWCConductance寄存器。

功能：定义天线驱动器的传导性能，用于调整输出功率、电流消耗和操作距离。

(14) ModWidth(调制宽度)寄存器。

功能：选择调制脉冲宽度。

第3页中的控制寄存器用以控制接收器和解码器的功能(参见表12.1)。

其他诸如保存CRC结果(校验码)的寄存器、CRC预置值寄存器、有关定时器的控制寄存器以及测试控制寄存器等不再一一介绍。

2) E^2PROM存储结构

E^2PROM由32块组成，每块有16B。其中，块0(字节地址'00'～'0F')为产品信息区，访问权限为r(只读)；块1和块2为上电复位后的寄存器初始化文件，访问权限为r/w，在上电复位后的初始化阶段，自动将其内容复制到控制寄存器的'10'～'2F'地址空间；块3～块7(字节地址'30'～'7F')为寄存器初始化文件，访问权限为r/w，借助Load Config命令，可用该区域的数值对控制寄存器'10'～'2F'地址空间进行初始化，即将

E^2PROM 存储区相应的 32B 长度的数据写入控制寄存器的'10'～'2F'地址空间中，而 E^2PROM 相应数据的起始地址则在 Loadconfig 命令中指定，可在'10'～'60'范围内选择；块 8～块 31 为 CRYPTO 1 密钥区，字节地址'80'～'1FF'，访问权限为 W，每个密钥长度为 6B，由于每字节均以正相和反相形式存放，所以每个密钥实际占用 E^2PROM 空间为 12B，密钥区禁止读取。

4. 命令系统

MFRC500 的运行状态是被相应的可执行命令的内部状态机(status machine)所决定的，而这些命令是通过写命令代码到命令寄存器(command register)来启动，处理命令所需的参数和数据主要是通过 FIFO 缓存器交换的。MFRC500 命令的一般规则如下。

(1) 命令中需要输入的数据流直接来自 FIFO 缓存器。

(2) 命令中需要的参数数量，仅当从 FIFO 缓存器获得正确的数量时，才能启动命令的执行。

(3) 当命令启动时，FIFO 缓存器内容不清除，所以可先写命令参数和数据到 FIFO 缓存器，然后启动命令。

(4) 每一条命令(Start Up 命令除外)都可被 MCU 写入命令寄存器的新命令所打断。

MFRC500 定义的命令系统见表 12.3。

各命令特点简述如下。

(1) Start Up 命令。执行复位和初始化操作，在发生下列事件之一时自动进行。

① DVDD 引出端的上电引起复位。

② AVDD 引出端的上电引起复位。

表 12.3 MFR500 命令

命　令	代码	作　用	通过 FIFO 传送的参数和数据	通过 FIFO 返回的数据
Start Up	'3F'	由上电或硬件复位激活	—	—
Idle	'00'	中止当前执行命令	—	—
Transmit	'1A'	将 FIFO 缓存器内容送卡	数据流	—
Receive	'16'	激活接收电路，在 RxWait 寄存器设置的延迟时间之后，方可启动接收器	—	数据流
Transceive	'1E'	将 FIFO 缓存器内容送卡，然后启动接收器，是 Transmit 和 Receive 命令的集合	数据流	数据流
Write E2	'01'	将 FIFO 缓存器中数据写入 E^2PROM	起始地址(2B)，数据字节流	—
Read E2	'03'	将卡内 E^2PROM 数据读入 FIFO 缓存器(密钥区不可读)	起始地址(2B)，数据的字节数	数据字节
Load Key E2	'0B'	从 E^2PROM 复制一密钥至密钥缓存器	起始地址(2B)	—
Load Key	'59'	从 FIFO 缓存器读一密钥至密钥缓存器	字节 0 (LSB) ～字节 11(MSB)	—

续表

命　令	代码	作　　用	通过 FIFO 传送的参数和数据	通过 FIFO 返回的数据
Authent 1	'0C'	进行 CRYPTO 1 认证的第 1 步	卡的认证命令。 卡的块地址， 卡序列号	—
Authent 2	'14'	进行 CRYPTO 1 认证的第 2 步	—	—
Load Config	'07'	从 E^2PROM 读数据并初始化控制寄存器	起始地址(2B)	—
CalcCRC	'12'	计算 CRC 码，从控制寄存器的 CRCResultLSB 和 CRCResultMSB 寄存器读取计算结果	数据字节流	—

③ RSTPD 引出端上的电平负跳变。

在 512 个时钟周期的复位阶段，部分寄存器被硬件预置，其后 128 个时钟的初始化阶段，E^2PROM 的块 1 和块 2 内容自动复制到寄存器的 10H～2FH，并在初始化阶段末尾，自动将 Idle 命令送命令寄存器。

(2) Idle 命令。可中止除 Start Up 命令外的任何其他正在执行的命令。

(3) Transmit 命令。该命令只能由 MCU 启动，可取下述 3 种形式将 FIFO 缓冲器的数据发送给 IC 卡。

① 在闲置态时，将要发送的数据全部写入 FIFO 缓冲器，然后 Transmit 命令代码进入命令寄存器，启动数据发送，一次最多可发送 64B。

② 将 Transmit 命令先写入命令寄存器，由于 FIFO 缓冲器无数据，此命令仅是使能而不发送，当第 1 个字节写入 FIFO 缓冲器后，数据发送开始。为了在 RF 接口发送连续数据流，MCU 必须及时将下一字节数据送入 FIFO 缓冲器。可发送任意长度数据。

③ 在部分数据进入 FIFO 缓冲器后，将 Transmit 命令送入命令寄存器，其余情况同②。

数据发送完成后，MFRC500 通过 TxIRq 标志向 MCU 发中断请求。

每个发送帧均以 SOF 引导，后跟数据流，并以 EOF 结尾，通过对基本状态(primary status)寄存器的 Modem State 标志的观察，微处理器可随时了解器件处于发送操作的哪个阶段。CRC 校验位和奇偶校验位(如有的话)将分别添加于数据流和每个字节的后面。

(4) Receive 命令。该命令用于激活接收电路，从 RF 接口获取的接收数据送 FIFO 缓存器，可由微处理器启动或在执行 Transceive 命令期间自动进行。

该命令启动后，内部状态机在每个时钟周期对 RxWait 寄存器的预置值进行递减。当该数值从 3 减至 1 时，模拟接收电路准备就绪并被激活；当减至 0 时，接收器开始监视 RX 端输入信号，当信号强度大于在 RxThreshold 寄存器预置的 Minlevel 值时，解码器开始工作。当检测到 SOF 时，激活串-并行转换器，将数据送 FIFO 缓存器。

通过对 Primary Status 寄存器的 Modem Status 的观察，微处理器可随时了解器件正处在接收操作的哪个阶段。

对接收到的数据进行 CRC 校验和奇偶校验(如有的话)。

接收操作完成,设置 RxIRq 标志,向 MCU 发中断请求。

MFRC500 采用类似 ISO/IEC 14443-A 的防冲突算法。

(5) Transceive 命令。此命令是 Transmit 命令和 Recieve 命令的集合,先执行发送命令,延迟一段时间后执行接收命令。

(6) Write E2 命令。此命令用于将 FIFO 缓存器中的数据写入 E^2PROM,执行时,将 FIFO 缓冲器的前两个字节看作是 E^2PROM 接收数据的起始地址。在一个写入周期可将 1～16B 的数据写入 E^2PROM,耗时约 5.8ms。

该命令必须由微处理器发送 Idle 命令予以停止。

(7) Read E2 命令。该命令用于将 E^2PROM 中的数据读入 FIFO 缓冲器。其将 FIFO 缓存器的最先两个字节的内容视为欲读取的 E^2PROM 空间的起始地址,下一字节内容为读取数据的字节数。当所有数据读出后,命令自动结束。

(8) Load Config 命令。此命令用于读取 E^2PROM 中的数据并初始化控制寄存器。其将从 FIFO 缓冲器首先获取的两个字节内容视为欲读取的 E^2PROM 空间的起始地址,读取 32B 的 E^2PROM 内容并复制到控制寄存器 10H～2FH 地址单元。

(9) CalcCRC 命令。此命令用于启动协处理器计算 CRC 校验码。对 FIFO 缓存器中的所有数据进行 CRC 处理,直到微处理器发送 Idle 命令予以停止。

1 字节 CRC 码的生成多项式为 $x^8+x^4+x^3+x^2+1$;2 字节 CRC 码的生成多项式为 $x^{16}+x^{12}+x^5+1$。

(10) Load Key E2 命令。此命令将 E^2PROM 中的密钥复制入内部密钥缓存器。其将 FIFO 缓存器中的最先两个字节的内容视为欲读取的密钥在 E^2PROM 中的起始地址。

(11) Load Key 命令。此命令用于将 FIFO 缓存器中的密钥写入密钥缓存器,密钥长度为 12B。

(12) Authent 1 命令和 Authent 2 命令。这两条命令用于卡机相互鉴别的第 1 部分和第 2 部分,如果 Authent 1 命令执行成功,立即执行 Authent 2 命令,如果 Authent 2 命令也执行成功,则相互鉴别完成。

在 Mifare 经典产品中采用的 CRYPTO 1 安全算法是一种基于 48 位长度密钥的专用流密码算法,认证所需密钥必须预先装入密钥缓存器。

12.5 读写器在系统中的地位和发展趋势

12.5.1 读写器在系统中的地位和种类

1. 读写器在系统中的地位

读写器在系统中起着重要的作用,是负责正确读写卡(或标签)信息的设备。根据应用的需求,它可以是负责和控制卡(或标签)任务的独立设备,具有读写显示和数据处理等功能;也可以在计算机或网络系统指挥下完成操作,并提供下列信息以实现多个读写器在网络系统中的运行:本读写器的识别码、读出或写入信息的日期和时间,读出或写入的信息等。同时要保证信息的传送和操作的安全。

读写器和卡(或标签)之间的所有操作都由应用软件来指挥完成,在计算机系统结构中,应用软件作为主动方对读写器发出命令,而读写器作为被动方返回应答信息。读写器接受命令后,除了一部分命令在读写器中完成外,大部分命令的功能在卡(或标签)内完成。并在COS的安排下进行处理,返回响应给读写器。在这个过程中,读写器变成了主动方,卡(或标签)则是被动方。

2. RFID标签的读写器种类

在智能卡和RFID标签的应用领域中,最早使用的是接触式IC卡,由于非接触式IC卡要解决天线、射频识别、调制解调等问题,造成价格较高的局面,而且信号在空中传输,容易被他人截取,其安全性更要关注。目前非接触式IC卡已得到广泛应用。读写器与卡是同步发展的,本书有不少章节对IC卡标准进行了论述,实际上也相当于对读写器的功能提出了要求。

RFID标签应用范围较广,一般将非接触式IC卡包含在RFID标签范围内,RFID读写器大致可分类如下。

(1) 固定式读写器。将射频控制器和射频接口封装在一个固定的外壳中,有时将天线也封装其中。供电电压:若为直流一般为12V,交流为220V/110V。工作温度有室内、外之分。要注意环境温度,一般读写器的存储温度范围比工作环境广。

(2) OEM读写器。将原始设备制造(Original Equipment Manufacture, OEM)读写器提供给用户。集成到用户终端或其他设备中。供电电压为12V。

(3) 工业控制器。大多具备标准的现场总线接口,以备集成到工业设备中,主要应用在矿井、生产自动化等领域。根据环境的需求提供不同的防护功能,如防爆、防湿和防震等。

(4) 便携式读写器。这是适合于用户使用的一类电子标签读写设备,一般用于检查设备、付款往来、操作记录等,还带有输入数据和显示功能。

通常可以选用USB接口和PC之间实现数据传送,并有一定存储容量和内置天线。

(5) 发卡机。用来对电子标签进行具体内容的操作,包括建立档案、卡中充值、挂失、补发卡、修改密码和其他信息等。

12.5.2 射频识别读写器的发展趋势

随着射频识别技术的发展和应用系统的扩展,对读写器提出了更高的要求,未来的高性能读写器将会有下述特点。

(1) 多功能和多样性。为了适应某些应用,读写器将具有更多智能性,具有一定的数据处理能力。如果与互联网或物联网连接将获得应用系统的高度发展。

如果将简单的应用系统下载到读写器中,这样读写器可以脱离主机或网络,完成门禁、小额消费等功能。

(2) 小型化、便携式、嵌入化。减小读写器的体积,便于携带和使用。降低功耗,在电池供电的情况下可延长使用时间。

(3) 多种数据接口。适应应用领域的扩展。可提供多种形式接口,如USB、红外、无线局域网(WLAN)等。

(4) 多天线结构。如果具有多个天线，读写器可按一定的处理顺序打开和关闭不同天线，使系统能感知不同天线覆盖区域内的电子标签或不同相位的电子标签。

(5) 多制式电子标签和多频段电子标签的适应性。

(6) 降低成本。

习题

1. 从结构上划分，读写器可分成哪两种类型？叙述各种类型的主要组成部分。
2. 常用的读写设备的IC卡座有哪几种？
3. IC卡的电源是由哪个设备提供的？在IC卡插拔过程中，在什么时候加上电压比较安全？与电源有关的保护措施有哪些？
4. 加电(上电)和断电(下电)过程应遵循的国际标准是什么？读写器又是如何实现此标准的？
5. 同步传输协议和异步传输协议对读写器的要求是否相同？
6. 读写器中的微处理器起什么作用？它通过什么途径向IC卡(接触式和非接触式)或RFID标签发命令？
7. 非接触式IC卡读写器中专用的读写芯片，MFRC500包括哪些功能部件？其中控制寄存器与FIFO缓存器的主要功能是什么？MCU通过什么手段控制该芯片？
8. 请论述读写器和卡(或标签)之间的工作关系。
9. 试画出电话预收费卡读写器的工作流程。
10. 当采用异步传输协议时，应遵循的国际标准是什么？
11. 在持卡人的一次消费过程中，IC卡与读写器是如何配合工作的(分同步传输协议和异步传输协议两种情况讨论)？
12. 对读写器要进行哪些测试？

第13章 测试技术与标准

13.1 概述

为了保证识别卡的可靠性和可用性，1993年国际标准化组织制定了测试标准——《识别卡测试方法》(ISO/IEC 10373)。它规定了磁卡、IC卡和光卡等识别卡一般特性的测试方法。为适应识别卡技术的快速发展，1998年进行了修订。

本章将介绍接触式IC卡、非接触式IC卡和读写器的测试方法。

测试应在温度为23℃±3℃和相对湿度为40%～60%的环境下进行。要求预处理，在测试前应将待测试的卡在上述测试环境中放置24h。

测试设备的特性和测试方法规程给出的量值默认容差为±5%。

另外，在IC卡的整个生命周期内要经历设计与制造、初始化等多个阶段，在每个阶段都应满足功能与安全的要求。尤其在设计与制造阶段要通过多个部门的合作、多个步骤的实现才能完成任务，而且每一步操作都可能产生废品，因此几乎在每一工序后都要进行详细测试；否则，可能会给最后的成品带来极大危害，甚至整批IC卡报废。有关内容请参阅附录C——智能卡的生命周期。

当IC卡制造出来以后，从安全出发，外部对其进行的任何操作都是通过COS(卡内操作系统)实现的，因此无论是在设计阶段还是设计完成后，对COS的测试都是极为重要的。在第11章通过一个小型COS的实际例子来说明如何进行测试。同时，在本章13.5节将描述怎样选择一些典型的命令对已个人化的IC卡进行测试的方法与步骤。

13.2 IC卡的一般特性测试

在国际标准ISO/IEC 10373-1中主要描述了IC卡一般特性的测试内容方法和指标。根据卡的不同特性，规定了可选择的测试项目(见表13.1)。

表13.1 按照卡所呈现的特征选择测试

测试内容	所有的卡	带有凸印的卡	带有磁条的卡	带有IC[a]的卡	带有CIC[b]的卡	带有OMA[c]的卡
卡的翘曲	√	√	√	√	√	√
卡的尺寸	√	√	√	√	√	√
剥离强度	√	√	√	√	√	√
耐化学性	√	√	√	√	√	√
在给定温度和湿度条件下卡尺寸的稳定性和翘曲	√	√	√	√	√	√

续表

测试内容	所有的卡	带有凸印的卡	带有磁条的卡	带有 IC[a] 的卡	带有 CIC[b] 的卡	带有 OMA[c] 的卡
粘连或并块	√	√	√	√	√	√
弯曲韧性	√	√	√	√	√	√
动态弯曲应力	—	—	—	√	√	√
动态扭曲应力	—	—	—	√	√	√
可燃性[d]	—	—	—	—	—	—
阻光度	√	√	√	√	√	√
紫外线	—	—	—	√	√	√
X 射线	—	—	—	√	√	√
电磁场	—	—	—	√	√	√
字符凸印的起伏高度	—	√	—	—	—	—
抗热度	√	√	√	√	√	√

注：(a) IC：集成电路卡。
(b) CIC：非接触式集成电路卡。
(c) OMA：光存储区(光记忆卡)。
(d) 仅当应用特定要求它时，才进行可燃性测试。

13.3 接触式 IC 卡物理特性和电气特性测试方法

13.3.1 接触式 IC 卡物理特性测试方法

1. 触点的尺寸和位置

测试每个触点是否符合 ISO/IEC 7816-2 规定的区域，并检查该区域是否完全由触点的金属表面覆盖，以及该触点保证不与其他的触点相连。

2. 静电

测试静电电位对 IC 卡的影响。根据实际应用，选择 IC 卡能承受的电压限值。

3. 触点的表面电阻

将两个测试探针加到 IC 卡触点上，测量加在两个触点上的测试探针之间的电阻，可设定触点表面的最大允许电阻为 500mΩ。

4. 触点表面轮廓

测量 IC 卡触点和 IC 卡表面之间的厚度差别，向上不超过 0.05mm，向下不超过 0.1mm。

5. 机械强度

卡应能在一定范围内抵抗对其表面及其任何组成部件的损害，并在正常使用、保存和处理过程中保持完好。

13.3.2 测试设备

为了测试IC卡的电气特性和逻辑操作功能，需要一台能仿真读写器的装置(即ICC的测试设备)，这台设备的各触点能提供比正常操作时更宽的电压和电流变化范围及时序信号，并能仿真异步卡($T=0$或/和$T=1$)协议或同步卡协议，运行测试程序。

同样，为了测试读写器的电气特性和逻辑操作功能，需要一台能仿真ICC的测试设备，这台设备测试读写器能否实现对ICC各触点的电流和电压的要求，并有仿真异步卡($T=0$或/和$T=1$)协议或同步卡协议运行的测试程序。

13.3.3 异步卡(接触式IC卡)电气特性测试方法

1. VCC触点

测量卡在VCC触点上所消耗的电流，并检测在给定的V_{CC}范围内($(1\pm5\%)V_{CC}$)，IC卡能否正常工作。

2. I/O触点

测量I/O触点的接触电容。测量IC卡发送数据时在正常工作模式下I/O触点的输出电压以及I/O触点上波形的上升沿t_R和下降沿t_F；接收数据时I/O端的输入电流。

3. CLK触点

在卡支持的电压下，测量IC卡CLK触点的电流，检测IC卡在一给定时钟频率和波形下能否运行。

4. RST触点

测量卡在RST触点上所消耗的电流，并检测RST信号在允许的最小和最大时间值范围内和给定的电压值下IC卡能否正常工作。

13.3.4 读写器电气特性

1. 触点激活顺序

测量IC卡激活时读写器提供给各触点的电压或信号顺序。

2. VCC触点

测量由读写器给VCC触点提供的电压。

3. I/O触点

测量I/O触点的接触电容；测量在正常工作条件下I/O触点输出电压；测量在读写器发送模式下I/O触点的t_R和t_F以及接收模式下I/O触点的输入电流。

4. CLK触点

测量CLK信号的特性。测量在ATR期间CLK触点上的电压、t_R、t_F和占空比。

5. RST触点

测量RST信号的特性。

6. 触点停活

测量读写器触点停活时序。记录所有读写器触点信号的电平和时序。

13.3.5 接触式 IC 卡逻辑操作的测试方法

本节根据 ISO/IEC 07816-3 标准测试 IC 卡的逻辑操作特性，测试仪器应能产生 IC 卡所需的测试信号。对被测的 IC 卡不具备的逻辑操作应不予测试。

1. 复位应答

(1) 冷复位和复位应答。测试 IC 卡在冷复位期间的性能。首先激活 IC 卡，在 CLK 激活后，测试仪器在 400 个时钟周期后将 RST 设为高。如果 IC 卡返回复位应答信号，则从 ATR 中至少选择一个字符(随机选择)，作为传输错误。然后，IC 卡运行一段测试程序，测试并分析复位期间 IC 卡发送数据的电平、时序和内容。

(2) 热复位。测试 IC 卡在热复位期间的性能。首先激活和复位 IC 卡，运行一段程序，产生一个 400 个时钟周期的热复位。如果 IC 卡有复位应答，则从 ATR 中至少选择一个字符(随机选择)，认为是传输错误。测试并分析复位周期 IC 卡发送数据的电平、时序和内容。

2. *T*=0 协议

(1) $T=0$ 协议的 I/O 发送时序。测试 IC 卡数据发送的时序。IC 卡以正常的位时序参数运行一段测试程序，在 PPS 的控制下，改变 ETU 因子(通过改变 F 和 D)，每提供一个 ETU 因子，IC 卡以正常的位时序参数运行一段测试程序。

(2) $T=0$ 协议的 I/O 字符重发。测试 IC 卡的字符重发的时序和用法。IC 卡以正常的位时序参数运行一段测试程序。IC 卡每发送一个字节，产生一个错误状态，连续 5 次，该5 个状态具有最小的宽度(1etu+t)，从起始位的前沿到错误位的前沿的时间最小((10.5－0.2)etu+t)；该 5 个状态具有最大的宽度(2etu－t)，从起始位的前沿到错误位的前沿的时间最大((10.5+0.2)etu－t)。测试所有信号的变化(电平和时序)及通信内容。

注：t 是由测试设备精度造成的。

(3) $T=0$ 协议下，I/O 接收时序和出错信号。测试 IC 卡的接收时序和出错信号。IC 卡运行一段测试程序，在一个字节的有效位发送完成后，发送错误的奇偶校验位，连续执行 5 次。在 PPS 的控制下，每提供一个 ETU 因子重复上述过程。测试所有信号的变化(电平和时序)及通信内容。

3. *T*=1 协议

(1) $T=1$ 协议下 I/O 发送时序。测试 IC 卡数据发送的时序。IC 卡运行一段至少 1s、带有正常位时序，在复位应答的 N 个字符中两个连续字符之间的延时最小、$T=1$ 协议的典型应用程序。在 PPS 的控制下，每提供一个 ETU 因子，重复上述过程。测试所有信号的变化(电平和时序)及通信内容。

(2) $T=1$ 协议下 I/O 接收时序。测试 IC 卡在 $T=1$ 协议下数据接收的时序。在 IC 卡测试仪器上设置如下位时序参数，IC 卡运行一段至少 1s 时间的 $T=1$ 协议的应用程序。在 PPS 的控制下，每提供一个 ETU 因子，重复上述过程。测试所有信号的变化(电平和时序)及通信内容。

(3) IC 卡字符等待时间特性。测试 IC 卡关于 CWT 的反应。选定一个至少有两个字节的透明文件，按照复位应答指定的 CWT，向 IC 卡发送具有 n 个字节的数据块，记录 IC 卡响应是否存在以及响应的内容和时序。

(4) IC 卡对读写器超过字符等待时间的反应。测试当读写器超过字符等待时间时，IC 卡的反应。记录 IC 卡响应是否存在，响应的内容和时序。

(5) 块保护时间。测试在相反方向上所发送的两个连续字符前沿之间的时间。记录从测试仪器发出数据的最后一个字节的起始位到 IC 卡返回数据的第一个字节的起始位之间的时间。

(6) IC 卡的块传输差错的反应。发送一个错误块给 IC 卡。错误块中有一个或多个奇偶校验错误或块的结尾有错误的 EDC(LRC 或 CRC)。IC 卡应发送 PCB 的 $b_1=1$ 的 R 块，且 R 块的序列号不变，以备重发。

(7) IC 卡对协议传输差错的反应。IC 卡测试仪器发送一个错误块给 IC 卡。错误块可以是一个无效块，它带有未定义的 PCB 编码，或带有已知有错的 $N(S)$、$N(R)$ 或 M 的 PCB 编码，或者 PCB 与期望的块不匹配。IC 卡应发送 PCB 的 $b_2=1$ 的 R 块，且 R 块的序列号不变，以备重发。

(8) 由 IC 卡恢复的传送差错。分析 IC 卡对带有失序的 $N(R)$ 的 R 块的反应。

(9) 重新同步。在重新同步之后检验 IC 卡的行为。

(10) IFSD 协商。发送块 S(IFS request)给 IC 卡，测试 IFSD 协商。

(11) 由读写器放弃。测试卡是否支持由读写器所要求的块链放弃。

4. 同步卡的测试

测试同步卡的复位和停活功能，参阅 4.4 节。

13.3.6 读写器逻辑操作测试方法

1. 复位应答

(1) ICC 复位(冷复位)。激活读写器；持续监视复位信号至少 1s，并测试时序(与时钟信号相关)和在各触点上的时序和电平变化。

(2) ICC 复位(热复位)。由读写器提供热复位，测试各触点上的时序和电平。

2. $T=0$ 协议

(1) $T=0$ 协议，I/O 传输时序。测试读写器数据传输时序。

(2) $T=0$ 协议，I/O 字符重发。测试读写器重发字符的使用和时序。

(3) $T=0$ 协议，I/O 接收时序和错误信号。测试读写器接收时序和错误信号。

3. $T=1$ 协议

(1) $T=1$ 协议，I/O 发送时序。测试读写器数据发送时序。

(2) $T=1$ 协议，I/O 接收时序。测试使用 $T=1$ 协议时的读写器数据接收时序。

(3) 读写器字符等待时间特性。测试读写器对 ICC 超过字符等待时间的反应。

(4) 块保护时间(Block Guard Time，BGT)。测试反向发送的连续两字符前沿间的时间。

(5) 读写器的块排序。测试读写器对传输错误的反应。

(6) 读写器对传送错误的恢复。测试读写器对否定确认的反应。

(7) IFSC 协商。测试 IFSC 协商。

(8) 通过 ICC 终止。测试链终止。

读写器逻辑操作的测试方法与 ICC 逻辑操作的测试方法雷同,因此,对本节中的内容不再说明。

13.4 非接触式卡测试方法

非接触式 IC 卡和接触式 IC 卡的基本差别如下。

(1) 卡上无触点,从天线上接收信息与发送信息。

(2) 卡内电路所需的直流电压,一般将天线上接收的载波信号整流后形成。

(3) 在读写器的工作范围内可能存在多张 IC 卡,因此需要解决卡之间的冲突问题,即防冲突。

解决上述问题后,非接触式 IC 卡的测试方法从原则上考虑与接触式 IC 卡是类似的。

在表 13.1 中的一般特性测试内容中,接触式与非接触式 IC 卡基本相同。但是在读写器和 IC 卡中,需要测试如何将数字信号转换成射频信号(调制)以及将射频信号转换成数字信号(解调)。并在目前存在的多种射频技术(见第 7 章)中选择一种方案实现信号和数据的传送,进行实验与测试。同时也需要测量直流电压值,能正常提供给卡内数字电路,微控制器和存储器使用。

在本书第 8 章和第 9 章介绍的多个非接触式 IC 卡和 RFID 标签用的空中接口国际标准中定义了不同的射频信号表示方式和防冲突协议的实施方案等,其性能需要在 IC 卡的设计、实验和芯片生产阶段(芯片封装前)进行测试,因为芯片的成品仅能连接片外的天线,不具有可供测试的触点。

IC 卡测试:对该卡根据空中接口国际标准制订的方案和卡内使用的每条命令进行功能测试和可靠性测试,实现防冲突和信号、数据的传输功能。最后对 IC 卡的应用程序进行测试,验证卡内的硬件和操作系统(COS)的正确性。

目前 ISO/IEC 还没有制定完整实施非接触式 IC 卡的应用命令和与安全性有关的命令等,建议还可采用 ISO/IEC 7816 中定义的命令。

在测试中还需对天线上信号进行测试;在读写器产生的磁场强度范围内(H=5~150mA/m)卡的正常工作能力;读写器与 IC 卡之间的工作距离等。

13.5 智能卡命令系统的测试

(1) 智能卡中各条命令的功能是由卡内操作系统(COS)控制的硬件完成的,对卡的试制品和市场上的成品测试方法一般是不同的,前者需对卡进行全面测试,并能迅速找出出现问题的原因,甚至对硬件的组成部件进行测试,这与产品的质量和应用场合有关。

(2) 测试设备。由计算机控制下的读写器发出被测试卡的命令,并将卡返回的响应数据(如有的话)和 SW1-SW2 提交给计算机进行分析,甚至可能出现测试程序中断或其他异常情况。

(3) 各命令测试顺序的安排。功能较简单或测试其他命令需要提前执行的命令在时间上安排在前面测试,计算机可为测试提供改变顺序的功能。

测试举例。

1. 用 UPDAT BINARY(更新二进制)命令进行测试

本测试证实该命令在功能、性能和安全性等方面是否符合相关国际标准和产品的设计目标,如有不符,则须改正。通过本例,希望读者能初步了解在测试时读写器怎样发命令以及如何从卡返回的响应来检验命令执行的正确性,并增加对卡内各条命令的先后测试次序如何安排的认识。

在本例中,假设在测试前已用 CREATE FILE(创建文件)命令创建了两个 EF 文件,标识符为'0001'和'0002'。

测试后,卡返回 SW1-SW2,参见表 6.5 和表 6.6。

1) 功能正确情况测试

测试目的:验证卡片是否正确执行该命令,并正确响应。

测试原理:在输入的参数都合法,执行的条件都具备的情况下,安排测试程序,检查所测命令是否能够正确执行。

实例见表 13.2。

表 13.2 功能正确性测试

测试项目	UPDATE BINARY 命令的功能正确情况测试
测试内容描述	测试 UPDATE BINARY 命令执行后相应数据是否成功写入文件
参考文档	ISO/IEC 7816-4
测试初始条件状态	建立二进制文件'0001'并满足执行命令的安全属性
测试程序	(1) 选择该二进制文件,执行 SELECT 命令,当前文件标识符为'0001' (2) 执行 UPDATE BINARY 命令(CLA='00',INS='D6',P1='00',P2='00',Lc='10',数据域为 16B 随机数 Random) 卡片返回'9000' (3) 执行 READ BINARY 命令(CLA='00',INS='B0',P1='00',P2='00',Le='10') 卡返回的数据等于 16B 随机数 Random,SW1-SW2 为'9000'

在表 13.2 中安排了 3 条命令,首先将当前文件设置为'0001',如果此前已是'0001',则可以不安排,其后安排的 READ BINARY 命令是为了检验更新的数据是否正确。此例说明在测试 UPDATA BINARY 命令之前,应先测试另外两条命令。从测试总体考虑,还应该先测试 WRITE BINARY 命令。

2) 功能异常情况测试

测试目的:验证卡片的每条命令是否对异常情况可以正确执行,并返回相应错误代码。

测试原理:输入的参数都合法,但执行的条件不具备,检测卡是否返回了相应错误代码。

实例见表 13.3。

表 13.3　功能异常情况测试

测试项目	UPDATE BINARY 命令更新的文件不是二进制文件
测试内容描述	UPDATE BINARY 命令更新的文件不是二进制文件，在 IC 卡的响应中是否能返回期望的错误代码
参考文档	ISO/IEC 7816-4
测试初始条件状态	建立二进制文件'0001'，建立记录文件'0002'，并满足执行命令的安全属性
测试程序	(1) 选择一个记录文件'0002'(执行 SELECT 命令，当前文件为'0002') (2) 执行 UPDATE BINARY 命令(CLA='00'，INS='D6'，P1='00'，P2='00'，Lc='10'，数据域为随机数 Random) 卡返回错误代码，SW1-SW2 为'6981'

3) 命令类别(CLA)测试

测试目的：验证每条命令存在错误 CLA 时是否可以返回期望的错误代码。

测试原理：固定所测命令参数 P1、P2、Lc 和数据域正确且不变的情况下，利用穷举法遍历每一个错误的 CLA 作为输入，测试卡是否返回了相应的错误代码。

CLA=00 时，正确，其他值'01'～FF 为错误，其根据是：

假设 CLA 类别符合表 13.2 中的定义，又卡中不存在 GET RESPONSE 命令，因此无命令链存在，且仅传输明文数据，使用基本逻辑通道。

实例见表 13.4。

表 13.4　CLA 测试

测试项目	UPDATE BINARY 命令的 CLA 参数测试
测试内容描述	测试当 UPDATE BINARY 命令的 CLA 错误时，COS 是否可以不执行该命令，并返回期望的错误代码
参考文档	ISO/IEC 7816-4
测试初始条件状态	建立二进制文件'0001'并满足执行命令的安全属性
测试程序	(1) 选择该二进制文件(执行 SELECT 命令)，当前文件标识符为'0001' (2) 执行 UPDATE BINARY 命令时 CLA 送入'01'～'FF'中的一个，卡返回 SW1-SW2 为'6E00'

4) 安全机制测试

测试目的：验证卡片在不满足安全状态的情况下是否可以拒绝操作。

测试原理：在操作一个基本文件时，该文件可能有一个或者多个安全控制机制。在其中一种安全控制机制不满足的情况下，COS 是否能正确检查出来。当多种安全控制机制不满足的情况下，COS 是否能正确检查出来。

实例见表 13.5。

表 13.5　安全机制测试

测 试 项 目	UPDATE BINARY 命令更新文件时，安全条件不满足该二进制文件的安全属性
测试内容描述	UPDATE BINARY 命令更新文件时不满足该二进制文件的安全属性，COS 是否能中止命令的执行并返回期望的错误代码
参考文档	ISO/IEC 7816-4
测试初始条件状态	建立二进制文件'0001'并不满足安全属性
测试程序	(1) 选择该二进制文件(执行 SELECT 命令) (2) 执行 UPDATE BINARY 命令(CLA＝'00'，INS＝'D6'，P1＝'00'，P2＝'00'，Lc＝'10'，数据域随机数 Random) 卡片返回 '6982' (3) 执行相应的认证程序，使安全状态满足安全属性的要求 (4) 执行 UPDATE BINARY 命令(CLA＝'00'，INS＝'D6'，P1＝'00'，P2＝'00'，Lc＝'10') 卡片返回数据为随机数 Random，SW1-SW2 为'9000'

2[c]．圈存(金融)应用流程测试

测试目的：验证卡是否可以正确完成符合相应规范的应用流程。

测试原理：将命令组合起来成为一个应用流程，检测整个流程是否都能正确执行。检测基本命令之间是否会有影响。

实例见表 13.6。

表 13.6　应用流程测试

测 试 项 目	圈存流程测试
测试内容描述	执行完整的圈存流程
参考文档	JR/T 0025(行业标准)，本书第 15 章
测试初始条件状态	建立存折文件'ED01'
测试程序的粗流程	(1) 选择金融应用 (2) 执行 VERIFY 命令认证 PIN (3) 执行 Init_for_Load 命令进行初始化圈存 (4) 执行 Credit_for_Load 命令进行存折的圈存 (5) 检查余额是否正确增加 (6) 检查文件交易明细是否正确添加
测试期望结果	流程正确执行，余额正确增加，文件的交易明细记录正确添加

3. 多应用测试

测试原理：一张卡片内的多个应用之间应互相独立。当不同应用的基本文件的 ID(标识符)相同时，对其中一个文件用 ID 方式进行操作，两个基本文件不会互相干扰。

实例见表 13.7。

4. 防拔测试

测试目的：验证卡片在执行带有写操作的命令突然断电时，COS 能够成功保护数据的功能。

表 13.7 多应用测试

测 试 项 目	多应用的二进制文件互扰测试
测试内容描述	执行 UPDATE BINARY 命令更新应用专用文件 ADF1 下的二进制文件时,应用专用文件 ADF2 下的二进制文件不受影响
参考文档	ISO/IEC 7816-4
测试初始条件状态	建立 ADF1 并在 ADF1 下建立二进制文件'0001',建立 ADF2 并在 ADF2 下建立二进制文件'0001'
测试程序	(1) 对应用 1 进行操作 ① 选择应用 ADF1 ② 选择该二进制文件'0001' ③ 执行相应的认证程序(见表 13.5) ④ 执行 UPDATE BINARY 命令(CLA='00',INS='D6',P1='00',P2='00',Lc='10',数据域为随机数 Random1) 卡返回 的 SW1-SW2 为'9000' (2) 对应用 2 进行操作 ① 选择应用 ADF2 ② 选择该二进制文件'0001' ③ 执 行 UPDATE BINARY 命 令 (CLA = '00', INS = 'D6', P1 = '00',P2='00',Lc='10',数据域为随机数 Random2) 卡返回的 SW1-SW2 为 '9000' (3) 检查多应用的二进制文件之间是否互相干扰 ① 执行相应的认证程序(见表 13.5) ② 执行 READ BINARY 命令(CLA='00',INS='B0',P1='00',P2='00',Le='10') 卡返回的数据等于 Random2,SW1-SW2 为'9000' ③ 选择应用 ADF1 ④ 选择该二进制文件'0001' ⑤ 执行相应的认证程序(见表 13.5)获得读取权限 ⑥ 执行 READ BINARY 命令(CLA='00',INS='B0',P1='00',P2='00',Le='10') ⑦ 卡返回数据等于 Random1,SW1-SW2 为'9000'

测试原理:当卡片在进行写 E^2PPROM 操作的时候如果突然断电,卡片只能有两种选择:一是写操作全部完成,新数据成功写入;二是写操作全部未执行,E^2PROM 中的数据应完整保存原有数据。其他任何情况都视为错误。

实例见表 13.8。

表 13.8 防拔测试

测 试 项 目	UPDATE BINARY 命令防拔测试
测试内容描述	执行 UPDATE BINARY 命令更新文件时断电,COS 应能成功保护数据
参考文档	ISO/IEC 7816-4
测试初始条件状态	建立二进制文件'0001'
测试程序	(1) 选择该二进制文件 执行 UPDATE BINARY 命 令 (CLA = '00', INS = 'D6', P1 = '00',P2='00',Lc='10',数据域为 16B 随机数 Random1) 卡片返回 '9000'

续表

测 试 项 目	UPDATE BINARY 命令防拔测试
测试程序	(2) 写入 Random2 ① 选择该二进制文件 ② 执行 UPDATE BINARY 命令(CLA = '00', INS = 'D6', P1 = '00',P2='00',Lc='10',数据域为 Random2) ③ 令读写器发出命令 APDU 之后 1～500ms 使 IC 卡断电 (3) 防拔结果检查阶段 ① IC 卡加电,复位卡片 ② 选择该二进制文件 ③ 执行 READ BINARY 命令(CLA = '00', INS = 'B0', P1 = '00', P2='00',Le='10') ④ 卡片返回数据和 SW1-SW2('9000') 数据等于 Random1 或 Random2。数据如果不等于 Random1 也不等于 Random2 则报错,SW1-SW2 为'6A80' 返回数据可以等于 Random1 也可以等于 Random2,读写器接受数据后需进一步处理

5. 性能/指标测试

测试目的:测试卡对于文件的读写速度或者应用流程的交易速度等。

测试原理:通过计时,对卡片完成某项操作的速度有一个评判。

实例见表 13.9。

表 13.9 性能测试

测 试 项 目	UPDATE BINARY 命令的性能测试
测试内容描述	测试 UPDATE BINARY 命令更新二进制文件的性能
测试初始条件状态	建立二进制文件'0001'并满足更新权限
测试程序	(1) 选择该二进制文件 (2) 计时开始(在读写器或计算机上进行计时) (3) 循环执行 UPDATE BINARY 命令(CLA='00',INS='D6',P1='00',P2='00',Lc='FF',数据域为 255B 随机数 Random)1000 次 (4) 计时结束 (5) 统计消耗时间并计算速率

本章讲述的测试方法仅起一些引导作用,目前我国已有对卡进行全面测试的单位。但是设计者与生产厂家需要对卡尽量进行全面测试。在正常环境下进行测试后,还需要改变测试环境(如温度、湿度)和测试条件(如电源电压)进行测试。

习题

1. ISO/IEC 10373-1 中描述的测试项目适用于哪些卡?
2. 接上题,哪些测试项目需对每张卡进行?哪些可以抽样测试?
3. 测试 ATR 的目的何在?

4. 对测试设备的基本要求是什么？
5. 接触式 IC 卡有哪些电气特性测试和逻辑操作测试内容？
6. 同步卡和异步卡测试的主要差别是什么？
7. 非接触式 IC 卡与接触式 IC 卡的测试方法和内容有哪些是共同的？有哪些是不同的？
8. 卡(硬件和 COS)测试的重要性何在？测试原则是什么？
9. 选择几种测试项目，分析要实现这些测试需要做哪些准备工作(包括测试设备和测试方法)？
10. 你认为要进行哪些测试才能认为卡是完好的，可以放心使用？如果发现存在错误，应该(或可能)采取什么补救措施？

第 14 章　物联网技术基础

14.1　概述

14.1.1　物联网定义

物联网，译自英文"The Internet of things"，由此可理解"物联网就是物物相连的互联网"。物联网的核心和基础仍然是互联网，是指通过各种信息传感设备，如传感器、射频识别(RFID)标签、全球卫星定位系统(GPS)、红外感应器、激光扫描器等各种装置，实时采集需要监控、连接、移动的物体位置或活动，采集其声、光、热、电或位置等信息，与互联网结合而形成的一个网络。其目的是实现物与物、物与人，所有的物品与网络的连接，方便识别、定位、跟踪、管理和控制。物联网本身具有智能处理的能力，从传感器获得的海量信息中分析、加工和处理出有意义的数据，以适应不同用户的不同需求，扩大应用领域。

物联网可让无处不在的终端设备通过各种无线/有线的长距离/短距离通信网络实现互联互通，提供安全可控乃至个性化的实时在线监测、定位追溯、报警联动、调度指挥、远程控制、安全防范、决策支持等管理和服务功能。

1999 年在美国召开的移动计算和网络国际会议上提出物联网概念：在计算机互联网的基础上，利用 RFID 技术、无线数据通信技术和 EPC(电子产品代码)标准等，构造一个实现全球物品信息实时共享的物联网。2005 年物联网的定义和范围又发生了变化，覆盖范围有了较大的拓展，不再只是指基于 RFID 技术的物联网。

目前，物联网还没有公认的定义。由于物联网与领先发展，广泛应用的互联网、移动通信网、传感网等有密切关系，而不同领域的研究单位和生产单位对物联网有不同的认识，大体上可归纳成五种看法：①以国际电联为代表的互联网企业，称物联网是互联网的应用与延伸；②以美国 IBM 公司为代表的"智慧地球"理念，推广服务理念；③GLOBA(全球电子代码管理中心)宣称 RFID 的应用即是物联网；④电信运营商称无线互联就实现了物联网；⑤传感网即是物联网。产生上述这些看法的原因是：目前物联网并没有坚强的、独立的、创新的、深奥的理论与实践成果，物联网的研发和应用还脱离不了上述的相关领域。

14.1.2　物联网体系结构

一般将物联网分成 3 个层次：感知层、网络层和应用层。

(1) 感知层。利用条形码标签和识读器、RFID 标签和读写器、摄像头、传感器(如温度、湿度、声音、震动、压力感应器等)、全球卫星定位系统(Global Positioning System, GPS)等识别控制物体，采集数据信息。

(2) 网络层。利用移动通信系统、互联网、传统电信网等将感知层采集的信息进行处理和传递。

(3) 应用层。将网络层传送来的信息进行处理,作出控制和决策,实现信息的存储、数据的挖掘和应用的实施。从而实现智能化的管理、应用和服务。面向的对象可以是工业、农业、交通、电力、医疗、家庭和个人等。一般在网络层和应用层之间设置一个公用平台,以便于应用层的开发、移植、互操作,从而将物联网分为4个层次。

目前在我国实现的互联网平台有:以百度为代表的信息服务平台;以支付宝为代表的互联网金融平台;以腾迅手机管家为代表的应用软件平台;以淘宝网为代表的电子商务平台;以优酷网为代表的内容共享平台。

在本章将介绍与感知层和网络层相关的对象。第15、16章讲述从智能卡、RFID到物联网的应用举例。

14.2 条形码

1. 一维条码

传统条形码(也称一维条形码条码)技术相对成熟,在社会生活中处处可见,在全世界得到了极为广泛的应用。它作为计算机数据采集手段,以快速、准确、成本低廉等诸多优点迅速进入商品流通、自动控制以及档案管理等各种领域,也是目前我国使用最多的一种条形码。

传统条形码由一组按一定编码规则排列的条、空元素组成,表示一定的字符、数字及符号信息。在条形码符号中,反射率较低的元素(黑条)称为条,反射率较高的元素(白条)称为空。条形码系统是由条形码符号设计、条形码制作以及扫描阅读组成的自动识别系统,是迄今为止使用最为广泛的一种自动识别技术。

到目前为止,常见的条形码的码制大概有20多种,其中广泛使用的码制包括EAN码、Code39码、交叉25码、UPC码、128码、Code93码及CODABAR码等。不同的码制具有不同的特点,适用于特定的应用领域,下面介绍一些典型的码制。

1) UPC码(统一商品条码)

UPC码在1973年由美国超市工会推行,是世界上第一套商用的条形码系统,主要应用在美国和加拿大。UPC码包括UPC-A和UPC-E两种系统,UPC只提供数字编码,限制位数(12位和7位),需要附加校验码,允许双向扫描(从左向右扫描和从右向左扫描),主要应用在超市与百货业。

2) EAN码(欧洲商品条码)

1977年,欧洲12个工业国家在比利时签署草约,成立了国际商品条码协会,参考UPC码制定了与之兼容的EAN码。EAN码仅有数字号码,通常为13位,允许双向扫描,缩短码为8位码,也主要应用在超市和百货业。

3) ITF25码(交叉25码)

ITF25码的条码长度没有限定,但是其数字必须为偶数位,允许双向扫描。ITF25码在物流管理中应用较多,主要用于包装、运输、国际航空系统的机票顺序编号、汽车业及零售业。

4）Code39 码

在 Code39 码的 9 个码素中，一定有 3 个码素是粗线，所以 Code39 码又被称为“三九码”。除数字 0～9 以外，Code39 码还提供英文字母 A～Z 以及特殊的符号，它允许双向扫描，支持 44 组条码，主要应用在工业产品、商业资料和图书馆等场所。

5）CODABAR 码(库德巴码)

CODABAR 码制可以支持数字、特殊符号及 4 个英文字母，由于条码自身有检测的功能，因此无须校验码。主要应用在工厂库存管理、血库管理、图书馆借阅书籍及照片冲洗业。

6）ISBN 码(国际标准书号)

ISBN 是因图书出版、管理的需要以及便于国际间出版物的交流与统计，而出现的一套国际统一的编码制度。每一个 ISBN 码由 10 位数字组成，用以识别出版物所属国别地区、出版机构、书名、版本及装订方式。这组号码也可以说是图书的代表号码，大部分应用于出版社图书管理系统。

7）Code128 码

Code128 码是目前中国企业内部自定义的码制，可以根据需要来确定条码的长度和信息。这种编码包含的信息可以是数字，也可以包含字母，主要应用于工业生产线领域、图书管理等。

8）Code93 码

Code93 码制类似于 Code39 码，但是其密度更高，能够替代 Code39 码。

条形码技术给人们的工作、生活带来的巨大变化是有目共睹的。然而，由于一维条形码的信息容量比较小，如商品上的条码仅能容纳几位或者几十位阿拉伯数字或字母，因此一维条形码仅仅标识是哪一类商品，而不包含对于相关商品的描述。只有在数据库的辅助下，人们才能通过条形码得到相关商品的描述。所以在没有数据库支持或者联网不方便的地方，其使用就受到了相当大的限制。

另外，一维条形码无法表示汉字或者图像信息。因此，在一些需要应用汉字和图像的场合，一维条形码就显得很不方便。而且，即使建立了相应的数据库来存储相关产品的汉字和图像信息，这些大量的信息也需要一个很长的条形码来进行标识。而这种长的条形码会占用很大的印刷面积，从而对印刷和包装带来难以解决的困难。因此，人们希望条形码中直接包含与产品相关的各种信息，而不需要根据条形码从数据库中再次进行这些信息的查询。

基于上述的种种原因，现实的应用需要一种新的码制，这种码制除了具备一维条形码的优点外，还应该具备信息容量大、可靠性高、保密防伪性强等优点。

条形码可简称为条码。

2. 二维条码

20 世纪 70 年代，在计算机自动识别领域出现了二维条形码技术，这是在传统条形码基础上发展起来的一种编码技术，它将条形码的信息空间从线性的一维扩展到平面的二维，具有信息容量大、成本低、准确性高、编码方式灵活和保密性强等诸多优点。因此自 1990 年起，二维条形码技术在世界上开始得到广泛的应用，经过多年的努力，现已应用在国防、公共安全、交通运输、医疗保健、工业、商业、金融、海关及政府管理等领域。

与一维条形码只能从水平方向读取数据不同,二维条形码可以从水平、垂直两个方向获取信息,因此,其包含的信息量远远大于一维条形码,并且还具备自纠错功能。堆叠式二维条形码的工作原理与一维条形码类似。阅读条形码符号所包含的信息需要一个扫描装置和译码装置,统称为读写器。读写器的功能是把条形码条符宽度、间隔等空间信号转换成不同的输出信号,并将该信号转化为计算机可识别的二进制编码输入计算机。扫描器又称光电读入器,它装有照亮被读条码的光源和光电检测器件,并且能够接收条码的反射光,当扫描器所发出的光照在纸带上,根据纸带二维空间上条码的有无来输出不同的图案,经放大、量化后送译码器处理。译码器中有需译读的条码编码方案数据库和译码算法。在早期的识别设备中,扫描器和译码器是分开的,目前的设备大多已合成一体。

二维条形码具有以下几个特点。

(1) 存储量大。一般二维条形码可以存储1100个字,比起一维条形码的15个字,存储量大为增加,而且能够存储中文,其资料不仅可使用英文、数字、汉字和记号等,甚至空白也可以处理,而且尺寸可以自由选择,这也是一维条形码做不到的。

(2) 抗损性强。二维条形码采用故障纠正的技术,遭受污染以及破损后也能复原,即使条形码受损程度高达50%,仍然能够解读出原数据。

(3) 安全性高。在二维条形码中采用了加密技术,所以使安全性大幅度提高。

(4) 可传真和影印。二维条形码经传真和影印后仍然可以使用,而一维条形码在经过传真和影印后机器就无法进行识读了。

(5) 印刷多样性。对于二维条形码来讲,它不仅可以在白纸上印刷黑字,还可以进行彩色印刷,而且印刷机器和印刷对象都不受限制,印刷起来非常方便。

(6) 抗干扰能力强。与磁卡、IC卡相比,二维条形码由于其自身的特性,具有强抗磁力、抗静电能力。

(7) 码制更加丰富。二维条形码可以直接印刷在被扫描的物品上或者打印在标签上,标签可以由供应商专门打印或者现场打印。在堆叠式二维码中,所有条形码都有一些相似的组成部分,它们都有一个空白区,称为静区,位于条形码的起始和终止部分边缘的外侧。校验符号在一些码制中也是必需的,它可以用数学的方法对条形码进行校验以保证译码后的信息正确无误。与一维条形码一样,二维条形码也有许多不同的编码方法。

根据这些编码原理,可以将二维条形码分为以下3种类型。

(1) 线性堆叠式二维码。就是在一维条形码的基础上,降低条形码行的高度,将多个一维条形码在纵向堆叠而成。典型的线性堆叠式二维条形码有Code16K、Code49和PDF417等。

(2) 矩阵式二维码。它是采用统一的黑白方块(象素)的组合,是在计算机图像处理技术、组合编码原理基础上的图形符号自动识读处理的码制。它能够提供更高的信息密度,存储更多的信息。与此同时,矩阵式的条形码比堆叠式的条形码具有更高的自动纠错能力,更适用于在条形码容易受到损坏的场合。矩阵式符号没有标识起始和终止的模块,但它们有一些特殊的"定位符",其中包含了二维码图形的定位、符号的大小和方位等信息。矩阵式二维条形码和新的堆叠式二维条形码能够用先进的数学算法将数据从损坏的条形码符号中恢复。典型的矩阵二维条形码有 Maxi Code、QR Code、Code One、Aztec 和 Data Matrix 等。

(3) 邮政编码。通过不同长度的条进行编码,主要用于邮件编码,如 Postnet、BPO 4-State 等。

在上述介绍的二维条形码中,PDF417 码由于解码规则比较开放和商品化,因而使用比较广泛。它是 Portable Data File 的缩写,意思是可以将条形码视为一个档案,里面能够存储比较多的资料。PDF417 码是一个多行结构,每行数据符号数相同,行与行左右对齐直接衔接,其最小行数为 3 行,最大行数为 90 行。而 Data Matrix 码则主要用于电子行业小零件的标识,如 Intel 奔腾处理器的背面就印制了这种码。Maxi Code 是由美国联合包裹服务公司研制的,用于包裹的分拣和跟踪。Aztec 是由美国韦林公司推出的,最多可容纳 3832 个数字、3067 个字母或 1914 个字节的数据。

另外,还有一些新出现的二维条形码系统。包括由 UPS 公司研制的适用于分布环境下运动特性的 UPS Code,这种二维条形码更加适合自动分类应用场合。美国 Veritec 公司提出一种新的二维条形码——Veritec Symbol,是一种用于微小型产品上的二进制数据编码系统,这种二维码具有更高的准确性和可重复性。此外,飞利浦研究实验室也提出了一种新型的二维码方案,即用标准几何形体圆点构成自动生产线上产品识别标记的圆点矩阵二维码表示法。还有一种二维条形码叫点阵码,它除了具备信息密度高等特点外,也便于用雕刻腐蚀制版工艺把点码印制在机械零部件上,用摄像设备识读和图像处理系统识别,这也是一种具有较大应用潜力的二维编码方案。

二维条形码技术的发展主要表现为三方面的趋势。

(1) 出现了信息密集度更高的编码方案,增强了条形码技术信息输入的功能。

(2) 发展了小型、微型、高质量的硬件和软件,使条形码技术实用性更强,扩大了应用领域。

(3) 与其他技术相互渗透、相互促进,这将改变传统产品的结构和性能,扩展条形码系统的功能。

图 14.1 所示为条形码的示意图。

(a) 一维条形码

(b) 二维条形码(堆叠式)

(c) 二维码(短阵式)

图 14.1 条形码示意图

3. 一维条形码识读器

为了读出条形码上信息的识读器,由条码扫描器、放大整形电路、译码接口电路和计算机系统组成。当光照射到条码上时,白条能反射出各种波长的可见光,黑条则吸收各种波长的可见光。所以当条码扫描器光源发出的光经光阑及凸透镜照射到黑白相间的条码上时,反射光经凸透镜聚焦后,照射到光电转换器上,转换成相应的电信号输出到放大整形电路,由于白条和黑条的宽度不同,相应的电信号持续时间也不同,而且电信号一般仅有10mV左右,因此需要送放大器放大整形,去除噪声,并将模拟信号转换成脉冲数字信号,再经译码器译成数字或字符。通过识别起始和终止字符来判别出条码符号的码制及扫描方向,并通过测量得出数字电信号0、1的数目,根据信号的持续时间来判别条和空的宽度。最后根据码制对应的编码规则,将条码符号转换成相应的数字和字符,通过接口电路送计算机系统。

条码扫描器一般使用可见光、红外线发光二极管作为发光源。有移动式(如手持式)和固定式两种扫描器。

14.3 RFID标签

与RFID标签相关的射频识别技术和空中接口国际标准已在第7～9章详细论述,这是重点。在此对标签的封装和射频识别系统结构(举例)作简介。

1. 电子标签的形状和封装

1) 电子标签的形状

根据应用场合而封装成不同的形状。

(1) 信用卡标签。其大小等同于信用卡,厚度不超过3mm。

(2) 线形标签。常见的有流线形标签和车辆用线形标签,后者主要用于加强车辆在高速行驶中的识别能力和识别距离,用铆钉等将它固定在卡车的车架上或集装箱上。

(3) 盘形标签。这是最常见的一种电子标签,直径从几mm到10cm,封装在塑料外壳内。

(4) 钥匙扣形标签。封装成钥匙形状外壳的电子标签,主要用于门禁系统。

(5) 自粘标签。是一种薄膜形标签,将标签安装在只有0.1mm厚的塑料膜上。这种薄膜往往与一层纸胶粘在一起,并在背后涂上胶粘剂,可以方便地粘贴在需识别的物品上。

(6) 其他标签。如手表形标签以及直接将天线制作在绝缘硅芯片上的微型标签等。

2) 电子标签的封装材料

为了保护标签的芯片和天线以及使用方便,必须用某种材料进行封装。

(1) 纸标签。有自粘能力,可贴在被识别物品上的标签。其价格较便宜,一般由面层、芯片线路层、胶层和底层组成。面层一般由纸构成,允许印刷一些信息;芯片线路层与胶层粘合在一起;胶层起固定芯片和天线的作用,底层是标签使用前的保护层,使用时将底层撕下,即可将标签粘贴在被识别物的表面上。电子标签的成品可以是单张的,也可以是连续的纸卷。目前超市中的低价小物品,还难以用标签取代条码。

(2) 塑料标签。采用特定工艺将芯片和天线封装在塑料材质中的标签,一般由面层、芯片层和底层组成,机械强度大。可用作钥匙牌、手表形标签、狗牌和信用卡等。

(3) 玻璃标签。一般将芯片和天线用一种特殊的固定物质(软胶粘剂等)植入到只有12～32mm长的小玻璃管里,封装成玻璃标签。管内还装有稳定电压用的电容,天线的线圈是用0.3mm的线材绕在铁氧体磁芯上形成的。玻璃标签通常被用于动物跟踪与识别，可用注射器或其他方式植入到动物的皮下。

2. RFID 系统结构(举例)

图 14.2 给出了一个典型的 RFID 系统各部分的关系及所涉及的标准化的内容。包括读写器与射频标签，读写器与应用系统之间的接口关系图，涉及通信协议、数据协议和一致性测试标准。

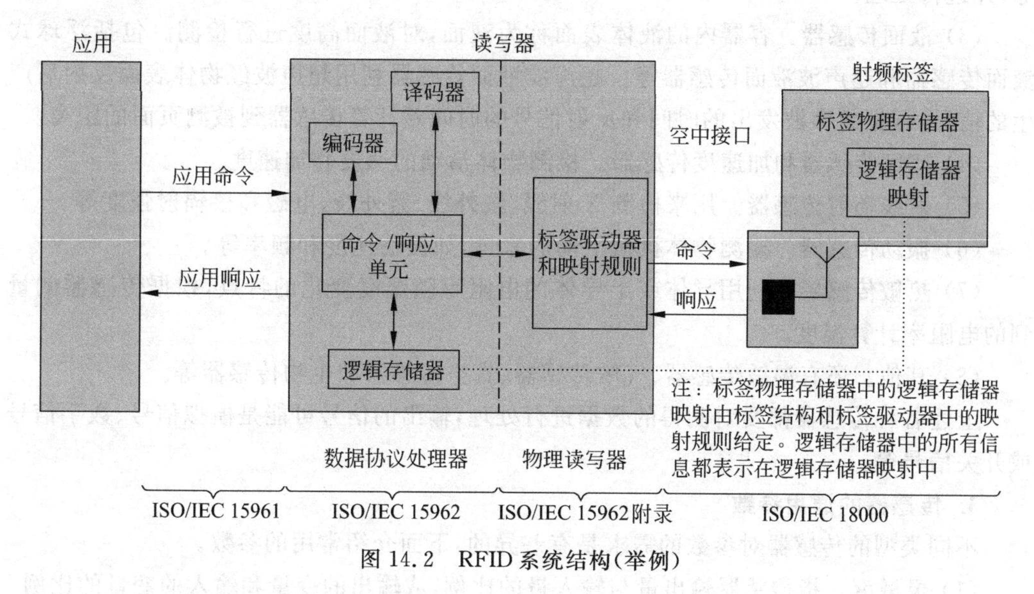

图 14.2　RFID 系统结构(举例)

14.4　传感器和传感网

14.4.1　传感器

传感器在工业自动化、军事国防和以宇宙开发、海洋开发为代表的尖端科学和工程领域内得到广泛应用，同时与人们生活密切相关的生物工程、医疗卫生、环境保护、安全设置、家用电器等领域同样得到广泛应用。传感器将上述各领域中测量到的各种信号转换成电信号。而电信号是比较容易进行放大、反馈、微分、存储、远距离操作的。

1. 传感器的作用和组成

传感器是能感受被测件信号并按照一定的规律转换可用信号的器件或装置，通常由敏感元件和转换元件组成。其输出是电信号或其他形式的信息，以满足信息的传输、处理、存储、显示和控制等需要。根据应用需求和环境的不同，有些传感器很简单，仅由一个敏感元件组成，有些传感器的转换元件不止一个，要经过多次转换。

在现代工业生产尤其是自动化生产过程中，要用各种传感器来监视和控制生产过程中的各个参数，使机器工作在正常状态或最佳状态，产品达到最好的质量。

现代科学技术的发展，进入了新领域，宏观上观察宇宙，微观上要观察微小的颗粒。此外，为了对物质的深化认识、开拓新能源、新材料的研究，在相应的超高湿、超低温、超高真空、超强或超弱磁场等环境中，有相应的传感器。

2. 传感器按照用途分类

(1) 压力传感器。实现工业过程自动化的传感器之一,可测量力和压力以及负荷、加速度、扭矩等物理量,利用现代半导体的压阻效应或物体的弹性进行测量。

(2) 位置传感器。通过磁性开关来检测气动活塞的位置、机器人系统的高精度定位等,并进行处理。

(3) 液面传感器。容器内的液体表面称为液面,对液面高度进行检测。包括浮球式液面传感器和超声波液面传感器等。超声波液面传感器利用超声波经物体表面反射后产生的信号,根据超声波发出的时间和反射信号的时间差计算传感器到被测页面的距离。

(4) 速度传感器和加速度传感器。检测物体活动的速度和加速度。

(5) 射线辐射传感器。用来检测X射线、红外线、紫外线、电磁和核辐射强度等。

(6) 振动传感器。检测物体机械活动的参量,如振荡速度和频率等。

(7) 热敏传感器。利用导体或半导体的电阻率随温度变化的特点,根据传感器测量到的电阻率计算温度。

(8) 其他。还有湿敏传感器、气敏传感器、真空传感器和生物传感器等。

上述各种传感器都要对测得的数据进行处理,输出的信号可能是模拟信号、数字信号或开关信号等。

3. 传感器的通用参数

不同类型的传感器对参数的需求是有差异的,下面介绍常用的参数。

(1) 灵敏度。指传感器输出量与输入量的比例,或输出的变量和输入的变量的比例。

(2) 分辨率。指传感器在规定的测量范围内能够检测出被测量的最小变量。

(3) 线性度。指传感器的输出量和输入量的测试曲线和直线的差异。

(4) 迟滞。在相同条件下,传感器的正向行程和反向行程的不一致程度。

(5) 重复性。在同一工作条件和环境下,测试结果的一致性。

(6) 漂移。在输入和工作条件不变的情况下,输出量发生变化的值即为漂移值。

4. 物联网中的传感器

物联网中的传感器一般具有信号处理能力,并将输出传递给处理中心进行判断处理,因此物联网中的传感器一般称为智能传感器。

智能传感器一般带有微处理器,具有自检测、自修正、自保护等功能,是由传统的传感器、微处理器和网络接口组成的传感器节点。

14.4.2 传感网

1. 传感网的结构

传感网技术综合了传感器技术、嵌入式技术、现代网络和无线通信技术。传感网结构如图14.3所示,包括监测区域的传感器节点、汇聚节点和任务管理节点,传感器节点可通过自组织方式构成网络,传感器节点监测的数据可在监察区域内逐点传输,在传输过程中可能被多个节点处理,最后连到汇聚节点。然后通过传感网以外的互联网和卫星到达用户的任务管理节点。形成一个多跳的数据传输网络。

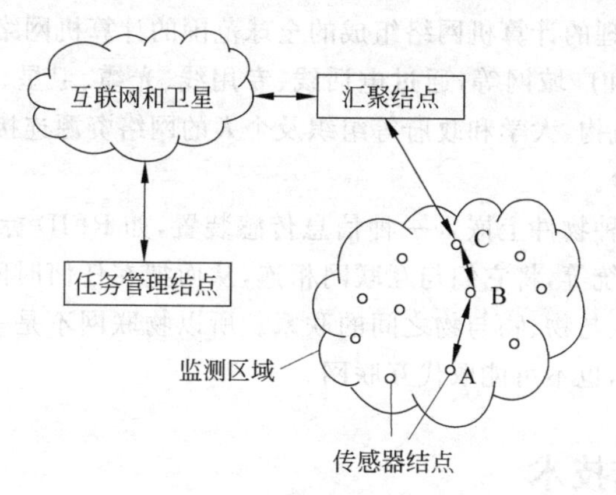

图 14.3　传感网的体系结构

2. 物联网中的传感网

传感网(传感区网络)是利用种种传感器(光、电、温度、湿度、压力等)加上中低速的近距离的无线通信技术构成一个独立的网络,是由多个具有有线或无线通信和计算能力的低功耗的传感器节点构成的网络系统,它一般提供局域和小范围物与物之间的信息交换功能。

14.4.3　物联网与互联网的关系

物联网是物与物关联的互联网,是在互联网基础上的延伸和扩展,但仍处于发展阶段,没有互联网,就不可能有物联网。

1. 计算机网络协议

1) ISO/OSI 基本参考模型

为了将不同类型、不同操作系统的计算机互联起来形成计算机网络,实现资源共享。国际标准化组织(ISO)提出了“开放系统互联基本参考模型(Open System Interconnection-basic reference model, OSI)。

2) TCP/IP 协议

互联网(Internet)是 20 世纪 80 年代兴起的世界上发展最快,用户最多的网络,Internet 使用的是 TCP/IP 协议,每个联入 Internet 的计算机都被分配了一个 IP 地址,这个地址是全球唯一的。目前正在使用的是 IPV4 地址,地址长度为 4B(32 位)是用点号分隔的 4 组十进制数表示,用户可以混用英文字母和数字来申请地址,Internet 自动将其翻译成十进制数字表示的 IP 地址。为了克服今后地址分配紧张局面,而提出了 IPV6 地址。

IPV6 地址长度为 128 位,包含地址数有 3.4×10^{38} 个,能够为所有想象出的网络设备提供一个全球唯一的地址,其中可包括物联网中使用的传感器。

2. 物联网与互联网的关系

互联网是全球性的信息系统,通过全球唯一的逻辑地址连接在一起,该地址建立在 IP 协议基础之上。互联网泛指通过网关设备连接起来的网络集合,即由各种不同类型和规模的独立运行和管理的计算机网络组成的全球范围的计算机网络。互联网包括局域网LAN、城域网MAN和广域网等,通过电话线、专用线、光缆、卫星、微波等通信线路将各个国家的公司、科研机构、大学和政府等组织及个人的网络资源连接起来,从而实现通信、信息交换、资源共享等。

物联网是指在各种物件上嵌入一种信息传感装置,如RFID标签、激光扫描器、红外感应器和全球定位系统等,将它们与互联网相连,从而把在任何时间、任何地点和任何人之间的联系,扩展到人与物、物与物之间的联系。所以物联网不是一个完全新建的、与互联网没有联系的网络,也不可能取代互联网。

14.5 移动通信技术

1. 移动通信的特点

移动通信是指通信的一方或双方可在移动中进行通信,与固定通信相比,有以下特点。

(1) 移动性。移动信道是无线信道,包括人移动、终端移动等。

(2) 电磁波传播条件复杂。移动物体可在各种环境中移动,如果电磁波遇到障碍物,会产生反射、折射、绕射和多普勒效应等现象,因此必须研究电磁波的传播特性,防止或减少信号衰减。

(3) 噪声与干扰。移动过程中受到多种噪声和干扰,如工业噪声、天然噪声。用户之间的信号干扰等,比固定通信严重。

(4) 网络结构复杂。移动通信网与固定网、卫星通信网等互联,结构复杂。

(5) 移动设备质量保证。移动时受到震动、温度和污染等因素的影响,应保证运行正常。

(6) 电磁波频率范围有限。

2. 移动通信系统

在第10章中讨论了移动通信中的SIM卡,明确指出移动电话(手机)与SIM卡的关系。现代移动通信的发展始于20世纪20年代,而公用移动通信是从20世纪60年代开始的,已经历了第一代(1G)和第二代(2G),并继续进入第三代(3G)和第四代(4G)。

(1) 第一代移动通信系统是模拟移动通信系统,采用频分多址(FDMA)技术,是一种区域性的移动通信系统,不能长途漫游,当时的手持电话机俗称“大哥大”。其功能仅是通话。

(2) 第二代移动通信系统是数字移动通信系统,使用频率800~900MHz,基本技术有两种:①全球移动通信系统(Global Sgstem for Mobile communication, GSM),基于TDMA;②基于CDMA系统。相互不兼容。

与1G系统相比,2G增加了接收数据功能(接发电子邮件或浏览网页)。

(3) 第三代移动通信系统的基本特征是智能信号处理能力,能同时提供实时语言和宽带数据等多媒体业务,能够支持分组交换的空中接口,实现多个网络的互联。第三代移动通信系统有WCDMA、CDMA2000和TD-CDMA,相互之间不能兼容而存在竞争。3G

手机由于传输率的提高，将无线通信和互联网多媒体通信结合起来，处理图像、音乐、视频，提供网页浏览、电话会议、电子商务等服务。如果内带摄像头，则可取代平板电脑进行可视的远程会议。具有触摸式操作的大彩屏，可直接写字、绘图、传送等。支持室内、室外行车环境下使用，其传输率分别达到 2Mbps，384Kbps，144Kbps。最后可达到 2Mbps。

（4）第四代移动通信关系仍以传统通信技术为基础，但达到更高传输速率和通信带宽（最高可达 80Mbps），并具有下列特点：

① 高智能化，能自适应地分配资源，处理变化的业务流，适应不同的信道环境。

② 高质量的多媒体通信，范围包括语音、数据、影像等。

③ 兼容性，具备全球漫游、接口开放和多种网络互联等，并考虑现有的通信基础，让更多用户在投资较少的情况下过渡到 4G 通信。或让 4G 手机兼顾 2G 和 3G 的通信协议。

智能化手机实现了移动通信和平板电脑的功能。新功能的扩展主要得益于话机，而不是 SIM 卡的技术改进。在话机中广泛应用了新研制的高性能 ARM 微处理器，有 50 余家公司购买了 ARM 核芯技术，根据应用的需求而生产了 SoC 芯片，其中包括了内置多个核芯的 SoC 芯片。ARM 芯片具有低功耗、低成本的优点。

前面讲到的传输率还与产品质量和使用环境有关。

3. 物联网中的通信网

物联网中各种信息传感设备，如 RFID 设备、红外感应器、全球定位系统、二维码、激光扫描器等与互联网和通信网结合而形成一个大网络，使得物体可被追踪、控制和操纵。

从传感网的发展历程来看，与无线通信网的融合是必然趋势，移动通信网覆盖的广域性、终端的移动性、应用的普及性以及对终端的智能管理（位置、时间、服务质量）必将成为物联网发展的基础。

14.6 无线网

无线网（WiFi、蓝牙、红外、ZigBee）常用的标准有 IEEE 802.11a、IEEE 802.11b 和 IEEE 802.11g，其主要特点见第 7 章。IEEE 802.11n 为草案，使用 2.45GHz，传输速度为 300Mb/s。

下面介绍 WiFi、蓝牙、红外、ZigBee 技术。

1. WiFi

属于在办公室和家庭中使用的短距离无线技术，使用频段为 2.45GHz。WiFi 是无线局域网联盟的一个商标，它使用的标准是 IEEE 802.11a 和 IEEE 802.11b，其主要特点是速度快，可达 11Mb/s，通信距离可达 100m，方便与现有的有线以太网整合，组网成本低。如果在机场、车站、咖啡店、图书馆等人员较密集的地方设置“热点”，并接入互联网，那么在 100m 范围内，支持无线局域网的笔记本电脑等即可接入互联网。WiFi 的不足之处是移动性不佳，只有在停止或步行的情况下使用才能保证通信质量。

2. 蓝牙

以较低成本实现短距离设备间的无线通信。蓝牙技术在本书第 7 章中讨论。

3. 红外技术

红外线是波长为 750nm～1mm 的电磁波，其频率高于长波而低于可见光，人眼看不见它。

红外线可实现无线通信，如红外线鼠标、打印机和红外线感应器等。红外线特点是点对点传输，无线、距离短，要对准方向，中间不能有障碍物。红外数据通信技术 IRDA 已有标准。

4. ZigBee 技术

ZigBee 是近距离、低速率、低功耗、低复杂度、低成本的双向无线通信技术。遵循 IEEE 802.15.4 协议。ZigBee 是一种高可靠性的无线数据传输网络，是一个由多个到 65000 个无线数据节点组成的网络，节点之间可相互通信，主要是为工业现场自动化控制数据传送而建立的。例如，其所连接的传感器不仅可以直接进行数据采集和监控，而且还可以自动中转别的网络节点传过来的数据资料。

习题

1. 什么是物联网？
2. 物联网的产生与条形码和 RFID 标签的应用有关吗？
3. 传感器起什么作用？经常用到的传感器有哪些？怎样构成传感网？
4. 一般将物联网体系分为几个层次？各层的功能是什么？
5. 家中使用的 WiFi 起什么作用？
6. 4G 手机中的 SIM 卡起什么作用？手机中的微信、视频、游戏等功能是否由 SIM 卡中的微处理器完成的？
7. 初步学习互联网、移动通信网、传感网和无线网的基本知识，你认为这对了解智能卡、RFID 标签和物联网技术有帮助吗？
8. 学习本章后，是否能促进你对物联网或互联网应用的认识？

第15章 智能卡应用

在我国,智能卡的应用范围广,发行量大,在本章论述中华人民共和国居民身份证、北京交通一卡通和中国金融集成电路(IC)卡规范。目前在我国非接触式IC卡一般遵循ISO/IEC 14443标准。

15.1 中华人民共和国第二代居民身份证

第二代居民身份证上印有持卡人的姓名、照片和生日、地址等登记项目。2011年审议居民身份证修正草案,规定了公民申请领取、换领、补领身份证应加入指纹信息。

1. 身份证号码

身份证号码共18位。

(1) 前第1、2位数字表示所在省(直辖市、自治区)的代码。

(2) 第3、4位数字表示所在地级市(自治州)的代码。

(3) 第5、6位数字表示所在区(县、自治县、县级市)的代码。

(4) 第7～14位数字表示出生年、月、日。

(5) 第15、16位数字表示所在地的派出所代码。

(6) 第17位数字表示性别,奇数表示男性,偶数表示女性。

(7) 第18位数字是校验码,用来检验身份证的正确性。校验码由统一公式计算出来,计算的结果为10个,用0～9和X来表示,X是罗马数字,代替数字10,由此保证校验码为1位,身份证号码总共为18位。

校验码的计算方法(步骤)如下。

(1) 身份证号码的第1～17位分别乘以不同的系数。

第	1	2	3	4	5	6	7	8	9	10	11	12	13	14	15	16	17	位
系数	7	9	10	5	8	4	2	1	6	3	7	9	10	5	8	4	2	

(2) 将各位相乘的结果再进行相加操作。

(3) 将相加的结果除以11,得余数;余数为0～10之间的一个数字。

(4) 将余数进行简单变换,即为身份证号码的第18位,变换关系如下:

余数:	0	1	2	3	4	5	6	7	8	9	X	
移位:	2	3	4	5	6	7	8	9	X	0	1	循环左移两位
变换后:	1	0	X	9	8	7	6	5	4	3	2	高低位互换

举例:假设身证号为3 4 05 24 19800101 00 1X,对前面17位进行处理。

$$
\begin{aligned}
\text{相乘、相加的结果} &= 3\times7+4\times9+0+5\times5+2\times8+4\times4+1\times2+9\times1+8\times6 \\
&\quad +0+0+1\times9+0+1\times5+0+0+1\times2 \\
&= 189
\end{aligned}
$$

除以 11 得余数：189/11＝17＋2/11，即余数为 2。

余数经变换后为 X，即第 18 位为 X。

当持卡人使用身份证时，读卡机对身份证号码进行核算，如果校验码正确，则认为身份证是合格的；否则认为卡内存储的身份证号码有误或是伪造的。卡内没有设置密码，对持卡人的身份仅能对照片进行人工观察。而且很多单位，即使是银行，都没有身份证的读卡器。

2. 技术特点

(1) 使用非接触式 IC 卡，天线和芯片都封装在卡内，存储器容量较大，写入的信息可划分安全等级，分区存储(姓名、地址、照片等)，如地址变动可予以修改，而身份证号码则不能修改。过去身份证有重号现象，但二代身份证已予以解决，现在全国所有人的号码都不相同。证件读写单位按照管理规则进行授权。证件信息的采集和传输采用数码照相和计算机技术，证件制作和管理实行严密的内部管制。用证部门可使用计算机网络核查，有效使用人口资源，实现信息共享。

(2) 防伪能力。采用卡内机读信息的防伪和证件表面的印刷防伪。芯片使用特定的密码算法，起到防止伪造证件或篡改机读信息的作用。

3. 注意措施

(1) 增强用证时验证持卡人身份的能力，如可考虑录入指纹。

(2) 开发适应各个社会相关部门机读身份证内容的读卡器。

(3) 身份证被盗或伪造的非法使用。

(4) 人名、地名中的生僻字处理。

15.2 北京市政交通一卡通

1. 应用范围

(1) 在公共汽车、地铁、出租车等场所使用。

(2) 具有电子钱包功能，可在部分超市、餐饮店、蛋糕房、药店、电影院等场所消费。

2. 技术特点

符合 ISO/IEC 14443 国际标准和 PBOC 电子钱包协议，是非接触式 IC 卡，有防冲突功能，可同时处理多张卡(一般使用时一张卡)。卡内采用 3DES 密码算法，可存储多次付款记录，可反复充值，读写距离为 0～10cm，可读写次数为 10 万次。如果长期未使用，要去网点激活后再使用。非实名制，可多人使用，不办挂失。

3. 全国各地一卡通情况

2011 年，上海、宁波、绍兴等 8 个城市实现交通“一卡通”的互联、互通。2013 年，扩充到天津、济南 20 余个城市。北京的“一卡通”符合住房和城乡建设部的相关标准，但实现互联互通需对读写器进行改进，改进后市民已购买的卡不必更换。

15.3 中国金融集成电路卡规范(电子钱包/电子存折)

《中国金融集成电路(IC)卡规范》(JR/T 0025)中的金融 IC 卡是指以 IC 卡为载体的、由商业银行(含邮政、保险、证券等金融机构)向社会发行的、具有消费信用、转账结算、存取现金等全部或部分功能的信用支付工具。

《中国金融集成电路(IC)卡规范》(JR/T 0025)由以下 10 部分组成。

- 第 1 部分:电子钱包/电子存折应用卡片规范。
- 第 2 部分:电子钱包/电子存折应用规范。
- 第 3 部分:与应用无关的 IC 卡与终端接口需求。
- 第 4 部分:借记/贷记应用规范。
- 第 5 部分:借记/贷记应用卡片规范。
- 第 6 部分:借记/贷记应用终端规范。
- 第 7 部分:借记/贷记应用安全规范。
- 第 8 部分:与应用无关的非接触式规范。
- 第 9 部分:电子钱包扩展应用指南。
- 第 10 部分:借记/贷记应用个人化指南。

本规范由中国人民银行提出,是行业标准,其代号为 JR/T 0025-2005。

本规范的使用对象主要是接触式金融 IC 卡的卡片设计、制造、管理、发行、受理部门(单位)以及应用系统(包括终端)的研制、开发、集成和维护部门(单位),也可作为其他行业 IC 卡应用的参考。

其中,第 8 部分的内容基本上与 ISO/IEC 14443 国际标准相同(参阅第 8 章)。

本章第 15.3.1 节到 15.3.5 节是根据 JR/T 0025-2005 编写的,然后 JR/T 0025 有两次修改在 15.3.6 节介绍。

15.3.1 电子钱包/电子存折卡的机电特性和传输协议

电子钱包(Electronic Purse,EP)/电子存折(Electronic Deposit,ED)应用为同一类应用,两者在卡片和终端处理流程上基本相同,主要区别为:电子钱包应用支持消费、圈存等交易,消费无需提交个人密码,卡片中的消费明细为可选;电子存折应用支持消费、取现、圈存、圈提和修改透支限额等功能,消费必须提交个人密码,卡片中的消费明细为必选。密钥管理系统在中国人民银行统一管理下建设。

基本上遵从 ISO/IEC 7816-1/2/3 标准,并与 EMV 4.1 支付系统集成电路卡规范的第一部分等同。EMV 为 Europay、Mastercard、VISA 的缩写。

1. 机电接口

IC 卡触点:不使用 C4 与 C8(可不设置这两个触点);不需要外加编程电压 V_{PP}。

IC 卡类型:根据卡所支持的 V_{CC} 电压的不同,可分为 A、B 和 C 三类,其标称电压分别为 5V、3V 和 1.8V,电压的变化在±10%范围内。A 类卡逐渐被淘汰。当频率范围在

1～5MHz 时，类型 A 和类型 B 的 IC 卡的最大电流为 50mA，类型 C 的最大电流为 30mA。以后颁布的标准中，IC 卡允许的最大电流会降低。

关于读写器的规定如下。

(1) 用于插入 IC 卡的读写器应具备接收 IC 卡的能力，特别注意不要损坏磁条、签名条、凸印和全息标志等区域。

(2) 读写器的触点分配与 IC 卡相同。

I/O 触点作为输出端(发送模式)向 IC 卡传送数据，作为输入端(接收模式)从 IC 卡接收数据。在操作过程中，读写器和 IC 卡不能同时处于发送模式，万一发生这种情况，I/O 触点的状态(电位)将处于不确定状态，但不得损坏 IC 卡或读写器。当读写器与 IC 卡都处于接收模式时，触点将处于高电位状态，为了达到这种状态，读写器应在触点与 VCC 之间连接一个上拉电阻。除非 VCC 加电到稳定值；否则读写器不应将 I/O 触点置于高电位状态。

2. 卡片操作过程

卡片操作过程与第 4 章讲述的过程相同。IC 卡的复位有冷复位和热复位两种情况。触点的激活和释放(或称为去激活，停活)时序在第 4 章已讲过，在此不再重复。

如果在卡片交易结束前将卡从读写器中拔出，读写器应能感觉到 IC 卡相对于读写器触点的移动，在 IC 卡和读写器的触点脱离机械接触之前，应能够将 IC 卡置为静止状态。

3. 字符的物理传送

在卡片操作过程中，数据通过 I/O 触点在读写器和 IC 卡之间以异步半双工方式进行双向传送。

1) 位持续时间

在 I/O 上的位持续时间被定义为一个基本时间单元 etu。复位应答期间的位持续时间称为“初始 etu”。初始 etu=372/fs=372 个时钟周期。复位应答后的位持续时间称为当前 etu，当前 etu=$\frac{F}{D}\frac{1}{f}$s。本规范仅支持 $F=372$ 和 $D=1$，因此初始 etu 等于当前 etu，均为 372/fs。f 的单位是 Hz，f 的值在 1～5MHz 之间。

2) 字符帧

参见第 4 章。

读写器与 IC 卡之间的传送顺序(即高位先送还是低位先送)由复位应答回送的 TS 字符确定。

4. 复位应答

1) 复位应答期间 IC 卡回送的字符

在复位应答过程中，两个连续字符的起始位下降沿之间的最小时间间隔为 12 个初始 etu，最大时间间隔是 9600 个初始 etu。

在复位应答期间，IC 卡应在 19 200 个初始 etu 内发送完所有要回送的字符(从第一个字符 TS 起始位下降沿开始计算)。

在复位应答期间回送字符的个数和编码随传输协议和所支持的传输控制参数值而

异。本规范支持两种协议($T=0$ 和 $T=1$),一张卡只支持其中的一种协议,推荐使用 $T=0$协议。

对于采用 $T=0$ 异步半双工字符传输协议的 IC 卡,其回送字符如表 15.1 所示。

表 15.1　$T=0$ 时的 ATR

字　符	值	备　　注
TS	'3B'或'3F'	说明正向或反向约定
T0	'6X'	TB_1 和 TC_1 存在,X 表示历史字节个数
TB_1	'00'	不使用 VPP
TC_1	'00'到'FF'	指明所需额外保护时间的数量,'FF'值表示两个连续字符的起始位下降沿之间的最小延时为 12etu

对于采用 $T=1$ 异步半双工传输协议的 IC 卡,其回送字符如表 15.2 所示。

表 15.2　$T=1$ 时的 ATR

字　符	值	备　　注
TS	'3B'或'3F'	指明正向或反向约定
T0	'EX'	TB_1 到 TD_1 存在,X 表示历史字节个数
TB_1	'00'	不使用 VPP
TC_1	'00'到'FF'	指明所需额外保护时间的数量,FF 表示两个连续字符的起始位下降沿之间的最小延时可减少到 11etu
TD_1	'81'	TA_2 到 TC_2 不存在,TD_2 存在。使用 $T=1$ 协议
TD_2	'31'	TA_3 和 TB_3 存在,TC_3 和 TD_3 不存在。使用 $T=1$ 协议
TA_3	'10'到'FE'	返回 IFSI,表示 IC 卡信息域大小的初始值,且具有 16～254B 的 IFSC(见 4.3.6 节中的分组传输协议)
TB_3	高位半字节'0'～'4' 低位半字节'0'～'5'	BWI=0～4 CWI=0～5
TCK	异或值	校验字符

2) 复位应答流程

IC 卡的触点被激活之后,终端启动一个冷复位。

如果 IC 卡在冷复位后回送的字节数不符,或在 19 200 个初始 etu 之内复位应答未完成,终端不立即终止卡片操作过程,而是再发一个热复位信号。如果仍然得到同样的结果,那么读写器应释放触点,否则卡将继续进行后续操作。

图 15.1 所示为复位应答流程,图中 case 是一个过程变量,case=1 时为冷复位,case=2 时为热复位。

5. 传输协议

定义了两种协议:$T=0$ 和 $T=1$。TD_1 规定了后续传输中采用的传输协议($T=0$ 或 $T=1$),如果 ATR 中不存在 TD_1,则假定 $T=0$。

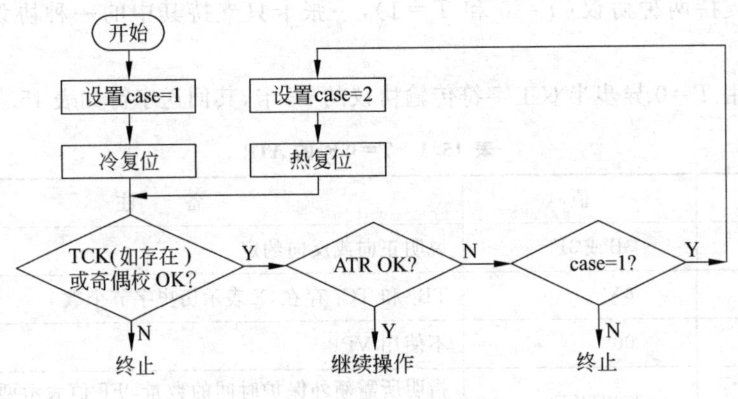

图 15.1　复位应答流程图

$T=0$：定义了 $T=0$ 时的字符交换以及检错和纠错。

$T=1$：定义了 $T=1$ 时的分组交换以及检错和纠错。

相关内容在第 4 章 ISO/IEC 7816-3 中定义。

15.3.2　EP/ED 的文件结构、应用选择和应用文件

1. 文件结构

数据文件中的数据结构以记录方式或二进制方式(透明结构)存储。本规范的文件结构符合 ISO/IEC 7816-4 标准。本规范定义了应用文件结构,这些应用称为"支付系统应用 PSA"。

PSA 的路径可以通过支付系统环境(Payment System Environment,PSE)来选择,一个成功的 PSE 选择能够对目录结构进行访问。

从终端角度来看,与 PSA 相关的 PSE 文件呈一种可通过目录结构访问的树型结构。树的每一分支是一个应用定义文件 ADF。

1) 应用定义文件(Application Definition File,ADF)

一个 ADF 是一个 AEF(应用基本文件)或多个 AEF 的入口点。ADF 是一个包含其文件控制信息的文件,可通过它来访问 EF 和 DF。在卡中处于最高层的 DF 称为"主文件 MF"。

2) 应用基本文件(Application Elementary File, AEF)

一个 AEF 包含有一个或多个原始 BER-TLV 数据对象。在选择了某一应用后,AEF 只能通过其短文件标识符(SFI)进行查询。

3) 目录结构

目录结构包括一个必备的支付系统目录文件(DIR 文件)和一些可选的由目录定义文件(Directory Definition File,DDF)引用的附加目录。

目录结构采用以其应用标识符 AID 进入一个应用(或用 AID 的前 N 个字节作为 DDF 名进入应用)。

DIR 文件是一个 AEF(记录结构的 EF)。

在 IC 卡中支付系统外的其他目录是可选的,数量不限,每个目录的位置由包括在每

个 DDF 中的 FCI 的目录 SFI 数据对象指定。

4) 卡片内部结构示例(图 15.2)

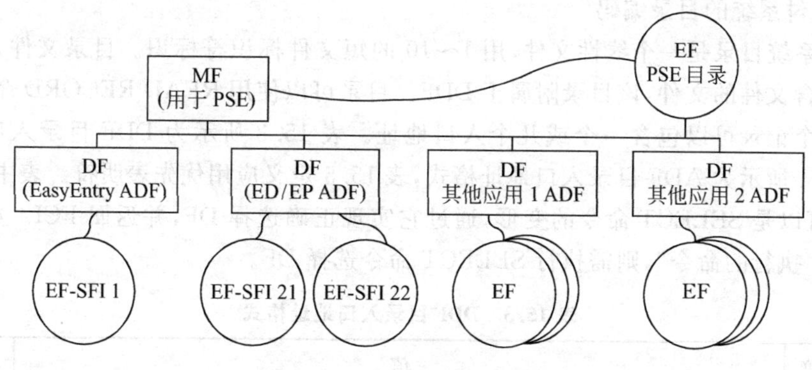

图 15.2　卡片内部结构示例

例子中的卡片支持电子存折/电子钱包、磁条卡(easy entry)以及两个没有定义的其他应用。

2. 应用选择

本部分等同 EMV4.1 的应用选择部分内容。

本部分从卡片和终端两个角度描述了应用选择的过程。此处提到的终端即为读写器。

一种支付系统应用包括以下内容。

(1) IC 卡上一组已由发卡方进行过个人化处理的数据文件。

(2) 一组由收单行或商户提供的终端中的数据。

(3) 一组卡和终端共同遵守的应用协议。

所有应用都唯一地由一个应用标识符标识。

这里描述的支付系统应能支持多功能 IC 卡和多功能终端,而且这些终端能支持符合本规范的 IC 卡。

1) 应用标识符的编码

AID 的结构符合 ISO/IEC 7816-5,包括如下两部分内容(在 4.3.4 节历史字符中说明)。

(1) 一个经过注册的应用提供者标识符(Registered application provider IDentifier, RID),长度为 5B,它唯一地标识应用提供者。

(2) 一个可选域,由应用提供者定义,长度为 0～11B,被称为"专有应用标识符扩展码"。该域的含义只对特定的 RID,不同 RID 下的 PIX 不需要唯一。

2) 支付系统环境结构

在 IC 卡上,支付系统环境起始于一个名为 IPAY. SYS. DDF01 的目录定义文件,该文件是必须存在的,这个 DDF 被映射到卡中的某个 DF(可以是 MF 或其他)。这个 DDF 包含了支付系统的目录。该 DDF 的文件控制信息要包含本规范定义的所有 DDF 信息。还可包含语言选择(标记'5F2D')和发卡方代码表索引(标记'9F11')。

初始 DDF 所附属的目录包含了 ADF 的入口地址，也可以包含其他 DDF 的入口地址。不要求该目录包含卡上所有 DDF 和 ADF 的入口地址。

3）支付系统的目录编码

支付系统目录是一个线性文件，用 1～10 的短文件标识符标识。目录文件是列出目录里所包含文件的文件，该目录附属于 DDF。目录可以使用 READ RECORD 命令读取，目录中一个记录可以包含一个或几个入口地址。表 15.3 所示为 DDF 目录入口地址格式，表 15.4 所示为 ADF 目录入口地址格式，表 15.5 定义应用优先表明符。表中的“执行的命令”可以是 SELECT 命令的变形，通过它实现正确选择 DF，并返回 FCI。如果表中没有指定“执行的命令”，则需执行 SELECT 命令选择 DF。

表 15.3　DDF 目录入口地址格式

标志	长度	值					存在方式
'70'	var.	结构数据对象标签					M
		'61'	var.	应用模板			M
				'9D'	5-16	DDF 名称	M
				'52'	var.	执行的命令	0
				'73'	var.	目录自定义模板	0
				XXXX	var.	一个或多个由应用提供商、发卡行或卡片供应商提供的附加(私有)数据元	0

注：“存在方式”中 M 为强制存在，0 为可选。

表 15.4　ADF 目录入口地址格式

标志	长度	值					存在方式
'70'	var.	结构数据对象标签					M
		'61'	var.	应用模板			M
				'4F'	5-16	ADF 名称(AID)	M
				'50'	1-16	应用标签	M
				'9F12'	1-16	应用优先名称	0
				'87'	1	应用优先表明符(见表 15.5)	0
				'52'	var.	执行的命令	0
				'73'	var.	目录自定义模板	0
				XXXX	var.	一个或多个由应用提供商、发卡行或卡片供应商提供的附加(私有)数据元	0

注：“存在方式”中 M 为强制存在，0 为可选。

表 15.5 应用优先表明符

b_8	$b_7 \sim b_5$	$b_4 \sim b_1$	定义
1			需要持卡人确认方可选择应用
0			不需要持卡人确认即可选择应用
	XXX		保留
		0000	未指定优先权
		XXXX（0000 除外）	应用的排列或选择顺序，从 1～15，其中最高优先权为 1

PSE 目录的一条记录的格式如下（当存在多个入口地址时）。

70	长度 L	61	长度 L_1	目录入口 1（ADF 或 DDF）	…	61	长度 L_n	目录入口 n（ADF 或 DDF）

4）终端的应用选择

终端中应存放终端所支持的应用及对应的应用标识符列表。描述两种应用选择。

（1）直接应用选择。

如果终端支持的应用不多，可用 SELECT 命令选择应用。当终端支持的应用都被选择出来，则 IC 卡和终端都支持的应用列表就可确定。然后，终端可以选择指定的应用来运行。

（2）支付系统目录的使用。

如果终端支持大量的应用，选择过程如下。

① 可首先用 SELECT 命令对文件 IPAY.SYS.DDF01 直接选择，由此建立支付系统环境并进入初始目录。

② 终端从第 1 条记录开始，连续读目录中的所有记录。

③ 如果目录中的某个 ADF 名和终端支持的一个应用名相符，则将该应用列入最终应用选择的名单中。按此方式找到所有 ADF 名后，选择过程结束。

当终端确定了卡与终端相互支持的应用列表以后，下一步即可选取某个应用进行操作。

3. 应用文件

应用文件结构符合 ISO/IEC 7816-4 和本规范的规定。

与 ED/EP 应用对应的专用文件（DF）与基本数据文件构成一个树状结构的分支。该专用文件是其下属的基本数据文件的入口点。专用文件包含文件控制信息，该 DF 的上一层专用文件是主文件 MF。DF 采用应用标识符方式进行选择。

基本数据文件 EF 包含了应用数据，有两种类型：记录文件类型和二进制文件类型。EF 的选择是通过 READ 命令并采用短文件标识符 SFI 实现的。

表 15.6、表 15.7 和表 15.8 列出了 3 种应用基本文件格式。

表 15.6 ED 和 EP 应用的公共应用基本数据文件

文件标识(SFI)			21(十进制)
文件类型			透明
文件大小			30B
文件存取控制		读＝自由	改写＝需要安全信息
字节	数据元		长度
1～8	发卡方标识		8
9	应用类型标识		1
10	应用版本		1
11～20	应用序列号		10
21～24	应用启用日期		4
25～28	应用有效日期		4
29～30	发卡方自定义 FCI 数据		2

表 15.7 ED 和 EP 应用的持卡人基本数据文件

文件标识(SFI)			22(十进制)
文件类型			透明
文件大小			39B
文件存取控制		读＝自由	改写＝需要安全信息
字节	数据元		长度
1	卡类型标识		1
2	本行职工标识		1
3～22	持卡人姓名		20
23～38	持卡人证件号码		16
39	持卡人证件类型		1

表 15.8 IC 卡交易明细

文件标识(SFI)		24(十进制)
文件类型		循环(至少 10 个记录)
文件存取控制		读：PIN 保护。不允许外部对其修改(由 IC 卡维护)
记录大小		23B
字节	数据元	长度/B
1～2	ED/EP 交易号	2
3～5	透支限额	3
6～9	交易金额	4
10	交易类型标识	1
11～16	终端机编号	6
17～20	交易日期(终端)	4
21～23	交易时间(终端)	3

15.3.3 EP/ED 的命令与运行状态

1. IC 卡的运行状态

在应用执行过程中，卡片总是处于以下状态之一。在某一种状态下，只能执行某些命令。

(1) 空闲状态。

(2) 圈存状态。持卡人将其在银行账户上的资金划转到 ED 或 EP 中称为“圈存”。圈存交易必须在金融终端上联机进行。

(3) 消费/取现状态。

(4) 圈提状态。持卡人将 ED 中的部分或全部资金划回到其在银行的账户上称为“圈提”。圈提必须在金融终端上联机进行。

(5) 修改状态。

应用选择完成后，卡片进入空闲状态。当卡片从终端接收到一条命令时，首先检查当前状态是否允许执行该命令。

2. 采用 ISO/IEC 7816 中定义的命令和与应用锁定相关的命令

表 15.9 中，带 * 号的是本章定义的与应用锁定相关的命令，其余的是 ISO/IEC 7816 中定义的命令。

表 15.9 命令的类别字节和指令字节

命令	CLA	INS	P1	P2
APPLICATION BLOCK (应用锁定)*	'84'	'1E'	'00'	'00'/'01'
APPLICATION UNBLOCK (应用解锁)*	'84'	'18'	'00'	'00'
CARD BLOCK (卡片锁定)*	'84'	'16'	'00'	'00'
EXTERNAL AUTHENTICATION (外部鉴别)	'00'	'82'	'00'	'00'
GET RESPONSE (取响应)	'00'	'C0'	'00'	'00'
GET CHALLENGE (取口令，产生随机数)	'00'	'84'	'00'	'00'
INTERNAL AUTHENTICATION (内部鉴别)	'00'	'88'	'00'	'00'
PIN UNBLOCK (个人密码解锁)*	'84'	'24'	'00'	'00'
READ BINARY (读二进制)	'00'/'04'	'B0'	注 1	偏移地址
READ RECORD(读记录)	'00'/'04'	'B2'	记录个数	注 2
SELECT(选择)	'00'	'A4'	注 3	'00'/'02'
UPDATE BINARY (修改二进制)	'00'	'D6'	注 1	偏移地址
UPDATE RECORD (修改记录)	'00'	'DC'	记录号	注 4
VERIFY (校验)	'00'	'20'	'00'	'00'

注 1：$b_8=1$ 用 SFI 方式；$b_5 \sim b_1$ SFI 值。

注 2：$b_8 \sim b_4$ SFI 值；$b_3\ b_2\ b_1=100$，P1 为记录个数。

注 3：$b_3=1$ 通过文件名选择；否则，通过 AID 选择。

注 4：$b_8 \sim b_4$ SFI 值；$b_3\ b_2\ b_1$($\neq 100$ 时)指定记录，$b_3\ b_2\ b_1=100$ 时由 P1 给出记录号。

与应用锁定相关命令的功能：

(1) APPLICATION BLOCK。本命令使当前选择的应用失效。P2＝00 为临时锁定应用，可解锁；P2＝01 为永久锁定。

(2) APPLICATION UNBLOCK。本命令用于恢复当前的应用。本命令完成后，由 APPLICATION BLOCK 命令产生的对应用命令响应的限制将被取消。

(3) CARD BLOCK。本命令使卡中所有应用永久失效。

(4) PIN UNBLOCK。本命令为发卡方提供了解锁个人密码的功能。

3. 为 IC 卡运行(应用规范)定义的命令(表 15.10)

表 15.10 为 IC 卡运行定义的命令

命　　令	CLA	INS	P1	P2
① CHANGE PIN(修改个人密码)	'80'	'5E'	'01'	'00'
② CREDIT FOR LOAD (圈存)	'80'	'52'	'00'	'00'
③ DEBIT FOR PURCHASE/CASH WITHDRAW (消费/取现)	'80'	'54'	'01'	'00'
④ DEBIT FOR UNLOAD (圈提)	'80'	'54'	'03'	'00'
⑤ GET BALANCE (读余额)	'80'	'5C'	'00'	'0X'
⑥ GET TRANSACTION PROOF (取交易认证)	'80'	'5A'	'00'	'XX'
⑦ INITIALIZE FOR CASH WITHDRAW (取现初始化)	'80'	'50'	'02'	'01'
⑧ INITIALIZE FOR LOAD (圈存初始化)	'80'	'50'	'00'	'0X'
⑨ INITIALIZE FOR PURCHASE (消费初始化)	'80'	'50'	'01'	'0X'
⑩ INITIALIZE FOR UNLOAD(圈提初始化)	'80'	'50'	'05'	'01'
⑪ INITIALIZE FOR UPDATE(修改初始化)	'80'	'50'	'04'	'01'
⑫ RELOAD PIN(重装个人密码)	'80'	'5E'	'00'	'00'
⑬ UPDATE OVERDRAW LIMIT (修改透支限额)	'80'	'58'	'00'	'00'

现将各条命令简介如下(命令中涉及的 MAC/TAC(报文鉴别码/交易验证码)的产生使用单长度 DEA 算法，命令中讲到的密钥和计算步骤见 15.3.4 节，但输入的数据块在各交易处理流程中确定)。

① CHANGE PIN 命令。该命令允许持卡人将当前个人密码修改为新密码。该命令的数据字段为：当前 PIN ‖ 'FF' ‖ 新 PIN。以明文表示，符号 ‖ 表示链接。

② CREDIT FOR LOAD 命令。用于圈存交易，命令数据字段内容为交易日期(主机，长度为 4B)、交易时间(主机，3B)和 MAC(4B)。卡的响应数据为交易验证码(Transaction Authorization Crypogram，TAC)(4B)。

③ DEBIT FOR PURCHASE/CASH WITHDRAW 命令。用于消费/取现交易。

命令报文数据字段内容为终端交易序号(4B)、交易日期(终端，4B)、交易时间(终端，

3B)和 MAC(4B)。卡的响应数据为 TAC(4B)和 MAC(4B)。

④ DEBIT FOR UNLOAD 命令。用于圈提交易。命令数据字段内容为交易日期(主机,4B)、交易时间(主机,3B)和 MAC(4B)。卡的响应数据为 MAC3 (4B)。

⑤ GET BALANCE 命令。用于读取 ED/EP 余额。需验证个人密码,命令的数据字段不存在,响应的数据字段内容为余额(4B)。

⑥ GET TRANSACTION PROOF 命令。提供了一种在交易处理过程中拔出并重插卡后,卡片的恢复机制。命令的数据字段内容为要取的 MAC 或/和 TAC 所对应的当前 ED/EP 联机或脱机交易序号(2B)。响应的数据字段内容为 MAC(4B)和 TAC(4B)。

⑦ INITIALIZE FOR CASH WITHDRAW 命令。用于初始化取现交易。命令报文的数据字段内容为密钥索引号(1B)、交易余额(4B)和终端机编号(6B)。响应数据字段的内容为 ED 余额(4B)、ED 脱机交易序号(IC 卡,2B)、透支限额(3B)、密钥版本号(DPK,1B)、算法标识(DPK,1B)和伪随机数(IC 卡,4B)。

⑧ INITIALIZE FOR LOAD 命令。用于初始化圈存交易。命令的数据字段内容为密钥索引号(1B)、交易金额(4B)和终端机编号(6B)。响应的数据字段内容为 ED 或 EP 余额(4B)、ED 或 EP 联机交易序号(2B)、密钥版本号(DLK,1B)、算法标识(DLK,4B)、伪随机数(IC 卡,4B)和 MAC(4B)。

⑨ INITIALIZE FOR PURCHASE 命令。用于初始化消费交易。命令的数据字段内容为密钥索引号(1B)、交易金额(4B)和终端机编号(6B)。响应的数据字段内容为 ED 或 EP 余额(4B)、ED 或 EP 脱机交易序号(2B)、透支限额(3B)、密钥版本号(DPK,1B)、算法标识(DPK,1B)和伪随机数(IC 卡,4B)。

⑩ INITIALIZE FOR UNLOAD 命令。用于初始化圈提交易。命令的数据字段内容为密钥索引号(1B)、交易金额(4B)和终端机编号(6B)。响应的数据字段内容为 ED 余额(4B)、ED 联机交易序号(2B)、密钥版本号(DULK,1B)、算法标识(DULK,1B)、伪随机数(IC 卡,4B)和 MAC(4B)。

⑪ INITIALIZE FOR UPDATE 命令。用于初始化修改透支限额交易。命令的数据字段内容为密钥索引号(1B)、终端机编号(6B)。响应的数据字段内容为 ED 余额(4B)、ED 联机交易序号(2B)、旧透支限额(3B)、密钥版本号(DUK,1B)、算法标识(DUK,1B)、伪随机数和 MAC(4B)。

⑫ RELOAD PIN 命令。用于发卡方重新给持卡人一个新的 PIN(可与原 PIN 相同)。该命令只能在拥有或能访问到重装 PIN 子密钥(DPRK)的发卡方终端上执行。命令的数据字段内容为重装的 PIN 值(2～6B)和 MAC(4B)。响应的数据字段不存在。

⑬ UPDATE OVERDRAW LIMIT 命令。用于修改透支限额。命令数据字段内容为新透支限额(3B)、交易日期(发卡方,4B)、交易时间(发卡方,3B)和 MAC(4B)。响应数据字段内容为 TAC(4B)。

4. 命令执行前后的状态变化

命令执行前后的状态变化见表15.11。

表 15.11　命令执行成功前后的状态变化

状态 命令	执行前				
	空闲	圈存	消费/取现	圈提	修改
	执行后				
CREDIT FOR LOAD	N/A	空闲	N/A	N/A	N/A
DEBIT FOR PURCHASE/ CASH WITHDRAW	N/A	N/A	空闲	N/A	N/A
DEBIT FOR UNLOAD	N/A	N/A	N/A	空闲	N/A
GET BALANCE	空闲	圈存	消费/取现	圈提	修改
GET TRANSACTION PROOF	空闲	圈存	消费/取现	圈提	修改
INITIALIZE FOR LOAD	圈存	圈存	圈存	圈存	圈存
INITIALIZE FOR PURCHASE	消费/取现	消费/取现	消费/取现	消费/取现	消费/取现
INITIALIZE FOR WITHDRAW	消费/取现	消费/取现	消费/取现	消费/取现	消费/取现
INITIALIZE FOR UNLOAD	圈提	圈提	圈提	圈提	圈提
INITIALIZE FOR UPDATE	修改	修改	修改	修改	修改
UPDATE OVERDRAW LIMIT	N/A	N/A	N/A	N/A	空闲

注：N/A 表示在卡片处于相应状态时发出此命令是无效的。在这种情况下，卡片不执行命令，并向终端返回状态码(SW1SW2)6901，卡片状态变为空闲。

15.3.4　EP/ED 的安全机制和密钥管理

1. 基本安全要求

为了一张卡上不同应用之间的安全，每一个应用应该放在一个独立的 ADF 中，防止跨应用的非法访问。

密钥的独立性：用于特定功能(如扣款)的加密/解密密钥不能被其他功能所使用，包括保存在 IC 卡中的密钥和用来产生、传输这些密钥的密钥。

IC 卡应能保证用于 RSA 算法的私有密钥或用于 DES 算法的密钥或个人密码的安全存放，在任何情况下不被泄露。

2. 安全报文传送

安全报文传送的目的是保证数据的保密性、完整性和对发送方的认证。数据的保密性通过对数据字段的加密来实现，数据的完整性和对发送方的认证通过使用报文鉴别码(Message Authentication Code，MAC)来实现。

1) MAC

在本规范中，当命令中的 CLA 字节的第 2 个半字节等于十六进制数字 4 时，表明发送方的命令要采用安全报文传送，此时将 MAC 安排在命令的数据字段的最后一个数据元位置上，MAC的长度规定为4B。采用DEA或三重DEA加密方法产生MAC，步骤如下。

(1) 取8字节的十六进制数字0作为初始值。

(2) 按照顺序将以下数据连接在一起形成数据块：CLA，INS，P1，P2，Lc，数据(如果存在)。

(3) 将数据块分成8字节为单位的数据块，标号为D_1、D_2、D_3等。最后的数据块可能有1～8字节。

(4) 如果最后数据块长度是8字节，则在其后加上十六进制数字8000000000000000；如果不足8字节，则在其后加上十六进制数字80，加后如仍不足8字节，则在其后再加入十六进制数字0，直到长度达到8字节。

(5) 对这些数据块使用MAC过程密钥进行加密。

如果采用单长度MAC DEA密钥，按照图15.3所描述的过程产生MAC；如果采用双长度MAC DEA密钥(KMA，KMB)，则按图15.4所描述的过程产生MAC。

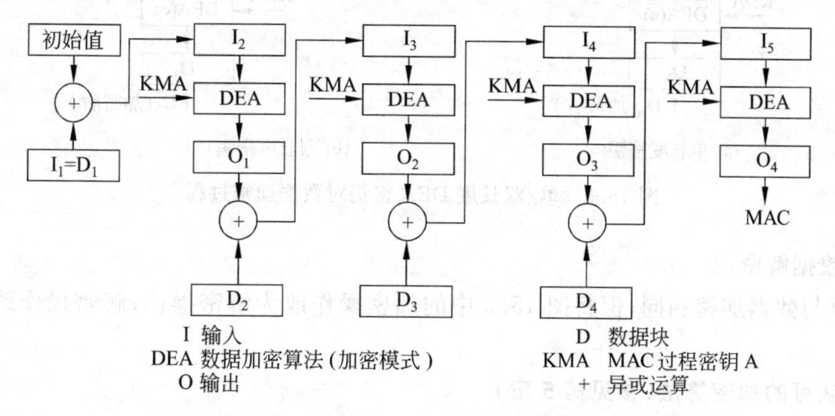

图15.3 单长度DEA密钥的MAC算法

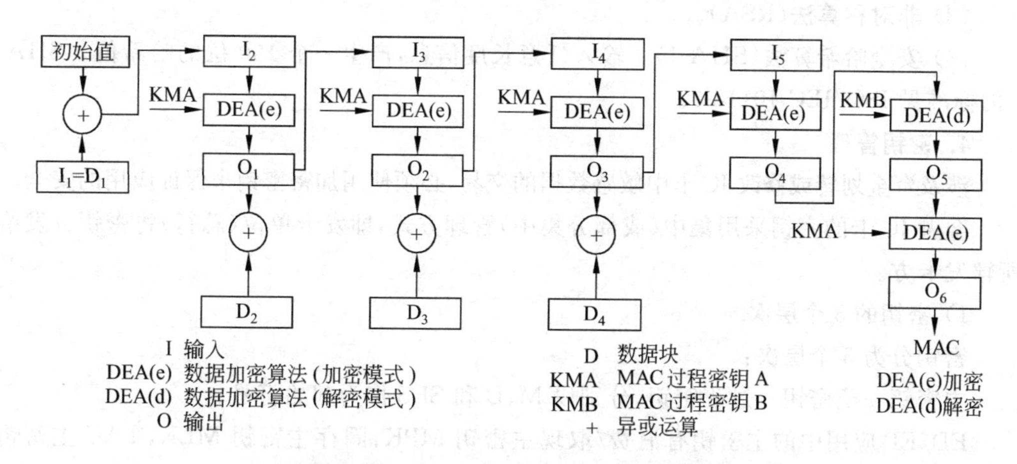

图15.4 双长度DEA密钥的MAC算法

(6) 最终从计算结果左侧取得的4字节长度数据作为MAC。

要求安全报文传送的命令，其Lc字段的值＝数据长度＋MAC长度。即使命令不发送数据，也要发送MAC。

2）数据加密

数据块的形成：在明文数据的前面加上数据长度，明文数据后加上的数字与上述产生 MAC 的步骤(4)相同。整个数据块分解成 8B 数据块，标号为 D_1、D_2、D_3 等。

单长度和双长度 DEA 密钥对每一个数据块的加密过程分别如图 15.5(a)和图 15.5(b)所示，图中 KDA 为数据加密过程密钥 A，KDB 为数据加密过程密钥 B，其余的解释同图 15.4。

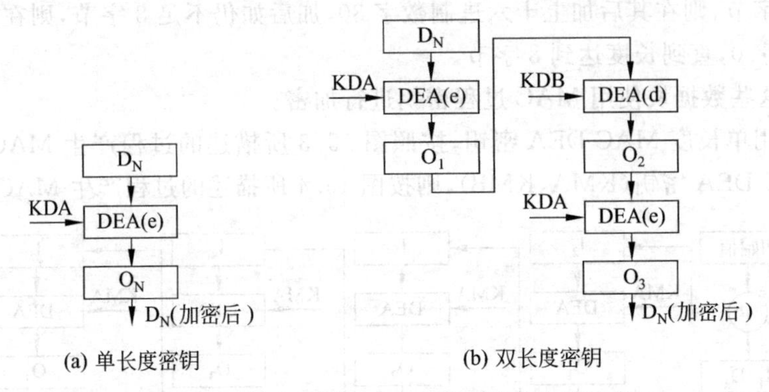

图 15.5 单/双长度 DEA 密钥对数据加密过程

3）数据解密

步骤与数据加密相同，但将图 15.5 中的加密操作改为解密操作；解密操作改为加密操作。

3. 认可的加密算法(参见第 5 章)

(1) 对称算法(DES)。该算法在 ISO 8731-1、ISO 8732、ISO/IEC 10116 中定义。

(2) 非对称算法(RSA)。

(3) 安全哈希算法(SHA-1)。输入任意长度信息，产生一个 160 位的哈希值。SHA-1 的标准见 ISO/IEC 10118-3。

4. 密钥管理

涉及资金划转或修改 IC 卡中敏感数据的交易，必须使用加密密钥来保证应用的安全。

金融 IC 卡的密钥采用集中(或部分集中)管理方式，即发卡单位(总行)将密钥分发给所辖发卡方。

1）密钥的 3 个层次

密钥分为 3 个层次：

主密钥—子密钥—过程密钥，分别以 M、D 和 SES 作为起始符号。

ED/EP 应用中的主密钥有消费/取现主密钥 MPK，圈存主密钥 MLK，TAC 主密钥 MTK，PIN 解锁主密钥 MPUK，重装 PIN 主密钥 MRPK，应用维护主密钥 MAMK，圈提主密钥 MULK 和更新主密钥 MUK。相应的子密钥有 DPK、DLK、DTK…等。

IC 卡收到初始化命令后，使用命令中给出的密钥索引号找到卡中相应密钥进行运算。

过程密钥(session)只用于交易的特定阶段,相应的过程密钥有 SESPK、SESLK、SESDTK…等。IC卡上的密钥必须安全存储。

2）子密钥推导方法

本节描述了IC卡中密钥的推导方法。图15.6和图15.7描述了消费/取现子密钥DPK推导的过程。

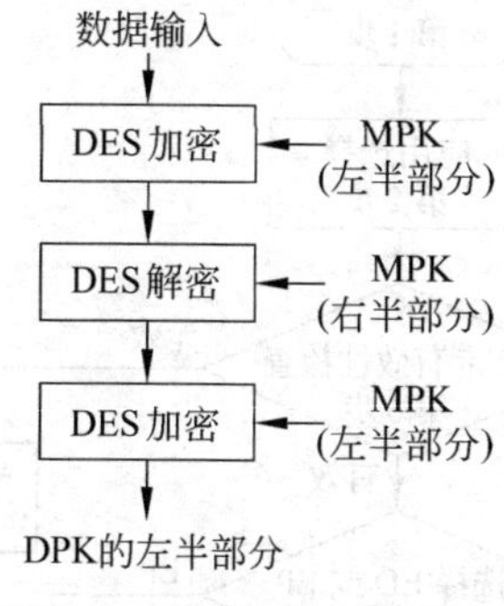

图15.6 推导DPK左半部分

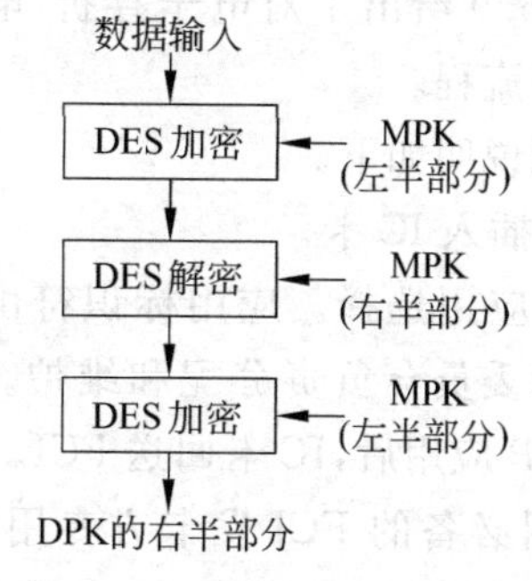

图15.7 推导DPK右半部分

(1) DPK左半部分的推导方法。

推导双倍长DPK左半部分的方法如下。

① 将应用序列号的最右16个数字作为输入数据。

② 将MPK作为加密密钥。MPK为消费/取现主密钥。

③ 用MPK对输入数据进行3DEA运算。

(2) DPK右半部分的推导方法。

推导双倍长DPK右半部分的方法如下。

① 将应用序列号的最右16个数字的求反作为输入数据。

② 将MPK作为加密密钥。

③ 用MPK对输入数据进行3DEA运算。

图15.6和图15.7描述的方法同样适用于ED的消费/取现、圈存和圈提、修改等子密钥的推导及EP的消费和圈存子密钥的推导。

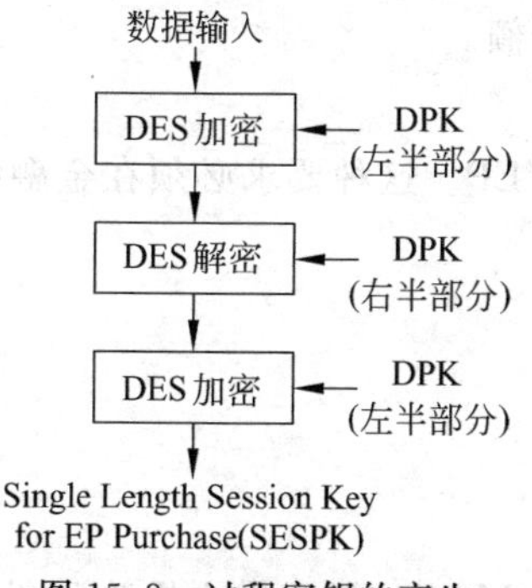

图15.8 过程密钥的产生

3）过程密钥

过程密钥是在交易过程中用可变数据产生的单倍长密钥。交易类型不同,产生过程密钥的输入数据和密钥也不同。

过程密钥产生后只能在某过程/交易中使用一次。

图15.8描述了EP进行消费交易时产生过程密钥的机制。此方法也用于不同交易类型的过程密钥的产生,但输入的数据取决于不同的交易类型。

5. 终端

终端应该支持用来输入个人密码的键盘。应该是可以在有人或无人管理环境中运行的联机/脱机终端。

15.3.5 EP/ED的交易流程

消费或取现要求终端必须具有安全存取模块(Purchase Secure Access Module, PSAM)。

1. 交易预处理

图15.9给出了对电子存折/电子钱包的共有预处理流程。

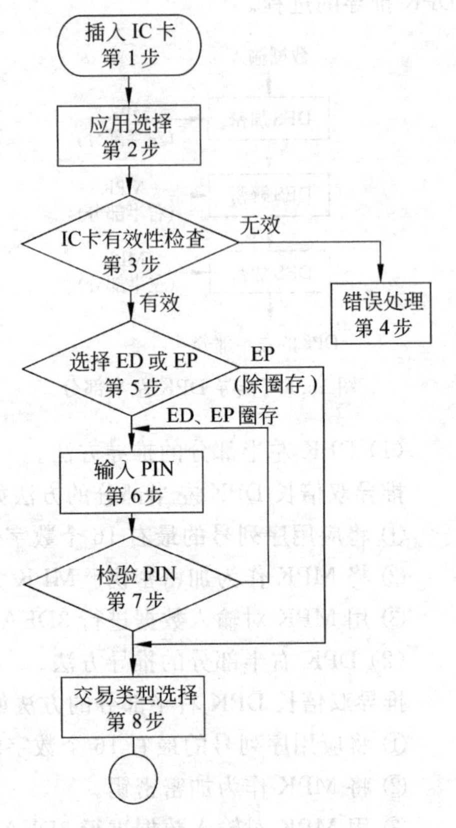

图15.9 交易预处理流程

步骤说明如下。

(1) 插入IC卡。

(2) 应用选择。应用标识符由全国金融标准化技术委员会负责分配和维护。成功地选择了ED/EP应用后,IC卡回送FCI。表15.8定义了此应用必备的FCI发卡方专用数据(表中的"数据元")。

(3) IC卡有效性检查。对于SELECT命令回送的数据,终端进行以下检查:卡是否在黑名单上;终端是否支持发卡方标识符、应用类型和应用版本;应用是否在有效期内。

(4) 错误处理。当有效性检查有任一条件不满足时,进行错误处理。

(5) 选择ED或EP。

(6) 输入PIN(仅ED或EP圈存需要)。

(7) 检验PIN(仅ED或EP圈存需要)。如果输入错误的PIN超过指定的次数,则终止交易。

(8) 交易类型选择。让持卡人选择交易类型,每次选择一种。对于ED,持卡人能选择的交易为圈存、圈提、消费、取现、查余额和查明细等。对于EP,持卡人能选择的交易为圈存、消费和查余额。

2. 圈存交易

通过圈存交易,持卡人可将银行账户上的资金划入ED/EP。这种要求必须在金融终端上联机进行并提交PIN。

交易步骤如下(图15.10)。

(1) 终端发出INITIALIZE FOR LOAD命令。

(2) IC卡处理命令,进行以下操作。

① 检查卡是否支持命令中的密钥索引号。

② 产生一个伪随机数,过程密钥SESLK和报文鉴别码MAC1,用以供主机验证圈存交易和IC卡的合法性。

SESLK是用DLK密钥产生的。产生SESLK的输入数据如下。

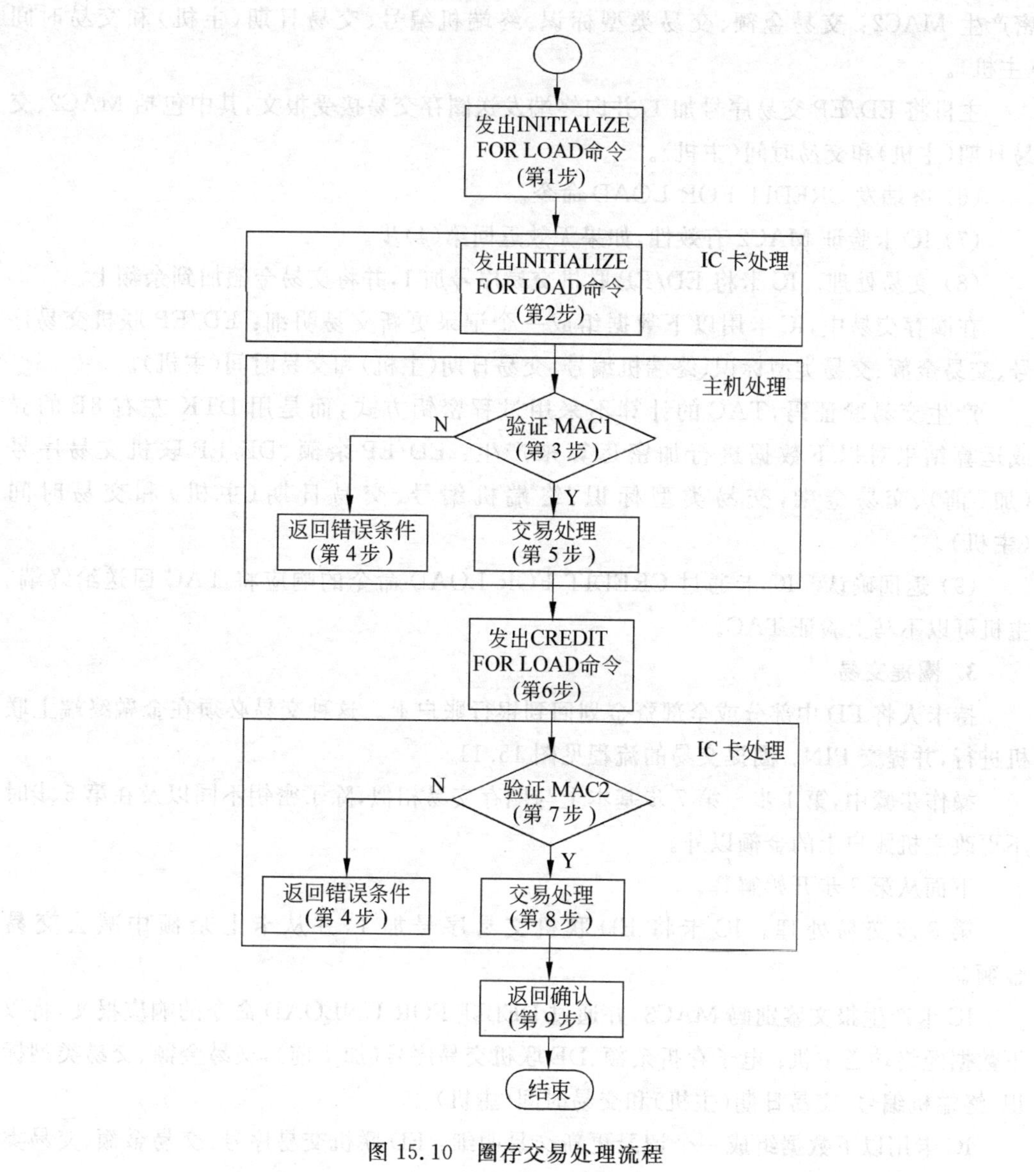

图 15.10 圈存交易处理流程

- 伪随机数‖ED/EP 联机交易序号‖'8000'。
- 用 SESLK 对以下数据加密产生 MAC1：ED 或 EP 余额、交易金额、交易类型标识和终端机编号。

(3) 验证 MAC1。收到 INITIALIZE FOR LOAD 响应后，主机产生 SESLK 并确认 MAC1 是否有效。

(4) 回送错误状态。如果不接受圈存交易，主机回送错误状态给终端。

(5) 交易处理。在确认可进行圈存交易后，主机从持卡人在银行账户中扣减圈存金额。

主机产生一个报文鉴别码 MAC2，用于 IC 卡对主机合法性进行检查，用以下数据加密产生 MAC2：交易金额、交易类型标识、终端机编号、交易日期（主机）和交易时间（主机）。

主机将 ED/EP 交易序号加 1，并向终端发送圈存交易接受报文，其中包括 MAC2、交易日期（主机）和交易时间（主机）。

(6) 终端发 CREDIT FOR LOAD 命令。

(7) IC 卡验证 MAC2 有效性，如果无效返回第(4)步。

(8) 交易处理。IC 卡将 ED/EP 联机交易序号加 1，并将交易金额加到余额上。

在圈存交易中，IC 卡用以下数据组成一个记录更新交易明细：ED/EP 联机交易序号、交易金额、交易类型标识、终端机编号、交易日期（主机）和交易时间（主机）。

产生交易验证码，TAC 的计算不采用过程密钥方式，而是用 DTK 左右 8B 的异或运算结果对以下数据进行加密运算来产生：ED/EP 余额、DE/EP 联机交易序号（加1 前）、交易金融，交易类型标识、终端机编号、交易日期（主机）和交易时间（主机）。

(9) 返回确认。IC 卡通过 CREDIT FOR LOAD 命令的响应将 TAC 回送给终端。主机可以不马上验证 TAC。

3. 圈提交易

持卡人将 ED 中部分或全部资金划回到银行账户上。这种交易必须在金融终端上联机进行，并提交 PIN。圈提交易的流程见图 15.11。

操作步骤中，第 1 步～第 7 步基本上与圈存交易相似，除了密钥不同以及在第 5 步时不更改主机账户上的金额以外。

下面从第 8 步开始解释。

第 8 步交易处理。IC 卡将 ED 联机交易序号加 1，并从卡上余额中减去交易金额。

IC 卡产生报文鉴别码 MAC3，并通过 DEBIT FOR UNLOAD 命令的响应报文，将以下数据经终端送主机：电子存折余额、DE 联机交易序号（加 1 前），交易金额、交易类型标识、终端机编号、交易日期（主机）和交易时间（主机）。

IC 卡用以下数据组成一个记录更新交易明细：ED 联机交易序号、交易金额、交易类型标识、终端机编号、交易日期（主机）和交易时间（主机）。

第 9 步验证 MAC3。主机收到 MAC3 之后，验证其是否有效。如无效，返回第(4)步。

第 10 步交易处理。发卡方主机将交易金额加到持卡人银行账户上，并将主机的联机交易序号加 1。主机将向终端回送一个报文（报文内容本规范不作规定）。

第 11 步显示完成。终端向持卡人显示交易完成信息，如果需要，终端应向持卡人提供交易纸凭证。

4. 消费交易

持卡人使用 ED/EP 的余额进行购物或获取服务，此交易可在销售点终点上脱机进行。使用 ED 进行消费需提交 PIN，使用 EP 则不需要。

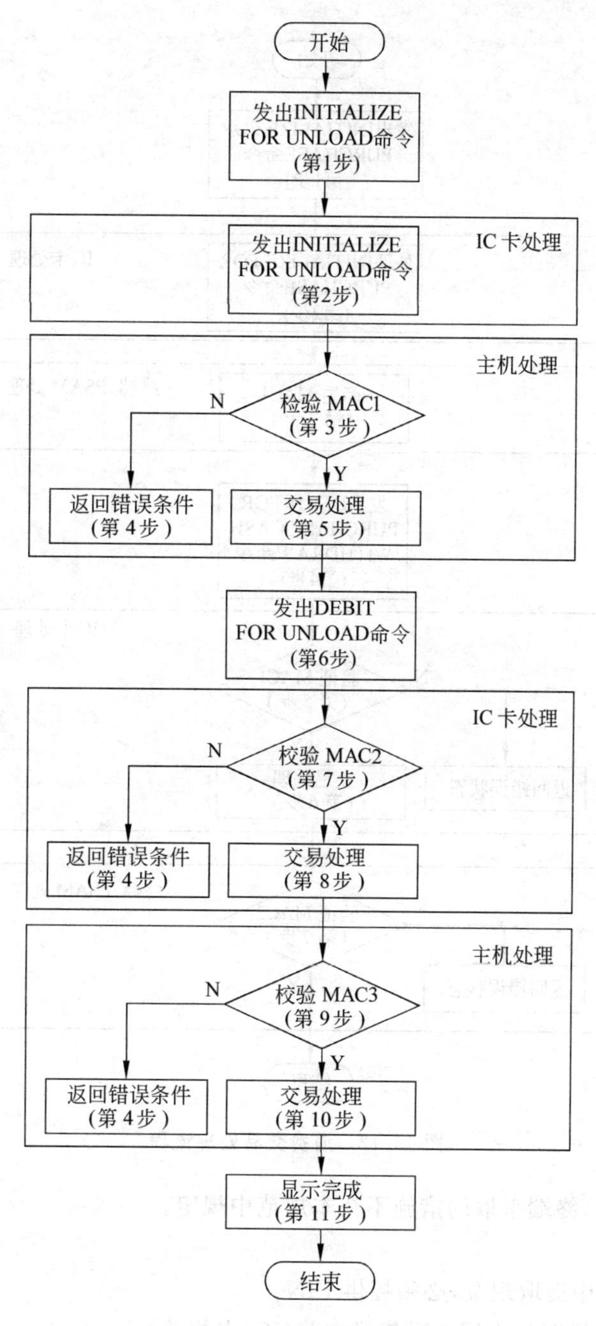

图 15.11　圈提交易处理流程

消费交易处理流程如图 15.12 所示。

对此流程不作详细解释,仅简单说明如下。

(1) 终端内设置 PSAM 模块,利用它产生过程密钥和报文认证码 MAC。

(2) 在 IC 卡上扣款是在第 6 步执行的。同时产生 MAC2。

(3) 在第 7 步,PSAM 要验证 MAC2 的有效性。MAC2 的验证结果被送到终端,以

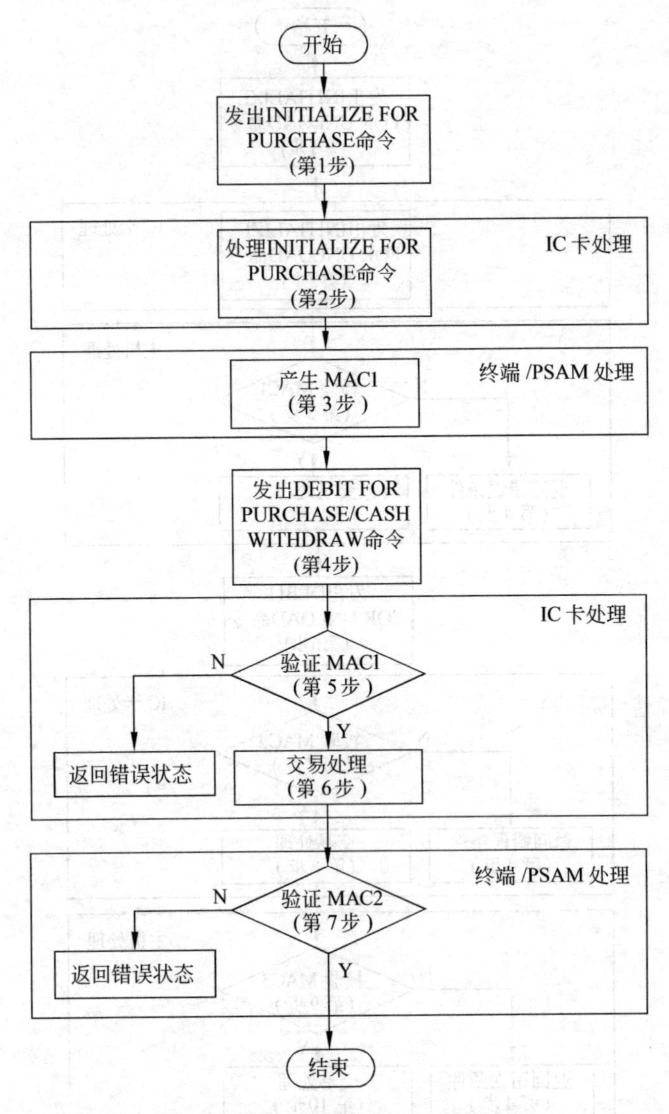

图 15.12 消费交易处理流程

便采取必要的措施，终端采取的措施不在本规范中规定。

5. 取现交易

持卡人从 ED 中提取现金，必须提供 PIN。

操作流程及其说明见中国金融集成电路(IC)卡规范。

6. 修改透支限额交易

当电子存折中的实际金额不足时，它为持卡人提供了一种在发卡方所允许的透支额度内继续进行交易的方便性。修改透支限额必须在金融终端上联机进行，且须提交 PIN。

是否允许透支以及透支额度由发卡方决定。如果透支限额存在，电子存折的余额实际上是圈存余额和透支限额之和。

本交易的操作流程及其说明，见中国金融集成电路(IC)卡规范。

7. 查询余额交易

终端利用 GET BALANCE 命令查询余额。

8. 查询明细交易

此交易一般采用脱机方式处理,需提交 PIN。

终端发 READ RECORD 命令来获得交易明细。回送某个交易明细记录中所含的所有数据。交易明细文件为循环记录文件,至少应包含 10 条记录。使用记录号寻址,记录号从 1 到 n,n 是文件中记录的最大个数。最近写入的记录号为 1,前一记录号为 2,依此类推到 n。

9. 防拔

卡片必须在交易中的任何情况下,甚至在更新 E^2PROM 过程中掉电的情况下,保持数据的完整性。这需要在每次更新数据前对数据进行备份,并且在重新加电后自动恢复数据。

15.3.6 中国金融集成电路卡新规范

2010 年 JR/T 0025-2010 问世,它在遵循原规范的总体架构和技术内容的基础上进行了一些修改,增加了非接触式金融卡规范和小额支付规范等内容。产生了 JP/T 0025 的第 11 部分到第 13 部分。

- 第 11 部分 非接触式 IC 卡通信规范
- 第 12 部分 非接触式 IC 卡支付规范
- 第 13 部分 基于借记/贷记应用的小额支付规范

后来又推出了规范的第 3 版(V3.0),补充了第 14 部分到第 17 部分,内容如下:

- 第 14 部分 非接触式 IC 卡小额支付扩展应用规范
- 第 15 部分 电子现金双币支付应用规范
- 第 16 部分 IC 卡互联网终端规范
- 第 17 部分 借记/贷记应用安全增强规范

15.4[a] 借记/贷记 IC 卡规范和终端规范

借记/贷记卡是银行发行的用于取款(借记)和存款(贷记)的 IC 卡。本规范以 EMV 为基础。

15.4.1 文件和数据对象列表

1. 文件结构

文件结构符合第 3 章中(或 ISO/IEC 7816-4)定义的结构。

IC 卡上的文件是一个树型结构,树的每一分支起始于一个应用专用定义文件(ADF)或一个目录定义文件(DDF),一个 ADF 是一个或多个应用基本文件(AEF)的入口点。一个 DDF 可以是其他 ADF 或 DDF 的入口点。ISO/IEC 7816-4 中定义的一个基本文件 EF 对应一个 AEF,EF 不会成为另一个文件的入口点。

PSE是名为IPAY.SYS.DDF01的DDF。

IC卡中能读/写的数据文件中的数据对象是以记录方式保存的。

2. 处理选项数据对象列表(Processing options Data Object List,PDOL)

终端发出SELECT命令后,在IC卡返回的响应(FCI)中包含有PDOL。以后,终端在GET PROCESSING OPTION命令中将PDOL中的一些条目连接成列表发送给IC卡,IC卡在响应中将这些条目的数据按命令中列表顺序返回。

每个条目包括1~2字节的标记来表明其数据对象,后随1字节的长度表示在响应中该条目的数据长度。

15.4.2 借记/贷记IC卡交易流程

图15.13以实例说明卡的交易流程。由终端向卡发命令,卡然后给出响应。

下面以图中终端所示的工作步骤来解释交易流程。

1. 应用选择(强制)

选择并确定一个卡和终端都支持的应用来完成交易,分为如下两个步骤。

(1) 终端建立终端和卡都支持的应用列表(称为候选列表)。

(2) 从列表中确定一个应用来处理交易。

下面先介绍怎样建立候选列表。

终端应该拥有一个它所支持的应用列表。在应用选择时,终端发出一个SELECT命令,选择卡中的PSE文件,在该文件中包含卡支持的所有支付应用(AID列表),终端将卡片列表和终端列表中都有的应用(通过READ RECODE命令)加入到候选列表中。然而,卡中也可能没有PSE文件,此时终端为每一个终端支持的应用发送一个SELECT命令给卡,如果卡的响应指出支持此应用,终端将此应用加入候选列表。

建立候选列表后由终端或持卡人决定选择哪个应用。

2. 应用初始化(强制)

终端向卡片发送GET PROCESSING OPTIONS命令,表示交易处理开始,终端要求卡提供(PDOL)请求的数据元。PDOL是卡片在应用选择时提供给终端的标签和数据元长度的列表。PDOL是可选数据元。卡在响应中提供了应用文件定位器(Application File Locator,AFL),AFL是终端在交易过程中所需卡片数据所在文件的短文件标识符和记录范围。卡也提供应用交互特征(Application Interchange Profile,AIP),AIP是处理交易时卡所执行功能的列表。

3. 读取应用数据(强制)

终端根据上述的AFL决定从卡读取哪些记录。如果AFL条目指明在随后的脱机数据认证时,对静态数据认证需要此记录,终端将记录数据放入静态数据认证输入列表。

4. 脱机数据认证(可选)

脱机数据认证是终端使用非对称公钥技术认证来自卡片数据的处理过程。有两种认证形式:静态数据认证(Static Data Authentication,SDA)和动态数据认证(Dynamic Data Authentication,DDA)。

静态数据认证确保发卡行选择的数据自卡个人化以来没有发生改变。动态数据认证

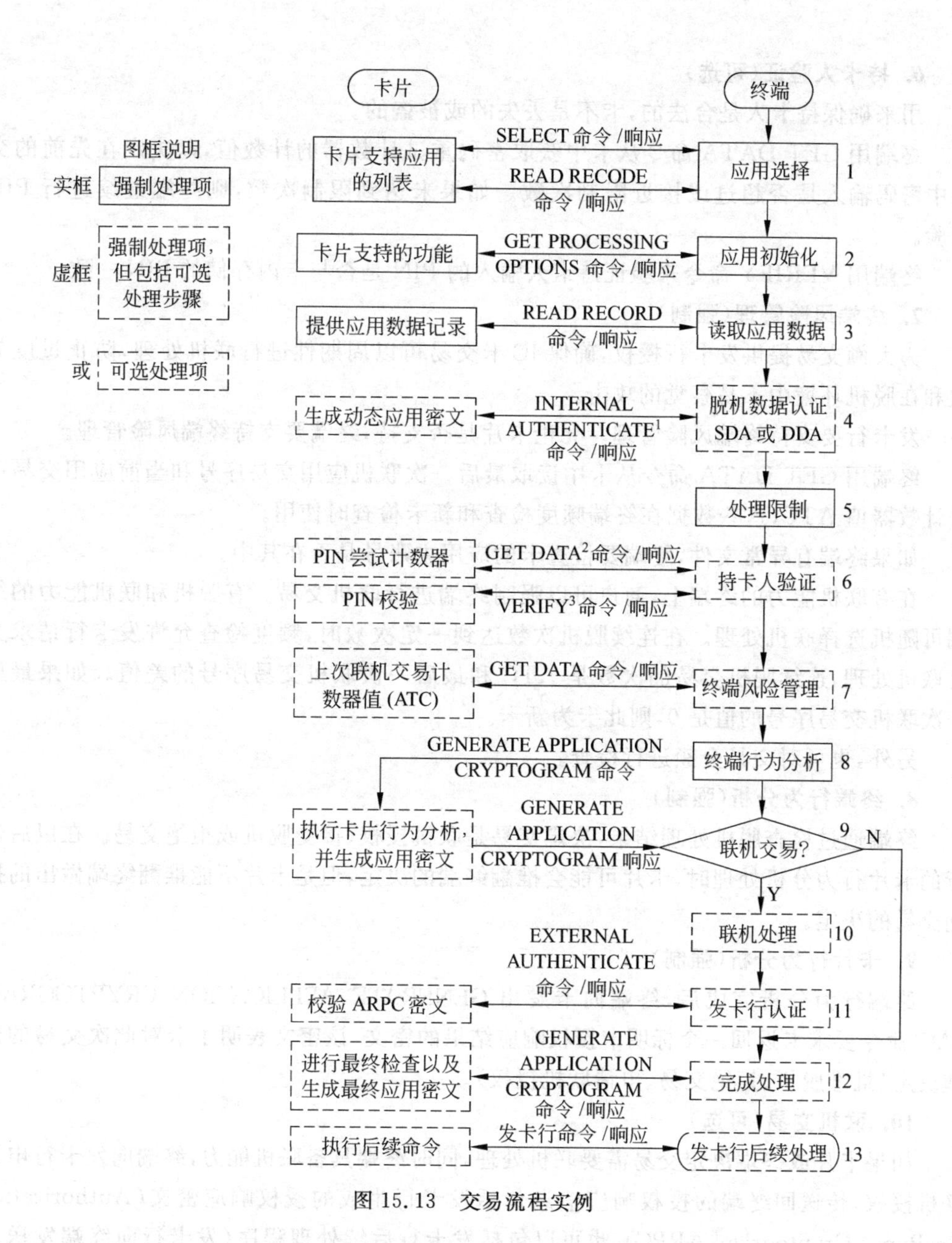

图 15.13　交易流程实例

不仅要认证 SDA，还要认证卡片使用能够唯一标识一笔交易的数据生成的签名，以确认卡片是真卡。动态数据认证过程是：终端传送包含随机数的 INTERNAL AUTHENTICATE 命令（内部鉴别命令，见第 6 章）到卡，卡用私钥加密终端和卡的动态数据的哈希值来生成签名，并传递给终端，终端用公钥解密签名，恢复出哈希值，如果此哈希值与原来的哈希值一致，则动态数据认证成功。

5. 处理限制（强制）

终端必须对卡的应用版本、生效日期和失效日期以及应用条件（国内、国际地理条件和应用用途）进行检查。

6. 持卡人验证(可选)

用来确保持卡人是合法的,卡不是丢失的或被盗的。

终端用 GET DATA 命令从卡中获取密码重试计数器的计数值,以决定在先前的交易中密码输入是否超过或接近限制次数。如果未达到限制次数,则终端继续进行 PIN 校验。

终端用 VERIFY 命令来验证持卡人输入的 PIN 是否与卡内存储的 PIN 一致。

7. 终端风险管理(强制)

为大额交易提供发卡行授权,确保 IC 卡交易可以周期性进行联机处理,防止过度欠款和在脱机环境中不易察觉的攻击。

发卡行要支持终端风险管理。无论卡片是否支持,终端要支持终端风险管理。

终端用 GET DATA 命令从卡中读取最后一次联机应用交易序号和当前应用交易序号计数器值 ATC,这些数据在终端频度检查和新卡检查时使用。

如果终端有异常文件,终端要检查卡的应用主账号是否在其中。

在有联机能力的终端上,商户可以强制终端进行联机交易。有脱机和联机能力的终端可随机选择联机处理。在连续脱机次数达到一定次数时,频度检查允许发卡行请求交易联机处理,连续脱机交易的次数是 ATC 和最后一次联机交易序号的差值。如果最后一次联机交易序号的值是 0,则此卡为新卡。

另外,也可对交易金额进行检查。

8. 终端行为分析(强制)

终端通过检查脱机处理结果,决定交易是联机授权、接受脱机或拒绝交易。在以后进行的卡片行为分析处理时,卡片可能会推翻终端的决定,但是卡片不能推翻终端做出的拒绝交易的决定。

9. 卡片行为分析(强制)

终端行为分析完成后,终端向卡发出 GENERATE APPLICATION CRYPTOGRAM (AC)命令要求卡返回一个标明卡授权响应结果的密文,该密文表明了卡对此次交易的处理决定(批准脱机、拒绝交易、申请联机授权)。

10. 联机交易(可选)

如果卡片或终端决定交易需要联机处理,同时终端具备联机能力,终端向发卡行申请联机授权,传送回终端的授权响应信息包括发卡行生成的授权响应密文(Authorization ResPonse Cryptogram,ARPC),也可以包括发卡行后续处理程序(发卡行向终端发送并存储在终端中的命令或命令序列),在完成当前交易后,由终端向 IC 卡连续输入这些命令,对卡做进一步处理(见步骤 13)。

11. 发行卡认证(可选)

如果授权响应包含 ARPC,且卡支持发卡行认证,则卡通过确认 ARPC 而执行发卡行认证。用外部鉴别(EXTERNAL AUTHENTICATE)命令验证 ARPC 的正确性,通过命令的响应可以知道认证是否通过,即可判定发卡行的真实性。

12. 完成处理(强制)

除非交易在前几个步骤因处理异常而被终止,否则卡和终端必须执行此功能来完成交易。

卡片可以支持交易明细记录，它以循环记录文件形式保存在卡内某一文件中。建议交易明细记录内容为交易日期、交易时间、授权金额、其他金额、交易国家代码、交易货币代码、商户名称、交易类型和应用交易计数器(Application Transaction Counter, ATC)等。

13. 发卡行后续处理(可选)

在执行时，卡先要进行安全检查以确保命令来自有效的发卡行，这些命令对当前交易无影响，主要会影响卡的后续功能，如IC卡的锁定和解锁、修改密码等。

习题

1. 你认为第二代居民身份证内应保存哪些数据？
2. 如何保证身份证号的唯一性？
3. 假如身份证最后一位(校验码)不想用罗马数字X，你认为有简单的方法吗？
4. 请设计一张较理想的市政一卡通卡。
5. 中国金融集成电路(IC)卡规范与ISO/IEC 7816国际标准相比较有哪些特点？
6. 本规范对安全的要求体现在哪些地方？
7. DES算法的安全是否能保证？
8. 本规范规定的电子存折/电子钱包有哪些功能？电子钱包扩展应用有哪些功能？规范中设计的交易流程有什么特点？
9. 论述MAC的重要性，如何选择参与MAC运算的初始值？假如选择固定值、随机数或操作时间作为初始值，其效果有何差异？
10. 本规范中采用的3层密钥管理机制有什么优越性？
11. 借记/贷记IC卡进行交易时一般经历哪些步骤？
12. 评价本规范设计的命令系统的优缺点。
13. 对本规范的改进建议。

说明：习题中的“本规范”是指中国金融集成电路(IC)卡规范。

第16章 RFID和物联网的应用

应用是RFID和物联网产生和发展的根源。RFID在各行各业中的应用促成了物联网技术的发展,将信息技术与各个行业、多门学科进一步结合,以提高生产力,改善生产条件和生态环境,支持经济和社会的发展。

16.1 RFID的应用

16.1.1 一位系统

一位可以有两种状态:1或0。用一位来表示读写器作用范围内有电子标签或没有电子标签,其典型应用就是商场里的电子防盗系统。

电子防盗系统一般由以下几部分组成:读写器、电子标签和去活化器,去活化器可以在商品付款后使电子标签去活化,变得无效。在某些系统中,去活化后的电子标签可以重新活化,成为可以再次使用的电子标签。

16.1.2 RFID在生产流水线中的应用

下面介绍的系统采用RFID技术作为制造业生产流水线现场制品跟踪和生产状态监控的基础,实现了制造和质量的可视化和数字化管理。

系统的总体结构如下。

1. 系统构成

基于RFID的执行制造系统(Manufacturing Execution System, MES)如图16.1所示。车间控制器位于企业上层管理层和车间控制层之间,实现现场控制系统与上层的企业资源计划(Enterprise Resource Planning,ERP)系统等部门的联系,实现生产的管理和数据的传送。

底层工位控制器下连生产线上各种生产控制和检测设备,上接车间控制器,实现底层生产数据的采集及其与车间控制器的通信。一般置于生产线关键工位处。

2. 工位典型配置

关键工位设有工位控制器,工位控制器下连RFID读写器、电子看板等生产控制和检测设备,上接车间控制器,实现工位生产数据的采集及其与车间控制器的通信和应用集成。工位典型配置如图16.2所示。

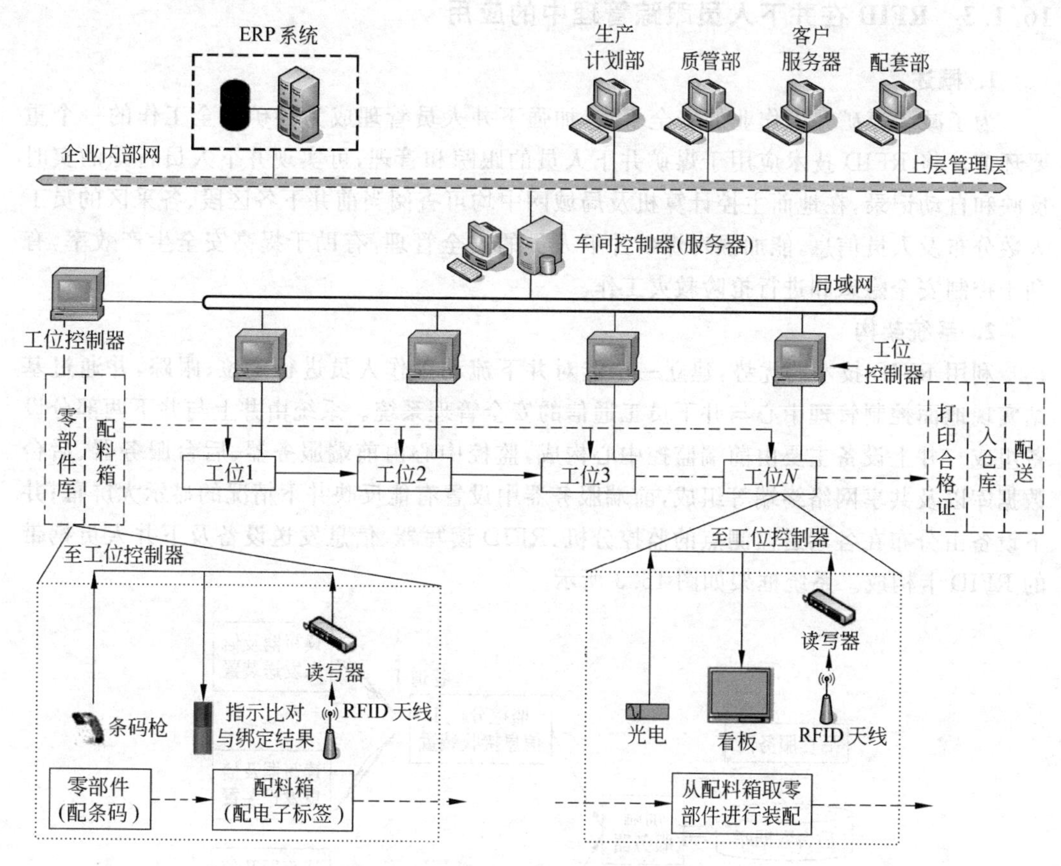

图16.1 基于RFID的MES系统构成

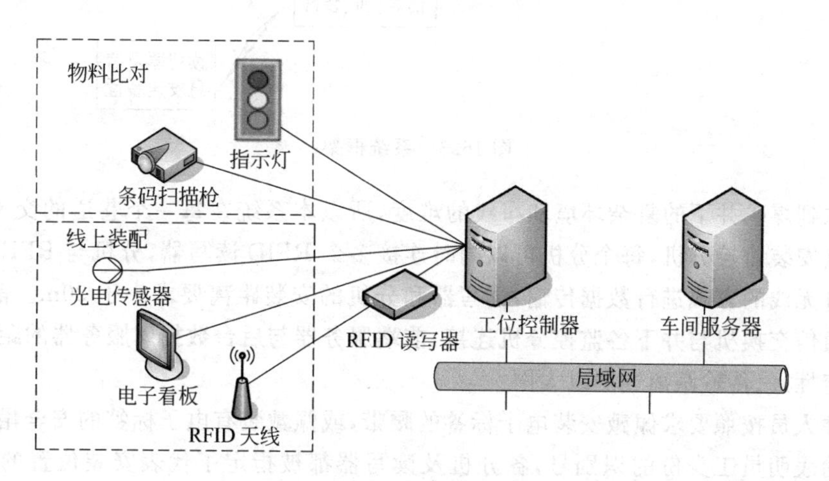

图16.2 工位典型配置

16.1.3 RFID在井下人员跟踪管理中的应用

1. 概述

为了减少煤矿井下作业的安全事故,加强下井人员管理成为煤矿安全工作的一个重要环节。将RFID技术应用于煤矿井下人员的跟踪和管理,可实现井下人员行踪的实时反映和自动记录,在地面主控计算机及局域网中均可查阅当前井下各区段、各采区的员工人数分布及人员信息,能加强对煤矿井下人员的安全管理,有助于提高安全生产效率,有利于控制安全隐患和进行抢险救灾工作。

2. 系统架构

利用RFID技术的优势,建立一个能对井下流动工作人员进行定位、跟踪,并通过基站实现地面控制管理中心与井下员工通信的安全管理系统。系统由井上与井下两部分设备组成。井上设备主要由前端监控中心构成,监控中心由前端服务器、后台服务器、后台数据库以及共享网络终端等组成,前端服务器中设置有能反映井下情况的显示大屏幕;井下设备由分布在各巷道监测点的监控分机、RFID读写器、信息发送设备及下井人员携带的RFID卡构成。系统框架如图16.3所示。

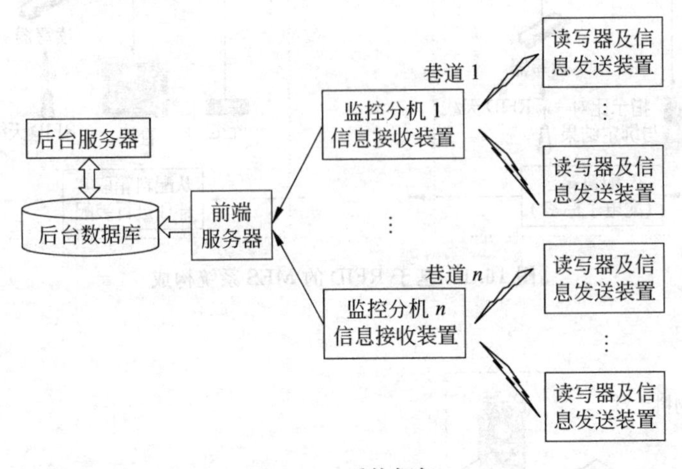

图16.3 系统框架

考虑到煤矿井下的复杂环境和布线的难度,所以本系统在每一个巷道的交叉口及必要监测点安装监控分机,每个分机可以同时连接多个RFID读写器,分机与RFID读写器之间通过无线的方式进行数据传输,读写器和分机的安装距离要求小于30m。前端服务器通过通信交换机与井下各监控分机连接,前端服务器与后台数据库服务器的距离较远,采用稳定性好、传输距离远的以太网。

下井人员按照要求佩戴安装电子标签的腰带,或佩戴装有电子标签的安全帽,电子标签中存储表明员工身份的识别号,各分机及读写器都被指定了代表安装位置的识别号。RFID读写器通过固定频率的射频载波向电子标签传送信号,当井下人员经过读写器射频场时,人员电子标签被激活并将载有人员身份信息的射频信号读取出来。RFID读写器读取出的人员身份信息经信息发送装置发射至监控分机。RFID读写器、监控分机提供的位置信息与人员电子标签提供的身份信息以及分机内的时间信息进行组合，形成跟踪和管理系统的基础信息，通过通信线路送往地面的前端服务器。该基础信息在系统软件的控制下生成并记录井下人员所在位置、到达时间和活动轨迹等实时跟踪信息，并可自动生成考勤的统计管理等方面的报表资料。

3. 系统硬件设计

系统硬件主要包括 RFID 读写器发送装置、监控分机中的信息接收装置和前端服务器等。信息接收装置由具有串口通信功能的最小单片机系统和多个无线接收装置组成。前端服务器由具有以太网接口的系统担当。监控分机接收并暂存来自多个读写器的身份识别数据，经过分机主控单片机的处理和数据压缩后按照与地面主机约定的通信协议发往地面主机。分机主控单片机进行的数据处理包括冗余数据剔除、数据标识和行进方向判断等。

监控分机可以独立工作，当地面主机或通信系统发生故障时各井下分机仍可控制所属的读写器正常工作，获得的基本数据暂时保存在分机数据库内待故障排除后补充到地面主机中。监控分机内带有后备电源，当交流电源停电时由后备电源供电。后备电源由可充电电池及相应的电源管理电路组成。

4. 系统软件功能设计

系统软件由主控模块、井下监控分机与地面主机通信模块、后台数据库系统、动态绘图模块及局域网络构成，完成以下主要功能。

(1) 查询当前井下人员分布。根据各矿井实际情况绘制井下巷道布置图，并在该图上显示各个区域当前人数。该图是动态的，随着井下人员移动。

(2) 井下人员跟踪。为不同工种的人员指定不同符号，在井下巷道图上实时动态地显示他们的行踪。

(3) 安全保障功能。一旦出现矿井灾难，可对现场被困人员进行定位和搜寻，便于有效救护。

(4) 考勤管理功能。

(5) 生产调度功能。

(6) 网络功能。网络软件安装在煤矿管理中心的服务器中，所有合法用户均可在联网计算机中通过浏览器实时调阅本系统内容，实现远程管理。

5. RFID 技术在井下人员跟踪管理系统的适应性分析

RFID 技术应用于井下人员安全管理系统具有如下突出优点。

(1) 快速扫描。RFID 读取器可同时辨识和读取数个 RFID 标签，提高下井人员信息的采集效率。

(2) 体积小型化、形状多样化。RFID 在读取上并不受尺寸大小与形状限制，易于向小型化发展，便于携带。

(3) 抗污染能力和耐久性。RFID 对水、油和化学药品等物质具有很强抵抗性，RFID 标签是将数据存在芯片中，因此可以免受污损，利于长期使用。

(4) 穿透性和无屏障阅读。RFID 能够穿透非金属或非透明的材质，便于在井下有阻隔的恶劣环境下通信。

(5) 数据记忆容量大。能够满足对人员姓名、身份证号和工种等多种信息的存储需求。

(6) 易于与 IT、计算机网络和 GIS、GPS 技术集成,构建现代化信息管理系统。

16.1.4 RFID 在图书管理中的应用

1. 概述

目前我国图书馆传统的图书流通管理采用磁条和条码系统。该管理系统存在的主要问题有:顺架、排架劳动强度高;图书查找、馆藏清点繁琐耗时。

RFID 技术的出现极大地提高了采集数据的速度,特别是在移动过程中实现了快速、高效、安全的信息识读和存储,而且具有信息载体身份的唯一性,这些特性决定了 RFID 技术在图书馆领域的广泛应用。

2. RFID 图书馆的功能特点

(1) 自助借书和还书功能。使用 RFID 借书系统不需要像条形码系统那样将书本放在标准位置上,借书更快捷。自动化的还书系统可以在室内和室外通过安置还书籍同时使用。读者可以通过自助还书系统收到包含还书日期、时间和被还书籍内容的收据。

(2) 分拣功能。通过接受使用 RFID 自助还书系统滑轮收书和移动书籍,还能做到上架前的分拣工作。

(3) 安全性能。RFID 系统通过使用标签上防盗标识位的关和开(0 和 1 状态)来提供防盗功能。

(4) 库存清点。使用 RFID 系统清点库存可以比条形码系统快很多。

3. 深圳图书馆 RFID 方案介绍

深圳图书馆是全面采用 RFID 系统的图书馆。

1) 总体架构

通过引进 RFID 标签的自动传送设备、RFID 读写设备、RFID 安全门设备、RFID 典藏设备进行读者、文献、书架的一体化管理与维护,借助自主研发的智能移动书车、书架位置定位标识、文献定位导航体系,保持文献与书架的一一对应关系,从而实现读者自助定位借还文献、文献精确典藏和快速定位归架。

2) RFID 系统构成

(1) RFID 标签。系统所采用的 RFID 标签和借书证为 13.56MHz 频率无源标签。

根据 RFID 标签用途不同,设计成各种形状,如方形、圆形和长条形等。这些标签都自带粘贴,可直接粘贴到上述文献上。将原存于条码上的数据转存到 RFID 标签的过程是很简单的,通过快速扫描条码,立即可将数据传入标签芯片。

(2) 快速标签编写器。用于 RFID 读写/编码的自动传送装置和一个用于分发标签的自动流动装置。

该装置的电动滚轮用以推动标签逐个剥离,一旦前一个标签被剥离下来,下一个标签自动往前移。标签从滚轮上剥离下来之前,就已经通过软件控制,自动编写上了图书数据,工作人员只需将标签贴到图书上即可。

(3) 馆藏清点器。为达到扫描和清点图书的目的,系统提供了一种携带轻便、功能独特的阅读器(馆藏清点器),其功能是快速完成图书的准确清点。图书馆馆员利用它可以很轻松地查到高架位上的图书，也可用于指定图书的查找、顺架和整架等业务处理。

(4) 馆员流通工作站。流通工作站可帮助图书馆馆员在多个地点快速办理借或还图书的手续。一叠贴有 RFID 标签的图书放在指定的工作站区域，图书识别和防盗位的开启/关闭操作就同时执行。

用于阅读的 RFID 天线都涂有铁素体，起屏蔽作用，识别过程不受天线周围的其他标签的影响，只有在天线正上方的标签才能被读到，使得 RFID 识别更准确。

(5) 安全门。安全门检测系统设备可对粘贴有 RFID 标签的流通文献进行扫描和安全识别，以达到防盗和监控的目的。RFID 安全检测系统在脱离中心数据库的情况下仍能独立运作。

深圳图书馆在各个楼层的主出入口设置多个通道的 RFID 安全门检测系统。

(6) 图书馆自助借/还设备。自助借/还系统具备离线处理能力，当图书馆服务器出现故障时，自助借/还系统自动进入离线处理状态，一旦连接恢复，信息自动上传。在离线处理过程中，所有重要的数据信息均被记载下来，同时将图书的安全标识位设置成正确的状态(借书时置 0，还书时置 1)。

(7) 文献定位系统。通过 RFID 移动文献归架书车和书架 RFID 标识，实现读者(工作人员)对文献的查询定位导航(找到书架位置)操作，流通书库架位的采集、整理及更新，工作人员对流通文献的装车、归架和巡架操作。

(8) 分拣系统。分拣系统具有远程监视及自诊断功能，提供工作统计及报表功能。当书箱装满时，系统将自动通知馆员以便清理，每小时可处理 2000～3000 件，包括图书、CD 和录影带等。

16.1.5 RFID 在供应链管理中的应用

1. 概述

RFID 技术，作为快速、实时、准确采集与处理信息的高新技术和信息标准化的基础，免除了标签识读过程中的人工干预，在节省大量人力的同时可极大地提高工作效率和数据的准确程度，所以 RFID 技术对物流和供应链管理具有巨大的吸引力。从采购、存储、生产制造、包装、装卸、运输、流通加工、配送、销售到服务，是供应链上环环相扣的业务环节和流程。在供应链运作时，企业必须实时地、精确地掌握整个供应链上的商流、物流、信息流和资金流的流向和变化，使这 4 种流以及各个环节、各个流程都协调一致、相互配合，才能发挥其最大经济效益和社会效益。然而，由于实际物体的移动过程中各个环节都是处于运动和松散的状态，信息和方向常常随实际活动在空间和时间上变化，影响了信息的可获性和共享性。而 RFID 正是有效解决供应链上各项业务运作数据的输入输出、业务过程的控制与跟踪，以及减少出错率等难题的一种新技术。

2. RFID 技术在供应链各环节中的应用

1) 进货环节

采用了 RFID 技术，一改往日传统的销售商进货管理，利用读写器获取货物及同时到达的物流信息，对货物自动统计信息并传入信息系统后入库。货物安置在不同的仓库区域后，可以利用固定的电子标签读写器对货物在仓库中的存放状态进行监控，如指定堆放区域、上架时间等信息的统计。当仓储区域货物期限快到时,则自动发出报警信号给中央调度系统通知工作人员。出库时,货物信息的变动同样传送到相应数据库。使用了RFID技术使得货物的登记变得自动化,更加快速准确,减少了人员需求与货物损耗,实现快速提货和取货,并最大限度地减少存储成本。

2)销售环节

商家在销售环节使用电子标签对货物进行统计,只需在主机的系统管理软件上便可查询到货物的详细信息,如存货的种类及数量。同样,在付款台对物品实现自动扫描和计费,取代繁琐的人工收款模式。更令消费者关注的有效期问题,系统对于某些具有实效性商品的有效期限进行监控,提醒商家做出相应的处理,避免过期的损失。同时,商品管理系统对货物进行管理,在缺货时及时通知商家补货,保证货源充足,提高销售环节的效率。

3)运输环节

在货物表面贴上RFID标签(如贴在集装箱和外包装上),可以对货物进行跟踪控制。处在运输过程中的货物被安装在车站、码头、机场、高速公路出口等处的读写器读取到电子标签的信息后,连同货物的位置信息传送给货物调度中心的数据库中,准确、及时地更新物流网中的货物信息。

RFID技术在以上环节中的应用,使得合理的产品库存控制和智能物流技术成为可能。RFID非常适用于对物流跟踪、运载工具、仓库货架及目标识别等要求非接触数据采集和交换的场合,广泛用于物流管理中的仓库管理、运输管理、物料跟踪和货架识别、商店(尤其是超市)。

3. RFID技术在超市中的应用

当超市中的商品都贴上RFID标签,并配备相应的设备后,就有可能实现自动化、网络化和高效无错的超市管理。超市管理的处理过程如下。

在超市仓库里利用天线接收和传输信息,由信息处理模块与超市管理主机终端相连接,从而实现沟通及处理功能,及时更新仓库信息。在超市销售货架上,固定在货架上的读写器的天线定时地、不间断地向周围的商品发射电磁波,检查商品被取走的情况并报告给超市仓库管理系统。后台管理计算机针对读写器发回的信息,通知仓库及时补充货架上缺少的商品。这样超市管理系统能够随时掌握货物的销售情况,并根据商品的销售状况及时制定销售策略。收银区获取被顾客所挑选的商品的电子标签的信息,记录下消费记录,更新超市管理系统中的信息。为了方便顾客快速查询到商品的产品价格、生产日期、产品产地和保质期等信息,超市可采用移动式的读写器,安装在超市的导购车上,顾客可根据需要查询。

在超市的入口处有采用了RFID技术的购物车,在购物车的扶手前端安装了识别电子标签的读写器。顾客只需将商品置于读写器前,屏幕上将显示出该商品的具体价格、名称和产地等。顾客只要在导购车的屏幕上面点击想购买的商品,就能够在屏幕上查询到该商品在超市的具体位置,从而便捷地找到需要的商品。在结账的时候,只要将导购车推过指定的通道,消费总额立即出现在收银台的计算机上。同时,带有标签的货物在通道上被扫描时,会自动反馈给管理系统,更新超市的库存和货架上商品数量等信息。由于商品的数量和价格是随时变动的,超市管理系统应实时更新,保持高度的准确性。超市管理系统自动通过对RFID标签信息的读取来完成对店内库存的盘点。

然而,由于RFID的标准在全球范围内尚未统一,而商品又要在全球范围内流通,再加上电子标签本身的价格对小商品来说还偏高,因而影响了RFID在超市中的全面推广和应用。对RFID电子标签,世界零售业巨头沃尔玛和麦德龙的使用经验以及小商品高价位的吉列剃须刀片的使用经验会给它的应用前景带来光明。

16.1.6 射频识别不停车收费系统

使用RFID不停车电子收费系统(Electronic Toll Collection,ETC)是世界上最先进的路桥收费方式,通过安装在车辆挡风玻璃后面的电子标签与在收费站ETC车道上的微波天线之间的专用短程通信,利用计算机联网技术与银行进行后台结算处理,达到车辆通过收费站不停车就交费的目的,从而加快了路桥收费道口的通行能力。与人工收费通道相比,ETC车道通行能力可提高4~6倍,而且可减少车辆在收费口因交费、找零等动作引起的排队等候,并大大降低了收费口的噪声与废气排放。

对于公路收费系统,由于车辆的大小和形状不同,在电子标签和读写器之间大约需要4m的读写距离与快速读写能力,因此系统的频率应该在UHF频段,如902~925MHz。实现方案是将多车道的收费口分成自动收费口和人工收费口两部分。在自动收费车道的道路上方,在距收费口50~60m处架设读写器天线,当车辆通过天线下方时,车上的电子标签被天线检测到,读写器判断车辆是否带有有效的电子标签,根据标签是否有效,读写器指示车辆进入不同车道(自动收费口和人工收费口),进入自动收费口的车辆,过路费自动从用户账户上或预付费电子标签上扣除,并用指示灯或蜂鸣器告诉司机收费已完成,不用停车即可通行。人工收费口仍维持现有的操作方式。违规的车辆将被摄像。

RFID不停车收费系统按其功能包括自动识别控制子系统、自动判断子系统、数据采集子系统、车辆检测子系统、闭路电视子系统和信号控制子系统。

(1) 自动识别控制子系统。负责控制收费系统所有设备的运行、收费业务操作的管理以及与收费站计算机的通信和数据交换。主要由读写器、天线和收费员终端等组成。

(2) 自动判断子系统。主要由光栅、高度检测器和轴数检测器等组成,该系统通过对采集车辆的高度和轴数等参数来判断车型。

(3) 数据采集子系统。主要由天线和电子标签组成,在电子标签上写有标签编号、车号、车型、车主、应缴金额、余额和有效期等信息,天线读取信息后传送给车道控制机。

(4) 闭路电视子系统。主要由车道摄像机和收费站监视器组成,主要用于拍摄违规车辆。

(5) 信号控制子系统。主要由通行信号灯、偏差信号灯等组成,可能还有自动栏杆,用于提醒驾驶员正确使用不停车收费车道。

(6) 车辆检测子系统。主要由环形线圈组成,用于激活天线读取电子标签信息,控制通行信号灯、偏差信号灯和自动栏杆(如有的话),并可统计车流量。

16.2 物联网的应用

16.2.1 物联网在物流业中的应用

1. 物流的定义

国家质量技术监督局2001年颁布《中华人民共和国国家标准物流术语》，将物流定义为："物品从供应地向接收地的实体流动过程。根据实际需要，将运输、储存、装卸搬运、包装、流通加工、配送和信息处理等基本功能实施有效地结合。"

上述功能的实现已分散在多个领域，包括制造业、农业、运输业、仓储业、装卸业、物流信息业等，加以整合，就形成复合型的物流服务业。

2. 物流的基本功能

(1) 包装。可分为工业包装和商业包装。具体包括生产过程中的半成品和制成品的包装以及物流过程中的再包装，它是为了便于物资的运输、保管、装卸而进行的，商业包装则是把商品分装成方便顾客购买和易于消费的单位，或增加保质期和提高外观效果。

(2) 装卸搬运。为衔接物资运输、储存、包装、流通加工等作业环节而进行的，伴随着物流的全过程。

(3) 运输。物流组织者将物资从生产地运送到需求地。在不少场合，人们把运输作为物流的代名词。组织者应该选择技术、经济效果最好的运输方式或联运组合，确定运送的交通工具和路线，实现安全、迅速、实时和低成本的效果。

(4) 储存。利用各种仓库、堆场、货棚等，完成物资在从生产到消费整个过程中的保管、养护和堆存等作用，以与最低的成本相一致的最低存货量为顾客服务。

(5) 流通加工。物资流通过程中的辅助加工。为了促进销售、维护产品质量、实现物流和高效率而进行的加工，更有效地满足消费者的需求。

(6) 配送。按用户的订货要求，在物流配送中心完成配货作业后，将配好的物品送交收货人，配送中心一般具备储存功能。配送的实现离不开运输。

(7) 物流信息。包括与上述各种功能实现相关的计划、预测、动态信息、生产信息、市场信息及相关费用等，合理进行信息收集、汇总和统计，以保证物流活动的合理性、可靠性和及时性。现代物流信息以网络和计算机技术为手段。

3. 物流的主要特征

早期的物流概念就是指物资(商品实体)的储存和运输，随着时代的进展，物流管理和物流活动的现代化和集成化不断提高，物流特征概括如下。

(1) 物流的系统化。从系统观点出发，通过物流功能的合理组合，实现物流整体的优化目标。

(2) 物流自动化。物流作业过程的自动化，包括包装、装卸、识别、运输、仓储和流通加工等过程，同时可方便物流信息的实时采集与跟踪，提高物流系统的管理和监控水平。

(3) 物流信息化。现代物流可理解为物资流通与信息流通的结合，早期物流的各个功能之间缺乏有机联系，对物流活动采取事后控制；而现代物流通过实时信息进行控制，提高物流效率，将信息技术、通信技术和网络技术结合应用于物流的各个环节之间以及物流部门与其他部门之间。

(4) 物流智能化。物流管理由手工作业发展到半自动化、自动化、智能化。自动化过程中包含更多的机械部分，而智能化包含更多的电子化部分，如集成电路、计算机和网络等，在更大范围和更高层次上实现物流管理的自动化，减少人的脑力和体力劳动。

(5) 物流管理专门化。在企业中，物流管理可以作为企业内的专业部门存在，随着企业的发展，企业内的物流部可能从企业中分离出去成为社会化、专业化的物流企业，并进一步演变，成立服务专业化的物流企业，即第三方物流企业。

(6) 物流快速实现化。在物流信息系统、作业系统和物流网络支持下，适应用户需求的速度加快，及时配送和迅速调整库存的能力在加强。

(7) 物流标准化。从物流的社会标准来看，可分为企业物流标准、社会物流标准(工业标准、国家标准、国际标准)。从物流的技术标准来看，有物流产品标准、物流技术标准(条码标准、电子数据交换标准 EDI)、物流管理标准(ISO 9000、ISO 14000 等)。

4. 智能物流

物联网首先应用于物流行业，是利用信息采集设备、无线射频识别设备、传感器和全球定位系统等与互联网结合起来而形成的网络。

智能物流是指货物从供应者向需求者的智能传送过程，尽量为供方提供最大的利润，为需方提供最好的服务，并尽量消耗最少的自然资源和社会资源，保护好生态环境。

物联网为物流的智能处理提供了多层面的支持，除了利用已有的 ERP 等商业软件进行规划、管理和决策支持以外，还应该为用户提供更多的服务。通过增值性物流服务，拓宽业务范围，增长利润。

物联网将是物流企业间实现协同发展的平台，实现物流、信息流、资金流的三流合一，那么电子商务、共同配送、全球化生产等先进运营模式，也望逐步实现。

5. 电子商务物流

电子商务(Electronic Commerce, EC)是指通过互联网进行的商务活动，业务范围包括信息的传送和交换、网上订货和交易、网上认证和支付、商品的配送、运输和售后服务以及企业间的资源共享等，并利用电子信息技术来降低成本、增加价值和创造商机。

电子商务可使物流实现网络的实时控制。物流的运作以信息为中心，网络传递信息，可实现物流的合理化，协助物流企业对物流的组织和管理，不仅考虑本企业的利益，还要考虑全社会的利益。

电子商务物流的主要特点与前面介绍的基本一致，这也说明了物流业离不开互联网。

16.2.2 物联网在交通管理系统中的应用

先进的地面交通管理系统将信息技术、通信技术、电子传感技术、计算机和网络技术融合在一起，实时、准确、高效、综合地实现交通管理。我国经济的快速发展提高了人们的生活水平，但产生了严重的交通拥堵等问题，为此充分发挥公交调度指挥中心的作用是很重要的，曾采取过一些措施，例如在举办国家级、省级的大型活动时采取交通管制等。

基于物联网及其相关技术对公交系统进行设计，达到提高公交系统的自动化管理程度和公交线路的规划水平，提高居民出行的方便性和交通状况改善的目的。

通过对现有公交管理系统进行分析，对公共交通资源数据进行高效管理和维护，为乘客提供车辆快速、实时、定时、安全的运行，解决乘车拥挤和道路拥堵的问题，并对各种车辆提供报警求助、呼叫服务、信息查询、行车路线等。

1）公交管理系统解决方案

采用 RFID 标签、3G 网络、互联网技术，结合 GPS、GIS、视频摄像技术，并以新兴的物联网为背景，提出实现总体解决方案的结构(图 16.4)。

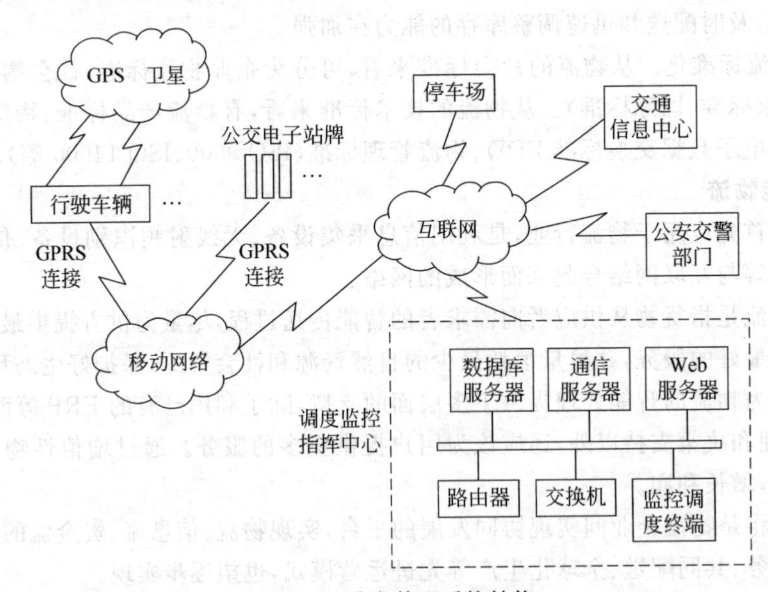

图 16.4　公交管理系统结构

(1) 与图 16.4 相关的系统有：GSM(Global System for Modible communication，全球移动通信系统)、GPRS(General Packet Radio Service，通用无线分组业务，实现基于 GSM 系统的无线分组交换技术)、GIS(Geographic Information System，地理信息系统)。在计算机支持下，对地球表面有关分布数据进行采集、存储、管理、运算、分析、显示和描述的系统。

(2) 信息载体。RFID 标签是主要信息载体，分别用于公交站牌、公交车以及公交路线上，及时了解公交车的位置。通过温度传感器与 RFID 的结合，乘客可以及时了解车内、外的温度。公交车内部的 RFID 系统主要用于乘客的刷卡消费。

(3) 通信网络。可采用 3G 通信网络作为公交车和公交调度中心的通信手段。

2）交通子系统

(1) 智能车辆控制系统。通过安装在车辆前部或旁侧的红外探测仪，可正确判断车辆与障碍物之间的距离，遇紧急情况，可发出警报或自动刹车。

(2) 交通监控系统。在道路、车辆、驾驶员和交通管理人员之间建立快速联系，通告交通事故、拥堵或通顺的行车路线等。

(3) 运营车辆高效管理系统。实现车辆驾驶员与调度管理中心之间的通信,提高商业车辆、公共汽车和出租汽车的运营效率。

(4) 交通信息服务。通过装备在道路上、车上、换乘站、停车场上以及气象传感器、RFID标签和传输设备向交通信息中心提供实时交通信息,经中心处理后,向需求者提供相关的信息。如果车上装备了自动定位和导航系统时,可帮助驾驶员或外出旅行人员选择行驶路线。

(5) 交通管理系统。主要提供给交通管理者使用,对道路系统中的交通状况、交通事故和交通环境进行实时监视,并对交通进行实时控制,如信号灯、预防信息、道路管制、事故处理与救援等。

(6) 其他。还有停车场管理、货运管理、电子收费系统(ETC)等。

16.2.3 物联网在电网管理系统和其他系统中的应用

随着社会经济的发展,用电量不断增加,电网规模不断扩大,影响电力系统运行风险也会增加,因此利用电网设施提高电力供应的安全可靠与质量,控制费用是很重要的。构建以信息化、自动化、互动化为特征的电网,是电力行业的发展方向之一,将物联网的相应技术广泛应用于电力系统的发、输、变、配和用电环节,可带来大的经济效益和社会效益。

在其他应用方面,将简述家居智能化和智慧城市的概念。

1. 物联网在智能化电网中应用的架构

面向智能电网的物联网大致可分为感知层、网络层和应用层3个层次。

(1) 感知层。通过传感器、RFID标签等采集信息手段,实现对电网运行的静态或动态信息进行大量采集与分析。对于电网的监控数据基本采用光纤通信方式;对输电线路在线监测、电气设备状态监测,用光纤和无线传感技术传送信息;在用电信息数据采集和智能用电方面,主要涉及窄带、宽带电力线通信、光纤电缆和公网通信等。

(2) 网络层。将从感知层采集来的数据进行转发,通过专用的电力通信网或公用通信网实现,提供了一个高速的双向宽带通信网络平台。

(3) 应用层。提供信息处理、计算等的服务设备和资源调用接口,并在此基础上实现各种应用。通过计算、模式识别等技术实现电网相关数据信息的整合、分析处理,进而实现智能化的决策、控制和服务。

2. 物联网在智能化电网中应用的设想

1) 电力设备和运行环境的监测

在发电厂内部机组内安置一定数量的传感器测点,可以及时了解机组运行情况,包括各种技术指标和参数。对运行环境监测,如在水电站坝体安装多个传感器,可随时监测坝体的变化情况,以躲避风险,对水位监测与控制,以保证发电和安全。同样,可对风能、太阳能等新电源发电进行在线监测、控制及功率预测等。对输电线路的在线监测也很重要,可提高对输电线路运行状况的感知,包括气象条件,覆冰、风力、电线振动和偏移、杆塔倾斜程序等。对测到的数据及时传输、联合处理、实时控制,提高电网的技术水平和安全程度。

2）电力生产管理

管理电力现场作业比较复杂，但很重要。对进入现场的人员进行身份识别和电子工作票管理；对监测到的信息进行分析、过程监控、实现调度指挥中心与现场作业人员的紧密联系，进行日常工作；如果监测到异常信息，则提前做好相应的故障预判，做好设备检修工作，从而提高了自动诊断、设备检修和安全运行水平。

3）智能用电

实现用户（工业与居民）与电网（厂商）之间的联系，提高供电可靠性、用电效率和节电减排（废气）的功能。

3. 家居智能化

借助于家用电器的自动控制和室内装饰的信息采集模块和通信模块，可以实现家用电器的智能化和室内的安全化，借助于通信技术（无线或电力线载波技术）已实现水、电、燃气表的自动抄表功能。

4. 智慧城市

智慧城市可理解为信息化城市，即通过建设宽带多媒体信息网络、地理信息系统等基础设施，整合城市信息资源，建立电子政务、电子商务、劳动社会保险等信息化平台，实现市民经济和社会的信息化。智慧城市的建设应包括以下一些项目。

（1）公共服务。建设市民呼叫服务中心，实现自动语音、传真、电子邮件和人工服务等多种服务方式，开展生活、生产、政策和法律法规等多方面的咨询和服务工作。

（2）安居服务。发展社区家居服务、楼宇管理、安全监控和商务办公等。

（3）教学文化服务。建设教学综合信息网、网络学校、数字化课件、教学资源库、虚拟图书馆、远程教育系统等。

（4）健康保障体系。包括医疗和福利等。

（5）交通顺畅和安全。

（6）文明、平等、公正、廉洁的社会风气，崇高道德和诚信友好的市民作风。

16.3 物联网与云计算

除了前面讲到的物联网应用领域外，在医疗领域、环境保护、防灾救灾、食品安全等领域均有物联网发展前景。当 RFID 应用的范围扩大，自动化、智能化程度的提高，也就促成了物联网应用的发展。

物联网的生成一般由传感器、RFID 设备、计算机全球定位系统等与移动通信网、互联网结合起来而实现的。这些设备与网络的硬件和虚拟化（软件和标准等）设施都已得到广泛应用，而物联网主要是为应用服务的，还没有独立的技术和标准等，另外物联网采集和处理的数据量大，因此需要大容量和安全的数据库，以及为构建物联网需要考虑经济问题。

目前随着计算机应用和网络应用的发展，已建有为客户服务的“数据中心”和“计算”基地。物联网可根据具体设备光纤和无线通信的需求建立专用的物联网或借助于外部的“云服务”。

1. 数据中心

数据中心(data center)通常是指能为客户实现信息处理、存储、传输、交换和管理功能的场所,能对数据进行分析、挖掘、生成、整合和维护。这也是目前提出的大数据(Big Data)技术的实现基础。其基础设施包括服务器、网络、存储设备、软件和开发运行维护的服务人员。

对于大型的高级别的数据中心,其基础设施与服务质量关注如下。

(1) 电力。电力公司冗余的电力资源和线路。数据中心内部安装备用发电机、UPS(不间断电源)等相关冗余设备,以保证电力系统和冷却设备的不中断运行。

(2) 计算机系统。服务器、存储器、网络设备和电信设备等均完全冗余,并保证在出现系统故障时对相关硬件进行实时切换,可以在不中断应用程序的同时,实现对相关程序的性能维护。

(3) 数据。支持海量存储及数据的本地和异地备份。提供及时的数据恢复和纠错功能,以保护数据的完整性和正确性。关注数据的效率以及处理和传输的延迟时间。对数据进行挖掘和分析。逐步完成大数据的应用。

(4) 可用性。能够提供每年 365 天、每周 7 天、每天 24 小时不间断应用服务。完全冗余和可容错的电力、计算机、网络和电信设备,冗余的网络带宽服务,可以增强数据中心的可用性。同样适用于为实现业务连续性和灾难恢复准备的备用场所,可以进一步保证服务的不中断运行。

(5) 安全性。数据中心现场拥有 24 小时(日夜不断地)现场电子监视和安全监控系统。同时,具备初步保护措施保证计算机系统中用户数据不泄露、不被篡改。

(6) 灾难及恢复。数据中心配置有效的监测和灭火装置,建筑物理构造坚固,在一定程度上能够抵抗龙卷风、台风、洪水等自然灾害的威胁。建立自然灾害预防和服务功能恢复的备用场所。

(7) 高质量的服务人员和服务水平。

2. 云计算

分布式计算技术一般是根据用户的服务需求通过网络将复杂的计算处理程序自动分拆成众多较小的子程序,再交由多台服务器所组成的庞大系统,经搜寻、计算分析之后将处理结果回传给用户。稍早之前的大规模分布式计算技术即为"云计算"概念的起源。最简单的云计算技术在网络服务中已经随处可见,如搜寻引擎等移动装置可以透过云计算技术,发展出更多的应用服务。

云计算(cloud computing)这个名词是借用量子物理中的"电子云"(electron cloud)概念,强调说明计算的弥漫性、无所不在的分布性和社会性特征。云计算是继 20 世纪 80 年代大型计算机到客户机-服务器的大转变之后的又一种巨变。用户不再需要了解"云"中基础设施的细节,不必具有相应的专业知识,也无须直接进行控制。云计算实现了一种基于互联网的新的 IT 服务模式,通常通过互联网来提供可伸缩的、易扩展而且具有虚拟化特征的资源。典型的云计算提供商往往提供通用的网络业务应用,用户可以通过浏览器等软件或者其他 Web 服务提出服务需求,而软件和数据都存储在网络的服务器上。

云计算包括以下几个层次的服务:基础设施即服务(IaaS)、平台即服务(PaaS)和软件即服务(SaaS)。

软件即服务(Software as a Service,SaaS)是21世纪初期兴起的一种新的软件应用模式。它是一种通过互联网提供软件的模式,提供云计算的厂商将应用软件统一部署在自己的服务器上,客户可以根据实际需求,通过互联网向厂家定购所需的应用软件服务。用户不用再购买软件,而改为向提供商租用软件,且无需对软件进行维护,因为服务提供商会全权管理和维护软件。对于许多中小企业来说,SaaS是采用先进技术的最好途径,它消除了企业购买、构建和维护基础设施(软硬件)和应用程序的需要,同时减轻了培养技术人员的任务。

平台即服务(Platform as a Service,PaaS),这是在软件即服务SaaS之后兴起的一种软件应用模式。

平台即服务实际上是指云计算提供商将软件研发平台租给用户的一种服务。用户可以使用提供商的设备来开发自己的程序并通过互联网传送到最终用户手中。PaaS的出现可以加快用户应用程序的开发速度。

基础设施即服务(Infrastructure as a Service,IaaS),通过互联网提供基础架构硬件和软件的应用模式。IaaS可以提供服务器系统、磁盘存储、数据库等信息资源。近些年来中国兴建了很多数据中心,其中一些可以成为IaaS发展的基础。

习题

1. 自动化生产流水线涉及哪些设备?
2. 条形码与RFID标签在超市中应用所起的作用有何差别?请叙述它们的优、缺点。
3. 什么是ETC?请简述其应用场合与特点。
4. RFID应用和物联网应用有何主要差别?
5. 物流包括哪些要完成的功能?现代化物流有哪些特征?
6. 现代化物联网与其他网络有何联系?如何衡量其应用现状和发展前景?
7. 数据中心和云服务对客户起什么主要作用,现在已发展到何种程度。
8. 请你在感兴趣的领域内设计一个物联网应用例子。

附录A 识别卡领域国际标准制定情况

1988年,国际标准化组织和国际电工委员会在信息技术领域创建了联合技术委员会(ISO/IEC JTC1)。JTC1由覆盖信息技术领域的19个分技术委员会组成。

分技术委员会17(SC17)负责识别卡和相关设备方面的标准化工作。随着识别卡越来越多地成为身份识别的重要手段,SC17于2000年之后调整了其工作领域。

分技术委员会31(SC31)负责自动识别和数据采集方面的标准化工作。

1. 识别卡国际标准的制定组织 ISO/IEC JTC1/SC17

机构名称:Cards and Personal Identification(卡和身份识别分技术委员会)

工作领域:主要针对身份识别和相关文件、识别卡(包括磁卡、接触式IC卡、非接触式IC卡和光卡等)以及在行业间及国际交换中应用上述文件和卡时的相关设备开展规范化与标准化工作。

秘书国:英国

成员情况:32个P成员(正式成员)和12个O成员(观察成员)。

P成员国包括美国、英国、瑞士、瑞典、西班牙、南非、新加坡、俄罗斯、罗马尼亚、葡萄牙、波兰、挪威、荷兰、马来西亚、韩国、肯尼亚、哈萨克斯坦、日本、意大利、以色列、伊朗、印度、德国、法国、芬兰、丹麦、捷克、中国、加拿大、比利时、奥地利和澳大利亚。

SC17下设的工作组如下。

- WG1:识别卡物理特性和测试方法工作组。
- WG3:机器可读旅行文件工作组。
- WG4:接触式集成电路卡工作组。
- WG5:注册管理组。
- WG8:非接触式集成电路卡、相关设备和接口工作组。
- WG9:光记忆卡和相关设备工作组。
- WG10:机动车驾驶执照和相关文件工作组。
- WG11:生物识别工作组。

2. RFID国际标准的制定组织

目前,RFID还未形成统一的全球化标准,市场呈现多种标准并存的局面,出于各国或各团体经济利益的考虑,标准的统一会遇到很大困难。但是,随着全球物流行业RFID大规模应用的开始,RFID标准的统一已得到业界的广泛共识。

目前国际上制订RFID标准的主要机构是国际标准化组织(International Organization for Standardization/International Electrotechnical Commission,ISO/IEC)、国际电信联盟(International Telecommunications Union,ITU)、欧洲电信标准化协会(European Telecommunications Standards Institute,ETSI)、欧洲标准化委员会、欧洲电气标准化委员会和各个区域性标准化组织,诸如EPC Global和泛在ID中心(Ubiquitous

ID center,UID)等,还有各个国家的标准化组织等都已开始 RFID 技术的标准化工作。

ISO 是世界上最大、最有权威的非营利性国际标准化专门机构,是一个由国家标准化机构组成的、世界范围的标准联合体,根据该组织章程,每个国家只能有一个最具代表性的标准化团体作为其成员。IEC 是世界上成立最早的国际性电子、电工标准化机构,其权威性是世界公认的。下面将主要介绍 ISO/IEC 负责制定的与 RFID 相关的国际标准。

ISO/IEC 的 JTC1 负责制订与 RFID 技术相关的国际标准,主要机构有 ISO/IEC JTC1 SC31 和 ISO/IEC JTC1 SC17,ISO 其他有关技术委员会也制订部分与 RFID 应用有关的标准,详见图 A.1。

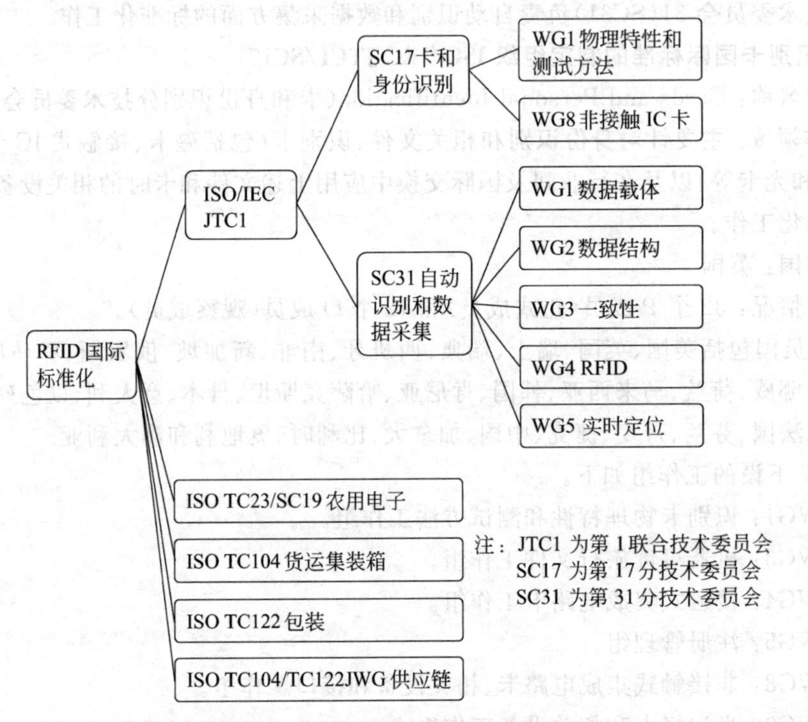

图 A.1　国际标准组织中制订 RFID 标准的委员会

ISO/IEC JTC1 SC31 自动识别和数据采集分技术委员会承担了 RFID 技术的标准化研究工作,主要包括电子标签和读写器之间的空中接口协议、读写器对数据的编码、压缩处理以及空中接口一致性测试等方面的标准。

SC31 各工作组的工作范围如下。

- WG1(数据载体):主要负责一维条码和二维条码的标识符号标准化。
- WG2(数据内容):主要负责自动识别与数据采集系统中数据结构的标准化,包括一维条码、二维条码和电子标签。
- WG3(一致性):主要负责自动识别与数据采集系统中一致性评价,包括检测方法和检测规范,包括一维条码、二维条码、电子标签和实时定位系统。
- WG4(用于物品管理的射频识别):主要负责电子标签的技术标准制定,包括电子标签空中接口协议、数据协议、软件架构、电子标签芯片唯一标识和物品管理的唯一标识。

• WG5(实时定位系统):负责基于 RFID 技术和定位技术的实时定位系统的标准化。

ISO/IEC JTC1 SC17 则主要负责与卡和身份识别相关的电子标签技术标准工作。

ISO TC104 货运集装箱分委会、ISO TC122 包装分委会以及 ISO TC104/TC122 JWG 供应链联合工作组等负责制定 RFID 相关应用标准。

3. 与 ISO/IEC JTC1/SC17 相关的标准制定机构

主要有以下几个。

ISO/TC 68——金融服务技术委员会

ISO/TC 68/SC7——核心银行应用分技术委员会

ISO/TC 215——医疗信息化技术委员会

JTC1/SC6——系统间的通信和信息交换分技术委员会

JTC1/SC27——安全技术分技术委员会

JTC1/SC31——自动识别和数据采集技术分技术委员会

JTC1/SC37——生物特征识别分技术委员会

AMEX——美国运通

Ecma International——欧洲制卡厂商协会

IATA (International Air Transport Association)——国际航空运输组织

ICMA (International Card Manufacturers Association) ——国际制卡商协会

ILO (International Labour Organisation)——国际劳工组织

MasterCard——万事达卡组织

MasterCard Europe——欧洲万事达卡组织

ICAO (International Civil Aviation Organization)——国际民用航空组织

Visa——Visa 卡组织

4. 国际标准和国家标准

1) 国家标准

大部分国家标准是以国际标准为基础而制订的。

今日,在我国经济发展和信息化推广应用的情况下,在某些场合中制订出我国独创的国家标准是完全可能的,其实现的可能性如下。

(1) 应用范围广大。居民身份证、社会卡、医保卡、交通一卡通、SIM 卡和金融卡等的发行量已达到几十亿张。无论从军用还是民用方面来讲,IC 卡、RFID 标签和物联网的进一步发展已提到议事日程。

(2) 科研与生产相结合的条件已成熟。在集成电路(IC)、专用操作系统和应用软件的设计和生产技术等各方面已无重大障碍,但需要全面认真的策划、组织与实施。

当我国自主设计和实施的应用系统达到性能与安全的指标,降低了成本(省去国外的专利费),扩大了应用范围,并有足够的考验时间,就能顺利地生成实际的工业标准,并进一步发展成国家标准。

2）国际标准

目前在世界上公布的国际标准与在数学上已获得证明的定理是不同的，国际标准是随着科技和应用的发展，并考虑兼容性而产生、修改和补充的，又与经济密切相关。例如，在 ISO/IEC 14443 国际标准中的 Type A 和 Type B 是两个集团（公司）竞争而形成的，难以评价两者的优越性。又在各相关国际标准的命令系统中，命令的格式和指定的功能也不相同。因此读者在学习和工作过程中，要认真思考、判别优劣、弃伪存真、爱国创新。

附录 B[a] RSA 密码算法的实现

RSA 密码系统为每个用户分配两对密钥，即(e,n)和(d,n)，其中(e,n)用于加密报文，(d,n)用来解密报文。

设 m 为明文，c 为密文，则下列两式成立：

$$c = m^e \bmod n \quad (\text{加密运算}) \tag{1}$$

$$m = c^d \bmod n \quad (\text{解密运算}) \tag{2}$$

式中，n、e 为公开密钥；d 为秘密密钥。

公开密钥 n 是两个大素数 p 和 q 的乘积，对一个安全性较高的保密系统来讲，n 的长度经常在 500 二进制位以上，如 512 位。

$$n = p \cdot q \tag{3}$$

e 和 d 满足关系式

$$e \cdot d \equiv 1 \bmod \varphi(n) \tag{4}$$

其中

$$\varphi(n) = (p-1) \cdot (q-1) \tag{5}$$

d 是和 $\varphi(n)$互素的任意数（如果两个整数的公约数为 1，那么这两个整数被称为互素）。

以上这些公式在第 6 章都已论述过，为便于下面讨论，在此扼要重述。

使用 RSA 算法将明文 m 加密成密文 c，然后又要将密文 c 解密还原成明文。由于加密算法和解密算法的公式是相同的，加密密钥和解密密钥可以互换，因此，只要说明一个过程就可以了。

实现 RSA 算法需要解决如下两个问题。

(1) 如何确定 n、d、e 3 个密钥。

(2) 如何实现式(1)的加密算法或式(2)的解密算法。由于其中涉及大数的指数运算及模运算，计算量很大，因此这是实现 RSA 算法的关键。

下面分别对这两个问题进行讨论。

1. 确定 n、d 和 e 密钥

1) 产生素数的方法

根据修改的欧拉定理，如 p 为素数，则对于 X 的所有整数值，应满足

$$X^{p-1} \equiv 1 \bmod p \tag{6}$$

这是一个必要条件而非充分条件，不过，如果有 5 个以上的 X 值能满足式(6)，则 p 基本上可断定为素数。图 B.1是产生素数的流程图，该流程图表示如果 X 从 1～5 之间变化时，均能满足式(6)，则 p 即为素数；否则将 $p+1$，重复计算，直到获得素数为止。

用上述方法，可得到式(3)中的 p 和 q，其乘积即为 n。

2) 产生秘密密钥 d

d 是与 $\varphi(n)$互素的任意数，因此可以先任选一数 d，检查它是否与 $\varphi(n)$互素。若不

是，则执行 $d=d+1$，再次检查，直到与 $\varphi(n)$ 互素为止。

检查两数是否互素的方法：检查两数的公约数 gcd 是否为 1，若是，则两数互素。

根据欧几里得算法，如果 $a=bn+c$，则 a 和 b 的 gcd 等于 b 和 c 的 gcd，即 $\gcd(a,b)=\gcd(b,c)$。因此，$\gcd(a,b)$ 可用每次运算的余数去除该次运算的除数来计算，这样可逐渐减小参加运算的操作数的数值，最后的非零余数即为公约数。

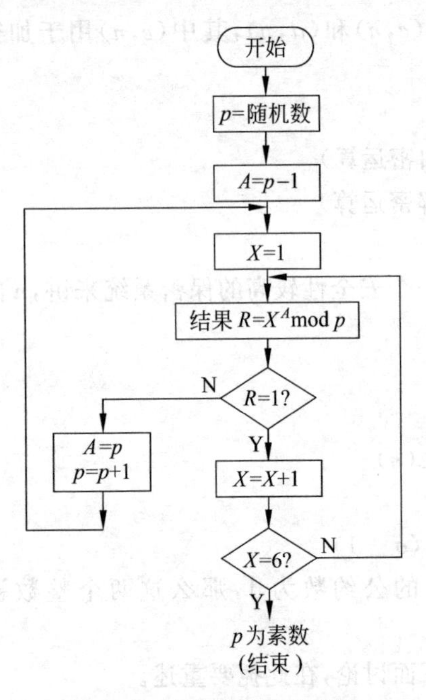

图 B.1　产生素数的流程图

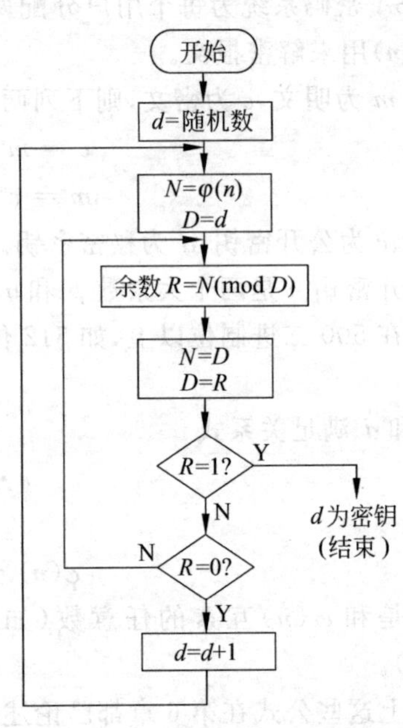

图 B.2　产生密钥 d 的流程图

例 1　计算 gcd(40,28)。

第一次运算：$40=28\times1+12$，即 40/28 的余数为 12。

第二次运算：$28=12\times2+4$，即 28/12 的余数为 4。

第三次运算：$12=4\times3+0$，即 12/4 的余数为 0。

因此，40 和 28 的公约数 gcd(40,28)=4。

例 2　计算 gcd(40,31)。

第一次运算：$40=31\times1+9$，即 40/31 的余数为 9。

第二次运算：$31=9\times3+4$，即 31/9 的余数为 4。

第三次运算：$9=4\times2+1$，即 9/4 的余数为 1。

因此，gcd(40,31)=1，40 与 31 互素。

上述算法即使对很大的整数，也只需要不多的步骤即可得到结果。

图 B.2 为产生密钥 d 的流程图。

3）产生公开密钥 e

用欧几里得算法的一种变型产生公开密钥 e。叙述如下。

设：$\varphi(n)=X(0)$，　$d=X(1)$，　$\varphi(n)$ 和 d 是互素的数；

　　$X(i+1)=X(i-1)/X(i)$ 的余数；

　　$q(i)=X(i-1)/X(i)$ 的商（取整数）；

$e(0)=0$，$e(1)=1$。

则 $e(i+1)=e(i-1)+q(i)\cdot e(i)$。

递归计算，直到 $X(i)=1$，$e(i)$的值即为密钥 e。

例 3 设 $\varphi(n)=2668$，$d=157$，通过计算作出表 B.1。

表 B.1 计算密钥 e

i	$x(i)$	$q(i)$	$e(i)$
0	2668		0
1	157	16	1
2	156	1	16
3	1	156	17

在本例中，密钥 $e=17$。

2. 加密/解密算法的实现

在 n、d 和 e 已确定的情况下，完成式(1)和式(2)的运算。

RSA 加密算法主要是进行以大整数 n 为模的大指数运算，即 $m^e \bmod n$。这一运算超出了传统智能卡 CPU 的计算能力，或者说在传统的智能卡 CPU 上计算所需的时间将使持卡人不能容忍。然而，由于公钥体制的优越性，在智能卡中采用 RSA 加密算法是一种趋势。下面先介绍模数乘法运算的特点，然后介绍 RSA 算法的实现方法。

模数乘法运算的主要特点是在计算过程中可随时去掉该模数的整数倍，而结果仍是正确的。

如要计算 $X\cdot Y=7563\times 278 \bmod 8957$，计算时乘数 278 按位(从左到右)与被乘数 X 相乘，并随时去掉模数的整数倍，操作过程如表 B.2 所示。

表 B.2 模数乘法举例

计　　算	模运算结果
$7563\times 2=15126$	6169
$7563\times 7+6169\times 10=114631$	7147
$7563\times 8+7147\times 10=131974$	6576

$$X\cdot Y\equiv 6576 \bmod 8957$$

假设 $Y=y_2y_1y_0$，则表中每一步操作可用公式 $B=X\cdot y_i+A$ 表示，其中 $i=2,1,0$，即 $y_2=2$，$y_1=7$，$y_0=8$。

上述模数乘法运算可减小运算过程中的中间结果数值，从而减小运算数据的长度。因此，可提高运算速度，并减少中间数据的存储量。

在本书的第 6 章中已介绍过一种大指数模 n 运算的简单算法，可将繁重的指数计算简化为多次乘法模 n 运算，在这里不再重复。因此，只要讲清楚乘法模 n 运算也就解决了大指数模 n 运算问题。

在现有的智能卡中的CPU，受芯片尺寸的限制，数据字的宽度一般为8位，执行两大数的乘法运算要通过很多次8位乘法运算才能完成，因此，在智能卡的CPU中实现RSA算法比较困难。解决问题的办法之一是采用协处理器。图B.3表示用8位乘法器(8位×8位)实现大数乘法运算的逻辑图。由于公式$(b-1)^2+2(b-1)<b^2$成立，因此把两个8位数加到16位乘积上仍然是一个16位数。公式可解释如下：式中$(b-1)$表示一个8位数，其最大值为255；$(b-1)^2$是两个8位数的16位乘积，其最大值为255^2。由于$(b-1)^2+2(b-1)=(b^2-2b+1)+(2b-2)=b^2-1<b^2$，即$b^2-1$的最大值$=256^2-1$，仍为16位二进制数。图B.3利用了这种特性。该图将y看作一个8位常数，而X由若干个字节组成，设X为32位，则由x_3、x_2、x_1、x_0这4个字节组成。利用8×8乘法器需要进行4次乘加运算才能得到最后结果，其运算步骤如图B.4所示。

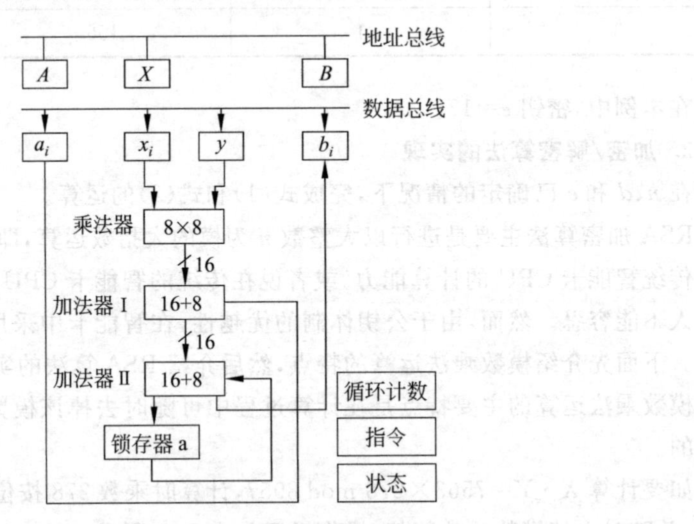

图B.3　乘加运算逻辑单元

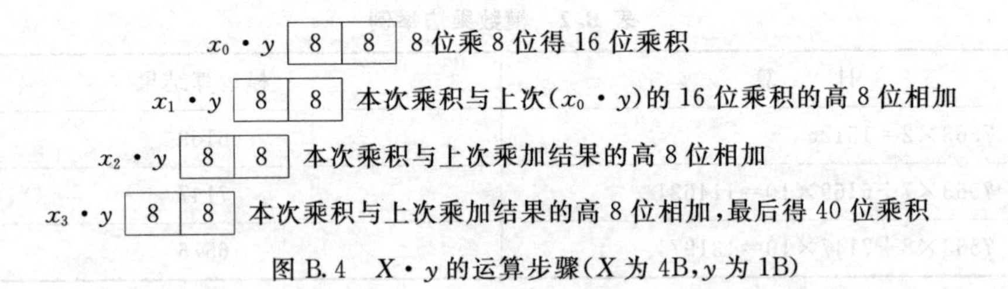

图B.4　$X \cdot y$的运算步骤(X为4B，y为1B)

每一步执行操作$B_i \leftarrow y \cdot x_i + a$，访问两次存储器(读$x_i$，写$B_i$)。结果为16位，低8位为最终结果，送存储器，存储地址为B_i；高8位送锁存器a，在执行下一步操作时，送到加法器进行加法运算。

如果Y也为32位，由4个字节y_3、y_2、y_1、y_0组成，则在完成$X \cdot y_0$操作后，进行$X \cdot y_1$操作，同时还要将$X \cdot y_0$的相应位加到$X \cdot y_1$运算的中间结果中去。由于已知$X \cdot y_0$的40位结果已送入存储器，而且其低8位已是最终结果，其余32位将通过存储器地址寄存器A逐字节选择到加法器Ⅰ进行加法运算，这就说明了图B.3的乘加运算逻辑单元中有1个乘法器、2个加法器。每一步操作访问3次存储器(读A_i和X_i，写B_i)。另一个操作数来自锁存器 a。地址寄存器 X、A 和 B 均有自动减量的功能，执行一次存/取数操作，这些地址会自动更新，变化的量正好满足运算的要求。也就是说，要设计好数据在存储器中存放的规则，使得每次从存储器中取出来的数正好就是所需要的数。此外，在该单元还有循环计数器、指令和状态寄存器，其初始值在指令开始执行时由 CPU 设置。

图 B.3 所示的逻辑图比较简单，但硬件使用效率不高，由于上述的运算很有规律，所以，可考虑设计成流水线乘加部件。有关内容已超出本书范围，不再讨论。

大数模 n 运算可考虑在智能卡的 CPU 中，通过移位和减法相结合的除法运算予以实现。

上述方案是假设智能卡的 CPU 采用通用微控制器的核心部分，乘加部件用协处理器方式工作。如新设计智能卡芯片，可考虑在 CPU 内设置乘加功能模块。

附录C 智能卡的生命周期

智能卡的生命周期一般可分成 5 个阶段：设计与制造、卡的初始化、个人化、使用和使用终结，见图 C.1。

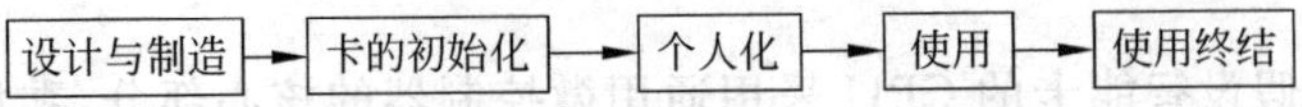

设计与制造 → 卡的初始化 → 个人化 → 使用 → 使用终结

图 C.1 卡生命周期的 5 个阶段

智能卡通常应用在以安全为关键的领域中，在生命的第 1 阶段，在设计芯片和操作系统以及制造芯片过程中，对安全问题的关注，放在十分重要的地位。如果有秘密数据从卡中读出来的话，那么该卡就毫无用处了。

在这 5 个阶段中，将重点介绍第 1 阶段。因为其他阶段或者比较简单，或者已在本书的其他部分讨论过了。

C.1 智能卡设计与制造

图 C.2 所示为智能卡设计与制造的流程图。

一张智能卡基本上由两个性质不同的部件组成：包含芯片的模块和塑料卡体。智能卡的制造是一个大批量生产过程，其批量约从 1 万个开始，实际上有的卡生产量很大(如我国的第二代身份证和交通卡等)。所有的生产步骤，必须有一定的质量保证和检验(测试)。

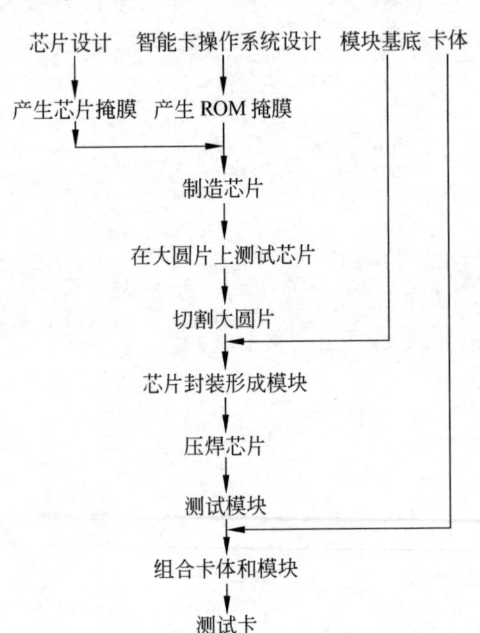

图 C.2 智能卡设计与制造的流程图

C.1.1 芯片设计

1. 系统设计

根据用户对卡的应用与安全要求设计卡内芯片，确定其功能与指标，并根据工艺水平与成本对卡内 CPU 的性能和存储器容量等提出具体要求，同时也对片内操作系统提出具体要求。然后就可进行具体设计。

2. 卡内集成电路设计

其设计过程与 ASIC(专用系统集成电路)设计过程相类似，包括逻辑设计、逻辑模拟、电路设计、电路模拟、版图设计与正确性验证等步骤。借助于计算机辅助设计工具(如 WorkView、Mentor 和 Cadence 等)，争取在设计阶段发现逻辑错误、电路错误或版图错误。

目前卡内集成电路一般包括 CPU、ROM、RAM、E^2PROM 和安全逻辑等内容。卡内 CPU 经常采用微控制器 MCU 核心(如 MC68HC05 和 ARM 等),不必一切重新设计。卡内所有电路集成在一个芯片上称为片上系统 SoC。

3. 软件设计

包括安装在芯片内部 ROM 中的操作系统和应用软件的设计。如采用国外公司现成的 MCU,则有相应的开发工具可供选用。有关 COS 的内容请参阅第 11 章。

智能卡中某些针对特定应用的应用程序可不进入掩膜 ROM,而进入 E^2PROM 中。

常用的开发工具称为仿真器,它包含着与卡内芯片类似的硬件结构,如 CPU 和存储器等。仿真器通常与计算机相连,开发者在计算机上利用仿真器与计算机之间的开发软件进行编程、测试和修改(测试必须详尽和全面),直到编出符合要求的软件(COS)为止。并将软件的代码提供给芯片制造部门用于产生 ROM 的掩膜,或作为 E^2PROM 中的部分内容。

C.1.2[a] 芯片制造

1. CMOS 工艺过程简介

下面以 CMOS 反相器为例简单介绍其工艺过程。图 C.3 是 CMOS 反相器电路,其中反相管 T_1 为 N 型 MOS 管,负载管 T_2 为 P 型 MOS 管,T_1 和 T_2 的栅极 G 连接在一起作为反相器的输入端 V_{in},两管的漏极 D 连接在一起作为反相器的输出端 V_{out}。N管的衬底接地,P 管的衬底接电源 V_{DD}。当输入为高电平时,T_1 管导通,T_2 管截止,V_{out} 为低电平(接近地电平);当输入为低电平时,T_1 管截止,T_2 管导通,V_{out} 为高电平(接近 V_{DD})。由于两管是交替导通的,所以电流小、反相器功耗小。

图 C.4 是 CMOS 反相器剖面图,图 C.5 是制作 CMOS 反相器的工艺流程图。

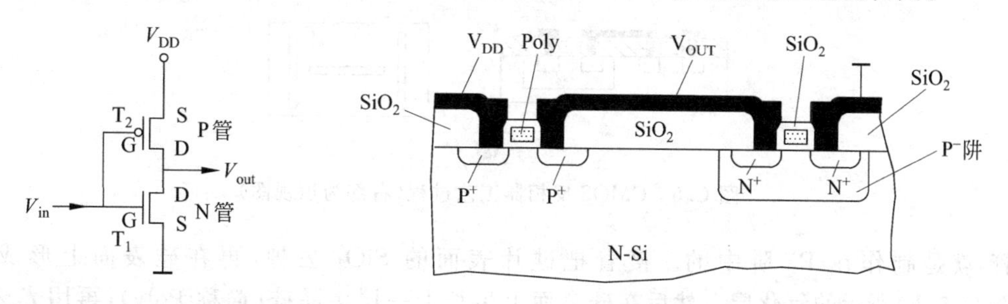

图 C.3 CMOS 反相器线路

图 C.4 CMOS 反相器剖面图

解释如下。

先将含 N 型杂质(5 价元素,如磷等)的硅基片(称 N-Si 衬底)暴露在氧气气体中加热,使硅片表面上生长一层 SiO_2 绝缘层,再在上面涂以光致抗蚀剂,并覆盖具有所需图形(窗口)的掩膜,曝光后,窗口下的 SiO_2 被刻除,其他处的 SiO_2 仍保留,此过程称为光刻。然后在高温条件下把硅片暴露在含有 3 价元素(如硼)的 P 型杂质的气体中,硼就从窗口向硅体内扩散,由于 P 型杂质只能进入未覆盖 SiO_2 的硅区域,从而使窗口下的区域由 N 型转为 P^-(P 型杂质浓度较低时记做 P^-)型,形成 P^- 阱(图 C.5(a)),CMOS 反相管(N

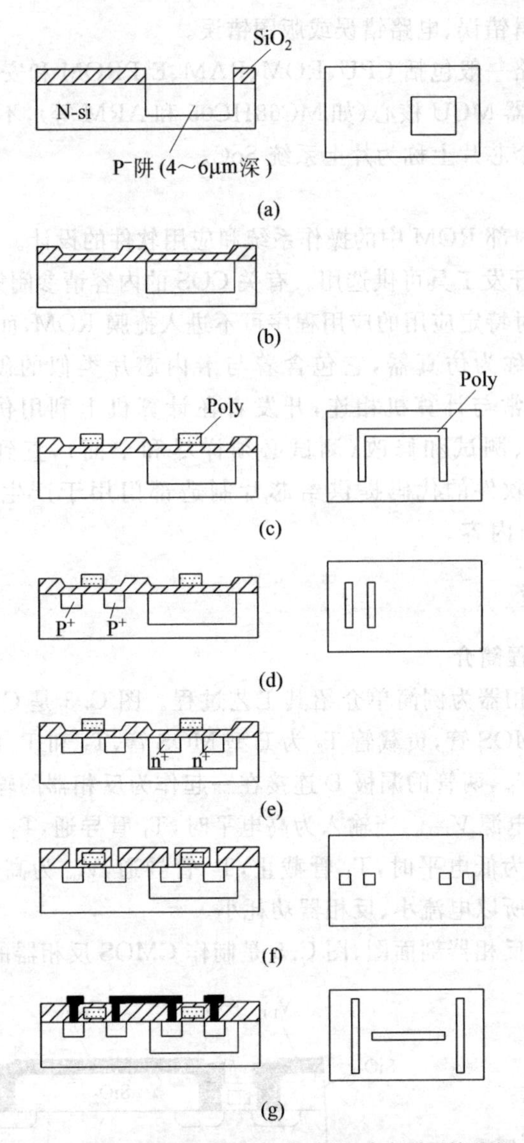

图 C.5　CMOS 反相器工艺过程(右部为顶视图)

管)就是制作在 P^- 阱中的。接着把硅片表面的 SiO_2 去掉，再在硅表面上形成如图 C.5(b)所示的氧化层。然后在硅表面上生长上一层多晶硅(简称 Poly)，再用光刻工艺去掉大部分多晶硅，图 C.5(c)所示多晶硅条，它们是相连的 P 管和 N 管的栅极。接着经光刻和扩散工艺形成 P 型杂质浓度较大的 P^+ 区(图 C.5(d))，它们是 P 管的源区和漏区(通称扩散区，简称 Diff)，再在 P^- 阱中以扩散的方法形成 N^+ 扩散区，它们是 N 管的源区和漏区(图 C.5(e))。接着光刻出两管源区和漏区引线孔，最后在硅片表面蒸发一层铝作为两管漏极互连以及电源引线和输出线(图 C.5(f)和图 C.5(g))。

图 C.6 是 CMOS 反相器的布局图，可以把它看成是 CMOS 反相器结构的顶视图，图中显示了 CMOS 反相器多物理层的几何关系。其中，以斜线标出的是扩散区(两管的源、漏区)，它位于下层；中间一层以小点标出的是多晶硅区(栅区)；最上层的是铝连线。铝扩散条、多晶硅条都可用作连线。铝的电阻率低，主要用于传输较大电流的场合，如电源线。一般来讲，电路内部连线都应使用铝线。但是，随着电路集成度的提高，内部互连线越来越多，为了避免铝线相交，有时还用多晶硅和扩散区作互连线，虽然多晶硅的电阻率较高，但在一些传输小电流(如栅极电流)的场合，以多晶硅作为互连线是合适的。图 C.6 所示反相器就是以多晶硅作为两管栅极连线的，图中涂黑方孔表示金属与扩散区的接触。

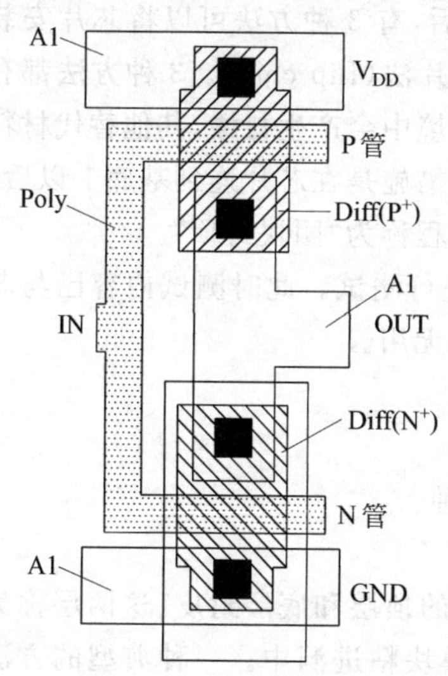

图 C.6 CMOS 反相器的布局

2. IC 卡芯片制作过程

1) 制作圆片(wafer)

单晶硅圆柱(直径 75～150mm)切割成圆片，圆片厚度约为 0.5mm，表面磨光，不得有任何缺陷。

2) 制作圆片上的电路

根据设计与工艺过程要求，产生多层掩膜版图(包括写入 ROM 代码的掩膜)，对圆片进行氧化、光刻、腐蚀和扩散等处理，形成所需要的电路。在一个圆片上可制作几百至几千个相互独立的电路，每个电路即为一个小芯片(die)，接触式 IC 卡小片上除了有按标准(8 个触点)设计的压焊块外，还应有专供测试用的探头压块。非接触式 IC 卡应考虑连接天线的接触点和专供测试用的探头压块，并注意射频信号的测试。

为了避免在使用中 IC 卡遭受弯曲和扭曲而影响芯片的坚固性，一般将芯片的尺寸限制在 $25mm^2$ 以下，且尽量接近正方形。

3) 测试

利用带测试程序的计算机，控制探头测试圆片上的每个芯片，此时芯片处于测试状态，可任意读取 ROM 中的代码或 RAM 和 E^2PROM 中的内容，同时也要对芯片的电气和功能进行全面测试。在有缺陷的芯片上作标记(涂上带色的墨水)。在调整得很好的生产线上，芯片合格率约为 80%，所以要对每个芯片都测试。

4) 研磨圆片和切割圆片

经过工艺过程的圆片可能过厚，需进行研磨，使厚度达到要求。IC 卡的厚度规定为 0.76mm，芯片应该更薄。

研磨后，用激光或钻石将圆片切割成众多的小芯片，并将有带色墨水的小芯片丢弃或销毁。

测试结束后进行烧断熔丝操作，或切割芯片的部分连接线，使专供测试用的压块失效，从而使芯片脱离测试状态。防止以后非法读取信息，提高安全程度。

C.1.3 模块制造

这一步是将已制造好的芯片安装在有 8 个触点的微型印制电路板上，称为“模块”。

模块的制作有三个过程：首先制作基底(微型印制电路板)，然后将芯片连接在基底上，最后进行团块封顶(glob topping)。

模块的基底是一层绝缘物质，如聚酰亚胺或环氧树脂玻璃，在其上有连接芯片到卡表面的接触焊盘(对有触点的卡而言)。基底通常装在35mm宽,边上打孔的塑料带上(源自35mm照相胶卷),它并排成对地携带模块。基底做好后,有3种方法可以将芯片安装到基底上:细丝压焊法、磁带自动压焊法(TAB)和倒焊晶片法(flip chip)。3种方法都有各自的设备和工艺。因卡片的传统材料PVC在潮湿的环境中会产生盐酸,其他替代材料又可能包含离子物质,对芯片产生腐蚀和污染。一种保护措施是在芯片连到基底上以后,在芯片上覆盖一层环氧树脂或其他惰性保护物质,这个过程称为"团块封顶"。

模块制造过程可能会损坏一些芯片,因此需对模块进行测试。此时测试内容已与芯片在大圆片上的测试内容不同,因为专供测试用的压块已无用。

C.1.4 卡片制造

将模块嵌入卡中。在卡中嵌入模块的方法有如下3种。

1. 层压钻孔法

通过将一层或多层的PVC(一种制卡材料)以及透明的顶层和底层封皮(这两层称为封皮层)进行碾压,形成卡片。在卡片上挖一个洞,将微模块粘进洞中。一种典型的方法是将4个不同的层叠压在一起:顶部封面层、顶部图形层、底部图形层和底部封面层。封面层是透明的,保护图形层,图形层上印刷卡的正、反面的设计图案。为微模块开的洞孔从卡的一边一直开到卡厚度的大部分(不挖透),粘贴微模块后进行密封,只露出8个触点在卡的外表面。这种方法只适合有触点的卡。

2. 将微模块嵌入压平的各层的夹层中

这种方法适合安装更大、更复杂的微模块。通常,卡片也由4层组成:两个封皮层和两个图形层。在顶层图形层和底层图形层之间夹着微模块,为了使微模块不受挤压,要求图形层(PVC层)靠近微模块的一面有一凹孔,以便将微模块嵌入图形层,然后将这些层压平,形成卡片。对于有触点的卡,触点位置应有孔通到卡外。

3. 注塑成形法

这种方法是针对塑料卡制定的工艺,主要包括3个过程:注塑、粘贴和印刷。将塑料颗粒加热至熔化,注入一高温高压模具中(约300℃和2000lb/in^2),冷却后形成的白卡有一孔,然后将微模块粘贴进这个孔中,并对芯片进行检测和编码,最后对卡片进行印刷。Gemplus公司制造有触点的卡时使用这种方法。注塑成形法机器设备的制造商,位于瑞士的Wetstal正在研制一种新的工艺,可以使生产智能卡在一步内完成。这种技术将微模块直接放入模具中,再注塑,这样微模块就直接嵌入卡中了。这种方法存在一个很大的问题就是注入温度以及它对芯片的影响。

卡片制成后,还需进行测试。

C.2 IC卡的初始化

将芯片的制造厂标识号、运输码等信息写入E^2PROM中,经测试合格后,烧断熔丝,使IC卡从测试方式转入用户方式。为安全起见,绝不允许从用户方式再回到测试方式,此时卡可运输给发行者。

制造厂标识号等也可在生产阶段写入ROM中。

由于智能卡没有足够的引出端可连到内部电路，为便于测试，可增加一些测试专用的连接线，而烧断熔丝后，这些连接线不再起作用，此后，内部一些保密信息和工作状态不能在外部测到，保证了安全。

C.3 个人化和发行

智能卡通过以上步骤制造好以后，制造商通过保密渠道将成批的卡片发给发行者（银行、邮局和医院等单位）。发行者通过读写器对卡进行个人化处理，使每张卡成为唯一能识别的卡，发行给最终的客户。

个人化工作大体包括4个方面：E^2PROM分区、写入个人信息、设定个人密码和写入密钥。IC卡由制造商生产出来后，其应用存储空间（给用户用的而非卡本身使用的空间，通常在E^2PROM中）是一片空白，只是在某些特定位置（如整个存储区的开头写入制造商的标识号码）有信息。卡到了发行商手里，发行商就要对卡的存储区进行分区，规定这个区派什么用场，那个区有什么用。

发行商还将识别卡的一些信息写入卡内。例如，标识发行商的号码、用户账号、用户姓名和金额等。为保护持卡人而设定的个人密码（或称个人识别号码）也在发行时由用户输入（或由发行商输入，用户拿到卡后可立即修改），并存储在一块以后连发行商都无法读取的空间内，这通常是由芯片内的安全逻辑予以保证的。

完成了这些过程的卡就成为一张独立的、能唯一标识用户的卡（通过制造商标识，发行商标识，发行号、卡的序列号或账号就可唯一标识一张卡）。经过个人化的卡可由发行者交给用户，用户以后就可凭卡消费或作为证件使用了。

C.4 使用阶段

可按各种卡的使用规定进行操作，要求安全、可靠和方便，如果由于设计或制造上的缺陷而造成用户的损失，应由发行方负责。

C.5 使用终结阶段

可按标准要求，撤销卡的应用，结束卡的使用，并由发行商收回。而实际上，一般都被扔掉了。

最后需要说明的是，由于发行的卡在遵循标准的条件下，可以有不同的用途、设计思想和制作过程，因此在基本符合上述卡的生命周期的叙述情况下会有差异。

附录 D 本课程的教学探讨

附录 D 是为设置“智能卡、RFID 标签和物理网”课程的高等院校和高等职业学院的教学以及读者自学服务的。

D.1 课前的必备知识和附录 D 的内容

1. 本课程学前知识的准备

自 20 世纪 90 年代以来，智能卡、RFID 标签和物联网在计算机、互联网、通信设施的基础上发展起来，应用范围迅速扩大，生产、研发、服务人员大量增加，本书是为了实现“产、学、研、用”的目的而编写的。

在学习本课程之前学生应具有数字电路、射频电路、计算机、操作系统、互联网等基础知识。

2. 附录 D 的主要内容

在智能卡和 RFID 标签范围内，首先发展和应用的是接触式智能卡，有关标准不断地发布和补充。从目前应用发展趋势来看，非接触式 IC 卡和 RFID 标签将占有优势，在这两者之间除了数据的发送、接收、传输有差别外，其他技术基本上是相同的。在附录 D 中将对本书的重点且理解较为复杂之处进行综合引导，内容如下。

D.2 节将讲述卡和标签中数据表达形式，D.3 节讨论安全问题，D.4 节讨论各章节的学习要点。其重要性不逊于 D.2 节、D.3 节。

各章节中符号[a]、[b]、[c]的意义见第 1 章 1.7 节。各校情况不同，不强求一致。

在阅读附录 D 之前，请将本书通读一遍。

D.2 智能卡和 RFID 标签中的数据

在功能较强的 CPU 卡和 RFID 标签中存储的数据、程序和控制信息等统称为数据，一般按字节(8 位二进制)或数字(1 位十六进制)集合而成。为了对某些数据所表示的对象予以标识，遵循国际标准 ASN.1 的基本编码规则，定义了在本领域中所用的数据对象(DO)。在 CPU 卡中，一般将数据存放在文件中，因此在第 3 章中将一般数据、数据对象和文件作为三种基本格式予以定义和阐述，为后面章节做好准备，在本书中将上述的一般数据称为数据元或透明数据。

逻辑加密卡、功能比较简单的 CPU 卡和 RFID 标签，通常不使用数据对象和文件，而按位或字节处理、存储数据。

1. 强功能的卡或标签中数据的表示

当接触式IC卡插入读写器后，卡返回复位应答信号ATR，然后读写器和IC卡之间按命令-响应对的方式工作，直到结束。

(1) 复位应答ATR由两部分组成，第一部分(初始字符、格式字符和接口字符)直接用数据(数值)组成，第二部分(历史字符)用数据对象表示。数据对象DO由T、L、V组成，T与L是为V服务的，用来表示V的意义(标识)与长度，最终使用的是数值V。ATR的第一部分不用T与L也能正确说明每一字符的意义，不用DO表示可减少存储量。在第15章的金融卡中，如果卡支持$T=0$协议，ATR的第一部分用TS、T0、TB_1、TC_1 4个字符表示(见表15.1)；如果支持$T=1$协议，请见表15.2。看懂表15.1和表15.2，可理解ATR第一部分各个字符的意义，并确定其值。

第二部分历史字符要用DO表示，有了T与L以后，才能明白数值V的标识和长度，多个DO可连续存放，相互之间无须安排间隔符。

(2) 命令-响响对。

读写器向接触式IC卡发出的命令APDU以及从卡发回的响应APDU，其格式已在第6章明确规定，唯有数据字段的长度、意义有可能需要说明，此时可采用DO格式，有时可能还包含多个DO。是否采用DO，与命令有关。

(3) 文件系统。

在IC卡中，对应某一项应用，由相应的DF和EF文件来管理和存储数据，如果有多项应用，则由各自的DF和EF来实现功能，各项应用相互之间是独立的。在执行命令时，除了管理文件的命令(创建、打开、关闭文件等)，其他命令(如读、写等)仅能在已打开的文件中执行，而在多应用卡中，各应用的入口DF(即3.3.1节中的应用DF)不能同时打开，具有唯一性，从而消除了卡内不同应用间的影响。对文件系统的理解是学习和设计指令系统和COS的基础。

第3章中对数据和文件的论述适用于非接触式智能卡和含有微处理器的RFID标签。

2. 数据对象DO

在第3章表3.1中，已对数据对象的4种标记类别进行了定义，在此想通过举例加强学者的认识。

(1) 给出多个数据对象编码的前4位(举例)，列表(表D.1)说明各个DO的T、L和类别等。

表 D.1

DO编码	T	L	标记类别	编码类别	含 义
0604…	06	04	通用类	原始编码	对象标识符
1606…	16	06	通用类	原始编码	名字
300A…	30	0A	通用类	结构化编码	序列值
4F0A…	4F	0A	应用类	原始编码	应用标识符
5320…	53	20	应用类	原始编码	自由选择数据
5F28	5F28	…	应用类	原始编码	国家代码
6220…	62	20	应用类	结构化编码	FCP模块

续表

DO编码	T	L	标记类别	编码类别	含 义
7324…	73	24	应用类	结构化编码	自由选择数据
8016…	80	16	上下文相关类	原始编码	与上下文相关
AC××	AC	××	上下文相关类	结构化编码	与上下文相关
C5××…	C5	××	专用类	原始编码	—

在智能卡中,对通用类DO使用机会很少,专用类尚未见到,应用广泛的是应用类和上下文相关类DO。在本行业中,已宣布的应用类DO标记T的含义,是固定不变和唯一的。表3.2所有标记(除06)外)都属于应用类,但还有一些应用类数据对象,在后面的章节中出现,这是由于技术的发展和应用的扩展造成的。本行业的应用类数据对象不适用于其他行业。

(2) 上下文相关类数据对象。

本类数据对象标记T在80～BF范围内,当遇到时,首先要知道它的上文,即引用它的模块标记(在60～7F结构化编码范围内)或已被默认,而且该标记(80～BF)的含义不是唯一的。假如T为83,引用它的模块标记为'62'、'72'或'7D',则分别在表3.5、表6.17或表6.18中查到T为83的数据对象,其内容分别是文件标识符、文件选择计数器或SM数据对象(密文),含义不同。

在后面章节中提到的特定上下文类即是第3章中的上下文相关类。

(3) 提示。

① 数据对象在卡和标签中的使用状况。

卡与标签应用目标比较简明,如果不用标记也能明白数据的含义和卡内存放地址,则可以不用或少用数据对象,节省存储容量。如果设计时要用到数据对象,应该查阅相关资料明确已经定义的相关数据对象标记。

② 本书中部分常用的词。

- 唯一性:在历史字符中的DO,具有唯一性,它用到标记41～48和4F的应用类DO,都已明确定义,不能移作他用。其他诸如第二代居民身份证的号码,在国内具有唯一性,无重号;国家代码在国际上已有标准,在卡上指定用标记为5F28的DO查询。
- 专用或专有:在本书的表格中,经常发现填写着专用(或专有),但无进一步说明,实际上是为今后的使用留有余地。在本书中专用和专有的性质无差别。
- RFU(保留给将来使用):表示目前尚未使用,如果在表中需要填写,一般填入0…0。

D.3 智能卡、RFID标签和物联网的安全

20世纪90年代起,我国从磁卡应用发展到IC卡应用,从价格考虑,首先应用的是逻辑加密卡,然后是接触式智能卡,从使用方便出发,广泛应用了非接触式智能卡。RFID标签外形多样化是其特点,但从发展来看还滞后于IC卡,而且从功能和标准制定情况来

看也较逊色,因此在本书中主要讨论IC卡的安全问题。

由于计算机技术、通信技术和互联网已领先发展,其安全措施已有坚实基础,IC卡和RFID标签及其读写器可以看作是低档、价廉的智能设备或计算机携带的外部设备,物联网是互联网的延伸。

在智能卡中,完成应用功能的处理程序和时间都较简短,主要精力集中在处理数据的安全问题上。

D.3.1 一般数据的差错校验与纠错

在安全环境中,检查数据传送(接收和发送)、存储是否出错误,一般采取冗余位措施,例如在第2章磁带上设置奇偶校验位和纵向冗余校验位(即将磁条上所有字节进行按位"异或"运算的结果);在第4章智能卡字符帧的奇偶位;第二代身份证号码最后一位校验位等。如果发现传送有错,又无纠错能力,一般进行重发。在有些计算机中采用海明校验码或循环冗余校验码(CRC)自动纠错。

D.3.2 数据的安全保证

为保护数据的安全,采取防窃密、防篡改、防攻击、防瘫痪和防病毒措施。例如,在军事上防止情报泄密和被篡改,在民用上防盗窃和经济上的损失。计算机病毒有以下特点:寄生性(寄生在某程序中,当执行该程序时起破坏作用)、传染性、潜伏性、隐蔽性、破坏性和触发性(当遇到特定条件时,触发病毒发作)。

第5章为智能卡的安全提供了基础知识及实施方案,在这里从应用出发补充相应的知识。

1. 数字证书和电子签证机关

数字证书用来证实一个单位的身份和对网络资源的访问权限。由一个有信誉的公正权威机构——电子签证机关(Certificate Authority,CA)——向申请单位发放证书,证书是一个数字文件,包括单位负责人的姓名、地址、证书序号和有效期、单位持有的公钥以及发证单位(CA)的数字签名(将上述信息绑在一起进行处理后的信息称为数字签名)。单位拥有一对密钥(公钥和私钥)。

数字签名技术是"非对称加密算法"的典型应用,CA利用单向函数(哈希函数)对传送的报文进行处理,鉴别报文的真伪。

在传送报文时,如果甲方(发送者)向乙方(接收者)传送信息,可以利用数字签名技术来证实发送信息的正确性,方法如下:数字签名技术将报文的摘要信息用发送者(甲方)的私钥加密,与原文一起传送给接收者,接收者(乙方)用哈希函数产生原文的摘要信息,并用发送者的公钥来解密已被加密的摘要信息,如果两者(摘要信息)相同,说明乙方收到的信息是完整的,没有被修改。

CA的作用是签发证书和管理证书、密钥。

证书上的CA签名实际上是经过CA私钥加密的信息。一个单位想鉴别另一个单位证书的真伪可用CA的公钥对该单位证书上的CA签名解密,如果结果与证书上的内容(姓名、地址等)一致,则说明证书是真的,从而验证了被鉴别单位的身份。

传送报文时，报文中有了发送方的数字签名后，不能否认该报文是他发送的。

2. 公钥基础设施

公钥基础设施(Public Key Infrastructure，PKI)是为网络应用提供加密和数字签名等密码服务及密钥和证书的管理设施。

3. 网络安全

从本质来讲就是网络上的信息安全，涉及网上信息的保密性、完整性、可用性、真实性和可控性的相关技术和理论。涉及计算机科学、网络技术、通信技术、密码技术、数学等多种学科。在网络运行方面要求对信息的读写和传输等操作受到保护和控制，防止非法窃取信息和篡改信息、防止病毒的侵犯和用户应用程序的瘫痪。

从网络安全服务角度出发，除了实现智能卡安全需要解决的问题外，还应该采用防火墙技术。

防火墙是由软、硬件构成的设备，是一种特殊编程的路由器，用来在两个网络之间实施接入控制策略。互联网防火墙是增强机构内部网络安全的系统，该系统决定了哪些内部服务可以被外界访问，又有哪些外界对象可以访问内部的哪些服务，内部人员又能访问哪些外部服务。进出互联网的信息都必须经过防火墙进行检查，防火墙只允许授权的数据通过。

物联网的发展滞后于互联网，互联网的安全处理措施可供物联网借鉴。互联网也不可能解决全部安全问题，这是因为存在攻击者，即使是微软的操作系统，也不断发现安全缺陷而发出程序补丁。

D.3.3 智能卡的安全体系(学习导引)

在IC卡中，以多层次文件架构为基础，在COS的控制下执行命令，从而完成应用的目标，安全问题主要是针对文件和命令进行的。卡与读写器之间通过I/O端口传送命令APDU和响应APDU，其中传送的数据通过加密防止他方的窃取与修改，数据加密/解密的基础知识在第5章中论述，同时命令必须满足一定条件才能执行，这主要在6.2节、6.3节和6.4节中讨论，资料来自ISO/IEC 7816-4。

(1) 6.2节和6.3节的书写特点是用数据对象DO来描述各个参数，从应用类DO(表3.2)引出特定上下文类DO(表3.5、表6.18……)。

表3.5是结构化数据对象标记'62'引用的文件控制参数，各个文件根据需要可选用其中部分参数。在6.2节对各个参数的作用进行了解释。

表6.18是SM(安全报文)数据对象，在6.3节中讨论，与安全处理算法和安全处理命令关系密切。密码密钥学范围广泛，研究发展不断，超过ISO/IEC 7816-4涉及的范围。即使只采用一种密码算法，还要有相应的国际标准或实际算法支持，内容也很复杂，超出本课程学习范围，因此不要求学生将表6.18的内容全部理解，这也是缩小6.3节学习范围的原因。

在6.2节中涉及的，而且与6.3节相关的部分内容，可以暂缓考虑。

智能卡涉及的安全问题和采取的措施还会在本书的相应章节中讨论。

(2) 6.3.5节的"安全命令-响应对"可简化如下：

假设命令中有数据，可将数据加密，加上校验码，形成新数据，由于新数据的长度增加，所以需修改 Lc，而 CLA、INS、P1 和 P2 保持不变，Le 则由响应情况而定：如果响应中无数据，Le 不变；有数据，则将数据加密，加上校验和，修改 Le。卡将新数据送读写器，然后发送 SW1-SW2 的原值。6.3.5 节的叙述比较复杂，因此建议学生暂不用学它。

在第 15 章 15.3.4 节中提出了在金融卡中校验码的生成方法和数据加密方法，其中校验码称为报文鉴别码(Message Authentication Code, MAC)，图 13.5 示出金融卡的 MAC 算法。以上内容建议认真阅读。

(3) 其他。

第 3 章的数据对象 DO、文件以及第 5 章智能卡的安全和鉴别是为本课程的学习做好技术准备。

应用类的数据对象标记 T 可唯一表示本行业的某一对象，例如在纸质表格中的姓名、性别和出生日期在卡中可分别用应用类标记'5B'、'5F35'和'5F2B'表示，具有唯一性。特定上下文类中的标记在不同场合可能表示不同的含义，具有多义性，但在其上层的应用类标记指定下，则具有唯一性，这一定要认识清楚。

第 6 章中的内容来自 ISO/IEC 7816-4。其中相关安全的细节主要供设计人员参考，实际上在当前已发行的智能卡中，处理安全的方案各异，所以学习可灵活些，但基础知识和实施方法要清楚。例如验证持卡人身份时，输入错误密码(password)次数有限制；卡执行命令时，需要满足命令的安全属性，等等。

D.4 教学安排的几点设想

D.4.1 各章教学内容安排的参考意见

第 1 章对全书内容进行了概述，注意[a]、[b]、[c]的意义说明。

第 2 章磁卡是智能卡发展的前身，目前还在广泛应用，但已逐渐被卡取代，在技术上与卡无直接联系，因此可由教师决定取舍。

第 3 章讨论重点是数据对象 DO 和文件，这是智能卡和智能化 RFID 标签中数据和控制信息的主要表示形式，必须理解，因此在附录 D.2 又予以强调。在本书的各章节中有用到的其他 DO 标记出现，随着应用的推广和技术的进步会定义新的 DO 标记。

第 4 章对接触式 IC 卡使用时启动、停止以及传输协议进行了说明，其中对复位应答 ATR 和历史字符内容的理解很重要，同时也适用于非接触式 IC 卡。4.5 节 USB 卡对学习本课程的帮助不大，因此用 4.5[a] 表示。

第 5 章对卡可能受到的安全攻击以及解除安全危机的方法进行了讨论，并且较为详细地介绍了 3 种密码体制(DES、RSA 和哈希算法)和密钥的使用及管理方法。在具体的卡中(在后面章节中提到的 SIM 卡和 Philips 公司的非接触式 IC 卡等)还采用了其他密码算法。在各个密码体制中，一般将加密/解密的具体算法公开，而密钥是保密的。文中介绍的计算过程较为复杂，学生了解的深度可由教师考虑。弱密钥的细节可忽略。

在战争中，如果想将截取到的对方情报(密文)解密，一般需要经过研究探索得到密钥，然后用密钥解密得明文，因此当一种新算法推出时，必然需通过大量的测试，确认猜出密钥的困难。目前还不能说某种密码算法是100%安全的。

第6章智能卡的命令系统和安全体系是本课程的重点之一。

在D.3节中补充了一些与安全相关的知识，在后面的D.4.2节中提到了命令系统与SoC、COS的关系和涉及其他命令的章节。

第7章射频识别技术基础是为第8章、第9章服务的。某些例子为减轻负担而标以[c]，对学习影响不大。

第8章和第9章解决多张非接触式IC卡或RFID标签在读写器发射载波信号范围内进入正常工作的过程。资料来自多个国际标准。各标准的实现方法基本上独立，互不关联，但要解决的问题是一致的，不必全部阅读，可由教师自行决定。建议以工作于13.56MHz的卡/标签为主要学习内容。

第10章是以SoC结构建立的硬件，第11章是卡内操作系统，与第6章智能卡命令系统相互依托。

第12章从满足卡/标签的需求出发讨论读写器，比较容易理解。如果想了解高集成度读写芯片，阅读12.4.2节的主要特性和功能框图即可。

第13章提到的测试技术重要，但不是本书的重点。

第14章是物联网应用服务的技术基础，第15章是智能卡的应用，第16章是RFID标签和物联网的应用，教学难度不算太大。其中第15章的金融卡还可作为数据DO、文件和安全处理的实例。

与删除内容相关的习题不必考虑。

课程学时安排建议如下(表D.2)。

表D.2 学时安排建议

章(序号)	学时	章(序号)	学时
1	2	7～9	8
2	0/2	10～11	10
3	4	12	2
4	4	13	2
5	4	14～16	12
6	8	附录	0/2

总学时：58

D.4.2 智能卡的硬件(SoC、命令系统)和软件(COS)的学习安排

智能卡出现时，微处理器和操作系统已高度发展和普及应用。卡的命令系统相当于微处理器的指令系统。当前智能卡按各类应用的需求各自设定了命令系统，而且在各个国际标准中规定的命令功能和表示格式也不相同。如果根据卡的具体应用需求和某个国际标准研制卡中使用的处理器，那么会产生使用场所限制、研制工作强度大、研制时间长、可靠性低、价格贵等情况，因此为适应智能卡的研制和生产，以已有的微处理器为核心，并

集成存储器和 COS 的片上系统(SoC)应运而生。智能卡中的 SoC 对运算速度要求不高，但希望能降低功耗、减小芯片面积。如果采用 RSA 密码算法要考虑对运算速度的要求，对微处理器的要求稍高一些。

1. 命令系统

(1) 在 6.4 节中，某些命令理解比较费劲，而且也非必要存在，因此用[c]表示。6.4.7 节中的命令需要懂 SCQL 数据库，可不予以考虑，6.2.2 节表 6.11 内容与 SCQL 相关，可同样处理。

(2) 各章的相关情况。

ISO/IEC 7816 中定义的命令比较详细，但在智能卡中不会全部用到，而在具体应用的卡中，又有其他命令出现，因此不可不读，不必全读。即使在高度发展的计算机系统中，由于集成电路技术改进，研制单位多，所以也没有与指令系统相关的国际标准出现，因此学习的深度可由教师掌握，但基本知识是需要的。

第 8 章、第 9 章，与防冲突相关的命令是重点，但各标准之间命令的定义和防冲突的方法都不统一，这反映了标准制定者之间是竞争而不是协作。

第 15 章金融卡采用了第 6 章中介绍的部分命令和自定义的命令。

2. IC 卡及专用芯片

第 10 章中介绍的存储器卡芯片可以不学。逻辑加密卡芯片可以选学，同时认识到各种型号的芯片功能不同。智能卡是重点。

3. 智能卡操作系统

操作系统是读写器和卡内微处理器连接的桥梁，为安全起见，操作系统绝不允许对外泄露。通过学习可进一步理解卡的命令系统和微处理器指令系统的关系。

Java 智能卡一般还未被采用，Java 语言编写的程序与前述操作系统不同，可以不列入教学内容。

附录E　英文缩写词

ACK	ACKnowledge,确认
AD	Application Data,应用数据
ADF	Application Data File,应用数据文件
ADF	Application Definition File,应用定义文件
AEF	Application Elementary File,应用基本文件
AES	Advanced Encryption Standard,高级加密标准
AFI	Application Family Identifier,应用系列标识符
AFL	Application File Locator,应用文件定位器
AID	Application IDentifier,应用标识符
AIP	Application Interchange Profile,应用交互特征
ANSI	American National Standard Institute,美国国家标准协会
APDU	Application Protocol Data Unit,应用协议数据单元
APf	Anticollision Prefix f,防冲突前缀 f
API	Application Programming Interface,应用编程接口
APn	Anticollision Prefix n,防冲突前缀 n
APPZ	APPlication Zone,应用区
ASIC	Application Specific Integrated Circuit,专用集成电路
ASK	Amplitude Shift Key,幅移键控
ASN. 1	Abstract Syntax Notation one,抽象语法符号表示法 1
AT	Template for Authentication,鉴别模板
ATC	Application Transaction Counter,应用交易计数器
ATM	Automatic Teller Machine,自动柜员机
ATR	Answer To Reset,复位应答
BER	Basic Encoding Rules,基本编码规则
BGT	Block Guard Time,分组保护时间,块保护时间
BPSK	Binary Phase Shift Keying,二进制相移键控
BSS	Basic Service Set,基本服务集
BWI	Block Waiting time Integer,分组等待时间整数
BWT	Block Waiting Time,分组等待时间
CA	Certification Authority,认证机构
CAD	Card Acceptance Device,卡接收设备,读写器
C-APDU	Command APDU,命令 APDU

CAPP　Complex APPlication,复合应用
CC　Cryptographic Checksum,密码校验和
CCT　Cryptographic Checksum Template,密码校验和模板
CDMA　Code Division Multiple Access,码分多址
CICC　Contactless Integrated Circuit Card,非接触 IC 卡
CID　Card IDentifier,卡标识符
CID　Clock IDentifier,时间标识符
CLA　CLAss byte,类型字节
CLK　CLocK,时钟
COS　Chip Operating System,片内操作系统
CRC　Cyclic Redundancy Check,循环冗余校验
CMOS　Complementary Metal-Oxide Semiconductor,互补金属氧化物半导体
CPU　Central Processing Unit,中央处理单元
CRDO　Control Reference Data Object,控制引用数据对象
CRT　Control Reference Template,控制引用模板
CT　Template for Confidentiality,秘密模板
CT-asym　Template for Confidentiality,-asym,秘密模板-非对称密钥
CT-sym　Template for Confidentiality,-sym,秘密模板-对称密钥
CWI　Character Waiting time Integer,字符等待时间整数
CWT　Character Waiting Time,字符等待时间

D　Data,数据
DAD　Destination node ADdress,目的节点地址
DB　DataBase,数据库
DB-O　DataBase Owner,数据库所有者
DBBU　DataBase Basic User,数据库基本用户
DBF　DataBase File,数据库文件
DBOO　DataBase Object Owner,数据库对象所有者
DBP　Differential Bi-Phase,差动双向(编码)
DDA　Dynamic Data Authentication,动态数据认证
DDF　Directory Definition File,目录定义文件
DE　Data Element,数据元
DEA　Data Encryption Algorithm,数据加密算法
DES　Data Encryption Standard,数据加密标准(一种加密/解密算法)
DF　Dedicated File,专用文件
DF　Dual Frequency,双频
DIR　DIRectory,目录
DIS　Draft International Standard,国际标准草案
DO　Data Object,数据对象

DPSK　Differential PSK,差分相移键控,相对相移键控
DR　Divisor Receive,接收因子
DS　Divisor Send,发送因子
DS　Digital Signature,数字签名
DSA　Decimal Shift and Add,十进制移位和加法(一种加密/解密算法)
DSFID　Data Storage Format IDentifier,数据存储格式标识符
DSI　Digital Signature Input,数字签名输入
DSSS　Direct Sequence Spread Spectrum,直接序列扩频
DST　Template for Digital Signature,数字签名模板

EC　Electronic Commerce,电子商务
EC　Erase Counter,擦除计数
ED　Electronic Deposit,电子存折
EDC　Error Detection Code,差错检验码
EF　Elementary File,基本文件
EFT-POS　Electronic Funds Transfer at Point Of Sale,销售点电子货币转账
EGT　Extra Guard Time,额外保护时间
EIRP　Effective Isotropic Radiated Power,有效的全向辐射功率
EMV　Europay、Mastercard、VISA(与银行卡有关的3个组织)
EOF　End Of Frame,帧结束
EP　Electronic Purse,电子钱包
EPC　Electronic Product Code,产品电子代码
EPROM　Erasable Programable Read-Only Memory,可擦除可编程只读存储器
E^2PROM　Electrically-Erasable Programable Read-Only Memory,电可擦除可编程只读存储器
ERP　Enterprise Resource Planning,企业资源计划
ETU(etu)　Elementary Time Unit,基本时间单元
EZ　Erase key Zone,擦除密码区

FAT　File Allocation Table,文件分配表
FCI　File Control Information,文件控制信息
FCP　File Control Parameter,文件控制参数
FDMA　Frequency-Division Multiple Access,频分多路访问
FDX　Full DupleX,全双工
FDT　Frame Delay Time,帧延迟时间
FHSS　Frequency Hopping Spread Spectrum,跳频技术
FIFO　First In-First Out,先进先出
FM　Frequency Modulation,调频制
FMD　File Management Data,文件管理数据
FSK　Frequency Shift Keying,频移键控
FTC　Financial Transaction Card,金融交易卡、金融卡

FTDMA	Frequency and Time Division Multiple Access,频分和时分多路访问
FTP	File Transfer Protocal,文件传输办议
FWI	Frame Waiting time Integer,帧等待时间整数
FWT	Frame Waiting Time,帧等待时间
FZ	Fabrication Zone,制造代号区
GIS	Geographic Information System,地理信息系统
GPRS	General Packet Radio Service,通用无线分组业务
GPS	Global Positioning System,全球定位系统
GSM	Global System for Mobile communication,全球移动通信系统
HCMOS	High-performance Complementary Metal-Oxide-Silicon,高性能互补金属氧化硅
HDX	Half DupleX,半双工
HF	High Frequency,高频
HT	Hash-code Template,哈希模板
IaaS	Infrastructare as a Service,基础设施即服务
I-block	Information block,信息分组、信息块
IC	Integrated Circuit,集成电路
ICC	Integrated Circuit Card、IC Card,集成电路卡
ID	IDentifier,标识符
IDO	Interindustry Data Object,行业间数据对象
IEC	International Electrotechnial Commission,国际电工委员会
IEEE	Institute of Electrical and Electronice Engineers,电子电气工程师协会
IFD	InterFace Device,接口设备、读写器
IFS	Information Field Size,信息字段大小(长度)
IFSC	Information Field Size for the Card,卡的信息字段长度
IFSD	Information Field Size for the interface Device,接口设备的信息字段长度
IFSI	Information Field Size Integer,信息字段长度整数
IIN	Issuer Identification Number,发行者标识号
IMSI	International Mobile Subscriber Identity,国际移动用户识别码
INF	INformation Field,信息字段
INS	INStruction byte,指令字节
I/O	Input/Output,输入/输出
IRQ	Interrupt ReQuest,中断请求
ISBN	International Standard Book Number,国际标准书号
ISM	Industrial、Scientific、Medical,工业、科学、医疗
ISO	International Standard Organization,国际标准化组织
IT	Information Technology,信息技术

IZ　Issuer Zone,发行代码区

KAT　Template for Key Agreement,密码协商模板

KM　Master Key,主密钥

KS　Session Key,过程密钥、会晤密钥

L　Length,长度

LAN　Local Area Network,局域网

LCS　Life Cycle Status,生命周期状态

LEN　LENgth,长度

LF　Low Frequency,低频

LRC　Longitudinal Redundancy Check,纵向冗余校验

LSB　Least Significant Bit,最低有效位

MAC　Message Authentication Code,报文鉴别码

MCU　MicroController Unit,微控制器

MES　Manufacturing Execution System,制造执行系统

MES　Management Execution System,管理执行系统

MF　Master File,主文件

MF　Medium Frequency,中频

MFM　Modified Frequency Modulation,改进调频制

MSB　Most Significant Bit,最高有效位

MW　MicroWave,微波

N/A　Not Applicable,不能用

NAD　Node ADdress,节点地址

NAK　Negative AcKnowledge,否定确认

NRZ　Non Return to Zero,非归零制

NVM　Non-Volatile Memory,非易失性存储器

OEM　Original Equipment Manufacture,原始设备制造

OOK　On-Off Keying,开关键控

OSI　Open Systems Interconnection,开放系统互联

P1-P2　Parameter byte,参数字节

PaaS　Platform as a Service,平台即服务

PAN　Primary Account Number,主账号

PCB　Protocol Control Byte,协议控制字节

PCD　Proximity CD,近耦合设备

PCOS　Payment COS,支付 COS (参见 COS)

PDM　Pluse Duration Modulation,脉冲宽度调制

PDOL　Processing option Data Object List,处理选项数据对象列表

PFM　Pulse Frequency Modulation,脉冲频率调制
PICC　Proximity ICC,接近式 IC 卡
PIN　Personal Identification Number,个人标识码
PIX　Proprictary application Identifier eXtension,专有的应用标识扩展
PJM　Phase Jitter Modulation,相位抖动调制
PK　Public Key,公共密钥
PLMN　Public Land Mobile-communication Network,公众陆地移动通信网
POS　Point Of Sales,销售点
PPM　Part Per Million,百万分之几
PPM　Pulse Position Modulation,脉冲位置调制
PPS　Protocal and Parameters Selection,协议参数选择
PSA　Payment System Application,支付系统应用
PSAM　Purchase Secure Access Module,消费安全存取模块
PSE　Payment System Environment,支付系统环境
PSK　Phase Shift Keying,相移键控
PUK　PIN Unblocking Key,PIN 解锁密码
PUPI　Pseudo-Unique PICC Identifier,伪唯一 PICC 标识符

QAM　Quadrature Amplitude Modulation,正交幅度调制

RAM　Random Access Memory,随机存储器
R-APDU　Response APDU,响应 APDU
R-block　Receive-block,接收分组、接收块
REQA　REQuest Command (Type A),请求命令(类型 A)
REQB　REQuest Command (Type B),请求命令(类型 B)
RF　Radio Frequency,射频
RFID　Radio Frequency IDentification,射频标识
RFU　Reserved for Future Used,保留于将来使用
RID　Registered application provider IDentifier,注册应用提供者标识符
ROM　Read-Only Memory,只读存储器
RSA　Rivest、Shamir、Adleman(三人名),(一种非对称加密/解密算法)
RST　ReSeT,复位、总清
R/W　Read/Write,读/写

SaaS　Software as a Service,软件即服务
SAD　Source node ADdress,源节点地址
SAM　Secure Access Module,安全存取模块
SAW　Surface Acoustic Wave,表面声波
S-block　Supervisory block,管理分组、管理块
SC　Security Code,安全代码

SC　Smart Card,智能卡
SCQL　Structure Card Query Language,结构化卡查询语言
SDA　Static Data Authenticate,静态数据认证
SDMA　Space Division Multiple Access,空分多址
SE　Security Environment,安全环境
SEID　Security Environment IDentifier,安全环境标识
SFGI　Startup Frame Guard time Integer,启动帧保护时间整数
SFGT　Startup Frame Guard Time,启动帧保护时间
SFI　Short File Identifier,短文件标识符
SHF　Super High Frequency,特高频
SIM　Subscriber Identity Module,用户识别模块
SM　Secure Messaging,安全报文
SoC　System on Chip,片上系统
SOF　Start Of Frame,帧开始
SQL　Structure Query Language,结构化查询语言
SUID　Sub Unique IDentifier,子唯一标识符
SW1-SW2　状态字节

TAC　Transaction Authorization Cryptogram,交易验证码
TAL　Terminal Application Layer,终端应用层
TDMA　Time Division Multiple Access,时分多路
TEL　Tag Excitation Level,标签激励级别
TLV　Tag、Length、Value,标志、长度、值
TTL　Terminal Transport Layer,终端传输层
TZ　Test Zone,测试区

UHF　Ultra High Frequency,超高频
UID　Unique IDentifier,唯一标识符
UPT　Universal Personal Telecommunication,通用个人通信
USB　Universal Serial Bus,通用串行总线

VCD　Vicinity CD,邻近式耦合设备
VICC　Vicinity ICC,邻近式集成电路卡

WLAN　Wireless Local Area Network,无线局域网
WWAN　Wireless Wide Area Network,无线广域网
WTX　Waiting Time eXtension,等待时间扩充

XOR　logical eXclusive-OR operation,异或逻辑操作

参考文献

[1] International Standard ISO 7810. Identification Cards. Physical Characteristics,2003.

[2] International Standard ISO 7811. Identification Cards. Recording Technique,2001-2004.

[3] International Standard ISO 7812. Identification Cards. Numbering System and Registration Procedure for issuer identifiers,1987.

[4] International Standard ISO 7813. Identification Cards. Financial Transaction Cards,1987.

[5] International Standard ISO 8583. Bank Card Originated Messages. Interchange Message Specifications, Content for Financial Transactions,1987.

[6] International Standard ISO 4909. Bank Cards. Magnetic Stripe Data Content for Track 3,1987.

[7] International Standard ISO 7580. Identification Cards. Card Originated Messages, Content for Financial Transactions,1987.

[8] International Standard ISO/IEC 7816. Identification Cards. Integrated Circuit(s) Cards, Part1-Part13,Part15.

[9] International Standard ISO/IEC,14443. Identification Cards. Contactless Integrated Circuit(s) Cards-Proximity Cards, Part1-Part4.

[10] International Standard ISO/IEC 15693,Identification Cards-Contactless Integrated Circuit(s) Cards-Vicinity Cards, Part1-Part3.

[11] International Standard ISO/IEC 10373. Identification Cards-Test Methods,1998. Part1-Part3, Part6/7.

[12] International Standard ISO/IEC 18000 Information Technology-Radio Frequency Identification for Item Management Part1-Part4, Part6/7.

[13] 王爱英．智能卡技术——IC卡．三版．北京：清华大学出版社，2009.

[14] 陆永宁．非接触IC卡原理与应用．北京：电子工业出版社，2006.

[15] 王卓人，王锋．智能卡大全——智能卡的结构・功能・应用．北京：电子工业出版社，2002.

[16] 周晓光，王晓华．射频识别(RFID)技术原理与应用实例．北京：人民邮电出版社，2006.

[17] 游战清．无线射频识别(RFID)与条码技术，北京：机械工业出版社，2007.

[18] 郎为民．射频识别(RFID)技术原理与应用，北京：机械工业出版社，2006.

[19] 中国人民银行．中华人民共和国金融行业标准——中国金融集成电路(IC)卡规范，2005.

[20] 赵健，肖云，王瑞．物联网概述．北京：清华大学出版社，2013.

[21] 刘丽军，邓子云．物联网技术与应用．北京：清华大学出版社，2012.

[22] 金光，江先亮．无线网络技术教程．北京：清华大学出版社，2011.

[23] 胡道元，计算机局域网．四版．北京：清华大学出版社，2010.

[24] 王爱英．计算机组成与结构．5版．北京：清华大学出版社，2013.

[25] 陈艳．基于RFID的井下人员跟踪管理系统的研究．金卡工程，2008(4).

[26] 单承赣，余春梅．基于RFID技术的电子标签在物流网中的应用．中国电子商情(RFID技术与应用)．2007(6).

[27] 刘卫宁．基于射频识别的离散制造业制造执行系统设计与实现、计算机集成制造系统，2007(10).